KB263406

韓國近代農業史研究〔Ⅰ〕

― 農業改革論·農業政策(1) ―

金 容 燮

Studies on the Agrarian History of Nineteenth Century Korea

Volume 1
The Last Phase of the Traditional Political Economy (1)

Enlarged and Revised Edition

by

Kim Yong-sŏp

韓國近代農業史研究 〔I〕

초판 1 쇄 인쇄 2004. 3. 15.
초판 1 쇄 발행 2004. 3. 29.

지은이   김용섭
펴낸이   김경희
펴낸곳   (주)지식산업사
　　　　서울시 종로구 통의동 35-18
　　　　전화 (02)734-1978(대) 팩스 (02)720-7900
　　　　인터넷 한글문패   지식산업사
　　　　인터넷 영문문패   www.jisik.co.kr
　　　　전자우편   jsp@jisik.co.kr, jisikco@chollian.net
　　　　등록번호   1-363
　　　　등록날짜   1969. 5. 8.

책 값   33,000원

ⓒ 김용섭, 2004
ISBN 89-423-1075-3   93910

이 책을 읽고 지은이에게 문의하고자 하는 이는
지식산업사 e-mail로 연락 바랍니다.

新訂 增補版을 내면서

本書는 오래전에 一潮閣에서 初版本을 간행하고, 그 후에는 여러 편의 논문을 추가하여 增補版으로서 간행하였던 것인데, 이번에 이를 知識産業社에서 발행하는 著作集本 제4, 5권으로 간행하게 됨에 따라, 舊版本을 전반적으로 다듬고 증정하여 新訂 增補版으로서 간행하게 되는 것이다.

이번에 간행하는 新版本이 舊版本과 전체적으로 크게 달라진 점은 없으나, 몇 가지 점에 관해서는 새로 약간의 資料를 추가하거나 補充설명을 가하였다. 新增한 부분은 주로 光武量田에 관해서인데, 이에 관해서는 특히 두 가지 문제를 크게 추보하였다. 그 하나는 光武量田 초기에는 量田事目이 일부만 남아 있어서 아쉬웠는데, 量地衙門 施行條例가 새로 발굴되었으므로 이를 보충하였다. 다른 하나는 結負 量田制에는 근본적으로 缺陷이 있어서, 역사적으로 많은 학자들이 그 改革의 필요성을 지적하였음에도 불구하고, 이때의 量田事業에서는 구래의 結負 量田制를 그대로 이용하고 있다가, 光武 6년에 이르러서야 度量衡제도를 미터法으로 개정하고 舊 結負制를 新 結負制(1量田尺＝1미터, 1結＝1헥타르)로 改革하는 등 近代的 測量을 위한 制度를 확립하게 되었음으로, 이를 量田原則에서 보충설명 하였다.

이밖에도 여러 논문에서 설명이 부족하거나 불투명한 곳은 보충설명을 하거나 부분적으로 改稿를 하기도 하고(예컨대 民屯과 같은 경우), 잘못된 곳은 바로 잡기도 하였으며, 作人과 같이 그 용어가 여러 가지로 표현된 것은 되도록 時作으로 통합하였다. 章節이 길어서 전체 구도가 얼른 눈에 들어오지 않는 곳은 새로 小節이나 項目을 設하였다. 脚註표기가 불충분한 곳과 불친절한 곳도 이를 보충하고 조정하였다. 제Ⅱ편 제1논문에서와 같이 긴 논문의 경우, 舊版에서는 章별로 각주번호를 달았는데, 이번 新訂版에서는 체제의 통일을 위하여 논문 전체의 각주를 일련번호로 표기하였다. 그리고 출판

사의 호의로 索引을 새로 작성하였고 문장 표현에서 우리의 어법에 맞지 않는 구투의 표현은 이를 현대문의 표현으로 바로잡았다. 본서에 관심을 갖는 독자 가운데는 이만한 분량의 저서이면 그 전 내용을 일목에 파악할 수 있는 概要를 붙여주는 것이 좋지 않으냐는 주문이 있었으나, 그것을 붙일 마땅한 곳을 찾지 못해 卷末에 英文概要를 다는 것으로서 대신하였다.

이번 新訂版을 간행하기 위한 작업에서도 여러분의 도움을 받았다. 원고의 전산화 작업을 위해서는 정용서 정진아 등 박사생이 수고를 하였고, 교정 작업을 위해서는 백승철 구만옥 박사가 틈을 내 주었으며, 영문개요는 김기협 교수가 이를 미문으로 작성하였다. 지식산업사의 김경희 사장은 편집부 여러분과 함께 직접 난삽한 원고를 통독하고 다듬어 주었다. 끝자리가 되었지만 이들 여러분에게 진심으로 감사의 뜻을 표하는 바이다.

2003년 10월 10일

著　者

增補版 序

　初版本 序文에서 밝힌 바와 같이, 本書의 目標는 中世末期의 諸農業改革論 즉 農民的 입장의 改革論이나 地主的 입장의 改革論을 검토하고, 그러한 가운데서 후자가 이 시기의 近代化政策으로 정착하게 되는 사정을 解明하려는 것이었다. 社會改革 近代化의 길은 두 方向에서 進行되고 있었기 때문이었다. 그러나 당시 筆者는 건강을 잃은 가운데 신변정리를 겸해서 이를 編했던 것이므로, 좀더 검토 수록해야 할 많은 문제를 남겨둔 채 그 구성이 불충분한 책자로써 이를 간행했었다. 다행히 筆者는 그 후 건강을 조금씩 회복했고 남겨두었던 문제도 한두 편씩 정리할 수가 있었다. 주로는 地主的 입장의 改革論을 좀더 천착하여 開港 전에서 開港 후에 이르는 그들의 改革의 논리를 일관되게 파악하려는 것이었다. 그리하여 이를 모두 종합하면 미숙한 대로 筆者가 本書에 관하여 애초에 구상하였던 대로 최소한 具色은 갖출 수 있게 되었다.

　그런데 筆者는 이번에 學校 당국의 배려와 科 내 동료교수의 호의로 당분간 먼 길을 떠나 있게 되었다. 見聞도 넓힐 겸 유럽지역에 出張研究할 것이 명령된 것이다. 나이와 건강 때문에 海外旅行을 하는 것이 겁이 났지만, 西歐文明의 본 고장을 관찰하고 그 생활을 체험할 수 있다는 것은, 우리 자신을 이해하는 데도 도움이 되리라 생각되어 용기를 내기로 하였다. 그리고 이에 따라서는 주변문제를 정리하지 않으면 안 되게 되었다. 무엇보다도 一潮閣 崔常務로부터는 출발에 앞서 그간 쓴 글들을 單行本으로 정리해 달라는 부탁을 받게 되었다. 필자는 차제에 舊書를 보완하여 增補本을 내기로 하였다. 5편의 논문이 보충되는 가운데 책의 編目도 늘어나게 되었다. 제Ⅰ, Ⅱ편은 開港 전에 있었던 改革의 두 전통, 제Ⅲ편은 開港 후의 여러 改革論, 제Ⅳ편은 그러한 가운데서 정착하게 되는 光武改革의 農業政策을 살핀 것이다.

　그러나 이번 增補本에서는 編·章을 증보하고 이에 따르는 첨삭이나 몇 가지 용어를 수정하였을 뿐 체계나 논지를 訂正하지는 못하였다. 그 같은 문제는 아마도 다른 기회를 기다리는 수밖에 없겠다.

增補本을 간행하는 데 있어서도 여러분에게서 많은 도움을 받았다. 논문을 정리하는 과정에서는 늘 筆者가 소속한 大學 大學院 韓國史 전공 학생들의 적지 않은 助力이 있었다. 一潮閣의 韓萬年 社長은 별로 빛이 나지 않는 增補本 출판을 허락해 주셨고, 編輯部 여러분은 손이 많이 가고 신경을 많이 쓰게 되는 첨삭작업을 차근차근 처리해 주었다.

그리고 本文의 교정과 색인작성을 위해서는 方基中 군이 수고를 아끼지 않았다. 이제 이분들의 도움으로 增補本을 낼 수 있게 되었으므로 끝자리를 빌려 감사의 뜻을 표하는 바이다.

1984년 8월 20일

著　者

序

　이 책은 韓國近代農業史研究의 일부로서 刊行되는 것이다. 이곳에는 그간 筆者가 연구 발표해 온 우리나라 近代農業史에 관한 일련의 작업 가운데서 農業改革論과 農業政策에 관련되는 것을 수록하였다. 近代農業史연구에 대한 筆者의 構想은 韓末·日帝侵略下에 있어서의 地主制의 문제까지도 하나의 문제로서 처리하려는 것이었으나, 이는 그 主題의 성격상 別冊으로 따로 刊行하기로 하였다.

　筆者가 本書와 같은 형태의 農業史研究를 구상하고 집필하게 된 것은 1960년대의 후반부터였다. 이때 筆者는 「朝鮮後期農業史研究」에 관한 작업을 일단 마무리하는 단계에 있었지만, 그러나 이 작업이 이로써 完結될 수는 없다는 생각에서였다. 同書에서는, 그 연구에서 볼 수 있는 바와 같은 諸現象이 그 후에는 어떻게 되는 것인지, 그리고 朝鮮後期의 農村社會가 그와 같이 發展的인 狀態에 있었다면 日帝下의 農村은 왜 그렇게 落後한 狀態로 머물러 있었는가?라고 하는 일반적인 疑問에 대하여 筆者로서의 解答을 제시하지 않고 있는 까닭이었다.

　이러한 疑問은 요컨대 中世的인 農業體制의 解體過程이 현실적으로 여하히 近代的인 農業體制로 연결되어졌는가 하는 문제인 것으로서, 우리 農業의 近代化過程이 歷史的 事實에 卽해서 구체적으로 展開되지 않으면 解明될 수 없는 일이었다. 그리하여 筆者의 近代農業史 연구는 구상되고 그 작업은 진행되었거니와, 筆者는 그것을 두 계통으로 整理해야 할 것으로 생각하였다. 그 하나는 中世的인 農業體制의 破綻을 극복해 가는 農政史的인 觀點에서의 정리이고, 다른 하나는 帝國主義의 侵略으로 인하여 舊來의 農業體制가 변모하게 되는 사정을 解明하는 일이었다. 그리고 前者에 관한 일련의 연구로서 작성된 것이 本書인 것이다.

　本書는 이와 같이 中世農業의 解體過程과 近代農業의 成立過程을 農政史

的인 觀點에서 연결 정리하려는 것으로서, 筆者는 이를 中世的인 農業體制의 破綻에 대한 對策의 提起에서부터 法制的으로 近代的인 農業體制가 制度化되는 데까지를 그 연구의 對象으로 삼았다. 그것은 곧 19세기 改革時代의 農政史인 것이었다. 이 時期에는 封建的인 農業體制(地主・佃戶制)가 內包하는 矛盾의 深化로 地主層과 時作農民層간에 地代문제를 위요한 對立과 抗爭—抗租運動—이 激化되고 있었으며, 그것은 나아가서 三政紊亂에 刺戟되어 民亂으로 폭발하고, 다시 더 나아가서는 體制否定的인 農民戰爭으로까지 擴大되고 있었다. 그러므로 朝鮮王朝가 그 國權을 그대로 유지해 나가려면 近代化를 위한 諸改革의 一環으로서 農業近代化・農業改革을 또한 遂行하지 않으면 안 되었다. 그리하여 이와 같은 農業體制의 矛盾의 深化와 관련하여서는 실제로 實學派에 의한 農業改革論이 提起되었고, 體制의 破綻, 즉 民亂이나 農民戰爭과 관련하여서는 哲宗 壬戌改革에서의 農業論을 비롯해서 甲申・甲午改革에서의 農業論 및 光武改革期의 思想界를 이끌어 가던 知識層의 農業論이 나오고도 있었다. 그리고 이러한 背景 위에서 光武改革에 있어서는 그 近代化를 위한 基本方針과도 관련하여 農業近代化의 문제가 制度的으로 確定되기에 이르렀다.

19세기의 農業改革運動은 이와 같이 세 단계로 구분되고 整理될 수 있는 것이므로, 本書를 중심한 筆者의 연구도 이 세 過程을 分析 檢討하여 그 運動의 本質을 抽出해 내는 것이 되지 않으면 안 되었다. 그리하여 筆者는 이러한 작업을 위해서 혹은 19세기 前半期를 살면서 實學派의 社會經濟思想을 集大成하고 있었던 바 茶山이나 楓石의 農業改革論을 검토하기도 하고, 혹은 農民叛亂에서 農民戰爭에 이르는 混亂期, 그리고 그것을 수습하기 위한 改革이 試圖되던 改革期에 있어서의 여러 系統의 農業論을 考察하기도 하였으며, 또 혹은 光武改革의 農業政策으로서 近代的인 農業體制를 제도적으로 규정하고 있었던 바 量田・地契事業을 살피기도 하였다. 우리나라의 農業近代化가 農民經濟의 均産化를 志向하는 革新的인 農民 위주의 改革方案으로서 제기된 이래로 여러 가지 迂餘曲折을 거쳐서 保守的인 地主層 중심의 改革方案으로 낙착되기까지의 과정에 대한 解明인 것이었다. 外勢를 이용한 農民軍의 鎭壓이 이러한 형태의 農業近代化를 가능케 한 결정적인 要因이 되고 있었음은 말할 것도 없는 일이었다.

이리하여 本書는 이와 같은 세 단계의 農業論에 관한 諸硏究를 3篇으로 분류하여 수록하게 되거니와, 그러나 本書는 이를 一時에 내리 쓴 것이 아니었다. 이들 諸論考는 그때그때 全體構想과의 관련 속에서 각각 個別的으로 연구 발표된 것이었다. 그러므로 이들 舊稿를 수록한 本書는 그 體系的인 敍述이나 首尾一貫한 論理의 展開라는 점에서, 그리고 重複을 피한다는 점에서 여러 가지 未備한 점이 있음을 免할 수가 없었다. 그러나 本書는 前書에 계속되는 基礎的인 硏究라는 점에서 그 개개의 論考를 크게 修訂하지 않고 그대로 수록하는 것을 원칙으로 하였다. 다만 體制의 統一을 위해서는 題目을 바꾸거나 表現을 고치기도 하고, 필요한 부분에 대해서는 添補를 加하기도 하였지만 그 基本骨格을 바꾸지는 않았다.

빈약한 연구이지만 本書가 이루어지기까지에는 많은 先輩·同學들로부터의 도움이 있었다. 健康이 實하지 못하여 늘 懶怠해지기 쉬웠던 筆者에게, 혹 先輩들 가운데는 硏究費를 주선함으로써 그 연구의 完結을 독려하기도 하고, 또 同學들 가운데는 貴한 資料를 대여함으로써 연구의 完成을 촉구하기도 하였다. 筆者 서울大文理大 在職時의 學部 高學年 및 大學院學生들과는 이러한 문제를 體系化하기 위한 整地作業을 할 수도 있었다. 未洽하나마 本書가 비교적 빠른 時日에 整理될 수 있었던 것은 이러한 분들의 도움에 힘입은 바 크다. 그리고 本書의 出版에 際하여는, 昨今의 어려운 出版事情 속에서도 이 冊이 빛을 볼 수 있도록 一潮閣社長 韓萬年先生의 각별한 配慮가 있었으며, 이를 참한 冊으로 만들기 위해서는 編輯部 여러분들의 勞苦가 많았다. 또 거듭되는 校訂作業을 위해서는 許興植講師가 協助를 아끼지 않았다. 本書는 이러한 여러분들의 도움으로써 이루어진 것이므로, 이분들에게는 이 자리를 빌어서 感謝의 뜻을 표하는 바이다.

1975年 5月

著 者

目　次

I. 實學派의 農業改革論

18, 19世紀의 農業實情과 새로운 農業經營論

I. 實學派의 農業改革論

18, 19世紀의 農業實情과 새로운 農業經營論

茶山과 楓石의 量田論

18, 19世紀의 農業實情과 새로운 農業經營論

1. 序　言

19세기는 改革의 시대였다. 이 시기에는 우리나라의 封建的인 社會體制에 矛盾이 격화하여 社會改革을 위한 여러 가지 조치가 취해지고 있었다. 이러한 改革事業이 본격적으로 진행되는 것은 開港 후에 있게 되는 이른바 여러 段階의 近代化過程의 일이지만, 그 以前에도 이미 그와 같은 노력은 여러 사람에 의해서 시도되고 있었다. 開港 전에도 우리의 사회는 封建制解體期의 矛盾이 深化되고, 그 결과 鑛山地帶나 都市나 農村을 막론하고 民衆의 광범한 叛亂을 초래하고 있었으므로, 支配層이나 識者層에서는 그러한 상황에 대한 政策的인 배려가 필요한 까닭이었다.

그뿐만 아니라 개항 후에 있게 되는 近代的인 改革過程은 이미 개항 전부터 있어 온 사회개혁을 위한 이와 같은 노력의 傳統 위에서 이를 당시의 새로운 時代狀況 속에 再調整한 것이었다. 19세기 後半期에 전개되는 우리의 이른바 근대적인 改革過程은 先進資本主義列强, 그 가운데서도 주로 日帝의 압력에 의하거나 또는 그에 대한 對應措置로서만 행하여졌던 것으로 이해되어 왔지만, 기본적으로는 그러한 外勢의 영향에 앞서서 이미 우리의 傳統的인 中世社會의 解體過程과 관련하여 사회개혁을 위한 방향이 모색되고 있는 것이었으며, 그러한 傳統 위에서 帝國主義列强의 浸透에 직면하여서는 그 改革過程이 새로운 각도에서 자극되고 촉진되었던 것이다.

개항 전의 이와 같은 사회개혁을 위한 노력은, 封建的인 社會經濟體制의 모순이 광범히고 심각하였던 만큼, 많은 사람에 의해서 다양하게 제기되고 있었지만, 그 가운데서도 중심이 되는 것의 하나는 農業問題였다. 國民經濟

나 國家財政 전반에서 차지하는 農業의 비중이 이 시기에는 오늘날에 비하여 월등히 큰 것이었고, 따라서 經濟體制의 개혁은 곧 그것이 農業改革을 의미하는 것이기도 한 까닭이었다. 그리하여 개항 전의 우리나라에서는 많은 사람들이 사회개혁과 관련하여 農業改革의 문제를 提論하고 있었으며, 그와 같은 논의의 전통은 나아가서 개항 후의 여러 단계의 近代化過程에서 있게 되는 諸論議와도 일정한 의미에서 연결되고 있는 것이었다.

이와 같은 農業問題에 관한 諸論議 가운데서도 우리나라 農業의 장래의 存在形態와 관련하여 特出한 견해를 내세운 이는 茶山 丁若鏞과 楓石 徐有榘이었다. 이들은 農政學者 또는 農學者로서 農業問題에 관하여 깊이 연구하고 있었으며 또 農村現實에 관해서도 충분히 觀察하고 있어서, 그들의 農業論은 學的으로 충실하고, 따라서 封建制解體期 또는 근대화를 위한 改革期의 農業改革論을 대표할 만한 것이 되고 있었다. 더욱이 그들은 이 시기의 農業을 多年間에 걸쳐서 연구하고 또 그 農業現實을 정확히 관찰하여 그 矛盾의 所在를 분명하게 인식함으로써, 그와 같은 矛盾의 打開策을 새로운 農業經營論으로서 제기하였던 것이므로 그 견해는 실로 참신한 바가 있었다. 그러면서도 이 두 사람의 農業經營論은 각각 그 내용과 목표 그리고 改革의 방법을 달리하고 있어서, 우리의 農業改革이 직접적으로나 理念的으로 이들의 견해를 따르기로 한다면 그것은 그 基本性格을 달리하는 몇 방향으로 추진될 수 있는 것이며, 나아가서는 國家體制 전반과의 관련 속에서 비로소 규정될 수 있는 일이기는 하지만, 사회개혁 전체의 방향까지도 가늠하는 것이 될 수 있는 것이었다.

그러므로 19세기 後半期에 있게 되는 사회개혁을 위한 여러 개혁과정의 基本性格을 이해하기 위해서나, 또는 그러한 개혁과정에서의 農業政策的인 基盤을 이해하기 위해서는 우선 그에 앞서서 있었던 이들 두 農政學者의 農業改革論을 그 農業經營論을 중심으로 살펴 두는 것이 先行되어야 하겠다. 더욱이 이들은 實學者로서 開港 후의 개혁사업에서 중추적인 기능을 한 이른바 開化派政治人들과는 人的으로나 學的으로 밀접한 관련이 있는 것으로 인식되고 있으므로, 이들의 農業論을 이해한다는 것은 開化派 社會改革論의 배경을 이해하는 데에도 필요한 作業이 되겠다.

2. 18, 19世紀의 農業實情과 그 課題

開港 전에 茶山이나 楓石의 새로운 農業經營論이 나오고 그것이 사회개혁
을 전제로 하는 農業改革論으로서 제시되고 있었음은, 이 무렵까지 우리의
農業實情이 그만큼 급박하고 따라서 이 시기의 農業生産에서의 諸矛盾이 또
한 그만큼 심각하였음에서 緣由하는 것이지만, 동시에 그것은 우리의 農業
生産이 일정한 단계에 도달하여 이제 보다 높은 農業生産力의 발전을 성취
하기 위해서는 필연적으로 農業經營의 개선을 필요로 하게 된 데서 緣由하
는 것이기도 하였다. 그러므로 茶山이나 楓石 등의 새로운 農業經營論을 이
해하기 위해서는, 그러한 문제를 논하기에 앞서, 그와 같은 논의가 제기되지
않을 수 없었던 農業生産의 실정이 구체적으로 어떠했는지를 살펴 둘 필요
가 있다.

1) 農民層分化와 兩班作人의 擴大

(1) 分化의 趨勢

이 시기의 農業實情에 관해서는 여러 가지 문제를 거론할 수 있겠지만, 本
稿의 주제와 관련하여 특히 들 수 있는 것은 요컨대 農村社會 分化의 문제로
서 集約될 수 있을 것이다.[1] 즉 土地所有關係를 중심한 農民層의 分化問題,
地主・佃戶關係를 중심한 時作(小作)農民層 내에서의 階層分化問題, 農業生
産力의 급속한 성장이나 農業生産의 流通經濟와의 연계를 중심한 農村社會

---

1) 朝鮮後期 農業生産의 基本構造에 관해서는 舊著에서 이미 그 大綱을 分析한 바
   있다.『朝鮮後期農業史研究 Ⅰ, 초판본 — 農村經濟・社會變動』, 1970 및『朝鮮後
   期農業史研究 Ⅱ, 초판본 — 農業變動・農學思潮』, 1971이 그것이다. 이는 그 후
   증보 개판되어『朝鮮後期農業史研究 Ⅰ, 증보판 — 農村經濟・社會變動』, 1995 및
   『朝鮮後期農業史研究 Ⅱ, 증보판 — 農業과 農業論의 變動』, 1990 그리고『朝鮮後
   期農學史研究』, 1988로 확대 간행되었다.
     19세기의 農業事情도 基本的으로는 이와 같은 것이지만, 體制의 破綻과 관련하
   여 提論되는 農業改革論을 理解하기 위해서는 이 시기 農業의 特徵으로서 몇 가지
   問題가 별도로 너 抽出되고 檢討될 필요가 있다. 이곳에서는 그것을 그 하나의 作
   業으로서 農民層分化와 時作農民層의 동향이라는 角度에서 提示하는 것이다.

分化의 促進問題 등이 그것이다. 이러한 문제는 朝鮮王朝가 원래 입각하고 있었던 광범한 小農的 自營農民層과 地主·佃戶制下의 時作農民層의 經濟秩序에 커다란 변화를 일으키는 것이었다. 그리고 이러한 문제는 모두가 이 시기의 우리 歷史의 發展過程을 규정하는 要因으로서, 農村社會·農業生産은 이로써 크게 변화하고, 우리의 이른바 中世社會 解體過程으로서의 社會變動을 가져오고 있는 것이었으며, 동시에 봉건적인 社會經濟體制의 모순의 단적인 표현이었던 廣範한 農民叛亂을 惹起하는 배경이 되는 것이었다.

土地所有關係를 중심한 農民層의 分化는 17세기 이래의 農法改良이나 農業生産力의 發展 및 이에 수반하여 일어난 經營擴大·流通經濟의 발달과, 이와 관련하여 일어난 農業經營方式의 변화, 즉 상업적인 農業의 발달, 그리고 봉건적인 지배층이나 地主層·富農層의 新田開發과 土地集積 및 人口膨脹에 따르는 耕地의 不足과 偏重 등 여러 가지 요인으로 말미암아 일어나고 있었지만, 이러한 현상이 19세기에 이르러서는 더욱 激甚해지고 따라서 土地所有의 격차도 더욱 현저해지고 있었다. 土地는 극히 소수의 富裕層이 소유하는 바가 점점 더 심해지고, 대부분의 農民들은 零細한 土地所有者나 無田農民으로 전락하게 된 것이다. 土地로부터 배제된 農民들은 地主層의 農地를 借耕하는 時作農民이 되거나, 그것도 여의치 못한 農民은 賃勞動層이 되었으며 또 商工業으로 轉業하는 者도 있었다.

이와 같은 農民層의 土地所有의 실태는 量案·土地臺帳을 통해서 이를 구체적으로 파악할 수 있다. 가령 晉州 지방 農民들의 경우를 예로 들어보면 다음에 설명하는 바와 같았다. 이는 憲宗 12년(1846)에 調査한 「晉州奈洞里大帳」에 의거하여 集計한 것으로서,[2] 19세기 전반 이전의 土地所有關係를 중심한 農民層의 分化現象을 잘 나타내 주고 있는 것이라 하겠다. 여기서 우리는 1結 이상의 農地를 소유한 農民은 地主層이나 富農層, 50負 내지 1

─────────────

2) 拙稿, '晉州奈洞里大帳의 分析'(『朝鮮後期農業史研究』 I —農村經濟·社會變動, 초판본·증보판, 表 3·4·5 참조). 단, 이 量案은 비록 憲宗 12年(丙午 1846)에 작성한 것이기는 하였지만, 그 내용은 그 이전에 조사 작성하였던 바를 그대로 전재한 것이었다(同上 논문, 註 3). 그 조사 시기는 肅宗 庚子量田(1720)이었던 것으로 파악되고 있다. 金建泰, '朝鮮後期 農家의 農地所有 現況과 그 推移—晉州地方을 중심으로'(『歷史學報』, 172, 2001) 참조.

結을 所有한 農民은 中農層, 25負 내지 50負를 소유한 農民은 小農層, 25負
미만을 소유한 農民은 貧農層으로 간주한다.[3] 小農層과 貧農層은 이를 합하
여 零細小農層으로 불러도 좋을 것이다. 이러한 구분은 토지의 所有關係만
을 기준으로 하고 있어서 農民層의 經濟程度를 파악하는 데 반드시 정확한
것이 아니지만, 土地所有關係를 중심으로 한 農民層分化, 따라서 農地로부
터 배제되는 農民層을 파악한다는 점에서는 하나의 기준이 될 것이다.

그런데 이에 의하면, 農村社會는 크게 兩極으로 분화되어 가고 있음을 볼
수 있다. 신분을 구분함이 없이 全農民의 土地所有狀況을 보면 1結 이상의
農地를 소유하고 있는 農民은 全農民 382명 가운데서 22명으로서 전체의
5.8%, 50負 이상을 소유하는 農民은 37명으로서 全體의 9.7%, 25負 이상
은 83명으로서 21.7%, 25負 미만은 240명으로서 62.8%이며, 이들 階層
이 소유하고 있는 總農地는 각각 全農地面積의 44.3%, 17.5%, 19.9%,
18.3%이다. 그러므로 이 지역의 農地는 6% 정도의 地主層과 富農層이
44% 정도의 農地를 소유하고, 약 63%의 貧農層이 18% 정도의 農地를 소
유하고 있는 데 불과하며, 10% 내외와 20% 내외의 中農層과 小農層이 각
각 15~20% 정도의 農地를 소유하고 있음을 알 수 있다. 소수의 地主層이
나 富農層이 대부분의 農地를 점유함으로 인하여 대부분의 農民은 극히 영
세한 土地所有者로 전락하고 있음을 보게 되는 것이다.

이러한 현상은 平民層이나 賤民層의 경우에만 한하는 것이 아니라, 정도
의 차이는 있었지만 兩班層의 경우에도 마찬가지였다. 兩班層과 平民·賤民
階層의 分化程度를 비교해보면, 兩者의 地主 및 富農·中農·小農·貧農의
구성 비율은 각각 8.1%, 11.3%, 25.6%, 55.0%와 2.9%, 7.6%,

---

3) 拙稿, '量案의 研究—朝鮮後期 肅宗末年(1719·1720)의 農家經濟'(『朝鮮後期
　　農業史研究』 I, 초판본, pp.143~147 ; 증보판, pp.150~154) 참조.
　　　이 論文 제목의 副題는 초판본에서는 막연하게 '朝鮮後期의 農家經濟'라 하였으
　　나 증보판에서는 새로 발굴한 量案을 이용하여 문제의 범위를 한 시점으로 압축할
　　수 있었으므로 위에서와 같이 조정하였다. 이 밖에도 필자는 여러 冊의 증보판을
　　내면서, 여러 논문을 초판본에 추가하면서 冊 전체의 조화가 필요할 경우에는, 논
　　문의 題目 또는 그 副題를 소성하였다. 그리고 本書에서 이를 인용할 때는 증보판
　　의 제목으로서 이를 제시하였다.

17.0%, 72.5%이었다. 그리고 이때 이들의 平均所耕面積을 보면 前者는 量案上의 起主 1人當 50負 6束, 後者는 22負 5束이었다. 兩班層에게는 富農 이상이 많다는 점에서나 貧農層의 構成率이 낮다는 점에서, 그리고 平均所耕面積이 크다는 점에서 平民層이나 賤民層보다 그 經濟程度가 우세한 것을 볼 수 있지만, 그러나 그러한 兩班層에게도 그 분화는 심각한 것이었다. 이들 가운데도 극히 소수의 兩班層이 廣大한 農地를 소유하였을 뿐이지 대부분의 兩班層은 극히 零細한 土地所有者에 불과하였다.

그러한 가운데서 종래에는 貴族의 身分이었기에 大土地所有者가 될 수 있었던 사람들도 이때에는 몰락하는 자가 늘어나고 있었다. 茶山 丁若鏞은 그러한 사정을 다음과 같이 말하고 있었다.

> 今也 故家名族 悉皆凋殘 兼幷之習絶無所聞
> 百年以來 爵祿不及於遐外 古之士大夫 其子孫零替 其業破落 不成模樣[4]

이제는 지방의 故家名族 등 이른바 豪戶들도 모두 凋殘沒落해서 土地兼幷의 습속을 들을 수 없게 되었으며, 또 근 백년 이래로는 爵祿을 주는 바가 먼 外方에까지 미치지 못하여 옛 士大夫階層의 자손들은 몰락하고 산업은 破落하여 그 형편이 말이 아니라는 것이었다. 農村社會가 전체적으로 變動하는 가운데서 兩班層이라고 예외일 수는 없는 것이었다.

土地所有를 중심으로 한 農民層의 분화는 지역차는 있었지만 대체로 어느 곳에서나 일어나고 있는 현상이었다.[5] 그리고 17세기 이래로 時代가 進展함에 따라서는 더욱더 激化되고 있는 일이었다. 17세기 초의 農民層分化보다는 18세기 초의 그것이, 18세기 초의 農民層分化보다는 18세기 말의 그것이 더 심화되고 있었으며,[6] 19세기 중엽에서 20세기 초에 이르면서 그러

---

4) 『丁茶山全書』, 「經世遺表」(이하 『全書』, 「遺表」로 略) 地官修制, 田制別考 3, 下, p.177.
  『牧民心書』(光武 5年 廣文社新刊本) 卷 25, 禮典, 辨等, 3冊, p.47.
5) 拙稿, ‘司宮庄土에서의 時作農民의 經濟와 그 成長 ― 載寧餘勿坪庄土를 中心으로’(『朝鮮後期農業史研究』 Ⅰ, 초판본, p.358 ; 증보판, p.440), 表 1 참조. 이 表는 載寧郡 城垣坊의 農地所有 分解狀況을 정리한 것이다.
6) 拙稿, ‘古阜郡聲浦面量案의 分析’(『朝鮮後期農業史研究』 Ⅰ, 증보판, pp.223~

한 분화현상이 더욱 현저해지고 있었음은[7] 그러한 사정을 表現해 주는 것이라고 하겠다. 朝鮮後期라고 하는 긴 期間에는 農民層의 土地所有狀況에 큰 변동이 일어나고 있어서, 農地는 주로 富農層이나 地主層에 의해서 소유되고 대부분의 농민은 더욱더 영세한 土地所有者가 되거나 한 걸음 더 나아가서는 완전한 無田農民으로 전락하지 않을 수 없게 되고 있었다.

土地所有는 이 시기에는 財富蓄積의 가장 좋은 방법의 하나였으므로 토지의 集積은 성행하고 봉건적인 地主層은 그들의 農業經營이 變貌하는 가운데서도 경쟁적으로 이에 투자하고 있었다. 群小地主層에서 大地主에 이르기까지 土地集積에 대한 의욕은 마찬가지였다. 그리고 富農層에서도 이 시기에는 經營擴大에 더욱 열중하고 있었으므로 되도록 農地를 買入하는 데 노력하였음은 말할 것도 없었다. 더욱이 이러한 農地買入에서 豪富兼倂之家들은 반드시 勒買를 하거나 東奔西走하는 수고를 하지 않더라도 쉽사리 많은 토지를 집적할 수 있었다. 農民層 가운데는 그 경제의 파탄으로 農地를 내놓게 되는 者가 늘었고, 土地集積者들은 가만히 앉아 있어도 願賣者들이 줄지어 찾아와서 그들의 토지를 사줄 것을 懇請하는 형편이 되었으며, 따라서 그들은 자유로운 賣買를 통해서 쉽사리 토지를 집적할 수 있었다.[8]

封建地主層으로서 이와 같은 土地兼倂者들은 그 경제정도에 차이가 있기는 했지만 전국 어디에나 존재했다. 燕巖이 말하는 豪富兼倂者는 鄕族富豪 閭巷富人 또는 農村土豪인 것으로서, 이들의 經濟程度는 各樣各色이었으나 어느 고을 어느 마을에나 있었다. 작은 마을이면 작은 地主, 큰 마을이면 큰 地主가 있는 것이었다. 그리고 茶山이 말하고 있듯이 閭巷富人과 더불어서

---

235).
　　金建泰, 註 2의 논문.
7) 拙稿, ‘光武年間의 量田・地契事業’(『韓國近代農業史硏究』, 초판본, pp.587~599 ; 『韓國近代農業史硏究』 II, 증보판, pp.343~355).
　　‘朝鮮後期 無田農民의 問題’(『朝鮮後期農業史硏究』 I, 증보판) 참조.
　　그리고 이 시기의 農民層分化는 地主層의 土地集積이 그 근본 원인의 하나가 되고 있었는데, 그 같은 문제에 관해서는 拙著, 『韓國近現代農業史硏究』, 초판본(1992)・증보판(2000)에서 구체적인 사례연구를 하였으므로 아울러 참고할 수 있을 것이다.
8) 『燕巖集』, 課農小抄 限民名田議(慶熙出版社本), p.397.

는 中央의 文武兩班 가운데 큰 地主가 많았다. 그는 千石君의 文武兩班이나 閭巷富人이 '甚衆'하다는 표현을 하고 있었다. 그리고 그러한 가운데서도 특히 거대한 地主는 전국에 그 이름이 떨칠 만큼 많은 農地를 소유하고 있음을 지적하고 있었다. 영남지방의 崔氏와 호남지방의 王氏는 그러한 事例로서 이들은 萬石君으로 알려지고 있었다. 茶山은 千石君이면 그 所有地가 100結을 내려가지 않을 것으로 보고 있으며, 萬石君이면 400結보다 적지 않을 것이라고 말하고 있으므로, 100結 이상을 소유한 地主는 전국 각지에서 흔히 볼 수 있는 셈이었다.[9] 그뿐만 아니라 이 시기에는 豪商層으로서 그들의 富를 토지에 投資하여 大地主가 되는 者도 있었다.[10]

그러한 가운데서도 大地主로서 全支配層 위에 군림하는 것은 王室이나 各級 官衙였을 것이다. 이 시기의 宮房에서는 有土免稅條의 토지만도 11,380結 47負를 소유하고, 그 밖에 有稅條의 有土가 있었으며, 無土宮房田이 또한 2만 6천여 結이나 되었다. 그리고 各級 官衙에서 소유하고 있는 토지는 免稅條만을 따져도 46,104結 97負 9束이나 되는 廣大한 것이었다. 有土宮房田이나 免稅條 官屯田의 이러한 土地面積은 전체 農地面積의 약 4%, 時起耕田의 약 7%에 해당하는 것이므로,[11] 王室이나 各級 官衙는 가장 규모가 큰 封建地主인 셈이었다. 그리고 이와 같은 大地主로서 王室이나 各級 官衙의 庄土가 이것으로 그치는 것도 아니었다. 그 후에도 이들은 토지를 집적하여 非免稅條의 宮房田이나 官屯田을 늘려 나가고 있었다.

그리하여 이와 같은 土地集積過程을 통해서 토지로부터 배제되는 農民層은 더욱더 늘어날 수밖에 없었다. 더욱이 그러한 위에서 이 시기의 水田農業이나 旱田農業에서의 農法의 전환은, 後述하는 바와 같이, 노동력을 절약하

---

9) 『丁茶山全書』(이하 『全書』로 略), 田論 1, 上, p.219.

10) 徐慶昌은 그의 「田軍糴三弊說」(『學圃軒集』)에서 松商이 土豪層과 함께 高利貸를 통해서 土地兼併을 하고 있음을, '富家兼併之術 古雖有之 豈有如此之毒且甚者哉 土豪與松人輩兼併之術 近來尤酷 一人致富 百戶荷擔'이라고 하였다. 여기서 松人은 松商을 뜻한다. 豪商層의 土地兼併에 관한 이러한 事情은 姜萬吉, '京江商人研究'(『亞細亞研究』 42, 1971) ; 金錫亨 등, 『金玉均研究』(日譯版)에서도 言及하고 있어서 이 무렵의 商人層의 動態를 알 수 있다.

11) 『萬機要覽』 財用篇 免稅, pp.250~268 ; 田結, p.202. 이곳에서는 純祖 7年의 8道 4都의 元帳付田畓을 1,456,592結, 時起를 840,714結로 記載하고 있다.

고서도 더 많은 所出을 얻을 수 있게 됨으로써 經營型富農層의 農業轉換에 따르는 經營擴大가 隨伴하게 되고, 이러한 經營擴大는 零細農의 토지로부터의 脫落을 촉진하고 있었다. 그리고 농업의 상업화가 발달하게 되면서는 貧富隔差의 추세를 한층 더 촉진시키고 農地의 偏在와 無田農民의 排出을 가속화시키고 있었다. 이 시기의 農民들에게는 토지에서 배제되지 않을 수 없는 요인이 內外로 여러 가지 면에서 작용하고 있는 것이었다.

이 시기의 識者層에서는 토지소유를 중심한 이와 같은 農民層의 분화현상을 정확하게 파악하고 그 귀결이 어떻게 될 것인지를 분명하게 인식하고 있었다. 副護軍 許傳이 이 무렵의 農民層의 분화현상을 上戶·下戶·小戶·貧戶·殘戶·獨戶·乞戶의 階層으로서 표현하고, 그와 같은 農民經濟의 實情이 農民叛亂을 유발하는 배경이 되지 않을 수 없음을 말하고 있었음은 그 한 사례이겠다. 下戶나 上戶는 土地所有者 가운데서 貧富의 구분이고, 貧戶·殘戶는 産業이 없는 者, 즉 無田者 가운데서 貧富의 구분이며, 獨戶·乞戶는 無田者 중에서도 특히 의탁할 곳이 없는 農民을 구분함이었다.[12] 그리고 阮堂을 통해서 茶山의 학문에 연결되고 있었던 姜瑋가 또한 이 시기의 農民層을 구분하여 1結 이상의 土地所有者를 上戶, 50負 이상을 中戶, 그 이하의 土地所有者와 無田者를 下戶로 파악하고, 이러한 分化過程의 激化, 즉 토지로부터 배제되는 農民의 激增이 農民叛亂의 원인이었음을 지적한 것 또한 그러한 例이다.[13] 봉건적인 社會經濟體制 안에서의 農民層分化의 激化는 원

---

12) 『三政策』(檜山新刊本), 18張.
　　且穀多民少 故强名上戶 則所授極尠 至爲下戶·小戶·貧戶·殘戶·獨戶·乞戶等 層級 不得脫於抑配之科 此所謂奸吏食邑戶也 噫下小之外 別立貧殘之名 則其尤無産 業也決矣 貧殘之外 別立獨乞之名 則其尤無依託也決矣
13) 『古歡堂收草』4, 擬三政捄弊策.
　　今則授田之制廢 而民之貧富 未可以懸斷 不得不視田多寡 而爲等也 …… 臣又欲 以田滿一結以上者 爲上戶 滿五十負者 爲中戶 以下至無田者 爲下戶
　　然以臣所慮 亂不作於良民 而必作於窮民何也 良民是土著者也 窮民是浮寄者也 …… 惟此浮寄之氓 旣無聊賴可以得活 日夜怨望 思亂久矣 雖以義理論之 不從也 天 下之可畏者 在彼而不在此也 近見南民之擾 皆此屬爲之唱 而良民特其脅從者耳
　　臣目覩之身嘗之 而後知其不然也 是皆殿下赤子 靡室靡家 無衣無食 困苦無賴之徒 以爲等死 相聚而爲此耳 鄕品不與焉 士族不與焉 吏胥不與焉 平民之自好者不與焉 其相與爲此者 乃皆流民浮客夯商傭僱之類 或有一二逆種賊徒 無復望於聖世者 參錯

래의 봉건적인 社會經濟秩序를 와해시키고 있었으므로, 그 결과로서의 農民
層의 움직임은 이제 당연한 논리로서 봉건적인 體制 그 자체를 위태롭게 하
는 것이었다.

토지소유에서 배제된 農民들이 살아갈 수 있는 길은 여러 가지였지만 우
선 손쉬운 것은 地主層에게서 農地를 借耕하는 일이었다. 토지를 잃은 農民
이 農業을 버리지 않고 살아갈 수 있으려면 時作農民이 되는 수밖에 없었다.
그리고 토지를 放賣할 그 당시만을 생각한다면 時作農民이 되는 것이 그렇
게 어려운 일은 아니었다. 土地兼併者들이 새로이 土地를 매입할 때는 일반
적으로 종래의 作人이나 종래의 土地所有者에게 결정적인 흠, 즉 抗租行爲
가 없을 경우라면 그들을 그대로 時作農民으로서 仍作시키는 것이 관례였기
때문이었다. 이를테면 宮房에서 民田을 庄土로서 買入할 경우에는 原主나
原作人을 作人으로서 그대로 설정하고 있는 것을 우리는 이미 살핀 바 있
다.[14) 그것은 民田의 경우에도 마찬가지여서, 그럴 경우에는 秋收記上에다
이를 명백히 기록하는 수도 있었다. 가령 井邑郡 山外面에서 正祖 이래로 地
主經營을 해 온 金氏家의 『秋收記』에[15)

```
上尺谷                         價三十三兩
李常馥 買 移字畓 三斗落只 八卜七束   稅二石 作 李先達技萬子
李技萬子                                   李常馥
上尺谷                         二十兩              上尺谷
鄭在直 買 移字田 一日耕 十七卜一束   稅四兩 作 鄭在直
```

이라고 명시되어 있음은 그 예이겠다. 李常馥이나 鄭在直은 그들의 農地를
地主인 金氏家에 賣渡하고서도 계속 그것을 時作農民으로서 耕作하고 있는
것이었다. 이러한 사정은 다른 지방에서도 마찬가지여서 江華府內의 金氏家
의 『秋收記』에는 崔淳錫·劉德玄·劉正三·高達英 등이 그 農地를 放賣한

其間 乘民之憤 願爲前茅 一吐其胸中積鬱怨恨之氣而已
 14) 拙稿, ‘續·量案의 硏究’(『朝鮮後期農業史硏究』 Ⅰ, 초판본, p.213 ; 증보판,
   p.293) 참조.
 15) 井邑郡 山外面居 金東洙(光山金氏)氏家의 庚午(1810)年度『秋收記』.

후 그것을 그대로 作人으로서 借耕하고 있는 것이 기록되어 있었다.[16] 그리고 또 後述하는 바 古文書에서도 볼 수 있듯이 農地를 賣渡한 農民이 그것을 '仍作耕食'하는 예는 많았다. 燕巖은 이와 같은 農村慣行을 豪富兼倂之家들이 토지를 사고서는 그 토지를 그대로 原主에게 時作農民으로서 耕作케 함으로써 그를 慰勞하며, 農地를 放賣한 農民은 土價를 후하게 받고서도 그 토지를 그대로 借耕할 수 있음으로써, 農地의 가격은 날로 오르고 손바닥만 한 農土도 모두 豪富家의 兼倂하는 바가 된다고 말하고 있었다.[17]

　이는 豪富兼倂者들의 土地集積이 곧 한편으로는 自作農의 時作農民에로의 沒落過程임을 뜻하는 것이었다. 따라서 前記한 바와 같이 土地集積이 盛行하는 데 따라서는 현실적으로 時作農民이 激增하지 않을 수 없었고, 그에 隨伴하여서는 地主制的인 農業生産이 양적으로 확대되어 나가지 않을 수 없게 되었다. 토지소유를 중심으로 한 農民層의 분화는 한편으로는 富農·地主層으로의 토지의 집중을 촉진하면서, 다른 한편으로는 零細小農層의 몰락을 촉진하고, 나아가서는 無田農民層을 大量排出함으로써 地主制的인 農業生産을 확대시키고 있는 것이었다. 그리하여 조선후기에는 土地所有者에 의한 自作農的인 농업생산과 더불어 無田農民에 의한 時作農的인 농업생산 또한 농업생산의 한 型으로서 더욱 광범하게 발달하게 되었다.

　時作農民들에 의한 농업생산이 전체 농업생산에서 차지하는 비중이 어느 정도였는지는 여러 가지 기록이나 土地臺帳을 통해서 살필 수 있다. 茶山은 '農夫無田 皆耕人田'[18]이라고 하여 農民들은 대개 자기 토지를 喪失하고 남의 토지를 借耕한다고 하였으며, 燕巖은 '有田自耕者 十無一二'[19]라고 하여 대부분의 農民이 時作農民임을 말하고 있었다. 또 民亂 당시의 실정을 체험하고

---

16) 拙稿, '江華 金氏家의 地主經營과 그 盛衰'(『韓國近現代農業史硏究』초판본·증보판, 註 37 참조).
17) 『燕巖集』, 課農小抄 限民名田議, p.397.
　　彼豪富兼幷者 亦非能勒賣貧人之田 而一朝盡有之也 自藉其富强之資 安坐而無爲 則四隣之願鬻者 自持其券 而日朝於富室之門矣 …… 彼富室者 勉强厚其價 而益來之 旣有之矣 仍令佃作 而姑慰其心 貧戶則旣利其一時之厚價 又德舊土之猶食其半 由是 而士價日增 而附近之寸畦尺塍 盡歸富室矣
18) 『牧民心書』卷 12, 戶典 稅法, 2冊, p.49.
19) 『燕巖集』, 課農小抄 限民名田議, p.397.

目睹하였던 磊樓 金炳昱도 이때의 農民들의 실정을 지적하여 '我國農戶 舉皆 是無土借佃之人也'라고 말하고 있었다.[20] 이러한 사실을 지적하는 사람은 이들뿐만이 아니었다. 禹夏永은 18세기 말 19세기 초의 농촌실정을 '今農民之 所耕 太半他人之田土'[21]라 보고 있었으며, 五洲 李圭景은 우리나라에는 兩班이 林立하고 토지를 소유하고 있는데 그 중 10의 8, 9는 兼倂之家이어서 10結의 農地 가운데 民田은 겨우 1結도 되지 않는다고 하였다.[22] 前三者는 農民을 중심으로 하여 말한 것이고 後二者는 農地를 중심으로 하여 말한 것인데, 어느 것이나 정확한 통계에 의해서 설명하고 있는 것은 아니지만, 이로써 우리가 한 가지 분명하게 알 수 있는 것은 적어도 이 시기의 농업생산은 地主制的인 형태로 행해지는 바가 많았다는 점이라고 하겠다.

이러한 현상은 어느 지역에서나 적지 않은 地域差가 있었을 것임을 우리는 예상하는 것이지만, 그러나 동시에 어느 지역에서나 그러한 현상이 시대의 進展, 따라서 農地所有에서의 農民層分化의 激化와 더불어 더욱 현저해지고 있었음은 이 시기의 하나의 시대적인 추세였다고도 하겠다. 土地所有에서 農民層의 분화나 兼倂者層의 土地集積은 시대의 진전과 더불어 더욱더 격화하는 것이 사실이었고, 따라서 그 반면으로는 時作農民과 그들이 借耕하는 農地가 확대되지 않을 수 없었기 때문이다.

이를테면 18세기 초의 호남 古阜 지방의 경우를 보면 時起耕田 내에서 전체 農地에 대한 時作地의 비율은 60여%, 時起耕田 내에서 전체 農民에 대한 時作人의 비율은 40여%로 算出되고 있었는데,[23] 茶山은 前述한 바와 같이 19세기 초의 호남지방에 관한 事情을 農民들이 토지가 없어서 모두 타인의 토지를 借耕한다고도 하고, 더 정확하게 말해서는 지금 호남의 農民들을 헤아려 보면 100戶 가운데 農地를 貸與하여 地代를 收取하는 者는 5戶이고, 자기 토지를 自耕하는 者는 25戶이며, 他人의 토지를 借耕하는 者는 70戶라

---

20) 『磊樓集』 卷 5, 鵬舍消遣, 2장.

21) 『千一錄』 卷 2, 田政 附 農政, 53장.

22) 『五洲衍文長箋散稿』 下, p.309.

23) 拙稿, '續·量案의 研究'(『朝鮮後期農業史研究』 Ⅰ, 초판본, pp.225~234 ; 증보판, pp.305~314) 참조.

고 하여 그 비율을 산출하고 있었다.[24] 그리고 19세기 말 20세기 초에 이르면 이러한 時作關係人이 전체 農家에서 차지하는 構成率은 더욱 높아지고 있어서, 廣州·水原·安城·溫陽·連山 지방 등의 경우를 보면 모두 80%를 넘고 개중에는 90%를 넘는 곳도 있었다.[25] 그뿐만 아니라 그와 같은 時作關係人 가운데서 自·時作 兼營人을 除外한 純時作農民의 경우만을 보더라도 18세기 초에서 19세기 말에 이르는 동안에는 많은 증가를 보여주고 있었다. 前記 古阜 지방에서 純時作農民은 그곳 農民의 25% 내외였는데, 光武量田 時에는 前記 5個 지역 가운데 두 지역에 각각 전체 農民의 40%와 50%를 넘는 純時作農民이 있었다.

自作農民의 分化過程에서 時作農民層이 수적으로 증가하고 이들에 의한 농업생산이 이 시기 농업생산에서 중요한 일부를 형성하고 있었다는 사실은, 이들 時作農民層의 社會 身分構成이 또한 결코 단순하지 않았을 것임을 말하여 주는 것이라고 하겠다. 토지소유에서 農民層分化의 深化는 時作農民을 加速的으로 증가시키고 있었는데, 그러한 時作農民의 격증은 그들의 農地借耕에 경쟁을 야기하고, 따라서 農民層의 분화는 여기서도 전개되지 않을 수 없었다. 더욱이 農法轉換에 따라서 農業生産力에 큰 발전이 있게 되면서부터는, 經營型富農層에 의한 經營擴大가 일어나고 있었으므로 時作農民層 내에서의 분화는 더욱 촉진되지 않을 수 없었다. 이 경우 土地所有者의 분화는 身分制의 解體過程과도 관련하여 兩班層 가운데서도 일어나는 것이었으므로, 이때의 時作農民은 兩班·平民·賤民 등 종래의 여러 身分階層으로서 새로이 再構成된 것이었음은 말할 것도 없었다. 그리하여 時作農民層의 이와 같은 社會經濟的인 처지는 필경 생존을 위한 活路의 打開를 地主層과의 關係改善에서 찾게 되는 데서, 이들의 地主層에 대한 끊임없는 항쟁, 특히 抗租運動은 야기되고, 여기에 실제로 봉건적인 地主·佃戶制는 점차 質的으로 변화를 일으키지 않을 수 없도록 되었다.[26]

---

24) 『全書』, 擬嚴禁湖南諸邑佃夫輪租之俗箚子, 上, p.198.
25) 拙稿, '光武年間의 量田·地契事業'(『韓國近代農業史研究』 II, 증보판, p.356, 表 13) 참조.
26) 이와 같은 問題는 『朝鮮後期農業史研究』 I, 증보판, 제III편 地主·佃戶關係의

그와 같은 時作農民의 農地保有狀況은 土地臺帳을 통해서 이미 구체적으로 살핀 바 있다. 19세기 초엽의 황해도 載寧 지방에 있었던 王室의 庄土에서 보면, 時作農民들의 借耕地保有의 實態는 다음과 같았다. 즉 壽進宮庄土의 경우, 1結 이상(이곳의 1結은 約 4町步)의 借耕地保有者는 전체 時作農民 가운데 7.5%가 있어서 全農地의 32.5%를 보유하고 평균 1結 69負 9束을 耕作하고 있었는데, 50負 이상의 保有者는 전체의 15.3%로서 全農地의 26.2%를 보유하고 평균 67負를 경작하였으며, 25負 이상의 保有者는 전체의 28.8%로서 全農地의 25.8%를 보유하고 평균 35負 1束을 경작하였다. 그리고 25負 이하의 保有者는 전체 時作農民의 48.4%나 되면서도 全農地의 15.5%를 보유하는 데 불과하고 평균으로는 12負 5束씩을 경작하고 있었다. 農地保有에서의 이와 같은 격차는 정도의 차이는 있었지만 明禮宮庄土의 경우도 마찬가지였다. 이 庄土에도 1結 이상이나 50負 이상의 農地保有者가 있는 반면에, 평균 13負 2束을 借耕하는 데 불과한 영세한 農地保有者들이 55.1%나 있었다.[27)]

이러한 현상은 民田 내의 農地借耕에서도 마찬가지였다. 18세기 초의 古阜 지방의 上同坪에서 보면 1結 이상의 農地保有者는 全農民의 1.6%, 50負 이상은 17.5%, 25負 이상은 27.8%, 25負 이하는 53.1%였는데, 이 25負 미만의 農地保有者들은 평균 11負 7束을 경작하는 데 불과하였으며,[28)] 19세기 말의 廣州 등 여러 지방에서도 대략 유사한 실정이 전개되고 있었다.[29)]

變質의 여러 곳에서 言及한 바 있고, 또 本稿 2의 2) 時作農民層의 動向과 地主의 對策에서도 詳論된다.

27) 拙稿, ‘司宮庄土에서의 時作農民의 經濟와 그 成長 — 載寧餘勿坪庄土를 中心으로’(『朝鮮後期農業史硏究』Ⅰ, 초판본, p.358, 表 2·3 ; 증보판, p.440, 表 2·3). 그리고 이곳 農民들이 韓末·日帝侵略下에 이르면서 變貌하는 事情에 관해서는 拙稿, ‘載寧 東拓農場의 成立과 地主經營 强化’(『韓國近現代農業史硏究』, 1992, 2000)를 참조.

28) 前揭, ‘續·量案의 硏究’(『朝鮮後期農業史硏究』Ⅰ, 초판본, p.240 ; 증보판, p.320 表 15).

29) 前揭, ‘光武年間의 量田·地契事業’(『韓國近代農業史硏究』Ⅱ, 증보판, 表 12～30) 참조.

時作農民의 農地保有狀況을 통해서 볼 때, 그들의 經濟程度는 여러 層으로 나누어 생각하지 않으면 안 될 만큼 큰 차이가 있었다. 많은 農民들이 극히 영세한 農地保有者인 것은 사실이지만 그 가운데는 적지 않은 수의 富農層이 있었다. 時作農民이라면 일반적으로 가난한 農民의 상징으로 취급되게 마련이지만 모든 時作農民이 다 그러한 것은 아니었다. 時作地는 극히 소수의 부유한 時作農民에 의해서 독점되고 많은 수의 農民들은 극히 적은 農地를 借耕할 수 있는 데 불과하였다. 時作農民 가운데서 이와 같은 富農層을 우리는 經營型富農層이라 불러오고 있다. 經營型富農層은 좀더 포괄적인 개념을 지닌 社會階層이지만, 借地經營을 통해서 富를 蓄積하는 이와 같은 富農은 그러한 槪念의 主軸을 형성하는 富農層이었다.[30] 이들 時作農民層은 自作農民層의 분화의 所産이지만, 이들은 다시 그 내부에서 經營型富農과 零細時作農의 兩極으로 분화되고 있는 것이었다.

經營型富農層은 中小地主層이나 自作農이 발달하고 있는 民田 내에서는 時作地만의 借耕을 통해서 富農이 되기는 어려웠다. 이러한 곳에서는 自作地와 借耕地를 兼營하는 自·時作 兼營人에게 富農層이 많았다. 時作地만의 借耕을 통해서 富農이 되는 것은 大地主의 農地가 한 지역에 집중하고 있는 곳에서였다. 民田 내의 大地主의 庄土라든가 宮房田이나 官屯田 등에서는 흔히 그러한 예를 볼 수 있었다. 그러나 어느 경우를 막론하고 이와 같은 經營型富農은 적지 않게 있었고 이들은 또 力農者로서 經營擴大에 열중하고 있었으므로, 이들의 借耕地擴張으로 인해서는 많은 無田農民이 農地의 借耕에서 지극히 불리한 입장에 놓이지 않을 수 없었다. 地主層이 農地를 貸與하는 것은 地代의 收取에 목표가 있는 것이었으므로, 農地借耕에서 유리한 것은 家勢가 넉넉하여 地代의 收納에 지장이 없고 또 農業生産을 제대로 잘할

---

30) 經營型富農層의 槪念에 관해서는 拙稿, '朝鮮後期의 經營型 富農과 商業的 農業'(『朝鮮後期農業史硏究』 Ⅱ, 초판본, pp.135~143 ; 증보판, pp.268~283)에서 詳論한 바 있으므로, 이곳에서는 再論을 피한다. 이러한 農民層의 農民像은 당시의 文學作品에도 여러 가지로 反映되고 있어서(이를테면 李佑成·林熒澤 譯, 『李朝漢文短篇選集』, 1972, 一潮閣), 우리의 이 農民像을 理解하는 데 도움이 되며, 더욱이 이 時期의 作品을 社會史的인 角度에서 整理하고 있는 林熒澤의 '흥부전의 現實性에 관한 硏究'(『문화비평』 1의 4, 1969, pp.802~840)는 참고된다.

수 있는 農民이었고, 따라서 그러한 점에서는 自·時作 兼營人이거나 純全
한 借地經營者라도 大農일 경우에 農地借耕의 경쟁에서 더욱 유리할 수밖에
없는 것이었다.[31] 이 시기에는 自作農民의 몰락과 時作農民의 증가가 점점
더 촉진되는 실정이었으므로 더욱 그러하였다.

農地의 借耕에서 배제되는 無田農民은 賃勞動으로써 생계를 세우거나 商
工業으로 轉業을 하기도 하고, 그것도 어려운 農民은 각지를 流離乞食하는
流浪民이 되기도 하였다. 그리고 이와 같은 沒落農民 가운데서도 대부분의
農民들은 賃勞動에 생계를 의존하게 되는 것이 보통이었다. 賃勞動層의 형
성인 것이었다. 앞에서 許傳이나 姜瑋가 農民層의 분화와 農民叛亂이 誘發
되는 事情을 말하였을 때의 最下의 農民層은 바로 이와 같은 沒落農民들이
었다. 農地를 소유하지 못하였다는 사실 만으로써도 農民들은 벌써 충실한
家計를 유지할 수가 없는 것이었는데, 借耕地를 얻는 데에서도 어려운 형편
이고 나아가서는 완전히 배제되기까지 한다면, 그들은 그들 자신의 勞動力
을 販賣할 수밖에 별다른 길이 없는 것이며, 그러기에 그들은 당시의 제반
社會的 矛盾에 민감할 수밖에 없는 것이었다.

이는 바로 賃勞動層·無産者階層에서의 階級意識의 형성을 뜻함이었다.
그들은 封建地主層이나 富農層의 土地集積·經營擴張·유리한 農業經營 등
에 밀려 몰락하게 된 것이므로, 그리고 마침내는 그들 封建地主層이나 富農
層 밑에서 일을 하는 賃勞動層으로 전락하게 되었던 것이므로, 封建地主層
이나 富農層, 즉 雇傭主層에 대하여는 敵對意識을 지니게 되었다. 19세기
중엽의 賃勞動層의 이와 같은 動向은 曹垣淳의 體驗記에 잘 표현되어 있다.
그들은 그들 가운데 근실한 雇人이 있으면, 이를 說得하거나 威脅함으로써
그들과 同類가 되어 雇主에 대하여 不勤하고 怠業하는 雇人이 되게 하거나
그 자리를 떠나게 하고 있었다. 가령 曹氏家에서는 申姓을 가진 勤實한 雇人
을 두고 있어서 이를 '出乎其類者'로 보고 있었는데, 이웃에 있는 雇人層은,

---

31) 前揭, '續·量案의 研究'(『朝鮮後期農業史研究』 I, 초판본, p.266 ; 증보판,
    p.346).
       이 같은 사정은 本稿 本節의 다음 項 2) 時作農民層의 動向과 地主의 對策에서
    상론될 것이다.

　　隣有同類者　多忌嫉之　常誘之曰　若雖辛苦如是　奈主人之不知其功何　莫如入吾黨泛泛以度日之爲愈也

라고 하여, 雇主에 대하여 怠業할 것을 慫慂하고 있었으며, 이 申姓雇人이 이를 듣지 않자 '衆怒群猜 毁謗日滋'함으로써 그로 하여금 마침내

　　一日以告主人曰　勢不得爲雇　請以今日辭

케 하여, 이 집을 떠나려 하게까지 하였던 것은 그러한 사례였다. 申姓雇人은 曹氏家의 간곡한 만류로 떠나지는 않았지만 이러한 일이 세 번이나 되풀이되었고, 그래서 曹氏家에서는 '雇人之難行 亦如是乎'라고 하여 賃勞動層의 다루기 어려움을 탄식하고 이를 記錄에다 남기기까지 하였다.[32]

　　그러나 農民層分化에 따르는 賃勞動層의 형성과 그 階級意識의 형성이 비단 이들 農地借耕에서 완전히 封鎖된 無田農民에 의해서만 이루어지고 있는 것은 아니었다. 비록 地主層의 農地를 일부 借耕할 수가 있었던 時作農民이라 하더라도, 그 대부분은 극히 영세한 토지를 借耕하는 데 불과하여서 그것만으로는 生計維持가 안 되는 農民이 많았다. 앞에서 평균 10여 負의 農地를 보유하였던 時作農民들 가운데는 그러한 農民이 많았을 것이다. 평균이 10여 負이면 그 중에는 그러한 정도에도 미치지 못하는 者가 많았을 것이며, 사실 그러한 정도의 借耕地라면 그것으로써 生計를 보장하지 못하였을 것임은 말할 것도 없고, 그만한 借耕地조차도 갖지 못한 農民과의 經濟程度에 큰 差가 있는 것도 아니었을 것이다. 이와 같은 時作農民은, 이제 곧 言及하겠지만, 실질적으로는 借耕地를 얻지 못한 農民과 마찬가지 방법으로 생계를 세우지 않으면 안 되었을 것이다. 그러므로 農民層分化에 따라 이와 같은 農民層이 광범하게 형성되고 있었다는 사실은, 農地借耕에서 완전히 배제된 農民層과 더불어 賃勞動層의 광범한 형성을 뜻하는 것이며, 또 社會的 矛盾에 대하여 항쟁하는 社會勢力의 광범한 背景造成이 되는 것이 아닐 수 없었다. 그리고 그렇기 때문에 後述하는 바와 같이, 農民叛亂의 收拾問題가 提論

---

32) 『復庵集』 卷 4, 雇人說.

되었을 때 많은 사람들이 이와 같은 無田農民層에 대한 借耕地調停問題를 擧論하기도 하였다.

土地所有와 土地借耕關係를 이와 같이 살펴보면 이 시기의 農民層은 크게 분화되고 있는 것이 특징이었다. 그러나 이 시기의 농업생산이 지니는 특징이 이것으로 그치는 것은 아니었다. 이와 같은 農地所有나 農地保有의 實態 위에서, 이 시기의 농업생산은 그 經營關係의 변동과도 관련하여 그 특징을 더욱 복잡하고 심각하게 만들어 가고 있었다. 그것은 農業經營에서의 勞動力의 문제와 農産物商品化의 문제였다.

이 시기의 농업생산은 賃勞動, 즉 雇傭勞動의 전제 위에서 행해지는 것이 또한 특징이었다. 雇傭勞動에는 주로 賃勞動과 이에 기초한 雇只勞動(請負耕作) 雇工勞動이 있었고, 雇工勞動 가운데는 다시 短期雇工과 長期雇工이 있었는데, 이와 같은 여러 가지 노동형태 가운데서 중심이 되는 것은 賃勞動이었고, 短期雇工은 본질적으로 賃勞動과 같은 것이었다. 그리고 이 시기에는 '품앗이' 勞動이 또한 있었는데, 이것 또한 기본적으로는 賃勞動制의 바탕 위에서 행해지는 것이었다. 말하자면 이 시기의 雇傭勞動은 賃勞動制가 기본이 되는 것이었으며, 따라서 이러한 상황에서 행해지는 농업생산 또한 賃勞動制에 의해서 이루어지는 수밖에 없는 것이었다.[33]

물론 그렇더라도, 地主層이 대부분의 農地를 貸與하고 일부의 私耕地를 自作할 경우에는 率居奴婢를 구사하여 이를 경영하는 것이 일반적이고, 많은 自作農이나 時作農民들은 그들의 農業經營을 주로 家族勞動에 의존하는 것을 전제로 하고 있었지만, 그러나 農業이란 원래 계절적으로 집중적인 노동력을 필요로 하는 것임에서, 農繁期의 農業勞動은 奴婢勞動이나 家族勞動만으로 이를 해결할 수는 없는 것이었다. 農法의 전환은 이러한 사정을 한층 더 심화시켰으며, 그러한 가운데서 經營規模가 커지게 되면 더욱 그러하였다. 그럴 경우에는 雇傭勞動이 절박하게 필요한 것이었고, 따라서 私耕地를 가지고 있는 地主層이거나 自作農·時作農民·經營型富農이거나를 막론하

---

33) 이 무렵의 雇傭勞動의 諸形態에 관해서는 前揭 註 30의 '朝鮮後期의 經營形 富農과 商業的 農業'(『朝鮮後期農業史研究』Ⅱ, 초판본, pp.180~197 ; 증보판, pp.325~349) 참조.

고, 그들의 農業經營에 소요되는 노동력의 대부분은 雇傭勞動으로 해결하지 않으면 안 되었다. 그리하여 이 시기의 農業生産은 기본적으로 賃勞動制의 위에서 행해지게 되고, 따라서 이를 業으로 삼는 賃勞動層이 형성되지 않을 수 없게 되었다.

賃勞動에 동원되는 勞動者는 土地所有와 農地保有에서 배제된 無田無佃의 農民, 따라서 農民層分化에서 탈락한 最下의 沒落農民이 주였다. 이들은 流民·浮客·夯商·傭雇之類를 형성하지만, 鄭尙驥가 말한 바에서 알 수 있듯이 대부분은 농촌에 그대로 남아서 農業勞動에 종사하게 되고 '計日取直'하는 賃傭爲業者가 되는 것이 일반적이었다.[34] 그리고 農閑期에는 '傭春雇織'에 종사함으로써 생계를 유지하기도 하였다.[35] 精米를 위한 노동과 織布를 위한 노동에 雇傭됨이었다. 이들은 언제나 마을을 떠날 수 있는 처지였지만, 父母之鄕 生長之村을 차마 떠나지 못하고 눌러앉아서 賃勞動으로 살아가는 것이었다. 그러나 앞에서도 언급한 바와 같이, 賃勞動者가 반드시 자기 토지가 없고 借耕地를 얻지 못한 者로써만 구성되는 것은 아니었다. 자기 토지가 있거나 借耕地를 얻을 수 있었던 農民이라 하더라도, 그것만으로 살 수 없는 零細貧農層이면 그 자신의 노동력을 商品化함으로써 생계를 유지하지 않으면 안 되는 것이었다. 茶山이 時作農民層의 생활을 '八口食糧 四鄰酬傭'[36]이라고 한 것이라든가, 또는 民亂 당시의 農民들의 생활을 '所恃者 惟彼賣菜傭也'[37]라고 표현한 磊棲의 말은 바로 그와 같은 실정을 말함이었다. 그들은 四鄰酬傭을 하고 賣菜·賣傭을 함으로써 살아갈 수밖에 없는 실정이 되고 있는 것이었다. 自作農으로서의 零細小農層이나 時作農民으로서의 貧農層은 아마도 대부분 그러하였을 것이다. 燕巖이 小農層의 '三奪' 行爲를 설명하면서, 그 가운데 하나로서 품삯을 바라고 爲人雇脚됨을 경계하고 있었음은 그러한 事情을 표현함이었다고 하겠다.[38]

---

34) 前揭 註 33의 논문.
　　鄭尙驥, 『農圃問答』 均田制.
35) 國立圖書館 소장 古文書 No.21024-338, 339, 341.
　　『海營日記』 乙卯(哲宗 6年) 12月 25日 記事.
36) 『牧民心書』 卷 12, 戶典 稅法, 2冊, p.49.
37) 『磊棲集』 卷 3, 再疏, 17장.

이와 같이 농업생산이 賃勞動으로써 행해지는 가운데서 사회적으로나 農
政策의 입장에서 문제가 되는 것은 農業資本이었다. 즉 賃金의 準備 여부에
따라서 勞動力의 利用에 先後가 생기게 되고, 따라서 農業生産의 결과에도
큰 利害關係를 招來하게 된다는 사실이었다. 농업이란 본시 일정한 시기에
일정한 노동력의 투입이 필요한 것이므로, 賃金支拂을 위한 資金이 마련된
富農層은 제때에 勞動力을 雇傭할 수가 있어서 所期의 所出을 올릴 수가 있
고, 貧農層에서는 그러한 자금이 없어서 제때에 사람을 雇傭하지 못하고 따
라서 農時를 잃게 되어 失農을 하게 된다는 것이었다.[39] 移秧法의 보급은 이
러한 사정을 더욱 촉진하고 있었다. 移秧法이 보급되면서 水田農業은 ‘一年
秋事亶在秧役 則差失此時 何望西成乎’[40]라는 데서, 春節의 모내기 農業勞動
은 남보다 앞서서 행할 것을 農業經營의 한 지침으로 삼게까지 되었다. 그리
하여 당시의 農家指針書에서는 그러한 사정을,

凡所興作 必先於人而勿後人 功力之入期以百倍 則百物不乏 家用自足[41]

이라고 명시함으로써 이를 강조하기도 하였다. 그러므로 農法이 변동하고,
따라서 일정한 시기에 많은 노동력을 필요로 하는 상황에서, 이를 가장 적절
히 해결할 수 있는 것은 農資를 충분히 마련하고 있는 富農層이 아닐 수 없
었으며, 貧農層은 자연 마지막으로 밀려나게 되고 마침내는 失期失農도 하
게 되었다.

그뿐만 아니라 貧農層에서는 農牛나 農具를 구비하는 경우가 별로 없어서
富農의 것을 借用하는 것이 보통인데, 이들의 農牛나 農具의 借用에 대한 대
가는 現金支給일 뿐만 아니라, 그렇지 못할 경우에는 품앗이로써 報償하는
것이 常例였으며, 이럴 경우에는 1日之耕에 數日之雇로써 보상하여도 그 借
用의 기회는 마지막으로 돌려지고 있었다. 그리고 이 때문에 農時를 놓치고

---

38) 『燕巖集』, 課農小抄 授時, p.346.
39) 前揭 註 33의 논문(『朝鮮後期農業史研究』Ⅱ, 초판본, p.189 ; 증보판, p.334)
   참조.
40) 『玉山文牒』傳令各堤洑所任, 壬子(1852) 3月.
41) 『家政』및『家政野談』, 力農桑.

失農을 하게 되는 것이었다.[42] 이럴 경우 農民들은 以人代牛하여 人力으로써 牛耕을 대신하게 마련이지만, 그러나 人力이 牛力을 따를 수는 없는 것이며, 따라서 거기에는 失農이 따르게 되는 것이 보통이었다. 가령 政府에서 農牛 문제를 논하는 가운데

　　近聞兩湖農民　緣於乏牛　耕墾之役　以人代牛　幾人幾日之勞　不及一牛一日之功 不無失時荒廢之歎[43]

이라고 하였음은 그러한 사정을 단적으로 표현하는 것이었다. 이는 兩湖地 方에 관해서 논한 것이지만, 이러한 農村實情이 비단 이 지방에만 국한된 것 이 아닐 것임은 말할 것도 없었다. 農牛, 즉 노동력의 有無는 農民經濟에 막 대한 영향을 주는 것이며, 이것이 없는 貧農層은 더욱더 몰락의 길을 밟게 되는 것이었다. 이 무렵에는 '喂肥耕牛 治完農具'하는 것, '家置兩犁'하는 것 이 力農桑·治財用의 條件이 되고 있었으므로[44] 그것도 무리는 아니었다. 농 업생산에서 노동력, 따라서 賃金을 마련하는 문제는 이와 같이 零細農에게 는 중요한 문제였기 때문에, 磊棲는 零細時作農民層이 살아갈 수 있는 방법 을 말하면서, 그들에게 조금이라도 혜택을 주면, '農民以此零利 得償其傭直 而庶可以安業'[45]할 것이라고도 말하였다.

　賃勞動에 의한 농업생산은 富農層의 農業經營에는 유리하게 작용하였으 나, 零細貧農層에게는 큰 타격을 주고 있었다. 勞動力의 효율적인 이용을 통 해서 富農層은 더욱 富實해졌으나 零細貧農層은 그와 반대로 더욱 영세해지 는 수밖에 없었다. 富農層과 貧農層은 農民層分化의 所産이지만, 農業生産 에서 賃勞動制의 慣行은 그와 같은 農村社會의 分化現象을 한층 더 촉진시 켜 나가고 있는 것이었다.

---

42) ① 拙稿, '十八世紀 農村知識人의 農業觀'(『朝鮮後期農業史研究』Ⅰ, 초판본, p.63 ; 증보판, p.65).
　　② 前揭 註 33의 논문(『朝鮮後期農業史研究』Ⅱ, 초판본, p.190 ; 증보판, p.335).
43) 『備邊司謄錄』, 哲宗 13年 6月 20日, 25冊, p.817.
44) 『家政』 및 『家政野談』, 力農桑·治財用.
45) 『磊棲集』 卷 5, 鵬舍消遣, 1장.

더욱이 이러한 賃勞動의 慣行과 관련하여, 富農層을 더욱 유리하게 해준
것은 農法의 전환이었다. 그것은 水田農業이나 旱田農業의 어느 경우에도
일어나고 있는 것으로서, 移秧法과 畎種法의 보급은 그것이었다. 전자는 17
세기 이래로 이미 널리 보급하였으며, 후자는 그보다는 좀 뒤늦게 18세기
이래로 널리 보급되고 있었다. 이러한 農法의 전환은 노동력을 절약하고서
보다 많은 所出을 얻으려는 데 그 목표가 있었던 것으로서, 이러한 큰 장점
이 있음으로 해서 移秧法이나 畎種法은 서서히 그러나 광범하게 傳播되어
나가고 있었다. 그리고 그 결과는 農業生産力의 급속한 향상을 齎來하고 있
는 것도 사실이었다.[46)]

農法轉換의 문제는 農業生産力의 발전을 위해서 施肥法의 개선이라든가,
品種의 개량, 水利施設의 增修 등과 더불어, 그것 자체로서 필요하고 또 필
연적으로 그렇게 될 수밖에 없는 것이었다. 農民經濟가 零細化되어가는 가
운데서 그러한 零細性을 만회하기 위해서는, 單位面積에서의 所出을 증대시
키는 일이라든가, 농업생산이 賃勞動에 의해서 행해지는 가운데서 勞賃을
절약하는 것이 절대로 필요한 까닭이었다. 그뿐만 아니라, 이 시기의 農業은
商業的인 農業이 前提되고 있었으므로, 그러한 사정은 더욱 配慮되지 않으
면 안 되었다. 그리하여 朝鮮後期에는 施肥法·品種改良·水利問題와 아울
러 農地制度改善 문제로서의 農法의 轉換이 하나의 時代的인 추세로서 확대
되고 있었다.

그러나 그와 같은 실정 속에서 그것을 가장 잘 이용할 수 있고 또 크게 德
을 보고 있는 것은 經營型富農層 大農層이었다. 그들은 절약된 만큼의 노동
력을 다시 더 經營擴大에 투입할 수 있었고, 이는 零細時作農民層의 農地借
耕을 더욱 어렵게 만들었다. 農地는 일정한데 富農層은 '貪於多作'하고, 貧農
層은 借耕에서 밀려나게 되는 것이었다. 그리하여 그러한 결과는 富農層과
貧農層의 격차를 加速的으로 넓혀 갔으며, 農村社會分化의 근원적인 促進劑
가 되기도 하였다. 그것은 가령 禹夏永이 農法轉換 ─ 이 경우는 移秧法의 보

---

46) 拙著, 『朝鮮後期農業史硏究』Ⅱ, 초판본, pp.2~132 ; 증보판, pp.2~236의 諸
    論文 참조.

급―에 따르는 經營擴張을, '今則民皆懶農 專事廣作 雖其可合水種之處 亦皆注秧'이라고 말하면서,[47] 이러한 현상의 사회적 영향을 말하여서는, 다음과 같이 표현하고 있는 것으로써 실감할 수가 있다.

> 兼幷廣作之類 固可謂之力農 而其爲民國之害則實多 何則 彼所謂兼幷者 以一戶而幷奪數三戶可耕之地 致使數三戶窮民無所耕作 若於一邑之內 有兼幷者百戶 則窮民數三百戶 勢將因此而失業 以此推之 於八域之內 則其所爲害盖可知矣[48]

農法轉換 移秧法 보급에 따르는 廣作, 즉 經營擴張은 농민들의 力農行爲라는 관점에서는 찬양할 만한 것이지만, 이에 따라 많은 농민들이 農耕에서 배제되고 失業하게 됨을 그는 염려하는 것이었다. 그는 이를 自作農民이든 時作農民이든 어느 경우에 관해서도 말하고 있었는데, 이때의 농민들은 누구나가

> 業農者 專以兼幷廣作爲事[49]

라고 말하여지듯이, 經營擴張 廣作을 農業經營의 최우선의 목표로 세우고 있는 것이었으며, 이에 따라 農民層의 분화는 더욱 촉진되지 않을 수 없는 것이었다. 農法轉換이라고 하는 농업생산의 基底의 변동은 技術上의 변화로서 그치지 않고, 이제 農村社會에 전반적으로 그 영향을 미치고 있는 것이며, 이 시기의 社會構成을 그 根底로부터 動搖시키고 있는 것이었다.

農民層을 분화시키는 작용은 流通經濟와 관련되는 農業經營上의 변동이 또한 큰 구실을 하고 있었다. 이 시기의 農業은 단적으로 말하여 商業的인 農業으로서 生産 經營되고 있었으며, 여기서 중심적인 기능을 하는 것은 經營型富農 大農層이었다. 이들은 經營을 확대하면서 賃勞動으로써 그것을 경영하되 市場을 대상으로 하여 農作物을 재배하고 있는 것이었다. 零細小農層도 앞에서 든 例文에서 볼 수 있듯이 '賣菜'로써 생계를 이어가는 者가 있

---

47) 『千一錄』 卷 2, 田制 附 農政, 41장.
48) 『千一錄』 卷 10, 漁樵問答, 54장.
49) 『千一錄』 卷 10, 漁樵問答, 53장.

었지만, 市場을 대상으로 늘 유리한 입장에서 대대적으로 거래를 하는 것은, 地主層은 말할 것도 없고 일반 농민 가운데서는 富農層이었다. 이들 經營型 富農層은 時勢를 보아서 適期適時에 상품을 販賣하기도 하고, 경우에 따라서는 이를 他地域이나 도시로 搬出하여 賣買하기도 하였다.

　이 무렵의 農業生産에서는 이와 같이 農産物의 상품화가 일반화되고 있었기 때문에, 農業經營의 指針書에서는

　　村野殖財之道　異於商賈之法　一從便易以不失其本錢爲主　故一年之內　各收其賤者而買儲之　待其稍貴而卽賣之　無蓄易壞之物及稀貴難出之貨　凡五穀·果實·絲麻·鹽醢·油醬·薪炭·綿絮·烟草·布疋及六畜·魚蟹之類　皆可觀勢買賣

라든가, 또는

　　明秋若農熟穀賤　亦不可卽賣　又堆儲　再候次年　穀價貴時發賣[50]

라고도 하여, 農民들이 時勢를 보아서 農産物을 販賣함으로써, 다시 말하면 市場과의 관련에서 경영을 잘 함으로써 治財할 것을 지시하고 있는 것이기도 하였으며, 農學者인 徐有榘가 收益性·市場性을 考慮한 農業經營을 하도록 권장하고 있는 것이기도 하였다.[51]

　農産物의 商品化過程을 통해서 經營型富農이 큰 이득을 보는 반면에는, 農村에 곡물이 동이 나고 零細小農層이나 賃勞動層이 買穀을 하거나 借穀을 하려 하여도 어려운 때가 있기도 하였다. 그럴 경우에는 時勢보다 비싼 값으로 사 먹지 않으면 안 되었다. 農産物의 商品化는 穀物·織物·蔬菜 및 藥材·烟草·席類 기타 여러 가지였는데, 어느 경우에서나 그 같은 현상은 있었다. 그러나 언제나 需要는 크고 供給은 달렸으며, 따라서 賣買는 容易하였

---

50)『家政』및『家政野談』, 治財用.
51) 拙稿, '19世紀初 新·舊農書의 綜合과 두 農學思想의 持續' 가운데서『林園經濟志』의 農業論(『朝鮮後期農學史研究』, pp.397~400);『林園經濟志』의 경우 '新·舊農書의 綜合과 그 農學思想'(『朝鮮後期農業史研究』Ⅱ, 초판본, pp.385~388) 참고.

다. 곡물이 그러함은 말할 것도 없고, 일반 農作物은 더욱 그러하였다. 이들
은 곡물보다 倍 또는 10여 倍나 더 유리하기도 하였다. 그리하여 이러한 과
정에서 農産物栽培를 통해서 富益富할 수 있는 것은 經營型富農 大農層이었
고, 이렇게 해서 축적된 富는 다시 經營擴大에 투입되었다. 그러므로 經營型
富農層 大農層의 이와 같은 성장에 따라 零細小農層은 직접 간접으로 더욱
萎縮되지 않을 수 없었고, 나아가서는 토지로부터 배제되지 않을 수 없는 것
이기도 하였다. 流通經濟의 발달과 그것의 농업생산과의 連繫는 농촌사회의
분화를 더욱 촉진하고 있는 것이었다.[52]

(2) 兩班作人의 擴大

이와 같은 農民層分化의 추세는 이 시기의 農民層 전반에서 일어나는 現
象으로서 地主와 時作農民 간의 모순의 심화를 표현하는 것이지만, 그러나
그러한 가운데서도 그 모순의 심각함을 더욱 두드러지게 나타내는 것은 兩
班作人이 확대되고 있는 문제였다. 農民層分化는 이 시기의 身分制社會에서
支配階級인 兩班層內部에서도 광범하게 전개되고 있어서, 經濟的으로 몰락
하는 兩班層은 時作農民으로 전락하지 않을 수 없었는데, 이러한 사정이 18
세기에서 19세기에 이르면서, 즉 農民層分化가 深化되면서는 그와 병행하여
더욱 확대되고 있는 것이었다. 茶山이 지적한 바를 앞에서 이미 제시한 바도
있었지만, 이 무렵에는 故家名族도 凋殘하고 옛 士大夫의 자손들도 其業破
落하고 있었으므로, 본시 零細土地所有者였던 兩班層은 더욱 그러하였다.

兩班層이 몰락하여 가난한 農軍이 되는 사례는 여러 가지 자료에서 볼 수
있지만, 18세기에서 19세기에 이르는 古文書에서는 그러한 사실을 생생하
게 살필 수 있다.[53] 그들은 각종 屯田이나 兩班地主의 시작이 되고 있을 뿐만

---

52) 이 무렵의 商業的인 農業의 全般的인 추세에 관해서는 註 33의 논문(『朝鮮後期
　　農業史硏究』 Ⅱ, 초판본, pp.153~180 ; 증보판, pp.294~325) 참조.
53) 이하 本稿에서 利用하게 될 古文書는 주로 서울大學校 附屬圖書館의 奎章閣圖書
　　로서 日帝下의 京城帝大에서 蒐集한 것이다. 이들 古文書는 그 年代表示가 光武·
　　光緖 등 분명하게 되어 있는 것도 있고, 또 그 內容에 壯營의 革罷·東匪·驛屯土
　　등 年代를 파악할 수 있도록 表記된 것도 있지만, 그 대부분은 干支만으로 되어 있
　　어서 정확한 年代를 把握하기가 어려운 것이 많다. 그러나 이곳에서 利用하게 될
　　이들 文書는 圖書館側의 分類에 따른 貴重本(壬亂以前本)은 아닌 것이며, 또 그것
　　이 年紀가 분명히 表記된 文書의 形式과도 관련하여 朝鮮後期의 文書로 看做되는

아니라, 平民層이나 賤民層의 地主로부터도 農地를 借耕하지 않으면 안 되
도록 되고 있었다. 이제 몇 가지 사례를 들어보면 다음과 같다.

兩班作人의 事例[54]

① 宮房田 : 전라도 全州·경기도 坡州 및 江西面 소재 壽進宮庄土에는 '金奴
業山' '李奴戊得' '崔奴得伊', 경기도 廣州郡 소재 龍洞宮庄土에는 '班戶', 경상도
尙州郡 소재 延礽君房庄土에는 '幼學安國冷奴汗禮' '幼學李時化奴善卜' 등으로 기
록된 兩班作人이 있었다.

② 官屯田 : 평안도 소재 經理廳屯田이나 水原府 소재 水原府屯田에는 '品官'과
'班戶' 作人이 있었으며, 豆川面 소재 官屯畓에서는 '黃生員宅奴春金'으로 기록된
兩班作人이 이를 耕食保命하고 있었다.

③ 驛 土 : 水回面 소재 驛土와 栗枝面 소재 驛土에서는 '金生員宅奴壬金' '沈
承旨宅奴哲金' 등의 兩班作人이 이를 借耕하고 있었다.

④ 書院田 : 魯岡書院田에서는 '李奴' '金生員' '朴生員' 등의 兩班作人이 이를
耕作하고 있었다.

⑤ 鄕校田 : 靑山南面 소재 鄕校와 內南面 소재 鄕校田에서는 '金奴丁圭' '鄕儒
金鏢' 등의 兩班作人이 이를 耕食保命하고 있었다.

⑥ 寺 田 : 水原龍珠寺田에는 '班戶作人'이 있었다.

것이다. 그리고 그러한 가운데서도 그 많은 部分은 日帝下의 農村과 官廳에 殘存하
였던 것을 蒐集한 것이라는 점과도 관련하여, 비교적 近年의 것, 즉 18, 19세기의
것으로 取扱되는 것이다. 그러므로 本稿에서는 年紀가 분명치 않은 이들 文書의 內
容도 18세기에서 19세기에 걸치는 農村現象을 反映한 것으로 보고, 또 그것이 가
령 18세기의 것이라 하더라도 18세기에서 19세기에 이르는 農業의 趨勢를 表現하
는 것으로 看做하고서 稿를 展開하게 될 것이다.

54) 依據資料는 다음과 같다.
　　① 量案상의 기재 예
　　　前揭, '續·量案의 研究'(『朝鮮後期農業史研究』Ⅰ, 초판본, pp.216~224 ;
　　　　　증보판, pp.297~305).
　　② ①과 同.
　　　서울大 奎章閣古文書(이하 奎古로 略), No.235789.
　　③ 奎古 No.182758, 183013.
　　④ ①과 同.
　　⑤ 奎古 No.194172, 194173.
　　⑥ 『龍珠寺位畓班戶作人等厘正冊』.
　　⑦ 奎古 No.66252, 177959, 223716. 이러한 內容은 許多하다.
　　⑧ 奎古 No.223026, 236395, 240671. 이러한 內容도 많다.
　　⑨ 奎古 No.213671, 213672.

⑦ 兩班田 : 淸州 지방의 '李生員兄弟'는 朴生員의 農地를 耕食하고, 淸風 지방의 '劉班'은 李判書宅에게 農地를 放賣하고 作人으로서 仍作其土하였으며, 鴻山 지방의 '李班'은 權翰林宅의 農地를 借耕하고 있었다.

⑧ 平民田 : 靑南面에서는 平民 金日先의 農地를 '鄭生員'이 借耕하고, 結城 지방에서는 平民 金學哉의 農地를 '玄班'과 '李班'이 借耕하고 있었다.

⑨ 賤民田 : 內南面에서는 '宋生員'이 私奴吉伊의 農地를 耕食하고 있었다.

이러한 兩班作人의 경우에도 일반 時作農民層과 마찬가지로, 經營擴大와 富의 축적을 목적으로 借地經營者가 되는 경우가 있었지만,[55] 그러나 대개의 경우에는 정치적으로나 경제적으로 몰락한 兩班層이 생계를 유지하기 위하여 時作農民이 되는 경우가 더 많았다. 그들은 '矣宅 素是貧寒之致 官屯畓五斗落 耕食保命'[56]이라든가, '矣宅 以貧窶所致 高勝任生員宅 露字田七斗落 以賭地耕作',[57] 또는 '矣宅 素以貧薄之致 借人貰土耕作'[58]이라고 한 바와 같이, 保命의 방법으로서 作人이 되고 借耕의 길을 택하고 있었다. 兩班身分이라 하더라도 官途에 오르지 못하는 가운데 토지조차 소유하는 바가 없다면, 借耕地에 생계를 의존하는 수밖에 별 도리가 없었다.

그뿐만이 아니었다. 農民層分化가 급격하게 전개되고 있었던 이 시기에는 後述하는 바와 같이 借耕地를 얻는 것조차 어려운 일이었으므로, 몰락한 兩班들이 借耕地로써나마 保命할 수 있다면 그것은 다행한 일이었다. 그렇지도 못할 경우에는 賃勞動에라도 從事하지 않으면 안 되었다. 仁同 지방에 世居하던 班族 申璜은 그러한 예였다. 그는 家産이 沒落한 후에는 이웃 고을로 옮겨 貰土를 얻어 作農을 제대로 하지도 못하는 가운데 賃勞動으로서 생계를 이어가고 있었으며, 農軍이 되어 讀書를 못함으로써 兩班으로서의 識見을 갖추지 못하여 官이나 일반에게 兩班待接을 받지 못하게 되자, 地方官에게 所志를 올려 그 억울한 사정을 호소하고 그의 처지를 헤아려 役을 면제해 줄 것을 請願하기도 하였다.[59]

---

55) 奎古 No.223716.
56) 奎古 No.235789.
57) 奎古 No.233792.
58) 奎古 No.182968.
59) 拙稿, '朝鮮後期 兩班層의 農業生産 — 自作經營의 事例를 중심으로'(『朝鮮後期農

18세기 중엽까지의 사정을 관찰하고 기록한 李重煥은, 兩班層이 몰락하여
平民層이 되는 사정을, '士大夫家貧失勢 下三南者 能保有家世 出郊者 寒儉凋
殘 一二傳之後 多夷爲品官平民矣'[60]라고 記述하고 있었지만, 이제 19세기에
이르러서는 三南地方의 兩班層도 그 家世를 유지하기가 어렵게 되고 있었
다. 仁同 지방의 申班의 경우는 그 한 예였다. 이러한 兩班層은 비단 이 申班
에만 그치는 것이 아니었다. 이 무렵의 兩班作人 가운데 대다수가 아마도 그
러한 존재였을 것이다. 農民層分化의 일반적 추세 속에서 많은 兩班層은 몰
락하고 沒落兩班들은 이제 兩班의 체통을 지키기가 어렵게 되고 있는 것이
었다.

이러한 현상은 被支配層 내에서 경제적으로 성장한 富農層이 兩班身分으
로 成長上昇하는 현상과 더불어 대단히 중요한 의미를 지니는 것이 아닐 수
없었다. 이 시기의 朝鮮王朝는 봉건적인 社會經濟秩序, 즉 身分關係를 통해
서 社會를 上下關係로 秩序化하고, 地主·佃戶制를 통해서 農民大衆을 경제
적으로 지배, 통제하는 秩序 위에 수립되어 있었는데, 兩班作人의 확대는 이
러한 社會經濟秩序를 破綻시켜 가는 까닭이었다. 그것은 支配階級이 封建地
主層에 의해서 수탈당하는 時作農民層으로 전락하고 있다는 사실 그 자체로
서도 그러하지만, 봉건적인 身分秩序를 전면적으로 해체시켜 가는 經濟背景
이 되고 있다는 점에서 더욱 그러하였다.

이 시기 身分秩序의 해체는 納粟政策을 중심으로 합법적으로도 행해지고
冒屬現象을 중심으로 비합법적으로도 행하여졌는데, 어느 경우나 身分變動
의 주체는 富의 蓄積을 基盤으로 해서 上級身分으로 上昇해 가는 것이었지
만,[61] 그 반면에는 이를 국가의 정책으로서 시행하고 있는 政府側이나 冒屬
을 용납하고 있는 兩班支配層의 경제적 파탄이 또한 그 배경이 되고 있었다.
政府財政의 파탄은 제반 納粟政策을 불가피하게 하고, 兩班經濟의 파탄은

業史硏究』Ⅱ 증보판, p.246, 註 25 참조).
60)『擇里志』京畿.
61) ① 拙稿, '朝鮮後期 身分制의 動搖와 農地所有 ― 尙州牧中東地域 量案과 戶籍의
  分析'(『朝鮮後期農業史硏究』Ⅰ, 초판본, pp.396~444 ; 증보판, pp.479~527).
  ② 前揭 註 33의 논문, (『朝鮮後期農業史硏究』Ⅱ, 초판본, pp.199~205 ; 증보
판, pp.349~374).

생존을 위해서 平民層이나 賤民層의 冒屬, 즉 그들의 兩班身分의 賣買를 부득이하게 하고 있는 것이었다. 그러기에 이 시기의 봉건적인 身分秩序의 전면적인 解體過程은, 동시에 政府財政이나 兩班經濟의 破綻過程을 수반하는 것이었고 또 이와 表裏關係가 되는 것이었는데, 그러한 身分秩序의 解體過程은 주지하는 바와 같이 18세기에서 19세기에 이르면서 급격하게 전개되고 있는 것이었다.[62]

兩班經濟의 파탄은 이렇듯이 중대한 결과를 招來하고 있었는데, 그와 같은 經濟的 破綻이 이 시기에는 時作農民의 擴大·增加現象으로도 나타나고 있었다. 農民層分化 속에 종래에는 土地所有者로서 존재하던 兩班身分의 所有者들이 이제 18세기에서 19세기에 이르면서 時作農民層으로 전락하는 者가 늘어나기에 이른 것이었다. 兩班作人의 존재는 17, 18세기 이래로 일반화되고 있는 현상이었지만, 그들의 경제적 파탄의 加重은 土地所有者로서의 그들을 時作農民으로 더욱 擴大시켜 나가고 있는 것이었으며, 兩班社會 몰락의 하나의 상징으로 되고 있는 것이었다.

※ 農民層의 沒落 分化의 문제는 三政紊亂의 문제와도 관련하여 고찰해야 하나, 이는 別稿(本書 제Ⅱ편)에서 상론됨으로, 이곳에서는 언급을 생략하였다.

2) 時作農民層의 動向과 地主의 對策

農民層分化는 農村社會·農民經濟上에 여러 가지 難問題, 이를테면 地主層과 無産者, 富農層과 小農層, 雇傭主와 被雇傭者層의 계급적 대립을 야기하고 있었다. 그 중에서도 分化의 진행과정에서 일어나는 地主·佃戶관계에서의 時作農民層의 動向과 그에 대한 地主層의 對應措置는 이 시기 農業의 最大難題·最大産物의 하나가 되고 있었다. 즉 農民層分化 속에 無田農民·零細農民으로 전락한 農民層이, 借耕地로부터의 地主層의 地代徵收와 관련하여서는 抗租運動을 전개하기도 하고, 時作農民層의 수적인 증가와 관련하여서는 地主層으로부터의 農地借耕에서 農民層 상호간의 경쟁을 낳게도 하였음은 그것이었다. 農民層分化 속에서 自營農民에서 時作農民으로 전락한

---

62) 四方博, '李朝人口에 관한 身分階級別的 觀察'(『朝鮮經濟의 硏究』第3, 1938).
鄭奭鍾, '朝鮮後期身分制의 崩壞'(『大東文化硏究』9, 1972).

이들 農民層은 借耕地로부터의 收入이 생명의 유지를 위하여 절대로 필요한 것이므로, 地主層의 수탈에 항쟁하고 그 農地의 획득을 위해서 경쟁을 하게 되는 것이었다. 그리고 이러한 움직임 속에서 地主層은 그들의 이익을 守護하기 위한 여러 가지 대책을 세우기도 하고, 또 借耕權을 이동 조정함으로써 農民層의 항쟁을 저지하고 있었음은 그것이었다. 그리하여 地主와 農民간의 이와 같은 대결 속에서 借耕地는 時作農民層 가운데서도 특정한 農家에게 집중하는 바가 되고, 農地借耕에서의 不均衡은 더욱 확대되기에 이르렀다.

(1) 抗租

時作農民層의 抗租運動은 平民身分에서나 兩班身分에서도 일어나고 개별적으로나 집단적으로도 일어나고 있었다. 그리고 그것은 또 일반 民間人의 地主地에서나 官屯田·宮房田 등 國家權力의 支配下에 있는 地主地에서도 전개되고 있었다.

A. 民田에서의 抗租

일반 民間人의 地主地에서 일어나는 抗租運動은 그 사건의 성격상 地主와 作人 간의 訴訟으로 번지고, 따라서 그것은 地方官廳에 올린 '所志'를 통해서 확인할 수 있다. 그와 같은 古文書에 따르면 時作農民層의 抗租는 거의 일상화하고 있었다. 그것은 平民地主地나 兩班地主地의 어느 경우에서도 마찬가지였다. 이제 몇 가지 예를 들어 보면 다음과 같다. 이를테면 木川 지방의 李敏龍이 그곳 幼學 尹泰運의 農地를 借耕하면서 3년간의 賭租 52石을 不納하고 있었던 일,[63] 任實郡 上東面의 金光七이 그곳 崔班의 農地를 借耕하면서 稅租 2石을 不給하고 있었던 일,[64] 金日孫이란 農民이 興陽郡 南西面의 郭生員의 農地를 借耕하면서 '十餘年耕作 一無給稅'하였던 일,[65] 林川 지방의 朴敬植·白敬中 등이 그곳 趙班의 義庄田을 借耕하면서 '此月彼月 未捧一斗賭'하였던 일,[66] 豊基郡 生峴面의 柳萬得이 그곳 黃班의 農地를 借耕하고 官

---

63) 奎古 No.66154.
64) 奎古 No.83235.
65) 奎古 No.83645.
66) 奎古 No.223657, 223658.

廳의 下吏와 締結하여 5년간이나 賭租를 不給하였던 일[67] 등등은 平民作人
의 兩班地主에 대한 개별적인 抗租였다.

　그리고 水原 지방의 林班이 그곳 徐監役의 農地 4斗落을 借耕하면서 不納
賭租한 일,[68] 淸風 지방의 劉班七克이 그곳 李判書宅의 農地를 借耕하면서
6년간이나 賭地를 不給한 일,[69] 尙州牧 外南面의 鄭生員兄弟가 金日先의 農
地를 借耕하면서 '穀數與卜價'(賭와 田稅)를 不納하고 있었던 일,[70] 尙州 지
방의 李班이 幼學 琴錫泰의 位田에 任意作屋하고서도 收賭를 거부하였던
일[71] 등등은 兩班作人의 兩班地主 및 平民地主에 대한 抗租의 사례였다. 이
러한 예는 後述하는 바에서 볼 수 있듯이 이 밖에도 허다하였는데, 이는 抗
租行爲가 일반화되고 있음을 표현하는 것이라 하겠다.

　民田地主地에서의 時作農民層의 抗租는 개별적으로만 일어나고 있는 것
이 아니었다. 경우에 따라서 그들은 집단적으로 拒納運動을 전개하기도 하
였다. 그럴 때에는 그들은 兩班作人이거나 平民作人이거나를 막론하고 一體
가 되고 있었다. 가령 서울에 살고 있는 洪監司宅에서는 加平 지방에 광대한
柴場과 그것을 開墾한 新田(火粟田)이 있었고 거기에서는 柴賭와 火賭를 징
수하고 있었는데, 그곳 農民들은 洪氏家의 그러한 賭地徵收에 대하여 庄民
전체가 항쟁을 일으키고 있었으며,[72] 또 서울의 洪參議宅에서는 큰 農場을
소유하고 이를 경영하고 있었는데, 그곳 時作農民들은 兩班作人 8명·平民
作人 11명이 합동하여 拒納하고 있었다.[73] 또 잘 알려진 사실이지만, 甲午農
民戰爭 직전에 있었던 忠南 唐津郡 合德農民들의 그곳 地主 李班에 대한 항
쟁도 그러한 예였다. 이곳에서는 6개 村落의 농민들이 地主側의 水稅勒徵을
계기로 이에 반대하는 항쟁을 벌였고, 이 항쟁은 마침내 李班을 燒家逐出하
는 民亂으로 확대되기까지 하였었다.[74] 地主層에 대한 時作農民層의 이해관

67）奎古 No.223816.
68）奎古 No.86437.
69）奎古 No.177959.
70）奎古 No.223026, 223027.
71）奎古 No.240498.
72）奎古 No.140470, 140472, 140475, 140477.
73）奎古 No.224067, 224068.

계는 兩班이거나 平民이거나를 막론하고 같은 입장이었고, 또 農民層分化가
심화되는 가운데, 그리고 봉건적인 身分秩序가 와해되는 가운데, 兩班身分
의 所有者들도 이제는 一般農民들과 그 경제적인 처지가 같아지고 있었으므
로, 봉건적인 地代徵收를 위요한 農民들의 對地主鬪爭에는 보조를 같이하고
있는 것이었다.

　이와 같은 時作農民層의 抗租는 기본적으로는 이 시기의 農民層分化로 말
미암아 촉진되고 있는 經濟的 不平等과, 農業生産力이 발전하는 가운데 剩
餘生産物의 蓄積을 저해하고 생존을 위협하는 地主層의 高率地代 징수에 대
한 불만으로서 야기되고 있는 것이지만, 農民들이 실제로 抗租運動을 展開
함에서는 여러 가지 사정이 그 구실이 되고 있었다. 時作農民들은 기회 있을
때마다 여러 가지 사정을 계기로, 결국은 拒納·怨納이라고 하는 對地主鬪
爭을 전개하고 있는 것이었다. 이제 所志와 그 밖에 몇 가지 자료를 통해서
抗租의 구체적 계기를 찾아보면 다음과 같다.

　ⅰ) **高率地代와 增賭에 대한 抗議** ; 地主層의 地代徵收가 가혹하였다는 사
실은 일반적으로 널리 云謂되는 일이지만, 그 단적인 表現은 半打作制의 利
益分配였다. 이는 地主가 農地를 貸與해 주고 그 대가로서 秋收期에는 그 收
穫의 절반을 징수해 가는 農業慣行이었다. 이러한 農業慣行은 오랜 역사를
가지는 것으로서, 17세기 말 18세기 초에 이르러서는 地代徵收의 難點과도
관련하여 水田에서도 賭租制로 전환하는 경향이 있었으나, 그러나 당시는
農法의 전환에 따라 農業生産力이 급속하게 발전하고 있었으므로, 地主層으
로서는 賭租制를 그대로 받아들임으로써 收入의 감소를 招來할 수는 없었으
며, 여기에 打租制의 農業慣行은 다시 地主側에 의해서 강요되고 이것은 19
세기, 나아가서는 20세기까지도 계속되었다.

　하지만 이와 같은 地主側의 强制가 일방적으로만 적용될 수는 없는 일이
었다. 地主側의 收入의 증대는 상대적으로는 時作農民層에게 減收를 强要하
는 것임에서였다. 그리하여 18, 19세기에서의 時作農民은 對地主鬪爭, 즉

---

74) 久間健一, ‘合德百姓一揆의 硏究’(『朝鮮農業의 近代的 樣相』), 1935, pp.61∼
　　77.

抗租運動을 전개하고 打租制下에서의 地主側의 半打作을 실질적으로 불가능하게 하였다. 그것은 秋收時에 時作農民이 脫穀을 不精하게 한다거나 볏단을 빼돌리는 방법으로서 나타나고 있었다. 開港 직후의 어느 地主의 庄土經營에 관한 節目에

　　作人 …… 不精於打租 租束隱匿

이라든가, 또는 이를 가리켜 '挾雜打租之人'이라고 한 것, 그리고

　　打租所經不廣 然處處不同 或因風俗之愚蠢 或緣人心之不古 打租之場 或有暗取
　　隱匿之弊

라고 한 것은 그러한 사정을 말해 줌이었다.[75]

　農作物을 打作하는 마당에서 이와 같이 脫穀을 不精하게 하고 또 租束을 빼돌리기도 한다면, 打租制下에서의 地主層의 收入은 절대로 折半收益이 되기가 어려웠다. 그리고 時作農民層이 이러한 방식으로 저항을 한다면 地主側은 아무리 監視監督을 잘한다 하더라도, 끝내 불리한 입장을 벗어날 수 없는 것이었다. 地主層이 이러한 苦境을 벗어나는 길은 定額地代 제도를 채택하는 것밖에 달리 도리가 없었다. 그리고 실제로도 그렇게 되었다. 18세기에서 19세기에 이르면서는 打租制에서 賭租制로 전환하는 바가 많아지고 있었다. 打租制下에서의 高率地代에 대한 時作農民의 抗租運動은 이제 賭租制를 쟁취하게 된 셈이었다.

　그러나 賭租制로 넘어갔다고 해서 地主層에 의한 高率地代 징수가 중지된 것은 아니었다. 賭租制下에서의 地代는 일반적으로 打租制下에서의 그것보다 輕減하는 것이 사실이지만, 그러나 地主層은 교묘한 방법으로 되도록 규정된 액수보다 더 많이 징수할 것을 꾀하는 것도 또한 常例였다. 그것은 度量衡을 교묘히 이용하는 방법으로서 나타나고 있었다. 定額制下에서는 地主의 收取分이 일정하여 斗數를 늘릴 수가 없으므로, 地主層은 그가 收取할 穀

---

75)「勸農節目」(高宗 24年) 1・2・4項.

物을 計量할 때의 斗升을 法制上으로 規定된 것, 그리고 農民들 사이에서 사
용하는 것보다 큰 것을 이용함으로써 그 實收入을 늘리고 있는 방법이었다.
民亂 당시의 地主層의 農民收奪을 目睹하고 있었던 金炳昱이,

　　　　　及其收穫也 …… 量以大斗 責之元數 畢竟場圃如洗[76]

라고 하였음은 바로 그러한 사정을 말함이었다. 그리하여 흉년이 들 경우에
는, 大斗로써 元額을 징수하는 바람에, 打作한 마당에는 時作人이 차지할 것
이 아무 것도 없게 되는 것이기도 하였다.
　또 이때에는 打租制로 되어 있는 곳에서도 地主層의 收租는 作米를 하는
것이 보통이었고, 그럴 경우에는 가령 경기 지방이면

　　　　　近畿打租 二十斗爲一石 而作米則以八斗者 乃是通行之規

라고 하였듯이, 租 20斗를 米 8斗로 換算해서 받아 가는 것이 常例였고, 따
라서 이는 折半賭租制에 가까운 것이었는데, 地主層은 이러한 農業慣行을
이용하여서도 그 수입을 늘려 가고 있었다. 즉 이 경우 이 庄土에서는

　　　　　或者 取其升斗之利 打租之時 厚捧輸來

한다고 한 것이 그것으로서, 地主側에서는 作米收賭함을 기화로 그 徵收部
分을 升斗의 利를 다투어 후하게 받아가고 있는 것이었다.[77] 이럴 경우에 地
主는 時作農民層의 作米에 소요되는 勞動力을 搾取하는 것이 아닐 수 없었
다. 그러므로 打租制에서 賭租制로 넘어간 후에도 時作農民들은 凶作時의
收賭 문제나 作米時의 厚捧 문제를 중심으로 地主層과 대립하지 않을 수 없
었고, 실제로 그 같은 일은 끊임없이 전개되고 있었다.
　그뿐만 아니라 이때에는 賭額 그 자체가 증가하는 경우도 없지 않아서 農

────────────────

76)『磊棲集』卷 5, 鵬舍消遣, 2장.
77)「勸農節目」10項.

民層의 항쟁을 야기하는 수도 있었다. 앞에서 들었던 洪氏宅 加平柴場 및 火田에서의 收賭 문제는 그 한 예였다. 이 柴場은 본시 洪氏宅에 賜給된 庄土로서 대대로 洪氏家에서 경영해 왔으나 한때 壯勇營에 移給되어 同營의 獵場으로서 경영되었으며, 同營이 革罷된 후에는 다시 洪氏家로 돌아오게 된 것이었다. 그런데 이러한 과정에서 이 柴場에 田을 일구었던 庄民들은 이 庄土가 壯勇營에 속해 있는 동안에 公稅條로 25兩을 上納하고 있었으므로, 同營이 革罷된 후에도 納稅는 응당 25兩이어야 하고 또 그것은 戶曹에 歸屬되어야 한다고 주장하는 것이었는데, 洪氏家에서는 그것이 洪氏家의 庄土이므로 公稅가 아니라 私庄에서의 私賭로써 賭租를 징수하려는 것이었다. 公稅와 私賭는 곧 국가에 대한 納稅와 私的 地主에 대한 地代收納의 차이인 것으로서, 이는 稅額上의 차이에 그치는 것이 아니라 所有權의 문제에까지도 관련되는 것이므로, 地主나 時作農民의 어느 쪽으로 보더라도 중대한 문제였다. 그리하여 이때의 이곳 庄民들은 庄民이자 洪氏家의 舍音인 朴龍大와 庄民으로서 壯勇營의 屯卒이었던 金元萬을 중심으로 오랜 세월을 두고 항쟁을 전개하고 있었다.[78]

　增賭 문제에서의 또 다른 예는 賭租制에서 竝作制로의 逆轉에 따르는 抗租였다. 淸州 지방의 朴生員의 地主經營은 그 예이겠다. 즉 朴生員은 李進士로부터 水田을 買入하여 그곳 李生員 형제로 하여금 借耕시키고 있었는데, 李生員 형제가 매년 賭租를 不給하여 舊畓主로 하여금 放賣其畓하게 하였음을 알게 되자, 新地主인 朴生員은 이 作人에게 竝作制로 할 것을 통고하였었다. 그런데 이에 대하여 作人 李生員 형제는 처음에는 '舊畓主 則雖不給賭 今年新畓主 則不減一斗租 善爲納賭'할 것으로 말하고 있었으나, 竝作制가 되자 마침내 '不應竝作'하고 秋收穀을 모두 收納其家하였으며, 打作을 한 후에는 한곳에서는 全不給하고 다른 곳에서는 半不給하여 訴訟으로 번지게 되었다.[79] 賭租制는 일반적으로 竝作制보다 作人에게 유리하였으므로, 時作農民들은 18세기에서 19세기에 이르면서 竝作制에서 賭租制에로의 轉

---

78) 註 72와 同.
79) 奎古 No.66252.

換을 爭取하고 있었던 것이므로, 이제 그들이 그 逆轉을 환영할 리는 없는 일이었다.

ⅱ) **結稅와 其他의 賦課에 대한 抗議** ; 18, 19세기의 地主層은 토지에 부과되는 結稅를 作人에게 轉嫁하고 있어서, 時作농민은 이를 중심으로 하여서도 地主層과 대립하고 있었다. 예컨대 서울 東門 밖에 살고 있던 兩班作人 李班은 그곳 皮察訪의 農地 1石落을 借耕하여 다년간 竝作耕食하고 있었는데, 어느 해에는 結稅를 上納치 않고 打作해 갔으므로, 翌年에(이해에는 旱災로 2斗落만 起耕하고 18斗落은 陳廢田이 되었다) 李班은 2斗落分의 地代를 放賣하여 結稅를 납부하였음에도 불구하고, 地主인 皮察訪은 睹를 징수하려 하매 拒納과 訴訟이 벌어졌다.[80] 이는 地主負擔의 結稅가 作人에게 轉嫁되고 있는 것이었다. 또 結城 지방의 農例는,

結成農例 畓主給種子於作人 而作人則作農 從應當年之稅[81]

라고 한 바와 같이, 打作時에 地主가 種子를 負擔하면 作人은 結稅를 應納하도록 되어 있었는데, 平民地主 金學哉와 兩班作人 李生員 사이에서는 種子와 結稅를 모두 作人에게 부과하고 있어서 항쟁이 일어났다.

그뿐만이 아니었다. 경우에 따라서는 結稅뿐만이 아니라 大同稅마저도 作人負擔으로 轉嫁하는 地主가 있었다. 즉 報恩郡 西尼面에서는 金生員이 任生員의 作人으로서 田 7斗落을 睹地耕作하고, 따라서 同田에 대한 稅는 任氏家에서 擔當해야 하는 것이었는데, 金氏家의 訴狀에서 볼 수 있듯이,

不意 今者火束六負 以大同一兩四錢 出秩於矣宅[82]

作人 앞으로 大同稅가 부과됨으로써 물의를 일으키고 있었다.

본시 結稅는 田主가 부담하는 것이 朝鮮王朝의 法制였지만, 18세기에 이

---

80) 奎古 No.177982.
81) 奎古 No.236395, 240671.
82) 奎古 No.223792.

르러서는 慣例로서 賭地制에서는 作人이 이를 負擔하고 打租制에서는 田主
가 이를 담당하고 있었는데, 이것이 다시 19세기에 이르러서는 打租制下에
서의 結稅도 점차 時作農民의 負擔으로 되고 있었다. 그리고 19세기에 일어
난 이러한 변화는 三南地方에서 시작하여 서서히 中部以北 지방으로도 傳播
하였으며, 따라서 19세기에서 20세기에 이르는 동안에는 어느 지방에서나
結稅 문제를 중심으로 時作農民의 부담이 더욱 가중하고 있는 것이었는데,[83]
이곳에서 제시한 結稅·大同稅 등의 부과를 둘러싼 農民層의 항쟁은, 바로
이와 같은 추세, 즉 地主收奪의 强化現象에 대한 時作農民의 저항을 반영하
는 것이었다.

그리고 또 이 밖에 公用으로 되어 있는 貯水池를 독점하고 水稅를 징수하
는 데서 발생하는 항쟁도 있었다. 앞에서 例示하였던 合德農民들의 民亂은
바로 그러한 사례였다.

iii) **移作에 대한 抗議** ; 耕作權을 現作人으로부터 剝奪하여 다른 作人에게
移給하는 이른바 奪耕移作의 문제는 地主와 時作農民 사이에 일어나는 항쟁
의 중요한 이유였다. 이는 後述하는 바와 같이 時作農民層의 抗租에 대한 地
主로서의 대응책이기도 하였지만, 地主層의 奪耕移作이 예정되어 있을 때는
作人들은 賭地를 拒納함으로써 이에 대항하기도 하였다. 鴻山 지방의 兩班
作人 李致秀와 地主 權班 사이에서 일어난 항쟁은 그러한 사례였다. 즉 李班
은 그곳 어느 地主로부터 4斗落의 畓을 借耕하고 있었는데, 權班이 이를 買
收하여 1년 후에는 이것을 다른 作人한테 移作을 하게 되자,

以一年耕食 至此移定 所謂賭租 不可備給

이라고 말하여, 權班의 收賭를 거부하고 있었다. 이 作人 李班은 그 家勢가

---

83) 拙稿, ① '續·量案의 研究'(『朝鮮後期農業史研究』 I, 초판본, pp.278~282 ;
　　　증보판, pp.359~362).
　　② '江華 金氏家의 地主經營과 그 盛衰'(『韓國近現代農業史研究』, 초판본,
　　　p.110 ; 증보판, p.112).
　　③ '哲宗朝의 應旨三政疏와「三政釐整策」'(『韓國近代農業史研究』 I, 초판
　　　본, p.247 ; 증보판, p.484) 참조.

李班家勢 其所饒足 遠近所共知也

라고 일컬어질 만큼 부유한 作人, 즉 이른바 經營型富農이었는데, 그는 移作을 구실로 抗租를 하고 있는 것이었다.[84]

ⅳ) 還退·不賣를 口實로 한 拒納 ; 農民層分化의 과정에서 토지를 소유하고 있는 農民들은 어떻게든 이를 維持保全하려 하는 것이지만, 부득이한 일로 이를 放賣하지 않으면 안 될 경우에도, 財力이 회복되면 일단 放賣하였던 農地를 還退할 수 있는 것이 이 시기의 관습이었다. 農地는 農業生産에서 기본조건인 까닭에 賣買하였던 農地의 還退는 容認되고 관습화된 것이었다. 그리하여 이렇게 還退行爲가 행해지는 가운데서 時作農民層은 이를 구실삼아 지능적으로 賭를 拒納하는 수가 있었다.

가령 抱川郡 淸凉面의 趙班이 申生員에게 農地를 放賣하고 그것을 仍作耕食하면서 '稱以本價文還捧說'로 賭地를 拒納한 일,[85] 淸州 지방의 柳班이 그곳 安在弘에게 賣土한 후 그것을 仍作耕食하면서 還退할 것을 내세워 不給賭租한 일[86] 등은 그러한 예였다. 이럴 경우 官에서는 '已賣之土 不給賭租 而欲爲還退者 是何法意'라는 判決文을 내려도[87] 拒納은 흔히 일어났다. 또 경우에 따라서는 作人이 그 地主家에서 先賭地로 賣田한 것을 양해 없이 還退하여 경작하면서 買得을 주장, 先賭地로 賣田하였던 地主家의 徵賭를 거부하기도 하였다.[88]

일단 賣渡하였던 農地를 그간 耕食하면서도 不賣를 내세워 賭不給하는 경우도 있었다. 淸州 지방의 申進士는 그곳 宋班에게 480兩 중에서 선금으로 200兩을 받고 田畓을 賣渡하였다가 그 金額을 반환치 않은 채 '不欲賣'를 내세워 3년간이나 끌었고, 그간의 賭를 요구하여도 이를 거부하였다.[89] 尙州牧 銀尺面의 文致貴는 그곳 林班에게 畓 11斗落, 田 9斗落(陳田)을 放賣하

---

84) 奎古 No.223716.
85) 奎古 No.212846.
86) 奎古 No.194165.
87) 奎古 No.194165.
88) 奎古 No.224068.
89) 奎古 No.86412~86414, 86416.

고 그것을 仍作耕食하였는데, 文이 陳田을 開墾하였으므로 地主家에서 徵賭하려 하자 그는 이것은 애초에 賣買한 것이 아니었음을 내세워 禾利를 거부하였다. 이 경우 地主側에서는 陳田의 賣買文記도 소지하고 있었지만 收賭는 어려웠고, 林班과 文氏家의 분쟁은 그 후 그 孫子의 代에까지 계속되었다.[90]

　이러한 문제와 아울러서 생각할 것은 重賣·賣買妨害에 따른 收賭紛爭이겠다. 地主側의 收賭에 분쟁이 일어나는 것은 왕왕 農地의 重賣·欺賣에 의하기도 하였다. 淸州 지방의 李文哲은 그 父親이 생전에 宋班에게 放賣한 農地를 자기 代에 와서 李·金·柳 등 여러 사람에게 重賣함으로써 宋班의 收賭를 어렵게 하였고,[91] 이 宋班은 또 尹班이 開墾作畓한 農地를 그 子로부터 買收하여 庄土를 이루었는데, 그 후 尹班의 姪은 이것을 曹哥에게 賣渡함으로써 宋班의 收賭를 어렵게 하였으며,[92] 朔寧郡 南面의 沈能賢이 그곳 朴圭鎭의 農地를 僞造放賣함으로써 徵賭를 불가능하게 하였음은[93] 그러한 사례였다.

　그리고 淸州 지방의 金正言宅이 申班에게 買收한 農地를 申班의 姑母夫이자 同農地의 時作이었던 鄭班이 그 賣買를 인정치 않고 그 收賭를 결사반대하였던 일,[94] 星州 지방의 徐良喆이 兩班 某에게 그 楔畓으로서 放賣한 農地를 徐의 妻父 李某가,

　　稱以渠畓 付同作者 白地生臆

함으로써 新買地主의 收賭를 妨害하였음은[95] 제3자에 의한 賣買妨害와 收賭妨害의 예이다.

　이러한 경우에는 新·舊地主 사이에 收賭紛爭이 일어나게 마련이고 또 그

---

90) 奎古 No.20835.
91) 奎古 No.84673.
92) 奎古 No.86428.
93) 奎古 No.69918.
94) 奎古 No.86405.
95) 奎古 No.224050.

들 地主 사이의 분쟁은 결국 강자에게 유리하게 마련이었지만, 이러한 분쟁 속에서 時作農民은 地代收納에 조심하지 않을 수가 없었다. 土地所有權의 歸屬 여하에 따라서는 賭地를 이중으로 물게 될지도 모르는 까닭이었다. 忠淸監營의 所在地에서 일어난 徐都事와 金戶長家의 분쟁은 그러한 예이겠다. 이때의 時作農民은 金氏家가 정당한 地主인 것으로 보고, 徐班의 收賭를 거부하고 金氏家에게 이를 收納하였었는데, 徐都事는 권력으로써 金氏家를 누르고 地主의 권리를 포기케 하고 있었다.[96] 이럴 때에는 時作農民層은 분쟁이 落着될 때까지 기다리고, 따라서 地代는 愆納하지 않을 수 없는 것이었다. 地主 사이의 분쟁이 繫留 중인 農地는 대개 그럴 수밖에 없었다. 또 紛爭 중인 두 地主가 모두 강자여서, 이중으로 수탈당할 우려가 있을 경우에는,

　　　賭租一款 俾無兩處侵責之地

할 것을 官에 호소함으로써, 그 보호를 받지 않으면 안 될 수도 있었다.[97] 그리고 그러한 문제에 대한 판결이 내려지려면 시일이 걸리게 마련이니 地代는 愆納되게 마련인 것이다.

　ⅴ) **虛弱地主에의 拒納** ; 重賣時의 문제가 아니더라도 地主의 권력이 얼마만큼 강하냐 하는 문제는 時作農民層의 拒納 여부와 직결되고 있었다. 朝鮮後期의 時作農民들은 農地를 借耕할 때 한 地主와만 貸借關係에 있는 것이 아니라, 여러 地主로부터 여러 筆地의 農地를 빌어 모아서 이를 경작하고 있었다. 그것은 평균으로 따져도 2명 이상이었고, 개중에는 6, 7명의 地主로부터 農地를 借耕하는 農民도 있었다.[98] 경우에 따라서는 아마도 그 이상의 地主와 貸借關係에 있는 農民도 있었을 것이다. 그러므로 秋收時에 한 作人에게 賭地를 받으러 오는 地主는 여럿이고, 따라서 農作이 부실할 경우에는 虛弱地主의 그것은 賭地收納의 순서에서 뒤로 밀리거나 拒納되지 않을 수

---

96) 奎古 No.224094, 224095.
97) 奎古 No.199658.
98) 前揭, '續·量案의 硏究'(『朝鮮後期農業史硏究』Ⅰ, 초판본, pp.261∼269 ; 증보판, pp.342∼350) 참조.

없는 것이었다.

　이를테면 任實郡 崔班의 경우는 그러한 예이겠다. 즉 이곳 上東面의 李甲錫이란 農民은 崔班에게서 農地를 借耕하면서 賭地를 收納하고 있었는데, 그는 또한 宮房田을 借耕하는 庄民이기도 하였다. 그런데 宮畓에서는 '以錢收捧', 즉 金納으로 하고 私畓에서는 租로써 收納하고 있었음에도 불구하고, 辛巳年의 추수에서는 崔班이 租로서 받아 놓은 賭租를 그보다 늦게 온 宮差가 이를 宮畓稅條로 거둬 가고 있었다.[99] 또 이 崔班은 金性和라고 하는 時作이 兩年稅租를 不給하므로 그 家垈를 賭地條로 差押하고 있었는데, 金性和가 살고 있었던 동리에서는 洞錢이 밀렸다는 이유로 그 家垈를 차지하려 하여 訟事가 일어나고도 있었다.[100] 그리고 이 崔班에게는 또 그의 農地를 借耕하는 時作人 金光七이 있었고, 그는 그의 五寸叔父의 農地를 또한 借耕하고도 있었는데, 이 作人은 秋收時에 그 五寸의 賭地는 물론이고 雜技債·酒債까지도 支拂하면서 崔班에의 賭地는 이를 不給하고 있었다.[101] 崔氏家는 兩班이고 地主이지만 더 강한 권력층이나 집단의 힘에 밀리고, 親疎關係에도 밀려 地代의 징수가 어려워지고 있었으며, 作人은 이를 기화로 賭地를 拒納하고 있는 것이었다.

　그뿐만이 아니라 地主에게 權力背景이 없을 때 作人의 拒納하는 예는 흔히 있는 일이었다. 鎭岑郡 東面 老谷에 거주하던 李道信이란 農民은 그곳 幼學 申錫圭의 時作으로서 매년 10石租를 70斗作米로 賭地收捧하고 있었으며, 또 地主家에 10兩의 債錢까지 있었는데, 地主家의 訟事에 誤捉되어 수일간 拘囚되자 이를 이유로 地主家의 老父를 구타하고 賭米와 債錢을 拒納하였다.[102] 또 어떤 곳에서는 林蓋國이란 農民이 下吏 金履遠의 밭에 그 죽은 형을 埋葬하여 不得耕作케 하고서도 賭를 지급치 않고 있었다. 그는 '蔑視孤弱 藉貧不報'하는 것이었다.[103]

---

　99) 奎古 No.83232.
100) 奎古 No.83254의 2.
101) 奎古 No.83235.
102) 奎古 No.224159.
103) 奎古 No.24060.

時作農民의 拒納은 개인적으로도 이러하였으므로, 이것이 集團化할 때는 더 격렬하였다. 앞에서 例示하였던 바 洪參判宅은 비록 서울에 居하는 당당한 兩班家였지만, 지방에 있는 그의 作人들은 '專事稱以兩班 藉土勢'하여 拒納하므로, 洪氏家에서는 '萬無私力捧納之勢'하여 官에 호소하고 있었다. 兩班作人이거나 平民作人이거나를 막론하고 兩班勢力이나 土勢를 배경으로 賭地를 拒納하고 있는 것이었다.[104] 또 淸州 지방의 宋沃川宅은 筆者가 보고 있는 古文書에 자주 등장하는 철저한 地主였는데, 그의 경쟁자 曺華伯은 作人과 결탁하여 '癸亥民擾之時 投入亂類 嘯聚徒黨 劫奪賭租'하고 있었으며,[105] 甲午農民戰爭 이후에는 安洞 閔參判家의 地主經營에서 班戶作人 金景長이 '挾勢東匪'하여 賭地를 抵賴不納하기도 하였다.[106]

vi) **經營不實地主에의 拒納** ; 時作農民의 對地主鬪爭은 이와 같이 抗租 문제를 중심으로 격렬하였으므로, 地主의 경영이 徹底하지 못하면 賭地의 徵收는 고사하고 農地 그 자체를 잃게 되는 수도 있었다. 그들은 멍청한 地主에게 스스로 賭租를 갖다 바치지는 않았다. 어떤 곳에서는 金班이 尹班에게 土地를 放賣하였다가 일부를 還退하였는데, 尹班이 '昧於田政之致'한 것을 기화로, 金班은 未還部分까지도 潛賣하거나 또는 자기 토지인 양 다년간 分作시키고 있어서, 尹班은 그 수입이 太減하고 있었으나 그는 여러 해 후에야 이러한 사실을 알아차리고 그것을 還推하였으며,[107] 서울의 洪判書宅에서는 자기 토지를 時作人 權班이 賭地의 收納없이 '潛自耕食 已過十餘年'하고 있는 것도 모르고 있다가, 田案을 볼 기회가 있어서 田案 중에는 있는 農地가 賭地記에는 없음을 이상하게 여겨 現地調査를 하고 10여 년이 지난 후에야 비로소 이러한 사실을 알아내고 있었다.[108]

또 忠州 지방의 徐班은 그 祖父代에 買入한 農地를 文書가 昭然함에도, 그 父代에는 '先考全昧於此等事'라고 하였듯이 地主經營에 익숙하지 못하여 收

---

104) 奎古 No.224067.
105) 奎古 No.86428.
106) 奎古 No.163507의 1.
107) 奎古 No.155861.
108) 奎古 No.224142.

賭를 못하였으며, 손자의 代에 이르러서야 비로소 舊蹟을 詳考하여 토지와 賭를 推覓하였었다. 祖父가 農地를 買入한 지 60여 년 만의 일이었다.[109] 그리고 전라도에 살고 있는 私奴 吉伊에게는 생전에 그 父가 鎭岑 지방에 買入한 農地가 있어서, 이를 그곳 宋班이 借耕하고 있었는데, 그는 그 父親의 사망으로 이러한 사실을 몰라서 收賭를 못하고 있다가, 40년이 지난 후에야 文書를 가지고 소송을 제기하고 賭地를 징수하러 떠나고 있었다.[110]

地主經營이 철저한 집에서는 모든 田畓을 매 筆地 단위로 해마다 정밀한 秋收記를 작성하고 賭地의 收入 관계를 세세히 기록하고 있었다. 그러한 地主家에서는 아무리 작은 農地라 하더라도 賭地의 징수에서 漏落될 수가 없었다. 江華 지방의 金氏家의 地主經營은 그러한 예가 되는 것이겠다. 金氏家에서는 매년 秋收記를 작성하되 그것이 80여 년이나 계속되고 있었다.[111] 그뿐만이 아니라 이 시기는 時作農民層의 항쟁이 격심한 때였으므로 地主經營을 자기의 業으로 생각하고 성의를 다하는 地主이면, 비록 그 作人이 同族간이라 하더라도 賭地收納에 기일을 정하여 독촉을 하기도 하였다.[112] 이 시기의 地主經營은 이렇게 철저함으로써만이 가능한 것이었다.

---

109) 奎古 No.180160.
110) 奎古 No.213671, 213672. 이 중에서 前者의 文書를 소개하면 다음과 같다. 이는 田主인 私奴 吉伊가 官에 올린 所志이다.

　　　內南居私奴吉伊

　　右謹陳所志矣段 矣父亦 一道鳴灘伏情字田一日耕庫乙 去癸未年分 黃在雲處 買得耕食是白如可 矣父亦 甲申年分移去于全羅道玉果地 身死 矣身稚幼 同田乙 未得推尋是爲如乎 東面居宋生員稱名人 亦耕食是白去乙 矣身推尋 則買得是如爲白遣 無意還給是白去乙 上年分 鎭岑官良中呈訴 同宋生員果 一處推閱 則鎭岑官主敎是 同田庫乙矣身買得丁寧是置 宋生員耕食 極爲不當是如爲白遣 矣身處立旨成給是白乎等以 矣身 向日良中 同田庫牟打作次 以往于一道 則宋生員決後還執 使矣身不得打作爲有臥乎所 極爲不當是白置 緣由分諫敎是後 同宋生員奴子乙 捉致眼前 一處卞正治其決後還執之罪是遣 同田牟乙 矣身處打作事 各別行下爲白只爲 行下向敎是事

　　　官主 處分 甲辰 五月 日 所志

그리고 이리한 訴訟에 대하여 官에서는 다음과 같은 判決을 내리고 있었다.

宋生員何許人 而有如此擧措耶 事甚無據 重治次 事知奴捉來

111) 註 83의 ② '江華 金氏家의 地主經營과 그 盛衰'를 참조.
112) 奎古 No.84230, 192289.

B. 官屯·宮房田에서의 抗租

官屯田이나 宮房田 등에서의 抗租도 이 시기에는 빈번하게 일어나고 있었다. 여기에서도 그 형태는 다양하였지만, 그러나 그것은 요컨대 高率地代의 징수에 대한 항쟁인 것으로서 地代를 경감시키자는 것이 그 목표가 되고 있었다. 그리고 이러한 官屯田이나 宮庄土에서의 抗租는 그 農場規模의 광대함과도 관련하여 왕왕 集團化하는 것이 常例였다.

ⅰ) **載寧庄土에서의 抗租** ; 國家權力이 管掌하는 이와 같은 屯土나 庄土에서의 地代徵收의 방식은 19세기까지도 아직 打租制를 견지하는 곳이 있었지만, 그러나 일반적인 추세는 打租制에서 賭租制로 전환하는 과정에 있었고 또 그렇게 된 곳이 더 많았다. 地主層으로서는 頻發하는 農民層의 抗租運動에 對應하는 새로운 經營方針을 세우지 않으면 안 되었던 까닭이었다. 打租制下에서의 時作農民의 抗租運動은 그만큼 日常化하고 또 철저한 것이었다. 打租制下에서의 農民들의 이러한 항쟁은 여러 가지 형태로 일어나고 있어서, 拒納·慢納을 함으로써 간접적으로 地主側에 損失을 끼쳐 주는 경우도 있고, 穀物을 折半分益하기 전에 '欺隱偸竊'함으로써 직접적으로 損失을 끼치는 경우도 있었는데, 그러한 가운데서도 地主側의 庄土經營의 방침을 變革케까지 하고 있었던 것은 後者的인 항쟁이었다.

抗租運動으로서의 '欺隱偸竊'은 몇 단계에 걸치면서 조직적으로 감행되고 있었다. 그 첫 단계는 地品을 이용하는 것으로서, 이는 肥沃한 農地에는 무稻를 심고 瘠薄한 農地에는 晩稻를 심되, 秋收時에는 收賭官이 내려오기 전에 沃畓의 무稻는 刈食하고 瘠畓의 晩稻만을 남겼다가 이로써 全坪의 所出을 通算케 하는 것이고, 다음 단계는 刈稻束禾時의 볏단을 이용하는 것으로서, 監督官이 刈稻를 감시할 때는 볏단을 크게도 묶고 작게도 묶었다가 밤을 타서 큰 볏단을 分束하여 偸出하는 것이며, 셋째는 脫穀時의 기회를 이용하는 것으로서, 農民들은 이때 볏단을 빼돌리기도 하고 태질〔脫穀〕을 不精하게도 하였다가 打作이 끝난 후에 다시 更打를 하여 自己取得分을 늘리는 것이었다. 그리고 끝으로는 宮·私畓의 隣接을 이용하는 것으로서, 農民들은 自己所有의 田畓이 宮畓과 인접해 있는 곳에서는 해마다 조금씩 宮畓을 浸蝕割耕하여 자기 畓을 늘리고 宮畓은 좁혀 감으로써 그의 收益은 늘리고 地

主收入은 줄게 하는 것이었다.[113]

　이러한 여러 단계의 항쟁으로 인하여서는 地主의 收入은 결코 半打作이 될 수가 없었다. 그것은 打租制라고 하는 制度上으로는 비록 半打作이지만 실질적으로는 그렇게 될 수가 없는 것이었다. 載寧 지방의 宮庄土에서는 이러한 抗租運動時의 地主收入을 3分取1에 불과하다고 보고하고 있었다. 그리하여 地主側에서는 이와 같은 상황에 무엇인가 대책을 세우지 않으면 안 되었고 이에 등장하는 것이 賭租制인 것이었다. 農民들의 抗租鬪爭下에서 있었던 收益관계를 현실화하여 定額으로써 地代를 징수하려는 제도였다. 그러므로 地主側의 地代徵收가 賭租制로 넘어가게 되면서는 農民層의 부담이 다소 경감하지 않을 수 없었는데, 이는 地主側의 어쩔 수 없는 양보이기도 하였다.

　그러나 賭租制가 성립되었다고 해서 農民經濟가 전면적으로 호전된 것은 아니었다. 地主側은 이 賭租制의 단계에서도 여러 가지 구실을 마련하여 農民負擔을 가중시키고 그들 자신의 수입에 손실이 없도록 해 가고 있었다. 표면상 양보는 하였으되 실질적으로는 이를 만회하려는 것이었다. 그러한 가운데서도 이때 農民들에게 가장 크게 문제가 되는 것은 凶年의 收賭문제였다. 賭租制는 定額地代이므로 地主側에서는 흉년의 灾結에서도 賭地를 收納해야 한다는 것이고, 農民들로서는 흉년에 규정된 地代를 모두 上納하고 나면 남는 것이 없게 되는 데서 灾結免稅, 따라서 賭地 그 자체의 경감을 주장하지 않을 수 없었다. 그리하여 賭租制下의 農民들은 이 灾結免稅의 문제를 쟁취하지 않으면 안 되었던 것이니(註 132 참조), 이때의 抗租運動은 그 많은 부분이 대체로 이러한 문제가 계기가 되어 발생케 되었다.

　더욱이 이러한 賭租制下에서 地主側은 새로운 附加稅를 부과함으로써 그들의 수입을 늘리고 있었다. 가령 載寧 지방의 宮庄土나 驛屯土의 경우, 다음과 같이

　　賭稅米斗量之時에 好否之看色은 不可已之事나 憑藉看色ᄒ고 一石之納에 一斗

---

113) 前揭 註 27의 '司宮庄土에서의 時作農民의 經濟와 그 成長'(『朝鮮後期農業史研究』Ⅰ, 초판본, pp.384~386, 증보판, pp.467~468).

米는 依例討索ㅎ니 此何名目이 猶勝於元稅乎아[114]

　庄土의 管理人들이 收納米의 看評을 구실로 1石에 1斗米를 加徵하고 있었음은 그것이었다. 또 그러한 가운데서도 地主側은 收賭時의 斗量에서 升을 이용해야 할 때,

　　升之所捧은 監官監考輩가 以無定之匏로 呼曰升이라 ㅎ고 恣意濫捧ㅎ야 互相
　分喫ㅎ니 名雖匏升이나 幾不下於斗之大也[115]

라고 스스로 말하고 있듯이, 斗만큼이나 큰 匏升을 씀으로써 濫捧을 하여 수탈을 하고 있는 것이었다.

　그뿐만이 아니었다. 地主側에서는 結稅를 또한 農民들에게 轉嫁함으로써 그 지출을 덜려 하였는데, 이는 時作農民들에게는 큰 부담이 아닐 수 없었다. 官屯田이나 宮房田에는 稅가 면제되는 免稅結이 있고 그렇지 못한 有稅結이 있었는데, 이러한 현상은 後者, 즉 有稅의 庄土에서 일어나고 있었다. 그리하여 이처럼 結稅를 時作農民들에게 부과할 경우에는 權力側의 管掌下에 있는 이러한 庄土에서도 個人地主地에서와 마찬가지로 抗租鬪爭은 일어나게 마련이었다. 더욱이 경우에 따라서는 結稅의 轉嫁뿐만 아니라 地主側은 賭地 그 자체를 增額徵收하는 수도 있었고, 農民의 토지를 수탈하여 庄土로 만드는 경우도 있었으므로 時作農民의 항쟁은 그칠 리 없었다.

　ⅱ) 其他 屯土 庄土에서의 抗租 ; 賭租制로 전환한 후에도 地主側의 對農民態勢는 이러하였으므로 各級 屯田이나 庄土에서의 이런 저런 사정에 의한 항쟁은 그칠 새가 없었다. 19세기 중엽의 民亂의 시기에 이르면서는 그것이 더욱 빈번해졌으며, 그 후 그것은 甲午年의 農民戰爭의 단계에 이르기까지도 해결되지 못하였다. 이제 몇 가지 사례를 들어보면 다음과 같다.

　첫째, 劉成七이란 農民은 '勢貧之致 貰作校田'하고 있었는데 鄕校에서는 이 作人 앞으로 結稅를 移錄賦課함으로써 訴訟이 일어났으며,[116] 禮安 지방

────────────────

114) 『載寧郡餘物坪賭租收捧節目』(光武 8年 2月).
115) 同上.

의 李晚綱이란 農民은 驛土를 借耕하고서도 拒納하여 遠地定配되고,[117] 李源
國이란 農民은 50, 60년 동안이나 賭地條로 耕食하던 馬位田에서, 甲午 이
후에는 制度改革을 내세워 '賭地條比前倍徵 …… 又徵結稅'하게 되자, 訟事를
일으키었다.[118] 그리고 호서지방의 여러 곳에는 王室에서 賜與한 忠勳府의
屯田이 있었으며, 이 屯田의 借耕者로서는 일반 農民뿐만 아니라 각 지방의
土豪層이 또한 있었는데, 夫餘·恩津·定山·公山·尼城·德山 등지에서는
이들 土豪層이 중심이 되어 收稅를 거부하고 있었다. 이들은

　　　豪右作者 專事拒納 湖西一道弊端愈甚 應納地稅 不惟不納 毆逐差人

이라고 한 바와 같이, 地稅를 拒納할 뿐만 아니라 收稅人을 毆逐하기까지 하
였다.[119] 모두 地主收奪의 경감을 주장함이었고 農民負擔이 가중하는 데 대
한 항쟁인 것이었다.

　둘째, 이러한 항쟁이 宗親府屯土에서는 더욱 선명하게 나타나고 있었다.
宗親府屯土는 全國 어느 곳에나 널리 散在해 있었는데, 어디서나 庄民들은
納賭의 減額을 목표로 拒納 또는 愆納이라고 하는 抗租運動을 전개하고 있
었다. 그리고 그것은 哲宗朝의 農民叛亂을 전후해서는 더욱 격심해지고 있
었다. 가령 이 무렵의 자료로서 開城 지방의 屯土에 관하여 다음과 같은 사
실을 기록하고 있음은 그러한 사례가 되는 것이겠다. 즉,

　　　挽近以來 外邑民習 漸至獰頑 收稅之際 每尙愆納[120]

이라든가,

---

116) 奎古 No.183035.
117) 『平安監營啓錄』 33冊, 丁卯(1867) 11月 初 10日.
118) 奎古 No.69980.
119) 『承政院日記』, 正祖 7年 2月 12日, 82冊, p.914.
　　　『日省錄』, 正祖 7年 2月 12日.
120) 『宗親府謄錄』(奎 13007) 2冊, 庚戌(1850) 7月 日.

　　挽近屯習駁悗 期欲減稅之境 百計圖頉 所捧月減歲縮 上納以至不足之歎[121]

이라고 한 것, 그리고

　　近來民習獰頑 期欲減稅 百計圖頉 每致愆納[122]

이라고 보고되고 있듯이, 이곳 農民들은 近年에 이르러 收賭의 減額을 爭取하기 위하여 適時上納을 거부하고 여러 가지 방법으로 徵賭의 對象에서 빠져나가고 있는 것이었다. 이러한 현상은 交河 지방이나 陽川 지방에서도 마찬가지였다. 특히 陽川 지방에서는

　　屯民輩 稱以白地徵稅 百計圖頉 期欲減稅[123]

라고 한 바와 같이, 白地徵稅를 내세워 收賭를 거부하고 있었다. 아마도 災結收賭에 대한 항쟁이었을 것이다.
　宗親府屯民의 抗租는 다른 지역에서도 마찬가지였다. 江陵 지방의 屯民들은

　　挽近以來 外邑民習 漸至獰頑 收稅之際 百計圖頉 每尙愆納[124]

할 뿐만 아니라, 他人이 適期에 收納하려 하면

　　萬端毁言 百計沮戲 使他作者 以致愆納[125]

케도 하고, 또 壬戌年(1862)과 같이 항쟁이 심해질 경우에는,

　　宮土白地徵稅 構誣議送 …… 敺逐屯監

---

121)『宗親府謄錄』4冊, 咸豊 壬戌 8月 日.
122)『宗親府謄錄』3冊, 咸豊 丙辰 10月 日.
123)『宗親府謄錄』4冊, 咸豊 壬戌 12月 日. 2冊, 己酉(1849) 9月 日.
124)『宗親府謄錄』3冊, 咸豊 甲寅 8月 日.
125)『宗親府謄錄』4冊, 咸豊 壬戌 正月 日.

白地徵稅를 내세워 屯監을 毆逐함으로써 '莫重公稅 無難拒納'하기도 하였었다.[126] 그리고 충청도에서도 沃川 지방의 경우,

所謂作者輩 敢生不測之計 或稱陳廢 或稱浦落 百計圖頉 以致愆納[127]

케 하고, 新昌 지방의 경우 壬戌年에는

今秋收稅宮任 無難毆打 甚至有結縛逐送[128]

收稅宮任을 毆打하고 結縛逐送하기까지 하였다. 전라도 淳昌 지방에서의 항쟁은 더욱 철저하여서 屯土 그 자체에 큰 손실이 가게도 하였다. 즉 이곳에서는 屯土가 '年年見縮 盡入隱結'하는 바람에 原帳簿에는 560여 結이나 되던 農地가 140여 結로 줄어들고, 還推에 노력한 후에도 겨우 210여 結을 유지할 수 있는 데 불과하였다.[129]

　셋째, 農民들의 對地主 抗租鬪爭은 王室의 庄土에서도 마찬가지였다. 왕실은 이 시기의 封建地主로서는 최대의 권력을 가졌고 그 農場의 규모는 封建地主層 가운데서도 頂上에 이르는 것이었지만, 그러한 권력으로도 庄民의 抗租를 막을 수는 없었다. 抗租하는 農民들의 궁극 목표는 결국 地代를 경감시키는 데 있었던 까닭이다. 그러한 例는 허다하였다. 安邊 지방의 李權一은

明禮宮作畓 捧稅沮戲[130]

하다 遠地定配되었으며, 黃州 지방의 崔命實은

煽動農民 使之渙散 至於宮土廢棄[131]

---

126) 『宗親府謄錄』4冊, 咸豊 壬戌 11月 日. 癸亥 正月 日.
127) 『宗親府謄錄』2冊, 庚戌 8月 日.
128) 『宗親府謄錄』4冊, 咸豊 壬戌 10月 日.
129) 『宗親府謄錄』4冊, 咸豊 癸亥 2月 26日.
130) 『平安監營啓錄』25冊, 丙辰(1856) 2月 初 10日.

農民들을 선동 渙散하여 宮土를 페기케까지 함으로써, 杖一百流三千里의 刑을 받았다. 그리고 載寧 지방의 林之澤·洪仁祖·安 圭·文龍洞 등 그곳 宮庄土의 庄民들은, 종전의 抗租運動으로써 地代를 分半打作에서 3分의 1支定으로 경감시킨 후에도, 災結免稅를 쟁취하기 위하여 계속 항쟁하고 있었다. 즉 그들은 1833년에

　　憑藉失稔 締結各宮庄許多作人 煽動焉慫恿焉 變幻災實 瞞告巡路 甚至監官舍音
及京監下去者 必欲構誣中傷 百計沮撓 萬般頑拒 竟致宮納之歲前減縮[132]

이라고 한 바와 같이, 이곳 全庄土의 農民들과 締結하여 그해 농사의 失稔을 이유로, 監官이나 京監下去者의 收租를 조직적으로 거부함으로써 마침내는 宮納을 減縮시키고 있었다. 이때의 主謀者 林도 杖一百流三千里의 刑을 받은 것은 말할 것도 없었는데,[133] 그러나 그 후에도 이곳에서의 항쟁은 그치지 않았다. 1870년에는 金興祿이 중심이 되어 '擬減宮稅 毆打京監'함으로써 騷動이 일어났다.[134]

　平山 지방의 淑徽宮山坂과 그곳 火田에서의 抗租는 더욱 극렬한 것이었다. 그곳 庄土에서는 宮監의 收稅가 不當하여, 여기에 관련된 文區·花川·丹岩·細谷·下西峰 등 5개 面의 農民들이 呈營呈邑의 訴狀을 냄으로써, 宮監收稅를 혁파케 하고 5개 面에서 직접 收稅上納하고 있었는데, 이웃 漏川場의 土豪 高承烈이란 者가 上京하여 왕실에 納賂하고 다시 그곳 庄土의 收稅權을 얻어 가지고 오매 庄民들은 이것을 거부하게 된 것이었다. 宮差에 의해서 收賂되면 農民들의 부담이 느는 까닭이었다. 그리하여 그곳 5개 面의 農民들은 班·常을 가리지 않고 共議하여 高承烈을 '毁家逐出'하기로 결정하고 그 집을 습격하였다. 그리고 庄民과 地主側(高承烈) 사이에는 亂鬪가 벌

---

131) 『平安監營啓錄』26冊, 丁巳(1857) 11月 初 10日.
132) 『壽進宮謄錄』黃, 道光 13年 6月.
　　　前揭 註 27의 '司宮庄土에서의 時作農民의 經濟와 그 成長'(『朝鮮後期農業史硏究』Ⅰ, 초판본, p.389 ; 증보판, p.472).
133) 『平安監營啓錄』4冊, 癸巳(1833) 12月 7日.
134) 『平安監營啓錄』34冊, 庚午(1870) 12月 初 10日.

어지고 사상자를 내기도 하였다.[135] 이는 1866년의 일로서 對地主 抗爭으로서의 이 사건은 완전한 하나의 民亂이었다.

　넷째, 甲午改革 이후에는 宮房田·官屯田·驛土 등이 모두 驛屯土로 통합되었는데, 이렇게 된 후에도 그것을 경작하는 時作農民의 항쟁은 계속되고 있었다. 賭地輕減에 대한 農民들의 요구는 甲午改革 이후에도 마찬가지인 것이었다. 이때의 捧稅官은 그와 같은 農民들의 抗租行爲를

　　盖耕作公土ᄒᆞ고　怨納賭稅ᄂᆞᆫ　卽遐土民習之痛憎이온바　執賭以後　及於收捧也에　作人則　曰濫賭라ᄒᆞ고　曰歉荒이라ᄒᆞ야　奔訴本府郡에　專事拒納ᄒᆞᆸ고　各郡則　爲念民情이라ᄒᆞ고　初不董飭故로　新舊未收가　浸浸相仍ᄒᆞ야　以至各年上納之未得淸勘ᄒᆞ오니[136]

라든가, 또는

　　各郡所在各公土를　分遣派員ᄒᆞ야　使之執賭이옵더니　派員이　次第環視ᄒᆞ와　摠數를　停當修報之際에　各郡民이　或十或百에　成群呼訴ᄒᆞ야　無論公私土ᄒᆞ고　執賭가　過濫ᄒᆞ니　折半減縮이라ᄒᆞ야　無邑不然에　徒致騷擾이옵고[137]

라고 보고하고 있었다. 이러한 사정은 어느 지방에나 있는 일이었다.

　더욱이 이때가 되면 驛屯土의 耕作權을 地方官廳의 吏屬들이 차지하는 바가 많아지고 있었는데 이들의 抗租鬪爭도 간단치가 않았다. 그들은 각 지방을 움직이는 실무자로서 收賭行政을 숙지하고 있는 까닭에, 그 拒納行爲는 一般作人들의 경우보다도 지능적이고 徹底한 바가 있는 것이었다. 전북지방의 收租官은 그러한 사정을,

　　或稱歉荒ᄒᆞ며　或稱蠲減ᄒᆞ며　釀出奸計ᄒᆞ야　其生弊端이　層生疊出에　專事弄落ᄒᆞ야　尙此怨納이옵고　稍有所捧者는　只是村民之所作[138]

---

135)『黃海監營啓錄』16冊, 丙寅(1866) 12月 4日封.
136)『內藏院全羅南北道各郡報告』6冊, 光武 8年 8月, 全北捧稅官報告書.
137)『內藏院全羅南北道各郡報告』4冊, 光武 7年 11月 20日, 全北捧稅官報告書
138)『內藏院全羅南北道各郡報告』8冊, 光武 10年 1月 11日 報告書.

이라고 보고하고 있었다. 그는 이러한 사정을 '此道風土'로서 말하기도 하고,
또 本道에서는 '推諉不納이 自成習慣이오미 勢難准收'라고 하였을 만큼, 吏
屬輩들의 抗租는 일반화하고 있었다.[139] 그리고 그 가운데서도 특히 심한 곳
은 全州·南原·泰仁·礪山·臨陂·扶安·龍安·井邑·古阜 등지임을 그
는 지적하고 있었다.[140] 이러한 지역은 이른바 均田收賭 문제가 있었던 지역
으로 甲午農民戰爭의 중심지역인 것이었다.

驛屯土에는 二重時作 관계가 慣行하고, 따라서 거기에는 中間時作人으로
서의 中畓主가 있어서,

그가 얻은 小作權을 다시 他人에게 轉貸함으로써 그가 政府에 納付하는 小作
料보다도 高額의 小作料를 徵收하여 그 差額을 取得[141]

하고 있었는데, 이들의 抗租行爲도 활발하였다. 이들은

操縱作人ᄒ고 及其秋穫之場에 恣意打收ᄒ야 若干塞責於公賭ᄒ고 剩歸私槖[142]

하는 것이 관례로 되어 있었다. 中畓主의 수입은 地主側에게 收納하는 地代
가 경감하면 할수록 그 수입은 많아지는 까닭이었다. 그러므로 이들은 內藏
院이 그 訓令에서

所謂中畓主云者가 一直沮戱ᄒ야 以致妨碍云ᄒ니 …… 有此無憚之習이 極涉痛
歎[143]

이라고까지 하였을 만큼, 政府의 收賭를 妨害하고 있는 것이었으며, 또 地方
官이

---

139) 『內藏院全羅南北道各郡報告』 8冊, 光武 10年 2月 8日 報告書.
140) 註 138의 報告書.
141) 朝鮮總督府, 『驛屯土實地調査槪要』, 1911, p.8.
142) 『內藏院全羅南北道各郡報告』 6冊, 光武 8年 9月 30日, 茂朱郡守報告書.
143) 『內藏院照會訓令存案』 59冊, 光武 9年 1月 25日, 全北觀察使 및 扶安·古阜郡
     守 등에게 내린 訓令.

　　所謂昨年 舍音이 執賭成冊을 稱以納于捧稅官ᄒᆞ고 終不出給ᄒᆞ니 此乃該中
畓主壓制之權也[144]

라고 한 데서 볼 수 있듯이, 舍音에게 압력을 가하여 臺帳을 숨기고 따라서
收賭를 못하게까지 하고 있는 것이었다.

　iii) 均田收賭에 대한 抗爭　;　다섯째, 封建支配層의 農民收奪과 관련하
여서는 收賭 그 자체를 否定하는 항쟁도 일어나고 있었다. 農民들이 土地所
有權을 강제로 박탈당하여 時作農民의 지위로 전락하게 될 경우 일어나는 현
상이었다. 農民들은 왕왕 政府에 收納하는 高額의 稅를 피하려고 宮房에 投
託하는 일이 있었는데, 세월이 흐르면 이것이 宮庄土로 誤認되고 賭地를 강
요당하게 되는 것이었다. 그리고 또 宮房에서는 新田을 개발하거나 陳田을
개간하여 새로운 庄土를 마련하고 있었는데, 이럴 경우 왕왕 農民의 소유지
가 침해를 당하고 이어서는 納賭가 강요되는 것이기도 하였다. 이때 農民들
이 그러한 宮庄土에서의 收賭를 거부하고 그 소유권을 되찾기 위하여 항쟁을
일으키게 됨은 말할 것도 없었다. 土地所有權을 둘러싸고 王室과 農民 사이
에 일어나는 허다한 분쟁은 대개 그러한 것이었다. 그 가운데서도 대표적인
것의 하나는 아마도 甲午農民戰爭의 중심 지역이었던 全州·金堤·金溝·泰
仁·臨陂·扶安·沃溝 등지에서 발생한 王室의 均田收賭와 이에 대한 農民
의 항쟁이 아니었을까 생각한다.

　이 爭議는 1890년에서 1907년에 이르는 17년 동안 계속되었는데, 이는
高宗 13년 이래로 여러 차례 거듭된 旱災로 인하여 荒廢化된 農民들의 소유
지를 王室에서 자금을 대어 개간하고, 이어서는 그 소유권까지도 박탈하여
그것을 均田의 이름으로 庄土化하고 收賭를 하게 된 데서 일어난 사건이었
다. 王室의 處事는 일정한 절차를 거치기는 하였으나 정당한 것이 아니었으
며, 따라서 農民들이 이를 묵인할 수 없는 것이었음도 분명하였다. 그리하여
農民들은 均田收賭가 開始되면서부터 벌써 항쟁을 전개하였고, 이는 다른
여러 상황과도 관련하여 마침내 甲午農民戰爭을 유발하게까지 하였다. 그리

─────────────────────

144)『內藏院全羅南北道各郡報告』7冊, 光武 9年 11月 18日, 井邑郡守報告書.

고 農民戰爭이 진압된 후에도 抗租鬪爭은 民亂의 상태로서 계속되었으며, 農民들이 王室과의 투쟁에서 力不及함을 알게 되면서부터는, 그들의 권리를 지키는 방법으로서 日本人들에게 불법으로 潛賣해 버리게까지 되었다. 말하자면 封建王室의 農民收奪은 內的으로는 農民戰爭을 勃發케 하고, 外的으로는 日本人들에게 土地投資에의 길을 열어 주어 韓國農業侵略의 據點을 마련해 주고 있는 것이었다.[145]

(2) 借地競爭

封建地主層에 대한 時作農民層의 항쟁은 위에서 살핀 바와 같이 여러 가지 형태로 다양하게 전개되고 있었다. 그러한 점에서 이들은 그 신분의 貴賤과 經濟程度의 高下를 막론하고, 對地主鬪爭의 隊列에서 共同步調를 취하고 있는 것이며, 따라서 그들 상호간에는 一絲不亂한 紐帶가 이루어질 것이기도 하였다. 적어도 地主層에 대항한다는 점에서는 外見上 그렇게 되고 있는 것이 사실이기도 하였다. 그러나 하나의 커다란 社會階層을 형성하고 있는 이들 時作農民層의 內部事情은 복잡하였고, 그러기에 그 內部에서는 그들 相互間의 軋轢과 대립과 마찰이 對地主鬪爭의 정도만큼이나 심각하고 또 빈번하게 일어나고 있었다. 그러한 가운데서도 農地借耕의 문제는 그 중심이 되고 있었다. 17, 18세기 이래로 農民層分化가 激化되는 가운데서, 그리고 借地經營을 중심으로 한 農業生産이 생계의 유지와 富의 축적을 위한 하나의 手段이 되는 가운데서, 그들은 借耕地의 確保와 經營擴大가 반드시 필요한 까닭이었다. 19세기에 이르러서는 이러한 狀況이 더욱 激化되고 있었다. 그리고 그러한 결과로서 時作農民層 사이에서는, 對地主 抗租鬪爭과도 병행하여, 借地權을 둘러싼 그들 상호간의 경쟁이 심각하게 전개되기에 이르렀다.

借地競爭은 여러 가지 방법으로 일어나고 있었지만, 그 가운데서도 흔한 것은 情費의 多寡에 따라서 그 耕作權이 授受與奪되는 일이었다. 情費는 본시 封建地主層에 의해서 요구되는 經濟外 강제의 한 표현이었지만, 耕地確保가 어려운 상황 속에서 時作農民들은 의식적으로 이를 후하게 하고, 이를 통해서 農地를 유지도 하고 늘려 가기도 하는 것이었다. 이러한 사정을 우리

---

145) 拙稿, '高宗朝 王室의 均田收賭問題'(『韓國近代農業史硏究』Ⅱ, 증보판) 참조.

는 哲宗朝의 民亂을 체험하고, 그것이 農民經濟의 破綻에서 연유하는 것이
었음을 분명하게 파악하고 있었던, 한 地方官 磊棲 金炳昱의 기록을 통해서
살필 수 있다.

> 我國農戶　擧皆是無土借佃之人也　千辛萬苦於火耕水耘　而及其收穫也　打作官之
> 號令滿口　舍音漢之操縱在手　量以大斗　責之元數　畢竟場圃如洗　景色愁慘　又看鷄
> 酒之厚薄　輒施田土之予奪　所以終歲勤勞而不免飢寒　一年得作而旋失所耕　重之以
> 身徭戶役吏督如虎　念其情勢　切切哀痛　恤之如何　惟當使田主減收　佃人永耕然後
> 可得以保民業　而回天和矣[146]

라고 한 것이 그것이었다. 그에 따르면 民亂을 야기케까지 한 이 시기 農民
들의 經濟狀態는 두 가지 점에서 惡化하고 있었는데, 그 가운데 하나는 情費
의 厚薄에 따르는 農地喪失이라는 것이었다. 즉 19세기 중엽의 우리나라 農
民들은 대부분이 타인의 農地를 借耕하는 時作農民이었는데, 그들은 地主側
의 가혹한 地代徵收, 즉 賭地를 收捧할 때 大斗로써 計量하고 흉년에도 減免
함이 없이 元額대로 징수함으로써 추수가 끝난 다음에는 남는 것이 없고 마
침내는 終歲勤勞하고서도 飢寒을 면할 수 없다는 것이며, 또 地主側의 管理
人들은 그들에게 待接하는 鷄酒의 厚薄을 보아서 農地의 耕作權을 授與하기
도 하고 박탈하기도 함으로써 1년간 경작하고 나면 곧 그 경작권을 잃게 된
다는 것이었다. 그래서 그는 이 시기의 農民經濟를 안정시키는 방안으로서
는 '田主減收 佃人永耕'(減租와 永小作)하는 것이 최선의 방법임을 강조하였
으며 그 案을 또한 政府에 제안하기도 하였다.[147]

　情費의 多寡가 곧 借耕權의 확보를 좌우하게 됨에 따라서는, 그것을 확보
하기 위한 운동이 벌어지고, 그 하나의 단적인 표현으로는 地主家의 庄土管
理人에 대한 賂物의 贈與와 請囑行爲가 이 시기 地主制에서 하나의 農業慣
行으로 등장하게 되었다. 그리고 그러한 현상은 被奪農民의 원한을 산다는
점에서 경우에 따라서는 地主側의 農場經營에 불리할 수도 있었다. 그래서

---

146)『磊棲集』卷 5, 鵬舍消遣, 2장.
147) 金炳昱의 農業論에 관해서는, '光武改革期의 量務監理 金星圭의 社會經濟論', 2.
　　學의 系譜(『韓國近代農業史研究』Ⅱ, 증보판, 제Ⅲ편) 참조.

현명한 地主이면 이러한 문제를 극히 警戒하고 있었다. 가령 高宗 24년의
어느 地主家의 庄土經營에 관한 節目 가운데는 舍音과 作人에게 내린 留意
事項이 있어서,

　　設令　或受其請囑　或受其微物　而依囑之所言　某作人之所農田畓　移給于所囑之人
　則所囑之作人　喜悅致賀　然見奪之作人　雖貰作之田畓　愛之重之　多年耕食　忽地無
　故見奪　其所憤惋當何如哉 …… 請囑移作勿爲擧論事[148]

라고 하였는데, 이는 그와 같은 현상을 반영해 주는 것이 아닐 수 없었다.
管理人이 請囑과 受賂를 통해서 耕作權을 이동하여서는 안 된다는 것이었
다. 地主家에서는 奪耕당하는 농민으로부터 憤惋을 사게 됨을 염려하는 것
이며, 또 移作은 필요한 것이기는 하지만, 이렇게 請囑을 통해서 행하는 것
은 계획성 있게 운영되어야 할 農場의 農業生産과 그에 따른 農場收入에 유
리하다고 보지 않는 까닭이었다. 그러나 地主層이 이러한 배려를 하는 것은
일반적인 일이 아니었다. 많은 地主層의 農地貸與에는 磊樓가 지적하고 있
듯이, 情費의 多寡와 請囑行爲가 크게 작용하고 있었다.

　借地競爭에서 다음으로 볼 수 있는 것은 豪强層이나 그와 연결된 農民들
이 孤弱者의 借耕地를 힘으로 奪耕하는 예였다. 이런 경우에도 그들은 地主
家나 그 관리인의 양해 하에 그럴 수 있는 것이겠지만, 따라서 거기에는 또
뇌물의 贈與와 請囑行爲가 따르고 있는 것이겠지만, 臨農奪耕이 아닐 경우,
무력한 零細時作農民들은 대개 그 농지를 빼앗기지 않을 수 없었다. 그러한
현상은 個人地主地나 官屯畓의 어느 경우에도 있었다.

　가령 몇 가지 예를 들어보면 다음과 같다. 礪山郡 北三面의 蘇班은 그곳에
서 오랫동안 16斗落의 農地를 借耕하고, '賭·稅間初無一毫愆納'이었음에
도, 그곳 南班은 이를 白地奪耕하려 하였는데, 作人 蘇班이

　　時(恃)其强豪　蔑如殘弱　氣抑爲主　不顧體例　以此殘弱之民　私不抗豪頑之人[149]

---

148) 『勸農節目』 3項.
149) 奎古 No.213686.

이라고 官에 호소하고 있는 것으로 보아, 이 南班은 이곳 鄕村의 豪强인 것
이었으며, 그는 힘으로써 殘弱한 蘇班의 借耕地를 奪耕하려는 것이었다. 또
鎭岑郡 東面의 申生員은 그곳 李生員의 農地를 '貰以得耕'하고 있었는데, 이
借耕地를 둘러싸고 이웃마을 李班과의 사이에 분쟁이 일어나고 있었다. 이
李班은 '挾其詐惡 中間欲爲奪耕'하려는 것이었으며, 申生員이 '李班自恃權力
無端作梗 使人廢耕'이라고 한 점으로 보아, 이 지방의 權力層으로서 권력을
믿고 他人의 借耕地를 탈취하려 하는 것이었다.[150] 그리고 尙州牧 內南面의
儒生 金鍅은

　　　素以赤立之勢 校畓四斗落塵 屢年耕食保命

하고 있었는데, 舊作人이었던 그곳 李敬範이란 者는 자기가 이 畓을 耕作할
것을 金班에게 통고하고 이를 奪耕하려 하였었다. 이때 이곳 鄕校의 齋會에
서는

　　　滿座章甫皆曰 敬範之言 萬萬不可 以舊耕食之意 更勿起鬧

할 것을 결정하기까지 하였지만, 李는 이를 따르지 않았으며, 여기에 金班은
'陜村殘民 不可私力措處'이니 臨農奪耕이나 하지 않게 해달라고 官에 호소하
게 되었다.[151] 李敬範은 鄕論을 상대로 하고서도 싸울 수 있는 실력자인 것이
었다. 그는 아마도 이 지방의 豪强이었거나 또는 官權을 배경으로서 지니고
있었을 것이다.

　借地競爭에서의 제3의 형태는 官權과 결합하여 奪耕하는 것이었다. 官屯
畓의 경우는 왕왕 이와 같은 방법으로써 奪耕하는 것이 일반적이기도 하였
다. 官屯畓은 田主가 各級 官衙이고 그 農地는 각 地方官廳의 관할 하에 있
었던 까닭이었다. 이러한 사례는 허다하였다.

　가령 어느 지방 茅面葛田의 金得用은 그곳 官屯畓을 12년간이나 耕食하고

---

150) 奎古 No.224130, 224139, 224140, 224141.
151) 奎古 No.194173.

있어서 隣近村民들도 이를 周知하고 있었는데, 그곳 權班이 수십 년 전의 作人이었음을 기화로

　　　春間以來　出沒官村　作梗無數 …… 臨農奪耕

하고 있었음은 그 한 예였다.[152] 이때 그는 村民들의 抗議로 목적을 이룰 수는 없었지만 그가 취하고 있는 奪耕의 방식은 官權에 의존함이었다. 또 延豊郡 水回面의 金生員은 그곳 驛土를 借耕함으로써 僅僅保命하고 있었고, 새로이 他人借耕의 農地 2斗落을 더 얻을 수가 있었는데, 그곳 鄭生員은 '誣呈官家'함으로써 이를 奪耕하려 하였으며,[153] 延豊郡 栗枝面에서는 沈承旨宅이 驛屯土 24斗落을 借耕하기로 이미 委任狀을 받고 있었는데, 그 후 新年에 들어서는 3, 4人이 官으로부터

　　　得委任標者　三四人이　遽然移作

새로 委任標를 받았음을 내세워 借耕權을 탈취하려 하였다.[154] 그리고 盆山郡 豆川面 黃生員도 官屯畓 5斗落으로써 耕食保命하고 있었는데, 同面의 舊吏屬 李成的은 黃生員宅奴 春今이

　　　侮視矣宅之孤弱　欲爲奪耕

이라고 호소하고 있는 바와 같이, 黃班의 寒微함을 얕보고 그 경작권을 탈취하려 하였다. 이러한 가운데서 이때 이곳 戶長은

　　　汝宅旣有呈營呈官之文蹟　且無他田畓　則甚爲可矜　向日李成的出給牌子勿施　汝宅耕作爲可

---

152) 奎古 No.216987.
153) 奎古 No.182785.
154) 奎古 No.183013, 183012.

라고 하여, 黃班에게 동정적이었고 黃班이 경작권을 가져야 할 것을 말하고 있었지만, 李吏는

　　　我本吏屬 多有邑權 則何負於兩班乎 此畓期於耕作

이라고 豪言하며 기어이 이를 탈취하고자 하였다.[155] 그는 본시 吏屬으로서 官權과 연결되어 있는 것이며, 이 官權을 배경으로 해서 奪耕을 企圖하고 있는 것이었다.

　官屯畓의 경우에는 이와 같이 吏屬들에 의해서 그 경작권이 탈취되는 바가 많았지만, 그것이 甲午改革 이후에는 더욱 顯著해지고 있었다. 이때에는 地方制度의 개혁으로 인하여 각 地方官廳이나 驛에 所屬하였던 吏屬들이 생계를 잃게 되었으며, 借耕地를 통해서 생계를 꾀하는 者가 많아진 까닭이었다. 그리하여 이로 말미암아 時作農民들 사이에 借耕地를 確保하기 위한 경쟁이 激化되어, 時作權의 賣買價格은 뛰고 時作權의 이동은 심해졌으며, 또 그때마다 그 값이 증가하여 借耕地로부터의 수입이 그 買入價格을 따르지 못하는 등 큰 혼란을 빚어내고 있었다. 그리고 이러한 가운데서 地方官廳의 吏屬들은 그 官廳의 管轄下에 있었던 驛屯土의 耕作權을 官權에 의존하면서 점유하였고, 또 경우에 따라서는 地方官이 그들의 생계를 위해서 그들 吏屬에게 이를 지급해 주기도 하였디.[156] 그리하여 韓末에 이르러서는 舊來의 官屯田·宮房田·驛土 등을 통합한 驛屯土에서는 그 耕作權이 權勢家들에 의해서 점유되는 외에도 官權과 연결된 이들 吏屬들에 의해서 耕食케 되는 바가 많아졌다. 전북지방의 驛屯土收租官은 그러한 현상을

　　　本道는 驛屯土를 吏屬輩가 擧耕食[157]

한다거나, 또는

---

155) 奎古 No.235789.
156) 前揭 註 147의 '光武改革期의 量務監理 金星圭의 社會經濟論', 3의 2) 地主制改革論 참조.
157) 『內藏院全羅南北道各郡報告』 8冊, 光武 10年 2月 8日 報告書.

所謂作人은 擧皆吏校輩也 而自來此土地를 視若奇貨ᄒ고 自肥營私者也[158]

라고 표현하고도 있었다.

물론 이 경우, 이들 吏屬은 自耕이 아니라 二重時作關係를 맺고 있는 中畓主일 경우도 흔히 있었다. 內藏院에서는 그것을 吏校輩가 擧耕食한다고 말해지는 호남지방에 관하여,

各郡所在 本院所管 各公土에 所謂中畓主名色 比比有之ᄒ야 從中干涉[159]

한다고 지적하고, 이를 禁戢시키려 하였으며, 井邑郡守는 소위 作人은 擧皆吏校輩라고 지적되고 또 抗租는 주로 이들에 의해서 감행되는 것이라고 보고되었던 그의 郡에 관하여, 이를 더욱 敷衍하여서는

此郡公土之中 中畓主名色 其弊多端[160]

이라고 보고하고도 있었다. 그리고 驛屯土調査의 결과에서도 驛屯土 中畓主 대부분은 그 지방의 權勢家나 또는 舊吏屬이라는 것이 밝혀지고 있었다.[161] 吏屬이나 權勢家들은 官權으로써 驛屯土의 借耕權을 얻고 이를 다시 實際의 作人들에게 轉貸함으로써 그들 자신은 寄生化하고 있는 것이었다. 그리고 그러한 이유로 時作農民들의 地代가 증가하게 되는 것이었다.

(3) **移作**

위에서 살펴 온 바와 같이 19세기의 時作農民層은 한편으로는 地主層에 대한 抗租鬪爭을 감행하면서도, 다른 한편으로는 이와 병행하여 그들 상호 간의 借地競爭을 격심하게 전개하고 있었는데, 이러한 현상은 時作農民層의 對地主 抗租鬪爭을 약화시키고 地主層의 그들에 대한 대책을 용이하게 하는

---

158)『內藏院全羅南北道各郡報告』8冊, 光武 10年 1月 11日 報告書.
159)『內藏院全羅南北道各郡報告』6冊, 光武 8年 9月 30日, 茂朱郡守報告書.
160)『內藏院全羅南北道各郡報告』7冊, 光武 9年 11月 18日, 井邑郡守報告書.
　　　『內藏院全羅南北道各郡報告』8冊, 光武 10年 1月 11日, 全北收租官報告書.
161)『驛屯土實地調査槪要』, p.8.

바가 되었다. 地主層은 그들에게 저항하는 農民들에게 신축성 있는 강한 대책을 세우기도 하고, 그들에게 굽혀 오는 借地競爭者를 적절히 조정하기도 함으로써 그들의 이익을 守護해 나갔다. 그리고 그와 같은 地主層의 時作農民層에 대한 대책은 借耕地를 둘러싼 農民層分化를 한층 더 촉진하는 바가 되고, 따라서 地主와 時作農民 간에 얽힌 사회적인 모순을 가일층 격화시키는 바가 되었다.

抗租하는 農民에 대한 地主層의 대책은 다양하였다. 그 가운데서도 가장 直線的이고 즉각적인 對應態勢는 官에 호소하는 일이었다. 이는 個人地主地, 官屯田, 宮房田 등 어느 경우에도 마찬가지였다. 그리고 個人地主地의 경우에는 대개 官에서의 仲裁로써 해결이 나지만 官屯田·宮房田의 경우에는 큰 처벌을 받게 되는 것이 일쑤였다. 앞에서 이미 언급한 일이지만, 載寧 지방의 宮庄土에서 收稅次 下來한 京監을 毆打한 庄民 金興祿이나, 妄冒灾結함으로써 上納穀을 減縮케 한 林之澤 등, 그리고 黃州 지방에서 庄民을 渙散케 함으로써 宮庄土를 廢棄之境에 이르게 한 崔命實 등은 '杖一百流三千里'의 刑을 받고 이곳저곳으로 流配되고 있었다.

그리고 甲午 이후 地主와 實作人 사이에 寄生하면서 抗租를 하는 中畓主에 대하여는,

中畓主는 隨現捉上于本院ᄒ야 以爲嚴懲케홈이 爲宜事[162]

라든가, 또는

中畓主名色 …… 何不革袪 復有此弊[163]

라고 한 바와 같이, 地方官으로 하여금 이를 官權으로써 제거케도 하고 서울로 捉上하여 엄한 처벌을 내리기도 하였다. 抗租鬪爭에는 큰 희생이 따르고 있는 것이었다.

---

162) 註 143의 訓令.
163) 註 144의 井邑郡守報告書 내의 訓令.

다음은 農民層의 주장을 받아들여 地代의 징수를 일부 경감하기도 하고
또 農地經營의 방침을 부분적으로 변경하기도 하는 일이었다. 前者는 地主
側에서 收賭할 때 그 管理人들이 過重하게 收取하는 것을 스스로 自制하는
형식으로 취해졌다. 高宗 24년의 어느 地主家에서는 그러한 措處를

> 或者取其升斗之利 打租之時 厚捧輸來 有改量之弊 …… 打租之場 以八斗作米量
> 仍爲斗量作石輸來[164]

한다는 규정으로써 표현하고 있었다. 庄土의 管理人들이 말질을 할 때 大斗
를 쓴다든가 高捧으로 한다든가 하여 厚捧하고, 그것을 輸來한 후에는 다시
正常的인 斗升으로 개량함으로써 剩餘部分을 取食하는 것을 금한다는 것이
며, 地主家에서는 이를 庄民에게 公約으로서 내세우고 있는 것이었다.

後者는 打租制에서 賭租制에로의 전환, 즉 地主가 地代를 징수할 때, 分半
打作을 하던 데서 定額制로 그 收取方式을 바꾸는 것이었다. 이럴 경우 그
賭額을 정함에서는 災年도 포함하는 수년간의 평균치로써 일정케 하는 것이
관례였으므로, 賭租制가 되면 일반적으로 平年作에서의 打租보다 그 收取率
이 경감하는 것이 보통이었다. 이런 전환은 18세기에서 19세기에 이르면서
널리 일어났는데, 그와 같은 사례의 標本을 우리는 載寧 지방의 王室의 庄土
에서 살필 수 있었다. 그리고 이러한 전환과 아울러서는 農場의 管理機構를
地主家의 直營에서 導掌을 통하여 地代를 收取하는 請負制로 개편하는 작업
이 따르기도 하였다.

그러나 地代의 경감이 반드시 抗租를 저지할 수 있는 절대적인 조건일 수
는 없었다. 가령 어느 지방의 張班은 鄭班의 作人이었는데, 그는

> 新村居張班 數年耕作是乎所 元賭租四石十斗內 不無年年蠲減 而當給之條 屢屢
> 愆期[165]

---

164)『勸農節目』10項.
165）奎古 No.182559.

라고 한 바와 같이, 賭額이 해마다 경감되었는데도 愆納抗租를 그대로 계속하고 있었다. 그리고 王室의 載寧庄土에서는 打租制가 賭租制·金納制로 轉換하고 賭額이 경감된 후에도 抗租는 여전하였다. 그렇게 된 후의 抗租는 형태가 달라지고 있을 뿐이었다. 賭租制로 轉換하고 賭額이 경감되었다 하더라도 그것이 農民經濟를 안정시킬 만한 것은 아니었으며, 高率地代의 징수가 전제된 封建地主制의 모순이 그것으로써 해결되는 것은 아닌 까닭이었다.

셋째로 時作農民層의 抗租와 借地競爭 속에서 地主層이 취하였던 가장 일반적이고도 강경한 대책은 移作이었다. 이는 抗租하는 農民이나 懶農不勤하는 農民에게서 그 耕作權을 박탈하여, 그것을 그들이 보기에 勤實하다고 생각되는 農民에게 移給하는 것이었다. 앞에서도 보아 온 바와 같이 借地權을 얻기 위해서는 뇌물의 授受나 請囑을 통해서, 그리고 심지어는 官權을 통해서도 競合하고 있었으므로, 地主層으로서는 抗租·懶農하는 作人에게 그대로 그의 農地를 貸與하지 않아도 되었던 것이었다. 이 시기에는 農民層分化가 격화하는 가운데 借耕地에서조차 배제되는 農民이 많았으며, 農地를 얻을 수 있었다 하더라도, 그리고 그것을 얻는 데 유리한 입장에 있었던 兩班作人의 경우에서도, 4, 5斗落의 農地를 借耕하는 것으로써 생계를 유지해야 하는 農民이 많았으므로, 抗租하는 農民이 地主層의 牽制의 대상이 되는 것은 무리가 아니었다.

借地權剝奪을 위한 地主層의 奪耕移作은 두 가지 방법으로 행하여졌다. 그 하나는 農地를 移買함으로써 作人을 교체하는 것이고, 다른 하나는 農地를 그대로 둔 채 抗租作人만을 逐出交替하는 것이었다.

移買는 여러 가지 사정에서 緣由하는 것이지만, 農地經營과 관련하여 이것이 문제될 때는 기본적으로 경영합리화를 위해서 행하는 것이므로, 時作農民層의 항쟁을 이겨내기 어려울 경우에는 응당 고려되는 방법이었다. 이를테면 江華 지방의 金氏家는 그곳에 世居해 온 地主로서 이웃 席毛島에 그의 일부 農地를 數名의 作人으로 하여금 경작시키고 있었는데, 民亂(1862) 前夜에 作人들이

他人耕作 賭地冒錄

하거나, 또는

　　韓京大年年隱匿賭地二石, 桂月得年年隱匿賭地十三斗

하게 되자, 이곳 農地를 모두 처분하여 江華本島 내에다 農地를 買入하여 새
로운 作人으로 하여금 경작케 하고 있었음은 그러한 사례였다.[166]
　作人이 賭地를 不給할 때 그 農地를 放賣하는 것은 소극적인 대책이지만,
權勢家가 아닌 地主의 경우에는 어쩔 수 없이 흔히 취하는 방법이었다. 清州
지방의 李進士는 그의 農地를 그곳 李生員 형제에게 借耕시키고 있었는데,

　　李生員素以行惡之人 耕食其土 每年賭租 不給於舊畓主 故舊畓主放賣其畓[167]

이라고 하였듯이, 李進士는 作人의 抗租로 賭地徵收가 어렵게 되자 이를 放
賣하고 있는 것이었으며, 또 興陽郡 南西面의 郭生員은 그의 農地를 借耕하
는 金日孫이란 作人으로부터,

　　十餘年耕作 一無給稅之道 故今移買於山下[168]

11여 년이나, 賭地를 받을 수가 없으므로 山下 쪽으로 移買하고자 하는 것이
었다. 이럴 경우 農地를 新買하는 田主는 自作을 할 수도 있고 借耕을 시킬
수도 있는데, 新買者가 自作을 할 경우에 抗租하던 舊作人이 奪耕을 당하게
됨은 말할 것도 없고, 借耕을 시킬 경우에도 舊作人이 賭地不給하였다는 사
실을 알게 되면 奪耕移作하게 됨은 말할 것도 없는 일이었다. 그래서 이러한
農地의 移買過程에서는 新買主와 耕作人 사이에 奪耕 문제를 둘러싸고 다시
분쟁이 일어나게 마련이었다.
　이러한 예는 허다하였다. 前記 郭生員이 그 農地를 山下로 移買하려 하였

---

166) 前揭 註 83의 ② '江華 金氏家의 地主經營과 그 盛衰'를 참조.
167) 奎古 No.66252.
168) 奎古 No.83645.

을 때 作人 金日孫이 奪耕移作을 막으려고 移買를 沮戱하고 興成을 遲滯케
한 일,[169] 鴨汀面 沈樂周의 作人 崔班乃錫이 地主의 移買로 그 借耕權이 新買
主에 의해서 회수당하게 되자, '肆惡作梗'하여 作權을 넘겨주지 않고 마침내
는 賣買를 還退시킨 일은[170] 그러한 예이었다. 그뿐만 아니라 作人에게 경제
적인 능력이 있을 때는 移買를 저지하는 방법으로서 그 賣買를 방해하고 그
것을 自己가 引受할 것을 주장하는 수도 있었다. 公州郡 辱頭面의 趙重基라
는 農民은 그러한 예였다. 그는 趙周八의 農地 2斗落을 20년간이나 경작하
고 있었는데, 地主가 이를 他處에 移買하려 하자, 그는 이를 방해하고 그 緣
故權을 내세워 그에게 賣渡해 줄 것을 官에 호소하고 있었다.[171]

　이와 같이 借耕權을 박탈당하게 될 때 作人들이 항쟁할 수 있는 좋은 구실
은 '臨農奪耕'이었다. 臨農奪耕은 관례로써 금지되어 있는 까닭이었으며, 실
제로도 臨農奪耕을 당하게 될 때 官에 고소하면 官에서는 이를 용납지 않는
것이 관례였기 때문이다.[172] 어떤 지방의 作人 朱生員이 '素以貧薄之致 借人
貰土耕作'하던 農地를 地主의 換賣로 新買主에게 作權을 잃게 되었을 때 이
는 '臨農奪耕'임을 내세워 항의하였던 일,[173] 幼學 金敎洙가 2월초에 新買한
農地를 새로운 作人에게 移作시키려 하자 그 耕作權을 잃게 된 舊作人 朴孝
洙가 '臨農奪耕'임을 주장, 항의하였음은[174] 그러한 예였다. 그리고 地主가
移買를 통해서 臨農奪耕을 하는 것이 확실하면, 作人이 가령

　　勒禁畓主之出糞鋪役

---

169) 奎古 No.83645.
170) 奎古 No.224077.
171) 奎古 No.164305.
172)『治郡要訣』民訴(『朝鮮民政資料』牧民篇), pp.7~8에서는 이와 같은 移作문제
　　에 관하여 다음과 같이 記錄하고 있다.
　　　或以臨農而本主奪耕 來呈者 則曰「他矣田地 汝矣身果能勤農生穀 睹地或竝作間
　　著實準給 則本主豈有奪耕之理乎 汝必懶農 本主生憎而然也 推閱後 理曲者當嚴治矣
　　本主率來對卞」題雖如此 田主若富實多田之人 則不可使被奪者臨耕廢農 量宜善處
173) 奎古 No.182968.
174) 奎古 No.195097.

해도 官은 時作農民의 입장을 옹호했다. 官에서는 이러한 분쟁이 발생했을 때 '雖曰畓主 臨農賣買 則不可奪耕事'라는 판결을 내리고 있었다.[175] 하지만 移買紛爭 속에서의 作人들의 이러한 항의도 그때뿐이었다. 설혹 臨農奪耕이 官權으로써 制止된다 하더라도 그 翌年에는 결국 借耕權을 회수당하지 않을 수 없는 것이었다.

農地를 그대로 둔 채 作人만을 교체하는 移作은 移作 가운데서도 일반적인 형태였다. 農地經營에 불편이 없는 田畓을 소유한 地主로서 그가 권력과 연결되었거나 土勢와 연결되었을 경우에는 더욱 그러하였다. 農地의 貸與는 일반적으로

大抵田畓之分給作人 乃是畓主之主張[176]

이라고 하였듯이, 地主層은 대개 모두들 地主側의 재량에 달린 것으로 觀念하고 있었으므로,

與田主宅相約之言 放賣前不爲移作[177]

이라는 약속이라도 없는 한, 地主側에서는 抗租作人이나 懶農作人에 대하여는 일차적으로 耕作權을 剝奪하여 移作을 하게 되는 것이었다.

가령 任實 지방에서 崔班의 農地 2斗落과 3斗落을 각각 借耕하고 있었던 두 金班이 賭地를 不給하자, 地主는

昨年稅租十五斗生抑不給 則世無未捧稅給畓之理 故移給龜岩時作矣[178]

라고 하여, 龜岩에 거주하는 새로운 時作에게 그 耕作權을 移給하였던 것, 앞에서도 이미 例示한 바 鄭班의 農地를 借耕하던 張班이 賭地上納의 成績

---

175) 奎古 No.213625.
176) 奎古 No.224077.
177) 奎古 No.224141.
178) 奎古 No.83237.

이 불량하매, 地主는

元賭租四石十斗內　不無年年蠲減　而當給之條　屢屢愆期是乎故　昨冬捧賭之時　移
作於矣宅山直

이라고 하여,[179] 그 耕作權을 山直에게 移給하고 있었던 것, 그리고 京居 鄭
判書宅의 地主經營에서

五斗落作人朴周敬　四斗落作人　朴聖心　年年懶農　及其捧賭　每有是非　故右畓九
斗落　昨年至月良中　竝爲移作於後洞崔奴好成處[180]

라고 하여, 평소에는 懶農하고 秋收時에는 是是非非를 벌였던 作人에게서
그 경작권을 회수하여 타인에게 移給하고 있었던 일 등등은 모두 그러한 예
였다.
　그리고 青山 南面에서 聖廟의 位土를 새로 경작하게 된 金奴丁玉이

丁男上典多年耕食是乎遣　及其捧賭時　畢竟未數　故去十二月良中　時齋任　移作于
矣宅　墨牌以給[181]

이라고 한 바와 같이, 원래 이 農地를 貰耕하던 班戶作人 丁男의 上典이 賭
租未捧의 抗租를 하다가 移作을 당하였던 일이나, 王室의 載寧庄土에서 啓
下監官으로서의 執綱에게 懶農·抗租하는 農民을 懲治하도록 하면서,

作人中尤無狀者　任自懲治　出入進退　亦爲自斷

케 하고 있었던 사정도 그러한 예였다.[182] 이러한 현상은 이 밖에도 여러 곳
에서 일어나고 있었다.

---

179) 奎古 No.182559.
180) 奎古 No.223688.
181) 奎古 No.194172.
182) 『明禮宮啓下節目』 내의 明禮宮完文, 乾隆 39年 3月 日.

이러한 移作에 대해서도 作人들이 항쟁을 벌이게 됨은 말할 것도 없었다.
奪耕移作을 당한다는 것은 생사의 문제인 까닭이었다. 前記 崔班의 作人 두
金班은 地主側의 移作이 있게 되자,

　　　歐逐新時作布糞之民 肆惡行悖 甚至於誣訴官庭[183]

하고 있었으며, 鄭班의 舊作人 張班은 경작권을 회수당하자

　　　稱以春分後移作是如 肆惡生臆

하고, 또 新時作이 苗坂作業을 하게 되자, 이를 저지하여

　　　昨日欲耕踏秧坂 則打破農器 作梗無雙

한 바가 있었다.[184] 그리고 鄭判書宅의 舊作人 朴聖心은 移作을 거부하되

　　　稱以舊作 終不聽施 出糞鋤役 任意爲之 視若自己畓[185]

하고 있었으며, 丁男의 上典은

　　　不顧文字 終是生臆[186]

함으로써 新時作이 作農하는 것을 거부하였다. 또 경우에 따라서는 注秧 후
에 '自退不耕'하는 農地를 地主가 移作하는 것에 대해서도, 作人은

　　　爲注秧於厥畓 則他作人亦爲不耕[187]

---

183) 奎古 No.83237.
184) 奎古 No.182559.
185) 奎古 No.223688.
186) 奎古 No.194172.
187) 奎古 No.224063.

이라고 하여 이를 방해하는 일도 있었다.

이와 같이 作人들이 移作을 방해할 경우에는 地主側이 소송을 제기하는 것이 常例였다. 그리고 臨農奪耕이 아닐 경우 그 소송은 原告의 승리로 끝나는 것도 상례여서, 作人들은 借耕權을 잃을 수밖에 없었다. 그리고 설혹 臨農奪耕으로 판결되어 作人이 승리하더라도 그것은 1년의 여유를 얻는 데 불과하였다.

移作은 地主側의 권한에 속하는 것이지만, 이를 둘러싸고서는 時作農民들의 항쟁이 이렇듯이 끈질겼기 때문에, 地主側으로서도 충분한 이유 없이 이를 輕輕히 감행할 수는 없었다. 作人의 원한을 사면 언제 어떠한 봉변을 당할는지도 모르는 까닭이었다. 農民叛亂이 빈번하게 발생하고 있는 때에는 더욱 그러하였다. 19세기 農民層의 반란은 기본적으로 이 시기의 封建地主制의 모순 속에서 배태되고, 따라서 반란이 일어날 때는 地主層은 그 糾彈의 대상이 되는 까닭이었다. 그리고 또 그럴 경우에는 이것을 引受하여 경작하겠다는 農民이 나서지 않는 것도 보통이었으며, 그렇게 되면 地主는 進退維谷이 되는 것이었다. 한때 서울의 勢道家였던 閔參判宅의 경우는 그러한 예였다.

閔氏家에서는 廣州 지방의 어느 곳엔가 柴地와 農地를 소유하고 있었는데, 甲午農民戰爭 이후 抗租하는 作人을 他作人으로 奪耕移作하려 하면서도, 作人의 항쟁이 두려워 移作을 못 함은 말할 것도 없고 收賭도 못 하는 苦境에 처해 있었다. 그래서 이 地主는 甲午 이후 8년이 지난 光武 6년에 이르러서야 겨우 그러한 사정을

　　金班景長이 一自甲午年으로 挾勢東匪ᄒ야 柴與太를 抵賴不納ᄒ고 冲動他作ᄒ야 朋惡作弊이온바 他作도 亦爲效嚬ᄒ며 居於信地라 雖欲移作이나 人皆畏彼悍惡에 莫敢誰何이오니 …… 發差捉囚嚴杖督捧後의 柴場太田을 更勿時作之意 捧彼侤音ᄒ야 俾無後慮之地을 伏望홈[188]

이라고, 廣州府尹에게 호소함으로써 官權으로써 이 문제를 해결하려 하였다.

---

188) 奎古 No.163507의 1.

移作을 地主의 입장에서 보면 抗租에 대한 대책이지만, 지금까지 살펴온 바와 같이 地主側의 移作에 대하여는 時作農民層의 항쟁이 또한 끊임없이 전개되고 있었으므로, 地主로서도 이에 대해서는 신중하지 않을 수 없었다. 그러한 사정은 서울 어느 地主家의 庄土經營을 위한 節目에서 살필 수 있다. 同節目은 『勸農節目』의 이름으로 作人과 舍音 등에게 내려진 것이었는데 그 내용의 중심이 되는 것은 移作에 관한 것이었다. 그것은 전체 15개 항목 가운데서 8개 항목이나 되었다. 移作은 그만큼 이 시기의 地主·時作 관계에서 큰 문제인 것이었으며, 따라서 이 地主家에서는 移作問題를 중심으로 한 庄民들의 항쟁을, 이와 같이 새로운 규정을 마련하고 약속함으로써 완화시키려 하는 것이었다.

이에 따르면 地主側은 庄土經營을 위해서 移作이 있어야 할 것으로 생각하기는 하되, 그것을 할 수 있는 경우와 할 수 없는 경우가 있는 것으로 보고, 부당하게 移作하는 것은 막아야 할 것으로 생각하고 있었다. 그 大原則은 다음과 같았다.

> 作人或有怠惰於耕田　田畝荒蕪　不精於打租　租束隱匿　則宜乎移作　而此是農家之所痛惡者也　至若勤力於田畓　稼穡穇穫　精實於收穫　均分消詳　則當爲仍作　而此是農家之所稱善者也　然則懲惰用勤　實是公正也[189]

즉, 이에 따르면 懶農·抗租者는 奪耕移作하고 營農과 上納에 勤實한 農民은 계속 借耕시킨다는 것이었다. 이러한 내용을 이 庄土의 經營主는 다른 말로는 '怠惰與挾雜之外　無故移作　一不擧論事'[190]라든가, 또는

> 怠惰畊田與挾雜打租之人　雖爲族戚之近　斷當移作　以懲將來也　勤力稼穡與精實打租之人　設有嫌冤之隙　斷不移作　以防數差也[191]

라고 표현함으로써 이를 강조하기도 하였다.

---

189) 『勸農節目』 1項.
190) 『勸農節目』 1項.
191) 『勸農節目』 2項.

이 경우 地主家에서 挾雜打租하는 農民을 극력 제거하려고 한 것은, 그것을 地主의 이익을 潛食하는 犯罪行爲로 보는 데서였고, 따라서 그것을 묵인하고서는 庄土經營이 어렵다고 보았기 때문이다. 즉 挾雜打租는 '不精於打租 租束隱匿'하기도 하고, 또는 '打租之場 或有暗取隱匿之弊'[192]하는 것이기도 하여, 地主側에서는 農民들에게 이러한 일이 없도록 함으로써

斷無峽民此等之隱 而或其毋至犯科事[193]

범죄행위에 이르지 않도록 경고하는 것이었다. 그리고 그러고서도 이를 犯하는 者가 있으면, 이러한 農民에 대해서는 강한 대책을 세워

倘有犯科 則不可仍置也 廣問其老農 以勤畊善作之人塡代[194]

作人을 교체 移作할 것을 규정하는 것이며, 作人들이 舍音에게 뇌물을 쓰게 되는 것도

或慮其移作之弊 或有其挾雜之端 於心有未安之故也

라든가, 또는

此必有曲事 而不安於心故也 責以退却 而斷當移作 以杜後弊事

라고 하여,[195] 반드시 무엇인가 '不安'하고 '不精'한 사실이 있음에서 그러한 것이니, 이러한 農民들도 단연 奪耕移作함으로써 後弊를 막아야 할 것임을 규정하는 것이었다.

하지만 이와 같이 懶農挾雜之人을 奪耕移作함과 아울러서는, 반드시 새로

---

192) 『勸農節目』 4項.
193) 『勸農節目』 4項.
194) 『勸農節目』 5項.
195) 『勸農節目』 8項.

이 借耕權을 얻으려고 하는 者가 있어서 監打官에게 請囑을 하는 일이 있고,
監打官은 이를 받아들여 移作을 시켜 주는 일이 있음을 地主側에서는 잘 알
고 있었는데, 이럴 경우의 移作은 대개가 무고한 農民에게 피해를 주는 일이
많았으므로, 地主側에서는 이와 같은 請囑에 의한 移作行爲는 금하고 있었
다. 이와 같이 하여 移作을 하면

> 雖貰作之田畓　愛之重之　多年畊食　忽地無故見奪　其所憤惋　當何如哉　然則爲其
> 一時之生色　受其無限之埋寃　較其輕重　何重何輕　量其厚薄　何厚何薄[196]

이라고 하였듯이, 奪耕당하는 農民으로부터 至怨至痛한 원한을 사게 될 것
과, 따라서 그것은 庄土經營의 득실에도 지대하게 관련될 것임을 地主側에
서는 염려하는 것이었다. 移作 문제를 계기로 하는 時作農民層의 對地主鬪
爭은 바로 이러한 데서 발생하는 것임을 地主側에서는 충분히 인식하고 있
는 까닭이었다.

　그리고 또 地主側에서 이와 같이 移作 문제를 중심으로 庄土經營의 節目
을 마련하게 된 것은, 移作과 관련된 時作農民層의 對地主鬪爭이 광범하게
展開되고 있는 狀況 속에서, 그들에 대한 일정한 양보를 전제한 自己改善을
뜻하는 것이므로, 監打官들이 請囑을 받고 이를 남행한다면 地主家의 對農
民約束은 虛事가 되는 것이 아닐 수 없었다. 그래서 地主側에서는 監打官이
私囑을 받고 移作을 하는 데 대해서는,

> 若如是　則所約諸條　非徒歸於虛地　難免取其痴笑矣 …… 衆人處丁寧所約之事　將
> 爲一朝變改之境　而爲無信義之人矣　何面目　對其數多之作人　遠近之隣里乎[197]

라고 하여, 이를 극력 금하고 있었다. 作人들에게 다짐한 약속을 地主 스스
로가 파기한다면 作人들을 대할 면목이 없고, 따라서 그들의 항쟁을 막을 만
한 명분을 잃게 되는 까닭이었다.

---

196) 『勸農節目』 3項.
197) 『勸農節目』 9項.

　그러나 그러면서도 地主側에서는 庄土를 되도록 합리적으로 경영하고 그
收益을 더 많이 올리려는 뜻에서, 이 移作의 문제를 유효하게 이용할 것을
잊지 않고 있었으며, 舍音이나 監打官 등 庄土의 管理人들에게는 그러한 범
위 내에서의 移作은 이를 시행하도록 하고 있었다. 그것은 農民들이 耕作하
는 農地가 居住地로부터 먼 곳에 있으면 勞多功少임에서, 모든 農民들의 農
地를 再調整하여 이를 農家 부근으로 移作케 하려는 것이었다. 즉

　　田地至近　自然朝夕看檢　故所收之時　其穀超勝　此所謂事半而功倍也 …… 田土相
　遠　自然稀濶看檢　故所收之時　其穀漸減　此所謂徒勞而無益也

라고 한 것과,

　　此庄所農之田畓　或有相距十里之遠者　次第移作于田畓相近之處　以此遵行事

라고 하였음은 그것이었다.[198] 물론 이 경우, 이는 地主側이 時作農民들의 借
耕地를 再調整함으로써 그 생산의욕을 자극하고 農業生産力을 발전시킴으로
써 그 收入을 더욱 증대시키려는 조치인 것이지만, 동시에 이는 地主側에게
는 이와 같이 그 作權을 이동할 수 있는 권리가 있다는 것을 作人들에게 보
여주는 시위이기도 한 것이었다.
　이상에서 언급해 온 바와 같이, 時作農民層이 한편으로는 抗租運動을 전
개하면서도, 다른 한편으로는 借耕權을 확보하기 위하여 뇌물의 授受와 官
權을 이용해서까지 경쟁을 하고, 그러한 가운데서 地主層이 時作農民에 대
한 대책으로서 奪耕移作을 강행해 가고 있는 것이 이 시기의 실정이었다면,
이 시기의 農地借耕에서 유리한 입장에 있는 것은 農業生産에 충실하고 地
代收納에 성실한 農民일 것은 말할 것도 없고, 그러한 農民 가운데서도 실제
로 그것을 쟁취할 수 있는 이들은 가난한 零細民이 아니라 경제적으로 여유
가 있는 富農層이 아닐 수 없었다.
　地主層이 農地를 貸與하는 것은 地代를 징수하는 것이 목적인데, 零細民

────────────────

198) 『勸農節目』 7項.

의 경우에는 고의가 아니더라도 생존을 위해서 地主의 收入部分에 손실을 끼칠 위험성이 富農層보다 더 많은 까닭이었다. 그뿐만 아니라 地主層의 地代收入이 늘어나기 위해서는 時作農民들이 農業生産을 충실히 해야 하는데, 그렇게 하는 데는 貧農層보다는 富農層이 유리한 까닭이었다. 또 農業生産에는 勞動賃金을 비롯해서 막대한 자금이 소요되는데, 이것을 調達함에서도 貧農層보다는 富農層이 손쉬운 것이었다. 그러한 사실은 地主層의 秋收記를 분석해 보면 쉽사리 이해할 수 있다. 地主收入이 가장 많고, 따라서 農業生産力이 가장 발달하였던 때는, 時作農民層의 평균 借耕面積이 가장 많고, 따라서 農民經濟가 가장 안정되어 있던 때였다.[199]

　그러므로 地主層이 農地를 貸與하고 農場을 경영함에서, 안정된 생활을 하고 여유 있는 생활을 하는 作人을 그 農地貸與의 對象者로서 선정하게 됨은 당연한 일이 아닐 수 없었다. 이것은 이 시기의 地主制에서는 農場經營을 위한 하나의 원칙으로까지 되어 있는 것이기도 하였다. 그러한 사정을 茶山은

今之 …… 富人之授田于佃夫也 必擇其健壯勤嗇有婦子傭奴可助其功者 授之[200]

라든가, 또는

今富人分佃者 必選多丁而有牛者 以授其沃壤 其罷殘無力者 授以棄地[201]

라고 표현하고 있었다. 地主層이 時作農民에게 農地를 借耕시킬 때는 반드시 노동력이 풍부해서 농사에 충실할 수 있는 者에게 이를 준다는 것이며, 또 農牛까지도 소유하고 있는 富農과 가난한 農民에게 모두 農地를 分給할 경우에도, 전자에게는 沃畓을 貸與하고 후자에게는 거의 쓸모없는 棄畓을 貸與한다는 것이었다.

---

199) 前揭 註 83의 ② 논문, 表 10·11·12 참조.
200) 『全書』, 「遺表」 田制 1, 井田論 2, 下, p.83.
201) 『全書』, 「遺表」 田制 4, 下, p.103.

農場經營에서의 地主層의 이러한 태도는 비단 農地의 貸與에만 한하는 것이 아니었다. 이러한 원칙은 영리를 목적으로 하는 地主層의 모든 사업에 그대로 적용되고 있었다. 이를테면 農民들에게 絶對不可缺한 農糧을 貸與하고 取息을 할 때, 地主層은 흉년의 경우

　　…… 取殖 散斂於附近洞民 而每於六七月之間 看當年農形如何 似豐則散之 似歉則不散而如當散之 只爲分給於力農饒實之人 平其槪量 緩其期限 收捧之際 要寬恕切勿刻督 則年年人必爭食而樂償[202]

이라고 한 바와 같이, 力農饒實之戶만을 그 대상으로 할 것을 내세우고 있었음은 바로 그것이었다. 이는 農家經濟의 指針書에 기록된 理財의 방법이므로, 地主經營에서는 治産을 위한 공식이 되는 것이기도 하였다.

　그러기에 時作農民에 대한 地主層의 대책이 이와 같은 것이라면, 그 결과로서의 사회적인 영향이 어떠할 것인가는 너무나도 분명치 않을 수 없었다. 時作農民層의 분화가 촉진되는 가운데, 零細時作農民은 더욱더 토지로부터 排除되어 몰락해 가지 않을 수 없었을 것이며, 부유한 農民層은 그와는 반대로 한층 더 그 經營規模를 확대해 나갈 수가 있었을 것이다. 그리고 그것이 심해질 경우에는 全村이 奪耕移作을 당함으로써 완전히 몰락하게 되는 경우도 있었다.[203]

3) 課 題 ― 農業問題 打開의 方向

19세기 중엽까지 우리의 農業實情은 대략 이상과 같은 것이었다. 그것은

---

202) 『家政』 및 『家政野談』, 治財用條.
203) 『海營日記』, 乙卯(哲宗 6年) 12月 14日.
　　本州茹佐洞七里民人等呈狀內 本里如干田畓 皆是他坊他里人之次知也 本里民等一半竝作是加尼 土主各人奪其竝作 以給他坊民人 則本里貧民將至廢農 故屢訴本州至承嚴題是乎乃 土主各人終不許施事 據題辭內 詳査決處向事 本官
　　同上, 12月 15日.
　　本州 祿達五里趙大永等呈狀內 矣里田畓卽富人之所管 而他里之人擧皆奪耕 本里虛戶虛丁無人應役 同里內所在田土 使矣里之人依前耕食事 據題辭內 本州傳令 勝於完文向事

한마디로 말하여 봉건적인 身分制의 解體過程에 수반하여 農民層의 분화가
촉진되고 農民階級이 새로이 再構成되고 있는 農業이었으며, 극단한 상태로
兩極化되어 가는 과정에서 零細小農層이나 賃勞動層이 광범하게 형성되고,
地主層과 無田者, 富農層과 零細小農層, 雇傭主와 被雇傭者層이 첨예하게
대립하게 되는 농업이었다. 農業生産力의 일정한 단계로의 발전과, 流通經
濟의 발달에 따라 급속하게 전개되는 農業의 상업화가 農村社會의 분화를
더욱 촉진하고 있었음은 이 시기 農業의 시대적인 성격을 엿보게 하는 것이
었다. 그러한 가운데서 經營型富農層이 등장하여 農業生産力의 발전이나 상
업적 農業에 능동적으로 기능하면서, 한편으로는 封建地主層에 대한 對抗關
係에서 先鋒을 서면서도 다른 한편으로는 零細貧農層을 궁지로 몰아넣으면
서 번영하고 있었음은 이 시기 農業의 새로운 국면이었다. 이 시기의 農業은
봉건적인 地主·佃戶制와 안정된 自營農民을 주축으로 하는 經濟秩序에서
와해, 이탈되어 가고 있는 것이었으며, 이러한 봉건적인 經濟秩序의 와해과
정은 필경 哲宗朝의 農民叛亂과 그 후의 農民戰爭이라고 하는 體制否定에로
의 길을 열어 가고 있는 것이었다.

그러나 이와 같은 農民叛亂이나 農民戰爭이 아무 예고 없이 돌발적으로
발생하고 있는 것은 아니었다. 이러한 거대한 움직임이 있기에 앞서서는 그
것을 가능케 하는 오랜 세월에 걸친 자질구레한 항쟁이 무수히 발생하고 있
었다. 그 가운데서도 地主·佃戶制라고 하는 經濟體制와 관련하여 일어나고
있는 것은 地主層의 農民收奪에 대항하여 일어난 抗租運動이었다. 抗租運動
은 拒納·愆納을 위주로 하는 소극적인 것에서부터, 農民들이 집단화하여
폭력으로써 拒納하고 地主家에 대항하는 적극적인 것에 이르기까지 다양하
게 전개되었는데, 後者는 단순한 抗租運動이면서도 하나의 완전한 民亂인
것이었다. 그리하여 이와 같은 大小 무수한 抗租運動이 쌓이고 쌓인 결과로
서 그것이 擴大 爆發하게 되는 것이, 前記한 바 19세기 중엽의 三南地方의
民亂에서 19세기 말엽의 全國的 農民戰爭에 이르기까지의 일련의 農民層의
항쟁인 것이다.

그러므로 이러한 農業實情 속에서 문제가 되는 것, 과제로 제기되는 것은,
어떻게 하면 農業生産力을 계속 발전시키면서 農民經濟를 향상시키고, 또

抗租運動의 激動 속에 휘말려 體制否定으로서의 農民戰爭의 길을 열어 가고
있는 農民層과 農村社會를 안정시킬 수가 있을 것인가 하는 점이었다. 農業
따라서 農民이 邦本이라는 사상은 儒敎國家의 農政理念이었으므로, 이러한
문제에 관하여는 많은 學者나 農村知識人들이 이를 숙고하고 또 그 해결방
안을 탐색하고 있었음은 말할 것도 없고, 政治家나 農政家들도 이를 현실적
인 문제로 받아들여 진지하게 대결하고 있었다. 그것은 결국 現實打開, 나아
가서는 農業改革의 문제인 것으로서 이에 관해서는 여러 가지 면에서 그 대
책이 提言되고 있었다.

　첫째로 누구나가 일반적으로 생각하게 되는 것은 農地分配의 문제였다.
모든 農民은 균등하게 農地를 소유할 수 있어야 한다는 均田論이나 限田論
이 그것이었다. 이러한 논의는 이미 오래전부터 있어 온 바로서 韓百謙 이래
의 井田論·箕田論이나 柳馨遠·李　瀷 이래의 均田論과 연결되는 것이었으
며, 18세기 最末期나 19세기 중엽에도 여전히 계속해서 논의되는 農業改革
論이었다.

　가령 正祖末年에 전국 각지의 農村知識人들이 그들의 應旨進農書에서 限
田論을 提言하고 있었던 일이라든가,[204] 燕巖이 限民名田議에서 忠南 沔川의
경우를 예로 들면서 5口 1戶의 農家를 기준으로 하여 全農地를 全農家에 戶
當平均 1結 정도로 分級할 것을 提言하였던 일,[205] 그리고 許傳이 三政策에
서 田政矯捄의 방안으로서 農家單位로 恒産田과 井田을 정하여 이를 賣買치
못하게 함으로써 世業케 하고, 비록 農地를 많이 갖는다 하더라도 10家의
恒産田을 넘지 못하게 그 상한을 정하며, 또 雇傭之法을 정해서 田多丁少할
경우의 雇錢量出의 방법까지도 규제하면 農民經濟가 안정될 것이라고 한 것
등은 그러한 사례였다.[206] 이는 봉건적인 地主制의 否定 위에서 時作農民의

---

204) 前揭 註 42의 ① 논문, 초판본, pp.15~25 ; 증보판, pp.16~26 참조.
205) 『燕巖集』, 限民名田議, pp.396~399.
206) 『三政策』, 10장.
　　始自某年爲之期限 著爲令甲 以幾結之地 制爲一夫之田 名曰恒産田 俾作世業 而
　其已有田者 因以立券 其無田者 俟其買有而立券 一立券之後 俾不得任自鬻賣 如有
　匿買匿賣者 兩治其罪 而無償還之 若田主自首 則免罪而還之 其已多田者 禁其增買
　而任其鬻賣 雖多 無得過十家之産 雖賣 無得犯恒産之內 又必以丁配田 定爲雇傭之

自作農化를 꾀함으로써 農民經濟의 안정을 기하려는 것이었다.

　農民經濟의 안정은 이 시기에는 절대로 필요한 것이었다. 18세기 農業問
題의 해결을 위해서 그 방안을 여러 모로 강구하고 있었던 實學者들은, 土
地의 再分配를 통한 農民經濟의 안정이 불가능할 경우, 즉 農民經濟의 파탄
에 수반해서 齎來될 破局을 벌써부터 예견하고 있었다. 朝鮮王朝의 존속이
어려우리라는 것이었다. 가령 湛軒 洪大容의 경우는 그 한 예였다. 그는 평
소에

　　均九道之田　什而取一　男子有室以上各受二結　(限其身　死則三年之後　移授他
人)[207]

이라고 하였듯이, 井田制의 이념에 입각한 均田論을 제창하고 있었는데, 그
는 이것이 시행되지 못할 경우를

　　嘗曰　後世無以復井田　則王道終不可行矣[208]

라고까지 말하고 있었다. 土地再分配에 의한 農民經濟의 안정의 필요성을
강조함이었다.

　다음으로 늘 거론되는 것은 地主와 時作農民의 關係性 개선과 借耕地의
均配를 위한 貸田論이나 均作論 및 分耕論으로 불리는 문제였다. 地主層이
農地를 貸與할 때에는 地代의 징수가 용이한 經營型富農層을 중심으로 하였
다. 따라서 零細時作農民은 이의 확보가 至難하여 借耕地에서조차도 배제되
는 형편이었으므로, 均田論이나 限田論 등 봉건적인 地主制의 타도가 불가
능하다면, 無田農民들의 借耕地 보유나마 균등하게 해야 한다는 견해였다.
이러한 논의도 이 시기에는 많은 지식인들에 의해서 제의되고 있었다. 正祖
末年의 應旨進農書에 보이는 農村知識人들의 貸田論이라든가,[209] 五洲가 地

　　法 若田多而丁少 則田丁相當之外 計田幾結 視人幾丁 量出雇錢 則民産漸均 而賦役
平矣
207)『湛軒書』內集 卷 4, 林下經綸(影印本), 上, p.303(괄호 안은 挾註, 이하 同).
208)『湛軒書』外集, 附錄(影印本), 下, p.563.

主制를 그대로 인정한 채, 해마다 地方守令들이 官權으로써 農地結數와 各
戶內의 壯弱의 수를 헤아려서 귀천을 막론하고 그 耕作權을 균등하게 급여
하면, 富農層이 廣作하여 農利를 獨搏함을 막을 수 있고 無田者가 農地에서
배제되어 廢農에 이르게 됨도 막을 수 있어서, 農民救濟의 한 방안이 된다고
하였던 것은 그러한 예였다.[210]

그리고 地主層의 이와 같은 農地貸與에서는 地代率을 낮춤으로써 時作農
民의 소득을 높이고, 또 時作農民을 常定化함으로써 그 산업을 안정시키는,
즉 地主制의 개혁을 주장하는 견해도 提言되고 있었다. 姜瑋와 金炳昱은 그
러한 견해의 소유자였다. 이들은 哲宗時期의 民亂의 수습방안을 말하는 가
운데서, 前者는 田結에 부과하는 국가의 稅는 什一稅로 늘리고 豪强들이 半
打作하는 地代는 國家收取의 선을 넘지 못하게 할 것을 말하였으며, 그렇게
되면 土地兼併의 현상이 스스로 소멸하리라고 내다보고 있었다.[211] 그리고
後者는 民亂으로 나타난 사회적 모순을 시정하는 방안으로서 地代의 3分 取
1과 ‘佃人永耕’을 내용으로 하는 地主制改革을 주장하고 있었다.[212]

셋째로 그 개선이 요청되는 것은 노동력을 중심으로 한 農業協同의 문제
였다. 農業經營에서 늘 유리한 입장에 있는 것은 富農層이었고, 零細時作農
은 農業資本이나 農牛·農器 등의 생산수단을 충분히 소유하지 못하고 있는
데서 失農을 하게 되는 것이 보통이었으므로, 이들의 경제를 안정시키려면
무엇보다도 이와 같은 零細經營에서 받게 되는 打擊을 해소하지 않으면 안
되는 까닭이었다.

---

209) 前揭 註 42의 ① 논문, 초판본, pp.25~29 ; 증보판, pp.26~30.
210) 『五洲衍文長箋散稿』, 上, p.429.
　　　每年冬至後 郡邑之長 各以其邑卜數 分給其邑之民人 而必從戶口之多寡壯弱 以壯
口一人幾卜 弱口一人幾卜 分其田等 逐其口數 無貴賤均給 而公私之稅 一依今制 則
多田者 不敢獨耕 分與無田者 而分其所出 則一如俗所稱竝作 有何損於田主 有何傷
於公稅耶 …… 使有土者 無得廣作 獨搏其利 使無田者 無至廢農 得參耕作 則斯亦一
時救民之策
211) 『古歡堂收草』 4, 擬三政策.
　　　先定什一之制 依國初之法 取米三十二斗 而盡除科外敷結之斂 違者以違制律論 而
竝禁豪强太半之賦 依結定制 不得過于國家所取 惟佃僕爲主 將兵屯田不在此例 然亦
略爲毋得過取 則兼竝之害自去 而務本者衆矣
212) 『磊棲集』 卷 5, 鵬舍消遣, 2장.

이러한 문제에 관하여는 農業에 직접 종사하고 있어서 農村實情에 정통한
農村知識人들이 특히 이를 강조하고 있었다. 그들은 그와 같은 難點을 零細
農民들이 서로 협동을 함으로써 이를 해결해야 할 것임을 말하고 있었으며,
그 구체적인 방법으로는 鄕約法·社倉法·契·五家統 등의 기존 조직을 활
용하여—그 기능의 질적인 변화를 전제한 위에서—공동으로 자금을 마련
하거나 국가의 補助를 얻어서 農牛와 農器具를 비치하고 이를 共同利用하
며, 노동 또한 이 조직을 통해서 상부상조할 수 있도록 立法措置를 하면 될
것으로 보고 있었다.[213]

그러나 물론 이러한 문제가 비단 農村知識人에 의해서만 강조되고 있는
것은 아니었다. 18세기에서 19세기에 걸쳐서는 農政家나 政治家들도 이 문
제에 비상한 관심을 기울이고 있었다. 이를테면 禹夏永이 鄕約法을 말하면
서 15家 1隣의 制를 만들고,

各於一隣之內 共爲合力耕作 無牛者借之以牛 無種粮者貸之以種粮[214]

케 하자고 한 것, 洪良浩가 10家 1牌의 組織을 만들고

用十家牌法 使一牌之內 有無相資 排日分耕 本牌未畢耕前 毋得許借他里

라든가, 또는

凡春耕秋穫之時 一牌合力相助 互相傭作 而農牛農具 一牌中輪次借用[215]

케 하자고 하였음은 그것이었다. 이들은 1隣 1牌의 農民들이 農牛와 農具의
사용 문제를 중심으로 서로 협력해야 할 것을 提言하고 있는 것이었다. 사실
봉건적인 地主制나 經營型富農의 農業經營을 그대로 인정하기로 한다면, 零

---

213) 前揭 註 42의 ① 논문, 초판본, pp.62~67 ; 증보판, pp.64~69.
214) 『千一錄』 卷 5, 化俗 附 鄕約, 54장.
215) 『牧民大方』 戶典之屬 勸耕種, 什伍相聯之制(『朝鮮民政資料』 牧民篇), p.161,
    176.

細小農層이 農業生産에서 그들과 대결할 수 있는 방법은 이와 같은 협동을 통해서 힘을 결속하는 외에 별도리가 없는 것이기도 하였다. 農業協同의 문제는 그만큼 중요한 문제인 것이었다.

그러나 이러한 문제들이 이때에는 아직 하나의 문제로서 종합적으로 提言되고 있는 것이 아니었다. 그것은 각각 개별적으로 제기되고 있는 것이었으며, 그러한 점에서는 어느 하나만을 해결한다고 해서 農民經濟나 國家財政의 안정을 기할 수 있는 것도 아니었다. 農民經濟의 안정을 위해서 요청되는 이와 같은 문제들은 보다 높은 차원에서 종합적으로 그리고 社會發展이라고 하는 현실적인 문제도 충분히 배려한 위에서의 방안이 되지 않으면 안 되었다.

더욱이 이 시기의 農業은 그 생산력이 크게 발전하고 있었으므로, 農業改革의 기본방향은 이와 같은 農業生産力의 發展方向을 저해하지 않아야 할 것은 말할 것도 없고, 이를 더욱 촉진시켜 나가는 것이 되지 않으면 안 되었다. 그러려면 農業生産力의 발전을 추진하여 온 階層의 전적인 희생을 강요할 수는 없는 것이며 그것이 바람직한 방안이 될 수도 없었다. 그러한 점에서 이 시기의 農業改革論은 農業生産力의 발전이란 기본전제 위에서, 그리고 생산력의 발전을 위한 農業生産의 사회화라는 각도에서, 前記한 바 諸問題가 종합되고 再構成되지 않으면 안 되었다. 여기에 開港 전의 우리 사회에서는 봉건제 解體過程에서의 農業經濟上의 諸矛盾을 타개하기 위한 새로운 農業經營論이 제기되지 않으면 안 되었다. 茶山과 楓石의 農業經營論은 바로 그것이었다.

3. 共同農場的인 農業經營論

1) 茶山의 初期農業論

茶山의 農業改革論은 共同農場的인 農業經營이나 獨立自營農的인 農業經營을 통해서 農民經濟와 國家財政을 안정시키려는 데 초점이 있었다. 그러나 이와 같은 이론이 처음부터 그가 지니고 있었던 견해는 아니었다. 이는 그의 다년간에 걸친 農政策研究와 農村知識人을 통한 農民層의 輿論을 참작한 위에서 얻을 수 있었던 改革方案이었다.

그의 초기의 農業理論은 주로 國王의 求言教와 관련하여 그에 대한 應旨進疏의 형태로 제기되고 있었다. 「農策」(正祖 14)이나 「應旨論農政疏」(正祖 22)는 바로 그것이었다. 이것은 주로 農業技術의 改良을 통해서 農業生産力을 발전시키고 重農的인 諸政策을 수행함으로써 農民들에게 生産意慾을 鼓吹할 것을 목표로 내세운 것이었다. 이 무렵까지의 그는 아직 젊고 政府官吏인 데다 스스로를 農業에 관하여 '尤昧稼穡'하다고 생각하는 데서,[216] 그리고 國王의 求言教의 趣旨가 農業의 근본적인 개혁방안을 바라는 것이 아니었음에서, 아직은 농업개혁이라는 문제를 사회개혁의 문제와 연결시킬 수가 없는 것이었으며, 따라서 農業生産의 사회화라는 문제도 그의 관심의 초점이 될 수 없는 것이었다. 그러나 그러면서도 이와 같은 초기의 農業論을 통해서 그의 後日의 새로운 農業經營論은 마련되어질 수 있었다.

「農策」이나 「應旨論農政疏」에 보이는 그의 初期農業論은 대략 네 부문으로 되어 있었다. 그 첫째는 그가 '便農'이라고 말하는 것이었다. 이는 여러 가지 면에서 農業技術을 개량하여 農民들의 生産活動을 편하게 하고 보다 많은 所出을 얻으려는 것으로서, 말하자면 農業技術의 개량을 통해서 農業生産力의 발전을 성취하려는 것이었다. 農業技術이 개량되면 노동력이 덜 들고 所出이 많아진다는 생각에서였다.

그러한 문제로서 그는 무엇보다도 먼저 旱田의 農地(田畝)制度가 개량되어야 할 것을 말하였다. 우리나라의 旱田은 畝畝之間이 고르지 못하여 苗根과 苗根 사이가 혹 한 발씩이나 사이가 뜨고, 또 혹은 한 곳에 苗根이 5, 6科씩이나 몰려 있기도 하며, 또 無田農民들 사이에는 '借谷'이라고 하여 田主가 이미 豆를 播種한 밭고랑을 빌어 麥을 심어 먹는 이른바 間種法이 慣行하고 있었는데, 이와 같은 農地制度는 큰 결함을 지니고 있다는 것이었다. 農地가 苗根을 양육하는 데는 일정한 면적이 필요한 것이어서 가령 繞根 1寸의 토지가 1根의 苗를 양육할 수 있다고 하면, 立苗間이 3寸이 되는 農地는 苗間의

---

216) 『全書』 應旨論農政疏(以下 農政疏로 略), 上, p.192.

1寸의 토지를 陳地로서 버려두는 것이 되며, 1寸의 토지에 立苗하는 바가 2, 3根씩이나 된다면 地力이 부족함으로써 苗가 성장할 수 없을 것이라는 데서였다.[217]

農地制度의 이러한 缺陷 때문에 그는 우리나라 農民들이 蒿萊磽确之地에 陳田이 있음은 알되 곡물이 한창 자라고 있을 때 膏腴한 農地가 버려지고 있음은 모르며, 또한 水旱霜雹이 灾害를 자져옴은 알되 穀苗가 가득히 叢生하면 그것이 連根의 苗를 疲困케 함을 모르고 있음을 개탄하고 있었다. 더욱이 그는 中國의 農地制度가 정연하게 작성되고 있음에 유의하고 이를 우리나라 農地制度와 비교해 보는 것이기도 하였다. 우리의 農地制度가 여러 가지 점에서 개선할 점이 많음을 그는 정확하게 파악하고 있었으며, 그러므로 그는 農地制度를 연구하여 穀種에 따라 畦闊과 溝闊의 넓이를 일정케 하고 또 碾跡의 器를 사용하여 立苗를 고르게 해야 할 것임을 제언하게 되었다. 그렇게 하면

　　糞壤鋤耰之勞皆減　而得穀倍多矣

라고 하여, 施肥와 中耕除草에 소요되는 노동력은 덜 들고 所出은 많아지리라는 것이었다.[218]

農地制度의 개선과 관련하여 그는 擇種法의 개선을 또한 말하고 있었다. 穀種이 病弱한 것은 마치 胎元에 病이 있는 것과 마찬가지여서 다만 田地를 점할 뿐 가을이 되어도 필경 열매를 맺지 못하며, 따라서 穀種 10粒 가운데 瘵者가 5粒이 있으면 1만 頃의 農地 가운데 陳者가 5천 頃이나 되리라는 것이 그의 穀種에 대한 基本觀念이었다. 이는 農業에서는 우선 種子를 잘 선택하는 것이 중요한 일이 아닐 수 없다는 것으로서, 그는 가령 甲年에 百粒의

---

217) 『全書』農政疏, 上, p.192.
　　　土之養苗 恰有限 仮令繞根一寸 能養一苗 而立苗間以三寸 則居中一寸 不其陳乎 或一寸之土 立苗二三 則土力不給 苗其碩乎
218) 同上.
　　　今宜講正田制 畦闊幾尺 溝闊幾寸 隨穀異制 今其得中 而又用碾跡之器 使立苗得均 則糞壤鋤耰之勞皆減 而得穀倍多矣

종자 가운데서 하나를 選取하고, 乙年의 종자는 甲年의 것에서 選取하고, 다시 丙年의 종자는 乙年의 것에서 그런 식으로 選取하면 數年이 지나기 전에 稻米는 반드시 허리만큼이나 자랄 것이고, 豆의 크기는 거의 繭만큼이나 될 것이라고 생각하였다. 그리하여 그는 종자를 選取하는 방법으로는 반드시 穀種을 簸하여 그 碎한 것을 去하고, 揚하여 그 空한 것을 去하고, 篩하여 그 小한 것을 去하며, 浸하여 그 浮하는 것을 제거할 것을 말하였으며, 이렇게 함으로써 완전하고 알차고 크고 무거운 종자만을 播種할 것을 제언하였다. 그리고 그는 이때 이러한 擇種過程은 잠깐 사이의 노력으로써 이루어지는 것이므로, 擇種을 하지 않고 播種을 하였을 때의 中耕除草에 소요되는 힘든 노동이나 秋成期에 있을 無實한 결과와도 이를 비교해 볼 것을 留意시키고 있었다.[219]

그는 또 農地制度와 관련하여 農器具가 개선되어야 할 것도 말하고 있었다. 그는 이를 '省勞益功'이라고 하여 노동력을 절약하고 성과는 크게 올리는 방법으로서 불가결한 것으로 생각하였다. 그는 中國에서는 田畓을 起耕한 후 土塊를 破碎할 때는 駕牛할 수 있는 耙·耖를 사용하나 우리나라에서는 畓에서만 사용하고, 旱田에서는 翁婦脚踏으로써 破塊하므로 흙덩이가 다 破碎되지 않음은 말할 것도 없고 밟은 자리는 또한 굳어 버린다는 것이며, 移秧時에는 中國에서는 秧馬를 사용하나 우리나라에서는 이름만을 듣고 있을 뿐이며, 中國에는 또한 樓車가 있어서 駕牛하여 播種함으로써 적은 노동력으로 많은 성과를 올릴 수가 있는데 우리는 이를 모르고 있으며, 또 中國에서는 驢磨·水碓를 사용한 지가 오래나 우리나라에서는 아직 借身踐股하는 방아를 쓰고 風磑輪激之類는 그 이름도 들어본 일이 없다는 것이며, 또 養蠶을 하는데 層箔法을 모르고, 織造를 하는데 織絹家들이 쓰고 있는 蠶絲나 綿絲의 어느 쪽에도 쓸 수 있고 또 便捷한 바 있는 防車가 아직 鄕村에는 보급되어 있지 않다는 것 등등을 들고 있었다. 그리하여 그는 이러한 諸問題를 해결하기 위해서는 中國의 農書를 참고하여 이를 제조하고 각 지방에다 頒給해야 할 것이라고 하였다.[220]

---

219) 『全書』農政疏, 上, p.192.

便農의 방법으로서는 水利問題를 또한 거론하고 있었다. 그는 水利를 일으키는 것은 곧 農地를 개간하여 地利를 넓혀 가는 것으로 보고 있었다. 그리하여 이와 같은 興水利의 방법으로서는 堤堰이나 洑 등 貯水池에 관한 것과, 水車·恒升 등 引水用器具를 製造利用할 것을 말하였다. 그리고 前者를 施工할 때는 먼저 水勢나 地勢의 高下를 審察하고, 疏鑿의 비용을 計量하고, 灌漑의 利害關係를 계산해서 사업을 일으킬 것을 말하였으며, 後者에 관해서는 恒升·玉衡·虹吸 등은 이를 연구해서 써 볼 만한 것이지만, 水車는 그 器具의 製法이 미진하여 이를 만들어 쓰더라도 대개 敗함을 지적하고 있었다. 그래서 그는 그와 같은 器具보다는 湖南人들이 써온 '木筧之法'을 쓰면 비용도 덜 들고 灌漑의 利가 클 것임을 특히 내세우고 있었다.[221]

農業技術의 개량을 위한 茶山의 초기 견해는 이러한 것이었는데, 그는 이와 같은 견해를 '尤昧稼穡'하다는 전제 위에서 제언하고 있었지만, 그러나 그의 이러한 견해는 그 겸손한 표현과는 달리 農業技術의 개량을 위한 기본적인 문제를 정확하게 인식하고 있어야만 제시할 수 있는 것이었다. 茶山에게서 볼 수 있는 技術改良을 위한 이러한 諸問題는 이 시기의 農學이 제기하고 있는 農業改革을 위한 기본적인 문제였고, 農學者들이 생각하고 개선하려고 하였던 諸方案과 다를 것이 없는 것이었다.[222]

茶山의 農業改革을 위한 이러한 견해는, 그가 본시 農者로서 農業을 실천한 것도 아니고 또 農學者로서 우리의 農業을 연구해 온 것도 아니었음에서, 이 시기의 다른 農業改革論者와는 달리 당시 最善의 農書로서 識者層에게 널리 읽혀지고 있었던『農政全書』를 精讀하기도 하고 또 中國의 農業現實을 傳聞하고 있는 데서 이루고 있는 것이었다. 그는『農政全書』를 읽고 이를 우리의 農業現實과 비교해 보는데서 그 개선해야 할 바를 알게 되고, 그 農法을 구체적으로 듣는 데서는 그 필요성을 더욱 절감하였던 것이었다. 그가 農政

---

220)『全書』農政疏, 上, p.192.
221)『全書』農策, 上, p.176.
　　　『全書』農政疏, 上, p.193.
222) 拙稿, '朝鮮後期 農學의 發達'(『朝鮮後期農業史研究』초판본, 제Ⅲ편) 및『朝鮮後期農學史研究』에서 검토한 여러 農書의 農業技術論 등 참조.

疏에서 ‘臣嘗聞自燕回者言’이라고 한 것이라든가 또는 ‘臣嘗觀農書’라고 하였음은 그러한 사정을 말함이었다. 이곳에서의 農書는 여러 가지 農書를 말하는 것이지만 그 가운데서도 중심이 되는 것은 그 내용으로 보아 『農政全書』였으리라 생각된다. 그리고 이는 그가 일찍이 中國農書의 쌍벽이라고 할 수 있는 『齊民要術』과 『農政全書』를 비교하여, 後者를 여러 가지 면에서 ‘實爲千古農書之宗’이라고 말하고, 兩者를 어찌 優劣로써 비교할 수가 있겠느냐고까지 평하였던 데서 알 수 있다.[223]

이는 요컨대 그가 고대로부터 현대에 이르는 農業의 추세나, 『齊民要術』에서 『農政全書』에 이르는 中國의 農學이 宋을 기점으로 華北農業 중심에서 華北·華南을 종합하는 전국적인 農學으로 발전하고 있음을 정확하게 파악하고, 당시의 우리의 農業現實에는 『農政全書』의 農學이 적합함을 분명하게 인식하고 있었던 것임을 말해 주는 것이며, 또한 그가 그 내용을 熟讀하여 그것을 우리의 農業改良에 이용하고 있었음을 표현해 주는 것이라 하겠다.

그리하여 이와 같은 넓은 연구의 위에서 農業技術에 관하여 그가 도달하게 된 결론은, 우리 農業의 農業勞動力의 문제와 관련하여, 어떻게 하면 노동력을 절약하고 所出을 증대시킬 것이냐 하는 것을 발견하려는 것이었고, 그것을 그는 農地制度나 農業技術의 개선에서 찾고 있는 것이었다. 이는 이 시기의 우리의 農學이 도달하고 있는 학문적 수준이기도 하였다.[224]

그러나 물론 그의 農業技術 개량에 관한 견해가 農書의 섭렵을 통해서만 이루어진 것은 아니었다. 이와 아울러서 그에게는 技術一般에 대한 합리적인 思考가 있어서 그의 農業改良에도 크게 작용하고 있었다. 그는 일찍부터 기술에 관하여는 각별한 관심을 가지고 있었으며, 技術의 이용이 일을 손쉽게 한다는 사실을 체험으로서 익히고 있는 것이었다. 이를테면 「奇器圖說」에 의거하여 「起重架圖說」을 작성하고 이를 이용함으로써 水原城의 構築에 4만 兩의 經費를 절약케 한 것은 그 좋은 예라고 하겠다.[225] 그는 이러한 사실을 통해서 技術의 발달이 노동력을 절약(經費節約)하고 일을 손쉽게 성취

---

223) 『全書』 農策, 上, p.175.
224) 註 222의 論考 참조.
225) 『全書』 自撰墓誌銘 集中本, 上. p.326.

시킨다는 점을 확신하게 되었다. 그의 「技藝論」은 그러한데서 著述된 것으로서, 기술에 관한 그의 그와 같은 관념은 農業技術에도 응당 적용되지 않을 수 없었고, 따라서 農業技術의 개량을 노동력의 절약이나 農業生産力의 발달과 관련하여 생각하기에 이른 것이었다.

「技藝論」二의 첫머리에서 農業技術을 말하되, 農業技術이 精巧하면 占地가 적어도 소득은 많고 用力이 적어도 穀은 美實하며,`여러 가지 農業勞動에서 편리할 뿐만 아니라 勞動力이 절감된다고 하였던 것,[226] 그리고 「農政疏」에서 대저 農理는 至精해야 하는데 우리의 현실은 이를 不精하게 하고 있으며, 이를 不精하게 하니까 우리의 農業에서는 노동력을 많이 들여도 소득은 적다고 한 것 등은[227] 바로 그러한 사실을 말함이었다. 그래서 그는 이와 같은 현실을 타개하기 위해서 旣述한 바와 같은 개선방안을 제기하였던 것이었다. 單位面積에서 農業勞動力, 즉 農業資本을 덜 들이고 所出을 많이 올린다는 것은 요컨대 農業生産力의 발전을 의미하는 것이므로, 茶山은 말하자면 農業技術을 개선함으로써 農業生産力의 발전을 꾀하고 있는 것이었다.

다음으로 그가 내세우고 있는 것은 그가 '厚農'이라고 말하는 것이었다. 農政을 통해서 빈약한 農家經濟에 이익이 돌아가게 하려는 것이었다. 이에 관해서 그가 우선 개선해야 할 것으로 본 것은 還穀制度였다. 還穀法은 社倉遺法으로서 제도 자체는 나쁘지 않으나 운영이 잘못 되고 있어서, 이 法이 農民에게 주어지는 본래의 意義는 상실되고 이제는 하나의 賦稅로 化하고 있다는 것이며, 그러기에 農家의 힘의 강약에 따라서는 强制로 1년에 혹 수십石을 받기도 하고 혹 數石을 받기도 하는 불균형이 일어나고 있다는 것이었다. 그래서 그는 農家經濟가 후해지려면 이와 같은 불합리한 還穀의 勒配가 시정되어야 하고, 그러기 위해서는 이 제도의 運營方針을 개선해야 한다는 생각이었다. 그는 그러한 개선방안을 해서지방에서 행해지고 있는 結還과

---

226) 『全書』技藝論 2, 上, p.223.
　　農之技精　則其占地少而得穀多　其用力輕而穀美實　凡所以菑之·耕之·播之·銍之·剝之　以至簸舂溲炊之功　皆有以助其利　而省其勞者矣
227) 『全書』農政疏, 上, p.192.
　　大抵農理至精　爲之以蠡　爲之以蠡　故勞多而利寡　勞多而利寡　故業者曰卑　業者曰卑　故爲之益蠡

戶還의 예에서 戶還法을 중심으로 제언하였다. 道內의 戶口를 통계하고 穀簿와 대조하여 戶別로 平均分配케 하자는 것이었다.[228] 사회적 지위나 권세의 有無를 막론하고 균등하게 배분하면 無辜한 農民이 받는 피해를 막을 수 있다는 생각이었다.

그리고 이와 관련하여서는 斗斛制가 또한 개선되어야 할 것을 말하고 있었다. 斗斛의 制는 法典上으로 명백하게 되어 있지만 실제로는 그 크기가 지방마다 다르고 官司마다 달라서 그 피해를 입게 되는 것은 農民이라는 데서였다. 그래서 그는 이러한 度量衡을 통일함으로써 農民이 받는 피해를 제거하자는 것이었다.[229]

農家經濟를 후하게 하는 방안을 그는 農産物의 재배나 家畜의 사육과 관련하여서도 생각하고 있었다. 農書에 따라 그 種畜의 방법을 검토하여 특정 농작물의 種蒔日時와 가축의 乳鷄騙畜의 방안을 記述하여 農家로 하여금 이에 따라 種畜케 하자는 것이 그것이었다. 그리고 烟草 같은 특정 농산물이 상품으로서 각광을 받음으로써 지나치게 널리 재배되는 것은 이를 統制하여 일정한 지역이나 일정한 農地에 한정케 함으로써 農業生産 전체의 균형을 잃지 않으려 하였다.[230] 이는 요컨대 그의 農業生産에 대한 계획성 있는 운영을 표현함이었다.

셋째로 그가 提言한 것은 그의 이른바 '上農' 방안이었다. 農民들의 사회적 지위를 향상시켜 줌으로써 그들에게 生産意慾을 주어야 한다는 것이었다. 이러한 문제에 관해서 그는 여러 가지 방안을 내세우고 있었다. 科擧制를 改正하여 游食士人을 歸農시킴으로써 農民들의 지위를 상대적으로 높이려 한 것이 그 하나였다. 그는 본시 士大夫의 士는 仕인 것으로서 만일에 이들이 仕하지 않는다면 農을 해야 하는 것이 옛 聖人의 뜻이고 바람직한 것이라고 생각하고 있었다. 그런데 이 士와 農이 분리된 데서 天下의 農이 날로 疲弊케 되고, 더욱이 당시의 우리나라에서는 科擧制가 성행함으로써 仕하지 않

---

228) 『全書』農政疏, 上, p.193. 이에 앞서 그는 還穀의 弊端과 그 改善方案을 따로 研究한 바 있었다(『全書』還餉議, 上, p.181).
229) 『全書』農政疏, 上, p.194.
230) 同上.

더라도 날 때부터 生員卿相이 되어 舌耕游食하고 農民들을 侵害하는 이른바 游食之民 病農之類가 되고 있다는 것이었다.[231] 그러므로 士와 동격인 農의 지위가 확보되기 위해서는, 이와 같은 游食人이나 病農者를 모두 歸農시켜야 하겠다는 것이 그의 생각인데, 그러기 위해서는 科擧制가 개정되어야 한다는 것이었다.

그는 '不擧而科'하는 현재의 科擧制를 非古制라고 하여 잘못된 것으로 보고 있었으며, 이는 각 道 각 邑別로 文藝의 多寡에 따라 擧額을 議定하고, 科擧 때마다 각 邑에서 그 額數를 選充하여 四長官에 보고하면 四長官은 그 가운데서 擧者를 선발하여 營試에 응하도록 하고, 거기에 합격한 者로서 다시 會試에 응시하도록 하며, 京都에서도 같은 방법으로써 시험하는 방향으로 제도를 개정할 것을 구상하고 있었다. 그렇게 하면 각 邑에서 擧額에 들 수 없는 허다한 游食士人들은 科擧에 應試할 길이 없게 되고, 따라서 할 수 없이 모두 轉業하여 農事를 짓게 되리라는 것이 그의 생각이었다. 그리고 또 그렇게 되면 農民들의 지위가 스스로 상대적으로 높아지리라는 것이며, 農業을 위한 勞動人口가 늘어나게 되리라는 것이었다.[232]

農民의 지위를 높이는 문제를 그는 士와의 관계에서만 찾는 것은 아니었다. 그는 이와 아울러 商工業 등 末業에 從事하는 社會階層과의 문제도 생각하고 있었다. 末業이 本業을 능가하게 된 것은 이미 오래여서, 末業이 盛行하는 데 따라서는 本業이 상대적으로 더욱 위축되고 衰退하지 않을 수 없었기 때문이다. 그래서 그는 이에 대해서는 抑末政策을 써서 그 盛行을 일정한 한도 내에서 억제토록 하면 農業의 지위가 높아지고 農民들의 지위도 높아지리라고 생각하였다.[233]

그렇지만 이러한 문제와 아울러 현실적으로 農民의 지위를 높이는 길은 무엇보다도 良役의 變通에서 찾아야 할 것으로 생각하였다. 이때의 農民들은 良役을 奴의 賤役과 같이 보고 있어서 한 번 役名을 얻으면 婚姻이 不通

---

231) 『全書』農策, 上, p.173, 175.
232) 『全書』農政疏, 上, p.194.
　　　『全書』農策, 上, p.175.
233) 『全書』農政疏, 上, p.194.

하고 축에도 낄 수가 없으며, 農夫의 名을 免하지 못하면 良役도 또한 免할 수가 없는 것이라고 생각하여서, 農民들이 良役을 免하기 위해서는 換父易祖하여 신분을 고치게 되고 신분을 고치기 위해서는 農業勞動에도 종사하지 않게 된다는 것이었다. 農業은 良役 때문에 農民에 의해서 賤視되고 있다는 것이었으며, 따라서 農業과 農民이 보존되기 위해서는 良役이 變通되지 않으면 안 된다는 것이 그의 생각인 것이었다.

良役變通의 방안을 그는 戶布制에서 구하고 있었다. 軍役을 良丁만이 질 것이 아니라 모든 社會階層이 戶를 기준으로 하여 균등하게 져야 한다는 것이었다. 이러한 제도는 그의 창안이 아니라 李秉模가 평안도 觀察使로 있을 때(正祖 17~18) 이미 中和府에서 시도하였던 바로서 府民의 반대로 중단되고 말았던 것인데, 茶山은 이를 國法으로서 제정하여 전국에다 施行함으로써 農民의 役을 덜어보자는 것이었다. 물론 그는 이것을 시행하는 것을 '今戶布之難行 無異井田'이라고 하여 쉽지 않을 것으로 보았지만, 그러나 이것을 기술적으로 그리고 점진적으로 시행하게 되면 백성들을 脅動시킴이 없이 성공할 수 있으리라 생각하였다.

그 점진적인 방안이란 것은 당시 해서지방에서 행해지고 있었던 軍布契나 役根田이 簽丁은 借名에 불과하고 실질적으로는 里斂과 같은 것임에서 示唆되어, 軍保所管을 각 邑으로 移管케 한 후 각 邑에서 점차 里布制를 시행하며, 이것이 시행되면 이를 다시 점진적으로 戶布制로 전환시켜 가면 된다는 생각이었다. 그리하여 이와 같이 함으로써 良丁만이 지게 되어 있던 軍役이 革罷되고 모든 백성이 균등하게 지게 되어 있는 戶布制가 시행되면, 農民들은 農夫의 이름을 부끄럽게 생각하지 않을 것이며, 그것은 곧 그들의 지위를 스스로 높아지게 하는 것이므로 그들의 生産意慾을 더욱 촉구하리라는 것이었다.[234)

끝으로 그가 가장 기본적인 문제로 생각하였던 것은 '立民之本'이라고 말하는 것으로서 農民이 農民으로서 존재할 수 있으려면 農地를 소유할 수 있어야 한다는 것이었다. 이에 관해서는 示唆的인 정도의 표현에 불과하였지만

---

234) 『全書』農政疏, 上, pp.194~195.

「農策」에서 벌써 이를 거론하고 있었다. 그는 여기서 張橫渠의 井田論, 董仲舒의 限田論, 虞集의 水田議, 貞明의 潞水篇 등이 今日에 復行할 수 없을 것이겠는지, 그리고 그렇다면 그 밖에 어떠한 變通方案이 있을 수 있겠는지를 묻는 國王의 下問에 답변하여, 그러한 견해를 그대로 사용할 수 없음을 말하면서도, 역시 立民之本은 오직 '均田'에 있는 것임을 지적하고 있었다.[235] 그도 이 시기의 다른 實學者나 農村知識人들과 마찬가지로 이 시기의 農村現實 속에서 農民經濟와 國家財政을 안정시키기 위해서는 農地의 再分配가 필요하다는 것을 기본적인 문제로서 생각하는 것이었다.

　이러한 사실은 요컨대 士農工商이라고 하는 身分制社會에서의 사회적 불평등에 대한 비판과 그 是正策이 아닐 수 없었는데 그는 이를 「農策」에서는 다만 土地問題에 관해서만 언급하였을 뿐이었다. 그래서 그는 이와 같은 立民之本의 精神을 「農政疏」에 이르러서는 土地問題 이외에도 더욱 세세한 데 이르기까지 확대 언급하게 되었다. 즉 '農有不如者三'이라고 하여 現社會에서 農民이 다른 階層보다 못한 점이 세 가지 있음을 들고, 그 내용으로서 사회적 지위는 士人階層만 못하고, 소득은 商人階層만 못하며, 일하는 데 있어서 편함은 手工業階層만 못하다고 하였던 것은 그것이었다.[236] 그가 생각하기에 오늘날의 사회는 卑賤함은 羞하고, 害로움은 避하고, 勞함은 憚하지 아니함이 없는데, 農民들은 이 卑・害・勞를 모두 갖추고 있어서 여러 가지로 他階層보다 불리한 입장에 있다는 것이었다. 그러므로 그는 農業生産性을 올리기 위해서는 이러한 불평등을 제거하지 않으면 안 된다는 것이며, 그 한 방안으로서 제기하게 된 것이 前述한 바 便農・厚農・上農의 이론이었다.

　그의 初期農業論은 아직 農業生産의 社會化라고 하는 혁신적인 변혁을 기도하는 것이 아니었지만, 그러나 이미 거기에는 社會諸階層의 平等化의 문제가 多角度로 고려되고 그 해결을 위한 단서가 모색되고 있는 것이었다. 그러한 점에서 그의 農業改革을 위한 方案摸索은 그의 연구의 進展에 따라 더욱 새로운 이론으로 집약될 수 있는 것이기도 하였다. 그리고 그것은 실제로

---

235) 『全書』農策, 上, pp.175~176.
236) 『全書』農政疏, 上, p.192.

실현되고 있었다. 「田論」은 바로 그것이었다.

2) 閭田論의 提起와 그 目標

農政疏나 農策에 보이는 茶山의 農業論은 그만이 가질 수 있었던 특출한 견해는 아니었다. 그러한 논의는 이 時期의 農學者나 農政家 또는 農村知識人이 거론하고 있었던 일부의 의견과도 같은 것이었다. 그의 初期農業論은 18세기의 諸農業論에서 월등히 뛰어난 것은 아니었으며, 19세기의 봉건적인 農業體制의 모순의 激化와도 관련하여 제기되는 새로운 農業論으로서의 의미도 희박한 것이었다. 그의 그러한 새로운 의미를 지닌 農業論은 農策이나 農政疏와 밀접하게 관련되면서 그 후에 작성된 「田論」에서 비로소 具體化되었다. 초기의 農業論이 주로 農業技術的인 문제를 중심으로 現體制(地主·佃戶制)의 명백한 개혁의 제시없이 農政문제를 개선하려는 것이었다면, 「田論」에 보이는 農業論은 現體制의 철저한 否定이 전제된 위에서, 農村社會를 閭單位로 재편성하고 農業生産도 閭를 단위로 한 共同農場으로 改編 經營하려는, 말하자면 이 시기의 農業體制를 근본적으로 변혁하려는 것이었다.

「田論」을 農策이나 農政疏와 관련된 연구로 보는 데는 몇 가지 이유가 있다. 우선 생각할 수 있는 것은 이것이 農策에서 해명하지 못하였던 문제를 해결하는 형식으로서 著述되고 있는 점이다. 즉 農策에서는 立民之本이 오직 均田에 있는 것이라고 말하면서도, 張橫渠·董仲舒, 그 밖의 여러 論者들의 均田的인 의미를 지닌 土地論이 現今의 세상에서는 그대로 실현될 수 없다는 것을 비판하였을 뿐, 그 자신의 均田方案은 이를 구체적으로 제시하지 못하였으며, 農政疏에서도 한마디도 첨가하지 못하였는데, 「田論」에서는 井田論·均田論 등 종래의 農地再分配論을 모두 實行할 수 없는 土地論으로 규정하고 그 대안으로서 그 자신의 '閭田論'을 提起하고 있는 것이다.[237] 이는 農策에서 종래의 土地論을 비판하였으되 그 自身의 土地論을 내놓지 못하였던 숙제를 해결한 것임이 아닐 수 없다.

다만 그러면서도 農策으로부터 7, 8년이 지난 후 여러 가지 문제를 開陳

---

237) 『全書』 田論 2, 3, 上, p.220.

할 수 있었던 農政疏에서 이러한 문제를 一言半句도 언급하지 않고 있음은
의문의 여지를 남겨 주는 것이지만, 그것은 아마도 이때의 國王의 求言敎가
土地改革에 초점이 있는 것이 아니었던 데 연유하거나 또는 그 자신 아직 閭
田論의 구상을 완성하지 못하였던 데 기인하는 것인지도 모르겠다.

  그러나 그렇더라도 그의 「田論」이 이 農政疏의 시기와 크게 거리가 있는,
이를테면 그의 晚年의 著作은 아니었다. 그것은 그가 晚年에 그의 모든 著述
을 『與猶堂集』으로 집대성하면서 거기에 編入될 「田論」의 序頭에다 다음과
같이 附記하고 있는 것으로써 알 수 있다.

  此是己未間所作 (三十八歲時) 與挽來所論不同 今亦錄之 書曰 皇斂時五福 用
敷錫厥庶民 斯大義也[238]

  즉 여기서 말하는 己未年은 正祖 23년으로서 農政疏를 작성한 다음해인
것이다.

  그뿐만 아니라 이러한 但書가 아니더라도 「田論」의 작성 시기는 「田論」
그 자체의 내용에 잘 표현되어 있다. 그것은 「田論」의 작성 시기를 거의 示
唆하다시피 하고 있는 문구로서

  近歲李相國秉模觀察關西 試戶布之法於中和一府 府民相聚號哭 事遂已[239]

라고 한 句節이 있음에서이다. 이는 相國 李秉模가 平安監司 시절에 戶布制
를 시행하려다가 못 한 일을 두고 한 말인데, 그 내용을 그로부터 4, 5년 후
인 正祖 22년의 農政疏에서는

  有言戶布者 有言口錢者 今猝行之 民將胥動 往歲關西事可驗[240]

____

238) 『與猶堂集』(서울大 奎章閣本) 第28冊, 田論. 이 文集은 全 78冊으로 되어 있고
    第11冊에도 田論이 收錄되어 있는데 여기에는 이를 附記하고 있지 않다. 鄭寅普・
    安在鴻 校閱本인 『與猶堂全書』에서는 附記 없는 쪽을 刊行하여 年代把握을 어렵게
    하였다.
239) 『全書』 田論 7, 上, p.221.
240) 『全書』 農政疏, 上, p.195.

이라고 표현하고 있는 것이다. 가까운 과거의 어떤 일을 말하는 데 '往歲', 즉 往年이나 前年이라는 표현과 '近歲', 즉 近年이라는 표현은 거의 같은 時點에서 사용할 수 있는 말이 아닌가 생각되며, 더욱이 아무 단서 없이 相國 李秉模라고만 한 표현은 李秉模의 生存時, 그리고 領議政이나 左右議政 在職期間(正祖 18년~純祖 6년)에 이 글을 쓰고 있음을 示唆하는 것이라고 생각되는 것이다. 또 그가 後日 그의 「自撰墓誌銘」에서

詩文所編共七十卷 多在朝時作[241]

이라고 말하면서, 「田論」을 이 詩文集 속에다 넣고 있는 것도 이러한 추정을 뒷받침해 준다. 그가 在朝하던 시기면 그 下限이 純祖 元年까지인 것이다.

이와 같이 살펴보면 茶山의 「田論」은 아마도 農政疏와 같은 시기에 이와는 별도로 준비되면서 己未年에 완성되었거나, 아니면 그 후 그의 前著와의 관련 위에서 새로이 著述된 것이 아닐까 생각되는데, 그 가운데서도 筆者에게 더욱 타당하게 여겨지는 것은 後者의 경우이다. 「田論」은 農政疏보다 農業生産의 社會化라는 점에서 월등히 뛰어나며, 이는 農政疏의 연구과정을 거쳐서 그의 견해에 一段의 진전이 있음으로써 비로소 도달할 수 있는 卓見이라고 생각되기 때문이다. 그리고 이만한 見解差가 있으려면 農政疏를 작성한 후에 그의 農業觀에 그만한 진전이 있을 수 있는 어떤 계기가 있지 않으면 안 될 것이라고 생각한다. 筆者는 그의 農業觀에 한 劃期를 이루게 하는 이 계기가 바로 그의 農政疏와 같은 시기에 전국의 農村知識人들에 의해서 呈疏되었던 『應旨進農書』가 아니었을까 추측한다. 이들은 茶山이 전혀 착안하지 못하고 언급하지 못하였던 문제를 提言하고 있어서, 만일 茶山이 이를 볼 수 있었다면, 그의 農政疏의 내용이 당연히 再檢討되고 재구성되지 않을 수 없었으리라고 생각되기 때문이다.

農村知識人들의 農業論은 이미 검토한 바와 같이 限田論·貸田論 등 零細小農層을 위한 農業改革의 방안을 제언하는 것이었으나, 동시에 富農層의

---

241) 『全書』 自撰墓地銘, 上, p.325.

農業生産에 대결하기 위하여, 零細小農層의 農業生産에서의 협동을 촉구하고 그 施策을 요구하는 것이었다. 土地問題는 茶山도 이를 생각하고 있었으므로 별로 문제삼을 것이 못 된다 하더라도, 農業生産에서의 協同問題는 驚異가 아닐 수 없었을 것이다. 그런데 茶山에게는 이와 같은 農村知識人들의 農業論을 참고할 기회가 있었을 것으로 여겨지는 것이다.

그것은 그가 본래부터 國王 正祖의 총애를 받고 있었던 인물이라는 점과, 谷山府使로서 農政疏를 進疏한 후에는 다시 서울로 돌아와 刑曹參議가 되어 中央行政에 참여하였으며, 당시는 바로 農村知識人들의 農政疏가 올라오고 있는 때이고, 또 이를 종합하여 새로운 農書를 編纂하기 위하여 備邊司에서 이를 點檢하고 奎章閣으로 넘기는 때였으므로, 政府要職에 있는 그가 이에 관심만 있었다면 얼마든지 이를 볼 수 있었으리라고 생각되기 때문이다. 그리하여 그는 충분히 農村知識人들의 農業論을 그의 農業改革論에 받아들이거나, 아니면 그렇게까지 직접적인 영향을 받지 않았다 하더라도, 적어도 이를 계기로 하여 農業協同의 문제를 깊이 생각하게 되고 그러한 결과로서 얻어진 産物이 이 「田論」이 아니었을까 생각하는 것이다. 土地分配의 理論과 農業協同의 이론이 하나의 논리 속에 종합되면 共同農場的인 農業論이 될 수밖에 없으리라는 것이 필자의 생각인 것이다.

더욱이 그는, 前記한 바와 같이, 共同勞動을 전제로 하였을 해서지방서의 軍布契나 役根田의 운영을 이미 소상하게 파악하고 있었다. 그리고 農村知識人들의 農業協同論과는 일정한 거리가 있었지만, 旣述한 바와 같이 地方守令의 施政指針書로서 編刊된 平安監司 洪良浩의 『牧民大方』(正祖 16년)에서도 이러한 문제는 이미 鄕約을 중심으로 提論되고 있었으므로 그는 이러한 견해도 谷山府使 시절에 이미 참고하였을 가능성이 있는 것이다. 그러므로 그 자신은 비록 鄕約이 土豪層이나 兩班層의 農民統制에 이용되고 있음에 비추어 그 설치와 운영에 신중해야 할 것을 제언하는 터였지만, 農村知識人들이 農業協同의 문제를 강조하는 것을 보았기에, 共同勞動을 爲主로 한 農業協同化나 農業共同化의 문제를 전혀 생소하게만 생각하거나 躊躇하지는 않았을 것이다.[242]

또 「田論」은 그의 「井田論」(『經世遺表』)과도 비교되어, 「田論」에서는 井

田의 復設을 불가능한 것으로 보는 데서, 그리고 막대한 國家財政을 소비하
면서까지 古代井田制를 시행할 필요가 있을까 하는 데 대한 의문을 가지게
되는 데서, 「田論」의 作成時期를 「井田論」 이후의 그의 晚年으로 보려는 견
해가 이미 오래전부터 제론되고 있으나,[243] 여기에는 難點이 있는 것으로 생
각한다. 그것은 茶山이 「田論」에서 이해하고 부정하고 있었던 井田과, 그의
「井田論」에서 제기하고 이해하고 있는 井田의 內容 또는 개념이 다르기 때
문이다. 「田論」까지에서 그가 이해하고 있는 井田은 전국의 農地를 井井方
方으로 溝洫으로써 區劃한다는 古代井田에 대한 일반적인 이해와 같은 것이
었으나, 「井田論」에서의 井田은 후술하는 바와 같이 가능한 범위 내에서 劃
方成井을 하기는 하되, 古代井田에 대한 깊은 연구를 통해서 종래의 견해를
모두 검토하고 그 자신의 새로운 견해를 樹立한 바탕 위에서의 井田인 것이
었다.

　그뿐만 아니라 「井田論」에서 井田에 대한 이해는 그가 晚年에 中國古代의
諸制度를 經典을 통해서 연구하고 그러한 기반 위에서 구상하고 槪念化한
것이었다. 그러므로 井田을 否定하는 田論이 그의 晚年의 作이라고 한다면,
그 스스로 그 平生의 연구인 經典에 대한 이해를 전부 부정하는 것이 된다.
그리고 그는 還甲의 해에도 그가 自撰한 墓誌銘에서 '一表二書 以之爲天下國
家 所以備本末也'라고 하여,[244] 「井田論」을 收錄한 『經世遺表』의 著述動機를
『牧民心書』 『欽欽新書』와 더불어 天下의 국가가 그 체제를 유지하기 위한
근본적인 것과 枝葉的인 것을 모두 갖추도록 하기 위해서라고 말하고 있었

---

242) 『牧民心書』 卷 21, 禮典 敎化, 3冊, pp.15~16.
　　茶山은 敎民을 위해서는 鄕約이 必要하다는 것을 '束民爲伍以行鄕約 亦古鄕黨州
　族之遺意 威惠旣洽 勉而行之可也'라고 前提하면서도, 다른 한편으로는 '守令之志高
　才疎者 必行鄕約 鄕約之害 甚於寇盜 土豪鄕族 差爲執綱 自稱約長 或稱憲長 其下有
　公員直月等名目 專擅鄕權 威喝小民 討酒徵粟 其求無厭 發其隱慝 受賕責報 所至酒
　肉淋漓 在家辯訟紛紜 役屬愚氓 借助耕耘 官又以訟牒 委之鄕約 使之査報 其恃勢作
　奸 罔有紀極 寶城郡有校派約派 校派者出入學宮者也 約派者管鄕約者也 鬪爭不息
　構陷互加 風俗之惡 遂甲一道 由是言之 鄕約不可輕議 熟講精思 乃可行也'라고 하여,
　그것이 農民收奪에 利用되고 있음에 비추어 愼重해야 할 것임을 말하고 있었다.
243) 高橋亨, '朝鮮學者의 土地平分說과 共產說'(『服部古稀論集』), 1936.
244) 『全書』 自撰墓誌銘, 上, p.333.

는데, 이제「田論」으로써「井田論」을 否定한다면 그의 畢生의 업적인 一表二書의 著作趣旨도 否定하는 것이 되는 것이다.

또 그는「田論」에서 田稅를 什一稅로 하는 것이 法, 즉 원칙이라고 이해하고, 우리나라에서도 什一稅로 하는 것이 바람직한 것이라고 말하면서도, 이것은 오직 井田의 시행이 있어야만 그 실행이 가능하다고 보아 우선은 定額制로 할 것을 말하고 있었는데,[245] 이로써 보면「田論」은 아직 그가 什一稅나 九一稅를 원칙으로 하여 파악하였던「井田論」을 구상하기에 앞서서 제기하였던 것임을 알 수 있다. 茶山의「井田論」에서의 井田은 그가「田論」에서 말한 바와 같이 실행 불가능한 井田이 아니라 쉽사리 시행할 수 있는 井田, 즉 그가 새로이 槪念化하고 재구성하고 있는 井田이었으며, 따라서 什一稅나 九一稅가 骨格으로 되어 있는 井田인 것이었다. 그러므로「田論」에 앞서서 이러한 그의「井田論」이 이미 있었다면 十一稅의 代案으로서 定額制를 사용할 필요는 없는 것이고, 더 나아가서는 閭田을 중심한 土地論이 그와 같이 제기될 필요도 없었을 것이 아닌가 생각한다.

이와 같이 살펴보면「田論」을 그의 晩年의 著述로 보려는 견해는 著者自身의 말을 믿지 않거나, 또는 그의 諸著述 간의 論理的 關聯性을 否定하게 된다는 점에서 이를 따르기 어려운 것이며, 따라서 이는 아직 그가 社會改革의 이념에 透徹하고 理想社會의 건설에 열중할 수 있었던 연령과 환경, 즉 그의 말대로 젊은 시절의 著述이었다고 보아야 할 것이다.

理想的인 農業改革論으로서의「田論」은 동시에 하나의 새로운 社會改革論이기도 하였는데, 그 특징은 鄕村社會를 閭單位로 개편하고 農業도 이를 基本單位로 한 共同農場으로써 경영하려는 점이었다. 이는 農業技術上의 改良의 범위를 넘어서서 土地所有關係의 조정・재분배와 農業協同에 관한 논의를 종합한 것으로서 종래의 限田論이나 均田論 등의 農業論보다 뛰어났다. 그리고 종래의 農業論이 주로 토지의 재분배에만 초점을 두고 있는 것이었음에 반하여, 이는 農業生産이나 農業經營 전반의 변혁까지도 배려하고 있다는 점에서 立論의 근거를 달리하는 것이었다.

---

245)『全書』田論 6, 上, p.221.

茶山이 이와 같이 「田論」을 통해서 共同農場的인 農業經營論을 구상하게
된 것은 기본적으로 봉건적인 農業生産關係, 즉 봉건적인 地主制를 타도하
고 農民經濟를 均産化함으로써 이를 안정시키려는 데 그 목표가 있었다. 그
는 그러한 그의 의도를 분명히 밝히고 있었는데, 그것을 그는 農民統治를
위한 基本姿勢의 문제와 農村現實에 대한 비판이라는 兩面에서 제기하고 있
었다.

農民統治에 관하여 그가 생각한 것은 만백성을 다스리는 君牧은 農民들로
하여금 '均制其産'해서 그들이 모두 잘살 수 있도록 해야 한다는 것이 그 基
本觀念이었다. 均制其産은 農民들의 産業을 균등하게 하는 것, 즉 土地所有
關係를 균등하게 하는 것이므로, 그는 君牧이 된 者가 지켜야 할 政治目標는
農民들의 경제적 평등을 달성하는 데 있는 것으로 보았다. 그는 그것을 天이
이 세상에 백성을 나게 할 때부터의 원칙으로 보고 있었다. 그래서 그는 그
의 그러한 입장을 10頃의 토지와 10人의 子를 둔 父가 있는데 한 아들에게
는 3頃을 주고, 두 아들에게는 2頃씩 주고, 세 아들에게는 1頃씩 주며, 나머
지 네 아들에게는 아무 것도 주지 못하여서 결국 굶주려 죽게 한다면 그를
부모 노릇 잘하였다고 말할 수 없으며, 같은 論理로서 君牧이 된 者가 拱手
熟視할 뿐이어서 백성들이 토지를 攻奪倂呑하되 이를 막지 못하고 强者는
더욱 많이 차지하고 弱者는 이에서 밀려나 쓰러져 죽게 한다면 그를 君牧 노
릇 잘 하였다고 볼 수 없음을 비유로서 들고 있었다. 이러한 현상은 그의 君
牧의 道, 즉 農民統治의 기본원리에 어긋나는 까닭이었다. 그러므로 그는 農
民들을 '均制其産'해서 모두 안정된 생활을 할 수 있게 하면 君牧者일 수가
있지만 그렇지 못하면 君牧의 道를 저버린 者라고까지 하였다.[246]

茶山은 말하자면 農民들은 날 때부터 경제적으로 평등할 수 있는 것이며
農民을 통치하는 支配者는 이와 같은 원리를 실현하고 유지하는 것을 그 政
治理念으로 삼아야 한다는 것이었다. 그러나 그가 日常 보고 있는 우리의 農

---

246) 『全書』田論 1, 上, p.219. 이와 관련된 茶山의 政治思想에 관한 近年의 연구로
     서는 다음 論著를 참고.
        洪以燮, 『丁若鏞의 政治經濟思想研究』, 1959.
        韓永愚, '茶山 丁若鏞의 政治改革理念'(『研史會誌』 3, 1967).

村現實은 이러한 이념과는 너무나 거리가 있었다. 그는 우리의 農民經濟에 관하여 경제적 평등이 존재하지 않음은 말할 것도 없고 존재할 수도 없다는 것을 확인하고 있었으며, 그것을 주로 文武貴臣이나 土豪層의 土地兼倂에 기인하는 것으로 보고 있었다.

　그는 우리나라의 時起耕田은 80만 結이고 人民은 대략 800만 口이므로 가령 10口가 1戶라면 1戶當 1結씩 得田해야만 其産이 均等할 수 있는 것인데, 지금의 우리의 현실은 文武貴臣이나 閭巷富人 가운데 千石君이 되는 者는 '甚衆'하고 그 토지는 100結을 不下하니 이들은 990人, 즉 99戶의 命을 희생함으로써 1戶를 기름지게 하는 것이며, 영남의 崔氏와 호남의 王氏는 萬石君이므로 그 토지는 400結이나 될 것이니 이는 3,990人, 즉 399戶의 命을 犧牲하여 1戶를 기름지게 하는 것이라고 말하고 있었다.[247] 이는 1戶를 10口로 잡을 경우이지만 실제의 戶口構成은 이 시기에는 평균 4人 내외였으므로 이들 때문에 피해를 받는 農家戶數는 더욱 많은 셈이었다.

　위에서 茶山이 말하는 그와 같은 土地兼倂者들은 말할 것도 없이 그들 스스로가 農業에 從事하는 자는 물론 아니었다. 그들은 이 시기의 社會經濟機構 속에서 그 정치적·사회적 지위의 優越을 바탕으로 토지를 集積하고 그 奴婢나 時作農民을 驅使하여 이를 耕作함으로써 地代를 징수하고 있는 이른바 봉건적인 地主層이었다. 身分制의 解體過程과 土地所有關係에서의 農民層의 分化過程 등 이른바 이 시기의 社會構成의 전반적인 변동은, 한편으로는 兩班層의 몰락을 촉진하고 다른 한편으로는 平民層이나 賤民層의 사회적 지위의 상승과 경제력의 향상을 齎來하고도 있었지만, 그러나 여전히 舊來의 봉건적인 地主 세력이 이 시기 경제계에서 주도권을 장악하고 있었음은 말할 것도 없는 일이었다. 그리고 이들이 地主로서 그 農地를 경영하면서 온갖 수단을 동원하여 과중한 地代를 징수하고, 그 결과 時作農民層을 더욱 酷甚한 貧乏으로 몰아가고 있는 것도 또한 주지의 사실이었다. 그러므로 茶山이 일부 貴族層이나 土豪層에 의해서 農地가 廣占되고 많은 農民들이 그 희생이 되고 있음을 비판한 것은, 곧 이 시기의 農民收奪體制인 봉건적인 地主

---

247) 『全書』 田論 1, 上, p.219.

制 그 자체를 비판하는 것이 아닐 수 없었다.

　茶山의 「田論」은 이와 같이 土地兼併者, 따라서 봉건적인 地主制의 모순을 타파하기 위해서 구상된 것으로서, 그는 그 방안을 農民들의 産業을 '均制其産'할 것에서 찾고 있는 것이었다. 이는 그가 젊은 시절에 「農策」에서 '立民之本 亦惟在均田二字'라고 하여 土地所有의 平等化의 원칙을 주장하였던 바와 기본적으로 相通하는 것이었다. 그는 말하자면 「農策」에서 示唆하였던 農民層의 경제적 평등의 문제를 이 「田論」에서 구체적으로 전개하고 있는 셈이었다. 그러한 점에서 이는 이 시기에 흔히 提論되고 있었던 일반적인 土地再分配論과 農民經濟의 平等化를 지향하는 이념에서 같은 입장에 있는 것이 아닐 수 없었다.

　그러나 그러면서도 茶山이 「田論」에서 전개하고 있는 均産論은 종래의 諸理論에서 볼 수 있는 均産을 위한 土地論과는 그 내용에 큰 거리가 있었다. 그는 종래의 土地論이 均産의 실현 가능성이라는 면에서, 따라서 土地兼併을 막고 봉건적인 地主制를 타파하는 데 있어서, 적절하고도 효과적인 방안이 될 수 없음을 비판하고 그 대안으로서 그의 均産論을 제언하고 있는 것이었다.

　즉, 종래의 均産論에는 井田論·均田論·限田論 등 이른바 18세기 經濟思想의 대표적인 견해들이 있었는데, 茶山은 이들 諸見解가 당시의 時點에서는 취할 수 없는 것임을 명백히 하고 있었다. 그는 井田制가 시행될 수 없는 이유를 井田은 旱田이고 平田이었는데, 오늘날은 水利가 발달하여 水田의 利를 보고 있고 山谷間을 또한 開墾하여서 이를 農地로서 이용하고 있으니, 井田을 시행하면 이와 같은 水田이나 山地開墾處를 버려야 할 것이 아니냐는 것이었으며, 均田制가 시행될 수 없는 이유로는 均田은 農地面積을 계산하고 戶口數를 헤아려서 均分하자는 것인데, 戶口의 增損은 月異하고 歲殊하여서 이를 정확하게 파악하여 해마다 균등하게 분배하기는 어렵고, 또 農地에는 饒瘠이 있는데 이는 頃畝로서 限할 수 없는 것이므로, 아무리 均田을 내세워도 실제로 均分을 하기는 어렵다는 것이며, 限田制가 施行될 수 없음은 限田은 賣田이나 買田을 할 때 일정한 限界線을 넘지 못하게 함으로써 土地所有에서의 대체적인 균등을 期하려는 것이지만, 타인의 名을 빌어서 토지를 賣買한다면 이는 分揀하기도 어렵고 막을 수도 없는 것이니 土地所有에 제한을 가하는 일은 실현되기가 어렵다는 것이었다.[248]

더욱이 이러한 均産化를 위한 몇 가지 방안에서 茶山이 특히 의문으로 느끼는 점은 그 均産이 결국 누구를 위한 均産인가 하는 점이었다. 그는 均産이라고 하는 것은 기본적으로 農民을 위한 均産이 아니면 안 될 것으로 보는 것이었는데, 종래의 均産方案이 반드시 그러한 것은 아니었다. 이 시기의 지식인들이 土地問題를 거론할 때는 흔히 均田論이나 限田論을 주장하는 것이 보통이었는데, 이 兩論은 모든 人民이 토지를 균등하게 소유할 것을 목표로 하는 것으로서 農民 이외의 者, 즉 農業에 從事하지 않는 兩班層이라 하더라도 農地分配의 대상에 들 수 있는 것이었다. 그는 士를 중심한 游食人이 토지를 소유함으로써 農業이 疲弊됨을 糾彈하여 그들을 病農者라고까지 규정하고 있었는데, 均田論이나 限田論은 그와 같은 病農者의 土地所有를 배제하는 것이 아니었다.[249] 그뿐만 아니라 均田이나 限田을 시행한다고 할 때 오히려 유리한 입장에서 受田을 할 수 있는 것은 農民이 아니라 그들일 수도 있었다. 그러므로 均田論이나 限田論이 均産을 위한 土地改革論이라고 할 때, 그것은 그 목적을 충분히 달성할 수 있을 만한 완벽한 이론이 될 수 없는 것이며, 그러기에 茶山은 이와 같은 均産方案은 불합리한 것이라고 보는 것이었다.

물론 茶山의 그와 같은 판단이 均田論이나 限田論을 시행하여 본 어떤 경험적인 사실을 토대로 얻은 결론은 아니었으며, 그것은 다만 農業問題를 연구하는 가운데서 논리적으로 파악한 결론에 불과한 것이지만, 그러나 누구나 首肯할 수 있는 점이 있는 것이었다. 茶山은 그와 같은 불합리한 均産論은 是正되어야 할 것으로 생각하였으며, 그것을 是正하려면 均産을 위한 새로운 기준의 설정이 필요하다고 생각하였다. 그것을 그는 農業에 대한 종래의 觀念과도 관련하여

農者得田 不爲農者不得之

---

248)『全書』田論 2, 上, p.220.
249) 同上.

한다는 원칙으로써 해결하려 하였다. 土地를 中心한 均産의 정책에서 그 혜택을 받을 수 있는 이는, 農業에 從事하는 農民에 한하고 農耕에 從事치 않는 者는 土地分配에서 제외한다는 것이었다. 그리고 農者得田을 실현시키기 위한 구체적인 방안으로서는 그가 제기하는 閭田法을 시행하면 된다는 것이며, 이와 같이 하면 종래의 均産論에서 볼 수 있었던 불합리한 점이 제거될 수 있다고 그는 생각하는 것이었다.[250)

3) 閭田의 經營內容과 問題點

閭田法의 基本內容은 전국의 토지를 國有化하고 토지의 국유화가 이루어지면 이를 새로이 재편성한 鄕村制度의 閭에 委任하여 閭民으로 하여금 이를 共同耕作케 하고, 이를 통해서 그들을 경제적으로 平等化하려는 것이었다. 이럴 경우 여기서 문제가 되는 것은 이미 私有化되고 있는 토지, 그것도 封建的인 兩班官僚層이나 地主層이 소유하고 있는 토지를 어떻게 收用할 것인가 하는 점인데, 이에 관해서는 그는 구체적인 언급을 하고 있지 않았지만, 아마도 그것은 종래의 土地再分配論에서의 土地收用의 방안과 같은 것이 아니었을까 생각된다. 그렇지 않고 다른 의견이 있었다면 응당 그에 대한 설명이 있었을 것이기 때문이다.

그리고 종래의 土地再分配論에서는 兼倂者의 토지를 革罷하여 이를 몰수, 국유화함으로써 국가가 자유로이 再分配하라는 견해도 있었고, 국가가 有償으로 이를 買收하여 無償 또는 有償으로 再分配하라는 견해도 있었는데, 茶山의 閭田論의 경우에는 土地國有化의 방안으로서 前者의 태도를 취하는 것이 아니었던가 생각된다. 그것은 현재 국가에서 받는 公稅가 20분의 1인데 대하여 地主層이 받는 私稅가 2분의 1이나 됨을 비판하면서, 國家와 農民이 모두 富裕해질 수 있는 길은

　　　罷兼幷之家 而行什一之稅

---

250)『全書』田論 2, 3, 上, p.220.

라고 하여, 兼倂을 혁파함으로써 折半分益의 地代를 없애고 앞으로는 다만 국가가 받을 公稅, 즉 10분의 1稅만이 있도록 하라고 한 데서도 추측이 가며, 農民의 均産方案을

　　惟損富益貧　以均制其産

이라고 한 데서도 추측된다.[251] 前者는 兼倂을 파하고 稅率을 國法으로써 更定함으로써 地主制의 存立根據를 간단히 제거하려는 것이라 하겠으며, 後者는 富人의 財를 損해서 貧民의 財를 늘려주자고 하는 것이므로 이는 정당한 價格을 支拂하는 有償買收를 의미하는 것이 아니라 無償沒收로 봄이 옳을 것이기 때문이다.

　더욱이 그는 앞에서도 제시한 바와 같이 田論이 제기될 수 있는 근거를

　　皇斂時五福　用敷錫厥庶民　斯大義也

라고 말하고 있어서, 人間五福의 管掌과 授受의 權限이 皇帝에게 있는 것으로 보는 터였다. 그는 이를 달리 표현하여 '斂時五福者 人主總攬'이라고도 하였으며, 이러한 五福 가운데는 富가 있으므로 '尺土寸地 無非王田' '富之柄在皇極'이라고도 말하고 있었다. 이에서 보면 그는, 皇帝는 전국의 토지를 主管하고 소유하는 主라고 보는 것이며, 따라서 전국의 토지는 원래 君主에 의해서 授受되어져야 한다고 보는 것이었다. 그는 이를 政治의 大義라고 생각하였다. 그런데 그러한 토지가 지금에 이르러서는

　　後世人私其田　皇無寸土　則皇無以錫民富

하다는 것이며,[252] 그러기에 그가 제기하게 되는 土地改革論에서는 원래의 상태로 돌아가서, 皇帝로 하여금 人間五福을 管掌하고 授受케 하자는 것이

---

251) 『全書』 田論 6, 1, 上, p.221, 219.
252) 『全書』 尙書古訓 卷 4, 洪範條, 上, p.1129.

었다. 皇極論은 尙書學의 일반적 이해였는데, 그도 이를 그대로 따라 이 원리를 儒敎政治의 '大義'라고 이해하는 것이었다. 그리고 한 걸음 더 나아가 古聖人의 이 政治理念에 입각하여 土地國有化를 기하고 그러한 바탕 위에서 그의 共同農場을 성취하려는 것이었다.

그리고 새로운 鄕村制度는 閭를 기본단위로 하는 것이었는데, 이 閭는 山谿나 川原 등 地勢에 따라서 行政地域을 區劃한 最下의 단위로서, 보통 30戶의 農家를 기준으로 하되 出入이 있게 하려는 것이었으며, 이는 다시 3閭는 1里, 5里는 1坊, 5坊은 1邑을 이루도록 하여, 閭에는 閭長, 里에는 里長, 坊에는 坊長, 邑에는 현재대로 縣令을 두려는 것이었다.[253]

그리하여 토지의 국유화가 이루어지고 鄕村制度가 마련되면 閭內의 토지는 모두 그 閭에 委任되고, 한 閭의 農地는 한 閭內의 農民이 閭長의 지휘 아래 共同勞動으로 경작하고 경영하도록 하려는 것이 그의 구상이었다. 말하자면 農業生産에서의 기본적 생산수단인 토지의 私的所有와 私的인 경영은 不許하고, 다만 勞動用具로서의 生産手段만을 私的으로 소유케 하여, 한 閭內의 農地는 모두 그 閭內의 農民이 이를 공동으로 점유하고서 공동으로 경영케 하려는 것이었다. 따라서 그 노동의 성과는 당연히 그들의 共有에 속하고, 그 농산물은 일정한 手續을 거쳐서 국가에 대한 稅와 閭長의 祿을 제외하고 각 농가에 분배하되, 農家別로 그들이 투입한 勞動量에 응해서 공평하게 분배하려는 것이 그 핵심이었다.

우리가 閭田을 共同農場으로 규정하고 그 農業經營을 共同農場的인 農業經營으로 부르는 까닭은 여기에 있다. 그러한 사정은 가령 그가

凡一閭之田 令一閭之人 咸治厥事 無此彊爾界 唯閭長之命 是聽[254]

이라고 한 것이라든가, 또는

有閭焉 三十家共一閭 閭長曰 某甲耕彼 某乙芸彼 職事旣分 有負耒耜挈妻子而

---

253) 『全書』 田論 3, 上, p.220.
254) 同上.

至者曰 願受一廛 將奈何 曰 受之而已矣 …… 閭長曰 某甲畬彼 某乙糞彼[255]

라고 한 것, 그리고

> 每役一日 閭長注於冊簿 秋旣成 凡五穀之物 悉輸之閭長之堂(閭中之都堂也) 分
> 其粮 先輸之公家之稅 次輸之閭長之祿 以其餘配之於日役之簿 仮令得穀爲千斛(以
> 十斗爲一斛) 而注役爲二萬日 則每一日分粮五升 有一夫焉 其夫婦子媳注役共八百
> 日 則其分粮爲四十斛 有一夫焉 其注役十日 則其分粮四斗已矣[256]

라고 한 바에서 알 수 있다. 前二者는 閭長의 指揮下에 閭民들이 閭內의 全
農地를 내 땅 네 땅의 구별 없이 공동으로 경작하게 되는 것과, 그러한 가운
데서의 農器具의 私的所有의 인정을 말한 것이고, 後者는 農家別로 소득이
분배되는 사정을 말한 것이었다. 그리고 이는 犁耕勞動·中耕除草·施肥 그
밖의 모든 農業勞動에 관한 作業計劃을 閭長이 세우고 집행하며, 그 勞動狀
況도 閭長이 置簿하며, 소득의 분배도 閭長이 그가 置簿한 日數에 따라 행하
도록 함을 말함이었다. 共同農場의 農業經營은 閭長의 관리 하에 組織的으
로 운영되는 것이었다.

　이러한 農地의 經營方式은 土地를 閭民이 共有하고 共同勞動으로써 이를
經營하고 또 그 소득을 共同勞動에 참여한 農家들이 그 勞動量에 따라 분배
한다는 원칙이었으므로, 그 土地所有關係를 중심한 農家의 富는 균등한 셈
이었으며, 소득의 多寡는 다만 '用力多者 得粮高 用力寡者 得粮廉'[257]이라고
하였듯이, 勞動量의 多寡에 따라서만 구분될 수 있는 것이었다. 다시 말하면
그의 共同農場에서는 노동을 하는 農民만이 생산물의 분배에 참여할 수 있
는 것이었다. 이는 그의 共同農場經營의 커다란 원칙이었다.

　이러한 사실은 茶山이 共同農場的인 農業經營으로의 農業改革을 구상하
면서 특히 유의한 것은, 여러 農民層 가운데서도 零細農民層이나 無田農民
層이었음을 반영해 주는 것이라 하겠다. 이들은 본시부터 賃勞動이나 農業

---

255) 『全書』田論 4, 上, p.220.
256) 『全書』田論 3, 上, p.220. 여기서 四斗는 五斗의 錯誤일 것이다.
257) 『全書』田論 3, 上, p.220.

勞動의 협동 없이는 家計를 유지할 수 없는 처지였던 것이다. 그리고 또 그러한 점에서 그의 農業改革의 방향은 封建支配層의 收奪體制를 제거하는 것은 말할 것도 없지만, 새로운 農業生産의 방안을 모색하면서도 富農層이나 中農層 등 이 시기의 堅實한 農民層을 중심으로 하는 것이 아니라, 最下位의 零細農民을 위주로 하고 있었음을 보여주는 것이라 하겠다.

그의 共同農場에서는 農業勞動에 從事하는 農民에게조차도 소득분배의 규정이 그러하였으므로, 農業勞動에 從事하지 않는 游食人이 그 분배에서 제외됨은 말할 것도 없는 일이었다. 閭田論은 '農者得田 不爲農者不得之'하는 원칙을 실천하기 위해서 창안된 것이며, 따라서 游食人을 제거하는 방안으로서 제기된 改革案이기도 하였으므로 無爲徒食者를 소득분배에서 배제하게 됨은 당연한 귀결이었다. 그러므로 이 共同農場에서는 종래와 같은 封建支配層의 中間收奪이 개입될 여지가 없는 것이었으며, 農地는 農民에게, 그리고 그 農業生産物도 農民에게만 돌아가게 되어 있어서, 이른바 均産은 철저하게 農民을 위한 均産이 되고 있었다.

茶山은 이와 같이 기본적 생산수단의 국유화와 共同勞動을 통해서 農民層의 均産化를 기하면서도, 다른 한편으로는 農業生産에 필요한 그 밖의 生産手段인 勞動用具에 대해서는 그 私的所有를 인정하고 共有化를 내세우지 않고 있었는데, 이는 그의 農業論이 노동력을 중시하고 富의 기준을 이에다 두고 있다는 사실과도 관련되는 것이라고 생각된다. 그는 본시 農器具를 사용하는 목적을 노동력을 절약하고 所出을 증대시키는 데 있는 것으로 보고 있었으므로, 農器具의 소유 여부는 勞動量의 多寡를 가능케 할 것이고, 이의 私的所有를 인정한다는 것은 農民들의 生産意慾을 자극하고 그 收入도 증대시켜 줄 것이기 때문이다. 그리고 그와 같은 生産意慾의 증가는 필경 共同農場 전체의 수입을 또한 증진시켜 줄 것이기 때문이다. 그뿐만 아니라 그는 游食人을 배제하는 의미에서 共同勞動에서의 생산물을 勞動量에 응해서 분배하는, 말하자면 각 農家의 富의 기준을 노동력에다 두는 원칙을 세우고 있었으므로, 勞動手段으로서 農器具는 응당 그 私有化를 인정함이 논리상 타당하다고 생각하였는지도 모르겠다. 그리고 그러한 점에서는 共同農場에서 勞動量을 計算할 때 그 質을 참작, 배려하려는 것이 그의 생각이 아니었을까 생각되기도 한다.

물론 茶山은 이와 같은 共同農場이 쉽게 이루어지리라고는 생각하지 않았다. 그러나 土地國有化가 成就된 위에서라면 8, 9년 또는 10여 년이 지나는 사이에 대체로 안정될 수 있을 것으로 전망하고 있었다. 그러한 기간에는 農民들이 耒耟를 짊어지고 처자를 거느리고서 그들이 유리하다고 생각하는 農場을 찾아 정착할 것이며, 農民들의 정착이 끝나면 자연적으로 民과 産이 균등해질 것이라고 보는 것이었다. 그렇게 된 연후에 戶籍을 작성하여 屋宅을 파악하고 證書를 발행하여 遷徙를 管掌함으로서 農民의 이동을 조절하면 안정된 사회를 유지할 수 있을 것으로 생각하였다.[258]

노동하는 農民으로만 農場員을 구성할 때 의문이 가는 것은 그 밖의 社會階層은 어떻게 처리할 것이냐 하는 문제인데, 이에 관해서는 그는 조금도 어렵지 않게 생각하고 있었다. 그는 본시 農民은 士農工商의 諸社會階層 가운데서도 '農有不如者三'이라고 하여 다른 세 계층에 미치지 못하는 것으로 보고, 그와 같은 사회적 불평등을 是正하는 뜻에서 이와 같은 대책을 마련하여 그들의 農民侵害를 막으려 하는 것이지만, 이와 더불어 다른 社會階層에 대해서도 충분한 對應措置를 마련하고 있었다. 그는 商工業者들은 그들의 직업에 충실하면 工者는 그들이 製造한 器物로써 穀物을 交易할 수 있고, 商人은 그들이 去來하는 貨物로써 糧穀을 또한 買入할 수 있으므로 염려할 바가 못 되는 것으로 보고 있었다.

이 경우 다만 문제가 되는 것은 十指가 柔弱해서 農事에 종사할 수 없는 士人이겠는데 이에 대해서도 그는 희망적이었다. 그는 士人에 대해서도 일정한 원칙을 세우고 있었으며 이 원칙대로만 하면 아무 문제될 것이 없으리라는 것이었다. 즉 士人들이 놀고서는 살 수 없다는 것을 알게 되면 農으로 轉業할 것이고, 士人이 農으로 轉業하면 地利가 闢하고 風俗이 厚하며 亂民이 終息하리라는 것이었다. 그리고 農으로 轉業할 수 없는 者는 商工業으로 轉業하리라는 것이었다. 그가 閭田論을 구상하게 된 것은 游食人을 없애는 데 목표가 있는 것이기도 하였으므로 이러한 조치는 철저하였다.

---

258)『全書』田論 4, 上, p.220.

그러나 그렇지 아니한 士人, 즉 晝耕夜讀하는 者, 富民子弟를 敎育하는 者, 實理를 講究하여 土宜를 辨別하고, 水利를 일으키고, 農器具를 創製하여 功力을 절약케 하는 者, 農業技術과 畜牧을 가르침으로써 農業을 돕는 者 등 등 실용적인 知的 활동을 하는 者에 대해서는 충분한 대우를 해야 할 것으로 생각하였다. 그는 그러한 대우의 한 표현으로서 이들은 肉體勞動을 하는 農民들보다 더 많은 보수를 받아야 한다는 것을 강조하고도 있었다.[259] 共同農場, 나아가서는 農村社會에서의 학문은 본질적으로 실용적인 것이어야 하며 이러한 學問을 하는 士人이면 應分의 대우를 받을 수 있어야 한다는 셈이었다. 그러므로 이와 같은 대책이 세워지면 共同農場을 건설하는 과정에서 農者가 아닌 諸社會階層을 처리하는 데 있어서의 難點은 해소되리라는 것이 그의 생각이었다.

그리하여 共同農場이 이루어진 후에 農場에 대한 稅制는 土品의 肥瘠을 살피고 所出의 多寡를 헤아려서 수년간의 평균치로써 稅額을 일정케 하며, (定額) 天災之變 이외에는 蠲稅하는 일이 없도록 하려 하였다. 보통의 경우 이면, 비록 大無之年이라 하더라도 임시로 그 稅를 貸與해 줄 뿐이며 大有之年에는 그것을 다시금 償還하도록 하려는 것이었다. 그는 稅額이 일정한 가운데서 국가의 수입이 안정될 수 있고, 農民들의 稅制를 둘러싼 奸僞와 混亂이 拂拭될 것으로 생각하였다. 그의 稅制에 대한 근본적인 생각은

　　田以什一而稅法也

라고 하여, 什一稅를 원칙적인 것으로 보는 것이었으나, 이는 매년 豊凶을 조사해서 그 額數를 上下해야 되는 까닭에 쉽지 않은 것으로 보고 있었다. 什一稅는 井田法이 시행되어야만 비로소 행해질 수 있는 것이라고 생각하고, 이 閭田的인 共同農場에서는 論理上 불가능한 것으로 보는 것이었다.[260] 그는 말하자면 定額制의 田稅를 次善의 방법으로서 提言하고 있는 것이었다.

---

259) 『全書』 田論 5, 上, p.220.
260) 『全書』 田論 6, 上, p.221.

茶山의 共同農場은 문자 그대로 農場이지만 그러면서도 이는 軍役의 문제와 밀접하게 관련되면서 조직되고 있는 것이 또한 그 특징이었다. 農場의 成員은 軍役의 문제를 또한 해결하지 않으면 안 되는 까닭이었다. 그는 그러한 役을 鄕村制度와 관련시켜 制度化하는 것이 최선의 방법이라고 생각하였다. 그래서 閭長·里長·坊長은 각각 軍官으로서 哨官·把摠·千摠으로 任命하고 이들은 縣令이 總管하도록 하였다. 그렇게 되면 農場을 管理하는 閭長이 동시에 將校로서 閭民의 軍役도 管掌하게 되는 것이어서, 共同農場의 成員은 經濟生活에서나 軍役上으로 閭長에게 直結되고, 따라서 農場의 成員은 그 가족의 생명이 閭長에 달려 있으므로 農業生産의 과정에서 終歲토록 奔走하고 그 지시하는 바를 잘 듣게 될 것이라는 것이었다. 그리고 이러한 평소의 訓練으로 이들이 兵丁이 될 때에는 그 進退가 規律대로 될 것이라는 것이었다. 그리고 이 제도에서는 農場의 成員을 3분의 1은 編伍하고 3분의 2는 出布토록 하는데, 이 出布는 그가 종전부터 주장해 온 戶布制로서 할 것을 제언하였다.[261]

이상 「田論」에서 보여주고 있는 共同農場的인 農業經營論은 이 시기까지에 있었던 많은 農業論을 배경으로 하고서 등장하였지만, 이는 무엇보다도 이 시기의 農業改革의 방향을 農業生産의 社會化라는 한층 높은 차원에서 새로이 모색하였다는 점에서 뛰어난 것이었다. 그러나 그러면서도 이와 같이 새로운 農業經營論을 이 무렵의 우리나라에다 어떻게 실현시킬 것이냐 하는 것은 사실 문제가 아닐 수 없었다. 이 農業論은 기본적으로 封建制 社會體制의 근본적인 변혁이 전제된 위에서만 존재할 수 있는 것인데, 이때에는 현실적으로 그러한 변혁이 존재하지 않았으며 또 그것을 목적으로 하는 大衆革命이 企圖되고 있는 것도 아니었다. 그는 다만 이를 현재의 農業問題를 타개하는 최선의 방안으로서, 그리고 장차 있어야 할 農民經濟의 궁극적인 存在形態로서 이를 연구하고 제언하는 것이었다. 그는 그러한 農業改革을 晚年에 이르기까지 정치의 '大義'로 보고 이를 제기하는 것이었다.

하지만 평상시의 경우라면 어떠한 분야의 改革案이거나 그것이 現實否定

---

261) 『全書』田論 7, 上, p.221.

의 濃度가 짙으면 짙을수록 그 실현성은 희박한 법인데, 茶山의 閭田論은 바로 그러한 것이었다. 그만큼 거기에는 革新性이 있은 것이며 따라서 그것을 실현하기에는 많은 難點을 예상할 수 있는 것이었다.

그러한 難點은 여러 가지 지적될 수 있는 것이지만, 무엇보다도 먼저 들 수 있는 것은 이 시기의 執權層으로서의 封建支配層이나 또는 그에 準하는 土豪層 등 土地兼倂者들이 소유하고 있는 토지를 어떻게 국유화할 것인가 하는 문제였다. 정당한 값을 주고 買收한다 하더라도 容易치 않을 이 일을 兼倂을 혁파해서 無償으로 몰수한다면 더욱 어려울 것이었다. 그렇더라도 이를 강행하려면 全支配層을 실력으로써 누르고 이를 시행케 할만한 능력이 國王權을 중심한 국가권력에 있어야 할 터인데, 이 시기의 國家權力에는 그럴 만한 능력과 의지가 없었다. 그뿐만 아니라 國王 자신도 封建支配層과 이해관계를 같이하는 거대한 封建地主였다. 더욱이 朝鮮王朝는 애초에 土地私有制를 인정하고 人的 階層關係에 따른 階層的인 土地所有의 社會經濟秩序 위에 樹立된 국가였으므로, 土地私有制를 否定하고 그 국유화를 내세운다는 것 자체가 벌써 社會體制의 변혁을 의미하는 것이었는데, 이때의 朝鮮王朝 에는 體制變革에 대한 어떠한 의욕도 없었다.

이러한 難點 때문에 종래에는 均田論이나 限田論 등의 土地再分配論이 빈번히 제기되었지만 그것은 언제나 卓上空論으로 그치지 않을 수 없었다. 한마디로 말하여 이 시기의 執權層에게는 그러한 意思가 없는 것이었다. 가령 英祖 초기에 朝廷에서 限田論이 논의되고 있을 때, 國王 英祖는 정권을 잡은 士大夫들이 限田策을 받아들일 수 있겠느냐는 것을 간접적으로 묻고 있었는데, 政府大臣들이 이에 분명한 응답을 하지 못하였던 것은 그러한 사례였다. 또 正祖 末年에 農村知識人들의 應旨進農書가 備邊司에서 검토되고 있을 때, 朝臣들의 均田論이나 限田論에 대한 반응이 실로 소극적이었음도 같은 예였다. 그들은 그것을 異口同聲으로 말은 좋지만 실현성이 없는 理想論이라고 하여 一笑에 붙이고 있었다.

이 점에서는 國王의 생각도 마찬가지였다. 國王 正祖는 이때 '限田事 言非不好 勢難容易'라고 하고 있었다. 正祖는 토지문제에 대한 국가권력의 적극적인 개입에 찬성하고 있어서 이에 대해서는 일정한 견해를 지니고 있는 터였지만, 그러면서도 限田法의 시행에는 土地私有化의 추세에 비추어 難點이 있는 것으로 보았다.[262] 하물며 封建支配層 전체를 타도의 대상으로 돌리고 있는 閭田論의 실행이 容易할 수는 없는 일이었다.

共同農場의 成就에 따르는 難點은 이에서만 그치는 것이 아니었다. 그러한 문제는 일반 農民層의 所有地에서도 마찬가지로 존재하는 것이 아닐 수 없었다. 農民層이라 하더라도 그 가운데는 그 經濟程度에 따라서 여러 계층이 있는 것이며 이들의 利害關係는 반드시 일치하기만 하는 것이 아니기 때문이었다. 이들은 많은 경우 그들 내부에서 利害關係의 대립을 일으키고 있으며, 특히 富農層과 貧農層, 有田者와 無田者, 雇傭主와 被雇傭者 등은 같은 農民層이지만, 대개의 경우 그 利害關係는 상반되는 입장을 취하게 되는 것이 보통이었다. 다시 말하면 이 시기의 農村社會는 크게 변동하고 農民層은 다양하게 분화되어 가고 있었으므로, 이들의 土地國有化와 共同農場化에 대한 반응은 각각 다르리라는 것이다.

茶山의 共同農場은 주로 無田農民層이나 零細土地所有者層을 위주로 하는 改革方案이었기에 더욱 그렇게 생각되는 것이다. 共同農場을 성립시키기 위해서 富農層은 막대한 재산(토지)을 내놓아야 하지만 無田者는 그렇게 하지 않아도 되었으며, 그러면서도 이들 두 系統의 農民層은 共同農場 내에서 그 의무와 권리가 동일한 까닭이었다. 이러한 점에서 우리는 茶山의 共同農場이 實踐段階에 들어간다고 할 때 德을 보고 만족해 할 것은 無田者, 즉 賃勞動層과 零細時作農民層뿐이며, 零細土地所有者는 贊反이 半半일 것이며, 多田者와 多作을 하는 經營型富農層은 정도의 차이는 있겠지만 自己所有地나 自己經營地를 喪失한다는 점에서 불만스럽게 생각할 것임을 예상할 수 있다. 그리하여 富農層이나 中農層 등 불만을 지닌 農民層이 共同農場의 成員이 된다면, 이들은 필경 農業共同化의 정책을 쉽사리 받아들이지 않을 것이며, 그들 본래의 私的生産의 存續을 고집하리라는 것을 또한 어렵지 않게 예상할 수 있다. 현대 사회주의사회의 초기 集團農場에서의 경험으로 보아,

---

262) 註 42의 ① 논문(『朝鮮後期農業史研究』 I, 초판본, pp.21~25 ; 증보판, pp.22 ~26) 참조.

이러한 점은 土地兼併者의 경우 못지않게 큰 문젯거리가 되는 것이라 생각한다. 農場의 成員이 생산에 의욕을 보이지 않으면 共同農場으로서 성과를 기대하기가 어려운 까닭이다.[263]

 더욱이 零細小農層이나 無田農民層을 위주로 하는 共同化政策을 강행한다고 할 때, 이것이 反對勢力의 저항과 沮止作用을 물리치고 성취될 수 있으려면, 執權層의 절대적인 지원이 있어야 할 터인데, 이 시기에는 零細小農層이나 無田農民層이 執權層이 아니었음은 말할 것도 없고 그들을 대변할 수 있는 계층이 정권을 잡고 있는 것도 아니었다. 그러한 면에서 유리한 위치에 있는 것은 도리어 富農層이었다. 이들은 그 富力을 통해서 사회적 지위를 향상시키고 있었으며 政治權力과도 가까운 처지에 있는 것이었다. 이들은 그 富力으로써 각 지방의 鄕職을 '都占'하다시피 하고 있었다.[264]

 이와 같이 中央의 정치는 封建支配層에 의해서 장악되고 地方自治는 富農層에 의해서 운영되고 있는 실정에서, 유독 農業生産을 위한 經濟體制만이 零細小農層이나 無田農民層을 위한 정책으로 나타나기는 어려운 것이 아닐 수 없었다. 그것은 실질적으로는 실현 불가능한 理想論에 불과한 것이었으며, 그러한 점에서 共同農場的인 農業經營論은 農業改革論으로서 뛰어난 것

---

263) 鄭伩,『愚川集』卷 4, 論井田.
　　 경우는 좀 다르지만 朝鮮後期人들이 井田에서의 共同勞動의 難點으로서 들고 있는 例를 살펴보면 茶山의 共同農場을 理解하는 데 도움이 될 것이다. 鄭伩은 宣~顯年間의 人物인데 井田制가 施行되기 어려운 이유를 다음과 같이 共同勞動의 難點이라는 각도에서 들고 있었다.
　　 余以爲 欲行井法 必先敎化淑人心然後可 不然 吾知其終不可行也 何者 井田之法 一夫收田百畝 與同溝共井之人 通力合作 計畝均收 而公取其一 以今日之人心推之 其不可行也 決矣 …… 況以八家而共一井之田 八家之中 有貧且弱者焉 有富且强者焉 有病且怠者焉 有勤且力者焉 一井之地 又有肥磽燥濕之異者焉 力旣不侔 功且不齊 地又不一 則均收之際 豈無計較忿爭之端乎 雖使兄弟親戚 共爲一井 亦不可保其無此 況他人乎 此其必有之患 而不可止之勢也
　　 茶山의 共同農場에서의 共同勞動은 물론 이 井田에서의 共同勞動과는 事情이 다르지만, 勞動力의 多寡로써 所得을 分配한다고 할 때, 男女간의 차이, 老少간의 차이, 强弱간의 차이, 勤惰간의 差異에서 오는 不平을 解消하기는 어려울 것이고, 이러한 不平을 解消치 못할 때는 그 生産意慾을 低下시켜 共同農場을 통한 生産力의 發展을 期待하기가 어려울 것이었다.
264) 註 33의 논문(『朝鮮後期農業史硏究』Ⅱ, 초판본, pp.205~210 ; 증보판, pp.356~361) 참조.

이기는 하지만, 그것을 실천에 옮기는 데는 큰 한계가 있는 것이 아닐 수 없었다. 茶山이 혁명이 없는 이 시기의 社會現實에서 우리의 農業을 실질적으로 개혁할 것을 뜻한다면, 그의 改革論에서의 그와 같은 限界性은 제거되지 않으면 안 되는 것이며, 따라서 현실적으로 큰 무리 없이 받아들여질 수 있는 새로운 案을 마련하지 않으면 안 되었다. 茶山은 그러한 사정을 충분히 인식하고 그 대안을 마련하고 있었다. 그의 이른바 「井田論」이 바로 그것이었다.

4. 獨立自營農的인 農業經營論

1) 井田에 대한 理解와 設置方案

茶山은 「田論」때까지만 해도 井田問題에 관해서는 세상에서 흔히 논의되는 井田槪念을 그대로 받아들여 그것을 復設하는 것은 불가능한 것으로 보고 있었다. 中國古代의 井田은 본래 平地에서의 旱田에 대하여 작성하였던 農地制度이므로, 水田農業이 발달하고 山谿間의 開墾이 발달하고 있는 現今의 우리 農村에서는, 이를 그대로 復設할 수 없다고 생각한 것이 바로 그것이었다.[265] 이러한 견해는 井田에 대한 종래의 이해, 즉 전국의 農地를 모두 井井方方의 農地로 구획하여 一井九區를 8夫로 하여금 각 1區씩 耕作시키고 나머지(中央) 1區를 公田으로 삼아 이를 8夫로 하여금 共同으로 경작시킨다는 理解 위에서 이루어진 것으로서, 井田이 만일 그러한 것이었다면 당시의 世論이나 茶山의 견해와 마찬가지로 이를 다시 설치한다는 것은 사실상 어려운 일이었을 것이다.[266] 전국의 農地를 井井方方으로 구획한다는 것

---

265) 『全書』 田論 2, 上, p.220.
　　　將爲井田乎 曰否 井田不可行也 井田者旱田也 水利旣興 秔稌旣甘矣 棄水田哉 井田者平田也 劚柞旣力 山谿旣闢矣 棄餘田哉
266) 『全書』, 「遺表」 田制 1 井田論 1, 下, p.81. 당시의 井田制復舊論에 대한 世人들의 批判的 輿論은 다음과 같았다.
　　　今言井田不便者 其大端有二 其一曰地勢不便 其一曰民數無恒 …… 蘇洵氏之言曰 溝洫澮川之制　畛涂道路之法　非塞溪壑·平澗谷·夷丘陵·破墳墓·壞廬舍·徙城

은 전국의 農地에 溝洫道路를 작성해야 하는 거창한 사업이 뒤따르기 때문
이었다.

그러나 茶山은 일찍부터 이와 같은 井田制를 우리나라에 적용하는 것이
전혀 불가능한 일이라고는 생각하지 않았다. 그는 「農策」에서 均田(均産化)
의 方法으로서 구체적으로는 '井地助耕之法', 즉 井田制를 생각하는 것이었
는데, 그는 이때 이 井田制를 今世에 거론할 바가 못 된다는 것을 말하면서
도, 農地의 地勢를 따라서, 그리고 그 農地의 肥瘠을 헤아려서 所有地의 多
寡를 정하고 富와 貧을 均平하게 해야 할 것을 進言하고 있었다.[267] 이는 말
하자면 現今의 우리나라에 井田制를 復設하려면 그 적용방식을 달리하면 된
다는 것으로서, 古代中國의 井田을 그대로 재현할 수는 없지만, 農民의 均産
化를 위해서는 古代井田이 지니는 이념을 취해서 우리 사회에 적합한 井田
制를 시행하면 된다는 생각인 것이었다.

「田論」 이후에 그가 새로이 農業改革論으로서 제기하게 되는 「井田論」은
바로 이러한 後者的인 생각에서 發想한 것으로서 많은 연구과정을 거쳐서
이를 확대 발전시킨 것이었다. 「田論」에서 그가 否定하고 있는 井田은 종래
에 생각해 오던 바와 같은 中國古代의 것 그대로의 井田인 것이었으며, 이제
그의 「井田論」에서 제기하게 되는 井田은 그가 연구한 바에서 파악할 수 있
었던 새로운 개념의 井田, 즉 우리나라에 적용이 가능한 井田이었다. 이 단
계에 이르러서는 그는 井田制 復舊論에 대한 비판적 견해를

    斯皆不深考乎先王之制 而鼂爲之說者也[268]

라고 하여, 先王의 制에 대한 이해 부족에서 오는 것으로 보았으며, 이를 충
분히 이해하고 보면, 그는

    郭 · 易彊隴 不可爲也 又曰 驅天下之人 竭天下之粮 窮數百年 專力於此 不治他事 而
    後可以望天下之地盡爲井田 此非蘇洵氏之言 天下人之 所恒言也
267) 『全書』農策, 上, p.176.
    噫井地助耕之法 雖不可與論於今世 因阡陌之勢 量肥瘠之品 制其多寡 平其富貧
268) 『全書』, 「遺表」 田制 1 井田論 1, 下, p.81.

　　井田者　聖人之經法也　經法可通於古今　利行於古而不便於今者　必其法有所不明
而然　非天下之理有古今之殊也[269]

라고 하였듯이, 井田은 現今에도 시행될 수 있는 것이라고 생각하였다. 옛적
에는 시행할 수 있고 現今에는 시행할 수 없다고 하는 것은 그 내용을 제대
로 이해하지 못하는 데서 연유한다는 것이었다. 茶山이 이해하는 그와 같은
井田은, 후술하는 바와 같이, 본시 三代에도 모든 農地를 溝洫畎涂로써 劃方
成井한 것은 아니며, 劃方成井이 안 되는 곳은 다만 井田의 원리로써 이를
다스렸다는 것이었다. 그러므로 井田은 본시 이러한 것이기 때문에 그것은
現今에도 그 시행이 가능하다는 것이었으며, 그는 그와 같은 실현 가능한 井
田을 당시의 우리나라에다 시행할 것을 꾀하는 것이었다. 그가 井田論을 제
기하면서 그 특징을 단적으로 지적하여

　　無井田之形　而有井田之實[270]

이라고 하였던 것은 바로 그것이었다. 말하자면 그는 井井方方의 農地를 劃
然히 작성하지 않고서도 井田制의 본래 이념을 살릴 수 있는 그러한 井田을
구상하고, 그것을 통해서 農民經濟와 國家財政을 충실하고 안정하게 하려는
것이었다. 그리고 그와 같은 井田制 안에서의 農業生産은「田論」에서와는 달
리 獨立自營農的인 農業經營의 방식을 취하려는 것이었다. 이는 共同農場的
인 農業經營論을 주장하였던 그의 입장에서 보면 큰 변화가 아닐 수 없었다.
　茶山이 이와 같이 獨立自營農的인 農業經營論으로 그 農業改革의 방향을
전환하게 된 것은, 共同農場의 理想論이 현실과 너무나 떨어져 있는 거리가
있는 것임을 認識한 데서이겠지만, 그 修正의 방향이 이와 같은 형태로 結實
을 보게 된 보다 더 구체적인 이유와 계기가 된 것은 그의 流配生活과 儒教
經典에 대한 연구였다.
　그는 正祖가 別世한 후에는 理學至上主義의 朝鮮王朝에 도전한 天主教事

---

269)『全書』,「遺表」田制 1 井田論 1, 下, p.81.
270)『全書』,「遺表」序官 地官戶曹, 下, p.11.

件에 휘말려 官界에서 밀려난 것은 말할 것도 없고 康津으로 귀양 가 流配生活을 하지 않으면 안 되었다. 그는 그곳에서 40代에서 50代에 걸치는 18년이라는 긴 세월을 抑留 속에서 지냈다. 그간에 석방될 수 있는 기회가 없었던 것은 아니지만 이를 저지하는 封建支配層의 힘은 거대하였고 결국은 세상에서 잊혀진 존재로서 묻혀서 살아야만 했다.[271] 그는 封建支配層의 횡포를 몸소 체험하면서 人生과 學問이 더불어 원숙한 경지에 이르는 壯年期와 初老의 시기를 세상과 등진 채 살아야만 하였던 것이다.

그러나 이와 같은 역경 속에서도 그는 좌절하지 않고 있었다. 그는 이를 기회삼아 農業生産의 실정에 익숙하고 農村現實을 정확히 관찰하였으며, 그의 學問은 이 시기가 있음으로써 大成하였다고 할 만큼 오히려 이 기간을 善用함으로써 큰 결실을 거두고 있었다. 그는 이곳에서 藏書 천여 권의 茶山草堂의 書室을 이용할 수 있었고 硏究生活을 다시금 가다듬을 수 있었다. 그리하여 그는 抑留의 세월을 現實과 學理를 연계하여 보다 더 현실적인 학문으로서 완성하는 學究의 세월로 삼았으며, 그 노력은 그의 학문을 不世出의 뛰어난 학문으로서 완성하게 하였다. 이른바 그의 儒敎經典의 연구였고, 그것을 土臺로 하여 著述한 「一表二書」의 완성인 것이었으며, 따라서 『經世遺表』에 收錄된 農業改革論으로서의 「井田論」인 것이었다.

말하자면 그의 「井田論」은 봉건적인 支配層의 횡포를 체험하는 가운데서, 그리고 農業生産의 실정과 農民들의 動態를 관찰할 수 있었던 상황 속에서 모색되고 체계화된 農業論이었다. 그러므로 이러한 과정에서 그는 현실적으로 農業改革의 시급함을 절실히 느끼고 그 실현을 위해서 연구를 하였던 것이지만, 동시에 그는 이러한 現實打開의 노력이 실현되기 위해서는, 당시의 時點에서 封建支配層이나 農民層 내에서의 利害關係를 완전히 무시하는 것이어서는 안 되며, 그들이 수긍할 수 있는 방안이 되지 않으면 안 된다는 것을 절감하였으리라고 생각된다. 그리고 그러한 생각을 하게 되었을 때, 그는 그의 궁극적이고도 理想的인 젊은 시절의 共同農場的인 農業經營論만을 주장하고 있을 수는 없다는 것을 알게 되었을 것이며, 그러한 이상적인 農業經

---

271) 『全書』 自撰墓誌銘, 上, p.330 참조.

營에 이르는 하나의 過渡措置로서 어느 특정한 社會階層의 급격하고도 과도한 희생을 강요하지 않고서도 목적을 달할 수 있는 折衷案을 생각하게 되었으리라고 믿어진다. 그것이 바로 井田制를 통해서 이룩하려는 獨立自營農的인 農業生産의 형태를 고안하고 제기케 한 연유가 아닐까 筆者는 생각하는 것이다.

　이와 같이 筆者는 그의 理想的인 農業經營論과 現實과의 타협 속에서 이루어지는 것이 獨立自營農的인 農業經營論이라고 생각하는 바이지만, 그러나 이와 같은 農業論이 하나의 체계적인 이론으로 성립되기 위해서는 學的인 뒷받침이 필요하였다. 그것은 支配層에 대한 설득력을 얻는 데도 필요한 것이었다. 茶山은 그것을 儒敎經典의 연구를 통해서 基礎지으려 하였다. 특히 그러한 가운데서도 이 農業經營論을 하나의 農業改革論으로서 완성시키는 데는 古代井田制에 대한 理解를 이론적인 근거로서 援用하였다. 그는 이때

　　專心經典 …… 精硏妙悟 多得古聖人本旨[272]

라고 하였듯이, 儒敎經典을 통한 治民의 精神과 治民을 위한 諸般制度를 연구함으로써 많은 새로운 사실을 깨닫게 되었는데, 특히 그 가운데서도 井田制에 대하여는 종래의 諸家의 所論이나 그 自身의 이해가 잘못되었음과[273] 그 본래의 意義를 파악할 수 있었다. 그래서 그는 經典에 의거한 井田制 시행의 필요성을

　　及觀聖經諸文 乃臣之所欲參酌而變通之者 原是先王之本法 但當表章經文 按而行之 不必鑿鑿然裁損修潤也[274]

---

272)『全書』自撰墓誌銘, 上, p.325.
273)『全書』,「遺表」田制 1 井田論 1, 下, pp.81~82.
　　夫執云 堯舜三王 墮山・塡壑・斬嶺・實沼 盡天下而爲之井乎 …… 夫執云 堯舜嗣王之世 盡天下之民而計口分田乎 下焉者 沈漸於無根之俗說 上焉者 拘滯乎先儒之誤注 …… 臣亦習聞其說 謂必酌古今之宜 施變通之術 卑之無甚高論 令可以擧而措之而後其法可小行
274)『全書』,「遺表」田制 1 井田論 1, 下, p.82.

라고까지 말하기도 하였다. 그가 개혁하려고 의도하였던 바는 經典을 보니 다름 아닌 古先王의 法이었다는 것이며, 그러므로 농업을 개혁하려면 다만 表彰된 經文을 잘 검토하여서 행할 따름이지 여기에 添削을 가하거나 修潤하려 할 필요가 없다는 것이었다. 이는 現今의 農業生産關係를 개혁하는 문제를 철저하게 經典에 의거하여 遂行하려는 것으로서, 古代井田에 대한 이러한 새로운 이해가 그의 獨立自營農的인 農業經營論의 理論的인 근거가 되고 있음을 표현해 주는 것이라 하겠다.

茶山이 이때 農業問題와 관련하여 연구하였던 古典은 주로 堯典·皐陶謨·禹貢의 3篇과 周禮 6篇이었는데, 그는 이것을 수년간 專心專力으로 연구하였으며, 이를 이해하기 위해서는 그 후에 나온 여러 經典이나 注解 또한 깊이 穿鑿하고 있었다. 그리하여 그는 이러한 연구과정을 통해서 당시의 人事에 관한 제도나 土地 및 賦稅에 관한 제도 그리고 그 밖의 여러 가지 條例가 모두 精妙하고 훌륭한 것임을 알았으며,[275] 또 그와 같은 古制에 대한 後代學者들의 이해가 잘못된 데서 經旨가 不明해지고 잘못 이해되고 있으며, 따라서 後代의 여러 가지 政治上의 폐단도 이러한 經旨의 이해 부족에서 연유하게 되는 것이라고 파악하였다. 그러므로 治國을 하는 要諦는 무엇보다도 經旨를 밝히는 것보다 급한 일은 없는 것이라고 생각하였다.[276] 그만큼 그는 經典을 중시하고 治國의 원리를 經典의 바른 이해에서 구하고 있었는데, 그러한 가운데서도 井田問題, 즉 土地制度의 문제는 그 주요한 골자가 되고 있었다.

經典의 연구를 통해서 茶山이 파악하게 된 古代 井田의 본질은, 무엇보다도 국가의 입장에서 租稅制度를 均平하게 하려는 데 그 기본목표가 있었던 것으로 보는 것이 그 특징어었다. 그는 그러한 그의 이해를

---

275) 『全書』,「遺表」田制 9 井田議 1, 下, p.134.
　　　古法之存於今者 唯有堯典·皐陶謨·禹貢三篇及周禮六篇而已 臣於此九篇 研精覃
　　思 蓋有年所 其考績奏績之法 正土平賦之制 種種條例 嚴酷栗烈 綜核縝密 一謫不漏
　　　一髮不差 不似後世之法 敲傾散漫 贅疣潰裂 其精義妙旨 不可勝言
276) 『全書』,「遺表」賦貢制 2, 下, p.187.
　　　臣謹案 弊法虐政之作 皆由於經旨不明 臣故曰 治國之要 莫先於明經也

　　井田者 所以立均出度 以率諸田者也[277]

라든가,

　　井田何爲以作也 井田者 九一之模楷也

또는

　　井田九一而此云什一何也 九一卽什一也 過於什一者桀之道也 不及什一者貊之道
也 什一天下之中也

라고도 말하고 있었다.[278] 井田은 出稅를 均平하게 하기 위해서, 그리고 그러
한 원칙을 위한 九一稅의 한 法式으로서 만들어졌다는 것이었다. 그리고 그
러한 井田의 稅率을 租稅行政에서의 中道로서 확신하고 있는 것이었다. 그
는 이와 같이 井田制를 租稅制度의 均平化에 그 우선적인 목표가 있는 것으
로 이해하는 데서,

　　堯禹之所以畫田爲井者 非爲均民之産業 乃爲正國之租賦

라든가, 또는

　　聖人務正租賦 不務均産

이라고도 말하여,[279] 古聖人들이 井田制를 시행하게 된 근본동기는 民의 均
産(土地均分)을 기하려는 데 主目標가 있어서가 아니라 賦稅를 바르게 하려
는 데서였다고도 말하였다. 그런데 바로 그와 같은 租稅制度가 성취되기 위

---

277) 『全書』, 「遺表」 田制 9 井田議 1, 下, p.134.
278) 『全書』, 「遺表」 出制 1 井田論 2, 下, p.82.
　　　『全書』, 「遺表」 序官 地官戶曹, 下, p.12.
279) 『全書』, 「遺表」 田制 5, 下, p.111.

해서는,

　　　井田不作 無以定田制[280]

라고 하였듯이, 모든 農民에게 토지를 均分하도록 되어 있는 井田制를 시행
하지 않고서는 田制(租稅收取制度)를 바로 세울 수가 없다는 것이었다. 그러
므로 井田制에서 볼 수 있는 農民經濟의 均産化는, 말하자면 井田制를 통한
均賦가 성취되는 가운데서 자연적으로 이루어지도록 되어 있는 것이었다.

　이와 같은 井田에 대한 이해는 물론 그가 經典의 연구를 통해서 도달하게
된 것이지만, 그러나 그는 이를 다만 古制로서만 이해하였던 것은 아니었다.
그가 井田制의 本質을 이와 같은 방향에서 이해하게 된 데는, 현실과의 관련
성에서의 이해라는 그의 관심이 크게 작용하고 있었다. 그는 現今의 田政이
여러 가지 中間收奪로 인하여 국가와 農民이 모두 貧乏해지고 있음에 그 근
본적인 缺陷이 있는 것으로 보고, 이를 是正하려는 것이었으므로, 井田制에
서의 均賦의 의미를 크게 중요시할 수가 있었던 것이었다.[281] 古聖人들이 井
田制를 통해서 賦稅制度를 均平하게 하려는 의도는 그가 地主制를 포함한
일체의 中間收奪을 배제하려는 의도와 일치하는 것이었다.

　古聖人들이 井田制를 시행하였던 의도가 이와 같이 租稅의 均平을 기하는
데 主目標가 있는 것이었다면, 그는 이러한 井田이 반드시 전국적으로 작성
될 필요는 없었을 것이라고 이해하고 있었다. 井을 작성할 수 있고 작성해
야 할 곳은 작성하고 그렇지 못한 곳은 다만 그 원리로써 租稅를 均平하게
하였으리라는 것이었다. 그는 그러한 사정을 '堯舜三王의 때에도 다만 衍沃
의 地에만 井田을 작성한 것이지, 山陵이나 川澤을 포괄하거나 모든 天下의
田을 다 井으로 作한 것은 아니다. 비탈지고 不平한 곳, 區楕圭句의 토지는
그 實積을 계산하고 그 幾畝임을 計量하는 바가 오늘날과 같았다'고도 말하
고,[282] 또 '井田은 平衍의 地를 택해서 혹 數里에 一井을 作하기도 하고 十井

────────────────────

280) 『全書』,「遺表」田制 9 井田議 1, 下, p.134.
281) 이 점은 鄭奭鍾, '茶山 丁若鏞의 經濟思想'(『李海南博士華甲紀念史學論叢』, 1970)
　　참조.

을 相聯하게도 하였다. 天下의 토지를 모두 井으로 작성하였다고 함은 先儒의 說이다'라고도 記述하고 있었다.[283] 古聖人의 井田이 이러한 것이 아니고 平地 이외의 전국의 農地를 모두 溝洫澮川과 畛涂道路로써 劃方成井하는 것이었다면, 이는 천만년이 걸려도 이룰 수 없으리라는 것이 그의 생각이었다.[284]

茶山은 古代의 井田을 이와 같이 이해하는 데서, 국가의 田制를 定立하기 위해서는 '井田宜復也'라고 하여 井田이 반드시 復設되지 않으면 안 된다는 것이었으며, 또 그것은 平地에서만 劃方成井하는 것이었으므로 '旣然如此 何以謂之井田不可復也'라고도 反問하여 그 復設이 불가능할 이유가 없다고도 생각하였다.[285] 그리하여 이와 같은 근거에서 그는 井田制的인 土地制度에 의한 農業改革을 당시의 우리나라에다 적용해 보려고 하는 것이었으며, 古聖人의 井田이 지니는 여러 가지 원칙에 따라 農地를 재분배함으로써 獨立自營農的인 農業體制를 수립하고 이를 통해서 農民經濟와 國家財政을 안정시키려는 것이었다.

다만 이 경우 古聖人의 시대와 現今의 상황은 토지의 所有關係에 근본적으로 차이가 있으므로, 이 제도가 復設되는 데는 큰 難點이 있으며, 따라서 이는 쉽사리 성취될 수 있는 일이 아니라는 것을 그는 또한 충분히 인식하고 있었다. 즉 古代에는 토지가 모두 天子諸侯의 소유였으므로 그것이 용이하였지만, 오늘날은 모두 群黎百姓의 소유로 되어 있으므로 이를 실행하기가 어렵다는 것이었다. 그래서 그는 지금 井田制를 復設하는 데 있어서는 수백 년의 長期計劃으로 굽히지 않고 점차 토지를 收用하여 부분적으로 이를 실행한 연후에야 비로소 古先王의 法을 재현할 수 있으리라 생각하였다.[286] 그

---

282) 『全書』, 「遺表」 田制 9 井田議 1, 下, p.134.
　　堯舜三王之時 亦唯衍沃之地 乃作井田 非包山陵括川澤 盡天下之田 而爲之井也
　　其敧斜不平之地 區楕圭句 算其實積 計爲幾畝 與今法同也
283) 『全書』, 「遺表」 田制 1 井田論 2, 下, p.82.
　　擇平衍之地 或數里一井 或十井相聯 其云盡天下而爲之井者 先儒之說也
284) 『全書』, 「遺表」 田制 1 井田論 2, 下, p.81.
　　誠如是也 蘇氏期之以數百年 臣以爲千萬年之所弗能也
285) 『全書』, 「遺表」 田制 9 井田議 1, 下, p.134.
286) 『全書』, 「遺表」 田制 1 井田論 3, 下, p.83.

는 農業改革의 모형을 古代井田에서 구하면서도 그 실현의 방법으로는 「田
論」에서와 같이 혁신적인 방법이 아니라, 점진적으로 우리의 현실적인 조건
을 배려하는 가운데서 이를 달성해 나가려는 것이었다. 여기에 그의 農業改
革論은 그 이론적인 근거가 古代井田에 있으면서도 그 내용이 반드시 古代
井田과 같지 아니한 이유가 있는 것이기도 하였다.

그러면 토지의 私有化가 인정되고 地主制가 발달하고 있는 現今의 상황
속에서, 土地國有制의 전제 위에서나 시행될 수 있는 井田制的인 土地再分
配를 실현시킬 수 있는 점진적인 방안이란 구체적으로 어떠한 것이었을까.
그는 무엇보다도 먼저 국가가 九一制 또는 什一制의 稅를 징수할 수 있는 제
도를 마련해야 할 것으로 생각하였으며, 그러기 위해서는 그만한 토지를 公
田으로서 확보해야 할 것으로 믿고 있었다. 그리고 그러한 公田을 확보하기
위해서는 몇 가지 방안을 제시하고 있었다.

그 하나는 국가가 국가의 財源으로써 이미 私有化되고 있는 토지를 買收
하는 방법이었다. 土地再分配를 가장 조용하게 무리 없이 遂行할 수 있는 방
법인 것이었다. 즉 政府의 각 衙門이나 軍府 및 지방의 官衙에 留庫되어 있
는 자금으로 農地面積이 400結인 지방에서는 40結, 500結인 지방에서는
50結씩 私有地를 사서 이를 公田으로 삼으라는 것이었으며,[287] 이와 같이 全
農地의 10분의 1을 公田으로 확보한 후에는, 이 公田에서의 수입만으로 王
稅를 충당하라는 것이었다. 물론 그도 各級 官司에 財源이 고갈되면 안 된다
는 것을 알고 있었지만 掌財之臣이 經理를 잘 하면 10년 내로 元額을 복구할
수 있으리라 보고 있었다.[288]

그러나 이만한 토지를 買入하는 데도 그 자금이 政府財源만으로써는 충분
하지 않다는 것을 그는 알고 있었다. 그래서 그는 그러한 부족한 자금은 政
府官吏의 獻金과 政府의 企業活動으로써 보충하려 하였다. 이와 같이 중대

若其所憂 則有一焉 古者天子諸侯爲田主 今也群黎百姓爲田主 斯其所難圖也 必持
之數百年 不撓收之有漸 行之有序 而後乃可以復先古之法
287) 『全書』, 「遺表」 序官 地官戶曹, 下, pp.11~12.
於是 盡出公府軍門及諸道封留之錢 買取私田 以爲公田 原帳四百結 則買四十結
原帳五百結 則買五十結 什一之法 於是乎建立
288) 『全書』, 「遺表」 田制 9 井田論 1, 下, p.135.

한 시기에는 국가의 祿을 먹는 官吏, 그 가운데서도 中外將臣・蕃臣・帥臣・牧臣 등의 厚祿者들은 自己犧牲으로 獻金을 할 수 있어야 한다는 것이며, 구체적으로는 이들은 모든 수입 가운데서 公用金을 제외한 나머지 금액의 10분의 2만을 本人에게 넘겨주고, 그 밖의 금액은 國家가 이를 公田買入에 충당하도록 하라는 것이었다. 그리고 政府에서는 소득이 많은 鑛山을 모두 私採를 하도록 放任하고 있는데, 앞으로는 그 採掘權을 국가에서 管掌하고 또 이를 직접 경영함으로써 수입을 늘리며, 그 수입으로 公田買入을 위한 자금을 조달하면 되지 않겠느냐는 것이었다.[289]

다음은 국가의 이와 같은 노력과 병행해서 富民들의 獻田을 기대하는 일이었다. 「田論」에서는 兼併되어 있는 토지를 혁파하려는 것이었지만 이곳에서는 買收하거나 獻納해 줄 것을 바라는 것이었다. 그는 政府가 旣述한 바와 같이 노력하게 되면 多田者는 반드시 감격해서 納田을 自願하는 者가 있을 것이라고 생각하는 것이었으며, 따라서 道臣이나 牧臣을 지낸 바 있고 遺愛仁聲이 있는 者로서 각 지방을 巡行케 하여, 朝廷의 德意를 曉諭하고 民과 國의 利害를 詳陳케 함으로써 獻田하는 者가 있게 되면 이를 公田으로 삼으라는 것이었다. 그는 이를 막연한 기대로서 提言하는 것은 아니었다. 그는 井田制的인 農業改革을 연구하면서 이러한 案을 來訪한 富人에게 질문하기도 하고, 또는 들에서 農夫들을 만나 묻기도 함으로써 그 가능성에 대한 확신을 얻고서 제언하고 있는 것이었다. 그는 그러한 輿論 조사를 바탕으로, 官에서 買田한다는 것도 반드시 일일이 給錢하고서 得田하게 될 것이 아닐 것임을 附言하기도 하였다. 그래서 그는 納田式例를 만들어 90斗落 이상의 土地所有者들이 納田하려 할 때는 9분의 1을 받아들이게 하였으며, 그 이하의 土地所有者가 納田을 원하면 그것이 公田이 될 만한 곳이면 買田하도록 提言하였다.[290]

---

289) 『全書』, 「遺表」 田制 9 井田議 1, 下, pp.135~137.
290) 『全書』, 「遺表」 田制 9 井田議 1, 下, p.137.
　　臣方修此篇 或有富人來者 試以問之曰 子旣積困橫斂 將至破家 …… 若自朝廷 修明九一之法如此如此 子之腴田 旣連阡陌 凡苦之落(一百八十斗所種) 納一苦落 以作公田 遂以八佃 治此公田 自作田監 收其秣粟 納于漕倉 一錢一粒 無復徵索 其有徵索 邦有常刑 子將若之何 其人欣然擊節曰 誠如是也 奚但一苦 雖納三苦 有不樂從者 會

이 시기에는 新田開發이 많았고 특히 堰畓 같은 것은 大規模的인 것이 많았으므로 茶山은 이 堰畓開墾을 통해서도 公田을 확보하려 하였다. 堰畓을 作成할 만한 곳은 국가에서 이를 개간하여 완전한 井田을 만들고, 또 그러기 위해서는 私家에서 築堰作畓하는 것을 嚴禁해야 한다고 생각하였다. 그리하여 국가가 築堰作畓을 할 경우에는 土豪나 勢家들이 그러할 때의 일반적인 관례를 따라서, 官에서 役民을 調發하여 일을 成事시키고 그 土地의 4분의 1이나 10분의 1을 公田으로 만들며, 이를 경작하는 문제는 역시 다른 公田에서와 마찬가지로 私田八畉로 하여금 이를 助治케 하자는 것이었다.[291] 그뿐만 아니라 이러한 원칙을 그는 다른 新田開發處에도 적용하면 좋을 것으로 생각하였다. 즉 1井이 될 수 있는 新墾處에는 官에서 노동력을 제공함으로써 개간을 하고, 그 9분의 1인 井田 1區를 公田으로 삼으며, 舊陳田으로서 無主인 곳이나 主는 있어도 起墾할 힘이 없는 農地에서도 같은 방법으로 公田을 확보하면 될 것이라는 것이었다.[292]

이와 같이 公田을 확보하는 작업과 더불어 점진적인 井田化方案에서 茶山이 또한 크게 留意하고 제1단계 작업으로서 遂行하려 한 것은 봉건적인 地主制를 淸算하는 문제였다. 封建地主層에게 隸屬되어 있는 時作農民層을 獨立

犬豕之不若也 …… 傍一寒士 默然坐聽 聽訖潸然出涕曰 吾有薄畓數𧇃 可種三斗 乞納一斗 以成此事 此臣所聞而目見者也 其後每逢野人 輒以是問 所答皆同 由是言之 曩所謂 官出錢以買公田者 卽所以準備 非必皆一一給錢而得之也

臣謂宜出式例 或有田九苫落者 許納一苫落 以爲公田 有九石落者 許納一石落 以爲公田(一石者十五斗) 有田九斛落者 許納一斛落 以爲公田(一斛者十斗) 其不滿九斛者 勿許納田 或其田可爲公田 乃官出錢買之

291) 『全書』, 「遺表」 田制 12 井田議 4, 下, p.157.
井田旣畢 國有餘財 凡可堰之地 築堰以拒潮 凡可渠之地 鑿渠以引水 以作水田 別爲軍田 亦百畝爲一畉 九畉爲一井 收其九一 輸于公 八夫治田 以待師旅 其私家築堰開渠者嚴禁

凡鑿渠灌田者 皆土豪勢族 借官役民 以自爲利 或收其四一 以爲己田 或畝收斗粟 以作私稅 今宜官調役丁 以成此功 利多者收其四一 以作公田 利少者收其什一 以作公田 於是畫井如法 使附近八畉助治如法 收其九一 皆如上法
292) 『全書』, 「遺表」 田制 10 井田議 2, 下, p.142.
凡新起之田 其滿一井者 方其起墾之初 官給役丁 田旣成 而其九一 畫爲公田 不給本價

其舊陳無主之田及有主而無起墾之力者 聽此人告官起墾 官給役丁 田旣成 收取九一 以作公田 如上法

自營農民으로 향상 전환시키는 문제인 것이었다. 물론 이것은 간단한 일이 아니었으므로 전국의 地主制를 일시에 혁파하려는 것은 아니었지만, 그렇다고 農業改革을 提論하는 가운데서 이 문제가 제외될 수는 없는 일이었다. 그가 구상하는 農業改革은 실은 이 문제의 해결을 위해서 제기된 것이기 때문이었다. 그렇지만 그것이 쉽지 않은 일이라는 것을 茶山은 너무나도 잘 알고 있었다. 그래서 그는 다만 국가권력과 관련되는 地主制나 국가의 입장에서 그 혁파가 가능한 地主制만이라도 우선 井田制의 원리로 개편하려 하였다. 그것은 구체적으로는 王室에서 소유하고 있는 宮房田이나 政府의 各級 官衙에서 소유하고 있는 屯田을 가리키는 것이었다. 이러한 庄土는 이 시기의 封建地主層의 所有地 가운데서도 가장 규모가 크고, 따라서 封建地主로서의 세력도 絶對的인 것이었으므로 그 개편은 가장 어려울 것이었지만, 국가가 農業改革을 하려고 한다면 국가권력이나 王室所管으로 되어 있는 이 庄土들이 일반 民間人의 所有地에 앞서 먼저 솔선해서 개편되어야 할 것이 아니겠느냐는 생각이었다.

　宮房田에 관하여 그가 그 地主制的인 經營形態를 개혁하려고 하는 것은, 그것이 古聖人의 治民의 정신에 비추어 볼 때 백성을 다스리는 人君의 基本姿勢에서 어긋나는 것이며, '王者買田 募民耕作 收其什五 非禮也'라고 하였듯이, 王室의 封建地主로서의 성격과 地代의 收取行爲를 法(禮)에 어긋난 잘못된 것으로 보는 데서였다. 그의 생각으로는 이러한 토지는 마땅히 井田制로 개편되어 什五의 地代가 아니라 九一의 稅를 받도록 해야 한다는 것이었다.[293] 이 경우 宮房田 가운데서도 국가가 賜給하는 無土나 有土는 문제될 것이 없으며, 문제가 된다면 開荒築堰한 永作宮屯處이겠는데, 이러한 곳에 대해서도 그는 '一天之下 義無獨殊 亦束之爲井 收其九一'이라고 하여 井田制의 원칙에서 예외이어서는 안 된다고 생각하였다. 大原則이외에 별도로 어떤 제도를 마련한다면 여러 가지 폐단이 생겨서 生靈을 毒하고 疆土를 敗한

---

293)『全書』,「遺表」田制 8 邦田議, 下, p.132.
　　　又如諸司菜田及內需田惠民田 皆王田也 王者買田 募民耕作 收其什五 非禮也 宜
　　以此田 悉畫爲百畝(長十畝 廣十畝) 取附近民田八百畝 使其佃夫 治此百畝 於是乎
　　井田也 收其九一 以納于內需司 不亦宜乎

다는 것이며, 또 사실 導掌을 두고 地代를 收取한다 하더라도 그들의 中間
弄奸으로 인하여 ‘十失八九’하는 것이 일쑤이니, 정확히 九一制를 시행함으
로써 그러한 폐단을 막으면 그 得失이 어떻겠느냐는 것이 그의 생각이었
다.[294]

諸兵營의 屯田이나 官屯田의 경우도 마찬가지였다. 이와 같은 屯田은 그
본래의 기능을 잃고 있는 것이라고 그는 보고 있었다. 즉 軍屯田이면 軍糧의
自體解決을 위해서 屯戍之卒로 하여금 경작을 시키는 것이고, 官屯田이면
官內 軍卒의 所食을 위해서 설치한 것인데, 지금은 이것이 모두 將臣이나 守
令·邊將들의 所食하는 바가 되고 있다는 것이었다. 그러므로 그는 이러한
屯田을 모두 軍人이 所食하는 軍田으로 만들고 井耡制의 일환으로 개편하지
않으면 안 된다고 생각하는 것이었다. 그리고 또 이를 개편하고 설치하는 데
서도, 서울이면

京城三十里之內　凡田皆買置爲屯田　使諸營之卒　休番出耕　以爲生業

케 하며, 諸路에서는

宜以環城五里十里之內　置軍田以養之

함으로써 軍田의 기능을 충분히 살려야 할 것으로 구상하고 있었다.[295] 그리
고 그 밖에 地方官廳의 公須田·衙祿田·驛田·牧田·渡田·站田 따위도
井耡制로 개편할 것을 말하였음은 말할 것도 없다.[296]

公田이 확보되고 가능한 범위 내에서의 地主制의 혁파와 그 개편이 이루
어지면, 다음으로는 구체적으로 전국의 農地를 일정한 면적의 井井方方이라
고 하는 井田制의 外形的인 틀로서 구획하려는 것이 그의 계획이었다. 그리
고 이러한 구획은 실제로 畛涂溝洫으로써 행하기도 하고, 井田까지를 포함

---

294) 『全書』, 「遺表」 田制 12 井田議 4, 下, pp.154~155.
295) 『全書』, 「遺表」 田制 12 井田議 4, 下, pp.155~156, 159.
296) 『全書』, 「遺表」 田制 12 井田議 4, 下, p.156.

한 全農地를 魚鱗圖(地籍圖)로 작성하여 그 圖面上에서만 經緯의 線으로써 행하기도 하되, 어쨌든 국가는 전국의 農地를 井井方方으로 整理된 토지로 서 파악할 수 있도록 하려 하였다. 그러한 가운데서도 그가 前者的인 구획을 하려고 하는 것은

中於平原衍沃之地 劃爲井田[297]

이라든가, 또는

凡平原衍沃之地 先劃井田
其平原廣野 可以加劃者 或作四井 或作九井[298]

이라고 하였듯이, 平野地帶에서의 一定區域에 대해서였으며, 특히 公田은

凡公田皆四角正方 其有敧斜不正者 改作其習[299]

또는

凡名公田者 皆四角正方 不得斜曲如私田[300]

이라고 하였듯이, 四角正方으로 작성하려는 것이었다. 그리고 이러한 구획 의 役事는 대단히 어려운 일이었으므로, 그 성취를 위하여 功이 많았던 者에 게는 授職으로써 施賞할 것도 잊지 않고 있었다.[301]

그가 後者的인 區劃만으로써 만족하려는 곳은 劃井이 가능하되 劃井을 아 니 한 곳과 劃井이 불가능한 傾斜진 農地에 대해서였다. 그는 이러한 곳에서 는 魚鱗圖上으로만이라도 이를 井井方方으로 구획하고 파악하면 될 것으로

---

297)『全書』,「遺表」田制 9 井田議 1, 下, p.134.
298)『全書』,「遺表」田制 9 井田議 1, 下, p.138.
299)『全書』,「遺表」田制 10 井田議 2, 下, p.141.
300)『全書』,「遺表」田制 9 井田議 1, 下, p.140.
301)『全書』,「遺表」田制 9 井田議 1, 下, pp.138~139.

보았으며, 그렇게 하는 것을 古代井田의 劃井의 원칙과 같은 것이라고 생각하였다.[302] 그는 이러한 魚鱗圖를

田籍莫善於此法

이라고 하여, 土地臺帳으로서 이보다 좋은 것은 없다고 보고 있었으며, 그렇기 때문에

不必井田九一 不可無此圖

라고도 하여, 반드시 井田九一制로 劃方成井을 하지 않더라도 이 地籍圖는 없을 수 없는 것이라고 말하기도 하였다.[303] 그리하여 실제로 劃井을 하지 않은 이와 같은 農地는 다만 그 土地面積을 打量해서, 마치 古代中國의 井田이 井田으로 구획할 수 없었던 곳은 다만 그 면적을 헤아려서 井田의 實總으로서 파악하였듯이,[304] 井田의 면적으로만 파악하면 될 것이라고 생각하였다. 그리고 그러기 위해서는 '凡方六尺爲步 十步爲一畦 十畦爲一畝 十畝爲一畎 十畎爲一畂'의 원칙으로써 量田을 하도록 제언하는 것이었다.[305]

2) 井田의 經營內容

茶山이 구상하는 井田制의 실시방안은 대략 이상과 같은 것이지만 그 農

─────────────────────

302) 『全書』, 「遺表」 田制 10 井田議 2, 下, p.142.
　　凡作圖者 皆持子午鍼盤 先於河邊 距河半里(一百五十步) 立一表木 表之南北 各距半里 打子午線(引繩以直之) 表之東西 各距半里 打卯酉線(亦引繩) 線之四末 各立一標 乃又引繩 作四圍線 四圍之角 各立一標 乃於其上 又打經緯線各三十一條 於是經區三十也 緯區三十也 一區所函 適爲一畝之地(方里而井 井爲九百畝 此雖非田 其所函宜同)

303) 『全書』, 「遺表」 田制 10 井田議 2, 下, p.143.

304) 『全書』, 「遺表」 田制 1 井田論 2, 下, p.82.
　　其可井者井之 其不可井者 規焉町焉萊焉菑焉 壹冒之以井田之率 升除折補 束之以井田之總

305) 『全書』, 「遺表」 田制 9 井田議 1, 下, p.139.
　　井田制的인 農業改革과 관련된 그의 量田論은 拙稿 '茶山과 楓石의 量田論'(『韓國近代農業史研究』, 초판본, pp.176~200 ; 本書 다음 논문) 참조.

業改革論으로서의 특징은 여기에 그치는 것이 아니었다. 그것은 오히려 그의 젊은 시절의 「田論」의 내용과 대비될 수 있는 農業經營의 원칙에 두드러지게 드러나 있었다. 그것은 獨立自營農을 위주로 하는 이 井田制的인 農業改革論이, 한마디로 말하여 農業生産의 기본적 生産手段인 토지 — 國有化를 거쳐서 재분배된 — 의 私的所有와 그 私的 또는 독립적인 경영을 강조하고, 그것을 基軸으로 하여 農業生産力 전반을 향상시키려는 점이었다. 그리고 이와 같은 기본 목표 아래 전국의 農業生産을 分業化·組織化·計劃化함으로써 이를 합리적으로 관리·경영하고, 그 일환으로 農民 개개인에 대한 均産을 위한 農地分配도 꾀하는 것이었다.

　農業生産의 分業化의 문제는 그의 農業經營論 가운데서도 큰 특징이 되는 것으로서, 그는 전국의 農業을 6科의 專門分野로 구분하고 이를 각각 그것에 合當한 農民으로 하여금 專業的으로 經營케 하려는 것이었다. 그 6科는 다음과 같았다.

　　　田農(穀物)爲一科 治九穀
　　　園廛(果樹)爲一科 種百果
　　　圃畦(蔬菜)爲一科 種百菜
　　　嬪功(織造)爲一科 出布帛
　　　虞衡(造林)爲一科 種百材
　　　畜牧(牧畜)爲一科 養六畜[306]

　그는 이 6科를 工·商·臣妾과 더불어 九職으로 보고 있었는데, 이 6科의 職은 農業이라는 점에서는 共通하지만 그 各科의 특정한 성격 때문에,

　　　勸農之政 宜分六科 各授其職[307]

---

306) 『牧民心書』 卷 17, 戶典 勸農, 2冊, pp.175~176.
　　茶山은 『經世遺表』에서 미처 다루지 못한 分業化의 문제를 『牧民心書』에다 補充하면서 다음과 같이 附言하고 있었다. 그러므로 『牧民心書』에 보이는 이 分業을 중심한 勸農政策은 그의 井田制的인 農業經營論의 한 부분으로서 취급되어야 하는 것이다.
　　此非要今之守令便當施措也 若田政大正 百度咸貞 職貢如法 萬民受業 如余田制考所論 斯可以議到也 聊此附著 以補田制之缺 非謂今之守令 按而行之也

이라고 하였듯이, 각각 專業化하여야 할 것으로 보는 것이었다. 그러한 그의
생각은 철저한 것이어서

　　　農圃牧畜虞績虞衡 各爲一職 不可相兼[308]

이라든가, 또는

　　　不分其職 雜勸諸業 非先王之法也[309]

라고 하여, 古先王의 法에 비추어서 여러 業을 兼業하는 것은 금해야 할 것
이라고도 말하고 있었다. 그러나 물론 農業生産을 專業化하려는 그의 의도
가 단순히 이러한 데서만 기인하는 것은 아니었다. 그것을 주장하게 된 데는
더 현실적인 이유가 있었다. 그는 그와 같은 현실적인 이유를 古先王의 法으
로 설명함으로써 그의 提言에 설득력이 있도록 하려는 것이었다.
　　그러한 현실적인 이유는, 첫째 兼業을 한다는 것은 도시 어떠한 職業에서
나 兩者를 다 성공시키지 못함은 말할 것도 없고 한 가지도 뜻을 이루기가
어렵다고 생각하는 데서였다. 이는 茶山의 職業觀이었다. 그가

　　　今我邦士農工賈 混雜無別 …… 一身之內 四業兼治 此所以一藝無成 百事無法[310]

이라고 하였음은 그의 그러한 생각을 표현한 것이었다. 그의 이러한 직업관
은 古先王의 뜻과도 관련하여 확고하였다. 그는 古先王의 뜻을 天下의 民으
로 하여금 九職을 각각 均授케 하고 民은 그들이 받은 직에 충실함으로써 그
生을 營爲케 하는 것이라고 생각하고 있었다.[311]

---

307)『牧民心書』卷 17, 戶典 勸農, 2冊, p.175.
308) 同上.
309)『牧民心書』卷 17, 戶典 勸農, 2冊, p.173.
310)『全書』,「遺表」田制 10 井田議 2, 下, p.144.
311)『全書』,「遺表」田制 5, 下, p.109.
　　先王之意 非欲思天下之民均皆得田 乃欲使天下之民均皆受職 受職以農者治田 受
　職以工者治器 商者治貨 牧者治獸 虞者治材 嬪者治織 使各以其職得食 特職農者 最

그러나 무엇보다도 그가 중요시하였던 것은 農業의 여러 職種을 專業化하지 않을 수 없었던 현실적 여건이었다. 그것은 이미 실질적으로 專業化되고 있는 점이 많았다는 사실과 그에 따른 流通經濟와의 關聯性의 深化, 즉 農業의 상업화가 발달하고 있었다는 사실이었다. 그는 '久在民間'하여 農業事情을 잘 파악하고 있었는데, 農家에서는 一蔥一韭도 심지 않고 사 먹고 있어서 처음에는 農法을 모르는가 하였지만, 알고 보니

> 大抵農家無種菜之地　無種菜之暇　所不得兼治也[312]

였다는 것이었다. 이는 農村社會가 분화되어 가는 과정에서 農民들은 種菜할 토지도 없고 餘暇도 없어서 兼業을 할 수 없다는 사실을 말한 것이었다. 말하자면 6科의 農業이 兼治되려면 農地所有上의 與件과 賃勞動制下에서 勞動賃金에 拘碍되지 않을 만큼 노동력에 여유가 있어야 할 터인데, 이 시기의 가난한 農民層은 그렇지 못하다는 것이었다.

그는 養蠶에 관해서도 유사한 예를 들고 있었다. 자고로 우리나라의 勸農政策에서는 守令들이 農과 桑을 모두 奬勵해 왔는데, 지금의 현실은

> 誠若爲牧者　課桑於農　民必苦之　亦無實效　何況吉貝旣盛　繒帛不急　種桑豈農民之所願乎[313]

라고 한 데서 볼 수 있듯이, 農桑을 겸업토록 하는 것은 실효과가 없을 것이며, 더욱이 지금은 木綿業이 발달하고 있으므로 明紬는 급하지 않고, 따라서 種桑은 모든 農民들의 원하는 바가 아니라는 것이었다.

이러한 현실은 다른 한편으로는 각종 農産物을 專業化함으로써 農業에서 商品生産을 하게 되는 현상을 심화시키고 있었다. 각종 農産物은 모두가 필요한 것인데, 심지 못하는 者가 있으면 반드시 심어야 할 者가 있지 않으면

多先王重之而已　非欲使天下之民　悉歸于農職　又非欲使天下之民　盡得其田地也
312) 『牧民心書』 卷 17, 戶典 勸農, 2冊, p.173.
313) 同上.

안 되기 때문이었다. 旣述한 바이기도 하지만 茶山은 그러한 사정을 민감하게 간파하고 있었다. 그는 지리적인 여건에 따라서 각 지방에서 收益性이 높은 商品作物이 재배되고 그것은 각각 主産地를 형성하고 있다는 사실을 분명하게 인식하고 있었다.[314] 그가 보기에 이제는 이미 自給自足의 시대가 아닌 것이며, 農民들은 農業의 商業化로 말미암아 한 가지 작물에만 전념하여도 살아갈 수 있게 되었다.

그러므로 다산은 그의 직업관과도 관련하여 이와 같은 여러 가지 현실적인 여건을 참작하여, 農産業을 分野別로 專業化하고 그 기능을 組織化함으로써 보다 현저한 農業生産力의 발전과 農民經濟의 안정을 기하려는 것이었다. 다시 말하면, 그가 農業의 分業化·專業化를 강조한 것은, 현실적으로 크게 발달하고 있었던 이 시기의 商業的 農業에 대한 農業經營上의 對應措置로서 이를 취하고 있는 것이었다.

그리하여 이와 같이 여러 가지 農産業을 專業化하기로 한다면 이것을 어떻게 農民들에게 배분함으로써 효율적으로 경영할 것인가 하는 것이 그의 다음 과제였다. 그리고 이러한 문제에서 중심이 되는 것은 水田農業이나 旱田農業에 관련되는 農業인 것으로서, 이를 위해서는 農地를 분배하는 중요하고도 어려운 문제가 있었다.

農地分配를 위해서는 두 가지의 원칙을 세우고 있었다. 그 하나는

農者得田 不爲農者不得田[315]

이라든가, 또는

---

314) 『全書』,「遺表」田制 11 井田議 3, 下, p.149.
　　蓋其所種 不惟九穀而已 枲麻瓜苽百菜百藥 苟善治之 一畛之田 獲利無算 京城內外通邑大都 葱田蒜田菘田瓜田 十畝之地 算錢數萬(十畝者水田四斗落也 萬錢爲百兩) 西路煙田 北路麻田 韓山之苧麻田 全州之生薑田 康津之甘藷田 黃州之地黃田 皆視水田上上之等 其利十倍 近年以來 人蔘又皆田種 論其贏羨 或相千萬 此不可以田等言也 雖以其恒種者言之 紅花大靑其利甚饒(南方川芎紫草 亦或有田種) 不唯木棉之田利倍於五穀也
315) 『全書』,「遺表」田制 5, 下, p.109.

　　農者授田　不農者不授田[316]

이라고 하였듯이, 農業勞動에 從事하는 農民에게만 農地를 授與하려는 점이
었다. 이는 「田論」의 경우에서와 마찬가지였다. 農者만이 受田을 하게 되는
것을 그는 古先王의 뜻으로 보고 있었다. 그 때에도 물론 士는 不農者이면서
受田을 하고 있었지만, 그는 이것을 受田으로 보지 않고

　　不爲農而得田者　唯士而已 …… 然其所謂得田者　得田之九一之粟而已[317]

라고 하여 九一稅로서의 收租權의 授與로 보았으며, 得田할 수 있는 것은 오
직 農業勞動에 종사하는 農民만인 것으로 보고 있었다.
　　다른 하나는 授田의 기준을 農家單位로 하되, '量力以授田'[318]하였던 古先
王의 뜻을 따라 勞動能力을 참작하여 분배하려는 점이었다. 그는 井田制的
인 원리의 農業經營, 따라서 그 안에서의 토지분배의 이념은, 마치 劃田爲井
의 본뜻이 均産에 있는 것이 아니라 均賦에 있었던 것과 마찬가지로,

　　分田之法　重在治田　不在制産[319]

이라고 한 바와 같이, 農民의 均産을 위해서라기보다는 국가저인 見地에서
의 治田, 즉 農業經理에 더 큰 목표가 있는 것으로 보는 것이고, 따라서 分田
은 勞動人口의 多寡, 다시 말하면 1家의 勞動能力(口數·質)에 따라서 행할
것을 기준으로서 세우고 있었다.[320]
　　그리하여 그는 이러한 원칙에서 노동력이 많은 農家에는 100畝(1畊)의
農地를 주고 적은 農家에는 25畝(1畦)를 주면 될 것으로 생각하였다. 前者는

---

316)『全書』,「遺表」田制 5, 下, p.110.
317)『全書』,「遺表」田制 5, 下, p.109.
318)『全書』,「遺表」田制 4, 下, p.103.
319) 同上.
320) 이에 관해서는 일찍이 尹瑢均, '茶山의 井田考'(『尹文學士遺稿』)에서 지적한 바
　　있고, 최근에는 朴宗根, '茶山 丁若鏞의 土地改革思想의 考察 — 耕作'能力에 應한'
　　分配를 中心으로'(『朝鮮學報』28, 1963)라는 好論文이 있어서 참고된다.

8人戶로서 '原夫'라 부르며 勞動能力이 있는 者가 5, 6人 또는 3, 4人이 있는 農家를 의미하고, 後者는 一夫一婦의 單婚家族으로서 '餘夫'라 부르며 勞動能力이 있는 者가 2人밖에 없는 農家를 가리키는 것이었다. 그러므로 그의 農地分配에서는 '原夫'는 1畎의 農地, '餘夫'는 1畦의 農地를 받도록 되어 있는 것이었다. 그는 이러한 土地分配事情을 다음과 같이 記述하고 있었다.

　　八口之家有五六人可任其力者　乃授百畝　其或一夫一婦難治百畝者　授二十五畝也 八口治百畝　則每二十五畝二人治之也[321]

茶山이 여기서 말하는 100畝의 農地는 '百畝爲一畎　九畎爲一井'[322]이라고 한 바와 같이, 井田 9區 중에서의 1區(畎)인 것이며,

　　一畎之田　大約可種四十斗[323]

라든가,

　　仮如私田一畎　爲四十斗落[324]
　　公田一區　大約百畝（水田十畝之地　適爲四斗落　則百畝將近四十斗落）[325]

이라고 하였듯이, 대개 100畝＝1畎＝40斗落이 되는 면적이었다. 그리고 이것은 호남지방의 경우라면

　　湖南薄田　四十斗落爲一結 …… 此一畎之地

---

321) 『全書』, 「遺表」 田制 3, 下, p.96.
　　　이러한 문제를 田制 11 井田議 3에서는 '大凡八口之力　方治百畝　故夫婦二人自成夫家　則受田二十五畝　此三古之大法也'(『全書』, 下, p.152)라고도 表現하고 있었다.
322) 『全書』, 「遺表」 田制 12 井田議 4, 下, p.157.
323) 『全書』, 「遺表」 田制 10 井田議 2, 下, p.141.
324) 『全書』, 「遺表」 田制 10 井田議 2, 下, p.144.
325) 『全書』, 「遺表」 田制 9 井田議 1, 下, p.135.

라든가

湖南中田 …… 大約二十斗落爲一結 …… 此半畉之地也[326]

라고 한 데서 알 수 있듯이, 100畝의 농지는 대략 薄田 1結 내지 中田 2結 정도의 면적이었다. 農地面積上으로 보면 그것은 이 시기의 中農層이나 富農層까지를 포함하는 것이었다. 말하자면 그는 井田 9區 가운데서 1區는 公田이고 8區는 私田이므로, '原夫'에게는 私田 8區를 8夫에게 分授하여 경작케 하며, '餘夫'에게는 私田 1區의 農地를 다시 4夫에게 分授하여 각자가 自己經營으로써 이를 경작토록 하려는 것이었다. 그리고 그는 均産을 위하여 모든 農民을 地主·佃戶制로부터 해방된 獨立自營農民으로 육성하는 것을 그 목표로 삼고 있으되, 일정한 한계 내에서 中農層이나 富農層 또한 배제하지 않음을 원칙으로 하고 있는 셈이었다.

　그러나 그는 이러한 원칙 위에서 分田을 하기는 하되 상황에 따라서는 예외적인 점을 고려하고도 있었다. 첫째는 아직 地主制가 殘存하고 있는 곳에서의 農地分配이었다. 그의 農業改革은 地主層의 所有地를 일거에 혁파하여 그것을 국유화하고 이를 農民에게 재분배하려는 것이 아니라, 점진적인 방법을 취하고 있는 것이었으므로, 各地에는 地主層이 아직 그대로 존재하고 있었다. 그러므로 이러한 곳에서는 地主層의 존재를 그대로 인정한 채 農地分配를 하지 않으면 안 되었다. 이럴 경우에 그는

但使時占 嚴選八夫 分授八區 毋使一夫得佃二區

할 것을 규정하고 있었다.[327] 土地所有者, 즉 그의 時占者로 하여금 時作農民 8夫를 선발해서 井田 내의 私田 8區를 그들에게 각각 한 區씩 分授할

---

326) 『全書』, 「遺表」 田制 10 井田議 2, 下, p.146.
327) 『全書』, 「遺表」 田制 9 井田議 1, 下, p.138.
　　또 그 밖에 墓地에 관해서는 '凡以墓而陳者 皆編入於私田八畉之中 計畝計畯 責其助治 子孫在近者 責於子孫 不然者 責於守戶 不然者 責之於祭田之佃'(『全書』, 下, p.151) 이라고도 하였다.

것이며 두 區를 얻지는 못하게 하라는 것이었다. 그는 農民들에게 自作農
土를 分授할 수 없을 경우에는 借耕地라도 균등하게 분배하려는 것으로서,
이는 이 시기의 이른바 貸田論·均作論과 같은 것이었다. 그리고 軍屯田에
서 개편된 軍田을 分授할 때도 步卒에게 1畎씩 줄 때 특별한 武藝를 닦아
야 하는 騎士 騎兵에게는 2畎有半씩을 주도록 하였는데, 그것은 그들 騎士
騎兵은

> 雖授軍田 當借人佃作 收其什五 以爲餼也 授之以二畎有半者 一畎爲人餼 一畎
> 有半 以資鞍馬[328]

農地를 받아도 自耕하지 못하고 時作農民에게 借耕시키고 半打作을 해야
하기 때문에, 그리고 鞍馬를 위해서 자금이 필요하기 때문이라는 것이었다.
다음은 分田의 기준을 세우기는 하였지만 융통성을 두고 있는 점이었다.
이를테면 官屯田을 皀隸들에게 分給할 경우에는 아마도 노동력과 官廳의 業
務量을 참작한 데서이겠지만, 100畝를 授하는 者는 없고 다만 50畝와 25畝
씩만을 경작케 한 것이라든가,[329] 서울 周邊의 軍田을 兵卒에게 分給할 경우,
商品作物의 재배에 有望한 곳은, 그 소득의 풍족함을 고려하여 授田面積을
25畝로 제한해도 좋을 것으로 보고 있었던 것,[330] 그리고 山農地帶에서는 대
개 新田開發을 통해서 基準所耕을 넘어서는 者가 많을 것인데, 이에 대해서
는 그 근면함을 권장하는 뜻에서 기준 이상의 農地所有를 묵인하도록 한다
는 것 등등이 그것이었다.[331] 그러나 그러면서도 그는 築堰作畓이 중심이 되
는 新田開發을 통한 廣作은 좋지 않은 것으로 경계하고 있었다. 그는 廣作을
함으로써 糞治不專한 것보다는 現存의 田을 비록 그것이 작은 면적이라 하
더라도 집약적으로 잘 경영함으로써 地力을 다하게 할 것이 필요하다고 생

---

328) 『全書』, 「遺表」 田制 12 井田議 4, 下, p.158.
    이에 이어서는 將官에 관해서도 '將官者 把摠哨官旗牌官敎練官之等也 餘田四百
    四十九畎 收其什五 以補其餼'라고 하여 半打作을 말하였다.
329) 『全書』, 「遺表」 田制 12 井田議 4, 下, p.156.
330) 『全書』, 「遺表」 田制 12 井田議 4, 下, p.159.
331) 『全書』, 「遺表」 田制 11 井田議 3, 下, p.152.

각하였다.[332]

　말하자면 그의 農地分配는 25畝와 100畝를 기준으로 하기는 하되, 거기에는 커다란 伸縮性이 있어서, 여러 가지 경우를 참작하여 100畝를 받아야 할 者가 100畝 이하를 받기도 하고 또 그 이상을 소유할 수도 있는 것이었다. 그의 獨立自營農化를 위한 改革案은 완전한 의미에서의 農民層의 均産化를 꾀하는 것은 아니었으며, 일정한 조건 하에서의 富農層의 기준 이상의 土地所有를 배제하는 것이 아니었다. 이는 아마도 그의 井田에 대한 이해가 旣述한 바와 같이, 井田의 본질은 均産에 있지 않고 均賦에 있는 것이라고 이해하는 데서도 연유하였을 것이며, 또 현실적으로 農業을 개혁하려고 할 때 中農層이나 富農層의 협조를 얻지 않을 수 없는 데서도 연유하였을 것이다.

　農地가 분배되면 그는 이것을 되도록 잘 운영하기 위하여 井田制的인 農地所有關係와도 관련하여 鄕村制度·村里制度를 村(4井) 里(4村) 坊(4里) 部(4坊) 縣의 체계로 개편하고, 軍事組織 또한 이 鄕村制度·村里制度에 맞추어 改編하려 하였다.[333] 그리고 이와 같이 하여 村里制度가 마련되면 農民들의 農地所有와 住居를 밀접하게 관련시켜서, 此縣 住民이 彼縣 所在의 農地를 경작하지 못하게 하며, 만일 그 農民이 기어코 그쪽 農地를 경작하려고 할 때에는 그곳으로 住居를 옮기도록 하는 원칙을 세웠다. 住居와 耕地를 일치시킴으로써 국가의 農地管理와 農民의 農業生産에 효과를 기하려는 것이

---

332) 『全書』, 「遺表」 田制 12 井田議 4, 下, p.157.
333) 『全書』, 「遺表」 田制 10 井田議 2, 下, pp.142~144.
　　制其村里 以田束之 凡四井爲村 四村爲里 四里爲坊 四坊爲部 村置一監 里置一尹 坊置一老 部置一正 導之以仁義 以治公田 申之以孝悌 以治私田 監其耕播 董其秧耘 察其刈穫 謹其春簸 斂之於野 以輸公倉
　　我邦小縣有五百戶者 有千餘戶者 …… 凡不滿二千戶者 宜罷其縣 或兩小相合 或三分四裂 合之於諸邑 …… 若然 二千戶小縣 有坊而無部也
　　其村監一員 卽古田畯之職也 勞勸終年 不可無祿 一年粟二十四斛(二百四十斗) 受而爲餼 雖有閏月 無加焉 南方以稻 北方以稷
　　乃作魚鱗圖 大約每方一里 爲圖一幅 小里圖不過一二幅 大里或至十餘幅
　　『全書』, 「遺表」 田制 12 井田議 4, 下, p.158.
　　經界旣畢 乃以八夫 編爲隊伍 四井爲邨 四邨爲里 每井八夫 則一里一百二十八人也 編之爲十隊 則正卒百人 火兵十人 隊長十人 旗總五人 敎鍊官二人 哨官一人
　　一里者一丘也 出戎馬一匹 輜車一乘 牛二頭 以待師旅
　　每一隊 弓手二人 銃手二人 槍手二人 鐺鈀手二人 筤筅手二人

었다.[334]

　그리하여 이러한 農民들이 井田制 속의 私田을 分授받아 이를 경영할 때는, 그들이 받은 農地面積의 비율에 따라 노동력을 제공함으로써, 中國 古代의 井田에서와 같이 公田을 먼저 경작할 것을 규정하였으며,[335] 租稅는 公田의 所出로써 충당하되 여러 가지 상황을 고려하여 일정한 額數를 정해줌으로서 납부토록 하고 있었다.[336]

　水田農業이나 旱田農業을 위한 토지의 재분배에 여러 가지 難點이 있었던 것에 비하면 其他의 分科에서의 授職은 비교적 용이하였다. 그것은 대개 專門職에 속하는 것이고 따라서 누구나 할 수 있는 일이 아닌 까닭이었다. 그래서 이 전문직을 授職할 때는 희망자를 '募得'하는 방침을 세우고 있었다.

　園廛과 圃畦는 도시 주변에서 행하게 하되, 이것을 경영하는 園師와 圃師는 邑中에 거주케 하며, 負郭之田을 授與하고 隙地를 구해서 蔬菜와 果樹를 蒔種하도록 하고 있었다. 그리고 그 토지면적은 규제하지 않았으며, 다만 營農戶數만을 제한하고 있어서, 小邑은 9人, 中邑은 18인, 大邑은 27人을 募得할 수 있었다.

　嬪功도 도시 주변에서 행하도록 하였으며, 그 募得人員은 9人 또는 27人으로 하였고, 官田을 授與하도록 하되 면적에는 제한을 두지 않았다.

---

334)『全書』,「遺表」田制 10 井田議 2, 下, p.143.
　　　此縣之民 不得耕彼縣之田 或其村里 惟仰彼田者 徙其民以就田
335) 註 290, 291, 293 참조.
　　　『全書』,「遺表」田制 10 井田議 2, 下, p.141.
　　　水田有方一里者 畫之爲井 每畎四角 豎石以標之 有方二里者 畫之爲四井.
　　　其不能里者 只畫一畎 以爲公田 其不能開方者 或長五廣二十 以爲一畎 或五五開方 以其四區 合爲一畎 凡公田皆四角正方 其有敧斜不正者 改作其畍
　　　或其數里之內 有一大田 可畫一井 其附近四顧 都是小畍 無可以爲公田者 一井九畎 都作公田 取附近田七十二畎 使其八畎 各治公田一畎.
　　　『全書』,「遺表」田制 10 井田議 2, 下, p.144.
　　　公田不糞 不敢糞其私 公田不耕 不敢耕其私 公田不耰 不敢耰其私 …… 公田不灌 不敢灌其私 公田不播 不敢播其私 公田不秧 不敢秧其私 公田不耘 不敢耘其私 公田不穫 不敢穫其私
　　　『全書』,「遺表」田制 11 井田議 3, 下, p.150.
　　　凡宅廛之地 皆量之如田 執之幾畝幾畡 隷於私田八畎之中 助治公田
336)『全書』,「遺表」田制 10 井田議 2, 下, pp.145~148.

虞衡은 人員을 정하지 않고 희망자를 모집해서 山場·野場·澤地 등을 授與하였으며, 畜牧도 인원의 제한 없이 모집하되 牧牛者는 山을 授하고, 牧羊者는 授島하고, 牧豬者는 城郭부근에 授地設柵하거나 小島를 授하며, 養鷄者는 閑地를 授하되 簣·坎을 作하거나 欄罦을 設하게 하며, 養鵝鴨者는 溝渠之地를 授하며, 養魚者는 池沼之地를 授하며, 養馬者를 위한 養馬之地는 海島를 授하도록 하였다.[337]

지금까지 살핀 바와 같이 茶山은 井田制的인 農業改革이나 그 農業經營을 위해서 몇 가지 규정을 마련하고 있었지만, 그 밖의 모든 農業生産 활동은 완전히 經營者의 자유에 맡기고 있었다. 그는 「田論」에서와는 달리 農家 개개인의 독립적이고도 자유로운 經營活動을 통해서 農業生産力이 발전하고 富力이 증진하기를 기대하는 것이었다. 그리고 그는 그와 같은 農民들의 農業生産 활동을 권장하고 촉진하기 위해서, 그리고 그가 구상하는 農業改革을 완수하기 위해서 몇 가지 勸農方案을 또한 마련하고 있었다.

그와 같은 農民들의 農業經營으로서 茶山이 특히 바람직한 것으로 기대한 것은 農民들이 收益性 있는 農作物을 재배하는 것이었다. 말하자면 商業的인 農業을 통해서 富를 증진하라는 것이었다. 이 시기에는 현실적으로 農村經濟와 流通經濟가 密着되고 모든 종류의 農産物이 商品化를 위해서 재배되는 실정이었으므로, 일정한 면적의 農地에서 소득을 늘리기 위해서는 이와 같은 經營活動이 필요하지 않을 수 없는 것이었다. 茶山은 農村에 久在하면서 그러한 현실을 실제로 目睹하고 農民들의 所得增大의 길이 여기에 있음을 확신하고 있었다.[338] 그래서 그는 農業經營의 專業化를 구상하는 가운데, 각종 農産物의 收益性을 고려한 재배, 즉 商品作物의 생산을 권유하고 있었으며, 또 그러한 農民을 육성하려고도 하였다. 그것은 公·私田의 어느 경우에도 마찬가지였다.

가령 旱田의 公田에서는 농작물을 한정할 것인가에 관해서 말하면서 旱田에 재배할 수 있는 嘉穀으로는 山稻·黃粱·諸黍·諸稷·蜀黍·大豆·小

---

337) 『牧民心書』 卷 17, 戶典 勸農, 2冊, pp.176~177.
338) 註 314 참조.

豆・菉豆・大麥・小麥・蕎麥・鈴鐺麥・旱稗・胡麻(眞荏)・靑蘇(水荏)・玉
蜀黍・薏苡 등이 있음을 지적하고, 靑蘇 이상의 15종의 농작물은 모두 먹을
수 있고 恒糧이 될 뿐 아니라 이를 판매하면 財利가 되는 데서, 私田에서와
마찬가지로 土宜에 따라 이를 雜種하도록 할 것이며, 黍稷菽麥으로 한정할
것이 아니라고 한 것은 그 한 예였다.[339] 그는 私田에서는 '販之爲財利'하는
농작물을 재배하고 있음을 전제한 위에서 公田에서도 그와 같이 할 것을 말
하고 있는 것이었다.

　그뿐만 아니라 그는 이 밖에도 더욱 유리한 農作物이 있음을 알고 있었으
므로, 곳에 따라서는 이 15종의 농작물 이외에 그 유리한 작물을 재배하도록
말하고 있었다. 즉

　　　其近於都邑者　葱・蒜・瓜・菜惟其宜也　桌麻・苧麻・木棉・南草・生薑・地黃
　惟其宜也[340]

라고 한 것이 그것으로서, 그는 도시 부근에서는 곡물보다도 월등히 商品으
로서 가치가 있는 蔬菜類・藥材類・烟草類・織物類 등을 재배하도록 獎勵
하고 있는 것이었다. 그가 農業을 6科로 專業化하는 가운데서 圃畦・園廛・
嬪功 등을 도시 부근에다 정착시키고 있었음도 같은 이유에서였다. 그는 도
시 부근에서는 이러한 農業이 '糞壤易得'하고 '販賣易售'함을 염두에 두고 있
었다.[341] 더욱이 그는 농산물의 판매를 國內市場에만 한정하려고 하는 것도
아니었다. 그는 中國에다 貿販할 수 있는 유리한 농작물이 있으면 이를 장려
해야 할 것으로 말하고 있었다. 가령 三眚蒲(龍鬚草・王菁)가 中國에 없다는
말을 듣고서는

　　　若然　盆宜業種　以販貨於中國也[342]

---

339)『全書』,「遺表」田制 11　井田議 3, 下, p.149.
340)『全書』,「遺表」田制 11　井田議 3, 下, p.149.
341)『牧民心書』卷 17, 戶典 勸農, 2冊, p.176.
342)『全書』,「遺表」田制 10　井田議 2, 下, p.147.

라고 말하여 그 栽培目標를 내세우고도 있었다. 그의 商品作物栽培와 實利 追求를 위한 農業經營方針은 철저한 것이었다고 하겠다.

그러나 이와 같이 商業的인 農業을 장려하고 그 收入을 늘리게 한다 하더라도, 당시의 農政에서 일반적으로 볼 수 있는 바와 같이, 그것이 稅政을 통한 수탈의 대상이 되어서는 실제로 農民經濟에 도움이 되지 않는다는 사실을 그는 잘 알고 있었다. 소득이 많다고 해서 거기에 대하여 부과하는 稅額이 터무니없이 過多하다면 그가 기대하는 農業經營을 통한 農民經濟의 향상에는 차질이 생기는 것이었다. 그래서 그는 이러한 경우를 예상하여, 商品作物의 소득이 아무리 크다 하더라도 水田 第一等에 해당하는 稅額을 넘지 않게 할 것을 말하였으며, 公田助治를 위한 노동력의 제공도 이미 정해진 규정을 따르지 않고 增率해서는 안 된다는 점을 附言하고 있었다.[343] 이는 어느 경우나 '以勸能者'라고 한 데서 알 수 있듯이, 農業經營에 열중함으로써 소득을 늘려 가고 있는 능력 있는 力農者들, 즉 經營的인 農民層을 육성하려는 뜻에서인 것이었다.

茶山의 井田制的인 農業經營論은 이와 같이 商業的인 農業의 자유로운 경영을 통해서 農民 개개인의 富를 증진시키려는 것이었지만, 그러기 위해서는 여기에 반드시 이러한 經營을 밑받침하는 流通經濟가 건전하게 발달하고 있어야 한다는 사실도 그는 또한 분명하게 인식하고 있었다. 그는 農業改革을 통한 農民經濟의 성장이 단지 農業問題만의 개혁으로써 가능하리라고는 생각하지 않았으며, 流通經濟를 포함한 經濟構造 전반의 변혁·성장과 보조를 같이해야 할 것으로 보는 것이었다. 그래서 그는 井田論을 제기함에 이르러서는 종래에 지니고 있었던 抑末論을 是正하기에 이르렀다. 그가 賦貢制를 논하는 가운데서

商賈利重 故其稅亦隨而重 此先王之法也 其必抑商以困辱 亦恐未善 懋遷有無者 禹稷之行也 何必抑之乎[344]

---

343) 『全書』, 「遺表」 田制 11 井田議 3, 下, p.149.
344) 『全書』, 「遺表」 賦貢制 3, 下, p.195.

라고 하였던 것은 바로 그러한 그의 商業觀을 표현함이었다.

　이와 같은 農業經營에서 또한 農民들의 自由意志에 맡겨지고 있는 것은 賃勞動이나 雇傭勞動의 문제였다. 이 시기의 農業經營은 商業的인 農業으로서 행해지되 그것은 賃勞動을 전제로 하고서 행해지는 것이었는데, 그는 이러한 經營方式을 그의 井田制的인 農業經營論에다 그대로 받아들이고 있었다. 그러한 상황은 가령 宮房에서 菜田이나 藥田 같은 것을 경영할 때는, 직접

　　雇人借耕 全收其所種[345)

할 것을 권하고 있는 점이라든가, 軍田의 경우에서 農繁期에 上番하는 兵卒에게는 그 기간에 '雇人作農'하여 失農함이 없도록 雇傭勞動을 위한 雇價를 지급해 줄 것을 규정하고 있는 데서 엿볼 수 있다.[346) 그의 農業改革論은 토지에서 배제된 無田農民層에게 토지를 주기 위해서 제기된 것이었지만, 井田은 漸進的으로 시행하려는 것이었으므로 無田農民에게 토지를 주는 작업이 一時에 이루어질 수는 없는 것이고, 따라서 賃勞動層은 그대로 존재할 수밖에 없는 것이었다.

　그는 또

　　其或寒士不農 亦無僮僕者 艱於助公 或雇人代立 不可以盡顧也[347)

라고 하여, 農業을 하지 않고 僮僕도 없는 寒士가 宅廛稅 관계로 助治公田에 불편이 있을 때는 '雇人代立'해도 좋다는 것을 말하였는데, 이는 僮僕을 두고서 農業을 하는 者가 있음을 간접적으로 표현해 주고 있는 것이라 하겠으며, 따라서 茶山의 井田制的인 農業經營論은 農民들이 家族勞動만으로 農事를 해야 하는 것이 아니라 僮僕을 두고서 할 수 있음을 뜻하는 것이라 하겠다. 그리고 이 경우 農民들이 둘 수 있는 僮僕은 단순한 奴僕이 아니라 雇工 또

---

345)『全書』,「遺表」田制 8 邦田議 下, p.132.
346)『全書』,「遺表」田制 12 井田議 4, 下, p.159.
347)『全書』,「遺表」田制 11 井田議 3, 下, p.150.

는 雇奴 같은 것으로 봄이 좋을 것이다. 가령 그가 家坐簿를 작성하면서 ‘奴’
欄에다 雇를 記入하되 이를 雇奴라고 附註하고 있었음은 그러한 예가 되는
것이겠다.[348]

　또 그는 天子諸侯가 井田을 分給하는 원리를 말하되, 마치 現今의 富人들
이 佃戶 時作에게 農地를 貸與할 때 반드시 ‘有婦子傭奴 可助其功’한 者를 對
象으로 하고 있는 것과 같다고도 하였는데,[349] 이는 그의 井田論에서의 農民
들이 傭奴(雇工·雇奴)를 데리고서 農事를 할 수 있는 것임을 전제로 한 말인
것이며, 앞에서의 僮僕은 바로 이곳에서의 農民들 사이에 慣行하고 있는 이
른바 傭奴와 같은 것이라고 하겠다. 말하자면 僮僕·雇奴·傭奴 등은 이른바
雇工을 뜻하는 것이므로, 그의 이 獨立自營農的인 農業經營論에서의 農民들
은 雇工이라고 하는 雇傭勞動力을 이용할 수 있는 것이었다고 하겠다.

　그러면 茶山의 農業經營論에 등장하는 農民, 즉 ‘原夫’나 ‘餘夫’ 가운데서
僮僕·雇奴·傭奴 등을 둘 수 있는 것은 어느 쪽이었을까. 그것은 말할 것도
없이 ‘原夫’에 해당한다고 할 것이다. ‘餘夫’는 單婚夫婦인 까닭이다. 一家八
口로서 勞動人口가 5, 6人이나 되어 私田一畉, 즉 百畝의 農地를 받도록 되
어 있는 경영규모가 큰 農家가 이에 해당하리라는 것이다.

　이들이 雇奴·傭奴를 거느리고 農業을 하리라는 것은 前述한 바에서도 짐
작이 가지만, 이 시기의 가족구성은 평균 4人을 약간 넘는 정도이고 그 이하
가 전체의 60% 내외였는데도,[350] 茶山은 農地分配에서 原夫를 중심으로 다
루고 있으며, 또 勸農을 위한 施賞에 즈음하여서는 8夫 가운데서 특히 우수
한 ‘原夫’ 3戶를 選拔하라고 하고 있어서, 역시 그의 井田的인 農業經營이 많
은 ‘原夫’를 중심으로 運營되고 있는 것이었음에서도 알 수 있다. 더욱이 그
자신도 1家가 8口나 되는 農家는 많지 않으며 대부분은 一夫一婦의 農家라
고 하면서도 그렇게 案을 세우고 있는 것이다.[351]

---

348) 『牧民心書』 卷 15, 戶典 戶籍, 2冊, pp.110~114.
349) 『全書』, 「遺表」 田制 1 井田議 3, 下, p.83.
350) 四方博, ‘李朝人口에 관한 一硏究’(『朝鮮社會法制史硏究』, 1937), p.54.
351) 『全書』, 「遺表」 田制 4, 下, p.105.
　　臣謹案 農夫之一家八口 能有三四人任力者 不可多得 一夫一婦 各自爲家者 比屋
　皆然 此所謂餘夫也

그러므로 그가 말하고 있는 '原夫'의 一家八口는 가족만을 뜻하는 것이 아니라 僮僕이나 雇奴 등의 率丁까지를 포함하고 있는 것이라고 하겠다. 이는 磻溪가 1頃(40斗落 : 100畝)을 受田하는 戶는 그 안에 率丁을 거느릴 것을 전제하였던 것과도 밀접하게 관련되는 것으로 생각된다.[352] 현실적인 農村의 戶口構成은 그러하였던 것이다. 그리고 茶山의 土地分配는 一家를 이룬 者만을 대상으로 하고 있으며 家를 구성하지 못한 未婚成年은 제외되었는데, 이들이 갈 곳은 어디였을까도 생각해 볼일이다. 이들은 필경 賃勞動이나 雇傭살이를 하지 않을 수 없었을 것이고, 그렇게 될 경우 農村이라면 '原夫'의 率丁이 되는 수밖에 없었을 것이다.

이렇게 살펴보면 經營規模가 큰 '原夫'層의 農業經營은 말하자면 雇傭勞動制의 전제 위에서 이루어지는 것이었으며, 이러한 經營形態는 이 시기에 實在한 經營型富農層과 그 農業經營의 형태가 같은 것이었다고 하겠다. 이와 같이 井田制를 중심한 茶山의 農業經營論이 時作農民의 獨立自營農化를 꾀하면서도, 經營型富農이 만족할 만한 經營規模를 인정하고 또 그 經營樣式을 받아들이고 있음은, 獨立自營農層의 農業生産이 궁극적으로는 經營型富農層의 그것과 같아져야 하겠다고 생각하는 데서였으리라고도 생각되며, 또 茶山이 農業改革에 즈음하여 封建地主層의 타도를 목표로 하되, 그 존재를 의식하지 않을 수 없었던 데서 점진적인 방법을 취하였던 것과도 관련하여, 이 農業改革을 완수하기 위해서는 이들 經營型富農層을 협력자로서 동반하지 않으면 안 된다고 생각한 데서였으리라고도 생각된다. 그러한 점에서 그의 정책적인 배려는 「田論」에서 보다 前進하고 있는 것이며, 그것의 큰 難點의 하나도 해결하는 것이라고 하겠다.

茶山이 이상과 같은 農業經營論에서 끝으로 생각한 것은 農業改革의 문제를 社會改革과 어떻게 관련시키느냐 하는 문제였다. 그것은 地主制의 타도를 隨伴하는 이 農業改革을 성공시키기 위해서도 그렇고, 農業改革을 수행하려는 근본목적이 새로운 사회의 건설에 있지 않으면 안 된다는 점에서도 그러하였다. 그리하여 그는 이 農業經營論을 단지 고정된 經濟制度上의 문

---

352) 『磻溪隨錄』(東國文化社本) 1, 田制 上, p.7.

제로서 그치는 것이 아니라, 農民들의 사회적 지위와 직결되는 움직이는 機構로 만들어야 할 것으로 생각하였다. 農業經營을 잘 해서 生産力을 발전시키고 富를 증진시키는 農民은 그 사회적 지위를 향상시켜 주어야 한다는 것이었다. 사회적 지위가 향상되면 그들은 더욱 생산에 의욕을 가지게 되고 그 경영을 잘 하게 될 것이므로 생산력은 한층 더 발전하리라는 것이었다. 다만 그는 이를 모든 農民에 대해서 적용하는 것이 아니라, 田農 이외의 5科의 專業的인 農民과, 田農의 경우라면 '原夫' 가운데서 가장 우수한 者에게만 限할 것을 말하고 있었다. 이는 農業生産力의 發展을 經營의 우열을 기준으로 해서 그 성과를 측정하려는 것이었으며, 한 걸음 더 나아가서는 그의 井田制 내에서의 獨立自營農層의 農業經營의 목표를 일단 이 시기의 經營型富農層에로의 성장에다 두고, 經營을 통해서 富農이 되면 사회적으로나 정치적으로 우대를 하려는 것이었다고 하겠다.

農民들의 사회적 지위를 향상시키는 구체적인 방안은, 6科의 분야에서 각각 일정한 考課過程을 거쳐서 각 분야의 生産力發展에 가장 功이 있었던 農民, 따라서 農業經營을 가장 잘 하였던 우수한 農民을, 身分에 구애되지 않고 地方守令들이 推薦하면 中央에서는 매년 20명씩 선발하여 官吏로 임명하고 관리로 임명되지 못한 者는 鄕職의 授與나 그 밖의 방식으로 施賞하려는 것이었다.[353] 이는 農民層의 정치권력 참여를 의미하는 것으로서 하나의 社會改革論이기도 하였으며, 따라서 茶山은 그의 農業改革을 社會改革과 병행하여 추진하고 있는 셈이었다.

사실 農民層을 위한 農業經營이나 農業改革이 이루어지려면 그것을 지원해 줄 정치세력이 필요하고, 또 그러기 위해서는 현실적으로 그럴 만한 사회세력이 農村社會에 형성되고 있어야 하는데, 그의 獨立自營農的인 農業經營論에서 그러한 기능을 담당할 수 있는 것은 그와 같은 最優秀의 능력 있는 農民層이 아닐 수 없었다. 그리고 현실과의 관련에서 그러한 農民層을 찾는다 하더라도 실제로 정치권력에 접근하기에 가장 가깝고 또 경제적으로 능

353) 『牧民心書』 卷 17. 戶典 勸農. 2冊. p.177.
　　拙稿, 註 33의 논문(『朝鮮後期農業史研究』 II, 초판본, pp.216~219 ; 증보판, pp.268~371) 참조.

력 있는 農民勢力은 經營型富農層인 것이었다. 茶山은 그러한 실정을 너무
나도 잘 알고 있었다. 그는 이 시기에 소수의 地主層의 富力에 대비될 수 있
는 사회적 富力은 규모가 작은 다수의 富農層인 것을 분명하게 인식하고 있
었다.[354] 經營型富農은 이러한 富農層의 대부분을 이루는 것으로 생각한다.
그러므로 그의 獨立自營農的인 農業經營論은 말하자면 經營型富農層을 그들
의 편에 이끌어들이면서 점진적으로, 그리고 전면적으로 封建地主制를 타파
해 나가려는 農業改革論이었다고 하겠다.

5. 國營農場的인 農業經營論

1) 楓石의 屯田論 提起와 그 設置方案

茶山과 같은 시기에, 그러나 茶山과는 또 다른 각도에서 이 시기의 農業問
題를 해결하기 위한 현실적인 改革方案을 제기하고 있었던 것은 楓石 徐有
榘였다. 楓石은 좋은 家門에 태어나서 官이 判書와 大提學에까지 이르렀던
이 시기 執權層의 한 사람이었으며, 또 農學이나 그 밖의 여러 가지 著書를
남긴 훌륭한 학자였다. 특히 그의 農學은 그가 비로소 시작한 것이 아니라
그 祖父・父 그리고 그 자신의 三代에 걸쳐서 연구한 바로서 그는 그 家學을
계승하여 이를 완성하고 있는 것이기도 하였다. 그의 祖父인 徐命膺은『攷事
新書農圃門』을 編하였으며, 父인 徐浩修는『海東農書』를 著述하고 있었는
데, 그는 이러한 그 家門의 農學硏究를 확대 발전시켜 그의『林園經濟志』를
완성하고 있었다.

그러나 그의 農學이 물론 그 家學의 완성을 위해서만 탐구된 것은 아니었
다. 그는 朝鮮王朝의 農業問題가 심각한 위기에 逢着하고 있었던 18세기 말

---

354)『牧民心書』卷 39, 規模, 4冊, p.94에서 勸分을 위하여 選戶하는 문제를 다음과
　　같이 말하고 있었음은 그러한 例가 되는 것이라 하겠다.
　　　乃選饒戶 分爲三等 三等之內 又各細剖 …… 吾東民貧 能入上等者 一路不過數人
　　(二百石以上) 能入中等者 一縣不過數人(二十石以上) 唯下等之戶 一縣或得數百(二
　　石至十石) 若棄此不勸 無攸勸矣

에는 젊은 地方守令으로서 또는 內閣의 한 檢書官으로서 矛盾의 所在를 직시하고 그 改善策을 모색하는 여러 학자나 農村知識人과 호흡을 같이하고도 있었다. 이때는 正祖 在位의 시기로서 正祖는 農業問題의 애로를 타개하기 위하여 여러 차례 求言敎를 내려 衆意를 물었으며, 그 중에서도 그 22년에서 23년에 걸쳐서는 전국의 지식인들에게 農業技術問題나 農政問題에 대한 改善方案을 구하고 있어서, 많은 사람들이 이러한 諸問題를 연구·건의한 바 있었는데, 徐有榘도 이때 젊은 地方守令으로서 역시 이를 연구하고 있었으며, 그 후에도 그러한 연구활동은 계속되어 그것을 學으로서 완성한 것이 그의 農學이었다.

말하자면 이 시기의 朝鮮王朝의 最大 難題는 봉건적인 社會經濟秩序의 모순이 激化하고 있어서 이를 해결하지 않으면 안 되는 것이었고, 따라서 이 시기의 學問의 방향은 그러한 문제에 치중하게 되는 경향이 있었는데, 楓石도 그러한 思潮를 따라 朝鮮王朝가 지니고 있는 이와 같은 諸矛盾을 해결하기 위한 學問, 즉 農學의 연구에 전념하고 있었던 것이었다. 그리고 그는 그러한 그의 農學을 종래의 우리 農學의 전통 위에서 이를 계승·발전시킨다는 입장에서, 그리고 農業改革의 이론과 현실은 密着될 수 있어야 한다는 현실적인 입장에서 이를 연구하고 있는 것이었다. 그리하여 그와 같은 문제의식이 그의 家學을 계승한다는 점과도 관련하여 그의 학문을 大成케 한 것이 『林園經濟志』를 중심한 그의 일련의 農學의 體系였다.

그러나 그가 大成한 農學의 체계, 農業改革論도 처음부터 일정한 체계로써 제시될 수 있었던 것은 아니었다. 그것은 두 단계의 연구과정을 거치면서 완성되고 있었다.

楓石의 첫 단계 농학연구는 그의 「農對」(正祖 14년)와 「淳昌郡守應旨疏」(正祖 22년) 등에 보이는 農業論으로서, 茶山이 「農策」과 「應旨論農政疏」를 著述하던 바로 그때, 楓石은 이 두 편의 論文을 작성하고 있었다. 茶山과 마찬가지로 國王의 求言敎에 대한 應旨疏의 형식으로 작성한, 말하자면 農業改革論으로서의 제기인 것이었다. 그렇지만 이것이 비록 農業改革을 위한 방안 제기이기는 하지만, 20代와 30代의 젊은 시절에 작성한 이 改革案의 내용은, 아직 18세기 農學思想의 일반적 경향을 크게 벗어날 만큼 출중한 것이 아니었다. 이는 다만 그의 後年의 연구를 위한 基礎作業이 되고 있을 뿐이었다.

그 내용은 무엇보다도 '務農之道'가 제대로 취해져야 한다는 것으로서 이에서는 세 가지 문제를 제기하고 있었다. 그 하나는 限田制를 시행하자는 것이었다. 이를 시행하면 당시의 社會問題로 되어 있는 無田農民을 구제할 수 있고 또 人稀地廣한 곳에서의 多作의 폐단도 막을 수 있다는 것이었다. 즉 土地所有의 上限을 제한함으로써 無田農民에게는 農地를 분배하여 貧富의 隔差를 없이하고, 多作農民에게는 多作으로 말미암은 農作의 부실을 막을 수가 있어서, 農業에서의 均産의 문제와 所出增大의 문제를 해결할 수 있다는 것이었다.[355]

다음은 水利施設을 갖추자는 것이었다. 農業에서 水利問題는 人體 내의 血脈과 같이 절대 불가결한 것이니, 農業을 발전시키려면 반드시 이 水利施設을 완벽하게 갖추어야 한다는 것이었다. 그러나 그것이 쉬운 일이 아님은 역사를 통해서 알 수 있는 일이었다.[356] 그래서 그는 이 시설의 보급을 위해서는 특별한 방안의 政策化를 제언하기도 하였다. 즉 中國古代에 있었던 力田科의 제도를 살려서, 각 郡縣마다 富戶로 하여금 '募丁赴役'토록 하되, 매일 百夫 이상씩 就役하면 그에게 監督을 시키고, 事竣 후에 道臣에게 보고하면 道에서는 募丁의 多寡, 赴役의 日數, 水利施設疏鑿의 廣狹 등을 살펴서 이들 富戶에게 樞衒이나 資級을 授與하라는 것이었다.[357]

셋째는 農器具를 改良하여 農民들로 하여금 省勞功多케 해야 한다는 것이었다. 그리고 그러기 위해서는 農器具를 모두 일정한 규격으로 제작 보급하여야 목적을 달성할 수 있다는 것이었다.[358] 이는 장차 『林園經濟志』에서 提論될 農地(田畝)制度의 改正 문제와도 밀착되는 것이었으나, 이때에는 아직 이 문제까지 언급하고 있지는 않았다.

務農之道에 이어서 이와 관련하여 그가 특히 提論한 것은 新農書編纂에 대

---

355) 『楓石全集』 7, 「金華知非集」 卷 11, 農對.
356) 同上.
357) 『楓石全集』 3, 「金華知非集」 卷 1, 淳昌郡守應旨疏.
358) 『楓石全集』 7, 農對.

한 제언이었다. 農業을 발달시키려면 그 指針書로서의 農書가 필요한 까닭
이었다. 이때에도 물론『農家集成』이나『山林經濟』등 훌륭한 農書가 없었
던 것은 아니지만, 그러나 이것은 모두 17세기 중엽에서 18세기 초엽에 編
纂된 것으로서 時勢에 맞지 않는 바가 있었다.『農家集成』이나『山林經濟』
로부터 1세기 이상이 지난 당시로서는 무엇보다도 새로운 農書가 필요하였
다.『山林經濟』의 增補篇이 나오고,『北學議』와『課農小抄』가 著述되고, 徐
氏家가 家學으로서 農學을 연구하고 있었던 것도 모두 이러한 시대적인 요청
을 따른 것이었다. 그리고 政府에서 전국의 지식인들로부터 應旨進農書를
받아 新農書를 編纂하려 하였던 것도 그 때문이었다.

   그러나 그는 이와 같은 農書를 編纂하는 데는 일정한 방법이 있어야 할 것
으로 보고 있었다. 正祖 22년의 政府大臣들의 생각과 같이 지식인들의 應旨
進農書를 통해서 이를 종합하는 것도 한 방법이기는 하지만, 그는 이를 기대
할 만한 것이 못 되는 것으로 보고 있었다. 지방에서는 進農書를 작성할 때
참고할 만한 圖書가 부족하여 그것이 좋은 著述이 되기 어렵다는 데서였다.
그래서 그는 資料蒐集과 農業現實의 실태 파악을 위해서는 각 道마다 1局을
설치하여 農業專門家를 배속시키고 이들로 하여금 그 지방의 風土, 産物, 播
耕의 早晚, 農業改良에 관한 경험과 成敗, 農圃訪問記 등을 작성·보고케 하
며, 이것이 모두 모이면 政府는 內閣으로 하여금 이를 토대로 古今의 群書를
참고·절충함으로써, 現時에 맞는 새로운 農書를 綜合編纂하지 않으면 안
될 것이라는 방안을 제시하였다. 그리고 이 밖에도 그는 農政上의 문제로서
還穀法의 폐단과 그 改善을 또한 지적하고 있었다.[359]

   楓石의 제2단계의 農學은 그의『林園經濟志』와『擬上經界策』에 보이는 農
業論이었다. 어느 것이나 그의 初期農業論의 토대 위에서 壯年期와 老年期
의 오랜 세월에 걸친 研鑽의 결과로서 이루어진 성과였으나, 前者는 특히 그
의 初期農業論에서의 農業技術上의 문제를 계승 발전시킨 것이고, 또 그가
提示하였던 農書編纂의 방법을 政府에서 이를 채택하지 않자 그 스스로가
평생의 작업으로서 완성한 것이었으며, 後者는 그의 初期農業論에서의 農業

---

359)『楓石全集』3, 淳昌郡守應旨疏.

改革論 즉 農地再分配論과 力田科論을 계승 발전시킨 것이었다.

그가 평생을 두고 연구하고 완성한 『林園經濟志』의 農學의 내용은 이미 검토한 바도 있지만,[360] 그것은 요컨대 어떻게 하면 이 시기의 經濟諸條件과 관련하여 農業에서 最大의 수입을 올릴 수 있을 것인가 하는 문제였다. 그는 이의 해결을 위해서 農業技術上으로나 農業經營上으로 많은 改善이 있어야 할 것으로 보고 그 방안을 제언하고 있었다.

前者에 관해서는 노동력을 절약하고 單位面積當 所出을 증대시키기 위해서, 다시 말하면 農業生産力을 발전시키기 위해서 水田農業은 移秧法, 旱田農業은 一畝三畎의 畎種法으로 農地制度를 개선하여 地力을 최대로 이용할 것을 말하였으며, 이와 관련하여서는 農時의 조절을 위한 연구와 개선, 品種改良, 農器具의 改良, 施肥問題, 水利問題 등의 改善이 있어야 한다고 보고 있었다. 그리고 그의 이러한 諸問題는 個個의 문제로서가 아니라 하나의 종합적인 문제로서 처리되고 있는 데 그 특색이 있었다.

그리고 이러한 기술적인 문제의 전제 위에서 그가 다시 後者에 관하여 提言하게 된 것은 農業生産·農業經營을 收益性을 고려하여 할 것과, 그러기 위해서는 市場性이 좋은 農産物을 재배할 것을 권장하는 것이었다. 이 시기에는 商業的인 農業이 발달하고 있어서 農民들은 商品作物을 재배함으로써 致富를 하는 者가 적지 않았던 까닭이었다.

『林園經濟志』의 農業論은 이와 같이 特出한 것이지만, 그러나 이 무렵의 楓石의 農業經營論·農業改革論이 더욱 특징적으로 두드러지게 드러나는 것은 『擬上經界策』의 農業論, 그 가운데서도 특히 '屯田論'에서였다. 이는 前述한 바 『林園經濟志』의 農業論을 바탕에 깔면서, 한 걸음 더 나아가서는, 이 시기의 農業問題가 지니는 矛盾構造를 타개하고 經濟秩序 전반을 점진적으로, 그러나 근본적으로 개편하려는 새로운 農業經營論이고 農業改革論이었다. 그러므로 우리가 이곳에서 검토하게 될 그의 農業經營論은 바로 이를 중

---

360) 拙稿, 「朝鮮後期 農學의 發達」 가운데 '新·舊農書의 綜合과 그 農學思想'(『朝鮮後期農業史研究』Ⅱ, 초판본)
  『朝鮮後期農學史研究』, 제Ⅴ편 '19世紀初 新·舊農書의 綜合과 두 農學思想의 持續' 가운데 林園經濟志 참조.

심으로 하는 것이며, 따라서 이 屯田論에 대한 분석은 그의 農學思想 전반을
그 배경으로서 이해할 것이 先行되어야 한다.[361)]

　農業改革論으로서의 그의 屯田論은 農業問題에 관한 다른 몇 가지 改善方
案과 함께 그의 『擬上經界策』에 수록되어 있는데,[362)] 이는 純祖 20년경에 작
성한 것이었다.[363)] 그가 이 經界策에서 전개하는 문제는 純祖 20년의 量田施
行令을 계기로 제기하는 것이었으므로, 田結制나 量田方案의 改善 문제도
이에 포함하고 있지만, 이 시기의 農業經濟上의 근본적인 모순을 타개한다
는 農業變革의 논리는 屯田論에서 그 핵심을 전개하고 있었다. 그것은 요컨
대 土地所有關係나 農業經營關係의 전면적인 변혁을 목표로 하되, 現實社會
에서의 실현성 여부를 고려하여 점진적이고도 무리 없는 방법으로써 이를

---

361) 同上 논문 참조.

362) 『擬上經界策』上, 下(『楓石全集』8,「金華知非集」11, 12)의 全內容은 다음과
　　같은데, 이는 그의 農業改革論의 基本骨格을 이룬다. 이하 이 資料는 이 記號로써
　　表示한다.
　　　一. 田制更張者　1. 改結負　爲頃畝法
　　　　　　　　　　　2. 正尺步　以遵古制
　　　二. 量法講磨者　1. 用方田　以括隱漏
　　　　　　　　　　　2. 頒數法　以豫肄習
　　　　　　　　　　　3. 說專司　以考勤慢
　　　三. 農政施措者　1. 測極高　以授人時
　　　　　　　　　　　2. 敎樹藝　以盡地力
　　　　　　　　　　　3. 購嘉種　以備災傷
　　　　　　　　　　　4. 興水利　以虞旱澇
　　　　　　　　　　　5. 禁反田　以覈名實
　　　　　　　　　　　6. 廣屯田　以富儲蓄

363) 『擬上經界策』의 作成年代가 分明하게 언제인지는 記錄되어 있지 않다. 그러나
　　그는 이 글의 序頭에서 '近者伏聞 臣僚上言 量田有命'이라고 하여 量田施行과 관련
　　하여 執筆하고 있음을 밝히고 있다. 그리고 이 量田有命의 時期를 말하여서는 '臣
　　不暇遠引古昔 卽以六七年來言之 甲戌八路之旱 汚萊千里'라는 表現을 行間에 남기
　　고 있다. 그의 生에서의 甲戌은 純祖 14年으로서 이해에는 全國이 旱災를 입었었
　　다. 그러므로 이 글을 통해서 보면 『擬上經界策』이 執筆된 量田有命의 해는 純祖
　　14年으로부터 6, 7年이 지난 純祖 20年경임을 알 수 있다. 그는 또 이것을 再確認
　　이나 하듯 '去夏湖西之水 陵谷變遷'이라고도 하였다. 그의 量田有命은 湖西水災와
　　이어지는 해였음을 表現하는 말인데, 量田有命의 前年인 純祖 19年에는 과연 湖西
　　地方에 大水가 있어 큰 被害를 내고 있었다. 이러한 몇 가지 점으로 보아 이 『擬上
　　經界策』은 純祖 19年에 慶尙監司 李止淵의 量田疏로 同 20年에 量田施行의 命이
　　있게 됨을 契機로 하여 作成된 것이라 생각된다.

성취하려는 것이었다. 우리는 그의 그러한 屯田論의 農業經營上의 성격을 國營農場的인 農業經營論으로서 파악하고 있다.

그가 屯田, 즉 國營農場的인 農業經營을 구상하게 된 이유는, 첫째 국가의 財源을 넓힘으로써 그 富力을 증대하려는 데서였다. 그는 田結制(結負制)를 改正하고 量田을 함으로써 전국의 農地를 정확히 파악하여 稅源을 확보하는 것과 동시에 이 屯田을 설치하고 이를 넓혀 감으로써 또한 ‘廣屯田 以富儲蓄’ 할 것을 생각하는 것이었다. 그는 이 시기에 국가가 稅源을 확보하는 데는 鹽・鐵・酒・茶나 기타의 商賈의 利가 있지만, 이제 4백 년에 처음 보는 이 러한 法을 창설하려 하여도 반드시 불가능할 것이라 생각하는 것이었으 며,[364] 그러므로 그는

爲今之道 惟有亟用李悝盡地力之敎而已 盡地力奈何 …… 故屯田不可緩也[365]

라고 하여, 屯田을 설치한 위에서 地力을 철저하게 이용하도록 農民들에게 農法을 교육함으로써 農業生產力을 발전시키는 수밖에 없다고 생각하는 것 이었다.

흔히 우리나라는 ‘邦內久安 田野日闢’이라고 하지만 그는 그렇게 생각하는 것이 아니었다. 그가 보기에는 우리나라 農民들의 農地利用에는 아직 ‘遺利’ 하는 바가 있고, 遊食者가 많아서 農作에 힘쓰지 않으며, 耕種法이 不合理하 여서 生穀이 많지 않다는 것이었다. 그래서 그는 ‘耕耰樹藝之法’을 불가불 교 육하지 않으면 안 된다는 것이었는데, 이렇듯이 農法을 교육하기 위해서는, 舊來의 農法에 얽매여 있는 者는 이를 色辭로써 깨우쳐 줄 수도 없는 것이 고, 외진 지방에서 침체되어 있는 者는 이를 政令으로써 고르게 할 수도 없 는 것이니, 반드시 程式을 만들어서 農民들에게 이를 보여 효과가 있음을 확 인케 한 연후에 이들을 전국에 흩어지게 함으로써, 모든 農民들로 하여금 이 를 쉽게 이해하도록 하지 않으면 안 된다는 것이었다. 그리고 그러기 위해서

364) 『擬上經界策』 下, 三 6(「金華知非集」 12).
　　　今欲創爲四百年來未始有之法 煮鹽鑄鐵榷酒算茶 以奪商賈之利 則臣知其必不能也
365) 『擬上經界策』 下, 三 6.

는 국가가 바로 이 屯田을 설치하여 試驗農場으로써 農業敎育도 兼해서 하는 것이 좋다는 것이었으며, 이렇게 되면 전국적으로 農業生産力이 발전하고 이에 따라 국가의 富力도 증대하리라는 것이었다.[366]

이와 같이 그는 屯田의 설치가 農業敎育을 위해서, 따라서 農業生産力이 발전하는 데 크게 기여할 것을 기대하는 데서였지만, 물론 그가 屯田의 설치를 통해서 國富의 증진을 기대하는 것이 이러한 점에서만인 것은 아니었다. 그는 屯田을 국가가 직접 경영하되 그 소득을 국가의 소유로 할 것을 전제로 하는 것이었다. 그는 그와 같은 屯田을 한두 곳에다 두는 정도가 아니라 전국 각지에다 점차 널리 增設함으로써, 토지의 점진적인 國有化와 그에 隨伴한 그 農地의 國營化를 기하려는 것이었으며, 따라서 國家의 富力도 이를 통해서 더욱 커질 것을 기대하는 것이었다.[367]

다음은 農民層의 분화에 따라 零細小農層이나 無田農民層이 激增하고 있는 실정에서 어떻게 하면 農地 없는 農民들에게 農地를 줄 수 있을 것인가 하는 방안의 모색으로서 그는 屯田論을 제기하고 있는 것이었다. 그리고 이는 실로 오랜 시일에 걸친 연구의 결과로서 얻을 수 있었던 견해였다. 그는 본래 井田論을 그대로 시행할 수는 없지만 그것을 理想的인 土地制度로 보는 데서, 그 대안으로서 18세기의 대표적인 土地改革思想인 限田論을 젊은 시절에는 한때 그대로 받아들이고 있었다. 이 시기에 흔히 볼 수 있었던 바와 같이, 井田制의 시행이 어렵다면 土地所有의 사회적 불평등을 제거하기 위해서는, 限田制를 시행하는 것만으로도 일단의 목적은 달할 수 있다는 생

---

366) 『擬上經界策』 下, 三 6.
　　臣以爲 地有遺利者 遊食者衆而爲之不疾 耕種無法而生穀不多 故耕糯樹藝之法不可不敎也 敎樹藝奈何 習狃於故常者不可以色辭喩也 見滯於方隅者不可以政令齊也 必須程式以示之 功效以散之 使世之執耒耜而服田疇者曉然知 治田如此則理 不如此則荒 種穀如此則食 不如此則饑 巧拙之相形而勞逸判焉 善否之相違而利害懸焉 然後競相興勸 不令而趨 故屯田不可緩也
367) 『擬上經界策』 下, 三 6. 後述하는 바와 같이 그는 屯田을 서울 周邊과 각 지방의 行政官廳所在地와 北方의 國境線 부근 그리고 海岸地帶 및 島嶼 등지에 점차적으로 설치할 것을 構想하였는데, 이렇게 하면 '不出十年 在在積穀 倉庾充溢'할 것과 '內壯根本 外固邊圉 財穀充溢 公私給足'할 것을 期待하는 것이며, 餘他의 모든 農政策은 이러한 基本的인 문제를 해결한 然後에 있어야 할 것임을 말하였다.

각이었다.[368]

그러면서도 그는 이러한 理論으로 이 시기의 農業問題가 해결되리라고는 생각하지 않았다. 限田制를 시행하기 위한 土地所有의 제한, 즉 封建地主層에 대한 억제가 어려운 일임은 말할 것도 없지만, 農業改革을 위해서는 그 밖에도 農業生産力의 발전을 위한 여러 가지 문제가 종합적으로 조정되고 처리되어야 하는 까닭이었다. 그는 農學者로서 이 시기의 農業에 관하여 실로 많은 것을 연구하였고, 또 그에 따르는 문제의 所在를 분명하게 파악하고 있었다. 그래서 그는 老年期에 이르면서, 그리고 農業에 대한 연구가 더욱 深化되면서는 토지를 중심한 경제적 평등의 문제와 農業生産力의 발전을 위한 農業生産의 社會化의 문제를 하나의 문제로서 종합할 수 있는 방안을 검토하게 되었다. 그리하여 여기에 그는 國營農場的인 農業經營論으로서 屯田制를 구상하게 되고, 이를 통해서 이 兩者를 모두 해결하려 하였다. 國營農場으로서의 屯田을 통해서 農民層에 대한 경제적 평등도 기하고, 또 이를 통해서 農業生産을 社會化하여 생산력을 한층 더 발전시키려는 것이었다. 그가

　　　舉天下 而可行井地之制者 惟此地爲然[369]

이라고 하여, 井田制의 시행은 이 屯田에서만 가능하다고 한 것이라든가, 後述하는 바와 같이 그 屯田의 경영이 균등한 耕地를 가진 數名의 農民으로 하여금 共同勞動 또는 集團勞動으로써 행하도록 하는 것이었음은 그러한 사정을 말함이었다.

셋째로 그가 屯田論을 구상하게 된 것은, 井田論으로서 대표되는 一聯의 土地改革論이 실행될 수 있으려면, 반드시 封建地主層, 즉 土地兼併者들이 소유하고 있는 토지를 몰수하는 과정이 있어서 難點이 있게 마련인데, 그는 이와 같은 무리한 작업은 피하면서도 所期의 목적을 이루려는 데서였다. 이때에는 農民層의 분화가 絶頂에 달하고 있어서 土地改革論은 공공연하게 거론되고, 또 그럴 경우에는 그 理想論으로서 土地兼併者의 토지를 몰수해서

---

368) 註 355 참조.
369)『擬上經界策』下, 三 6.

貧農層에게 均等分配하라는 논의가 거침없이 주장되고 있었다. 그러나 그러한 반면에는 자고로 井田制를 시행하기 어렵다는 점을,

　　奪兼幷之田 以與貧民 則富民不服 而易生亂也[370]

라고도 말하고 있어서, 그것을 강행할 경우 土地兼倂者層의 반발이 결국은 반란으로 이어질 것이라는 점으로서 강조하고도 있었다. 이는 토지를 몰수할 만한 실력이나 근거가 국가에 없음을 나타낸 표현으로서 農業改革論에는 큰 威脅이 아닐 수 없었다. 그러므로 農業改革을 실천에 옮기려는 論者이면 누구나 일단은 이러한 문제를 반드시 고려하지 않으면 안 되는 것이었다.

　이렇듯이 農業改革은 어려운 문제였지만, 그러나 이 시기에 이는 또한 當爲의 문제이기도 하였다. 그래서 楓石은 어떻게든 이상적인 土地制度로서의 井田制에 가까운 農業改革을 하기는 하되, 地主層의 反撥을 사지 않을 방향에서 이것이 행해져야 할 것으로 생각하였으며, 또 地主層의 반발을 牽制하기 위해서는 그들과 맞설 수 있는 새로운 社會勢力과의 紐帶가 필요하다는 것도 생각하였다. 그리하여 그는 그의 農業改革을 土地改革이 아니라 經營改革이라는 각도에서 구상하게 되고, 이 시기 農村社會의 새로운 社會勢力이었던 經營型富農層과의 밀집힌 連繫性도 또한 생각하게 된 것이었다. 그는 經營型富農層과 紐帶下에 國營農場的인 農業經營論으로서의 屯田을 시행하면,

　　兼幷之怨 非所慮也[371]

라고 하여, 土地兼倂者層의 반발을 염려할 필요가 없으며, 앞에서 들었던 바와 같이 天下에 井田制를 시행하는 것도 이 屯田制를 시행함으로써 비로소 가능할 것이라고까지 생각하였다. 말하자면 그는 종래의 地主制的인 農業經營을 새로운 國營農場的인 農業經營으로 改善함으로써, 古代 井田制가 지닌

---

370) 『擬上經界策』下, 三 6.
371) 同上.

이념인 農民層의 경제적 평등도 기하고, 또 封建地主層의 農業經營도 점차 國營農場的인 農業經營에 가까운 새로운 經營形態로 전환시켜 가려는 것이 었다.

이와 같은 몇 가지 배려 위에서 전개되는 그의 屯田論은, 內地屯田으로서는 서울에 京屯, 지방에 營屯·邑屯을 두며, 邊地屯田으로서는 鎭堡屯(官屯)·民屯을 두려는 것이었다.

京屯은 서울의 東西南北에 각각 하나씩을 두는데, 東屯은 中冷浦 서쪽일대의 伏沙處를 起墾하고, 壯勇營 소속이었던 農地로서 太僕寺에 넘어간 것, 그리고 民間所有의 그 前坪을 일부 買收해서 수백 頃의 農場으로서 설치하며, 西屯은 楊鐵坪 일대의 陳荒處를 起墾하고, 衍義宮舊基 前坪의 民田으로서 伏沙된 곳을 買收 復舊하여 수백 頃의 農場으로서 설치하며, 南屯은 始興·安陽 사이의 平蕪十里의 땅에 水利施設을 하여 역시 수백 頃의 農場으로서 설치하며, 北屯은 道峰·水落山 사이의 平遠可耕處에 排水施設을 하고 一畝三畎의 農地를 작성하여 수백 頃의 農場으로서 설치하려는 것이었다. 그리고 이 4屯은 각각 地形의 便宜에 따라 혹은 3백 頃이 되게도 하고 혹은 2백 頃이 되게도 하되 全面積이 滿 천 頃이 되게 하려는 것이 그의 구상이었다.[372]

營屯은 각 道의 營下 근처에다 農場을 설치하는데, 각각 많으면 7, 8백 頃, 적으면 4, 5백 頃 정도로 하며,[373] 邑屯은 각 지방의 郡縣 등 列邑에다 설치하는데 규모는 크면 수백 頃, 적으면 70, 80頃이 될 것이며,[374] 이 밖에 각 지방의 水陸節度營이나 都護府에서 設屯을 할 때는 邑屯에 준하는 규모로 할 것을 말하였다.[375] 그리고 이 屯田도 京屯과 마찬가지로 官有地 외에

---

372) 『擬上經界策』下, 三 6.
    四屯各隨地形便宜 或占三百頃 或占二百頃 要令總四屯滿千頃而止
373) 同上.
    各就營下近處 設置屯田 多或七八百頃 少或四五百頃 其設施規制 一倣京屯
374) 同上.
    若取各邑公使庫本利變賣 置屯田 大邑置數百頃 小邑置七八十頃
375) 同上. 水陸節度營이나 都護府의 官屯規模는 말하고 있지 않지만, ‘水陸節度營及列邑·都護府 皆聽便宜置屯田’이라고 한 것으로 보면, 이 三者의 規模를 同格으로 다루고 있었던 것이 아닐까 생각된다.

起墾도 하고 買收도 하며 또 絶戶田을 통합하기도 하면 된다는 생각이었다.

그리고 또 이러한 屯田을 유지하기 위해서는 많은 器具가 소요되는데, 屯田을 설치하는 데 따라서는 附帶施設로서 濱水地를 택하여 農器具製造工場도 아울러 건설함으로써 각종 農器具를 공급해 줄 것을 말하기도 하였다.[376]

그러므로 이와 같이 屯田을 설치하려면 買田·買牛·募佃戶·制室廬·造器用 등에 막대한 자금이 필요한데, 그는 이에 대해서도 방안을 마련하고 있었다. 자금을 마련하지 못하면 農場設置도 卓上空論에 불과한 까닭이었다. 그는 그러한 방안의 하나로서 旣往에 政府所有의 시설이나 자금이 있는 곳은 이것을 그대로 이용할 것을 말하고 있었다. 이를테면 東屯의 室廬는 그곳에 종래에 사용하던 監牧廨宇가 있으므로 이를 그대로 農場의 室廬로서 이용할 것이며, 또 이곳에는 糶糴米 수천 斛이 있으므로 그 半을 이용하여서는 築圩·濬浦·製造器機 등의 비용에 쓰고, 나머지 半은 여전히 斂散取殖해서 饁田·飼牛의 비용에 충당하면 農場經營의 자금이 충분하리라는 것이었다.[377]

그러므로 農場設施의 자금이 문제가 되는 것은 이러한 旣存施設이 없는 곳인데, 이에 대해서는 각각 그 農場을 운영하게 될 當該機關에서 비용을 마련하도록 하고 있었다. 즉 京屯의 경우라면 南·西·北의 3屯이 문제가 되는데, 이에 대해서는 京司의 錢穀衙門에 不虞에 대비해서 貯藏해 둔 銀錢이 있으니 이를 이용하라고 하였다. 不虞란 水旱이나 師旅의 有事時를 말하는데 이런 때에는 銀錢은 별로 도움이 되는 것이 아니므로 이것을 자금으로 유용하게 이용하자는 것이었다. 그래서 그는 戶曹·宣惠廳·均役廳·司僕寺·訓局·禁衛營·御營廳·摠戎廳 등에서, 1만 緡 혹은 5, 6천 緡씩 出資

---

376)『擬上經界策』下, 三 6.

擇濱水地 設爲水排激水鼓鞴 打造鑱·鏵·錢·鎛·钁·鋒·鉏·鎒·鎌·鏫之屬 又使巧思人 監造樓車·砘車·磟碡·礰礋·颺扇·碙碓·連磨·水磨·水礱·水碾·海淸碾及諸種水車 以給其用

377) 同上.

東屯本有監牧廨宇 可以仍舊貫而不煩改爲 又聞有糶糴米數千斛 平分爲二 用其一 築圩濬浦製造器械 儲其一 依舊斂散取殖 以爲 饁田飼牛之費 而裕如矣

하여, 3屯에 각각 2만 緡씩 分與하여 初年의 買田·營室·造器·廩食之費에
충당하고, 償還方法으로서는

　　　每歲秋成 計殖輸穀而償之

할 것을 말하였다.[378]

　營屯의 자금은 각 營에 別備錢이라는 것이 있어서 不虞에 대비하고 있으
므로 이를 이용하여 매년 몇 십 頃씩 增置해 가며,[379] 邑屯의 자금으로서는
각 邑에 公使庫가 설치되어 貸錢取殖을 하거나 散穀收息을 하는 것이 있어
서 農民收奪이 되는 바가 酷甚하니, 이 公使庫의 자본과 利息을 모두 賣却하
여 屯田을 설치하면 大邑은 수백 頃, 小邑은 70, 80頃을 설치할 수 있을 것
임을 말하였다.[380]

2) 屯田의 經營內容

　屯田을 설치한 후 이를 경영하기 위해서는 몇 가지 규정을 마련하고 있었
다. 農場의 경영규칙인 것이다.

　첫째로 수백 頃씩이나 되는 廣大한 農場을 어떻게 조직적으로 경영할 것
인가 하는 문제로서, 그는 이를 10頃 단위로 세분하고 있었다. 楓石은 이 農
場이 아니더라도 전국의 農地를 量田하여 이를 魚鱗圖冊에다 記載하되, 역
시 10頃의 단위로서(千字文으로 字號標示) 正正方方으로 하여 '如棋枰之有
區'이거나 또는 '如儀象之有度'케 할 것을 생각하고 있었으며, 그럼으로써 '畫
然而易見'케 하여 전국의 農地를 一目瞭然하게 파악하려는 것이었는데,[381]
이 원칙에 따라서 農場에서도 農地를 10頃 단위로 세분하고 이를 하나의 經

---

378)『擬上經界策』下, 三 6.
379) 同上.
380) 註 374 참조.
381)『擬上經界策』上, 一 1(『金華知非集』11).
　　不論地之坂隰鹵埴 不論田之方圭句直 皆以量尺萬尺爲一頃 不足者以畝計之 與鄰
　田合湊爲一頃 有餘者亦以畝計之 與鄰田合湊爲一頃 作爲魚鱗圖冊 每十頃 以千字文
　一字標之 其畫然而易見也 如棋枰之有區 其井然而不紊也 如儀象之有度 準諸東西而
　同 準諸南北而同

營單位로 정하려는 것이었다. 그리고 屯田의 이 10頃은 다만 文書上으로만 單位化하는 것이 아니라 古代의 井田과 마찬가지로 溝洫으로써 劃井分田하려는 것이기도 하였다.[382]

이 10頃이라고 하는 頃은 그가 結負法을 改正하여 頃畝法을 사용할 것을 전제로 할 때의 단위로서, 그는 周尺 6尺을 量田尺 1尺으로 하고, 量田尺 方 1尺은 步, 步 100은 畝, 畝 100은 頃으로 할 것을 구상하고 있었는데,[383] 그의 農場에서도 이 단위를 農場의 經營單位로서 사용하고 있는 것이었다. 그러므로 이러한 頃畝法에서의 1頃의 면적은 대략 4,444坪(約 1.5町步)이 되는 것이며, 茶山의 換算法에 따라 斗落으로 환산하면 대략 30斗落 정도가 되는 면적인 것이다. 따라서 10頃의 면적이면 대략 44,444坪, 약 15町步, 300斗落의 넓이인데 楓石은 이것을 農場經營의 기본 단위로 삼고 있는 것이었다. 그리하여 이 10頃의 면적을 경영하기 위해서는

　　　每十頃 用耦犁四牛 役車二乘 佃夫五人[384]

이라고 하였듯이, 每 10頃마다 5世帶의 農家와 耦犁(一犁駕雙牛)하나, 牛 4 頭, 役車 2乘을 배정하고, 이 5世帶의 農家가 10頃의 農地를 집단적으로 또 는 공동으로 경작하도록 하였다. 물론 이 農場 내에서는 이들 農民에게 기본 적 생산수단이 그 所有物로서 授與되지 않으며, 이들은 國有의 農場을 國有 의 생산수단으로 공동으로 경작할 따름이었으며, 그에 대한 대가로서 雇價, 즉 임금을 지급 받을 뿐이었다. 이는 共同勞動이라는 점에서는 茶山의 共同 農場(「田論」)의 경우와 유사하나 그 經營內容은 전혀 다른 바가 있었다. 茶

---

382) 『擬上經界策』上, 三 6. 그는 內地屯田, 특히 京屯에서 10頃 단위로 5人의 佃夫 를 配置할 것을 말하면서 '此宜略倣匠人溝洫之制 四尺之溝 八尺之洫 縱橫縈絡 溝 達于洫 洫達于澮 澮達于川'이라고 하였는데, 民屯에서는 그것을 '於是 就距江十里 以內之地 畫井分田 一如內地屯田之制'라고 하였다. 이로써 보면 그의 '畫井分田'은 10頃의 單位農場을 古代井田에서의 井田 1區 와 같은 원리로써 區劃하려는 것이 었다고 하겠다.
383) 『擬上經界策』上, 一 1. 그의 量田論은 前揭 '茶山과 楓石의 量田論'(本書 所收) 참조.
384) 『擬上經界策』上, 三 6.

山이나 楓石의 경우 兩者가 모두 農業生産의 기본적 생산수단이 國有라는 점에서는 공통되나, 前者에서의 農民은 閭라고 하는 共同農場의 한 成員으로서 農場經營의 한 주체이고 따라서 所得分配에도 참여할 수 있는 것이었지만, 後者에서의 農民은 10頃의 單位農場에 배속된 하나의 雇傭人으로서, 農場經營의 주체는 국가이고, 따라서 그들에게는 소득의 분배가 아니라 임금의 지불이 있는 것이었다.

다음으로는 農場에서 사용하게 될 農法・農地(田畝)制度를 규정하고 있는 일이었다. 가령 위에서 耦犁를 사용한다는 것은 그 하나였다. 흔히 田畬의 起耕에는 單牛隻犁를 사용하는 것이 보통인데, 이 農場에서는 그렇게 하지 않고 모두 雙牛가 끄는 耦犁를 사용한다는 것이었다. 그것은 深耕栽培를 뜻하는 것으로서 地力을 철저하게 잘 이용하려는 한 방법이었다. 그뿐만 아니라 地力을 잘 이용하기 위해서는 農地制度 전반이 개선되어야 한다는 것이 그의 생각이었으므로, 이 農場에서도 그는 새로운 農地制度로서의 移秧法과 畝種法, 특히 一畝三畎의 代田法을 사용하도록 하고 있었다. 그리고 이 경우 前者는 嶺南式의 移秧法을, 後者는 海西나 關西式의 畝種法이 모범이 됨을 강조하고 있었다. 그러므로 이 移秧法이나 畝種法을 실행하기 위해서는 佃夫를, 水田耕作을 위해서는 嶺南左道人을 모집하고, 旱田耕作을 위해서는 海西나 關西人을 모집하여, 이들을 京畿人과 錯居케 함으로써, 京畿人이 嶺南人으로부터는 水田農法을 배우고 兩西人으로부터는 旱田農法을 배우도록 하였다.

그의 農學硏究는 문헌을 통해서 이를 연구하고, 이는 다시 실험을 통해서 확인・검토하는 방법을 취하고 있었는데, 이러한 연구과정을 통해서 그는 水田農業에서의 가장 훌륭한 農法은 移秧法이고, 旱田農業에서는 一畝三畎의 代田法인 것임을 확인하고 있었다. 그리고 그러한 農法에 가장 가까운 農耕을 하는 것은 水田은 영남지방이고 旱田은 관서나 해서지방이라는 것도 또한 조사하여 파악하고 있었다. 해서나 관서지방에서도 旱田을 耕治하는 데 반드시 一畝三畎으로 하는 것은 아니지만, 이 지방에서는 이에 가까운 畝種法이 특히 발달하고 있어서 他地方에 모범이 될 수 있었다. 그래서 그는 國營農場을 경영하기 위해서는 특히 嶺南人 佃夫와 嶺南式 水田農法, 兩西

人 佃夫와 代田法에 유사한 兩西式 旱田農法을 取擇할 것을 강조하는 것이 었다.[385]

이와 같은 農場의 경영에서 특히 우리의 관심거리가 되는 것은 여기에 종사할 佃夫를 어떻게 招集하고 雇傭할 것인가 하는 문제인데, 그는 이를 어렵지 않게 생각하고 있었다.

京屯의 경우에서 그가 내세우고 있는 방안은 다음과 같은 것이었다. 즉 佃夫를 영남지방에서 모집한다고 하는 것은 禁衛營이나 御營廳에 上京立番하는 장정 가운데서 20~30세의 身體健康하고 力穡하는 農民에게 妻子를 거느리고 올 것을 허락하고, 農場에서 보유하고 있는 米穀으로 路資를 지급하면 '人人樂赴'할 것이라는 것이며, 兩西地方에서 募集한다고 하는 것은 현재 이 지방 農民들이 農事하는 관례가 歲首에 1人 1年의 雇價를 3백 錢 정도로서 莊客을 雇募하는, 말하자면 短期의 雇工勞動으로서 하고 있으므로, 道里 遠近을 헤아려서 雇價를 5, 7백 錢씩 주기로 하면 하루 사이에 수백 명을 雇傭할 수가 있으리라는 것이었다. 그리고 특히 近年에는 京畿民으로서 離農上京하는 者가 많은데, 이들 가운데서 上農夫를 선출하여 家屋을 주고 영남지방이나 兩西地方의 佃夫와 同居케 하면 되리라고도 하였다.[386]

그의 國營農場經營을 위한 佃夫는 말하자면 이 시기의 農民層分化에 따라 農地로부터 배제된 無田農民層, 즉 賃勞動層이거나 軍役에 종사할 가난한 農民의 일부를 이용하려는 것이었다. 이 시기에는 農村社會의 분화가 촉진되고 農業經營이 賃勞動에 의한 商業的 農業이라는 성격을 띠어가고 있었으므로, 사실 住宅이 제공되고 생계를 유지할 수 있다는 조건 하에서라면 賃勞動者로서의 佃夫의 雇傭이 어려운 문제는 아닐 것이었다. 楓石은 이러한 農村實情을 그의 國營農場에다 후한 조건으로써 적용하려는 셈이었다.

다만 이때 嶺南人을 모집하는 방법은 이것이 단순한 賃勞動層의 雇募가 아니라는 점에서 신경이 쓰이지만, 그렇더라도 서울까지 上京立番하는 農民

---

385) 『擬上經界策』 上, 三 6, 三 2.
　　　拙稿, 註 360의 논문(『朝鮮後期農業史研究』 Ⅱ, 초판본, pp.361~369 ; 『朝鮮後期農學史研究』, pp.373~381) 참조.
386) 『擬上經界策』 上, 三 6.

이라면 그들의 鄕里에서는 失勢한 零細土地所有者이거나 無田農民으로서 賃
勞動層에 가까운 존재일 것이며, 또 처자를 거느리고 生活根據를 옮기는 데
도 人人樂赴할 것이라고 한 데서 보면, 역시 移來移去가 자유로운 賃勞動層
이거나 準賃勞動層으로 보아도 무방하겠다.[387] 그리고 또 이것은 특히 京屯
의 경우 嶺南式 水田農法의 교육을 위해서 처음에만 上番軍 속에서 선발하
는 것이므로, 다른 경우의 屯田經營에서는 佃夫雇募의 중심이 되는 것이 아
니겠다.

그리하여 京屯에서 國營農場의 經營을 위해 각 지방에서 雇傭한 佃夫들이
수년간에 걸쳐 嶺南式 水田農法과 兩西式 旱田農法을 익히게 되면, 이들을
점차 전국의 八道四都에 分遣하여 '以一傳十'하고 '以十傳百'함으로써, 水田
農業이나 旱田農業에 관한 그와 같은 農地制度나 穀物栽培法을 敎導케 하려
는 것이 그의 구상이었다.[388] 그러므로 각 지방에 설치된 營屯이나 邑屯에서
의 佃夫雇募를 할 때는 반드시 嶺南佃夫나 兩西佃夫를 별도로 雇募할 필요
가 없는 것이며, 각각 그 지방의 農民層 가운데서 無田農民이나 賃勞動層을
대상으로 이를 확보하면 되는 셈이었다. 그리고 그러한 農民이면 이 시기에
는 어느 지방에서나 더욱 증대하는 실정이었으므로, 住宅이 제공되고 雇價
가 지급되는 好條件이 그대로 계속되는 것이라면 佃夫雇募는 어렵지 않았을
것이다.

셋째로는 農場經營에 소요되는 경비의 내역을 정하는 일이었다. 그는 農
場에서의 農業生産이 완전히 그가 提言하는 農法으로써 행해지게 되면 平年
作으로 따져도 1畝에 1斛, 1頃에 100斛을 얻을 수 있을 것으로 보고, 200
頃의 農場이면 2만 斛, 300頃의 農場이면 3만 斛을 秋收할 수 있으리라 예
상하고 農場經營에 따르는 경비를 計定하고 있었다. 즉 平年作으로서 이만
한 收入이 있을 경우 그 半을 農場經營을 위한 경비로 사용하고, 나머지 半
은 저장하였다가 水旱不測之費로 사용한다는, 말하자면 일단 政府收入으로

---

387) 軍役이 주로 無勢貧農層에 賦課되는 사정에 관해서는 本書 제Ⅱ편 제1논문 참조.
388) 『擬上經界策』上, 三 6.
　　　行之數年 灼見成效 然後分遣其徒于四都八道 以一傳十 以十傳百 敎導其耕播芸耨
　　之法

서 國庫에 넣는다는 것이었다. 이 경우 經營費는 해마다 대략 일정할 것이므로 흉년이 들면 국가의 수입이 줄어든다고 볼 것이며 풍년이면 반대로 늘어날 것이다. 그는 이와 같은 農場經營費를 官民의 廩食·裘葛·饁田·飼牛·葺理室廬·器械의 補修費 등으로 大別하고 있었다.[389]

위에서 官民의 廩食이란 것은 이 國營農場의 관리인인 典農官과 佃夫에게 지급할 급료와 雇價이며, 裘葛은 作業衣이며, 饁田은 田中에서 작업할 때의 饋食이며, 그 밖의 것은 문자 그대로이다. 그러므로 農場의 경영은 완전히 國營으로 하는 것이며, 佃夫는 다만 自己가 속해 있는 單位農場(10頃 단위)에서 국가의 자본으로 국가의 農地를 경작하고 그 대가로 숙소를 제공받고 일부 식사를 대접받으며 임금을 지급 받는 데 불과하였다. 국가는 말하자면 大企業主인 셈이며 여기에 雇傭되고 있는 農民은 숙소와 식사·임금을 제공받는다는 유리한 조건 하에서의 農業勞動者인 것이었다. 우리가 楓石의 屯田에서의 農業經營論을 國營農場的인 農業經營論으로 보는 이유는 바로 이러한 특징 때문이다.

이 원칙을 10頃이라고 하는 農場에 관해서 생각해 보면, 이것을 경영하는 農家는 5世帶이고 牛는 4頭인데 平年作일 경우 1,000斛의 所出이 있으므로, 500斛의 곡물로써 이를 운영하는 經常費를 쓰고 5世帶의 農家와 4頭의 牛가 살아갈 수 있는 생활비를 지급하는 셈이었다. 그 가운데서 5世帶에게 지급되는 雇價가 얼마나 되겠는지는 분명치 않지만, 가령 農場經營을 위한 시설이 완비되었을 경우라면 적지 않은 부분이 이에 충당될 수 있으리라 생각된다. 그리고 그것은 前記한 바와 같이 처자를 거느린 者가 人人樂赴할 것이라든가, 또는 民間人 사이의 雇價보다도 배나 되는 金額으로 雇募한다고도 말하였으므로, 결코 佃夫들이 살아갈 수 없는 소액의 임금이었으리라고는 생각되지 않는다. 더욱이 有事時에 대비하여 이러한 經常費 이외에 따로 자금이 마련되어 있는 것이기도 하였다. 楓石은 이러한 계산 위에서 이와 같

---

389) 『擬上經界策』上, 三 6.
　　　臣意 治田如此(一畝三畎의 代田的인 畎種法을 말함) 以中年率之 一畝可得穀一斛 一頃得百斛 一屯得二三萬斛 用其半 爲本屯官民廩食·裘葛及饁田·飼牛·葺理室廬·修補器械之費 儲其半 爲水旱不測之費

은 佃夫로써 운영되는 國營農場을 그가 생각하는 바 이상적인 土地制度인 井田制에다 비유하기도 하였다.

　끝으로 그가 규정하고 있는 것은 이러한 農場을 관리하고 운영할 수 있는 책임자를 선정하는 문제였다. 이와 같은 農場의 經營方式은 종래의 官屯田이나 宮房田 등 봉건적인 地主經營에서는 없었고, 國富의 증대와 民富의 안정을 위해서 그에 의해서 처음으로 제기된 새로운 農業經營論인 것이었다. 그러므로 이 農場經營의 成敗與否는 동시에 그의 農業改革의 成敗를 좌우하는 것이 되며, 따라서 그 管理責任者의 선발은 중요한 문제가 아닐 수 없었다. 더욱이 이 農場은 새로운 經營方式으로 운영되는 것이므로 이러한 점에 전문적인 식견이나 경험이 없으면 만족할 만한 성과를 올리기가 어려운 것이기도 하였다.

　그러한 점에서 農場의 管理責任者는 在來式의 官人層에서 아무나 임명할 수는 없는 것이며, 반드시 이 방면의 전문가에게 위촉하지 않으면 안 될 것으로 그는 생각하였다. 더욱이 楓石은 이러한 農業改革論을 社會改革의 한 방법으로서 제기하고 있는 것이었으므로, 종래의 支配層으로 하여금 이를 擔當經營케 한다면 그가 의도하는 社會改革의 목표를 달성할 수도 없는 것이었다. 그래서 그는 이 새로운 형태의 國營農場의 管理責任者, 즉 典農官의 職責에는 그 任務를 遂行할 만한 능력 있는 새로운 人才를 임명할 것을 구상하게 되었다.

　그는 그러한 직책의 적임자로는 이 시기의 農村社會를 이끌어 가고 있었던 力農的인 營農階層, 즉 禹夏永의 이른바 兼倂廣作을 일삼는 力農者, 이른바 經營型富農層을 그 最適任者로서 지목하고 있었다. 이 계층은 農法轉換을 선도하여 農業生産力을 발전시키는 데 기여하고, 流通經濟와 관련 하에 그 경영을 개선하여 상업적인 農業을 전개함으로써 富를 증대하고, 賃勞動을 통해서 經營規模를 확대해 나가는 가운데 封建地主層과 이해관계를 둘러싸고 첨예하게 대립했으며, 더욱이 農村社會를 실질적으로 지배하는 직책인 鄕職을 都占함으로써 封建支配層에게는 경제적으로나 사회적으로 대등한 위치에 있는 새로운 社會勢力인 것이었다. 이들은 스스로 農業에 從事하되 그것도 力農을 하는 훌륭한 農民이지만, 사회를 비판할 수 있는 일정한 식견이

있었으며, 또 農學·農政에도 깊은 지식을 가지고 있는 明農者이기도 하였
다.[390]

　楓石은 農村社會를 건전하게 이끌어 가고 시대를 발전시키는 前進的인 자
세에 있는 農民像, 그리고 새 시대를 담당할 능력 있는 社會勢力을 이러한
社會階層에서 발견하고 있었다. 그러므로 그는 國營農場의 典農官에는 이러
한 社會階層이 합당할 것으로 보았으며, 이들이 아니고서는 그것을 경영해
나가기가 어려울 것으로 생각하였다. 그래서 그는 모든 屯田에 대하여

　　　每一屯 選明於農務者一人 爲典農官 領其事[391]

라고 하여, 明農者로써 典農官을 임명하고 그 屯田의 경영을 管掌케 할 것을
건의하였다. 그는 典農官도 하나의 훌륭한 官職이라는 점에서 封建支配層의
姑息的인 反論이 있을 것을 예상하였으나, 이를 漢代의 力田科의 예로써 납
득시키려 하였으며, 또 이들은

　　　其材力足以趣事赴功 智慮足以役使莊戶[392]

라고 한 바와 같이, 農業을 경영하는 데 材力과 經營的인 자질이 있고 賃勞
動層을 다루는 데 지적인 누뇌가 있으므로, 이들이 아니고서는 이 새로운 農
場의 경영이 불가능하다는 것을 강조하기도 하였다. 앞에서도 언급한 바와
같이, 이 시기에는 賃勞動層의 社會意識의 高潮로 인해서, 雇傭勞動을 이용
하여 農業을 경영한다는 것은 실로 어려운 일이었으므로, 그는 이 점에 특히
유의하는 것이었다.

　그리하여 그는 이 力農者層에서 典農官을 선발하는 방법까지도 마련하여

---

390)『擬上經界策』上, 三 6, 三 2.
　　　拙稿, ‘朝鮮後期의 經營型 富農과 商業的 農業’(『朝鮮後期農業史硏究』 II, 초판
　　　본, pp.220~222 ; 증보판, pp.372~374) 참조.
391)『擬上經界策』下, 三 6.
392)『擬上經界策』下, 三 2.
　　　拙稿, 註 390의 논문과 同.

提言하였으며, 그들 가운데서 農場經營에 특히 功이 있는 者에게는 일반 牧民官으로 轉補할 것도 아울러 건의하였다. 그리고 그는 이를 단순히 그의 國營農場의 經營이라는 각도에서만 구상하는 것이 아니었다. 그는 社會改革을 전제로 하는 農政刷新의 구체적인 형태의 하나는 害農的인 요소, 즉 封建支配層으로서의 士人을 중심한 游食人을 제거하고, 이 시기 農業生産에서의 利農的인 요소, 즉 力農者의 生産活動을 더욱 권장하는 데 있는 것으로 보았으며, 이렇게 하는 것을 重農政策으로 보고 있었다.[393] 그래서 그는 國營農場만이 문제가 되는 데서가 아니라, 全國의 農地에 대한 農政策을 개선한다는 의미에서도 重農策, 즉 力農者階層의 典農官 나아가서는 政治權力에의 登用을 강조하는 것이었다.

이는 茶山이 獨立自營農化를 志向하는 그의 井田制的인 農業經營論 가운데서, 農業生産에 특출한 성과를 올린 '原夫'農民 중에서 광범하게 官吏를 선발할 것을 제도화하려던 견해와 흡사한 것으로서, 楓石은 經營型富農層을 國營農場의 經營者(官吏)로도 임명하고, 나아가서는 그들 가운데서 그 경영에 큰 성과를 올린 者를 地方守令으로 등용할 것을 法制化하려고도 하는 것이었다.[394]

楓石이 農業改革을 이와 같은 형태로 전개하게 된 것은 지극히 당연하고도 자연스러운 일이었다. 國營農場의 본질은 이 시기의 農村社會에서 광범하게 행해지고 있었던 經營型富農層의 農業經營 그것에서 發想한 것이기 때문이다. 우리의 農村社會에서 관행하는 새로운 經營樣式을 國營農場이라는 각도에서 집약하고 있는 것이었다. 다시 말하면 國營農場에서 農業生産의 양식은 우리의 현실 農業生産이 도달하고 있는 최신의 生産樣式에서 그 모형을 취하고 있는 것이며, 그것을 國營農場이라고 하는 새로운 경영체제에다 확대 적용시킴으로써 農業生産力을 발전시키고 農業改革을 달성하려는 셈이었다. 그러므로 그의 國營農場 경영에서는 經營型富農層과의 紐帶가 불

---

393) 『擬上經界策』 下, 三 2.
　　　將欲治田 必先重農 將欲重農 必先去其害 而聳以利 ……
394) 拙稿, 註 390의 논문(『朝鮮後期農業史研究』 II, 초판본, p.219 ; 증보판, p.371)
　　　참조.

가피한 것이며, 이들의 협조가 없이는 사실상 그 목적을 달성하기가 어려운 것이었으리라고도 생각된다.

  말하자면 그는 그의 農業改革을 經營型富農層을 중심으로 이들과의 紐帶 下에 달성하려는 것이었으며, 종래의 地主制를 정면으로 否定하지는 않았으나, 經營型富農層의 農業經營, 즉 國營農場的인 農業生産의 양식을 일반화 시킴으로써, 종래의 地主·佃戶制的인 封建的 生産樣式을 새로운 農業生産의 양식으로 점차 전환시켜 가려는 것이었다고 하겠다. 그것은 邊地屯田에서의 地主層에 의한 民營農場 운영의 문제와 관련하여 생각하면 더욱 분명해진다.

  京屯의 經營內容은 대략 이상과 같거니와 이러한 내용은 각 지방에 散在하는 屯田에서도 마찬가지였다. 지방의 屯田이라고 특별히 다를 필요는 없었다. 그러한 사정을 그는 營屯을 말하는 가운데

  其設施規制 一倣京屯[395]

이라고 다짐하고 있었다. 邑屯에 관해서는 아무 단서가 없었지만 이도 營屯과 함께 京屯의 經營規則을 따랐으리라고 생각된다. 邑屯 문제를 그는 營屯에서 계속해서 言及하고 있으면서도 다른 규정을 내세우고 있지 않은 것으로 보아, 그리고 '每收穫旣畢 輸其半于近處山城'[396]이라고 한 것으로 보아 그렇게 이해되는 것이다. 京屯에서와 마찬가지로 收穫의 半은 不虞에 대비하고, 半은 農場經營을 위한 諸經費에 쓰려는 계획임을 알 수 있는 것이다.

  邊地屯田은 北方의 國境線과 東南海의 島嶼 및 海岸地帶에 설치하려는 것으로서, 前者는 國境線 일대를 개척하여 農場을 설치하려는 것이며, 後者는 海島 중의 牧馬場을 관서지방으로 옮기고 그곳을 農場으로서 起墾하며, 또 海路의 要地에 農場을 설치하려는 것이었다. 이러한 邊地屯田은 단지 農地擴張이나 農場設置에만 목적이 있는 것이 아니라 국방상의 목표도 아울러 지니고 있었다. 그래서 이러한 邊地屯田에서의 農場經營의 내용은 반드시

---

395) 註 373 참조.
396) 『擬上經界策』下, 三 6.

內地屯田에서의 그것과 같게 하지 않았으며 國營農場만을 고집하지도 않았다. 이에 대해서는 그 설치 목적의 특이성에 비추어 지역적 특성을 배려하기도 하고 農地開發이라는 정책적인 문제도 배려함으로써 융통성 있는 經營方式을 취하려 하였다. 國營農場 이외에도 民營農場과 在來式의 屯田을 또한 설치하려 하였음은 그것이었다.

邊地屯田으로서 內地屯田과 꼭 같은 經營方式을 취한 것은 海島 중의 牧馬場에다 설치하는 農場이었다. 이러한 곳은 원래가 國有地인 데다가 牧馬場에 附設된 종래의 시설을 그대로 사용할 수 있기에, 국가가 이를 國營農場으로서 직접 경영하여도 별반 새로운 투자를 필요로 하지 않는 까닭이었으리라고 생각된다. 그리고 牧馬場은 오랜 세월에 걸쳐 糞壤이 잘된 곳이므로 이를 개간하면 所出이 많으리라는 점도 계산되고 있었다. 그래서 그는 이러한 곳은 다음과 같이

置典農官 募民耕種 一如內地屯田之制[397]

內地屯田의 經營方式과 마찬가지로, 經營型富農層을 管理責任者로 임명하여 賃勞動層을 雇募함으로써 國營農場으로서 이를 경영하려 하였다.

邊地屯田 가운데서도 北方의 국경선 일대에는 要害處를 택해서 郡邑과 鎭堡를 설치하며, 東南海 일대의 要地에는 鎭堡를 설치하고서, 每 1邑에는 5천 頃의 屯田, 每 1鎭堡에는 3천 頃의 屯田을 마련하여 이를 官屯이라고 하였는데, 그는 이 官屯은 內地屯田과 그 經營內容을 달리하고 있었다. 즉 이러한 官屯田에서는 一方耕農하고 一方衛戍한다는 古來의 屯田이나, 地主制로써 經營되는 당시의 諸屯田과 같은 經營方式을 취하도록 하고 있었다. 여기서는 官에서 募民耕種하되 賃勞動層을 雇傭해서 官이 直營하는 것이 아니라, 時作農民을 招集하여 그들로 하여금 이를 경작시키는 地主制를 택하고 있는 것이었다. 가령 '收其租 如主客例'라고 한 것이 바로 그것으로서, 이곳에서는 地主와 時作農民 사이의 현행 收租率에 따라서 私租(地代)를 받도록

---

397) 『擬上經界策』 下, 三 6.

한다는 것이며, 또 이들 時作農民은 '官屯出兵以衛民 而免其調'라고 한 바와 같이, 免調를 받는 대신 出兵衛民, 즉 民을 지키기 위하여 兵士로 徵發되도록 되어 있는 것이었다. 이렇게 해서 收取한 地代는 이를 3分하여 '廩徒餉士' '官俸' '緩急'에 對備하는 등 農場經營을 위한 경비로 쓸 것을 규정으로서 마련하고 있었다.[398]

3) 民屯의 設置

民屯은 京屯 營屯 邑屯 등 國營農場으로서의 屯田과는 달리, 民間人으로 하여금 民間 資本으로서 屯田을 설치하고 이를 경영케 하려는 民營農場이었다. 楓石은 그것을 국가가 北方의 邊地屯田으로서 설치하려는 官屯의 바로 후방에, 民間人 富民주도 하에 新田을 開發함으로서 屯田을 설치하고 入耕토록 하려는 것이었다. 그는 그러한 구상을 다음과 같이 말하고 있었다.

> 聽富民欲得官者 募佃夫備工本入耕 能以百夫耕者 授以百夫之地 爲百夫之長 能以千夫耕者 授以千夫之地 爲千夫之長 命以爵而授以祿 則應募者蝟集[399]

즉, 民間人 중 대단한 財産이 있는 富民으로서 官人이 되고자 하는 者가, 新田開發을 위한 제반 자금을 마련하고 佃夫를 雇募하여 入耕하기를 원하면, 이를 허락한다는 것이었다. 그럴 경우 능히 百夫를 거느리고 와서 百夫之地(2백 頃)를 개발할 수 있으면 그만한 토지를 주고 그 民屯의 長·典農官으로 임명하며, 능히 千夫를 거느리고 千夫之地(2천 頃)를 개발할 수 있으면 그만한 토지를 주고 그 屯田의 長, 즉 典農官으로 임명한다는 것이었다. 이만한 규모의 農地를 개발하려면 그 소요되는 자금이 막대할 터인데, 그래도 楓石은 應募者가 군집할 것으로 보고 있었다. 屯田의 長·典農官이 된다는 것은 官人이 되는 것인데, 이는 爵을 주는 것으로 옛날의 封建과 같이 '皆許

---

398) 『擬上經界策』 上, 三 6.
　　　　以江爲界 擇要害之地 建郡邑設鎭堡 每一邑置屯田五千頃 每一鎭置屯田三千頃 官自募民耕之 收其租如主客例 平分爲三 用其一廩徒餉士 用其一爲官俸 貯其一以備緩急 使民屯居內 官屯居外 官屯出兵以衛民 而免其調
399) 『擬上經界策』 下, 三 6.

世襲'(註 402 참조)케 하려는 것이며, 뒤에 언급되는 바와 같이 什一稅의 半을 祿俸으로도 주려는(收租權 지급) 것이므로, 그는 이것이 新田開發者들에 대한 충분한 보상이 될 것이라고 보는 것이었다.

이 경우 그는 民屯의 개발 경영 관리자를 반드시 內地屯田에서와 같이 力農者 또는 明農者로써 말하지 않고, 財力 있는 富民 가운데 관리가 되고자 하는 者로써 한다고 하였는데, 이는 이 같은 일을 감당할 수 있는 富民이면 經營型富農 정도의 小富가 아니라, 千石君 萬石君 정도의 大地主層이나 그 밖의 豪商層 가운데서 得官하려는 者와 같은 巨富가 아니면 안 된다고 보았기 때문이라 생각된다. 그것은 2백 頃이나 2천 頃이면 國營農場과 그 규모가 같은 큰 農場인데, 이만한 廣大한 農場을 개발할 수 있는 富力은 前者보다는 後者에게 더 많다고 봄이 옳기 때문이다. 前者에게도 개인적으로 民屯을 개발하고 그 屯長이 될 것을 희망하는 자가 있었겠지만 그럴 경우 그 규모는 결코 클 수 없었을 것이다.

이 같은 民屯의 설치 방법은 內地에 설치되는 京屯이나 營·邑屯의 그것과 다르지 않았다. 즉

就距江十里以內之地 畫井分田 一如內地屯田之制[400]

라고 하였음은 그것이었다. 國營으로 설치되는 內地 屯田은 농지를 10頃 단위로 畫井 分田하고, 매 10頃마다 5세대의 農家와 耦犁 4牛 役車 2乘을 배치하려는 것이었는데(註 384 참조), 民屯도 그와 같이 하라는 것이었다. 이같이 하면 民屯의 農民들에게 배당되는 農地는 매호당 2頃씩이나 됨으로, 그들은 경작규모 상으로 본다면 지극히 여유 있는 農民이 되는 셈이었다.

民屯, 즉 民營農場은 그 설치주체가 국가가 아니라 民間人이 자금을 출자하고 屯田에 雇募된 佃夫의 노동력을 이용하여 설치한 것이기 때문에, 그 經營內容은 官屯 즉 國營農場의 그것과 같지 않았다. 그는 그것을 다음과 같이 기술하고 있었다.

---

400) 『擬上經界策』 下, 三 6, 註 382 참조.

　　三年之後　視田高下　定什一之稅　用其半爲本屯長俸祿　儲其半以備緩急 …… 使民
屯居內　官屯居外 …… 民屯出布以養兵　而免其戍　內外互爲維持　官民相爲經緯[401]

　즉, 新田을 개발하여 民屯 民營農場을 설치하면, 3년이 지난 후에 국가가
이 農地의 田品을 살펴 什一稅를 징수하는데, 그 半으로서는 세습하는 屯長
의 '俸祿'을 지급하고, 나머지 半은 저장하여 '緩急'에 대비하도록 한다는 것
이었다. 屯田農民 즉 佃夫에게 배당되는 몫은 수확의 10分의 9가 됨으로,
그들은 新田開發에 참여하여 民屯을 형성시킨 대가로 여유 있는 自耕農民이
되는 셈이었다. 그들은 그것으로서 생계를 유지하고 익년의 농자를 해결하
며, 그리고 出兵을 免하는 대신 出布를 함으로써 養兵을 담당토록 한다는 것
이었다.

　그리하여 그는 이와 같은 民屯, 즉 民營農場을 설치하고 그 屯長으로 하여
금 규정대로 이를 잘 운영케 하면, 官屯의 설치와도 아울러, 일반적으로 井
田制를 시행하고자 할 때 있게 되는 두 가지의 難點, 즉 兼併者의 토지를 몰
수해서 貧民에게 줄 때 일어나게 될 地主層의 生亂을 염려할 필요가 없고,
井田을 授受할 때에 일어나게 될 欺冒難察의 폐단을 막을 수 있으리라고 보
았다. 그리하여 그는 그들 屯長은 佃夫를 모집해서 屯田을 개발하였고, 그
屯田을 지배하는 官人으로서 屯田農民인 佃夫戶의 사정을 정확히 파악하고
있을 것임으로, 天下에 井田制를 시행하는 일, 즉 民産의 均等化를 기하는
일은 여기에 비로소 가능하게 될 것이라고 확신하였다.[402]

　楓石은 당시의 農業問題를 무엇보다도 農民經濟의 均産化를 위해서 地主
層의 土地集積을 견제하고, 또 그러기 위해서는 土地再分配도 해야 할 것으

____

401)『擬上經界策』下, 三 6.
402) 同上.
　　自古哆口論王政者　必曰井田　而難之之說有二　一曰　脫兼幷之田　以與貧民　則富民
不服　而易生亂也　一曰　一自封建廢　而官民不相稔　授田還田之際　欺冒難察也　今墾無
主閒曠之地　則兼併之怨　非所慮也　百夫千夫之長　皆許世襲　則與封建無異　而佃戶之
虛實勤惰　皆可周知矣　擧天下而　可行井地之制者　惟此地爲然
　　楓石은 屯田農民을 앞에서는 佃夫라 표현하였었는데, 여기서는 이를 佃戶라 표
현하고 있어서 혼란을 일으키게 하나, 이는 地主佃戶制의 佃戶가 아니라 佃夫戶를
주려 말한 것이라고 하겠다.

로 인식하고, 그의 農業改革論을 제기하는 것이었다. 그럼에도 그는 邊地에서 民屯을 설치하려는 富民에게는, 그 開發權을 줌으로써 새로운 官人·收租權者로 인정해 주고, 또 古代의 封建과 같이 그 世襲을 허용하고 있었다. 물론 그것이 종래의 地主佃戶制를 뜻하는 것은 아니었다. 그래서 그는 이 民營農場의 경영을 통해서 屯田農民 佃夫들에게 什一稅의 井田을 주고 民産의 均等化를 도모하는 것으로 말하고 있었다. 말하자면 그는 中國古代의 封建諸侯의 지배 하에서 시행될 수 있었던, 井田의 이념을 屯長들의 관리 아래 있는 民營農場에서 새로운 형태로 실현하려는 것이었다고 하겠다.

民屯, 즉 民營農場을 이와 같이 살펴보면 거기에는 일정한 意義가 있는 것으로 생각된다. 비록 邊境地帶이기는 하지만 楓石이 특히 民營農場을 허락하고 있는 것은, 그의 全農業改革과도 관련하여 한편으로는 이 지역을 개발함으로써 農地不足의 문제를 해결하고, 또 여러 가지 이점을 살린다는 점을 배려한 것이지만,[403] 이와 아울러서 생각할 수 있는 것은, 앞에서도 지적한 바와 같이 이를 통해서 農民經濟를 均産化하고, 舊來의 地主層에 의해서 운영되던 封建地主制的인 農業經營을 그가 구상하는 國營農場 民營農場的인 農業經營으로 전환시켜 가려는 데서였으리라고 생각된다.

이는 말하자면 종래의 封建地主層에게 봉건적인 生産樣式을 점차 개선해 나갈 수 있는 길을 열어 주고 있는 것이라고도 하겠다. 그는 地主層이 兼併

---

403) 『擬上經界策』下, 三 6. 그는 여기서 邊屯을 設置할 경우 國防·經濟上의 利益 10種을 다음과 같이 列擧하였다.
  1. 採蔘獵貂로 犯越入國하는 者를 막을 수 있다.
  2. 江邊入防의 苦役을 덜 수 있다.
  3. 沿江設鎭에 따라서는 經費 數萬, 簽丁 4, 5千을 省略할 수 있다.
  4. 官의 煮鹽으로 沿邊 7읍은 數十年分의 穀을 貯蓄할 수 있다.
  5. 西北面은 地勢가 平坦해서 畫井濬澮하고 作畝治畎하여 井田을 만들기가 容易하다.
  6. 4郡地域은 累百年 荒廢腐葉 朽草가 모두 肥沃한 土質이 되게 하였으므로 이를 開拓하면 經濟性이 높다.
  7. 沿邊千里에 縱橫으로 溝澮를 만들면 田野之間이 모두 金湯의 要塞가 된다.
  8. 많은 木材를 얻을 수 있다.
  9. 牧畜과 蠶桑을 발달시킬 수 있다.
 10. 新田을 開發함으로써 井田制를 施行할 수가 있다.

하고 있는 토지를 몰수하여 貧民들에게 給與한다는 것은 현실적으로 불가능한 것이라고 생각하고 있었으므로, 혁명이 없는 현실 속에서 그러한 혁신적인 農業改革을 모색하기보다는, 그와 같은 地主層의 富力을 國營農場 民營農場的인 農業經營이라고 하는 새로운 農業改革의 방향으로 전환시키고, 이를 이용하는 것이 현명하다고 생각하였는지도 모르겠다. 그의 農學硏究의 성과를 보면, 그리고 그가 도달하고 있는 農業經營에 관한 견해에서 보면, 資本利用이라는 점에서, 그리고 경제적인 논리라는 점에서, 封建地主制의 개혁은 이를 혁파하는 것보다 이를 歷史의 발전방향으로 유도하고 개선하는 것이 유리하고 또 바람직한 것이라고 생각하지 않았을까 생각되기도 한다.[404)]

楓石이 屯田을 중심으로 전개한 새로운 農業經營論은 대략 이상과 같은 것이었다. 지금까지 살핀 바에서도 이미 파악할 수 있었던 바이지만 그의 農業經營論의 특징은, 이 시기의 農村社會에 광범하게 등장하고 이 무렵의 經濟諸條件과 관련하여 새로운 農業經營을 주도하고 있었던 經營型富農層과 紐帶下에, 그들의 農業經營方式을 國營農場이나 나아가서는 民營農場에 그대로 받아들이고, 이를 통해서 舊來의 봉건적인 地主·佃戶制를 止揚하고 새로운 生産關係를 수립하려는 것이었다. 그리고 특히 國營農場 경영의 본질은 바로 資本家的인 農業經營, 資本制的인 生産樣式과 흡사한 것이었다. 말하자면 그는 새로운 生産樣式의 수립을 封建地主制를 打倒消滅함으로써 이루려는 것이 아니라, 그들의 富力을 이용하고 그 農業經營을 질적으로 전환시킴으로써 이룩하려는 것이었다.

그러한 점에서 그의 農業改革論은 茶山이나 그 밖의 여러 사람들에게서 볼 수 있는 農業改革論과는 다른 바가 있었다. 18세기의 土地改革思想으로서 여러 사람들이 제론하였던 井田論·限田論·均田論 등은 모두가 封建地主制의 타도와 그 農地의 農民層에 대한 재분배를 주장하는 것으로서 農民爲主의 改革思想이기는 하였지만, 혁명이 없는 상황에서 이는 실현 불가능

---

404) 그의 農業經營論 一般은 註 360의 논문(『朝鮮後期農業史硏究』 Ⅱ, 초판본, pp.380~391 ; 『朝鮮後期農學史硏究』, pp.392~403) 참조.

한 案이었으며, 茶山의 共同農場的인 農業經營論이나 獨立自營農的인 農業經營論도 封建地主層의 전면적 또는 점진적인 타도 위에서 農民에 의한 農業經營을 성취하려는 農民爲主의 改革論이었는데, 楓石의 農業改革論은 여러 가지 면에서 그 실현성의 문제가 전제되고 생산력의 발전이란 문제도 고려되는데서, 封建地主層의 전면적인 타도가 아니라 이의 이용과 전환을 통한 새로운 生産樣式의 수립이었으며, 따라서 그 改革方案은 순전히 農民爲主가 아니라 地主層의 입장도 살리고 있는 절충적인 것이었다. 당시까지의 農業改革論에 비하여 楓石의 改革論이 지니는 특이성은 바로 이 점에 있었다. 그것은 그의 사상의 인식체계 자체가 新舊를 절충하고 종합하는 데 그 특징이 있었음과도 관련이 있었다.[405)]

그러나 그렇기 때문에 그의 農業改革論에는 일정한 한계가 있었다. 그의 改革論의 焦點이나 그 관심의 대상은 全農民을 균등하게 경제적으로 均産化하고 그러한 방향에서 經濟秩序를 안정시키려는 것이 아니었다. 그가 특히 문제로 삼은 것은 토지에서 완전히 배제된 無田無佃의 賃勞動層과 封建地主層에게 수탈을 당하고 있는 영세한 時作農民層인 것이며, 그와 같은 農民層을 그는 새로운 農場經營, 새로운 生産關係를 수립함으로써 안정시키려는 것이었다. 그는 封建制 社會經濟體制의 핵심인 地主·佃戶制가 內包하는 기본적인 矛盾關係를 개혁은 하되, 타도로써가 아니라 질적인 전환을 통해서 그것을 새로운 시대, 새로운 사회의 새로운 經濟機構로 개편하려는 것이었다. 그러한 점에서 그의 屯田, 즉 國營農場과 民營農場을 통한 農業改革論은 생산력의 발전이나 生産關係의 변혁이라는 점에서는 뛰어난 것이지만, 모든 農民의 경제적 평등화를 추구해야 할 農業改革이라는 점에서는 미흡한 것이었다.

---

405) 註 360의 논문(『朝鮮後期農業史研究』Ⅱ, 초판본, p.385 ;『朝鮮後期農學史研究』, pp.400~403,『林園經濟志』農業論의 特性) 참조.

6. 結 語

지금까지 우리는 18, 19세기 우리의 農業實情이 지니는 특징을 살피고 그러한 가운데서 제기되는 農業改革論으로서 새로운 農業經營論을 살피었다.

이 시기의 農業實情은 한마디로 말하여 身分制的인 農村社會가 해체되는 가운데 農民層이 경제적으로 크게 분화되고 재편성되어 나가는 것이 특징이었다. 農民層分化는 여러 가지 사정에서 연유하는 것이지만 封建地主層에 의한 土地集積이나 農民層內部의 農地制度의 개선에 따르는 農業生産力의 발전 및 그 商業化는 그 중요한 계기가 되고 또 그것을 촉진시키고 있었다. 三政運營의 불합리가 이에 가세하고 이를 더욱 촉진시켰음은 주지하는 바이다. 農地는 地主層(垃作地主) 및 地主型富農層(經營地主)이나 經營型富農層에게로 집중하고 일반 農民層 가운데는 토지에서 배제되는 者가 더욱 늘어나게 된 것이었다. 그리고 그나마 農地를 소유한 農民이라 하더라도 그것은 극히 영세한 것에 불과하여서 그것만으로는 살 수 없는 실정에 있는 農民이 많았다.

農地를 소유하지 못한 農民은 地主層이 貸與하는 農地를 借耕하는 時作農民層으로 되는 것이 일반적이었고, 따라서 時作農民層에 의한 農業生産은 自作農的인 農業生産과 더불어 이 시기 農業生産의 또 하나의 주축을 이루고 있었는데, 農民層의 분화는 여기에서도 일어나고 있었다. 借耕地의 보유에는 불균형이 있게 되고, 따라서 여기에서조차도 배제되는 農民은 날로 늘어나고 있는 것이었다. 이런 경우의 農地(借耕地) 集積者는 經營型富農層이었으며 그들은 多作, 즉 經營擴張에 열중하였다. 借耕地에서조차 밀려난 農民은 혹은 도시로 진출하여 商人이나 날품팔이가 되기도 하고, 鑛山으로 進出하여 鑛夫가 되기도 하였으며, 그것도 안 되는 農民들은 農村에 그대로 잔류하여서 農業勞動者가 되기도 하였다. 賃勞動層의 형성인 것이었다.

農民層分化의 결과는 한편으로는 繁榮하는 계층을 등장시키기도 하였지만, 다른 한편으로는 大衆의 農家經濟를 破綻으로 이끌었고, 계급간의 軋轢과 대립과 마찰을 격화시키고 있었다. 그 가운데서도 地主·佃戶 간의 항쟁

은 심각한 社會問題였다. 封建地主層에 대한 時作農民層의 항쟁은 拒納・慾
納 등의 抗租運動으로 전개되었는데 이는 日常化하고 있었으며, 이러한 항
쟁이 격렬해지면 民亂의 상태로까지 번지고 있었다. 地主層은 地代의 引下,
庄土管理規定의 改正, 抗租作人의 교체 등 여러 가지 대책을 세웠지만 허사
였다. 封建地主層의 農民收奪이 그것으로써 해소될 수는 없는 것이었고 따
라서 時作農民層의 항쟁은 계속될 수밖에 없는 것이었다. 그리고 그 결과는
19세기 중엽의 三南地方을 위시한 전국적인 農民叛亂을 야기시키기에까지
이르고, 그것은 또 말기의 農民戰爭으로 연결되었다. 農民層分化에 따르는
地主・佃戶 간의 抗租運動은 봉건적인 社會體制 그 자체까지도 否定하는 體
制否定의 운동으로 확대되고 있는 것이었다. 農業改革의 문제는 이제 본격
적으로 검토되지 않을 수 없는 것이었고, 그 방안은 이제 社會發展의 문제와
도 관련하여 진지하게 모색되지 않으면 안 되는 것이었다.

  이러한 실정에서 이에 대한 비판과 개혁의 요청은 이미 일찍부터 여러 사
람에 의해서 여러 가지 형태로 제기되고 있었다. 限田論・均田論・井田論・
貸田論・農業協同 문제 등등이 그것으로서, 이는 직접 간접으로 封建地主層
의 打倒와 地主・佃戶制的인 農業生産을 否定하고 있는 것이어서 커다란 意
義가 있었다. 그리고 그 가운데서도 限田論・均田論 등은 그런 대로 革新的
인 의미를 지니는 것이었다. 그러나 이들 이론에는 일정한 한계가 있었다.
그것은 과연 이 이론으로써 근본적으로 農民들의 경제적 평등을 기할 수 있
을 것인가 하는 점과, 이 시기의 農業生産에서 현실적으로 진행되고 있는
생산력의 發展問題를 어떻게 계승하여 더욱 발전시킬 수 있을 것인가 하는
방안을 충분히 제시하지 못하고 있는 까닭이었다. 그래서 18세기 말 19세
기 전반에 이르러서는 이 시기의 대표적 두 知性 茶山과 楓石에 의해서 새로
운 방향에서 農業改革이 모색되고 그것은 새로운 農業經營論으로서 제기되
었다.

  茶山이 궁극적으로 달성하려고 하는 이상적인 農業生産의 형태는 共同農
場的인 農業經營이었다. 그는 그것을 閭田制로써 전개하였다. 이는 철저하
게 農民爲主의 改革論인 것으로서, 그는 이를 종래에 개별적으로 거론되어
온 農業生産力의 발전을 위한 農業技術的인 문제, 農民層의 경제적 평등을

위한 土地再分配의 문제, 富農層의 經營活動에 대응할 수 있는 零細小農層의 農業協同의 문제 등을 하나의 문제로서 종합 정리한 것이었다. 생산력을 한층 더 발전시키고 農民層의 경제적 평등도 성취하려면 農業生産을 사회화하는 것이 필요하고, 또 그러기 위해서는 所得分配의 방법도 달리하는 것이 첩경이라고 생각하였던 것이다.

그리하여 그는 여기에 封建支配層의 토지를 몰수하여 이를 國有化함으로써 農民 개개인의 私的 所有와 私的 經營을 인정치 않으며, 모든 農地는 이를 閭單位의 農場에 위임하고 農民도 이에 배속함으로써, 閭의 農民으로 하여금 閭에 위임된 農地를 共同勞動으로써 共同耕作하고, 그 소득도 共同分配하되 勞動量의 多寡에 따라 분배를 받는 새로운 農場을 구상하게 되었다. 農業生産의 이와 같은 共同化方案은 종래의 農業改革論과는 파격적으로 다른 것이었으며 새로운 사회에서의 새로운 農業經營論이 아닐 수 없었다. 그것은 封建地主層을 철저하게 否定하고 農民層의 경제적 평등을 철저하게 추구하고 있는 것이었으며, 農業生産力의 발전이 農業生産의 사회화를 통해서 추구되고 있다는 점에서, 이 시기의 봉건적인 農業生産에 대하여는 혁신적인 것이었다. 그리고 그러한 점에서 그것은 現代社會에서 볼 수 있는 協同農場과도 원리적인 면에서는 기본적으로 같은 것이 아닐 수 없었다.

共同農場은 이와 같이 혁신적인 것이었기에 그것은 限田論이나 均田論보다도 더욱 실현성이 희박하지 않을 수 없었다. 茶山은 그것을 분명하게 인식하고 있었다. 혁신적인 변혁이 없는 상황에서 農業生産의 共同化政策에는 地主層(並作地主)뿐만 아니라 地主型富農層(經營地主)이나 經營型富農層의 반발도 예상할 수 있는 일이었다. 그리고 그러한 반발이 있는 한 共同農場이 이루어지기는 어려운 일이 아닐 수 없었다. 그래서 그는 여기에 이상적인 農村社會, 이상적인 農業生産을 지향하는 過渡的인 조치로서 현실적인 諸條件과 어느 정도 타협한 절충안을 제기하게 되었다. 獨立自營農的인 農業經營論이 그것으로서 그는 이를 井田論으로써 전개하였다.

獨立自營農的인 農業經營論은 古代井田의 이념과 방법을 빌어서 가능한 범위 내에서 地主制를 타파하고 無田無佃의 農民을 獨立自營農으로 개편·향상시키려는 방안이었다. 그리고 이것은 共同農場的인 農業經營論과는 달리 모든 農民을 井田이라고 하는 틀로써 파악하기는 하되, 그들 개개의 農民에게는 農業을 田農(穀物) 園廛(果樹) 圃畦(蔬菜) 嬪功(織造) 虞衡(造林) 畜牧(牧畜) 등 6科의 분야별로 專業化하여, 전문지식이나 노동능력에 따라 經營型富農層도 만족할 수 있는 일정한 토지를 給與함으로써, 그들이 지급 받은 私田 내에서는 그 私的 經營과 私的인 생산활동을 인정하며, 小農層의 經營型富農層으로의 성장에까지 일단의 목표를 두는 改革案이었다.

그러면서도 이 改革案은 地主制의 타파를 토지의 몰수라는 급진적인 방법으로써가 아니라, 국가에서 買收하거나 寄進을 받는 점진적인 방안으로써 제기하는 것임에서, 地主制의 否定을 일거에 성취하려는 것이 아니라 수십 년 또는 수백 년을 두고 끈기 있게 달성해 나가려는 것이었다. 그러므로 그 사이에는 한편으로는 地主制가 소멸되어 時作農民의 獨立自營農化가 촉진되면서도 다른 한편으로는 아직 地主制가 그대로 존속하게 됨을 免할 수가 없었다. 그래서 이렇게 地主制가 그대로 존속하는 곳에서는 借耕地를 또한 그의 井田制의 원리로 分給하려 하였다. 借耕地나마 균등하게 分給하자는 것이었다. 이는 18세기 이래의 貸田論 均竝作論을 살린 것으로서 地主制를 완전히 제거할 수 없는 상황 하에서의 暫定的인 조치였다.

이와 같이 獨立自營農的인 農業經營論은 점진적이고 또 地主制를 그대로 내포하고 있는 것이기는 하지만, 그렇더라도 그것은 기본적으로 그리고 궁극적으로는 封建地主制의 타도를 전제로 하는 것이었다. 그러한 전제 위에서만이 無田農民의 獨立自營農化는 가능한 까닭이었다. 그리고 그러한 점에서는 이 改革案조차도 현실적으로는 용납되기 어려운 것이 아닐 수 없었다. 그러므로 그는 이 改革事業을 성공시키기 위해서는, 이를 통해서 큰 성과를 올려야 하고 또 그것을 담당해 나갈 主體勢力이 필요하다고 생각하였다. 그는 그러한 主體勢力을 여러 가지로 專業化(6科)된 農業의 각 분야에서 그 각각의 農業經營을 가장 잘 하고 그 실적을 가장 많이 올린 農民으로 구성할 것을 생각하였다. 그러한 農民들은 이 시기 經營型富農層과 실질적으로 같은 것이었는데, 그는 이들을 政治權力에까지 참여시킬 것을 改革案의 골자로 하고 있는 것이었다. 茶山의 두 農業改革論은 말하자면 農業改革만을 문제삼는 것이 아니라 社會改革까지를 동반하는 것이며, 따라서 이 獨立自營

農的인 農業經營論에서는 經營型富農層을 改革事業의 주체로 이끌어들이면서 그들과 협조 하에 封建制社會體制를 개혁하려는 것이었다고도 하겠다.

楓石이 지향하는 農業生産의 형태는 國營農場的인 또는 民營農場的인 農業經營이었는데 그는 이를 屯田論으로 전개하고 있었다. 이는 茶山의 경우와는 달리 철저하게 地主層의 經營轉換을 중심으로 한 農業改革論이었다. 그도 본시는 봉건적인 地主制를 否定하여 限田論을 주장하기도 하고 井田論의 理想性을 내세우기도 하였으나, 문제는 토지를 소유하고 있는 地主層의 반발을 어떻게 막을 것인가 하는 데서 비관적이었으며, 農學과 農村經濟를 평생의 學으로서 연구해 온 그로서는 이 시기의 農業生産에서 요청되는 현실적인 조건인 資本利用이라는 문제도 고려해야 한 데서 절충안을 마련하게 된 것이었다. 즉 地主層의 무조건적인 타도가 아니라 그 經營轉換이라는 각도에서의 農業改革을 구상하게 된 것이었으며, 그것이 바로 屯田을 통한 國營農場 및 民營農場的인 農業經營論이었다. 그리고 그러한 위에서 또한 農業生産力의 발전을 더욱더 촉진시키기 위하여 勞動生産力이나 土地生産力을 모두 높일 수 있는 先進的인 지역의 農業技術을 보급시키고, 農業生産을 집단화하며, 또 그 일환으로서 無田農民에게는 農場内에서 均産化가 이루어지도록 구상한 것이 그의 國營農場 및 民營農場이었다.

이러한 農場을 설치하기 위해서는, 국가로 하여금 國有地를 이용하기도 하고 民田을 買收하기도 하며, 地主層에게는 그들의 富力으로써 이를 설치케 하되, 전국 각지에다 수십 頃에서 수천 頃에 이르는 규모의 農場을 건설하며, 이는 다시 10頃 단위로 세분하여 이를 農業生産의 基本單位로 삼으려는 것이었다. 그리고 이를 경영하기 위해서는 零細貧農層이나 賃勞動層을 雇募하여, 10頃의 單位農場마다 5人의 農民을 배속시켜 이를 그들의 集團勞動으로써 경작하되, 이들은 임금을 지급 받는 農業勞動者로서 農業生産에 從事할 뿐이며 農場의 經營主體는 어디까지나 국가이고 또 地主인 것이었다. 農場에서 활용할 農業技術은 水田農業은 嶺南式 移秧法, 旱田農業은 海西나 關西式의 畎種法으로 할 것을 강조하였다. 그리고 특히 國營農場을 관리·운영하기 위해서는 典農官을 두는데, 그는 이들을 農業經營에 탁월한 재능을 지니고 있는 力農者·明農者 즉 經營型富農層 가운데서 選拔하여, 그들의 經營方式

으로 이를 경영케 하려 하였으며, 그뿐만 아니라 그는 이들이 항구적으로 정치권력에 참여할 수 있도록 制度化할 것을 또한 구상하였다.

말하자면 그는 經營型富農層을 주축으로 그들과 협조 하에 종래의 地主·佃戶制的인 農業生産을 經營型富農·賃勞動制的인 農業生産으로 전환시키려는 것이었으며, 한 걸음 더 나아가서는 봉건적인 農業生産을 資本家的인 農業生産으로 전환시키려는 것이었다고도 하겠다. 그는 봉건적인 經濟體制의 핵심을 봉건적인 地主·佃戶制로 파악하고, 그 핵심을 개선함으로써 그 사회적인 모순을 是正하고, 아울러 그들 封建地主層을 새로운 經濟體制下에서의 새로운 經濟勢力으로 전환시키려는 것이었다. 그러므로 토지를 소유하고 있는 自營農民은 새로운 經濟體制下에서도 그대로 自營農民인 것이며, 따라서 이들에게 문제가 되는 것은 다만 農業技術上의 개선뿐인 것으로서, 그의 農業改革論에서는 이들은 크게 문제되지 않았다.

茶山과 楓石의 農業改革論을 이상과 같이 살펴보면 兩者의 견해에는 적지 않은 차이가 있었다. 地主·佃戶制를 개혁하는 방법에 차이가 있는 것은 말할 것도 없지만, 이 두 碩學의 理論으로 農業改革을 수행한다고 할 때, 거기에는 農業生産의 형태가 다르고 農民層의 存在形態가 다른 세 가지 유형의 農業體制·農村社會가 건설될 것이었다. 이는 아마도 이들 두 碩學의 사상의 深度, 現實把握과 장래에 대한 전망, 사회적 위치, 그리고 農民과 農業生産에 대한 이해 등등의 차이에서도 연유할 것이며, 또 이 案의 提起가 먼 장래에 있어야 할 農業生産의 형태를 學으로서 추구하는 것인가, 또는 당장 현실의 農業에 적용할 것을 목표로 하는 改革案으로서 提論하는 것인가 하는 提起方式의 차이에서도 연유할 것이다. 茶山의 改革案이 前者의 입장에서 제기된 것이라면, 楓石의 그것은 後者의 입장에서 提論된 것이었다고 하겠다.

그러면서도 이 두 碩學의 農業改革論에는 기본적으로 공통되는 점이 여러 가지 있었다. 그 하나는 封建地主制를 타파하거나 개선할 것을 목표로 하는 것으로서, 이는 봉건적인 農業生産의 기본적인 모순이 이 地主·佃戶관계에 있음을 보여주는 것이고, 따라서 그들의 農業生産과 社會改革의 핵심은 이의 是正, 다시 말하면 體制改編에 있는 것이었음을 보여주는 것이겠다. 또 그들은 이와 같은 개혁에 力農者·明農者, 經營的인 두뇌와 能力·財力이 있는 이른바 經營型富農層을 農業改革을 위한 주축으로 이끌어들이고, 이들을 政治權力에까지 참여시킴으로써 이들과 협력 하에 그들의 農業改革을 성취하려 하였는데, 이는 말하자면 이 시기의 社會改革이 이들을 주축으로 하지 않을 수 없을 만큼, 이들은 큰 社會勢力을 형성하고 또 前進的인 자세에 있는 社會階層이었음을 보여주는 것이었다고 하겠다. 그뿐만 아니라 그들은 그들의 農業改革에서 農業生産을 分業化・組織化하거나 共同化・集團化한다는 점에서도 유사한 획기적인 대책을 보여주고 있었는데, 이는 이 시기의 農業生産이 일정한 단계에 도달하여 보다 높은 단계로의 발전을 위해서는, 農民經濟의 安定方案과도 관련하여 이와 같은 새로운 차원에서의 접근이 제시되지 않을 수 없고, 또 그것이 제시될 수 있을 만큼 지적 수준이 높으며, 극단한 경우를 제외한다면, 社會經濟上의 현실적 여건도 조성되고 있었음을 보여주는 것이라 하겠다.

茶山과 楓石의 이와 같은 農業改革論은 中世末期 우리의 두 知性이 도달한 最善의, 그리고 이 시기 時代思潮의 첨단을 걷는 改革案이었다. 그러나 그러면서도 그들은 이러한 새로운 改革案을 外來思想의 輕薄한 적용을 통해서 이루고 있는 것은 아니었다. 그들은 우리의 傳統思想 속에서 그 사상이 발전하는 가운데 그 사상의 缺陷을 자기의 것으로서 극복하는 고뇌를 거치면서 이를 성취하고 있었다. 朱子學的인 儒敎思想이 朝・野를 지배하는 大海 속에서, 그리고 이를 거부하는 論者는 이를 斯文亂賊으로 糾彈하는 사상적 질곡 속에서, 그들은 尙古主義와 漢・宋學의 절충의 이름으로 朱子와는 儒敎認識의 태도를 달리하고 朱子의 세계에서 벗어나고 있는 것이었다. 朱子로부터의 탈피, 朱子學의 극복은 곧 그 社會思想, 즉 名分論과 地主・佃戶制를 基軸으로 하는 封建的인 社會經濟秩序論의 극복인 것이며, 여기에 茶山과 楓石에게는 새로운 農業改革・社會改革의 논리가 성립될 수 있었고, 또 그것은 空論이 아니라 현실적인 의미를 지닌 改革案으로서 등장할 수 있었다.

〔『大東文化研究』9, 1972. 12 揭載〕

茶山과 楓石의 量田論

1. 序　言

앞서 筆者는 實學派의 農業改革論으로서 茶山과 楓石이 提論하였던 새로운 農業經營論을 검토한 바 있다. 實學이란 17세기에서 19세기에 이르면서 우리나라의 봉건적인 社會經濟體制가 내포한 제반 모순을 是正하려는 새로운 경향의 학문으로서, 이는 오랜 세월에 걸치면서 많은 사람에 의해서 여러 가지 면에서 提言되었으나, 19세기의 茶山이나 楓石에 이르러서는 이 모든 것이 實學派 社會思想으로서 集大成되고 있었다. 茶山이나 楓石에 의해서 집대성된 그와 같은 社會思想은 多岐하였지만 그 가운데서도 중심이 되는 것의 하나는 요컨대 農業문제였다. 그들은 우리나라 封建末期의 기본적인 모순 관계를 地主制를 중심한 農業體制에서 발견하고, 그 근본적인 개혁을 구상하였으며, 그와 같은 農業改革의 방안으로서 제기하게 되는 것이 이른바 田論·井田論·屯田論 등으로 표현된 새로운 農業經營論이었다.[1]

茶山이나 楓石은 이와 같이 體制變革을 前提한 農業改革을 구상하는 것이지만, 그러나 그와 같은 農業改革이 이루어지려면 農地의 정확한 파악이 선행되지 않으면 안 되는 것이었으므로, 井田論이나 屯田論으로 표현된 그들의 새로운 農業經營論과 관련하여서는 그 전제로서 전국의 農地를 정확하게 파악하기 위한 새로운 量田方案을 또한 구상하는 것이기도 하였다. 그러므로 그들의 農業改革論의 전모를 이해하기 위해서는 이 量田方案에 관해서도

---

1) 拙稿, ʻ18, 19世紀의 農業實情과 새로운 農業經營論ʼ(『大東文化研究』9, 1972, 本書 앞의 논문 所收).

그 특성을 살피지 않으면 안 되는 것이라 하겠다. 그러나 前稿에서는 그 주제의 성격상 이를 詳論할 틈이 없었으며, 따라서 이는 다음 과제로 미룰 수밖에 없었다. 이제 이 小論을 草하는 것은 前稿에서 미진한 채로 남겨 두었던 그와 같은 문제를 補說함으로써, 그들의 農業改革論을 좀더 소상하게 파악해 보려는 데 목적이 있다.

더욱이 19세기는 개혁의 시대로서 開港 전이거나 후이거나를 막론하고 田政改善의 문제가 오랜 세월에 걸쳐 여러 계통의 政客이나 識者層에 의해서 提論되고, 그 가운데서는 量田問題가 그 기본 문제의 하나로서 거론되고 있었으므로, 茶山이나 楓石의 量田論을 분명하게 파악하면 實學思想이나 그 農業改革論이 後代에 계승되는 문제를 이해하는 데도 도움이 될 것이다. 茶山이나 楓石 이후 農業改革의 문제가 政策上에서 거론되는 것은 壬戌改革, 甲申·甲午改革, 光武改革 등에서였는데, 그들의 量田論을 파악한다는 것은 이 각각의 시기의 量田論과도 관련하여 實學派 農業論의 繼承 여부를 점검하는 한 방법이 되는 것이며, 따라서 근대화를 위한 이와 같은 諸改革에서의 思想的 배경을 이해하는 데도 도움이 될 것이라고 보는 데서이다.

2. 結負制改革論

茶山이나 楓石의 農業改革에 관한 구상은 기본적으로 農民에게 産業을 줌으로써 農民經濟를 均産化할 것과, 稅制를 합리적으로 운영함으로써 農民負擔을 균등하게 하려는 데 초점이 있었고, 나아가서는 이를 社會改革의 문제와 연결시키려는 것이 그 궁극적인 목표였다. 그리하여 이와 같은 목표를 위해서 그들은 그 均産化의 방안으로서는 旣述한 바와 같은 새로운 農業經營論을 제기하게 되고, 그 均賦의 방안으로서는 均産化의 문제와도 관련하여 賦稅의 기초가 되는 量田法 또한 改正되어야 할 것으로 보고 이를 提言하는 것이었다.

이와 같이 그들이 새로운 量田論을 제기하게 되는 동기는 공통되는 것이지만, 그러나 그들의 量田論은 그 동기만이 아니라 그 내용에서도 동일한 바

가 있었다. 舊來의 量田法은 賦稅의 均平을 기한다는 점에서 근본적으로 缺
陷이 있으므로, 이는 새로운 합리적인 量田法으로 改正되어야 한다는 점에
서였다. 그들은 그것을 두 가지 면에서 提論하고 있었다. 그 하나는 土地支
配의 방법인 종래의 結負制를 폐기하고 中國式의 頃畝法으로 개혁해야 한다
는 것이며, 다른 하나는 그와 같은 結負制下에서 행해지던 애매모호한 量田
方案을 改正하되 새로운 客觀的인 方量法으로써 행해야 한다는 것이었다.
말하자면 그들의 量田論은 結負制改革論과 量田法改正論으로서 집약되는 것
이었다. 그러므로 以下 本稿에서는 이 두 가지 문제를 중심으로 그들의 量田
論의 특징을 살피게 된다.

　結負制를 頃畝法으로 개혁하려는 것은 結負制에는 여러 가지 缺陷이 있
고, 따라서 그것은 결국 農民이 부담하게 되는 稅를 공정하게 부과할 수가
없다고 보는 데서였다. 茶山은 그것을 土地支配의 原理上의 문제로서도 지
적하고 田品이나 年分法의 불합리와 관련해서도 지적하고 있었다.

　結負制가 토지를 지배하는 데 근본적으로 缺陷이 있다는 것은, 이것이 국
가적인 견지에서의 經田이나 治田, 즉 國土管理와 土地把握의 방법으로서
객관성을 잃고, 法 그 자체에 원리상의 缺陷이 있다고 보는 데서였다. 그는
그것을 中國의 頃畝法과 대비하여 설명하고 있었다. 頃畝法은 農地의 廣狹
을 통해서 그 면적을 파악하려는 것, 따라서 객관성을 지니는 것인 데 대하
여, 結負法은 農地의 肥瘠을 통해서 그 稅額을 파악하려는, 말하자면 주관적
인 것이므로, 여기에는 不正이 따르게 되고, 따라서 禹稷이 量田을 해도 그
것을 밝힐 수는 없으며, 그러기에 結負經田의 제도는 法 그 자체가 잘못 되
어 있다는 것이었다.[2] 또 頃畝法에서는 頃畝에 따라 執稅하므로 每頃의 稅는
輕重이 다르고, 따라서 稅總은 비록 해마다 일정치 않으나, 國家는 天下의
農地를 그 實數대로 정확히 파악할 수 있는 것인 데 대하여, 結負制는 結負
로 執稅하게 되므로 每結의 稅는 동일하고, 따라서 전국의 토지는 정확히 측
량이 되지 않으면서도 稅總은 일정하게 매겨지도록 되어 있어서, 賦稅의 원
리상 불합리하다는 것이었다.[3]

---

2) 『全書』, 「遺表」 田制 6 邦田議, 下, p.116.

더욱이 그는 結負制의 운영에 田品의 원리와 年分의 원칙이 錯綜하고 있음을 불합리하게 생각하고 있었다. 흔히 우리나라의 結負制는 三代의 貢·助의 遺意를 취한 훌륭한 것이라고 云謂되지만, 그러나 茶山은 바로 거기에 문제가 있는 것으로 보았다. 그는 그것을 다음과 같이 말하고 있었다. 그가 알기에 貢法은 토지로써 賦稅하고 助法은 年事로써 賦稅하는 것으로서, 이 兩者는 그 賦稅의 원리가 근본적으로 달랐다. 그래서 夏에서는 貢法, 殷에서는 助法을 채택하였으며, 周나라는 鄕遂에서는 貢法, 都鄙에서는 助法을 쓰고 있어서, 어느 시대에나 이 兩者를 交合해서 法을 마련하고 있는 것이 아니었다. 그런데 우리나라에서는 貢法의 遺意를 본받아서는 田品을 중심한 結負를 제정하고, 助法의 뜻을 본받아서는 그 가운데서 다시 年分視年의 제도를 마련하였으니, 結負制는 결국 氷炭이 相雜하고 모순이 互掣한다는 것이었다.[4]

그는 이러한 입장에서 비판을 더욱 신랄하게 가하고 있었다. 본시 稅政은 貢法이 아니면 助法으로써 행할 수밖에 없는 것인데, 우리나라 結負制에서의 田品六等은 貢法에 類하는 것이니 이미 貢法을 쓰고서 또 年分(助法)을 쓴다면 稅政을 위한 法制가 성립될 수 있겠는가, 그리고 이 두 法이 합치될 수 없음은 마치 矛盾枘鑿와 같아서 도저히 병행될 수 없는 것이니, 이제 우리나라에서 田品六等 위에서 年分九等의 法을 시행하려 한들 이루어질 수 있겠느냐고 한 것 등은 그것이었다.[5] 그리하여 結負制에는 이와 같이 근본적인 缺陷이 있는 것으로 판단하는 데서, 그는 이 제도를 한마디로 요약하여 '結負經田之法 天下之敝法'이라고까지 하였으며, 結負制에 의한 土地支配에서 奸竇가 難防한 것도 法制가 未善한 탓이라고 비판하였다. 따라서 이러한 法制가 시행되고 있는 한 禹稷이라 하더라도 능히 국토를 잘 다스릴 수는 없을 것이라고 하였다.[6]

---

3) 『全書』, 「遺表」 田制 8 邦田議, 下, p.130.
4) 『全書』, 「遺表」 田制 6 邦田議, 下, p.120.
5) 『全書』, 「遺表」 田制 7 邦田議, 下, p.121.
   『全書』, 「遺表」 田制 11 井田議, 下, p.148.
   그는 이러한 점을 다른 곳(p.123, 130)에서도 여러 차례 強調하고 있었다.
6) 『全書』, 「遺表」 田制別考 2 魚鱗圖說, 下, p.166.

茶山은 結負制의 缺陷을 土地支配의 原理上의 문제로서만 비판하는 것이 아니라, 田品을 6等分하는 기술적인 문제에 관해서도 이를 지적하고 있었다. 結負經田에서 골자가 되는 田品六等의 制에는 여러 가지로 불합리한 점이 있다는 것을 말함이었다. 그는 그것을 무엇보다도 '田分六等 恐不如九等之爲中理'라고 하여, 6等分의 구분이 9等分의 구분만 못함을 들고 있었다. 9等으로 함이 이치에 맞는다고 보는 것이었다. 田品은 種 1로써 10을 出하는 곳도 있고 100을 出하는 곳도 있으므로 隔 5로 구분해도 19等이나 되지만, 그러나 法이 太碎할 수는 없는 것이므로 上附下附해서 9等(隔 10)으로 구분하는 것이 이치에 맞는다는 것이었다. 그렇지 않고 등급 사이의 간격이 넓으면 넓을수록 등급을 정할 때 요행 下等으로 매겨지면 그 幸이 더욱 커지고, 上等으로 규정되면 반대로 그 不幸이 더욱 커져서 民斂이 不均하게 된다는 데서였다.[7]

田品의 불합리로서 그가 다음으로 든 것은 量田尺이나 면적의 差法에 관해서였다. 量田尺은 朝鮮前期에는 隨等異尺, 즉 田品에 따라 그 길이가 다른 6개의 尺을 사용하였고, 後期에는 單一尺을 사용하되 田品에 따라 그 면적의 계산에 일정한 차이를 두고 解負하도록 하였는데, 어느 경우나 그 差法이 합리적이지 못하다는 것이었다. 그는 그것을 隨等異尺의 경우 一等尺에서 六等尺에 이르는 量田尺의 길이의 差가 平比例로 따져도 不合하고, 差比例로 따져도 不合하며, 三分損一의 比例로 따져도 不合하니 무슨 差法이 이러한가를 비판하였다.[8] 따라서 이 경우 면적의 差에도 일정한 差法이 없게 됨은 말할 것도 없었다.

單一尺의 경우도 마찬가지였다. 이 경우 一等田尺을 통용하고 각 等田의 差를 약 15로 정한 것은, 尺度를 不眩케 하고 稅額을 不紊케 한다는 점에서, 結負制가 본래 未善한 것이기는 하나, 結負經田의 원칙을 사용하기로 하는 한 마땅히 이렇게 되어야 할 것이라고 그는 생각하는 것이지만, 그러나 그 解作結負 때의 각 等田의 면적의 차이에 小數 이하의 零細한 數를 붙이고 있

---

7) 『全書』, 「遺表」 田制 6 邦田議, 卜, p.116.
8) 同上.

음은 무의미한 것이라고 보았다. 이는 본시 隨等異尺 때의 차이에 符合케 하기 위해서 마련한 것이지만, 그러나 隨等異尺에서는 差法이 錯亂하고 單一尺에서는 差法이 有定하므로 이 兩者가 합치될 수는 없고, 또 前者에서는 각 等田 사이에 尋仞의 差가 있는데 後者에서는 小數 이하의 零細한 數를 붙여 극히 작은 차이밖에 나지 않으니 兩者가 相合할 수는 없다는 것이었다. 또 이 경우 解作結負 때의 田品 간의 면적 차는 數理家의 聯比例로써 볼 때 그 差法이 불합리하며, 田品이 정해지는 원칙은 粟出의 多寡로써 행해져야 할 터인데 이때의 田品制는 그렇지도 못하다는 점을 들기도 하였다.[9]

셋째로 田品六等의 불합리에 관하여 그가 크게 유의한 것은 道 단위로 地品을 論하거나 지역에 따라 그 등급을 예정하고 있는 점이었다. 이를테면 당시 朝廷에서는 매양 '某道之田如此 某道之田如彼'라고 하여 道 단위로 田品을 논하고, 또 法典上으로 優恤의 뜻에서 北道에서는 量田 후의 新起를 元結에 넣지 않고 續田으로 시행하며, 京畿는 水田은 第四等을 作首로 하고 旱田은 모두 第六等으로 규정할 것을 田品制運營의 한 원칙으로 삼고 있었는데, 이는 지극히 불합리하다고 보는 것이었다. 農地의 肥瘠은 畦步마다 다르고, 一壟의 차이로도 出穀이 倍差가 되는 수도 있으므로, 田品이 이와 같이 道 단위로 논해지거나 예정될 수는 없다는 것이며, 따라서 南北이거나 京畿를 막론하고 다만 穀出의 多寡, 農地의 肥瘠에 따라서 규정되어야 하며, 또 '王者經田之法'이라는 각도에서도 마땅히 일정한 制가 있어야 한다는 데서였다.[10]

結負制는 이와 같이 여러 가지 缺陷을 지니고 있는 田品六等의 원칙 위에 성립되고 있어서 그 法이 未善한 것이지만, 그러나 結負制의 缺陷이 여기에 머무르는 것은 아니었다. 이러한 제도가 운영될 때는 年分法으로써 행해지는데, 이 年分法에도 근본적인 缺陷이 있어서 結負經田에 더욱 많은 폐단을 加重한다는 것이었다.

그는 그러한 年分法의 缺陷을 무엇보다도 9等으로 구분하고 이것을 道 단

---

9) 『全書』, 「遺表」 田制 6 邦田議 下, p.117.
10) 『全書』, 「遺表」 田制 6 邦田議 下, pp.118~120.

위나 邑 단위로 매기며, 또 地域差를 두고 있는 점으로써 지적하고 있었다. 法制上의 分等은 일정한 行政區域을 단위로 十分實에서 二分實에 이르기까지를 기준으로 하여 이를 9等으로 정하고 있는데, 현실적으로는 大豊之年에도 10분의 1을 먹을 수 없는 農地가 있는 반면, 大歉之年에도 十實을 다 먹을 수 있는 農地가 있어서 반드시 地域單位의 9等으로 구분할 수 있는 것이 아니라는 데서였다. 道를 단위로 하여 分等할 경우 道內의 田을 細察하면 邑마다 작황이 다르고, 邑內를 細察하면 坊마다 다르며, 坊內를 細察하면 田마다 다르므로, 막연한 麤算으로써 1道의 田을 통계해서 그 稅를 上下하면 賦稅不均이 있게 된다고 보는 것이었다.[11] 그뿐만 아니라 그는 자고로 田品은 9等하는 바가 있었지만 年分을 9等하는 바는 없다고 보고 있었다. 그러므로 年分法을 시행하려고 한다면 地域差가 없이 道의 작황을 上・中・下로 分等하고, 같은 方法으로 邑의 작황, 坊의 작황, 每筆地의 작황을 또한 각각 3等으로 구분하여 賦稅가 공평하도록 해야 한다는 것이 그의 생각이었다.[12]

더욱이 十分實에서 二分實에 이르기까지를 細察하여 규정하게 되는 이러한 年分法은 실질적으로는 시행될 수 없는 것이라고 생각하였다. 그리고 그 結果로 현재 大豊의 해에도 年分은 下三等에서 벗어나지 않고, 大歉의 해에도 下三等이 바뀌지 않게 되었다는 것이며, 또 制度上에도 없는 '稍實' '之次' '尤甚' '最尤甚' 등의 애매모호한 區別法이 관행되기에 이르렀다는 것이었다. 국가에서는 이러한 추세에 대한 대책으로서 부분적으로 田稅를 일정케 하는, '凡一結收田稅四斗 凡田畓下之中以上 收稅不在此限'이라는 규정을 마련하기도 하였지만, 그러나 이는 年分法을 그대로 유지하면서 下下田(第九等)에 대해서만 이를 恒率化하고 있는 것이라는 점에서 불합리하다는 것이며, 또 이는 처음 年分時에 下下田으로 看坪되느냐 下中 이상으로 看坪되느냐에 따라 年事의 凶豊에 관계없이 稅가 부과케 되는 데서 賦稅의 원칙상 不公하다는 것이었다. 그뿐만 아니라 이는 외견상으로는 恒率 같지만 裏面을 살피면 엄연히 年分이므로 그 書法이 모호하고 따라서 奸竇와 不正이 있게 된다

---

11) 『全書』, 「遺表」 田制 7 邦田議 下, p.121.
12) 『全書』, 「遺表」 田制 7 邦田議 下, p.122.

는 것이었다.[13)]

結負經田의 제도가 이와 같이 田品의 방법이나 年分의 방법에서 여러 가지로 불합리하다면, 이러한 제도의 시행으로써 國土管理와 土地支配가 제대로 될 수는 없었다. 그는 僞災를 막을 수 없고,[14)] 隱結을 防止할 수 없으며,[15)] 陳起를 제대로 파악하거나 陳田蠲稅를 제대로 할 수 없는 것은[16)] 모두 結負經田의 불합리 때문이라고 생각하였다. 그리고 그 결과로 국가의 稅源인 結總이 날로 감축하기에 이르렀다고 생각하였다.[17)] 그는 田政의 이와 같은 폐단은 근본적으로는 結負制의 缺陷에서 연유하는 것으로서, 이는 結負法 스스로가 '自纏自繞 自破自碎 自疏自齕 自紛自亂'하는 것이라고도 말하였다.[18)] 量田을 하면 모두 해결될 것이라고 논하는 者 있으나, 이러한 견해에 대하여는 法이 본래 未善한데 천 번 改量한들 구제될 수 있겠느냐고 하여 지극히 비판적이었다.[19)] 또 法이 未善하기 때문에 量田을 하면 새로운 혼란을 야기하게 되고, 따라서 守令들은 量田을 피하게 되는 데서, 백여 년씩이나 改量田을 한 바가 없었던 것이라고도 하였다.[20)]

그의 견해로서는 이러한 폐단이 제거되기 위해서는 結負經田의 제도 자체가 폐기되지 않으면 안 되었다. 그는 우리나라 中世末期의 諸矛盾을 해결하기 위해서 農業改革을 구상하고 있었는데, 그 일환으로서는 위에서와 같이 結負制를 비판하고 頃畝法이 채택되어야 할 것임을 강조하였다. 혹 論者들 가운데는 新羅 이래의 結負經田의 전통의 連綿함을 내세워 그 改革의 불가함을 주장하는 者 있기도 하지만, 이러한 견해에 대하여는 田品·年分制의 발생을 연구하여 그것이 麗季 이래의 弊法임을 지적하는 것으로써 비판하기도 하였다.[21)] 그는 井田論을 전개하는 가운데 邦田議라는 章節을 設하여 우

---

13) 『全書』, 「遺表」 田制 7 邦田議 下, pp.122~123.
14) 『全書』, 「遺表」 田制 8 邦田議 下, pp.127~128.
15) 『全書』, 「遺表」 田制 8 邦田議 下, pp.128~129.
16) 『全書』, 「遺表」 田制 8 邦田議 下, pp.128~129, 131.
17) 『全書』, 「遺表」 田制 6 邦田議 下, p.118.
18) 『全書』, 「遺表」 田制 8 邦田議 下, p.128.
19) 『全書』, 「遺表」 田制 8 邦田議 下, p.131.
20) 『全書』, 「遺表」 田制 6 邦田議 下, p.116, 118.
21) 『全書』, 「遺表」 田制別考 1 結負考辨, 下, p.161.

리나라의 田制를 詳論하기도 하였는데, 이는 結負制의 缺陷과 불합리를 지적하고 이를 頃畝法으로 개혁할 것을 설득하기 위해서 마련한 것이기도 하였다. 그래서 그 가운데서는 도처에서 井田制와 頃畝法이 아니고서는 우리나라 田政의 폐단이 구제될 수 없는 것임을 역설하였다.

　結負制의 缺陷에 관해서는 楓石도 이를 신랄하게 비판하고 있었다. 그의 農業改革論은 全 3節로 되어 있고 그 첫 節이 田制更張이었는데, 이는 곧 結負制의 개혁을 논한 것이었다. 이에 따르면 그는 結負制의 缺陷을 頃畝法과 비교하여 지적하고 그 改革의 불가피함을 역설하였는데, 그는 이를 土地支配의 原理上의 문제로서도 지적하고 田品六等의 불합리로서도 비판하고 있었다.

　前者에 관하여 그가 結負制의 缺陷으로 비판한 것은 다음과 같았다. 中國의 頃畝法은 먼저 經界의 方面을 같게 하고 토지의 沃瘠을 살펴 稅를 조정하므로 이는 田地를 위주로 하는 것인데, 우리나라의 結負制는 반대로 租稅의 額數를 가지런히 하고서 토지의 肥确을 살펴 그 經界를 展縮하므로 이는 租稅를 위주로 하는 것이니, 이는 田政을 위한 制法의 本意가 잘못되어 있는 것이다. 그리고 일에는 體·本이 있고 用·末이 있어서, 前者가 세워진 후에 後者가 행해지는 것이 우주의 通義이고 不易의 常經인데, 田地, 즉 頃畝는 體·本이고 租稅, 즉 結負는 用·末이니, 體를 바르게 하고 用을 制하면 綱目이 바르게 세워져서 用이 스스로 그 가운데 있게 되지만, 末을 取하고 本을 捨하게 되면 本領이 문란해질 때 考正할 방법이 없게 된다. 그러므로 中國의 頃畝法에서는 地面을 정확히 함으로써 田地의 漏脫이 없으며 賦稅의 不均도 또한 照察할 수 있는 것인데, 우리나라의 結負法에서는 稅課는 비록 간명하나 地面이 고르지 않으므로 田地漏脫의 弊를 막을 수 없게 된다는 것이었다.[22]

　또 法制는 본래 반드시 明白簡易해서 婦孺의 愚도 그 내용을 쉽게 알아볼 수 있고 널리 통용될 수 있어야 하는데, 中國의 頃畝法은 그러하나 우리나라

---

22) 『擬上經界策』上, 一 1.
　　『林園經濟志』本利志 1, 第1卷, p.38.

의 結負法은 農民이 稅를 부담하면서도 그 내용을 쉽게 알 수 없게 되어 있다는 것이었다. 그래서 農民들 사이에서는 日耕이라든가 斗落制가 관행하게 되고, 그에 따라 公私의 文籍이 서로 달라 欺僞가 百出하고 訟獄이 日繁하게 된다는 것이었다.[23]

後者에 관해서도 그는 여러 가지 점을 들고 있었다. 尺度나 면적의 算法이 불합리하다는 것은 그 가운데서도 중요한 문제였다. 中國의 頃畝法에서는 먼저 척도를 바르게 하고서 이 일정한 척도로써 畝畝를 작성하고, 전국의 토지를 측량하며, 또 地方制度(井田制의 경우)도 마련하므로 전 국토의 상황이 一目瞭然하게 파악되지만, 우리나라의 結負法에서는 척도가 없는 것은 아니나 田品에 따라 量尺이 다르므로, 同坪 내에서도 每筆地마다 그 실적이 다르고, 따라서 토지의 實面積을 파악하기가 어려우며 欺隱眩冒의 폐단이 일어나게 된다는 것이었다. 더욱이 이 量尺은 周尺으로서는 幾尺幾寸幾釐로 환산하게 되므로, 그 면적의 계산이 복잡하여 官人이나 農民들이 이를 이해하기 어렵고, 따라서 吏胥들에게 一任하게 되는 데서 量田事業에는 부정이 있게 된다는 것이다. 그리고 孝宗 때는 이러한 量尺制가 다소 改正되지만 租稅를 劑量하고 經界를 展縮하는 원칙은 여전하고 解作結負의 계산도 복잡하여서 量田時에 부정이 있기는 마찬가지라는 것이었다.[24]

또 土地制度에서는 賦稅를 공평하게 하기 위해서 田品을 정확하게 파악하는 것이 중요한데, 頃畝法에서는 頃마다 면적이 균일하게 파악되고 있으므로 賦稅에 착오가 있을 경우에는 언제든지 이를 改正할 수 있지만, 結負法에서는 일정한 結總, 즉 稅額을 전제로 田品, 즉 結의 실적이 각각 다르게 파악되고 있으므로, 地品의 착오를 발견하여도 通邑改量이 아니고서는 쉽게 是正할 수가 없고, 따라서 그간에는 吏胥層에 의한 低仰展縮이 마음대로 행해지고 賦稅는 不均하게 된다는 것이었다. 더욱이 이 경우 그는 田品의 정확한 파악은 租稅收入과 직결되므로, 地品의 변화는 국가의 입장에서도 늘 실태대로 파악할 필요가 있는 것인데, 現實的으로는 地品이 人功(施肥·起耕)에

---

23) 『擬上經界策』上, 一 1.
24) 同上.

의해서 薄田에서 沃田으로 변동하고 있어도, 이를 改量田하여 실태대로 파악하기 어려운 結負制의 缺陷 때문에, 전체 農地의 3분의 2가 古來로 下等田으로 규정된 채 그대로 있다는 것이었다.[25]

　그리하여 結負經田에는 이와 같은 缺陷이 있으므로, 이 제도의 시행결과가 어떻게 될 것인지 그는 분명하게 인식하고 있었다. 국가의 土地把握이 어려워지고 중간에서 欺隱이 늘어나서 結總이 날로 감축하리라는 것이었다. 그는 그것을 壬辰 전의 150여만 結에서 英祖時의 80여만 結로의 감축으로써 설명하였다. 그러므로 이러한 폐단은 是正되지 않으면 안 되는 것인데, 그러기 위해서는 오직 한 가지 結負經田의 원칙을 頃畝經田의 원칙으로 개혁하지 않으면 안 된다고 생각하였다.[26] 그리고 또 이러한 개혁을 위해서는 그 전제로서 척도의 제도도 改正하여 古制를 따르도록 해야 한다는 것이었다.[27] 그는 이러한 견해를 확신을 가지고 주장했으며, 이를 비판하는 '五議'에 대해서는 이를 反批判함으로써, 結負法의 폐기와 頃畝法의 채택을 강조하였다.[28]

3. 量田法改正論

　前述한 바와 같이 結負制에는 여러 가지 불합리한 점이 있고, 그 결과 結總의 감축과 賦稅의 不均을 초래하고 있었으므로, 茶山이나 楓石은 이를 全面的으로 개혁하여 頃畝法으로 개정하려는 것이었지만, 이와 아울러서는 量田法 또한 개정되어야 할 것으로 생각하였다. 結負制를 유지하기 위해서는 二十年一改量을 원칙으로 한 量田法이 있었는데, 그들은 이러한 제도에도 缺陷이 있다고 생각하는 까닭이었다.

　茶山은 그것을 이 量田法은 土地面積을 정확하게 파악할 수 있도록 되어

---

25)『擬上經界策』上, 一 1.
26) 同上.
27)『擬上經界策』上, 一 2.
28)『擬上經界策』上, 一 1.

있는 것이 아니라는 점으로써 비판하였으며, 이를 여러 가지 각도에서 설명
하고 있었다. 그와 같은 비판에서 무엇보다도 먼저 내세운 것은 結負制의 量
田의 원칙은 형태가 없는 肥瘠으로써 地品을 규정하게 되어 있으므로 면적
이 정확하게 제시될 수 없다는 점이었다.[29] 사실 당시의 量田事業에서 地品
의 판단은 모든 사람이 이를 수긍할 만큼 객관성을 지니는 것이 아니었으며,
量田官吏의 주관적인 판단에 의해서 결정되고 있었다. 설사 量田 당시에는
그 地品이 정확하게 판단되어 그 結負束이 제대로 책정된다 하더라도, 토지
의 肥瘠은 天變地異나 人功의 加味 여하에 따라 수시로 변동하는 것이므로,
量田時의 結負束이 언제나 정확한 상태로 유지될 수는 없는 것인데, 하물며
量田 당시조차도 地品의 판단이 공정하게 내려지지 못하는 것이 관례로 되
어 있는 상황 하에서는 더욱 말할 것이 없었다. 그리하여 量田官吏의 주관으
로써 판단되는 地品의 결정은 農地의 廣狹, 따라서 稅額을 좌우하게 되므로,
量田時에는 賄賂가 행해지고 變詐가 百出해서 그 면적이 사실대로 파악될
수 없게 되어 있다는 것이었다.

그뿐만 아니라 이러한 量田法에서 측량을 위한 地形의 종류는 方田·直
田·圭田·句田·梯田 등이 있어서, 일정한 방법으로 그 實積을 산출하여
結負를 정하게 되어 있는데, 실제로는 方田에는 斜方·亂方이 있고 直田이
나 圭田도 그러하며, 句田에는 彎曲한 句田, 矩曲의 句田도 있고 磬折이 같
지 않기도 하며, 梯田은 腰鼓하거나 織梭와 같은 形의 토지가 있어서 그 實
積이 규정대로 제대로 산출되기 어려웠다. 그래서 그는 이러한 量田法으로
써는 그 '乘除冪積 其法難明'이라고 하였고, 따라서 비록 數理를 아는 사람이
라 하더라도 그간에 있을 奸僞를 간파하기가 어렵다고 하였다.[30] 이는 이 시
기의 結負量田法이 農地의 면적을 사실대로 정확하게 파악할 수 없는 것이
었음을 말함이었다.

또 이 시기의 量田法에서는 農地의 면적을 정확하게 파악하려는 뜻에서,
一字五結의 원칙을 준수하고 土地臺帳에다 5結 단위로 千字文으로써 字號를

---

29) 『全書』, 「遺表」 田制 6 邦田議 下, p.116.
30) 『全書』, 「遺表」 田制 6 邦田議 下, p.118.
    『全書』, 「遺表」 田制別考 2 魚鱗圖說 下, p.166.

標하고 있었는데, 그는 이러한 원칙도 부정확한 것으로 보고 있었다. 5結을 1字로 標하면 그 標가 수백 수천에 이르러서 그 混雜하고 難分함이 標가 없는 것과 마찬가지라는 데서였다. 그리고 一坊의 農地를 量田할 때는 측량의 基點을 중심으로 5結씩 推移作結하고 마지막 부분은 5結이 못 되더라도 그대로 기록해야 하는데, 현실적으로는 沙灣巖洞도 農地로 간주하여 이를 5結로 채우고, '舊陳無主'로서 표시한다는 데서였다.[31] 더욱이 一字五結의 字號 안에는 수백 筆地의 農地가 포함되는데, 量田을 할 때는 이에 대하여 1束 2束씩 逐畝增附하고 그 末尾에 計를 기록할 때는 5結이라고 하는 實納의 數만을 기재하게 됨으로써, 地方官廳에서 着服하는 隱結이 발생하게 된다고도 보는 것이었다.[32]

이 밖에도 이 시기의 量田法에서는 토지의 所在를 명시하려는 뜻에서 四標를 土地臺帳에다 기입하고 있었는데, 茶山은 이 방법도 정확한 방법이 아닌 것으로 보고 있었다. 四標란 어떤 農地의 四方에 표적이 될 수 있는 것을 표시하는 것으로서, 이를테면 '東大川 西李四田 南大路 北張三田' 등으로 기입하는 것인데, 이럴 경우의 大川 大路는 수십 리 수백 리에 이를 경우가 있고, 所有主는 賣買를 통해서 수시로 변동하고 있어서, 農地의 所在를 명시하는 표적이 되기 어렵다는 데서였다.[33] 山村의 좁은 지역에서라면 또 모르지만 平地의 넓은 들에서는 더욱 그러하였다. 이런 곳에서는 田畓이 大地에 펼쳐져 漫漫無際하고 大畦小畦 大<畝>小<畝>이 九疑連綿해서 千里가 一色이므로 溝洫을 파서 그 經界를 명시해도 잘 알아보기 어려운데, 하물며 結負制에서는 田品관계로 大小有差하고 欹斜相雜한 까닭이었다.[34] 또 農地는 수시로 分筆도 되고 合筆도 되며, 水田과 旱田의 地目이 변동되기도 하고, 私田과 官屯田의 소유권이 바뀌기도 하며, 良田은 松楸擁墓로, 陳田은 <穭稏>盈疇로, 廣野는 大村으로, 村落은 荒田으로 변모하는 경우도 있으므로, 당시의 量田法에서 사용하는 四標의 표시방법이 정확할 수는 없었다.[35]

---

31)『全書』,「遺表」田制 6 邦田議 下, p.119.
32)『全書』,「遺表」田制 8 邦田議 下, p.128.
33)『全書』,「遺表」田制 6 邦田議 下, p.119.
34)『全書』,「遺表」田制 8 邦田議 下, p.131.

結負制의 量田法에는 法 그 자체에 이와 같은 여러 가지 缺陷이나 불합리가 있으므로 量田이 제대로 되기는 어려웠다. 量田이 전문적인 技士에 의해서 행해지는 것이 아니라 각 지방의 鄕里나 鄕任들에 의해서 행해지고 있는 실정 하에서는 더욱 그러하였다. 量田이 이렇게 수행될 때는 田品의 규정, 隱結의 搜括, 陳起의 파악을 둘러싸고 賄賂가 따르고 불법이 자행되어 賦稅가 不均하게 마련이었다. 그리고 그렇게 되면 民의 비난이 일고 그에 따라서는 量田官에 대한 문책이 따랐다. 그러므로 民은 이러한 量田을 원치 않았고, 官도 不肯하였으며, 吏도 또한 隱結의 被覈을 두려워하여 量田을 꺼리게 마련이었다. 여기에 量田法에는 二十年一改量의 원칙이 있기는 하였지만, 改量田은 法대로 履行되지 못하고, 백여 넌씩이나 量田이 없게 되는 것이라고 그는 생각하였다.[36] 그리고 그런 까닭으로 해서 그는 量田이 행해지지 못하는 이유, 量田의 최대 難點은 바로 量田法 그 자체의 法例가 未善한 까닭이라고 생각하는 것이며,[37] 따라서 토지의 정확한 파악을 위해서는 흔히 量田을 하면 된다고들 하지만, 그러나 法이 본래 未善한데 천 번 改量한들 무슨 도움이 되겠느냐고 비판하는 것이었다.[38] 그리고 結負經田의 量田法을 이와 같이 보는 데서, 그는 量田을 바로 하기 위해서는 반드시 量田法 그 자체를 개정하지 않으면 안 된다는 것이며, 그 방안을 提言하는 것이기도 하였다.

茶山이 구상한 새로운 量田方案은, 井田制의 시행을 전제로 하는 그의 農業改革論과 관련이 지어지면서 提論되고 있었다. 그의 農業改革論은 農地의 再分配가 골자가 되는 것이지만, 農地의 井田制的인 재분배를 위해서는 거기에 합당한 土地把握이 필요한 까닭이었다. 그는 그것을 結負制를 개혁하여 頃畝法으로 개정할 것을 전제한 위에서의 方量法과 魚鱗圖法으로써 설명하였다. 그가 結負制下의 量田法의 缺陷이 田地를 測度하기 어려운 데 있는 것으로 보고 이를 頃畝法으로 고치면 좋지 않겠느냐고 한 것,[39] 一字五結法

---

35) 『全書』, 「遺表」 田制別考 2 魚鱗圖說 下, p.166.
36) 『全書』, 「遺表」 田制 6 邦田議 下, p.116, 118.
37) 『全書』, 「遺表」 田制別考 2 魚鱗圖說 下, p.166.
38) 『全書』, 「遺表」 田制 8 邦田議 下, p.131.

이나 四標法의 부정확성을 是正하기 위해서는 魚鱗圖를 작성하지 않으면 안 된다고 하였던 것,[40] 陳起의 파악을 분명히 하기 위해서는 井田制나 魚鱗圖와 같은 국토의 조직적인 관리가 필요하다고 한 것,[41] 量田과는 직접적인 관계가 없지만 年事의 凶豊을 조사하는 데도 魚鱗圖를 細考하면 부정을 막을 수 있다고 한 것,[42] 그리고 그 구체적인 방법으로 國中의 田을 모두 正正方方으로 구분하여 四方이 百尺으로 된 正方形의 1結의 형태와 같이 작성하자고 한 것 등등은 모두 그러한 방안에 관한 주장이었다.[43] 그리하여 그는 이러한 주장을 '量田之法 莫善於魚鱗爲圖 以作方田'이라고 요약하기도 하였다.[44] 이 경우 이 兩者는 '魚鱗圖卽方量法 方量法卽魚鱗圖'라고 하였듯이, 별개의 문제가 아니라 하나의 문제인 것임은 말할 것도 없었다.[45]

方量法은 전국의 農地를 모두 正正方方의 형태로 파악하려는 것으로서, 그는 이를 그의 창안으로서 제창하는 것이 아니라 兪集一의 丘井量法에 의거해서 提論하고 있었다. 兪集一은 肅宗代의 人物로서 肅宗 27년(1701)에 황해도의 數三邑을 改量하였는데, 그는 이때 丘井量法의 방법으로 農地를 改量함으로써 量田의 목적을 효과적으로 달성하였다. 丘井量法은 周나라의 '四井爲邑 四邑爲丘'하는 丘井之法을 量田方案에 도입한 것으로서, 丘井之法에서 類推하여 方田之圖를 작성하였으므로 方田法이라고도 하였는데, 이는 그 시행방법이 規模纖密하여 세상에서는 '防奸之妙法 均役之美制'로 일컬어졌고 茶山도 '天下之良法'으로 평가하고 있었다.[46] 그래서 그는 그의 農業改革論을 구상함에 미쳐서는 이를 더욱 보완하여 그의 새로운 量田方案, 즉 方量法으로써 提論하게 된 것이었다.

茶山의 方量法은 그의 井田制的인 農業改革의 일환으로서 구상된 것이므

---

39) 『全書』, 「遺表」 田制 8 邦田議 下, p.130.
40) 『全書』, 「遺表」 田制 6 邦田議 下, p.119.
41) 『全書』, 「遺表」 田制 8 邦田議 下, p.131.
42) 『全書』, 「遺表」 田制 7 邦田議 下, p.122.
43) 『全書』, 「遺表」 田制別考 2 魚鱗圖說 下, p.166.
44) 『牧民心書』 卷 10, 戶典 田政.
45) 『全書』, 「遺表」 田制別考 3 魚鱗圖說 下, p.175.
46) 『全書』, 「遺表」 田制別考 3 魚鱗圖說 下, p.173.

로, 그 方量의 방법은 井田制的인 農地制度와 밀접하게 관련되고 있었다. 그의 井田制的인 農地制度는 農地를 正正方方으로 구획할 수 있는 곳은 이를 溝洫으로써 구획하고, 그렇지 못한 곳은 魚鱗圖上으로나마 이를 구획함으로써 전국의 農地를 일목요연하게 파악하려는 것이었다. 그리고 이렇게 파악된 農地는 1井을 9畉(畉는 100畝·40斗落), 1畉를 4畦(畦는 25畝·10斗落)로 구분하여, 原夫의 農民에게는 1畉의 農地, 餘夫의 農民에게는 1畦의 農地를 分給하려는 것이었는데,[47] 方量法은 바로 이와 같은 農地를 기준으로 삼아서 전국의 農地를 量田하려는 것이었다. 따라서 그의 農地分配에서 農地面積은 곧 그의 方量法에서 方量의 기준이 되는 것이었다. 그는 그와 같은 量田을

> 凡方六尺爲步 十步爲一畯 十畯爲一畝 十畝爲一畉 十畉爲一畉
> 一畦者一畉之四分一也(一畉長百步廣百步) 一畉者古所謂百畝之田也(一井之九一) 一畊者九畉之合 所謂方里而井也[48]

라는 단위로써 하되, 실제로나 魚鱗圖上으로 畊·畉·畦를 正正方方의 方量으로써 수행하려 하였다. 方一里를 井으로 劃하고, 每畉四角에 豎石以標 하며, 方一里가 안 되어 井으로의 開方이 不能한 곳, 가령 長5·廣20의 農地는 五五開方의 畦를 4區 작성하여 이를 합함으로써 畉를 이루도록 한 것,[49] 10斗落 25畝의 農地를 劃하여 方畦로 하면 五五로 開方되니 이것이 곧 方量이라고 한 것 등은 그것이었다.[50] 그러므로 그의 方量에서 최하의 기준이 되는 農地는 五五로 開方되는 畦인 것이며, 따라서 실제로 量田을 함에 있어서도 이를 基盤으로 하여 畉와 畊을 또한 正正方方으로 구획하게 되는 것이었다.

---

47) 拙稿, 註 1의 논문(本書, p.136, 註 321) 참조.
48)『全書』,「遺表」田制 9 井田議 1, 下, p.139.
　　『全書』,「遺表」田制別考 2 魚鱗圖說, 下, p.167.
49)『全書』,「遺表」田制 9 井田議 1, 下, p.140.
　　『全書』,「遺表」田制 10 井田議 2, 下, p.141.
50)『全書』,「遺表」田制別考 3 魚鱗圖說, 下, p.174.

그러나 전국의 모든 農地가 반드시 이만한 면적의 五五로 開方될 수 있는 것은 아니었다. 개중에는 開方될 수 없는 곳도 있고, 開方된 農地의 邊裔가 남아 있을 수도 있었다. 그는 이러한 곳은 町의 이름으로 파악하되 方量의 단위를 畝로 낮추어 一一開方으로써 量田을 하며, 그렇게도 안 되는 殘餘部分은 畸의 이름으로 算積하여 畝로써 파악토록 하였다.[51] 그리고 이러한 곳에서는 그 農地가 9畝가 되면 그 가운데서 1畝를 公田, 18畝이면 2畝를 公田으로 삼도록 하였다.[52]

方量을 위한 구체적인 방법으로는 이 밖에도 커다란 원칙을 세우고 있었다. 그것은 '模田'을 작성하는 일이었다. 이는 量田을 할 때 子午의 向에 따라 正正方方으로 측량한 畦田의 四方에다 表楬을 세우고, 이어서는 그 表楬이 쓰러지지 않도록 石礫으로 方面 각 1步, 高 2尺의 築墩을 함으로써 정사각형 25畝의 畦田임을 누구나가 알아보도록 하려는 것이었다.[53] 그리고 方量法에 의한 측량을 할 때의 모범이 되도록 하려는 것이었다. 그는 그것을 小坪의 農地에서는 그 한가운데 1畦의 方田을 만들 수 있는 곳에서 脧壟을 바르게 하여 작성하고, 大坪의 農地에서는 규정대로 작성토록 하되 매년 이를 조사하여 이동이 없도록 하였다. 이렇게 하면 이것이 표적이 되어서 狹斜한 골짜기나 零瑣한 田이라도 쉽게 알아볼 수 있을 것이며, 측량의 신빙성에 대한 民의 의혹도 없어질 것이라고 내다봤다.[54] 表楬과 築墩으로서 이루어지는 模田의 작성방법은, 量田時의 일정한 규정에 의해서 田主나 佃客으로 하여금 이를 自作케 하며, 규모가 커지면 隣田의 農民들이 合作을 하기도 하고 官의 보조로서 작성케도 하였다.[55]

模田은 方量의 한 방법으로서 이를 작성하려는 것이지만, 동시에 方量法을 유지하고 永續해 가기 위해서도 이는 필요하였다. '方田之法 須令模田碁置星羅 而後可以經久而不頹'라고 하였음은 그것이었다. 그러나 模田의 多作

---

51) 『全書』, 「遺表」 田制別考 2 魚鱗圖說, 下, pp.167~168.
52) 『全書』, 「遺表」 田制 10 井田議 2, 下, p.141.
53) 『全書』, 「遺表」 田制別考 2 魚鱗圖說, 下, pp.167~168.
54) 『全書』, 「遺表」 田制別考 2 魚鱗圖說, 下, p.172.
55) 『全書』, 「遺表」 田制別考 2 魚鱗圖說, 下, p.167, 172.

이 그렇게 쉬운 일일 수는 없었다. 그래서 그는 模田의 多作을 위해서는 특별한 施策이 있어야 할 것으로 생각하였다. 古代中國의 力田科의 예에 따라 出財出力하여 模田을 多作한 者에게는 그 多作의 정도에 따라 施賞할 것을 그는 그 방안으로서 내세우고 있었다. 模田 100區를 작성하면 禮賓寺參奉, 200區를 작성하면 司導寺直長, 300區를 작성하면 長興庫主簿, 500區 이상을 作한 者에게는 諸鎭僉使나 各道察訪을 수여하자는 것이 그것인데, 이렇게 하면 數年內로 전국에 模田이 櫛比하게 마련되고 따라서 方量法도 永續되리라는 것이었다.[56] 이는 그가 井田制(獨立自營農)的인 農業改革論에서 農業經營에 출중한 성과를 올린 農民에게 官職에 나아갈 수 있는 길을 열어줌으로써 生産力의 발전을 촉구하려던 力田科論과도 步調를 같이하는 것이었다.

方量을 위한 구체적인 방법으로서는 이 밖에도 모든 郡縣에서 測量의 방향을 일정케 할 것을 말하였다. 農地의 所在를 정확하게 파악하기 위한 한 방법으로서였다. 그는 그것을 漢江을 기준으로 해서 남쪽은 남으로부터 시작하여 北上하고, 북쪽은 북으로부터 시작하여 南下하되, 前者는 西에서 起量하여 東進하며, 後者는 東에서 起量하여 西進토록 하였다. 그리고 이러한 量田의 順序에 따라 田畓의 字號와 地番을 매기도록 하였다.[57] 이렇게 되면 全國의 農地가 畦田·畎田·畊田 등의 正正方方으로 파악되되, 일정한 방향으로 순서가 매겨지게 되어 農地의 所在가 錯亂하지 않을 것이었다. 그러나 그렇더라도 이와 같이 파악된 토지를 舊來의 臺帳으로써 정리하는 데 그친다면 완전무결하게 혼란을 免하기가 어려울 것이었다. 그러한 缺陷은 근본적으로 是正될 필요가 있는 것이며, 茶山은 그것을 方量으로 파악된 農地에 대하여 魚鱗圖, 즉 地籍圖를 작성하는 것으로써 해결하려 하였다.

魚鱗圖는 方量法의 일환으로 작성되는 것이므로 그 작성은 量田事業의 進行過程과 병행되었다. 量田時에 畵工으로 하여금 經田官의 지시에 따라 畦單位로 圖를 작성하고, 畦 내에 포함된 25區의 畝와 畝 내에 포함된 田畓의

---

56) 『全書』, 「遺表」 田制別考 2 魚鱗圖說, 下, p.172.
57) 『全書』, 「遺表」 田制別考 2 魚鱗圖說, 下, p.168.

經界를 摹寫토록 한다고 하였음은 그것이었다. 이때의 畦의 圖는 말할 것도 없이 方量으로써 確定된 畦田을 圖로서 작성하는 것인데, 그 方法은 畦는 墨筆로써 子午線을 기준으로 하여 그어지는 經緯의 線으로 그 經界를 구획하고, 畦 내의 25개의 畝도 각각 1區로서 經緯線으로 구획하며, 그 內部에 포함된 田畓 每筆地는 朱筆點線으로써 구획토록 하고 있었다.[58] 茶山은 이러한 地籍圖를 '一畦之圖'라 불렀다.

茶山의 魚鱗圖는 이와 같이 畦의 圖를 기본으로 하는 것이지만, 그러나 魚鱗圖를 작성하는 근본목적은 국가가 전체 農地를 정확하게 파악하려는 데 있는 것이므로, 그는 이를 기초로 하여 '一村之圖', '一鄕之圖', '一縣之圖'를 또한 系統的으로 작성하려 하였다. 一村之圖는 每 1畦가 村圖 내의 각 1區가 되도록 村單位의 地籍圖를 작성하는 것이고, 一鄕之圖는 每 1里(1井)가 鄕圖 내의 각 1區가 되도록 鄕 단위의 圖를 작성하는 것이며, 一縣之圖는 每 10里가 縣圖 내의 각 1區가 되도록 縣 단위의 圖를 작성하려는 것이었다. 그리하여 이러한 여러 종류의 地籍圖를 착오 없이 작성케 하기 위해서는 그 스스로가 摹寫한 지도를 그 작성요령으로서 예시하기도 하였다. 그리고 이 밖에 畦田으로서 方量을 할 수 없는 곳은 '一町之圖'를 따로 작성하되 每 1畝를 1區로 하고 그 안에 田畓 每筆地를 摹寫토록 하려는 것이 그의 구상이었다.[59]

그러나 이와 같이 魚鱗圖를 작성하게 되면 그 數는 실로 多量에 달할 것이고 그것은 혼란을 초래하게도 될 것이므로, 魚鱗圖를 작성할 때는 몇 가지 규정을 마련함으로써 통일성을 기할 필요가 있었다. 茶山은 그것을 첫째로 方量이 그러하였듯이 子午의 線을 바르게 하고서 이 線에 緣해서 圖를 작성해야 할 것으로 들었다. 治田에서 子午의 線을 바로잡는 것은 唐虞三代 이래의 經法인 것으로 생각하는 데서였다.[60] 다음은 반드시 經緯의 線을 그어야

---

58) 『全書』, 「遺表」 田制別考 2 魚鱗圖說, 下, p.168.
59) 『全書』, 「遺表」 田制別考 2 魚鱗圖說, 下, p.167.
   『全書』, 「遺表」 田制別考 3 魚鱗圖說, 下, pp.178~179.
   『全書』, 「遺表」 田制 10 井田議 2, 下, pp.142~143.
60) 『全書』, 「遺表」 田制別考 3 魚鱗圖說, 下, p.175.

한다는 것으로서, 이것이 없이 圖를 作成하려는 것은 不通한 論이라고 생각하는 것이며, 魚鱗圖에서 經線과 緯線을 긋는 것은 곧 그것이 方量을 하는 셈이 된다는 생각이었다.[61] 魚鱗圖는 農地의 위치를 파악하려는 것이므로 經線과 緯線으로써 이를 표시하는 것은 당연한 논리가 아닐 수 없었다. 셋째는 圖의 표시방법이 분명해야 한다는 것으로서, 그는 魚鱗圖에서 畦田은 千字文의 字號로써 표시하고, 그 안의 田畓은 甲乙丙丁의 干支로써 표시하면 착오가 없으리라고 생각하였다.[62] 그리고 각 지방의 農地를 이와 같은 원칙 하에 縣圖·鄕圖·村圖·畦圖 등으로 系統 있게 정리하면, 그 지방의 農地가 幾畦나 될 것인지 쉽사리 파악될 것이라고 확신하는 것이었다.[63]

魚鱗圖에 관하여 茶山이 끝으로 생각한 것은 이 圖帳에 대하여 설명, 즉 圖說을 붙이고 土地所有權者에게 증서를 발행하는 문제였다. 魚鱗圖는 단순한 地籍圖에 불과한 것이므로 稅의 부과를 위해서는 每筆地의 農地에 대한 備說이 필요한 것이었다. 茶山은 이러한 備說을 위해서 작성한 臺帳을 田籍의 이름으로 불렀으며, 그 作成要領을 제시하기도 하였는데, 그것은 요컨대 이 시기에 사용되고 있는 量案과 흡사하였다.[64] 다만 크게 다른 것은 量案에는 토지의 所有權者가 '主'로서 명기되는데 田籍에서는 그렇지 않다는 점이었다. 그는 田籍은 王籍이므로 田主·佃客의 名이 여기에 기입될 수는 없는 것이고, 또 田主·佃客은 수시로 變動하는 것이므로 이를 기록한들 장차 어디에다 쓰겠느냐는 것이며, 그러기에 田主에게는 증서를 따로 발행하여 田籍과 서로 對照토록 하면 된다는 생각이었다.

그는 그와 같은 증서를 개인에 관한 증서라는 뜻에서, 王籍과 대비되는 '私券'으로 불렀으며, 거기에는 官印이 찍히게 되는 데서 제도상의 명칭은 '紅契'로 칭하기도 하였다. 후대에 제도화되었던 地契와 같은 것이었다. 紅契를 발행하기 위해서는 일정한 양식으로 堅紙에 인쇄를 하여 郡縣에서 이를 발급하되, 土地所有權者들이 그 이동이 있을 때마다 官에 신청하여 발급받도록

---

61) 『全書』, 「遺表」 田制別考 3 魚鱗圖說, 下, p.175.
62) 『全書』, 「遺表」 田制別考 2 魚鱗圖說, 下, p.169.
63) 『全書』, 「遺表」 田制別考 2 魚鱗圖說, 下, p.167.
64) 『全書』, 「遺表」 田制別考 2 魚鱗圖說, 下, p.169.

하였으며, 이러한 所有權移動, 즉 紅契의 발행이 있을 때에는 地價의 100분의 1을 稅로서 징수토록 하였다. 그러므로 이와 같이 紅契를 발행하게 되면 모든 土地所有權者는 반드시 증서를 받게 되고, 따라서 紅契가 발행되지 않는 토지는 어느 누구의 私有일 수 없었다. 그래서 그는 이러한 토지는 官에 고발하여 屬公케 하라고도 하였다.[65]

舊來의 量田法이 方量法과 魚鱗圖法으로 개정되어야 한다는 견해는 楓石에 의해서도 극력 주장되고 있었다. 그의 農業改革論은 既述한 바와 같이 全 3節로 되어 있고 그 제1절은 結負制를 頃畝法으로 개혁하려는 것이었는데, 그러한 위에서 제2절에서는 量田法의 개정 문제를 方量法으로써 내세우고 있었다. 그리고 그도 이를 俞集一의 方田法으로써 提言하였다. 이 方案에 따라 量田을 하게 되면 국가의 土地把握이 정확하게 되어 結負制下의 量田에서 발생하던 吏의 奸과 稅의 不均을 막을 수 있고, 특히 結負經田의 缺陷으로써 일어나고 있었던 農地의 隱漏, 즉 隱結과 漏結을 색출해 낼 수가 있다는 것이었다. 그래서 그 方量을 위한 구체적인 방법으로는 俞集一의 啓本을 찾아 이를 검토함으로써 시행하라고도 건의하였다.[66]

그러나 이와 같은 생소한 方田量法이 그렇게 쉽사리 간단하게 시행될 수는 없었다. 結負制와 量法이 동시에 전면적으로 개혁된다는 것은 舊來의 土地制度에 큰 변혁이 오는 것이므로 여러 가지 혼란이 일어날 수 있었다. 楓石은 그러한 문제에 대하여도 충분히 대처해야 할 것으로 생각하였다. 그는 그것을 方量法의 시행에 따르는 數法·量法의 교육으로써 대비하려 하였으며, 이를 위해서는 그가 嘗用하던 '句股三角法'에 의해서 '量田數法十五題'를

---

65) 『全書』, 「遺表」 田制別考 2 魚鱗圖說, 下, p.169. 이때 茶山이 마련한 바 紅契의 樣式은 다음과 같았다.

　　　私券式

　　行縣令爲考驗事　本縣南始鄕東一里柳川坪天字第一畓乙字六쫑四斗落稅額四負本價錢四十兩情願交易　本主李泰根買者金尙文　兩造呈文　依此成券　以憑日後者
　　　嘉慶十年乙丑十月十五日　訂印

　　　　　　　　　　　　　行縣令　花押
　　　　　　　　　　　　　田監　崔聖昌　署名
　　　　　　　　　　　　　田吏　安得杓　署名

66) 『擬上經界策』上, 二 1.

마련하고 있었다.[67] 그리고 그와 같은 量田을 조직적으로 전국에서 하나의 원칙으로 시행하기 위해서는 量田事業을 전담하는 專門官司를 설치할 것을 건의하기도 하였다.[68]

方量이 시행되는 데 따라서는 楓石도 茶山과 마찬가지로 전국의 農地를 魚鱗圖로서 작성할 것을 구상하고 있었다. 이 경우 그도 結負制를 頃畝法으로 개혁하려는 것이었으므로 方量이나 魚鱗圖作成의 단위는 물론 頃畝이었다. 그리고 한 걸음 더 나아가서 그의 農業改革論도 당시의 사회적 모순이 봉건적인 地主制에 있는 것으로 보고 이를 是正하려는 것이었으므로, 그의 魚鱗圖作成이 이러한 문제와도 관련되는 것이었음은 말할 것도 없었다.

그는 그것을 正正方方의 每 10頃의 農地를 1區로 하여 한 字號로 표시하고 이를 魚鱗圖의 1區로 삼으려 하였다. 魚鱗圖上의 그러한 10頃 1區는 그의 國營農場에서의 單位農場인 것이었다.[69] 그러므로 그는 말하자면 國營農場的인 農業改革이 수행되는 곳이거나 안 되는 곳이거나를 막론하고, 全國의 토지를 魚鱗圖로써 파악하되 그것을 正正方方의 10頃의 方田으로써 하려는 것이며, 그러한 가운데서 國營農場的인 農業改革이 수행되는 곳에서는 이 魚鱗圖上의 10頃 1區를 單位農場으로 삼으려는 것이었다. 그리하여 이와 같이 전국의 農地를 10頃 1區의 魚鱗圖로 작성하여 파악하게 되면 劃然易見함이 마치 棋枰에 區가 있는 것과 같아서 鄕・邑・國의 農地面積을 정확히 파악할 수 있고, 따라서 田政의 폐단이 是正될 수 있다는 것이었다.[70]

4. 結   語 — 後代에 끼친 影響

이상으로 우리는 茶山과 楓石의 量田論을 살피었다. 이제 우리는 그러한 量田論이 후대에 어떤 영향을 끼쳤는지를 略述함으로써 結語에 대신하고자

---

67) 『擬上經界策』上, 二 2.
68) 『擬上經界策』上, 二 3.
69) 拙稿, 註 1의 논문(本書, p.160, 註 381) 참조.
70) 『擬上經界策』上, 一 1.

한다.

　茶山이나 楓石은 體制變革을 전제한 農業改革을 구상하고, 그 일환으로 새로운 量田論을 또한 제기하고 있었는데, 이 量田論도 舊來의 그것과는 크게 다른 바가 있었다. 그것은 朝鮮王朝의 田政의 기반이 되고 있었던 結負制를 폐기하고, 그와 表裏관계에 있는 量田法을 전면적으로 개혁하려는 것이었다. 그러한 점에서는 이 量田論도 農地分配를 중심한 農業改革論이 혁신성을 띠는 정도만큼이나 革新的인 것이 아닐 수 없었다. 특히 이러한 두 碩學의 量田論 가운데서도 茶山의 그것은 새로운 量田方案이라는 점에서 잘 정리된 치밀한 것이었다. 그는 그 明晳한 판단력 외에도 당시 中國에서 보급되고 있었던 최신의 算學을 연구하고 활용함으로써 그와 같은 새로운 합리적인 방안을 마련하고 있었다. 그래서 그의 量田論은 그 후의 實學派後裔들의 量田論에 적지 않은 영향을 미쳐 주고 있었다.

　封建朝鮮王朝의 支配層은 哲宗 末年의 農民叛亂 이래로 여러 차례 體制變革을 강요당하게 되고, 그에 따라서는 일정한 한계 내에서나마 개혁을 시도하고 있었다. 哲宗年間의 壬戌改革, 高宗年間의 甲申·甲午改革, 光武改革 등은 그 두드러진 움직임이었다. 그리고 이러한 움직임이 있을 때에는 그때마다 田政改善을 위한 量田論이 여러 계통의 論者들에 의해서 부단히 提論되고 있었으며, 이러한 量田論을 바탕으로 하여서는 그 改革事業에서의 量田事業이 또한 계획·구상되고 있었다. 그런데 이와 같은 개혁과정에서, 壬戌改革에서는 주로 舊來의 量田論이 지배적으로 提論되는 가운데 그러한 立場에서의 量田令이 내려지고 있었으며, 甲申·甲午改革에서는 開化派들에 의해서 實學派의 그것과 유사한 혁신적인 量田方案이 제기되나, 그것은 農業改革을 전제로 한 것이 아니었으며, 또 보다 크게는 日本의 地租改正을 표본으로 한 地租改正案이 提論되는 가운데 土地調査도 그러한 입장에서 구상되고 있었다. 그리고 이러한 과정을 거쳐서 光武改革에 이르렀을 때에는 茶山의 量田論이 그 後學들에 계승되어 여러 사람에 의해서 여러 가지 형태로 提論되고 그 시행이 선의되었으며, 실제로 光武改革의 量田事業은 이와 같은 분위기 속에서 그 건의가 참작되면서 수행되고 있었다.

　茶山의 量田論을 계승한 그 後學들의 見解는 여러 가지 들 수 있겠지만,

특히 우리의 주목을 끄는 것은 金星圭의 「量政備考」, 李沂의 「田制妄言」, 某氏의 「丘井量法事例並圖說」 등이다. 金星圭는 光武量田에서의 要職인 量務監理를 지낸 바 있는 인물인데, 그는 일찍이 「磻溪隨錄」이나 「與猶堂集」을 통해서 磻溪와 茶山의 農政에 관한 학문을 익히고 있었으며, 이를 基盤으로 하여 그 자신의 「量政備考」를 著述하고, 이어서 이것이 인연이 되어 光武改革에서는 요직의 하나인 量務監理에 임명되었다.[71] 그리고 李沂도 光武量田에서의 실무직인 量務委員(金星圭 휘하)을 지낸 인물인데, 그는 磻溪와 茶山을 祖述하여 그 자신의 土地論을 세우고 있었으며, 이를 「田制妄言」으로 건의함으로써 光武量田의 시행을 촉진시키고 이어서는 量務委員으로 임명되었다.[72] 그와 같은 그의 「田制妄言」에서의 量田論은 茶山의 그것을 土臺로 하되 이를 그의 입장에서 수정한 것으로서, 그는 이를 兪集一이나 茶山의 量田方案보다 勝한 것으로 보고 이번 量田事業에서 실천에 옮기려 하였다.[73] 「丘井量法事例並圖說」은 光武量田의 詔勅이 내려진 후에 茶山의 後學들이 量務當局에 건의한 것으로서 量田事業의 원칙과 機構의 정비에 도움을 준 것인데, 이는 茶山의 量田論을 골자로 하면서 이를 그들의 입장에서 더욱 보완한 것이었다.[74]

---

71) 拙稿, '光武改革期의 量務監理 金星圭의 社會經濟論'(『韓國近代農業史硏究』 Ⅱ 所收) 참조.

72) 拙稿, '光武年間의 量田·地契事業'(『韓國近代農業史硏究』 Ⅱ 所收) 참조.

73) 『海鶴遺書』 卷 2, 急務八制議, p.53.

74) 本書는 그 內容이 量田說과 量田事例로 되어 있어서, 前者에서는 丘井量法(方量法)을 建議하게 되는 動機, 後者에서는 第1節 職員, 第2節 物料, 第3節 設方分墩, 第4節 等分定稅, 第5節 魚鱗圖法, 第6節 雜則, 第7節 賞罰 등을 記述하고 있다. 이러한 內容의 本書가 茶山의 量田論을 骨子로 하는 것임은 그 事例의 內容을 一讀하는 것으로서 명백해지지만, 이것을 작성하고 있는 著者의 序文(量田說)에서도 그것은 분명하게 읽을 수 있다. 그가 이를 作成하게 된 경위를 말하여
　兪貞軒集一 在肅廟時 按節海西 創爲方田新法 先試三邑 …… 茶山丁氏出而始爲敷衍作說 載之遺表 取而見之 自可明白 而其節目詳備 規模纖密 …… 然二家之說互有詳略 其在施措 微有異同 故取而更加參酌 以作量田事宜若干條
라든가, 또는
　於是乃取丁氏書 參酌櫽括 始攄外打經緯 內查結負 畫爲圖畫之妙 然後以成條例一套
라고 하였음은 그것이었다. 이 量田條例가 마련될 때는 茶山과 貞軒의 量田論이 모두 參考되지만 주로는 茶山의 그것이 參酌되고 있음을 말함이었다. 本書의 作成에

그러므로 이와 같은 상황을 통해서 보면, 그들의 견해나 그 底本으로서의 茶山의 量田論이 光武量田에 얼마만큼 반영되었는가 하는 것은 별문제로 친다 하더라도, 적어도 光武量田이 茶山의 量田論이나 그 後學들의 활동과 밀접하게 관련되면서 하나의 사상적 동향으로서 전개되고 있는 것이었음은 분명하게 지적할 수 있는 것이겠다. 그리고 이러한 동향은 이 시기의 時代思潮 전반과도 表裏가 되는 것으로서, 이는 또한 그러한 時代思潮 위에서 提論되고 있는 것이었다고도 하겠다.

〔『韓國史硏究』 11, 1975. 3 揭載〕

서 茶山量田論에의 依存度는 실로 큰 것이었다. 그것은 兩者의 내용을 比較해 보면 쉽사리 알 수 있는 일이지만, 그가 茶山의 著述을 말하여 '今當量地之日 此書始出 有若神會焉'이라고 표현하였음은 그러한 事情을 단적으로 드러내는 것이라 하겠다.

이곳에서 參考하고 있는 이 資料는 延大本으로서 著者未詳으로 되어 있는데, 이는 어느 한 個人의 見解로만 作成된 것이 아니었다. 草稿를 작성한 것은 물론 한 사람이지만, 그는 이것을 '與同志之士 修潤校正 又私與試驗于城外'라고 하였듯이 同志, 즉 同學들과 더불어 다듬고 校閱해서 郊外에서 實驗을 함으로써 마련하고 있었다. 그러므로 이와 같은 점에서 보면 이는 茶山의 後學들이 서로 協議하여 그 量田論으로써 이 時期의 量田事業을 遂行케 할 것을 꾀하고 이를 作成하여 建議하였던 것이라고 하겠다.

Ⅱ. 政府의 賦稅制度 釐正策

朝鮮後期의 賦稅制度 釐正策

哲宗朝의 應旨三政疏와「三政釐整策」

脚註 凡例

本편 제1논문 '朝鮮後期의 賦稅制度 釐正策'의
脚註를 舊版에서는 章別로 표기했으나, 이번 新訂
版에서는 아래와 같이 일련번호로 조정하였다.

	舊 版	新訂版
1장 :	1~ 3	1~ 3
2장 :	1~161	4~164
3장 :	1~164	165~328
4장 :	1~174	329~502
5장 :	1~204	503~706
6장 :	1~209	707~915
	+1＝210	916
7장 :	-	-

朝鮮後期의 賦稅制度 釐正策
— 18세기 中葉~19세기 中葉 —

1. 序　言

　中世國家의 鄕村支配·農民支配의 경제적 표현은 賦稅制度였다. 그것은 中世 내에서의 각 시기의 地方制度, 그 내부의 社會構成, 所有關係, 農業生産力의 발전정도를 전제로 마련되고 있었다. 지방제도는 국가권력이 郡縣守令과 地方有力者를 매개로 鄕村을 간접 지배하는 것이었으며, 사회구성은 身分制를 전제로 사회를 上下關係로 편성 질서화하는 것이었다. 그리고 소유관계는 小農的 自營農民과 身分制를 전제한 地主·佃戶制的인 경제제도·생산관계가 유지되는 것, 농업생산력은 그 발전이 전제되나 아직은 商品貨幣經濟가 농업에 침윤하지 않은 自然經濟를 전제로 하는 것이었다. 그러므로 中世 각 시기에는 이 같은 선제조건에 변동이 없는 한 賦稅制度는 안정될 수 있었으며, 그 전제에 변동이 생기면 賦稅制度에도 변화가 일어나도록 되어 있었다.

　朝鮮後期에는 바로 그와 같은 현상이 일어나고 있었다. 賦稅制度 성립의 배경, 전제조건에 변동이 일어나고, 따라서 賦稅制度에도 변화가 올 수밖에 없었다. 그러한 변화는 새로운 賦稅制度를 제정함으로써 안정될 수 있는 것이지만, 그때까지는 賦稅行政에 혼란을 초래하게 마련이었다. 국가의 鄕村에 대한 지배력은 在地 세력을 완전히 통제할 만큼 강력하지 못한 가운데, 農民을 직접 지배하는 鄕任 吏胥의 자리는 賣鄕이 되기도 하였으며, 사회구성·소유관계·농업생산력·商品貨幣經濟 등에도 주지하는 바와 같이 전반적으로 큰 변동이 일어나면서, 賦稅行政의 운영은 어려워지고 혼란은 거듭되고 있었다.

이 시기의 國家財政을, 賦稅制度의 측면에서 보면, 田政·軍政·還穀 또
는 軍·田·糴으로 불리는 三政의 稅와 雜役(民庫)稅의 수입이 그 기반이 되
고 있었다. 田政은 농지에 稅를 부과 징수하는 田稅制度를 말하는 것으로서,
그 수입은 朝鮮王朝의 財政收入의 大宗을 이루는 중요한 것이었고, 軍政은
軍役稅를 부과 징수하는 제도로서 역시 國家財政의 중요한 수입원이 되고
있었다. 특히 이 軍政은 이 시기의 身分制와 밀접하게 관련되고 있어서, 그
자체가 中世的인 사회체제를 지탱하는 하나의 중요한 기반이 되고도 있었
다. 還穀은 본시는 다만 賑貸救恤제도로서 전통적인 의미의 租稅制度는 아
니었으나, 取耗補用을 하게 됨으로써 실질적으로 賦稅化하고 있는 특이한
제도였으며, 그 수입이 많아 국가재정에 중요한 존재가 되고 있었다. 그리고
雜役稅는 정규의 國稅는 아니지만 지방재정의 운영에 없어서는 안 되는 중
요한 稅였으며, 그러한 점에서 국가재정의 큰 몫이 되는 것이었다. 그러므로
국가재정이 안정되려면 이들 稅政의 운영이 건전하고, 따라서 그 稅收에 혼
란이 있어서는 안 되었다.

그런데 그와 같이 중요한 稅政이 18세기 말 19세기 초에 접어들면서는 앞
에서 언급한 바 배경의 변동, 즉 격동하는 사회변동과도 관련하여, 그와 표
리관계를 이루면서 혼란 속에 빠지고 있었다. 이른바 三政紊亂으로서, 이는
단지 稅政運營상의 부조리에서 연유하는 것이 아니었다. 그렇게 되는 데는
보다 심층적인 원인이 있었다. 그것은 구조적 결함에서 연유하고 있었으며,
따라서 그 폐단은 쉽게 제거될 수 있는 것이 아니었다. 그리하여 이 같은 稅
政의 문란은 賦稅不均을 심화시키고 농민수탈을 강화시켰으며, 농민층의 몰
락과 사회혼란을 초래하게 되었다. 그리고 그 결과는, 賦稅制度와의 관련에
서 보면, 농민항쟁(民亂)을 야기하고 그것은 體制否定的인 농민전쟁으로까
지 이어졌다. 三政紊亂은 朝鮮王朝에게는 그 존폐의 문제와도 관련되는 중
대사가 아닐 수 없었다. 그러므로 이 시기의 정부와 지배층은 이 같은 문제
를 진지하게 연구 검토하고 대책을 세우지 않으면 안 되었다. 그것은 賦稅制
度의 釐正에 관한 문제였다.

賦稅制度를 釐正하는 노력은 이미 오래전부터 있었다. 朝鮮前期에서 後期
에 걸치는 긴 세월 동안에 논의되고 점진적으로 시행된 大同法은 그 예이

며,[1] 그 후 오랜 세월에 걸쳐 논의 실시된 均役法이나 이와 관련하여 점차적
으로 釐正되는 奴婢貢도 같은 예가 되겠다.[2] 이 시기의 爲政者들은 그 밖에
도 많은 세세한 문제를 개선하고 있었다. 『續大典』이나 『大典通編』은 그러
한 바탕 위에서 이루어진 것이었다. 賦稅制度뿐만 아니라 國家機構 전반의
개편문제를 연구하는 實學者가 나오게 되는 것도 벌써 17세기 중엽부터의
일이었다. 그러므로 그 후 稅政의 혼란이 심화됨에 따라서는, 朝・野의 정치
인이나 지식인을 막론하고, 그간 賦稅制度를 釐正해 온 역사적 경험이나 전
통에 의거하여, 그 釐正問題를 자연스럽게 강구해 나갔다. 더욱이 18, 19세
기로 내려오면서 그간의 賦稅制度를 유지시켰던 사회경제적 조건이 크게 변
동하고, 따라서 賦稅制度를 둘러싼 社會階層 간의 갈등도 한층 더 심화되는
가운데 이는 농민항쟁(민란)으로까지 이어지고 있었으므로, 그 釐正의 필요
성은 더욱 절실해지고 있는 터였다.

　그러나 賦稅制度를 釐正하는 문제는 결코 용이한 일이 아니었다. 거기에
는 社會階層간의 이해관계가 얽혀 있었다. 舊制度를 新制度로 釐正하면 그
釐正의 정도에 따라 사회적 지위가 무너질 수도 있고 경제적 이해관계가 전
도될 수도 있었다. 그러므로 일반적인 경향으로서 말한다면, 舊制度 아래서
혜택을 입던 계층은 그 釐正을 원치 않았으며, 舊制度의 不均과 수탈로서 항
상 피해를 받던 계층은 이를 환영하게 마련이었다. 이 같은 현실 속에서 어
떠한 釐正方案을 마련하고 제기하며 法制化해 갈 것이냐 하는 것은, 그것을
제론하는 논자들의 정치적・사회경제적인 입장과 현실문제에 대한 인식정
도, 그리고 釐正을 불가피하게 하는 民의 항쟁의 정도에 달려 있었다. 보수
적인 논자(保守右派)들은 舊制度를 改善하면 문제가 수습될 것으로 생각하

---

1) 田川孝三, 『李朝 貢納制의 研究』, 1964.
　　鄭亨愚, '大同法에 대한 研究'(『史學研究』2, 1958).
　　韓榮國, '湖西에 실시된 大同法'(『歷史學報』13・14, 1960・1961).
　　韓榮國, '湖南에 실시된 大同法'(『歷史學報』15・20・21・24, 1961~1964).
　　金玉根, 『朝鮮後期經濟史研究』, 1977.
2) 車文燮, '壬亂以後의 良役과 均役法의 成立'(『史學研究』10・11, 1961).
　　鄭萬祚, '均役法의 選武軍官 — 閑遊者問題와 關聯하여'(『韓國史研究』18, 1977).
　　平木實, 『朝鮮後期奴婢制研究』, 1982.

였으며, 좀 진보적인 논자(保守左派)들은 舊制度의 部分改善·部分改革까지
를 생각하였다. 그리고 적극적이고 혁신적인 논자들은 舊制度의 전면 개혁
만이 사태수습의 첩경이 될 것임을 강조하였다. 그뿐만 아니라 그 같은 釐正
方案이 지배층의 입장에서 제론되기도 하고 혹은 피지배층의 입장에서 제론
되고도 있었다.

정부에서는 이 같은 분위기 속에서 그때마다 정부 입장에 따라 賦稅制度
의 釐正을 추진하고 있었다. 혹은 小變通으로서 소극적·부분적으로 수행하
기도 하고 혹은 大變通으로서 적극적·전면적으로 수행하기도 하였다. 그리
고 혹 논의로 그치거나 試行으로 그치는 경우도 있었으나, 많은 경우는 그때
마다 釐正方案을 실제로 시행해 나갔다. 시행착오로 釐正事業을 거듭하게
되는 경우도 많았으나, 釐正策의 법제화가 쉽게 이루어지는 경우도 있었다.
이는 요컨대 中世 말기의 사회혼란·농민항쟁에 대한 정부의 대응책인 것으
로서, 이 시기의 정부·지배층의 사회개혁에 대한 자세와 입장을 보여주는
것이 아닐 수 없었다.

筆者는 앞에서 이 같은 문제에 관하여 實學者들의 자세와 입장을 검토하
였으므로,[3] 본 연구에서는 정부·지배층의 그것이 어떠하였는지를 살피고자
하였다. 본고에서는 賦稅制度의 성립배경, 전제조건의 변동을 염두에 두면
서, 軍役制·量田·還穀·民庫 등의 폐단의 구조와 실태를 검토하고, 그것
에 대한 정부·지배층의 賦稅制度 釐正策의 본질이 어떠한 것이었는지를 파
악하고자 하였다. 이 같은 작업은 작게는 이 시기의 農政策을 이해하기 위해
서도 필요하지만, 보다 크게는 國交擴大(開港) 후의 근대적 개혁의 역사적
전통을 이해하기 위해서 반드시 필요한 것이라고 생각된다.

---

3) 本書 제Ⅰ편 實學派의 農業改革論, ① '18, 19世紀의 農業實情과 새로운 農業經
   營論', ② '茶山과 楓石의 量田論'.
      拙稿, ③ '朝鮮後期의 農業問題와 實學'(『韓國近代農業史硏究』Ⅲ — 轉換期의 農
   民運動, 2001) 참조.

2. 軍役制의 動搖와 軍役田

1) 軍役制의 構造的 特質과 農民層의 避役

(1) 軍役制의 構造的 特質

朝鮮後期의 軍役制는 朝鮮初期의 그것이 여러 차례에 걸쳐 개정되는 가운데, 正軍(兵)立役과 保人收布의 제도로서 정립되고 있었다. 이 양자는 이 시기 軍役制의 두 측면으로서 각각 여러 종류의 兵種과 保種으로 구성되는데, 전자는 주로 중앙이나 지방의 각 軍營에 立役(上番·留防)하는 것이고, 후자는 軍役 및 기타 政府財政을 위한 賦稅로서 다만 保布(軍布)를 수납하는 것이었다. 그리고 이 경우 전자는 수 개 番次로 편성되어 일정기간씩 윤차로 직접 上番·留防하기도 하고, 또 경우에 따라서는 부분적으로 停番收布나 放番收布하여 그 자금으로써 立役 지망자를 雇立하는 傭兵 내지는 常備兵制를 택하고도 있었다. 이 같은 軍役制를 당시는 良役이라는 이름으로 운영하였다.[4]

하지만 이 시기의 이 같은 軍役制는 그 제도가 전 기간에 걸쳐 不變의 것이고 固定的인 것은 아니었다. 그것은 부분적·점진적으로나마 변동하고 있

---

4) 이 시기의 軍役制에 관해서는 다음 논저를 통해서 그 基本骨格을 파악할 수 있다.
　　金錫亨, ‘李朝初期 國役編成의 基底’(『震檀學報』 14, 1941).
　　宮原兎一, ‘李朝의 軍役制度 “保”의 成立’(『朝鮮學報』 28, 1963).
　　有井智德, ‘李朝初期의 徭役’(『朝鮮學報』 30·31, 1964).
　　李載龒, ‘奉足에 대하여’(『歷史學研究』 2, 1964).
　　李載龒, ‘朝鮮前期의 水軍’(『韓國史研究』 5, 1970).
　　金鴻植, ‘李朝封建權力의 支配構造’(『朝鮮時代 封建社會의 基本構造』, 1981).
　　閔賢九, ‘近世朝鮮前期의 軍事制度의 成立’(『韓國軍制史』 近世朝鮮前期編, 1968).
　　李泰鎭, ‘近世朝鮮前期 軍事制度의 動搖’(同上書).
　　李泰鎭, ‘中央五軍營制의 成立過程’(『韓國軍制史』 近世朝鮮後期編, 1971).
　　李泰鎭, ‘三軍門都城守備體制의 確立과 그 變遷’(同上書).
　　李謙周, ‘壬辰倭亂과 軍事制度의 改編’(同上書).
　　車文燮, ‘壬亂以後의 良役과 均役法의 成立’(『史學研究』 10·11, 1961).
　　朴廣成, ‘均役法施行以後의 良役에 對하여’(『省谷論叢』 3, 1977).
　　鄭演植, ‘17·8世紀 良役均一化政策의 推移’(『韓國史論』 13, 1985).

었다. 그것은 軍役民의 수를 확보·조정하는 문제와 그들이 지게 되는 役을 均平하게 부과하는 문제를 중심으로 전개되었다. 그러한 변동은 아마도 크게는 세 차례 있었고, 따라서 그 시행시기는 네 단계로 구분할 수 있을 것이다. 그 첫째는 壬亂 이후 朝鮮前期의 軍役制가 점차 변동하여 朝鮮後期的인 良役制로 정착하는 肅宗朝까지의 시기이고, 다음은 그것이 肅宗朝에서 英祖 중엽(18세기 중엽)에 이르기까지의 良役變通을 거쳐『良役實摠』과 均役法으로 개정되는 시기이다. 그리고 셋째는『良役實摠』과 均役法이 시행되는 시기이며, 넷째는 그것이 大院君의 집권 이후 戶布法으로 변동 시행되는 시기이다. 그리하여 제1기와 제2기에는 여러 종류의「良役節目」과「良役査正節目」, 제3기에는『良役實摠』과「均役事目」, 제4기에는「戶布節目」등에 따라 軍役稅를 수취하였다.

이러한 여러 변동은 각각 해당 시기의 軍役制가 지니는 결함과 그와 관련하여 일어나는 軍役民의 항쟁을 釐正·撫摩하려는 데서 취해진 조치였다. 그러나 그것이 곧 中世的 軍役制의 전면적인 폐기를 뜻하는 것은 아니었다. 그것은 다만 軍役民의 부담을 경감하고 賦稅의 均平을 지향하는 데 그치는 것으로서, 中世的 軍役으로서의 성격이 약화·해체되어 가는 추세를 보여줄 뿐이었다. 그 가운데서도 戶布法의 경우는 특히 脫中世的 성격이 강하였다. 그러나 그러면서도 이 시기의 軍役制는 1·2·3·4기의 어느 경우를 막론하고 기본적으로는 아직 中世的 軍役으로서의 구조적 특질을 그대로 지니고 있는 것이었으며, 따라서 軍役民은 그 제도에 의해서 規制되고 수탈당하지 않으면 안 되었다. 그러므로 이 시기의 軍役制를 이해하기 위해서는 그 전 기간에 걸치는 그와 같은 軍役制의 구조적 특질이 어떤 것인지 파악할 필요가 있겠다.

첫째는, 軍役의 담당계층에 관한 것으로서, 국가는 이 같은 軍役을 어떠한 身分계층에게 부과하고 있었는가 하는 문제이다. 軍役은 국방문제이기 때문에 國民皆兵的인 의무일 수 있으나, 당시는 신분제 사회이고 또 이 役은 賦稅化하고 있었으므로 특정 신분계층에게만 부과하는 것이 특징이었다. 즉 良役으로서 軍役을 지는 壯丁은 원칙적으로 良·賤의 身分 가운데 良人이었으며, 이를 다시 班·常으로 구분할 때 兩班士大夫는 면제되고 常民(平民)層

만이 담당하도록 되어 있었다. 물론 軍役은 良役, 즉 良人의 役이고, 良人
가운데는 양반층이 포함되므로 兩班도 良役을 지도록 되어 있었다. 그러나
이런 경우의 兩班良役은 常民層의 軍役과 같은 것이 아니었으며, 또 그것을
모든 양반층이 지는 것도 아니었다. 그것은 특정 兩班層이 지는 良役에 불과
하였다.[5] 그리하여 일반 軍役으로서의 良役은 곧 常民의 役을 지칭하는 것이
되었다. 그리고 그와 같은 良役과는 별도로 賤民의 役, 즉 奴役으로서의 軍
役이 또한 있었다.[6]

兩班士大夫 계층이 軍役에서 제외되고 常民層만이 이를 지고 있었음은 여
러 가지 기록에서 살필 수 있다. 肅宗朝의 朝廷에서 良役變通문제를 한창 논
의하고 있었을 때, 良役의 담당계층을 말하여

我國 則兩班中庶 不事四民之業 而不應國役者居其半 又有許多公私賤 所謂良民
不能爲一國之半 而國家需用 專靠於良民 民安得不困窮哉[7]

라고 한 것이라든가, 또는 이 시기의 良役사정을 기술하고 있는 문헌에서

況軍役之民 誠極哀痛 而擧一國 除却士夫私賤 則軍役者不過五分之一耳[8]

---

5) 兩班이 지는 役으로는 錄事·書吏·軍官·忠順·忠翊衛 기타 등이 있었다. 錄
   事·書吏는 특히 議政府·中樞府·吏曹 등의 良役으로서 설정된 것인데(『良役摠
   數』·『良役實摠』), 이는 常民이 지는 軍役이 아니라 말단 兩班이 담당하는 官職
   (京衙前)이었다(『經國大典』·『續大典』吏典 京衙前). 이 같은 役을 설치한 의도도
   兩班層을 우대 보호하려는 뜻에서였다. 가령 '祖宗朝 設立錄事之法 盖慮窮鄕士族
   跡滯下流 欲令衣冠觀政 漸學吏事 出爲世用 此其養材之本意也'(『左海經邦』 坤, 良
   役)라고 한 것은 바로 그러한 사정을 말한 것이라 하겠다.
   　각종 軍官도 各軍衙門·鎭營에 배속된 良役인데(『良役摠數』), 이것도 常民이 지
   는 役이 아니라 兩班이 지는 職이었다(『經國大典』·『續大典』兵典 軍官). 이를 운
   영하는 데는 '外方將官 …… 必以兩班子枝 或武官出身者 極澤差定'(『備邊司謄錄』
   63, 肅宗 37年 12月 26日『良役變通節目』, 6冊, p.323)하도록 하고 있었다.
   　忠順·忠翊衛 등은 有蔭功臣 자손이 속할 수 있는 職所였다(註 12 참조).
6)『良役實摠』良役查正凡例에서는 良軍·良役과 奴軍·奴役을 區分하여 '此案爲良
   役而作也 凡係奴軍 不必擧論 而奴軍與良軍 大抵雜錯 只錄良丁 不錄賤丁 則原額虧
   闕 不成體段 故一併載錄 而奴役以公私賤懸錄'이라고 하고 있었다.
7)『承政院日記』461, 肅宗 37年 7月 5日, 25冊, p.49.
8)『左海經邦』坤, 良役.

라고 하였음은 그 예이다. 그리고 英祖朝의 良役變通에서 均役法을 시행하
게 되는 경위를 말하는 가운데

> 今夫民之應良役者 盡在畿內・三南・海西・關東 此六道民戶凡百三十有四萬 而
> 除殘獨戶七十二萬 實戶僅六十二萬 而士夫・鄕品・府史・胥徒・驛子・緇髡等 不
> 可擬議於良役者 又居五之四 則應良役者 只有十餘萬矣 以十餘萬之戶 當五十萬之
> 良役[9]

이라고 한 것도 그 예이다. 이는 요컨대 良役으로서의 軍役 부담에서 양반사
대부 계층과 公・私賤은 제외되고, 이를 담당하는 것은 良人(常民)뿐이라는
것이다. 이 경우 公・私賤이 良役에서 제외됨은 그들이 奴役 또는 奴役으로
서의 軍役을 지고 있기 때문이었다. 그들은 良人의 役보다도 더 천하고 무거
운 役을 지고 있었다.[10] 그러므로 이 시기의 軍役體制에서 유독 그 役의 부담
이 면제되고 있는 것은 양반사대부 계층이었으며, 이는 이 시기의 사회체제
에서 이 계층이 누리는 특권이었다.

양반사대부 계층의 軍役 면제는 물론 朝鮮王朝가 國初부터 제도적으로 인
정하고 있는 것은 아니었다. 國初에는 비록 특정한 役이지만 役을 지고 있었
다. 이때는 양반층이 王室의 藩屛으로 여겨지고 있어서 왕실・국가를 위한
혹종의 役을 지지 않으면 안 되었다. 각종 관직에 종사하는 것도 그래서 職
役으로 간주되었고, 職役이 없는 자는 軍役을 지도록 되어 있었다.[11] 그리고
양반층의 이 같은 藩屛的 기능에 대해서는 그 反對給付로서 科田(軍田 포함)
이 분급되고 있었다. 말하자면 科田法制度 아래서 양반층은 科田 분급에 대
한 대가로 각종 役을 지고 있는 셈이었다.

그리고 그 후 朝鮮前期의 중엽 이후(16세기)에 들면서는 科田法制度는 점
차 무너지기 시작하였고, 따라서 그에 기초하여 세워졌던 軍役體系도 변동

---

9) 『均役事實』
10) 平木實, 『朝鮮後期 奴婢制研究』, 1982 참조.
11) 千寬宇, 『近世朝鮮史研究』, 1979.
　　車文燮, 『朝鮮時代 軍制研究』, 1973.
　　李成茂, 『朝鮮初期 兩班研究』, 1980.
　　前揭, 『韓國軍制史』 近世朝鮮前期編 등 참조.

하지 않을 수 없게 되었다. 科田 분급의 양이 감소되고, 그 지급 자체가 어려워지며, 또 마침내는 중단되는 상황에서 양반층은 官職이 아닌 軍役 복무에 순순히 응할 수 없었다. 그리고 국가로서도 科田을 지급하지 못하는 가운데 軍役만을 강요할 수도 없었다. 그리하여 양반사대부 계층은 점차 자연스럽게 軍役 부담에서 면제되고, 朝鮮後期의 軍役制에 이르러서는 그 부담은 常民에 한하는 것으로 정착하게 되었다. 그래서 당시 정치인들은 이러한 변화를 제도상의 규정이 아닌 國綱의 解弛에서 오는 것으로 보기도 하였다.[12]

　다음은, 이 같은 軍役 담당층을 정부에서는 어떻게 통제함으로써 軍役稅를 보다 효율적으로 징수하고 있었는가 하는 문제이다. 이에 관해서는 身分制를 엄격하게 유지하고, 軍案을 정확하게 작성하며, 수시로 良役査正을 하는 등 여러 가지 조치를 취하고 있었음을 들 수 있다. 그러나 여기서 우리가 특히 주목하게 되는 것은 軍役稅의 징수를 지방 郡縣 단위의 軍額制, 즉 郡摠制로서 운영하고 있었던 점이다. 즉 각 지방(州牧郡縣)에 일정한 軍額(軍摠)이 배정되면 그 지방에서는 어떤 일이 있어도 그 軍額에 해당하는 稅를 責納하지 않으면 안 되었다. 그러므로 각 지방에 대한 軍額의 배정은 공평할 것이 요청되었으며, 정부에서는 그러한 문제를 다룰 때마다 그런 대로 일정한 기준을 정하여 이를 공정하게 배정하려 하였다. 가령 肅宗朝에 있었던 각 衙門의 각 지방에 대한 良役 배정이

　　凡此良役之額 散在各道 各官先定額數後 區別大小邑 如州牧則或定十名 郡縣則
　或定五名 準其定額之後 其餘則許令本官 汰定軍保
　　京衙門・軍門仍存之類 各道各邑 隨其大小 定其額數 別爲成案

하는 것이었음과,[13] 英祖朝의 전국에 대한 良役 배정이

---

12) 『均役事實』.
　　國初則身役之法甚嚴 上自公卿之子 下至編氓 莫不各有屬處 有蔭者爲忠順衛爲忠
　贊衛 無蔭者爲正兵爲甲士 民志以定 民役以均 邇來世道漸變 法綱漸弛 士夫子弟已
　不復隷名於諸衛 以至鄕品冷族 亦稱兩班 圖免身役 於是乎 軍役盡歸於疲殘無依之窮
　民矣
　　『增補文獻備考』財用考 3, 良役, 中卷, p.823.
　　前揭 李成茂 교수의 연구와 李泰鎭 교수의 『韓國軍制史』 第2章을 참조.

六道二百六十邑　以今辛酉式年戶口之數　分爲盛殘　雖不無良賤多寡之別　而槩以
言之　要不越乎大數　以其男口較諸良額　若過三分二則置之　或相半或不及其半則減
之　如素稱良役偏重之邑　另加省減
　　參互道內人丁多寡　軍役緊歇　及營邑公私應辦之數　裁量取捨　嚴立科條　作爲刊冊
如己巳良役實摠之爲

하는 것이었음은 그 예이다.[14) 그 배정원칙은 정부 각급 기관의 경비를 헤아
려서 軍額을 정한 후, 각 지방의 人丁·民摠의 다과와 軍役의 緊歇 등을 고
려하여 각 지방에다 그 額數를 裁量 배정하되, 軍役 부담에서 지방 편차를
없애려는 것이었다.

　각 지방에 대한 軍額의 배정은 軍額 전체가 증가될 때나 良役을 査正할 때
마다 있었지만, 英祖中年에 良役變通이 있은 후에는『良役實摠』으로서 확정
되었다. 그리고 그 후에는 여기에 규정된 軍額으로서 軍役行政이 운영되었
다.[15) 그러한 軍額이 肅宗初年에는 30여 만이었고 英祖中年의 良役變通·均

---

13)『備邊司謄錄』50, 肅宗 25年 7月 26日, 4冊, p.812.
　　　『備邊司謄錄』50, 肅宗 25年 8月 25日, 4冊, p.824.
14)『良役摠數』良役査正凡例, 1장.
　　　『關西良役實摠』關西査正事實, 4장.
　　　이 같은 軍額의 배정원칙은 다음 기록에서도 볼 수 있다.
　　　『備邊司謄錄』135, 英祖 34年 12月 7日, 13冊, p.181.
　　　『備邊司謄錄』164, 正祖 6年 5月 28日, 16冊, p.203.
　　　『備邊司謄錄』170, 正祖 11年 5月 8日, 16冊, p.878.
15)『良役摠數』良役査正凡例, 1장에는 '此是良役之摠數也 …… 無論京外 良役一從此
　　　案所載之摠數 上司不得直定而加額 各邑不得擅受而貽弊'라고 해서 京畿 등 6道의
　　　良役은 이 額數에 의해서 운영될 것이 明記되어 있으며,『關西良役實摠』良役査正
　　　啓下條件, 1장에서는 '今因朝令 更加消詳 自兩營所屬至列邑私募 可以仍存者仍存
　　　可以革罷者革罷 可以減額者減額 可以合錄者合錄 作爲成案 刊冊頒布 則各項數目
　　　開卷瞭然 此後 列邑毋敢爲科外直定 營門亦不得隨時許施'라고 하여 관서지방의 良
　　　役이 이에 의해서 운영될 것임을 밝히고 있다. 관북지방에도 이러한 刊冊이 있었으
　　　리라 생각된다. 그리하여 그 후의 軍政은 실제로 이를 基準으로 해서 운영되어 나
　　　갔다. 그러한 사정은 다음 자료에 보인다.
　　　『備邊司謄錄』134, 英祖 34年 6月 4日, 13冊, p.105.
　　　『備邊司謄錄』140, 英祖 37年 7月 28日, 13冊, p.574.
　　　『備邊司謄錄』141, 英祖 38年 2月 13日, 13冊, p.664.
　　　『備邊司謄錄』170, 正祖 11年 5月 8, 22日, 16冊, p.879, 884.
　　　『備邊司謄錄』171, 正祖 11年 9月 30日, 16冊, p.961.
　　　『備邊司謄錄』184, 正祖 20年 8月 25日, 18冊, p.483.

役法 당시에는 50여 만이었는데, 정부에서는 전기한 바와 같이 이를 6道에 다 안배함으로써 國家財政의 기반을 삼았다.[16] 이리하여 한번 책정된 軍額은 정부의 허락 없이는 변경할 수 없었으며, 따라서 각 지방에 배정된 軍役稅는 그 지방 軍役民 전체의 공동책임 아래 수납되지 않으면 안 되었다. 住民이 줄면 軍額이 줄고 稅額도 자연스럽게 감소하는 것이 아니었다. 軍役을 지던 농민에게 逃·老·故 등의 사고가 있어서 그곳 軍摠에 闕額이 생겨도 稅는 그대로 납부해야만 하였다.[17] 그리고 이 같은 共同責納制는 정확을 기하기 위해서 다시 面·里로 세분되어 운영되기도 하였다. 그리하여 각 面·里에서 闕額이 생기면, 각각 해당 面·里에서 面代定·里代定으로서 이를 충당하지 않으면 안 되었고, 그것이 안 될 경우에는 어떤 방법으로든 그 面·里民들이 공동으로 이를 수납하지 않으면 안 되었다.

闕額의 代定에 관한 이 같은 규정은 肅宗 37년의 『良役變通節目』에서 마련되었고,[18] 이 규정은 그 후의 良役 운영에 관한 원칙에서도 그대로 재확인되었다.[19] 그리고 地方官의 농민통치에 관한 규정으로서 그 指針書에 수록되

『備邊司謄錄』186, 正祖 21年 10月 5日, 18冊, p.710.
　　　　『備邊司謄錄』202, 純祖 12年 7月 12日, 20冊, p.541.
　　　　『備邊司謄錄』210, 純祖 22年 11月 1日, 21冊, p.405.
16)　『均役事實』. 이는 개략적인 수이다. 『良役摠數』良役都數에 따르면 英祖年間의 良役의 정확한 수는 京案付良役 473,616名半 外案付良役 103,892名으로 都合 577,508名半이었다.
17)　『浦渚集』卷 13, 變通軍政擬上箚에서 趙翼은 이러한 事情을 다음과 같이 말하고 있었다.
　　　軍役皆良人也 古時良人非不多也 到今良人甚少 每邑居民之中 公私賤爲十分之八九 良人十分之一二耳 以今時少之軍人 應古時流來元有之役 安得不重且苦乎 軍數漸少而其役漸苦 其役日苦而其數日縮 此勢之所固然也 今此之道 必先良人滋息也
　　　그래서 그는 이 같은 構造에 대응하기 위해서는 반드시 良人, 즉 常民을 늘려 나가야만 하는 것이라고 생각하였다.
　　　『備邊司謄錄』184, 正祖 20年 9月 18日, 18冊, p.504.
　　　『承政院日記』1767, 正祖 20年 9月 18日, 93冊, p.740에는 郭山 지방의 그러한 사정을 다음과 같이 기술하고 있다.
　　　郭山…… 徭役浩繁 昔之五千戶 今餘一千七百戶 而實應役不過一千四百戶 以今千四百戶 責前日五千戶之役者 已是難支之端……
18)　『備邊司謄錄』63, 肅宗 37年 12月 26日, 6冊, p.321.
19)　『良役摠數』良役查正凡例, 1장.

기도 하였다.[20] 이는 요컨대 軍役을 담당하는 농민층을 각각 그 지방에 긴박하고, 그들 地方民을 共同體的인 결합관계로 결속함으로써, 국가의 稅 징수를 용이케 하려는 것이었다. 이 같은 法은 徵稅를 위해서는 최선의 法으로 간주되고 있었다.[21]

셋째는, 이 같은 원칙 위에서 운영되는 軍役이 모든 軍役民에게 均平하게 부과되고 있었는가 하는 문제인데, 이에 관해서는 그 役의 종류에 따라 또는 稅의 징수기관에 따라 차등이 있었음을 들 수 있겠다. 이때의 軍役稅의 부과 軍役民의 부담에는 두 가지 점에서 불균형이 있도록 되어 있었다. 그 하나는 軍役 자체에 輕・重・苦・歇의 차이와 良・賤의 차이가 있는 점이었으며,[22] 다른 하나는 京・外를 막론하고 각급 官衙가 그 財源을 확보하기 위해서 규정 외의 保率을 私募之役 私定之役으로서 募入하고 있는 일이었다.[23] 특히 후자는 그 미치는 영향이 컸다. 이 경우 이 같은 私募屬은 일반 軍役보다 그 부담이 輕歇하였으며, 따라서 그 액수가 늘어나고 있었다. 그런데 이 같은 私募屬은 본래의 軍額 이외에, 額外의 保率로 私募될 수 있는 농민이 따로 더 있어서 募人되고 있는 것이 아니었다. 그들은 본시 民戶로 파악되고, 따

---

20) 『政要』一, 軍政 1, 里定節目(『朝鮮民政資料』 牧民篇, pp.40~45).
　　『牧民大方』 兵典之屬(同上書, p.168).
　　『先覺』 追錄, 軍政十六條(同上書, p.221).
　　『居官大要』 十一 軍政(同上書, p.288).
　　『摩事撮要』 高陽文牒, 里代定法(同上書, pp.311~312).
　　『從政要覽』 軍政, 里定節目.
　　『牧民徵範』 軍政, 里定節目.
21) 가령 『政要』 三에서는 이를 '惟本里充定 最爲良法'이라 하였고(『朝鮮民政資料』 牧民篇, p.79), 『用中錄』에서는 '然里定外 無他策矣'라고 하고 있었다(同上書, p.109). 그리고 이 문제에 대해서는 젊은 시절의 茶山도 '里定之法 乃朝家美制 民無騷擾之怨 吏絶弄奸之患者 無愈於此'(『從政要覽』 軍政, 里定報草)라고 말하여 일반적인 견해를 따르고 있었다.
22) 『牧民心書』 卷 26, 兵典 簽丁, 3冊, p.73(廣文社本).
23) 『良役實撮』 良役查正凡例, 5~6장에 '各道各營鎭各邑私募屬之類 其中有使役之不可無者 如各廳募入之類是也 …… 軍保冒充於該邑私募之役 反貽良丁滲漏之一大弊端 不可不量定額數 毋得擅加'라고 한 것, 『牧民心書』 兵典 簽丁條(註 19)에 '本邑私定之役 又有除番軍官 諸庫諸廳之募入校生・院生・校保・院保・京主人保・營主人保 形形色色 各邑不同'이라고 한 것 등이 그것이다. 그래서 당시에는 이 같은 私募屬을 어떻게 제한 조정하느냐 하는 것이 良役查正의 과제가 되기도 하였다.

라서 정규의 軍額으로 책정되어 있는 軍役民이었는데, 각급 官衙의 私募屬
으로 募入 흡수되고 있는 것이었다. 그리하여 이 시기의 軍役稅는 전체적으
로 볼 때 이로 말미암아 한없이 늘어나고 크게 불균형이 생기고 있는 것이
현실이었다.

(2) 農民層의 避役 理由와 方法

이 시기 軍役制의 구조적 특질을 이같이 살피면 朝鮮王朝의 軍役을 통한
농민지배는 견고하고 한이 없었음을 알 수 있다. 언뜻 보기에 농민들은 좀처
럼 이 같은 지배에서 벗어날 수 없을 것 같기도 하다. 그러나 이같이 견고한
軍役制·農民支配機構도 그 성립기반인 신분제 전체의 해체과정이 진행됨에
따라, 그리고 軍役制 자체의 구조적 특질에서 오는 모순과도 관련하여 점차
동요하지 않을 수 없게 되었다. 軍役民은 경제적으로나 의식상으로 성장함
에 따라, 봉건적인 속박에서 해방되거나 덜 속박되고 덜 수탈당할 것을 생각
하게 되고, 이를 避役으로써 실천해 나갔다. 정부에서는 이 같은 움직임을
불법으로 규정하고 통제하였지만 이를 완전히 막을 수는 없었다.

농민들이 이와 같이 중세적 봉건적인 軍役으로부터 탈출하려는 데는 구체
적으로 두가지 이유가 있었다. 그 하나는 經濟的 이유이고 다른 하나는 社會
的 이유였다.

전자는 軍役을 통한 농민수탈이 너무나 과중하다는 점이었다. 농민들은
軍役에서 도피함으로써 그 課稅 대상에서 면제될 것을 생각하지 않을 수 없
었다. 가령 1丁 2疋의 경우를 생각할 때 1家 1丁이면 큰 부담이 안 될 수도
있겠지만, 軍役을 져야 하는 장정이 4, 5명이나 되면 이는 간단한 문제가 아
니었다. 영세농일 경우는 더욱 그러하였다. 그것은 그 稅額이 매년 米 3, 4
石으로 근 20兩이나 되는 금액이었다.[24) 均役法은 그러한 과중한 稅錢을 半
減하는 조치였지만, 그러나 그 후에도 軍役의 폐단은 심화되고 있어서 농민
부담은 실질적으로 줄어들지 않고 있었다. 均役法 당시에는 한때 그 부담이
가벼워졌던 게 사실이지만, 그 후에는 다시 증가하는 추세에 있어서 均役法
의 효과는 별무하였다.[25) 軍役은 농민경제를 파국으로 모는 원인이 되고 있

---

24)『均役事實』.

었으며, 농민층은 이로 말미암아 파산과 몰락을 피할 수 없었다.[26] 軍役民이 살 수 있는 길은, 이를 폐기시키지 못하는 한, 그 課稅 대상에서 도피하는 것일 수밖에 없었다.

후자는 軍役民에 대한 사회적 대우와 지위가 너무나 열악하고 미천하다는 점이었다. 농민들은 이를 탈피함으로써 사회적 천대에서 해방될 것을 생각하지 않을 수 없었다. 이는 많은 기록이 말해주고 있는 바이지만, 軍役은 非兩班의 상징으로서 한번 軍役에 연결되면 자자손손 그 役을 져야하고 鄕村社會의 상류인사들과 어울릴 수 없고 혼인도 할 수 없는 등 온갖 천대를 감수해야만 하였다. 이는 사회적 지위의 貴·賤을 구분하는 기준이 되는 것이기도 하였다.[27] 軍役을 지는 농민층이 이를 피하려 한 것은 당연한 일이 아닐 수 없었다. 더욱이 당시는 신분변동이 격심하게 전개되고 兩班 신분으로 상

---

25) 예컨대 다음 資料에는 그 같은 사실이 지적되고 있다.

『備邊司謄錄』122, 英祖 27年 6月 22日, 12冊, p.172.

『備邊司謄錄』144, 英祖 39年 9月 25日, 14冊, p.11.

『備邊司謄錄』173, 正祖 12年 8月 18日, 17冊, p.135.

『備邊司謄錄』183, 正祖 20年 3月 8日, 18冊, p.402.

『備邊司謄錄』188, 正祖 22年 12月 21日, 19冊, p.18.

그리고 茶山은『牧民心書』卷 26, 兵典 簽丁, 3冊, p.59에서 전체적으로 볼 때, '今民力所出 比之均役之初 將爲四倍 民安得不困 力安得不匱乎'라고 하여, 民의 부담이 均役 초에 비하여 4倍나 되는 것으로 말하기도 하였다.

26) 이 같은 事情에 관해서는 우리는 많은 자료를 볼 수 있지만, 여기서는 특히 茶山의 哀絶陽詩(『牧民心書』卷 26, 兵典 簽丁, 3冊, p.60)를 상기하면 좋을 것이다.

27) 良役을 賤視하는 풍조는 여러 자료에서 이를 읽을 수 있다. 가령 다음과 같은 기술들은 그 몇몇 예이다.

① 盖國俗民風 所羞恥而賤鄙者 丁役爲甚(『備邊司謄錄』188, 正祖 22年 10月 10日, 18冊, p.930).

② 其奈名雖良役 視同賤籍 滔滔之俗 皆欲加於良一層 於是乎 班戶不可勝計 編氓隨而益少(同上書 189, 正祖 23年 12月 30日, 19冊, p.135).

③ 其下則歸於軍丁 而謂是至賤之役 不齒恒人之類 故以其淆濫之習 擧懷厭避之心(同上書 200, 純祖 10年 4月 18日, 20冊, p.189).

④ 郡民則畏鎭役如死地 視鎭民若奴隸 不通婚媾 不齒會集 習俗已痼 莫可矯革(同上書 217, 純祖 29年 正月 27日, 22冊, p.17).

⑤ 小民之視此役 如就死地 其於鎭刺圖免 姓名與爭(同上書 241, 哲宗 5年 閏 7月 13日, 24冊, p.677).

⑥ 軍役之人 人已賤之 …… 故論地閥者 先問軍役與否 是以稍力之人 百計圖頉(『顧問備略』, 軍伍).

승하는 일이 용이하였으므로, 軍役을 지는 데서 오는 수모는 쉽게 벗어날 수 있었다. 경제적으로 富裕하거나 稍實한 농민은 특히 그러하였다. 그리하여 그들은 軍役에서 해방됨으로써 사회적 천대에서 벗어나고 그 지위를 향상시킬 것을 꾀하게 되었다.

이와 같이 농민층이 軍役에서 벗어나려 한 것은 경제적·사회적 이유가 있었던 것이지만, 그 어느 경우를 막론하고 이를 실현시키는 데는 적극적인 방법과 소극적인 방법이 있었다.

積極的인 방법은 軍役을 지는 농민이 常民의 신분을 상승시켜 兩班이 되는 길이었다. 軍役에서 벗어날 수 있는 궁극적인 방법은 바로 이것이었다. 身分의 변동은 말하자면 농민층이 軍役을 벗으려 할 때 최선의 방법이 되고 있었다. 軍役制는 신분제를 바탕으로 성립되었으므로 그것은 당연한 일이었다. 그리하여 신분제가 변동함에 따라 軍役制도 동요하지 않을 수 없었는데, 이 같은 신분 변동은 시대가 흐름에 따라 더욱더 격심하게 전개되고 있었다.[28] 이는 軍役制를 유지하기가 그만큼 더 어려워지고, 그 동요하는 바가 더욱 심해지고 있음을 반영하는 것이었다. 그런데 그와 같은 신분제의 변동은 그것이 합법적이건 비합법적이건 간에 경제적인 富力이 있으면 가능하였다. 그러므로 농민층은 다소나마 富力이 있으면 신분을 상승시키고, 그 결과로서는 軍役에서도 벗어날 수 있었다.

消極的인 방법은 이 시기 軍役制의 제3의 특질과도 관련하여, 각급 官衙의 額外의 歇役으로 私募入됨으로써, 정규 軍額의 簽丁에서 피하고 무거운 軍役의 부담에서도 피하는 것이었다. 私募保率이 되더라도 일정한 稅는 부담해야 함으로, 이로써 그 軍役 부담에서 완전히 벗어나게 되는 것은 아니지만 큰 차이가 있었다. 그리고 사회적인 대우도 달랐다. 물론 이것이 軍役을 탈피하고자 하는 농민이 택할 수 있는 궁극적인 방법은 아니지만, 임시 변통적인 避役의 방법은 되었다. 그리고 이로 말미암아서도 이 시기의 軍役制는

---

28) 身分變動에 관해서는 많은 연구가 있지만, 本稿와 관련해서는 특히 다음 두 논문을 참고할 필요가 있다.
　　四方博, '李朝人口에 관한 身分階級別的 觀察'(『朝鮮經濟의 研究』, 1938).
　　鄭奭鍾, '朝鮮後期 社會身分制의 崩壞'(『大東文化研究』 9, 1972).

그 내부로부터 동요·변동의 길을 걷지 않을 수 없게 되었다. 이 같은 방법에도 富力이 있어야 함은 말할 것도 없었다.

농민층의 避役은 말하자면 적극적이건 소극적이건 富力이 있으면 가능하였다. 그러한 점에서 그것은 손쉽고 광범하게 전개될 수 있는 것이기도 하였다. 이 시기 軍役에 관한 자료 가운데는 이 같은 사정을 보여주는 기록이 무수히 많다. 예컨대 '白骨黃口之禁 卽國典所載 而近因紀綱漸弛 吏不畏法 豪右之民 輒皆圖頉 窮殘之類 勒充其額'[29]이라든가, '黃口充丁 白骨徵布 爲今日莫切之民憂 軍丁紊亂 奸僞疊出 而富民饒戶 率多遺漏 孩提襁褓 苟充其數'[30]라고 한 것은 그 한 두 예이다. 여기서 豪右之民이 輒皆圖頉한다거나 富民饒戶들이 率多遺漏한다고 함은 富民이 그 財力으로 軍役을 피하고 있음을 말하는 것이다.

富民이 軍役을 피하는 데는, 앞에서 지적했듯이 두 가지 방법이 있었지만, 兩班 신분을 취득하는 것은 무엇보다도 좋은 방법이고 또 그 첩경이 되고 있었다. 양반층은 軍役의 부과에서 제외되고 있었기 때문이다. 그리하여 避役을 꾀하는 농민은 茶山이 '夫惟兩班而後 方免軍役 故民之日夜經營 唯得爲兩班'[31]이라고 하였듯이, 밤낮으로 兩班이 될 것만을 꾀하게 되었으며, 그 결과로서는 『慶尙道陳弊冊子』에 '簽丁之弊 專由於冒稱兩班 圖免身役'[32]이라고 한 바와 같이, 軍役의 부과에 커다란 폐단이 일어나고 있었다. 물론 이 경우 농민층이 避役을 위해서 양반이 되는 데는, 가령 茶山이 말하고 있듯이(註 31), 여러 가지 방법이 있었음은 말할 것도 없었다.

첫째로, 그 가운데서도 흔히 있는 것은 幼學·儒生을 冒稱하는 것이었으며, 한 걸음 더 나아가서는 鄕案에도 기록되는 것이었다. 幼學·儒生은 양반으로서 科擧하지 않고 官人이 되지 않은 官僚豫備軍이었으며, 따라서 그들은 鄕村社會에서는 양반의 대우를 받는 존재였다. 그들 가운데는 학문이 높

---

29)『備邊司謄錄』159, 正祖 2年 10月 23日, 15冊, p.655.
30)『備邊司謄錄』201, 純祖 11年 4月 10日, 20冊, p.343.
31)『丁茶山全書』詩文集, 身布議, 上卷, p.180. 茶山은 이에 이어서 兩班이 되는 방법을 다음과 같이 들고 있다.
　　錄鄕案則爲兩班 造僞譜則爲兩班 離鄕遠徙則爲兩班 著儒巾出入科場則爲兩班
32)『備邊司謄錄』201, 純祖 11年 3月 18日, 20冊, p.302.

은 자도 있었지만 초보자도 많았다. 그러므로 농민층 가운데서도 약간의 식견과 재력이 있는 자는 이를 쉽게 넘볼 수 있었다. 英·正祖의 外方軍政, 특히 避役문제가 幼學과 관련하여

外方軍政 朝家前後申飭 非不嚴明 …… 而近來籍法不嚴 人心不古 冒稱幼學 圖入鄕案 免役多岐 有根着可合軍伍者 擧皆遺漏 只以無勢家孤奴貧殘傭賃之類 苟然充數 事極駭然[33]

이라든가, 또는

近來 白徒之冒錄幼學 謀免軍役 便成痼弊 此而盡頉 眞箇殘民 無以支保[34]

라고 언급되고 있었음은 그러한 사정을 말해주는 것이었다. 軍役을 질 수 있는 實한 농민은 幼學을 모칭하고 鄕案에 기록됨으로써 빠져나가고, 가난한 농민들만이 이를 지고 있다는 것이었다. 이러한 사정은 그 후에도 계속되고 또 더 심해지고 있었다. 그것은 身分變動의 폭이 넓어지는 만큼 더 확대되고 있었다고 보아도 좋을 것이다. 이와 같이 幼學을 모칭하고 鄕案에 기록되기 위해서는 戶籍관리에게 納賂하고 鄕에 禮錢을 바쳐야 함으로 반드시 富力이 필요하였다. 그러므로 物産이 풍부하고 財貨가 은성한 곳에서는 이러한 현상이 더욱 심하였다.[35] 또 이와는 달리 경우에 따라서는 科場에 한두 번 출입함으로써 이를 근거로 幼學을 모칭하는 수도 있었는데,[36] 이런 경우에도 富力이 전제됨은 말할 것도 없다.

이 같은 사정이 西北 지방에서는 鄕人(儒鄕)이라는 이름으로 전개되고 있었다. 鄕人은 아래 자료에 보이는 바와 같이, '所謂班戶 不過鄕人'이라고 하여 서울 사대부들이 이 고장 班戶를 낮추어 부르는 말이었다. 그러나 이 지방에서는 이들이 班戶임이 틀림없고, 따라서 본시 軍役이 면제되고 世世로

---

33) 『備邊司謄錄』152, 英祖 44年 9月 24日, 14冊, p.699.
34) 『備邊司謄錄』164, 正祖 6年 2月 10日, 16冊, p.148
35) 『備邊司謄錄』245, 哲宗 9年 3月 8日, 25冊, p.216.
36) 『牧民心書』卷 15, 戶典 戶籍, 2冊, pp.121~122 및 註 31 참조.

鄕任의 일을 맡도록 되어 있었다. 이른바 '鄕丞之族', '鄕族'이었다. 그러므로
이 고장에서는 부유한 농민이 避役을 꾀할 때는 鄕人이 되는 것을 첩경으로
삼았다. 다음 기록은 그러한 사정을 보여주는 예이다.

> 黃口簽丁之弊 有所仰達 此弊專由於新鄕之冒入也 盖關西 …… 稍有食穀 輒避軍
> 役 不惜重價 圖得鄕帖 此所謂新鄕日增 軍丁日縮者也[37]

> 簽丁黃白之弊 海西爲尤甚 而所謂班戶 不過鄕人 鄕人亦有新舊之別 舊鄕出入鄕
> 任 作爲世業 以免簽丁 故許多良民富戶 百計圖頉[38]

즉, 관서·해서 등 서북지방에서는 鄕人은 鄕任을 맡고 軍役에서 면제되
므로, 富民들은 重價로서 鄕人이 되어 避役하고, 따라서 鄕人이 늘어남에 따
라 軍丁이 날로 줄어드는 폐단이 일어나고 있다는 것이다. 이 고장에서는 新
鄕冒錄은 避役의 지름길이 되고 있었다. 이와 같이 鄕人이 되고 鄕任層이 되
는 것은 본인만의 면역을 뜻하는 것이 아니었다. 이는 양반 신분으로의 상승
을 뜻하는 것이므로, 본인은 말할 것도 없고 그 자손들까지도 軍役을 면할
수 있는 것이었다. 그러므로 이 고장에서 避役을 꾀하는 자는 傾家破産하더
라도 爭先圖入하는 경쟁이 일어나고도 있었다. 사실 이때의 官에서는 그 수
입을 생각해서 賣鄕을 하고도 있었으므로 이러한 방법을 통한 避役은 용이
하였다.[39]

---

37) 『備邊司謄錄』 144, 英祖 39年 8月 26日, 13冊, p.993.
38) 『備邊司謄錄』 191, 純祖 卽位年 12月 17日, 19冊, pp.265~266.
39) 『關西良役實摠』 啓下條件, 5장.
　　新鄕冒錄 實爲逋逃之淵藪 良民中稍能衣食者 一番錄名 則並與子孫而得免軍役 故
傾家破産 爭先圖入 所任輩 利其禮錢 或有四五百人 一時錄案者
　　賣鄕은 이 고장에서만 일어나는 현상이 아니었다. 다른 지방에서도 널리 행해지
고 있었다. 가령
　　『備邊司謄錄』 63, 肅宗 37年 12月 26日, 6冊, p.322.
　　『備邊司謄錄』 199, 純祖 9年 6月 17日, 20冊, p.83.
　　『備邊司謄錄』 235, 憲宗 14年 正月 7日, 23冊, p.879.
　　『備邊司謄錄』 244, 哲宗 8年 12月 8日, 25冊, p.170.
등의 자료에서는 관북·호남·관동지방의 賣鄕현상을 논의하고, 正祖年間의 『暗行
御史賫去事目』에서는 호서·호남·해서지방의 그것을 지적하고 있었다. 이러한 문

이러한 현상은 中央의 政府에게는 지극히 곤란한 문제가 아닐 수 없었다. 避役을 막아야 한다는 점에서뿐만 아니라, 봉건적인 신분제를 유지해야 한다는 점에서도 그러하였다. 그래서 純祖年間의 정부에서는 '鄕任之近益猥雜 貴賤無辨'[40]한 이 현상을 이 고장 3대 폐단의 하나로 간주하고 그 시정을 논의하기도 하였다. 그러나 이를 막을 수 있는 근본적인 대책을 마련하지는 못하였고, 따라서 그 후에도 鄕人이 됨으로써 避役을 하는 현상은 계속되었다.[41]

다음으로, 농민들이 避役의 방법으로 택한 것은 校生·院生이 되는 것이었다. 그 중에서도 특히 농민들은 校生이 되는 방법을 많이 이용하고 있었다. 校生은 제도상으로는 鄕校에서 유학을 공부하는 학생이었다. 朝鮮王朝는 儒教國家였으므로 鄕校교육은 국가에서 장려하는 바였고, 따라서 校生은 軍役을 면제받고 있었다. 그러한 점에서 校生은 양반에 이르는 한 단계일 수가 있었다. 그렇지만 그 수가 무한정일 수는 없었으며, 국가에서는 그 定員을 법으로서 정하고 있었다. 그러므로 避役을 꾀하는 농민들이 校生이 된다 하더라도 定額 내의 校生이 되기는 어려웠으며, 그들은 흔히 額外校生이 되는 것으로 만족하였다. 이는 국가가 인정하는 것이 아니었지만, 그들은 納賂를 통해서 校籍에 이름을 올리고 校生이 되었다. 鄕校에서는 본시 庶民層을 兩班校生(東齋生)과 구분하는 뜻에서 西齋生으로 수용하고 있었으므로, 校生이 되는 일이 어려운 것은 아니었다. 그리하여 避役의 길은 여기에 이 校生을 통해서 마련될 수 있었다.[42]

제에 관하여는 다음 논문 참고.
　　金仁杰, '朝鮮後期 鄕權의 추이와 지배층 동향 — 忠淸道 木川縣事例'(『韓國文化』 2, 1981).
　　田川孝三, '鄕案에 대하여'(『山本博士還曆紀念東洋史論叢』, 1974), '李朝後半期에 있어서의 地域社會의 諸問題'(『李朝에 있어서의 地方自治組織과 農村社會經濟 語彙의 硏究』, 1980).
40) 『備邊司謄錄』 210, 純祖 22年 5月 25日, 21冊, p.361.
41) 『備邊司謄錄』 228, 憲宗 6年 9月 14日, 23冊, p.247.
　　本道儒鄕之弊 卽他道所無 渠輩必欲納賂而圖差 官長亦皆貪賂輕許 因此而軍伍多 致虛額 風俗因以渝敗
42) 李成茂, '朝鮮初期의 鄕校'(『李相玉博士回甲紀念論集』, 1970).
　　李範稷, '朝鮮前期의 校生身分'(『韓國史論』 3, 1976).

더욱이 地方官들이 탐관오리일 때는 肥己의 방법으로서 '稍有財力 則不問 其地之如何 而陞鄕陞校 惟意所欲'[43]하고 있었으므로, 농민들에게 財力만 있으면 校生이 되는 것은 어렵지 않았다. 또 鄕校나 書院에서 院宇修改 등에 많은 돈이 필요할 때는 願納名色의 이름으로 '富實人'에게서 돈을 징수하고 校生을 만들어주고도 있었으므로, 재력만 있으면 校生이 되는 것은 쉬운 일 이기도 하였다. 그리고 이러한 경우에는 그렇게 많은 재력이 필요한 것도 아 니었다. 경기도 驪州에서는 10兩이면 校生이 될 수 있었다.[44] 그리하여 鄕校 校生은 幼學 鄕人의 冒錄과 함께 軍丁 避役의 淵藪가 되었다.

> 州府郡縣之校生 自有法典所載之定數是白去乙 額外夥然 徒作閑丁之逋藪[45]
> 校院生自有定數 近來奸民 多有避役 …… 軍丁倍難[46]
> 良役之弊 專由於紀綱解弛 名分陵夷 良民之有食根可合軍伍者 百般行賂 投入於 校生將官 自稱中人 游手游食[47]

이라고 한 여러 자료는 그러한 예이다. 또 鄕校와 관련되는 避役으로서는 鄕 校의 임원이 되는 방법도 있었다. 서북지방에서는 校生·儒生으로서 鄕校의 齋任이라도 한번 거치면 軍役稅를 '永不納錢'하는 것이 보장되었다. 그러므 로 이들은 齋任의 자리를 얻기 위해서 賣土賣牛해서 그 자금(禮錢)을 마련하 였으며, 蕩敗家産해도 거리낌이 없었다.[48] 사실 鄕校나 書院의 齋任은 그 校 院을 운영하는 실무자로서, 그 지방의 유지가 아니면 이를 감당하기 어려웠 다. 그들은 校院의 이름을 표방하게 되므로 농민층에 대한 지배력도 컸다.[49]

宋贊植, '朝鮮後期校院生考'(『國民大學論文集』 11, 1976).
43) 『備邊司謄錄』 170, 正祖 11年 4月 29日, 16冊, p.869.
44) 註 49 참조.
45) 『暗行御史賫去事目』 關西.
46) 『備邊司謄錄』 193, 純祖 2年 6月 8日, 19冊, p.451.
47) 『均役事目』 軍官.
48) 『關西良役實摠』 啓下條件, 6장.
49) 『備邊司謄錄』 178, 正祖 15年 3月 4日, 17冊, p.748.
　'至於校院生 則元額自有定數 而爲齋任者 輒稱院宇改修 刱出願納名色 富實人處 徵用十兩之錢 永除一身之役'이라고 한 것, 趙龜夏의 『湖南別單草準定件』(哲宗 13 年)에 '至於本他道 各書院齋任 或稱院宇重修 或稱影幀改摹 抄執饒戶 差出有司名色 多發悍奴 墨牌推捉 私自施刑 隨其家力 威脅徵索 多或爲千餘兩 少不下數百金 期於

그러므로 校院의 齋任을 맡은 자가 軍役에서 면제되는 것은 당시로서는 자연스러운 일이었다.

셋째로, 부유하고 활동적인 농민들이 避役을 위해서 校生이 되는 것만큼이나 손쉽게 택한 방법은 軍官·將校가 되는 것이었다. 校生이 文班系列의 말단에 위치한 身分層이라고 한다면, 軍官·將校는 武班系列의 말단을 점하는 身分 職役이라 할 수 있을 것이다. 그러므로 軍官은 良民이 지는 軍役과는 그 성격이 근본적으로 달랐으며, 따라서 軍官이 되는 것은 양반층으로 상승하기 위해서나 避役을 위해서 좋은 방안이 되는 것이기도 하였다. 가령

良民之厭避軍役 投入於軍官名色者 不但專爲避苦趨歇 其意專在於拔身之計[50]

라고 한 데서는 그러한 사정을 엿볼 수 있을 것이다. 그래서 避役을 꾀하는 자는, 앞의 校生에 관한 자료에 '百般行賂 投入於校生·將官'이라고 하였듯이, 校生에 대해서와 마찬가지로 軍官·將校에 대해서도 納賂冒屬하고 있었다.[51] 그리고 各樣 軍校들이 哨官을 한번 지내면 身米가 減해지기 때문에 賣土賣牛해서 이 자리를 買得하려 하였으며, 鄕校齋任의 경우와 마찬가지로 蕩敗家産해도 거리끼지 않았다.[52] 그리하여 軍官·將校는 校生과 함께 避役의 좋은 방법이 되고 있어서 그 수가 늘어나고 있었다.[53] 河東府에서는 그러한 避役將官이 56명이나 되었으며, 그 밖에 都訓導가 또한 30명이나 되었다.[54] 그러한 점에서 軍官·將校는

蕩析乃已 此實窮蔀切骨之寃'이라고 보고되고 있음은 그러한 사정을 보여주는 것이라고 하겠다. 書院이 없거나 힘이 약한 곳에서는 鄕校의 齋任이 또한 그럴 수 있는 존재였다.
50) 『備邊司謄錄』140, 英祖 37年 7月 27日, 13冊, p.572.
51) 註 47과 同. 이 밖에 다음 자료에서도 비슷한 내용의 예를 엿볼 수 있다.
   『備邊司謄錄』161, 正祖 4年 2月 26日, 15冊, p.829.
   『備邊司謄錄』179, 正祖 15年 9月 21日, 17冊, p.862.
   『備邊司謄錄』244, 哲宗 8年 12月 8日, 25冊, p.170.
52) 註 48과 同.
53) 『備邊司謄錄』160, 正祖 3年 正月 19日, 15冊, p.688에서는 旗牌官·除番軍官 등의 名色이 大邑에는 近 7백여 명, 小邑에는 3, 4백 명이나 됨을 지적하고 있다.
54) 『河東府矯弊節目』.

各邑旗牌官·把摠官·軍官之屬 一得其名 終身閑遊 實爲良丁逋逃之淵藪云[55]

이라고 하였듯이, 사실 避役 장정의 逋逃의 淵藪가 아닐 수 없었다.

이 같은 현상을 수습하기 위해서 均役法에서는 選武軍官制를 설치하였지만, 避役을 막을 수는 없었다. 選武軍官은 '非士族非有蔭閑散中 可惜於軍保 可合於軍官之類'로서 선발하여 일정한 收布를 하되, 設科應試토록 하여 일정한 대우를 하려는 제도였다.[56] 말하자면 이 제도는 非兩班 非常民, 즉 中·庶層을 특히 배려한 제도로서, 그 밖의 農民은 모두 良役民으로 확보하려는 것이었다. 그런데 이 제도가 시행되면서부터는 그 같은 목표가 흐려지고 있었다. 科擧의 문은 좁고 及第는 어려우며, 더욱이 收布는 철저하여서 常民과 다를 바가 없는 데서, 그들은 '必慾付兩班之邊'할 것을 꾀하고 選武軍官이 되는 것을 백방으로 謀避하게 되었다.[57] 그리고 그 자리에는 '皆以良丁充丁', '以致本役 或歸殘民'한다든가, 또는 良民의 '軍官冒屬'하는 바가 되고 있었다.[58] 그리고 후대로 내려오면서는 地方官이 정식으로 良役民으로서 選武軍官을 임명할 것을 요청하게도 되었다.[59] 그리고 이와 아울러서는 일반 軍官·將校로의 冒屬을 통한 避役도 더욱 늘어났다.

넷째로, 부유한 농민들이 택하고 있는 避役의 방법은 璿派 勳族을 冒稱하고 官爵을 僞載하며 僞譜를 만드는 것이었다. 이 같은 행위를 통해서 兩班이 되고 軍役을 면하려는 것이었으며, 役을 진다 하더라도 功臣後孫이 지는 忠順·忠翊衛 등에 모속함으로써 궁극적으로는 良役에서 탈출하려는 것이었다. 茶山이 말하는 이른바 '僞冒官爵 仮稱忠孝 以圖免役'하는 행위인 것이며, 또 '僞造族譜 盜買職牒 圖免軍簽者'인 것이었다. 이러한 현상은 西北地方도 심했지만 三南地方에서는 더욱 심하였다.[60] 전국 어디서나 널리 행해지고 있

---

55) 『備邊司謄錄』154, 英祖 46年 閏 5月 23日, 14冊, p.956.
56) 『均役事目』軍官. 選武軍官制의 성립사정에 관해서는 鄭萬祚, '均役法의 選武軍官'(『韓國史硏究』18, 1977)을 참조.
57) 『備邊司謄錄』140, 英祖 37年 7月 28日, 13冊, p.574.
   『備邊司謄錄』147, 英祖 41年 2月 29日, 14冊, p.302.
58) 同上 및
   『備邊司謄錄』140, 英祖 37年 8月 6日, 13冊, p.578.
59) 『備邊司謄錄』188, 正祖 22年 10月 10日, 18冊, p.930.

었던 것이다. 正祖·哲宗年間의 황해도에 관해서는

> 軍丁詐僞多端 造成僞譜 夤緣頉役 不勝紛紜 以此之故 軍保之役 每歸貧窮之類[61]
> 軍丁之百般圖頉 至有冒托璿派勳裔 …… 軍伍虛額 初非閑丁之不足也 卽雜頉之
> 居多也[62]

라고 운위되고 있었다. 僞譜를 만들고 璿派 勳族에 冒托하여 避役을 함으로
써, 軍額이 부족하고 가난한 농민만이 役을 지는 현상이 생기고 있다는 것이
었다. 純祖 초의 京居人 가운데는 鑄字를 갖추고 璿譜를 印出함으로써 璿派
冒錄이 심하고 '諸道簽丁之弊 因此益甚'한 것으로 말해지기도 하였다.[63] 그
리고 公州 지방에서는 虛伍·白骨·黃口 등의 軍政의 폐가 심했는데, 그 원
인은

> 苟究弊源 卽專由於忠順·忠翊衛之冒錄圖帖 而巧避軍役故也[64]

인 것으로 파악되고 있었다. 軍役을 져야 할 농민이 勳族 후예의 이름으로
忠順·忠翊衛에 속함으로써, 軍丁에는 虛伍가 생기고 白骨徵布와 黃口僉正
의 폐단이 생기고 있다는 것이었다.
  이 같은 방법으로 避役을 하는 데 많은 재력이 있어야만 하는 것은 아니었
다. 약간의 재력만 있으면 되었다. 禹夏永은 그러한 사정을

> 雖世世編伍子支 稍有家貲 則變幻系派 冒托班族 仮稱幼學 背棄六親 投屬他宗[65]

이라고 하고 있었다. 특히 勳族 후예를 冒稱하는 데는 그렇게 큰돈이 들지

---

60)『牧民心書』卷 15, 戶典 戶籍, 2冊, p.122.
　　『牧民心書』卷 27, 兵典 簽丁, 3冊, p.81.
61)『備邊司謄錄』186, 正祖 21年 10月 19日, 18冊, p.721.
62)『備邊司謄錄』246, 哲宗 10年 4月 18日, 25冊, p.358.
63)『備邊司謄錄』198, 純祖 7年 7月 25日, 19冊, p.925.
64)『備邊司謄錄』201, 純祖 11年 3月 16日, 20冊, p.298.
65)『千一錄』卷 5, 化俗 名分.

않았다. 황해도 지방에서는 '鄕曲常賤之類 若積十包之穀'이면 이를 꾀할 수 있었다. 이를 담당하는 官廳이 재정관계로 이를 募入하고 있었던 까닭이다. 그래서 어떤 곳에서는 忠翊衛案에 올라있는 자가 80여 명이나 되었는데, 溯考譜籍한 즉 功臣의 내력을 가진 자는 하나도 없었다.[66]

이와 같이 忠順·忠翊衛에 속함으로써 軍役을 避할 수 있는 것은 勳族 후예를 冒稱하는 데서였지만, 이와는 달리 僞譜·買譜를 통해서 일반 양반층을 冒稱할 때는 아마도 幼學의 이름으로 軍役을 피하였을 것이다. 앞에서 이미 언급한 바 冒稱幼學과 避役은 이 같은 僞譜·買譜를 근거로 삼는 경우가 많았으리라 생각된다. 그리고 '僞冒官爵'하고 그 官爵을 戶籍에 기재함으로써 軍役을 避할 경우에도 그 후손은 아마도 幼學을 稱하게 되었을 것인데, 이런 경우의 官爵은 納粟授職 또는 空名帖에 의한 것이 많았으리라 생각된다. 그 같은 사정이 英祖朝에는

納粟加資之類 戶籍中不書納粟二字 只稱通政折衝 以此之故 朝士大夫常漢 莫能卞之 實爲可駭 且不書納粟 只書通政 而不爲應役 故以一洞言之 數百戶之中 出役者不過十餘戶[67]

라고 보고되고 있으며, 正祖·純祖年間에는

盖民習之漸濫 軍丁之難得 實爲目下第一痼弊 無論補賑補役 所謂空名帖發賣之價 不過爲十餘金 故能辨十餘金以上者 則鬐懸金玉 坐免軍保 而至貧無依之徒 辨得無路 猶在軍籍[68]

---

66) 『備邊司謄錄』200, 純祖 10年 2月 1日, 20冊, p.170.
   『備邊司謄錄』198, 純祖 7年 11月 5日, 19冊, p.959.
67) 『備邊司謄錄』85, 英祖 5年 5月 7日, 8冊, p.590.
   納粟授職者의 免役은 본시 금지되어 있는 것이지만(『續大典』兵典 免役條, 『備邊司謄錄』54, 肅宗 30年 2月 2日, 5冊, p.262) 지켜지지 않고 있었다.
68) 『千一錄』卷 5, 賑政 附錄.
   『備邊司謄錄』213, 純祖 25年 11月 21日, 21冊, p.711에도 다음과 같은 기록이 보인다.
   至於軍政之弊 又不可勝言 凡民之稍實與少黠者 擧皆圖避 …… 名色不一 數目甚多 又有買堂上之帖文者 冒班戶之奴名者 千方百計 不脫不已

이라고 논의되고 있었다. 納粟授職이나 空名帖을 통해서 그 후손들이 軍役에서 면제되고 있다는 것이었다. 그 官職이 호적에 實職과 같이 기재된다면 의당 그럴 수 있었을 것이다.

끝으로, 각도를 달리해서 들 수 있는 농민들의 避役은 앞에서 언급한 소극적인 방법에 관련되는 것이다. 이른바 각급 官廳의 私募屬이 되는 것으로써 이는 避苦趨歇하는 부분적인 避役의 방법이었다. 각급 官廳은 중앙의 高位 官廳에서 지방의 吏奴各廳에 이르기까지 다양하였으며, 그 私募屬의 名色도 각양각색으로 많았다. 이러한 避役도 富實한 농민, 그러나 신분을 상승시켜 나가는 富民들에 비하면 '財少而力綿'한 농민들이 이를 행하고 있었다.[69] 이들은

> 彼募屬保率 則每年納錢於該廳者 比之良役徵布 有半減之利 故擧皆自願入屬 圖頉正軍[70]

이라고 하였듯이, 그 부담이 일반 軍役에 비하여 半減하는 이익이 있기 때문에 자원해서 入屬하고 있었다. 그리고 이때의 각급 官廳에서는 그 수입을 늘리기 위해서 '輕其捧 廣其募'하는 방법을 쓰고 있었으므로, 稍實한 농민들은 이 避役의 방법을 쉽게 택할 수가 있었다.[71] 이같이 募入되는 募屬保率은 額外의 인원이었으나, 정식으로 각급 官廳의 各種保率·各色軍官·各樣生으로 기재되는 것이 통례였다. 또한 애초에 배정된 軍額에서 제외됨으로써 額內의 軍丁과는 별도의 대우를 받는 것이 보통이었다.

私募屬에 속할 수 있는 방법으로는 이 밖에 촌락 전체가 사적으로 내밀하게 어느 官廳이나 吏屬에게 私屬하는 것이 있었다. 契房村이 됨으로써 軍役과 雜役을 면하는 경우였다. 가령 '所謂契房 官屬各有締結之面 作爲私窟 軍役及雜役擧皆防給'[72]이라든가, 또는 '所謂契房 即吏輩私自除役之村'[73]이라고

---

69) 『關西良役實摠』 關西查正事實, 2장.
70) 『備邊司謄錄』 203, 純祖 13年 4月 20日, 20冊, p.646.
71) 『關西良役實摠』 關西查正事實, 3장.
72) 『備邊司謄錄』 146, 英祖 40年 10月 26日, 14冊, p.232.
73) 『備邊司謄錄』 153, 英祖 45年 5月 21日, 14冊, p.818.

한 것이 그것이다. 이 경우도 '鄕中富民 締結官吏 出物和同 名曰契防 以爲圖
免軍役之妙方'[74]이라고 하였듯이, 부유한 촌민들이 避役의 방법으로서 이를
택하고 있었다. 少額의 사적 出物을 통해서 多額의 軍役 및 雜役을 면하는
방법이었다. 이 시기에는 흔히 漏戶·漏丁 등 누적자가 많았던 것으로 지적
되는데, 이들은 많은 경우 契房과 관련이 있었다.[75]

　私募屬에 의한 避役은 비록 부분 避役이기는 하지만, 이 시기 軍役行政에
미치는 영향은 다른 避役에 못지않게 컸다. 軍政의 폐단이 논의될 때는 늘
이 같은 문제가 거론되고 있었다. 이는 밑 빠진 구렁으로 한정된 軍丁이 스
며들어 가는 것이나 다를 바 없었다. 英祖中年에 良役査正 良役變通이 있었
던 것도 이 때문이었다.[76] 그러나 그 후에도 사태는 마찬가지였다. 가령 英
祖 말년에 조정에서

　　大抵各邑 皆有各廳募入 各廳契坊 所謂募入 則皆以富實民人充定 所謂契坊 則
　下吏輩從中幻弄 凡係身役 盡爲頉免 至於正軍 則只以至殘至窮之民 苟充其數[77]

라고 하였던 것, 純祖年間에 조정에서

　　近來軍役之苟艱 以私募投托 各廳保率 已是可痛 而至於官吏契房 尤極駭痛[78]

---

74) 『備邊司謄錄』159, 正祖 2年 6月 5日, 15冊, p.595.
75) 『備邊司謄錄』153, 英祖 45年 5月 21日, 14冊, p.818.
　　近來籍法疏忽 見漏者多 此專由於各邑之有契房故也
　　이 무렵의 契房에 관해서는 『牧民心書』卷 16, 戶典 平賦條에 비교적 자세하게
　기술되어 있어서 이를 통해서도 그 實態를 파악할 수 있다.
76) 『承政院日記』960, 英祖 19年 7月 5日, 52冊, p.549.
　　夫隣族之侵 出於闕額之未充 闕額之未充 出於良丁之不足 良丁之不足 出於投入之
　多門 而所謂投入之門 卽京外營衙門私募之屬是也 …… 民之生有限 而日夜滲漏於無
　底之壑如此 雖欲盡充闕額 以解隣族之冤 何可得也 此今日査正之擧 所由作也
77) 『備邊司謄錄』146, 英祖 40年 10月 26日, 14冊, p.235.
78) 『備邊司謄錄』201, 純祖 11年 3月 19日, 20冊, p.310.
　　사태는 그 후에도 마찬가지여서 哲宗朝에도 私募避役者를 '各廳稧房 墓村頉戶
　之類'(『備邊司謄錄』249, 哲宗 13年 11月 15日, 25冊, p.892)로 설명하고 있었
　다.

이라고 하였던 것 등이 그 예가 되는 것이다. 그 가운데서도 政府가 특히 이 시기의 避役문제를 생각할 때 큰 비중을 두고 있는 것은 契房문제였다. 各廳에서 額外로 私募하는 保率은 그런대로 그 數가 파악되고 그 수입도 그 기관에서 공적으로 쓰일 수가 있는 것이지만, 契房은 그 정확한 수도 파악되지 않는데다 '一入其中 則富實之戶 空然無籍而閑遊'[79]하는 데서 그 미치는 영향이 컸기 때문이다. 그와 같은 契房이 純祖年間의 仁同 지방에서는 '最饒兩村 爲官吏稧房 三百餘戶一無軍役'하였으며, 醴泉 지방에서는 '一百三洞內 官屬稧房 爲四十二洞 不侵軍役'하고 있었다.[80] 그리고 충청도의 軍政의 폐단은 '本道軍政 最爲民瘼 而稧房名色 尤爲甚焉'[81]이라고 하여, 그것이 가장 심한 것으로 보고되고도 있었다.

위에서 고찰한 바 軍役制의 동요는 鄕村社會分解, 사회변동의 軍政的 측면을 반영하는 것이었다. 그러므로 그 정도는 사회변동의 정도만큼이나 광범위했다고 할 수 있겠다.

2) 避役에 대한 規制와 軍布契·軍役田의 擴大

(1) 避役의 結果 — 軍多民少

共同體的인 鄕村社會 내에서 부유한 농민층이 이와 같이 避役을 하게 될 때 殘餘農民層에게는 어떤 결과와 영향이 미칠까. 그 상호관련성은 이 시기의 軍役에 관한 기록에서 무수히 발견할 수 있나. 이 시기의 軍政에 관한 기록은 주로 이 같은 문제를 논의하고 이를 시정하려는 것이 그 주요 내용으로 되어 있었다고 해도 좋을 것이다. 그것은 요컨대 어느 지방에서나 軍額은 본시 일정하였으므로, 避役者가 많은 곳에서는 軍多民少의 현상이 일어나고, 따라서 그 결과로 소수의 농민이 다수의 軍役을 져야 함으로, 疊徵·族徵·隣徵은 말할 것도 없고 黃口·白骨에 이르기까지 役을 지지 않으면 안 된다는 점이었다. 앞에서 지적했듯이 이 시기의 軍役制는 郡縣 단위로 그 액수가 고정되어 있고, 그것은 郡縣民이 공동으로라도 責納하지 않으면 안 되었으

---

79)『備邊司謄錄』153, 英祖 45年 5月 21日, 14冊, p.818.
80)『備邊司謄錄』201, 純祖 11年 3月 19日, 20冊, p.309.
81)『備邊司謄錄』214, 純祖 26年 7月 8日, 21冊, p.768.

므로, 이는 당연한 귀결이 아닐 수 없었다. 말하자면 富農層의 避役이 鄕村 社會에 미치는 영향은 단적으로 말하여 軍多民少의 문제이고, 그 결과는 잔여 貧農層에게 이중삼중의 과중한 부담을 강요하는 것이었다고 하겠다.

그렇지만, 軍多民少의 문제는, 반드시 부농층의 避役 때문에만 일어나는 것은 아니었다. 거기에는 여러 사정이 있었다. 첫째로, 우리는 그것이 軍額의 책정과도 관련하여 처음부터 그렇게 될 수 있는 여지가 있었음을 유의해야 하겠다. 어느 지방에서나 마찬가지였지만, 애초에 정부는 軍額을 책정하면서 여유를 두지 않고 있었다. 肅宗 초에는 30만 軍額이었던 것을 英祖 中年의『良役實摠』·均役法 당시에는 50만 軍額으로 증대시키고 있었던 사실은 무엇보다도 그러한 사정을 잘 말해준다. 그리고 均役法이 제정된 직후 벌써 金溝 지방의 軍役 사정이

> 金溝縣 …… 軍多民少之弊 最於一路 以其軍摠較諸男丁 則男丁之不足 殆近 三分之一[82]

이었던 점과, 楊州 지방의 그것 또한

> 本州軍額 爲一萬三千餘名 而元戶則不過一萬一千餘戶 軍額夥於元戶 塡充固已爲難[83]

이라고 운위되고 있었음도 그러한 사정을 잘 말해주는 것이라 하겠다. 軍多民少의 현상은 이 밖에도 여러 곳에서 지적하고 있었다.[84]『良役實摠』·均役法에서의 軍額도 애초부터 그 軍額의 책정에 여유가 없었거나 무리가 있는 것이었다고 하겠다. 그래서 후에 徭役變通 문제가 논의되었을 때는, '議者皆以爲 減軍額三之一然後 可以袪白骨之徵·黃口之充'[85]일 것으로 말하기도 하

---

82)『備邊司謄錄』131, 英祖 32年 6月 7日, 12冊, p.824.
83)『備邊司謄錄』135, 英祖 34年 8月 4日, 13冊, p.131.
84)『備邊司謄錄』149, 英祖 42年 5月 6, 9日, 14冊, p.450, 453.
　　『備邊司謄錄』154, 英祖 46年 閏 5月 23日, 14冊, p.956.
　　『備邊司謄錄』155, 英祖 47年 4月 7, 11日, 15冊, p.59, 61.
　　『備邊司謄錄』189, 正祖 23年 11月 29日, 19冊, p.108.

였다.

　그러므로 이같이 軍額이 꽉 찬 鄕村社會에서 어떤 사정으로 돌발적이고 비정상적인 人口移動이 있게 되면, 특히 그곳 軍額에는 큰 闕額이 생기고, 따라서 그 지방은 軍多民少할 수밖에 없었다. 鄕村社會에서 그와 같은 인구 이동은 여러 가지 양상으로 일어났다. 그 가운데서도 흔히 보게 되는 것은 자연적 조건과 관련하여 일어나는 것, 즉 凶年・疾病으로 말미암은 流亡・移徙였으며, 그 밖에도 과다한 賦稅를 감당할 수 없어서 발생하는 流亡・逃亡 등이 그 주요한 현상이 되고 있었다. 그러한 곳에서는 民戶는 빠져나가고 軍額은 그대로 남아 있어서 軍多民少의 현상이 일어나게 마련이었다. 그러한 예는 허다하였다.

　正祖年間의 永興 지방에서는 계속되는 흉작으로 居民이 점차 移徙하여 '昔之四千戶 今不過千餘戶 …… 簽丁尤無以分排 疊役夥然'[86]하였으며, 正祖・純祖年間의 萬頃 지방에서는 10수년이나 歉荒이 거듭하여 '昔者民戶 殆過四千'이던 것이 '流亡相續 見存戶數 不滿二千'하는 가운데 '簽丁之難 無異於龜背之毛'한 실정이 되고 있었다. 그리하여 이곳에서는 800여 戶의 軍役民이 1700여의 軍摠을 지고 있었다.[87] 그리고 純祖年間의 영동지방에서는 '且連年饑癘 流亡過半 幸而存者 疊十人之役'[88]하고 있었다. 그뿐만 아니라 朔寧 지방에서는 '本郡各樣軍丁 爲二千四百餘名 而逃故居半 充額未由'[89]한 형편이었고, 경상도 左水營에서는 과다한 軍役으로 '他境之人 無意來接 原居之民 流亡相續 戶口歲縮 前之兩役 今兼三役 老弱編伍'[90]하게 되었다. 또 全州 지방에서는

---

85) 『備邊司謄錄』 173, 正祖 12年 8月 18日, 17冊, p.135.
86) 『備邊司謄錄』 180, 正祖 16年 閏 4月 25日, 18冊, p.15.
87) 『備邊司謄錄』 193, 純祖 2年 5月 5, 9日, 19冊, p.439, 440.
　　『鴈牒』 萬頃邑弊上疏.
　　또 이 무렵에는 이 고장 사정을 政府에서 '湖南則自經己庚饑疫 死亡流徙 村里多虛 此弊之較 偏於他路 尤加推知 繡單所謂 終之無民無兵者 實非過論'(『備邊司謄錄』 203, 純祖 13年 8月 9日, 20冊, p.682)이라고 운위하고도 있었다.
88) 『備邊司謄錄』 205, 純祖 16年 3月 14日, 20冊, p.906.
　　이 고장의 그 같은 사정은 다음 자료에도 보인다.
　　『備邊司謄錄』 167, 正祖 8年 10月 15日, 16冊, p.505.
　　『備邊司謄錄』 222, 純祖 34年 11月 5日, 22冊, p.577.
89) 『備邊司謄錄』 203, 純祖 13年 9月 16日, 20冊, p.697.

稅穀의 수납이 불편해서 '民戶日減 …… 軍多橫斂'[91]하는 실정이기도 하였다.

　다음은, 실제로 軍額이 증가함으로써 軍多民少한 현상이 발생하였음을 들
수 있다. 이는 각급 官廳이 『良役實摠』·均役法 이후 거기에서 규정한 軍額
이상으로 新出名色을 만들어 그 軍額을 늘리고 수입을 증대시키는 데서 일
어나는 현상이었다. 이른바 私募屬으로서 額外로 募入되는 軍額이었으며,
농민층으로서는 소극적·부분적으로 避役할 수 있는 軍額이었다. 농민층은
이렇게 늘어나는 額外의 軍額을 避役의 길로서 이용하고 있었던 것이다. 均
役法에서의 減布 이후 軍營이나 각급 官廳에서는 실제로 경비가 부족하기도
하였으므로,[92] 이 같은 私募屬이 생기는 것은 어쩔 수 없는 귀결이기도 하였
다. 그리하여 新出名色은 『良役實摠』 後 얼마 안가서 벌써 나타났으며, 正祖
年間에 이르면서는 그 증가로 인해서 '甚至有軍額多於元戶'하게도 되었다.
그러한 현상은 그 후 계속 확대되어 나갔다.[93]

　私募屬이 확대되면 額內의 軍役民이 줄게 되므로 그 지방에서는 軍多民少
현상이 일어나고, 따라서 軍役稅의 부과에는 疊役·族徵·隣徵 등 여러 가
지 폐단이 발생하게 마련이었다. 가령 어느 마을이 어느 官屬에게 契房으로
서 私屬하게 되면, '至使他面之民 替受橫徵混役之弊'[94]라고 하였듯이, 다른

---

90) 『備邊司謄錄』197, 純祖 6年 2月 27日, 19冊, p.800.
91) 『備邊司謄錄』241, 哲宗 5年 10月 11日, 24冊, p.710.
92) 이러한 사정에 관하여 우리는 다음과 같은 몇 가지 예를 들 수 있다.
　　『備邊司謄錄』128, 英祖 31年 4月 25日, 12冊, p.627.
　　左議政金所達 此平安監司李台重狀達也 以爲雲山·甑山一自均役變通之後 邑樣
　民力 轉益罔涯
　　『備邊司謄錄』129, 英祖 31年 8月 17日, 12冊, p.660.
　　又所啓 頃因關北別遣重臣趙榮國所達 …… 均役以後 列邑之凋殘難支者 諸道通患
　也
　　『備邊司謄錄』131, 英祖 32年 6月 8日, 12冊, p.824.
　　又所啓 …… 洪鳳漢入侍時所啓 以爲臣聞正使之言 則嶺南左右兵營及水營 一自減
　布之後 凡百不成貌樣云 且其一年所入與所下 一一成冊以來 故臣亦略略考見 則果有
　難支之勢 其在關防之道 不可無商量劃給之擧
93) 『備邊司謄錄』141, 英祖 38年 2月 13日, 13冊, p.664.
　　『備邊司謄錄』170, 正祖 11年 5月 22日, 16冊, p.884.
　　『備邊司謄錄』184, 正祖 20年 8月 25日, 18冊, p.483.
　　『備邊司謄錄』186, 正祖 21年 10月 5日, 18冊, p.710.
94) 『備邊司謄錄』146, 英祖 40年 10月 26日, 14冊, p.232.

마을사람들이 피해를 보게 되었다. 尙州 지방에서 校院의 募丁(各差備)이 3,234명이나 됨으로써 良丁日縮 軍政疊役을 초래하고 있었던 일이라든 가,[95] 해서지방에서 고을마다 私募屬이 천 또는 수천 명씩이나 됨으로써 다음과 같이 폐단이 일어나고 있었던 것도 그러한 예이다.

　　本道軍伍　一人兼三四役　一戶兼五六役　族徵隣徵　十室俱空　所謂私募屬名色　或補支放　或托放役　或稱除番　大邑六七千　小邑不下千百[96]

이렇게 되면 정규 軍額으로 확보되어 있던 농민들이 私募屬으로 흡수됨으로써, 정규 軍額을 지는 농민들에게는 疊徵・族徵・隣徵 등 軍多民少 현상이 일어나게 마련이었다. 사정은 경기도에서도 마찬가지여서, 이곳에서도 '各樣保率等 應私役者'가 늘어남에 따라 軍多民少하게 되고 있었다.[97] 그리고 그 결과로 額內의 軍役을 지는 농민들에게 疊役・族徵・隣徵 등의 폐단이 미치게 되었다. 특히 他鄕의 歇役私募屬으로 '移居頉役'하는 일이 있을 경우에는 元鄕의 住民들은 더 큰 피해를 입게 마련이었다. 純祖 30년의 牙山 지방에는 水原 지방으로 그와 같이 移居頉役하는 자가 480여 명이나 되었다.[98]

끝으로 생각할 수 있는 것, 그러나 무엇보다도 주목하게 되는 것은, 앞에 언급한 私募屬과도 함께, 額內에서 농민들이 신분을 상승시켜 避役을 함으로써 일어나게 되는 軍多民少의 현상이라고 하겠다. 앞 절에서 이미 살핀 바지만, 私募屬에 관하여 언급하는 官人들은 대개 이를 함께 말하고 있었다. 그리고 이 같은 문제가 보고될 때, 정부에서는 보통

　　今日軍弊　豈直由於饑饉流亡而然哉　實緣冒托之名猥多　避役之徒寔繁耳[99]

---

95)『備邊司謄錄』181, 正祖 17年 6月 14日, 18冊, p.170.
96)『備邊司謄錄』202, 純祖 12年 7月 12日, 20冊, p.541.
97)『備邊司謄錄』227, 憲宗 5年 7月 11日, 23冊, p.113.
98)『備邊司謄錄』218, 純祖 30年 2月 25日, 22冊, p.122.
99)『備邊司謄錄』218, 純祖 30年 2月 1日, 22冊, p.110.

라든가, 또는

    豈民摠比前日減　役名視古歲增而然也　特冒頉多岐　査櫛失要　遂使畿輔根本之地
民不堪命[100]

  이라고 지적하고 있었다. 鄕村社會에서 軍多民少의 현상이 일어날 때 항상
적으로 작용하고 그 주요한 계기가 되고 있는 것은 무엇보다도 冒托·冒頉
등의 避役행위라고 보았던 것이다. 그런 까닭으로 軍多民少의 원인을 다만
신분상승과 관련된 완전한 避役행위로서만 설명하는 경우도 적지 않았다.
  이를테면 正祖 11년 兩西暗行御史 李崑秀의 別單에서 서북지방의 軍多民
少의 원인을 陞鄕·陞校로 지적되고 있는 것,[101] 동 20년 廣州 지방의 黃·
白·疊徵의 폐를 정부가 校生·軍官을 통한 避役에서 연유하는 것으로 파악
하고 있는 것 등은 그 예이다.[102] 그리고 純祖年間의 慶尙左道에서 軍多民少
현상이 일어나고 있는 이유를 政府가 '此莫非冒頉者漸多　而應役者漸少'[103]한
것으로 파악하고 있는 것이나, 哲宗朝의 황해도 暗行御史 李裕奭別單에서
해서지방의 軍丁闕額 夥多 이유를 '專由於儒薦·鄕薦 前後相續'[104]한 데 있는
것으로 보고하고 있는 것도 같은 예가 되겠다. 이는 물론 이것만이 軍多民少
의 원인이라는 것은 아니며, 이것이 특히 그 원인으로서 중요하다는 것을 강
조하고 있는 데 불과할 뿐이었다.
  軍多民少 현상이 일어나게 되는 요인을 이같이 살피면, 軍役制의 動搖와
도 관련하여 주목되는 것은 제2, 제3의 사회적 요인이라고 하겠다. 이는 당
시에도 마찬가지였다. 그러므로 軍政의 폐단을 軍多民少의 문제와 관련하여
논할 때, 많은 사람들은 그 원인을 避役과 私募屬으로서 논하는 것이 보통이
었다. 避役에 관한 많은 기록들은 대개 그러하였다. 英祖朝의 기록에서 白骨
徵布·黃口簽丁 등 軍政 폐단의 이유를 '壯丁之投托校院 及各廳募軍 而遺漏

---

100)『備邊司謄錄』227, 憲宗 5年 7月 11日, 23冊, p.113.
101)『備邊司謄錄』170, 正祖 11年 4月 18, 29日, 16冊, p.859, 869.
102)『備邊司謄錄』183, 正祖 20年 4月 29日, 18冊, p.431.
103)『備邊司謄錄』210, 純祖 22年 11月 4日, 21冊, p.426.
104)『備邊司謄錄』244, 哲宗 8年 12月 26日, 25冊, p.175.

者甚多 軍政之難 專由此弊'[105]로 파악하고 있는 것, 正祖朝의 영남지방에서 그와 같은 사정을

> 大抵良丁之耗縮　盖由於鄕民之饒足濫點者　輒皆締結官屬　投入校院　奸吏從以幻弄　虛出名帖　私捧價布　又有吏奴保進上保等各項名色　末流之弊　偏及殘民　間或有軍額太多戶摠不足[106]

이라고 기술하고 있는 것은 그 예이다. 그리고 純祖年間에 호남지방의 사정 또한

> 一道軍伍之闕額　比之元摠　殆乎過半　而官屬禊坊　各處保率　驛村牧子之汎濫投入　與冒稱儒學　托跡校院者　擧一邑而幾將爲三之二焉[107]

이라고 보고하고 있는 것도 같은 예이다. 이 같은 사정을 말해주는 자료는 이 밖에도 여러 곳에서 볼 수 있다.[108] 軍額은 일정한데 그것을 지고 있던 농민이 避役하여 빠져나가면 그 수만큼은 闕額이 되고, 따라서 軍多民少 현상은 일어나게 마련이었다.

軍多民少한 곳에서는 반드시 軍政의 폐단이 일어나고 있었다. 그것은 전국 어느 곳에서나 마찬가지였다. 이제 그러한 많은 지방 가운데서도 특히 軍額은 많은데 應役者가 적어서 문제가 되었던 곳을 들어보면 그럴 수밖에 없었던 사정을 쉽게 이해할 수 있다. 그것은 아래의 주에 제시한 바와 같다.[109] 이 같은 곳에서는 疊役·黃口·白骨·族徵·隣徵의 폐는 당연한 결과였다. 가령 東萊府에서는 應役者는 7천 명인데 軍額은 1만 2천 명이나 됨으로써

---

105) 『備邊司謄錄』 153, 英祖 45年 5月 20日, 14冊, p.817.
　　　이 밖에 英祖 34年 12月 7日條(同上書 135, 13冊, p.181)와 英祖 50年 11月 29日條(同上書 156, 15冊, pp.262~263)에도 같은 내용의 글이 보인다.
106) 『備邊司謄錄』 170, 正祖 11年 5月 8日, 16冊, p.878.
107) 『備邊司謄錄』 210, 純祖 22年 11月 1日, 21冊, p.407.
108) 『備邊司謄錄』 171, 正祖 11年 9月 30日, 16冊, p.961.
　　　『備邊司謄錄』 178, 正祖 15年 3月 4日, 17冊, p.748.
　　　『備邊司謄錄』 210, 純祖 22年 11月 1, 3日, 21冊, p.405, 421.
109) 軍多民少한 地方의 예.

疊役의 폐단이 있었고,[110] 長連에서는 應役者가 1천 7백 戶밖에 안 되는데 軍額은 3천이나 됨으로써 黃口·白骨·疊徵 등의 폐단이 생기고 있었다.[111] 그리고 榮川 지방에서는 班戶가 많아서

本郡以四五百應役之戶 簽三千名納布之丁 其隣族之侵 疊役之苦 不待多言 自可洞悉[112]

地方	軍額	應役者	戶摠	資　料
東萊	12,000名	7,000名		備. 正祖 2年 12月 27日, 15冊, p.670.
長連	3,000名	1,700戶	3,000戶	備. 正祖 11年 9月 30日, 16冊, p.961.
果川	2,070名	1,700戶 (1,800)	3,370戶	備. 正祖 14年 2月 20日, 17冊, p.509.
榮川	3,000名	400戶 (500)		備. 正祖 16年 5月 11日, 18冊, p.27.
仁同	4,000名	1,000戶		備. 正祖 21年 11月 5日, 18冊, p.730.
奉化	940名	150戶		備. 正祖 22年 11月 23日, 18冊, p.965.
順興	1,557名	877戶	2,414戶	備. 正祖 22年 10月 18日, 18冊, p.942.
寧海	1,137名	800戶 (900)	2,473戶	備. 正祖 22年 12月 21日, 19冊, p.18.
鍾城	10,377名	8,305名		備. 正祖 23年 11月 29日, 19冊, p.108.
丹陽	1,001名	500餘戶	2,020餘戶	備. 正祖 23年 12月 30日, 19冊, p.135.
高原	1,906名	200戶		備. 憲宗 12年 正月 25日, 23冊, p.662.
統營	6,800餘名	1,500餘戶		備. 哲宗 元年 4月 16日, 24冊, p.159.
全州	40,000兩 (50,000)	3,000戶 (4,000)		備. 哲宗 5年 10月 11日, 24冊, p.710.
抱川	1,061名	300戶 (400)		備. 哲宗 10年 2月 11日, 25冊, p.332.
關西	366,300餘名		299,500餘戶	備. 正祖 11年 4月 29日, 16冊, p.869.
海西	159,000餘名		128,000餘戶 (閑散居半)	備. 哲宗 13年 閏 8月 23日, 25冊, p.856.

※ 備는『備邊司謄錄』

110)『備邊司謄錄』159. 正祖 2年 12月 27日, 15冊, p.670.
　　萊府地方甚狹 而設九衙門 男丁爲一萬二千餘口 而立役軍丁 其數相當 若除老弱病廢及土班 則纔爲七千 而分排萬二千軍額 故疊役爲五千六百餘矣
　　東萊 지방에서는 이 같은 사정이 그 후 오랫동안 계속되었다.
111)『備邊司謄錄』171. 正祖 11年 9月 30日, 16冊, p.961.
　　長連僻在海隅 戶不滿三千 而除却鄕品校吏 眞箇應役之戶 不過爲千有七百 而簽丁之多 至於三千餘額 則黃口白骨之徵 勢所必至 一身疊役之來訴公門者 逐日煩聒
112)『備邊司謄錄』180. 正祖 16年 5月 11日, 18冊, p.27.
　　『備邊司謄錄』180. 正祖 16年 4月 13日, 17冊, p.975.
　　이 지방의 이 같은 사정은『承政院日記』1702. 正祖 16年 4月 14日(90冊,

이라고 하였듯이, 4, 5백 戶의 應役民이 3천 명의 軍役을 담당해야 하였고, 따라서 隣徵·族徵·疊役은 자명한 것으로 되어 있었다.

軍多民少한 지방에서 軍政의 폐단은 어느 곳이나 마찬가지였다. 위에 들은 지방은 말할 것도 없고 그 밖의 지방에서도 그러하였다. 江陵 지방에서는 軍多民少해짐으로써 '再疊三疊'해도 아직 稅額을 다 채울 수 없었으며,[113] 軍威 지방에서는 1천여 戶摠에 軍額이 3배나 되었으므로 黃白絶戶가 500여 戶나 되었다.[114] 河陽에서는 軍摠이 應役戶의 3배수를 넘고,[115] 延豊에서는 民少軍多해서 疊役 冤徵의 폐가 列邑에서도 으뜸이었다.[116] 軍多民少의 정도가 심하면 심할수록 殘餘農民에게 과해지는 수탈도 가중하고 있었다. 그리하여 18세기 말 19세기에 들어와서는 그러한 폐단을 '軍丁圖免 近益尤甚 民摠漸縮 軍布難充'이라든가, '昔之族徵里徵 百居一二 而今之族徵里捧 十居四五'한 것으로 말하기도 하였다. 더욱이 그러한 가운데서도 농민수탈은 貧農들에게 가중하는 바가 되고 있었다. 그러므로 이때에는 '闕伍白徵 偏及殘民'한다든가, 또는 '軍政闕額 黃白冤徵 …… 使彼無辜之殘民 難以支保'하다는 소리가 더욱 높아져 갔다.[117] 이 시기의 鄕村社會에서는 부농층은 避役을 통해서 편해지고 있었지만, 그와 반대로 빈농층은 軍役稅의 가중으로 핍박을 받는 바가 더욱 심해지고 있었다.

(2) 避役에 대한 規制와 折衷 — 軍布契 構成

軍役은 中世國家가 농민을 인격적으로 구속하고 경제적으로 수탈하는 중요한 방법이었으므로, 농민층이 신분을 상승시키고 軍役에서 탈출할 수 있다는 것은 커다란 의미가 있었다. 그것은 개인의 입장에서도 그렇고 中世社

---

pp.374~376) 및 『正祖實錄』 卷 34, 正祖 16年 4月 壬子條(46冊, p.287)의 榮川郡守 李勉兢疏에서 자세히 살필 수 있다. 이 지방 사정은 뒤에 다시 상론한다.
113) 『備邊司謄錄』 177, 正祖 14年 12月 29日, 17冊, p.693.
114) 『備邊司謄錄』 188, 正祖 22年 12月 17日, 19冊, p.15.
115) 『備邊司謄錄』 201, 純祖 11年 3月 18日, 20冊, p.303.
116) 『備邊司謄錄』 210, 純祖 22年 11月 1日, 21冊, p.405.
117) 『備邊司謄錄』 210, 純祖 22年 11月 2日, 21冊, p.413.
　　『備邊司謄錄』 213, 純祖 25年 11月 21日, 21冊, p.711.
　　『備邊司謄錄』 218, 純祖 30年 8月 27日, 22冊, p.162.
　　『備邊司謄錄』 222, 純祖 34年 2月 2日, 22冊, p.492.

會는 해체되어야 한다는 사회발전의 측면에서도 그러하였다. 사회발전·역사발전이라는 관점에서 보면 이 같은 軍役制는 조만간 해체되고 변혁되지 않으면 안 되는 것이었다. 그러나 부농층의 避役이 몰고 온 영향이 저와 같이 크고 보면, 그 避役행위를 그대로 조용히 묵인하기는 어려웠다. 그것은 국가권력이나 鄕村社會·鄕村民의 이익과 상반되는 바가 있는 까닭이었다.

국가와 그 지배층에게는 부농층의 避役은 실로 곤란한 문제가 아닐 수 없었다. 그들의 입장에서 보면 이 같은 현상은 봉건적인 사회질서를 교란시키고 국가재정을 위협하는 행위였다. 그것은 무엇보다도 신분제를 동요·해체시킨다는 점에서 그러하였다. 그리고 부농층의 避役이 단지 그들 개인의 문제로서만 그치는 것이 아니라, 그 결과는 殘餘農民層의 가계를 위축시키고, 따라서 결국에는 국가의 稅源을 또한 취약하게 만드는 까닭이었다.

물론 이 경우 이 시기 軍役制의 구조적 특질, 국가의 농민지배는 郡縣을 단위로 하는 鄕村社會의 공동체적인 긴박관계가 그 기초가 되어 있었으므로, 避役者가 늘어나는 경우라 하더라도 당장 직접적으로 국가수입에 결손을 초래하는 것은 아니었다. 국가의 농민지배를 위한 제도적 장치는 그렇게 되어 있었다. 그러나 농민층의 擔稅능력에는 한계가 있는 것이므로, 避役者가 늘어나는 것과도 관련하여 국가의 軍役稅 징수가 그 한계를 넘어서면, 국가수입도 결국에는 보장하기가 어려운 것이 아닐 수 없었다. 租稅源으로서의 殘餘農民層의 가계는 지극히 빈약하며, 또 그들의 사회적 불만은 고조되어 있는 까닭이었다. 그러므로 국가가 그 체제를 유지하기 위해서는 농민경제를 최소한으로나마 안정시킬 필요가 있었으며, 그것을 軍役制와 관련하여 달성하기 위해서는, 농민경제에 영향을 미치는 避役행위를 철저하게 저지하고 그 제도를 개선하지 않으면 안 되었다.[118]

鄕村社會·鄕村民들에게도 避役者가 늘고 또 避役을 위해서 鄕村社會에서 빠져나가는 자가 늘어나는 것은 곤란한 문제였다. 軍額은 고정되어 있으

---

118) 이 같은 政府의 입장에 관해서는 이미 다음과 같은 좋은 論文이 있다.
　　鄭萬祚, '朝鮮後期의 良役變通論議에 대한 檢討'(『同德女子大學論文集』 7, 1977).
　　註 4의 車文燮·朴廣成·鄭演植 논문.

므로, 避役者가 늘면 그들이 지던 役이 鄕村民 전체에게 가중되는 까닭이었다. 그러한 점은 地方官廳에서도 마찬가지였다. 특히 避役을 목적으로 한 他鄕移去는 반가운 일일 수 없었다. 인구 유출은 地方官廳에게는 각종 稅入의 감소를 뜻하는 것이었다. 그러므로 地方官廳이나 鄕村民들은 避役을 목적하거나, 또는 避役을 수반하는 인구이동에 대해서는 몹시 신경을 썼으며, 또 이를 견제하기도 하였다.[119] 鄕村社會 내에는 避役의 문제를 둘러싸고 避役者와 鄕村民 사이에 갈등이 있었으며, 鄕村民은 避役者로 말미암아 피해자가 되는 것을 거부하고 있었던 것이다.

그러나 中世的인 社會體制가 전체로 해체되어 나가고 있는 상황 하에서, 軍役制 해체의 물결인 避役을 막을 수는 없었다. 避役이 발생하고 진행될 수 있었던 것은 地方官廳의 묵인이 있음으로써 가능하였고, 殘餘農民層이 피해를 입는다고는 하지만 그들도 기회가 있으면 避役할 것을 생각하고 있었다. 그러므로 鄕村民들은 동료농민들의 避役을 무작정 막을 수만은 없었다. 막는다고 막아질 수 있는 것도 아니었다. 더욱이 官의 농민수탈이 避役을 막는 것만으로서 그쳐질 수 있는 것은 더욱 아니었다. 그리하여 鄕村民들은 이 같은 난처한 처지를 타개하고, 官의 농민수탈에도 대처함으로써, 鄕村民이 살아갈 수 있는 방안을 생각해내지 않으면 안 되었다. 그것은 결국 鄕村社會 자체가 공동의 資産을 소유하고 이로써 軍役을 감당하는 것일 수밖에 없었다. 그 같은 방안은 民庫의 경우에서 이미 전례가 있었다. 軍布契(補軍契)와 軍役田이 발생하게 된 연유였다. 이는 中世國家의 軍役稅 징수에 대한 鄕村民의 공동의 대응책이고, 軍役民의 도피, 즉 避役의 길도 열어주는 방안으로서, 이 시기 鄕村民이 발견할 수 있었던 자연스러운 방안이었다.

---

119) 가령 경상도 左水營에서 住民의 移動을 말하되, '他境之人 無意來接 原居之人 流亡相續'(註 90)이라고 하여 그 감소를 염려하고 있었던 것, 황해도 谷山府에서 '卽接各面里移去移來成冊 則半年之間 何其去者多而來者少也 此有虛實相蒙之弊'(『象山隨錄』, 各面里曉喩傳令 戊申八月日)라고 하여, 역시 移去者의 많음에 신경을 쓰고 있었던 일은 그 예가 되겠다. 그리고 鄕村民들이 移去하는 住民에 대하여, '御營保李同 將徙遠邑 其里人執之曰 子之旣徙 役則留矣 役之留 里之害也, 布將誰納 子其念之'(『牧民心書』 卷 26, 兵典 簽丁, 3冊, p.64)라고 함으로써, 軍布收納에 대한 대책을 요구하고 있는 것도 그러한 한 예이다.

軍布契는 面·里 단위의 鄕村社會를 중심으로 설치되었으며, 때로는 邑 전체가 그 단위가 되기도 하였다. 鄕村民이 일정한 資産·基金을 공동으로 出資하여 소유함으로써, 軍丁闕額時에 그 稅를 부담하기 위해서 마련하는 것이었다. 이 같은 基金을 후에는 흔히 軍役錢·軍根錢·役根錢·軍錢 등으로 불렀다. 자산과 기금을 마련하는 방법은 뒤에 다루게 될 軍役田의 경우와 같았다. 鄕村民이 이 같은 방안을 강구하지 않으면 안 되었던 이유는, 軍多民少의 결과, 즉 軍政의 폐단에 대한 대응책이었으므로, 제도적으로는 이 시기 軍役制의 구조적 특질과 관련이 있었다. 즉 이 시기의 軍役은 郡縣 단위로 그 액수가 책정되고(郡摠制), 그것은 다시 面·里 단위로 세분 운영되고 있어서, 軍丁에 闕額이 생기면 그것을 각각 그 面·里에서 面代定·里代定하거나, 그것이 안 될 경우에는 面·里에서 공동으로 責納하지 않으면 안 되었던 까닭이다. 英祖 말년에 있었던 面·里代定에 관한 논의에서

　　　面里代定 外面雖似均便 若無閑丁 則斂錢代納之弊

이라든가, 또는

　　　各邑或有面代定之規 而其弊 至於無其人而假作名 自本面作契斂錢 充納身布

한다고 하였음이 그 예이다.[120] 面代定이나 里代定에서는 軍丁에 闕額이 생겼을 때 각각 당해 面·里에서 闕額을 충당해야 하는 것인데, 閑丁이 없어서 그 충당이 안 될 경우에는 面·里民이 斂錢代納한다는 것이며, 이같이 面·里民이 代納할 경우에는 代定해야 할 軍丁을 假名으로 세우고 面·里民은 契를 조직하여 斂錢 收納한다는 것이었다.

　이는 軍丁闕額과 관련하여 軍布契가 발생하게 되는 사정을 말한 것인데, 軍丁闕額은 애초에는 逃·老·故에 한정되는 것이었지만, 후에는 避役을 통해서 더욱 늘어나고 있었다. 그것은 곧 軍多民少의 문제였다. 그러므로 그후 軍役民의 避役과 軍多民少 현상이 심해짐에 따라, 面·里代納 현상도 더

───────────────────

120)『備邊司謄錄』154, 英祖 46年 閏 5月 23日, 14冊, pp.956~957.

욱 심해지고, 따라서 軍布契의 조직도 그만큼 더 확대되고 보급되어 나갔다. 그 후의 자료를 보면,[121] 代納이나 里徵의 문제는 으레 避役과 관련하여 언급되고 있었다. 軍布契도 이와 관련하여 보급되어 나갔으리라 생각된다. 그러한 가운데서도 面·里를 단위로 하는 큰 규모의 軍布契는 특히 兩西地方에서 널리 보급되었으며, 남부지방에서는 규모가 작은 契가 조직되고 있었다.[122]

避役과 관련해서 확대되고 있었던 軍布契도 그 운영원리는 그 발생 초기의 그것과 같았다. 正祖年間의 서북지방에서는 앞에 말했듯이 軍布契가 널리 보급되고 있었는데, 이 고장에 관해서는 避役과 관련하여 나타나는 軍政의 폐단을 다음과 같이 지적하고 있었다.

又或通同收斂 以應其役 而仮作虛名 編之軍案[123]

즉, 이 고장 농민들은 面이나 里를 단위로 해서 그 軍役稅를 일괄수렴해서 수납하는데, 軍戶·保는 虛名을 仮作해서 軍案을 작성하고, 실제의 軍役 담당자는 이에서 빠지고 있다는 것이었다. 仮作虛名으로 軍籍·軍案을 작성하고 그 稅를 수납하되, 실제 軍役 담당자들이 그 대장에서 빠지는 현상은 西路 지방 軍布契의 일반적 경향이었다. 茶山은 그것을

此契旣設 其軍籍所載張三李四 皆塡仮名 作爲虛錄 或已死之人 猶存其名 或本無之人 虛作其名 …… 本里軍額 二十則二十名皆虛錄 三十則三十名皆虛錄 此西路之契法也[124]

---

121) 『備邊司謄錄』 178, 正祖 15年 3月 4日, 17冊, p.748.
     『備邊司謄錄』 197, 純祖 6年 2月 28日, 19冊, p.803.
     『備邊司謄錄』 213, 純祖 25年 11月 21日, 21冊, p.711.
122) 『牧民心書』 卷 26, 兵典 簽丁, 3冊, pp.62~63.
     『暗行御史賚去事目』 關西條에서는 유독 관서지방에 관해서만 '道內 軍政納布 則有社契之弊'라고 지적하고 있다. 이 고장에는 社(面)契가 다른 지방에 비하여 특히 더 보급되고 있는 까닭이었으리라 생각된다.
123) 『備邊司謄錄』 170, 正祖 11年 4月 29日, 16冊, p.869.
124) 『牧民心書』 卷 26, 兵典 簽丁, 3冊, p.62.

라고 기술하고 있었다. 이 경우 軍案을 假作虛名으로 작성하고 軍布를 洞里에서 代納하는 현상이 물론 西路에서만 행해지고 있는 것은 아니었다. 이러한 현상은 다른 지방에서도 널리 일어나고 있었다.[125] 이 지방에서는 그것을 특히 규모가 큰 契조직으로써 운영하는 바가 두드러질 따름이었다.

面·里에서 그 軍役稅를 일괄 수납할 때는 혹은 '結斂戶排'하고, 혹은 '洞里分徵 結布補充', '里民許에 排捧'하였으며, 또 혹은 '納布便同里斂'하기도 하였다.[126] 이 경우 이들 面·里에 全住民이 참여하는 契가 조직되어 있다면, 里斂이나 洞徵·戶排 및 結斂은 결국 모든 鄕村民에게서 그 稅를 징수하는 것이 되었을 터이다. 軍布契의 경우는 특히 더 그러하였을 것이다. 西路地方의 軍布契에 관하여

> 此契之始設也 朝官之戶出一率 鄕官之戶出一率 軍官·校生之戶出一率 私奴下隷之戶出一率 此戶布之規也 口錢之式也[127]

라고 한 데서는 그러한 사정을 엿볼 수 있다. 軍役에서 제외되는 朝官·鄕官·軍官·校生·私奴下隷 등 누구를 막론하고, 軍役을 지는 常民과 마찬가지로 일률적으로 契金을 낸다는 것이었다. 그래서 茶山은 이 같은 軍布契를 戶布制나 口錢制와 다를 것이 없다고 생각하기도 하였다.

그런데 軍布契는 물론 軍役稅를 鄕村民에게서 일시에 斂出하여 일시에 수납하는 것으로 그치는 것이 아니었다. 軍布契는 오히려 軍錢·軍役錢·軍根錢·役根錢 등으로 불리는 基金을 마련하여 殖利를 하고 그 利息으로 軍役稅를 수납하는 契 본래의 형태를 취하는 것이 일반적이었다.

---

125) 『備邊司謄錄』200, 純祖 10年 4月 18日, 20冊, p.189.
　　　『暗行御史賫去事目』湖西.
126) 『備邊司謄錄』210, 純祖 22年 11月 2日, 21冊, p.413.
　　　『備邊司謄錄』237, 哲宗 元年 4月 16日, 24冊, p.161.
　　　『平安南北道各郡訴狀』2冊, 光武 5年 5月 日.
　　　平安南道永柔郡內中部平里居金義天請願書.
　　　『丁茶山全書』詩文集, 應旨論農政疏, 上卷, p.195.
127) 『牧民心書』卷 26, 兵典 簽丁, 3冊, pp.63~64.

　　軍布契者　一里百家　母論上族下族　均出錢一兩　子母生殖　歲取其羨　以納軍米‧
軍布者也[128]

　라고 한 『牧民心書』의 기술은 그러한 사정을 말함이었다. 軍布契는 신분의
상하를 막론하고 일률적으로 出資를 하고, 이로써 殖利取息을 함으로써 납
세한다는 것이었다. 그러한 점에서 西路民의 軍布契는 軍役稅 자체는 부담
하는 것이지만, 中世的인 軍役稅의 원리는 부분적으로 이를 해체시키고 있
는 것이었다고 하겠다. 이와 유사한 取息행위는 남부지방에서도 널리 행해
졌다. 전라도 譚陽 지방에서는, 軍摠이 4, 328명이고 그 가운데 虛名無代軍
이 714명이나 되어 곤란하였는데, 그 軍役을 부담하기 위해 官 주도로 '割錢
四千兩 派給於各該面約 取利納番'[129]하는 방법을 택하고 있었다. 軍役을 부
담하기 위한 이 같은 殖利활동은 어디서나 널리 행해지고 있었다.

(3) 避役에 대한 規制와 折衷 — 軍役田 設置

　軍役田(軍根田‧役根田‧軍田‧軍土)도 軍布契와 마찬가지로, 그와 밀접한
관련을 가지면서, 面‧里 단위의 鄕村社會를 중심으로 설치되었다. 軍丁闕
額은 일차적으로는 里代定‧面代定으로서 충당되고 있었으므로, 軍多民少
현상이 일어날 때 우선 官으로부터 추궁을 받는 것은 面‧里 사회였다. 그러
므로 그 같은 문제가 발생할 때는 面‧里의 鄕村民이 공동으로 이에 대처하
지 않으면 안 되었다. 여기에 軍布契와 함께 鄕村民들이 자연스럽게 강구하
게 된 방안이 軍役田의 설치였다. 軍役田으로 불리는 農地를 마련하고 경영
함으로써, 그 수입으로 闕額이 된 軍額의 稅를 수납하려는 것이었다. 금전을
마련하여서는 軍布契로 殖利事業을 하여 그 稅를 납입하고, 농지를 마련하여
서는 軍役田으로 이를 경영함으로써 그 稅를 수납하고 있는 것이었다.

　그러나 농지를 마련하는 데는 많은 자금이 소요되므로 軍役田을 설치하는
일이 용이할 수는 없었다. 그러므로 이를 위해서는 鄕村民들은 가능한 여러
가지 방법을 모두 동원하고 있었다. 가령 綾州 지방의 軍役田 형성에 관하여

---

128) 『牧民心書』 卷 26, 兵典 簽丁, 3冊, p.62.
　　　 『丁茶山全書』 詩文集, 身布議, 上卷, p.180.
129) 『秋城 三政考錄』 軍保查正秩 甲寅冬.

그곳 地方官이

本郡軍土가 刱在何年은 今不可記得이오되 當初措備가 各自面里로 鳩財買取ㅎ
옵난디 或有移去時 納土者存焉ㅎ고 或以免賤之計로 納土者도 存焉ㅎ고 或因無
亡 而收斂買置者도 存焉ㅎ와 磨鍊賭錢에 先劃於無亡軍布[130]

한다고 보고하고 있는 것에서는 그러한 사정을 엿볼 수 있다. 여기서는 ① 移
去者의 納土, ② 無亡人 재산의 收斂 買置, ③ 避役·免賤者의 納土, ④ 面·
里民의 鳩財買置 등 네 가지 방법을 들고 있는데, 아마도 표현은 좀 다를 수
있겠지만, 軍役田을 설치하는 데는 어느 지방에서나 대체로 이 같은 방법들을
널리 이용했으리라 생각된다. ①, ②, ③은 軍多民少의 현상과 관련되는 것으
로, 鄕村民은 그 피해를 미연에 방지하기 위해서 이 같은 조치를 취한 것이며,
④는 그렇게 된 결과에 대한 대책이라고 하겠다.

鄕村民이 軍役을 지던 동료농민들이 타향으로 移去하는 일에 유의하는 것
은 당연하였다. 移去 그 자체는 자유로워서 이를 막을 수 없지만, 軍役民의
경우에는 사람은 移轉해가도 軍額은 그대로 原住地에 남게 되는 까닭이었
다. 그러므로 鄕村民은 이 같은 경우 移去할 농민에게 軍役稅 납부에 관하여
대책을 요구하게 되고, 마침내 '以其田 留屬里中 歲取其禾 以納其布'[131]하게
되는 것이 보통이었다. 이 같은 현상은 아마도 주로는 부유하거나 여유가 있
는 농민이 移去하는 경우일 것으로 생각된다. 아주 영락한 가난한 농민이면
내놓을 農地가 있을 리 없는 것이다. 그리하여 移去民의 이 같은 納土현상은
점차 하나의 관례가 되면서 軍役田을 수월하게 형성토록 하였으리라 생각된
다. 茶山은 위의 사실을 말하면서 이러한 현상을 軍役田형성의 첫 조건으로
서 들고 있었다.

鄕村民이 軍役田의 형성과 관련하여 다음으로 유의하는 것은 軍役을 지던
농민이 死亡無後하거나 流亡絕戶하는 경우였다. 이 같은 경우에는 제도상으
로는 簽丁補闕하면 되는 것이지만, 軍多民少한 현상이 항상적으로 계속되는

---

130) 『全羅南北道各郡報告』 4冊, 光武 7年 1月 20日, 行全羅南道綾州郡守孫麟鏞報告.
131) 『牧民心書』 卷 26, 兵典 簽丁, 3冊, p.64.

가운데 簽丁補闕은 쉽지 않았다. 가족이나 친족이 있으면 黃口·白骨이나 族徵을 하게 되는 것도 이런 때였다. 그러나 그렇지도 못할 경우에는 里民·面民이 그 稅를 공동으로 責納할 수밖에 없었다. 그러므로 이 같은 경우 鄕村社會에서는 그 유산을 面·里의 공유재산으로 수용함으로써 그들이 생전에 지던 軍役稅를 부담하게 되는 것이 보통이었다. '闔家沒死 里人執其田産 屬之里中 以納其米'[132]한다든가, 또는 '其或軍戶流亡而田土錢財가 尙有遺存 則自其社里로 仍爲占取ᄒ야 歲收利殖에 替代充納ᄒ니 此所謂 軍根田與錢 也'[133]라고 한 것은 그 예이다. 譚陽 지방에서는 無亡軍이 374명 있었는데, 이에 대해서는 '査出田土及家垈 立本於該洞'[134]함으로써 軍役田을 설치하고 있었다. 이 같은 사정도 軍役田 형성의 중요한 요건이 되고 있어서 軍役田에 관한 자료에서는 이를 흔히 볼 수 있다.[135]

그러나 軍役田의 설치에서 무엇보다도 주목되는 것은 避役免賤과 관련하여 農地가 확보되는 경우이다. 避役을 하고 신분도 변동시키려는 농민들이 避役의 대가 또는 방법으로 내놓는 농지였다. 이 시기에는 신분변동을 통한 避役者가 늘어나고 있었으므로, 그들이 지던 軍役이 모두 闕額으로서 남는다면 鄕村民은 살아남기 어려웠을 것이다. 그러므로 鄕村民은 避役者들에게, 他鄕으로 移去하는 자에 대한 것과 마찬가지로, 일정한 제약을 가하지 않을 수 없었다. 避役 後의 闕額에 대한 納稅대책을 요구한 것이다. 避役免賤을 위해서 他鄕으로 이주할 경우에는 특히 더 그러하였을 것이다. '離鄕遠徙 則爲兩班'(註 31)이라고 하였듯이 이 시기에는 他鄕으로 이주하는 것이 양반이 되는 방법으로 이용되고 있었다. 그리하여 避役·免賤者와 鄕村民은 그 이해관계의 대립 갈등 속에서 그것을 해소시킬 수 있는 타협안을 마련하

---

132) 同上.
133) 『咸鏡南北道各郡報告』6冊, 光武 9年 8月 2日, 咸鏡南道安邊郡守徐晩淳報告書.
　　　『咸鏡南北道各郡訴狀』3冊, 光武 6年 9月 日, 咸鏡南道安邊郡居民人等請願書.
　　　『咸鏡南北道各郡報告』7冊, 光武 10年 1月 2日, 咸南收租官丁奎奭報告.
134) 『秋城 三政考錄』軍保査正秩 甲寅冬.
135) 『江原道各郡訴狀』2冊, 光武 5年 7月 日, 江原道伊川郡方丈面龍池居農民金宗海等訴狀.
　　　『咸鏡南北道各郡訴狀』8冊, 光武 11年 2月 日, 咸鏡南道北靑郡居趙炳述等請願書.
　　　『高宗實錄』卷 37, 光武 2年 2月 19日, 下, p.32.

게 되었다. 避役者가 빠져나가도 納稅문제가 해결될 수 있는 農地를 面·里
의 소유로서 남겨두도록 하는 방안이었다. 즉

　　本郡 所謂 軍根田名色은 曾年軍丁點額之時에 或有謀避軍役者 則以一段田地로
納于本洞 …… 應役雇給이옵고[136]

라든가, 또는

　　大凡 軍根田之源委 則爲軍民者 家勢稍饒에 欲爲移住他鄕而 免賤爲班者가 以
渠之田土 年例所殖이 優於徵布者로 願付該社里이거나 許給該里常賤無依之人ᄒ
야 使之耕食ᄒ고 代名應役이거나 이다가 代名者身死無徵이면 亦自該里로 仍付
替布[137]

라고 하였음은 그러한 사정을 말하는 것이었다. 그리고 茶山이 軍役田의 설
치에 관하여 말하면서, 校生·軍官 등으로 避役하고 있는 饒戶에게서 簽丁
대상에서 면해 주는 것을 대가로, 약간의 농지를 村里에서 기증받아 軍役田
을 설치하라고 한 것도 그러한 사회현실에서 연유하는 것이라 하겠다.[138]

　軍役田은 물론 처음부터 모두 面·里가 중심이 되어 이를 설치하고 있는
것은 아니었다. 앞의 자료에도 보이는 바와 같이, 避役을 꾀하는 農民이 '許
給該里常賤無依之人ᄒ야 使之耕食ᄒ고 代名應役'하는, 개인적 거래로서 代
役·代立·雇立의 방법으로서 軍役田을 설치하는 경우도 있었다. '軍民輩가
或自備田土ᄒ야 以爲應役之資'함으로써 避役을 꾀하는 경우였다.[139] 鎭軍에
立役할 경우의 避役에서는 특히 그러하였다. 이런 경우의 軍役田은 郡 전체
로 볼 때 그 규모가 클 수 있었으며, 官이나 軍營의 일정한 유도와 양해가
있음으로써 설치될 수 있었다. 義州 지방의 軍役田은 그러한 예가 되겠다.
이곳의 軍役田은 수천 日耕이나 되었는데, 그 내용은

---

136)『咸鏡南北道各郡訴狀』3冊, 光武 6年 9月 日, 咸鏡南道安邊郡居民人等請願書.
137)『咸鏡南北道各郡報告』6冊, 光武 9年 8月 29日, 咸鏡南道捧稅委員朴承烈報告.
138)『牧民心書』卷 26, 兵典 簽丁, 3冊, p.68.
139)『咸鏡南北道各郡報告』6冊, 光武 9年 8月 2日, 咸鏡南道安邊郡守徐晩淳報告書.
　　　『咸鏡南北道各郡報告』7冊, 光武 10年 1月 2日, 咸南收稅官丁奎奭報告書.

　　以上田畓　本是　七鎭四哨軍中　後孫稍饒者　私自買付田畓於代立者　而轉相賣買　各其有主者也　自該鎭　每年每名　身役錢七八兩或十餘兩式　收捧于田畓上　以爲將士　支放之資[140]

　　하는 것이었다. 軍役을 져야 할 사람이 自備田畓해서 代立者에게 주면, 軍에서는 이 土地를 軍役田으로 정하고 이로부터 稅를 징수하며, 이로써 軍에서 雇立한 軍兵의 經用에 쓴다는 것이었다. 이 같은 軍役田의 설치사정은 慈城 지방에서도 마찬가지였다.[141] 그러나 이렇게 설치된 軍役田을 管掌하는 곳은 그것이 위치한 面·里가 될 것임은 말할 필요도 없겠다.[142]

　　그러면 避役과 관련되는 軍役田의 설치 사정이 이와 같을 때, 避役者들이 鄕村社會의 양해를 구하기 위해서 내놓아야 하는 농지나, 또는 避役을 꾀하는 농민이 타인에게 자기 軍役을 代立하기 위해서 주는 농지는 避役者 한 사람당 얼마나 되었을까. 이는 아마도 여러 가지 점에서 地域差가 있을 수 있겠지만, 어느 지역서나 그 소출·수입이 軍役稅를 수납하기에 충분하고도 남음이 있어야 한다는 것만은 틀림이 없겠다. 그러한 소출을 낼 수 있는 農地 면적은 토지가 비옥한 남부지방에서는 대략 水田 3斗落, 북부지방에서는

---

140)『義州郡所在廢鎭軍役田畓斗落日耕結總四標作人姓名成冊』第3, 附記, 建陽元年. 이 고장에서 이 같은 軍役田이 성립되는 사정에 관해서는, 韓末의 臨時財産整理局의 일본인 職員(尾石)도 現地조사로서 보고하고 있었다(二의 경우).

　　(一) 往時兵事에 關ᄒ야 人民을 使役ᄒ고 或은 牧草等의 徵發을 命ᄒ 事이 多ᄒ나 一도 賠償을 受ᄒ 例가 無ᄒᄆ으로써 此에 當ᄒ 人民等은 頗히 迷惑을 感ᄒᄆ에 由ᄒ야 洞內住民이 協議ᄒ고 互相出資ᄒ야 田을 買入ᄒ야 其收穫으로써 軍役을 命ᄒ 者의 報酬 又는 旅費等에 充ᄒ고 或은 牧草等의 代價로 支給ᄒ야 來ᄒ 一種의 共有田이라 此를 軍役田이라 云ᄒᄆ.

　　(二) 軍案이라 稱ᄒ는 軍事名簿가 有ᄒ야 曾往에 一次軍事에 服役ᄒ 者의 子孫은 永히 此軍案된 者에 籍을 設ᄒ고 此를 '軍事席'이라 云ᄒ야 軍에 用ᄒᄆ이 有ᄒ 時마다 此軍事席에 列ᄒ는 者로 服役을 命ᄒ는지라 然而多數는 使丁等의 役이라 此服役을 命케ᄒ 者는 一種羽毛를 附ᄒ 帽를 戴ᄒᄆ이 慣習으로서 此帽를 戴ᄒ 者는 人民이 此를 輕侮ᄒ는 風이 有ᄒᄆ으로써 此에 服ᄒ는 事는 此를 羞恥로 ᄒ는지라 此로써 軍事席을 有ᄒ 者로서 富裕ᄒ 者는 田을 買ᄒ야 此를 貧民에게 與ᄒ고 或은 軍用을 命ᄒ 時는 代ᄒ야 此에 應ᄒ는 事를 約束ᄒ지라 此貧民에게 附與ᄒ 土地를 軍役田이라 云ᄒᄆ('軍役田에 就ᄒ야'『財務彙報』21, 1909).

141)『平安南北道各郡報告』2冊, 光武 5年 5月 30日, 平安北道慈城郡守報告書.
142)『平安北道 厚昌郡 各公廨留物及軍田·軍雇錢調査成冊』, 附記의 節目, 光武 3年.

旱田 8, 9日耕 정도가 기준이 되지 않았을까 생각된다. 茶山은 康津에 있으면서 避役者에게서 畓 3斗落을 軍役田으로 받아낼 것을 말했으며,[143] 義州 지방에서는 '盖本府軍役之規 異於他邑 皆有役田八九日耕 足爲應役之資'[144] 한 것으로 말하고 있었다. 그러나 물론 지역에 따라서는 加減이 있었을 것이다.[145]

그러고 보면 避役을 하는 데 소요되는 농지는 그 규모가 그렇게 큰 것이 아니었다. 아마도 부농이 아니더라도 이만한 농지를 내놓는 것이 그렇게 크게 어려운 일은 아니었으리라고 생각된다. 그러나 어느 농가이건 간에 軍役을 지는 사람이 한 집에 한 명씩으로 되어 있지는 않았다. 3, 4명이 되는 것은 흔한 일이었다. 가령 3, 4명의 軍役을 지고 있는 농가에서 避役을 하려고 한다면, 위의 기준으로서 본다면, 畓이면 10斗落 정도 田이면 30日耕정도의 농지가 필요하게 된다. 이만한 농지이면 부농의 경우에도 그렇게 간단하게 내놓을 수 있는 것은 아니라고 생각된다. 빈농의 경우는 더욱 말할 것도 없는 일이겠다. 말하자면 軍役田을 통해서 避役을 하는 것은 부농층이나 중농층이 할 수 있는 일이었다고 하겠다.

軍役田의 설치는 위에 든 몇 가지 방법만으로는 충분하지 않았다. 그렇게 설치되는 것만으로는 闕額이 된 軍役稅를 부담하기에 부족할 수도 있었으며, 또 어느 지역에서나 그러한 여러 방법이 모두 활용될 것을 기대할 수도 없었을 것이다. 그러므로 鄕村民들은 闕額으로 된 軍役稅를 책납하기 위해서는 鄕村民이 共同出資하여 役田을 설치할 것을 생각하게 되는 것이 또한 보통이었다. 가령 평안도 지방에서 軍役田의 설치 사정을

軍根田者 本爲流亡軍布應納 自洞中買置 以爲軍布上納者也[146]

---

143) 『牧民心書』 卷 26, 兵典 簽丁, 3冊, p.68.

144) 『備邊司謄錄』 192, 純祖 元年 8月 11日, 19冊, p.355.

145) 예를 들면 평안도 宣川에서는 軍田 1根이 田 1日耕과 畓 4斗落이었으며(『平安南北道各郡訴狀』 3冊, 光武 6年 11月 日, 平安北道 宣川郡 台山面 七星里 居農民 金永尙 訴狀), 함경도 安邊에서는 田幾日耕이라고 하고 있었다(註 147).

146) 『平安南北道各郡報告』 5冊, 光武 8年 12月 9日, 平安南道觀察使李重夏報告書. 이 고장에서 이 같은 軍役田이 성립되는 사정은 앞의 註 140의 日本人의 보고서

라고 보고하고 있는 것, 함경도 安邊 지방의 그러한 사정을

   本郡所有軍根田은 …… 自各其洞으로 鳩聚若干錢兩ᄒ야 買田幾日耕ᄒ와 使流移貧民으로 任以耕食ᄒ고 從以應役者 幾百年來矣[147]

라고 설명하고 있는 것은 그 예이다. 그리고 강원도 伊川 지방에서도 束伍役根田이 '自各該里로 或鳩聚立本'하거나 '自各其洞 責出身役者 以若干火田으로 立本應役'하는 것이었다.[148] 이와 같은 軍役田은 軍布契와 밀접한 관련이 있었으리라 여겨진다. 평안도 定州 지방에서는 軍布契(補軍契)를 통해서 軍役田을 買置 운영하고 있었다.[149]

  中世의 軍役制를 엄격히 유지해 나가려는 정부의 입장에서 보면 軍布契나 軍役田은 용납할 수 없었다. 그것을 용납하는 것은 결국 軍籍의 虛錄과 軍兵의 虛伍를 묵인하고 避役을 조장하는 것이 되기 때문이다. 그리고 궁극적으로는 軍役制 자체도 부정하는 것이 되기 때문이다. 그러므로 정부로서는 闕額者에 대한 稅를 무리 없이 징수할 수 있다는 사실만으로 이를 쉽게 용인할 수는 없었다. 앞에서도 간간이 인용하였지만, 정부에서 鄕村民의 軍役代納・代立을 폐단으로 지적한 것은 그 때문이었다. '曉事知法'한 政治人들은 대개 그러하였다.[150] 그뿐만 아니라 이 같은 軍役田이 일률적으로 확대될 경우에도 어려움이 없는 것은 아니었다. 이에 대해서는 부농층은 찬성이지만 빈농층은 반대였다. 그러므로 정부는 이를 공식적으로 인정할 수 없었으며, 따라서 이를 능동적으로 설치하거나 장려할 수 있는 처지가 아니었다. 正祖 말・純祖 초년에 있었던 義州 지방 補軍庫의 置廢 논의는 바로 그러한 정부의 입장을 잘 반영한 한 예가 되겠다. 이는 이곳 地方官 主導로 軍役民 전체

   에서도 볼 수 있다(一의 경우).

147) 『咸鏡南北道各郡訴狀』8冊, 隆熙 元年 8月 日, 咸鏡南道安邊郡金器家崔文弘等訴狀.

148) 『江原道各郡訴狀』2冊, 光武 5年 7月 日, 江原道伊川郡方丈面龍池居農民金宗海等訴狀.
   『江原道各郡報告』4冊, 光武 6年 11月 4日, 報告書.

149) 『平安南北道各郡訴狀』4冊, 光武 7年 陰 9月 日, 平安北道定州居李德淵等訴狀.

150) 『牧民心書』卷 26, 兵典 簽丁, 3冊, p.63.

에 대하여 일률적으로 軍役田을 설치하여 稅를 징수함으로써, '雇立閑丁 元額軍摠 永不應役'하려는 것이었으나, 정부에서 논의한 결과는 결국 이 案을 부결하고 이미 설치한 補軍庫를 철폐하는 것이었다.[151]

그러나 정부의 입장이 비록 공식적으로는 그러하였다 하더라도, 현실적으로 진전되고 있는 軍役田의 관행을 부정할 수는 없었다. 그것은 軍多民少한 지역에서 軍役稅 징수를 보장해주는 방법이 아닐 수 없었다. 지방관청에서는 특히 그러하였다. 郡縣 단위의 軍額과 稅額은 고정되어 있었으므로, 闕額에 대한 簽丁充額이 안 될 경우에 收稅의 방법은 이 길밖에 없었으며, 따라서 지방관청으로서는 이를 장려하지 않을 수 없었다. 軍役稅의 징수에 관한 현실이 그렇고 보면 정부로서도 이를 막을 수만은 없었다. 稅는 받아야만 하였다. 그리하여 정부에서는 점차 이 같은 현실을 묵인하지 않을 수 없었다. 義州 지방에서 官主導·政府公認制로 시도하던 補軍庫는 중지하였지만, 앞에서 본 바와 같이 이 고장에서는 그 후 지방관청과 地方民이 사적·자율적으로 추진한 軍役田이 보급되고 있었음은 그 단적인 증거였다. 더욱이 뜻 있는 지식인은 지방수령에게 주는 지침서에서, 이 같은 관행을 戶布制나 口錢制와도 같은 均賦의 뜻이 있는 것으로 보고 찬양하였으며, 이를 막아서는 안 될 것임을 강조하기도 하였다.[152] 그리하여 軍役田은 정부의 묵인 아래 점차 널리 확대되어 나갔다.

軍役田의 확대는 어느 지방에서나 마찬가지였다. 이는 軍役을 지던 농민의 避役과 관련이 있었으므로, 避役행위가 늘어남에 따라 軍役田도 늘어나고 있었다. 그러한 가운데서도 軍役田이 특히 널리 보급되고 있는 곳은 북부지방이었다. 軍役田이나 軍布契에 관한 기록에서는 이 지방의 그러한 사정을 말하는 바가 많았고, 또 韓末에 軍役田이 정리될 때 紛爭地로서 기록되어 있는 것도 이 지방에 관한 것이 많았다.[153] 이 같은 軍役田은 지방에 따라 그

───────────────

151) 『備邊司謄錄』191, 純祖 卽位年 12月 22日, 19冊, pp.269~270.
　　　『備邊司謄錄』192, 純祖 元年 8月 11日, 19冊, pp.354~355.
　　　『備邊司謄錄』192, 純祖 元年 12月 30日, 19冊, p.391.
152) 『牧民心書』卷 26, 兵典 簽丁, 3冊, pp.63~64.
153) 〈평안도 내의 軍役田 설치지역〉
　　　地域　　　　　　資料

규모가 클 수도 작을 수도 있었다. 작은 것은 수십 斗落에 불과한 것이 있었
으며, 큰 것은 수천 斗落·수천 日耕이나 되는 것도 있었다. 경기도 陽智郡
에는 補軍畓이 38斗落이었으며, 전라도 綾州郡의 軍土는 田 1,238斗落 畓
668.3斗落 總 1,906.3斗落이었다. 그리고 義州郡 軍役田은 田 5,449日 3
時耕 畓 533.6斗落 總 254結 67負 3束이나 되었다.[154] 그러나 일반적으로
는 수백 日耕·수백 斗落의 규모가 되는 것이 보통이었다.

(4) 軍役田의 經營

이와 같이 軍役田이 설치되면, 그 경영과 軍役稅의 수납은 두 가지 방법으
로서 행하여졌다. 그 하나는 鄕村社會가 직접 이를 지주제로 경영함으로써

龍川		龍川郡軍役土田畓落數耕數結總四標作人姓名成冊, 建陽元年
義州		義州郡所在廢鎭軍役田畓斗落日耕結總四標作人姓名成冊, 建陽元年
朔州		朔州郡軍役田畓斗落日耕結數四標作人姓名成冊, 建陽元年
昌城		平安南北道各郡訴狀
碧潼		碧潼郡所在軍役田畓斗落日耕結總數四標作人姓名成冊, 建陽元年
阿耳鎭		阿耳鎭軍役田耕數與稅米時執人成冊, 高宗 27年
楚山		平安北道楚山軍田沙汰殖利錢流亡成冊, 光武 3年
渭原		江界府所屬各郡軍役土成冊, 建陽元年
江界		同上
慈城		同上
厚昌		平安北道厚昌郡各公廨留物及軍田軍雇錢調査成冊, 光武 3年
宣川		平安南北道各郡訴狀
龜城		龜城郡軍役田畓耕數斗落結數四標作人姓名成冊, 建陽元年
定州		平安南北道各郡訴狀
安州	△	同上
价川		同上
寧遠		平安南道寧遠郡所在宮內府所管軍根田及殖利錢調査成冊, 光武 3年
順川		平安道順川郡軍田與錢調査成冊, 光武 3年
殷山		平安南北道各郡報告
永柔	△	平安南北道各郡訴狀
平壤	△	同上
陽德		同上

※ 作人姓名成冊, 調査成冊이 있는 곳도 各郡訴狀·各郡報告에서 논의되고 있다.
※ △표 지역은 軍役田 여부가 분명치 않은 곳이다. 非軍田·錢을 軍田·錢으로 査執
　함으로써 紛爭이 있었던 곳이다.

154)『陽智郡補軍畓成冊』, 建陽元年.
　　『全羅南道綾州郡各面軍土査檢成冊』, 光武 5年.
　　『義州郡所在廢鎭軍役田畓斗落日耕結總四標作人姓名成冊』第1·2·3, 建陽元年.

地代를 징수하고, 이로써 闕額이 된 軍役稅를 수납하는 방법이었다. 이는 軍
布契의 운영이 殖利取息해서 軍布·軍米를 수납하는 것과 궤를 같이하는 것
이었다. 綾州 지방에서는 그와 같은 軍役田의 경영을

> 磨鍊賭錢에 先劃於無亡軍布ᄒ고 又補於不恒上下

한다든가 또는

> 本郡所在 軍土田畓 甲午以前은 收稅四千四百八十七兩五分ᄒ야 或補充於流亡
> 軍錢ᄒ며 或挪用於民庫下記은 自成邑規

라고 말하고 있었다.[155] 軍役田의 규모가 컸음으로, 이 고장에서는 그 賭地
수입으로 無亡軍錢의 수납과 民庫用으로 쓸 수가 있었다. 그리고 定州 지방
에서 ‘逐年花利로 軍錢을 充納’[156]하였던 것, 瑞興 지방에서 ‘從其軍布錢數ᄒ
야 執賭應公’[157]하고 있었던 것도 그러한 예이다.

다음은 일정 면적의 농지를 軍役代立者에게 급여함으로써 耕食應役케 하
는 방법이었다. 地主經營을 통해서 직접 地代를 징수하는 과정을 거치지 않
고, 代立者·耕食者로 하여금 田主에게 바쳐야 할 地代 부분으로 軍役稅를
수납케 하는 방법이었다. 軍役田의 경영과 稅의 수납을 완전히 위임하는 것
이었다. 함경도 지방의 軍役田 관행을 ‘軍丁之有子孫者 世其田而應軍錢’[158]이
라든가 또는

> 自郡民議措處ᄒ야 散亡者出代에 代入者를 田幾許日耕式 自民間으로 出給ᄒ야

---

155) 『全羅南北道各郡報告』 4冊, 光武 7年 1月 20日, 行全羅南道綾州郡守孫麟鏞報告.
    『全羅南北道各郡訴狀』 6冊, 光武 9年 9月 日, 全羅南道綾州郡文載杓等請願書.
    전라남도 海南 지방에는 民庫畓과 아울러 防弊畓이 또한 있어서 地主經營을 하
    고 있었는데, 이것의 機能도 綾州 지방의 軍役田·民庫田과 비슷하였으리라 생각
    된다(『全羅南道 海南郡 門內面 民庫畓賭租捧上冊』).
156) 『平安南北道各郡訴狀』 4冊, 光武 7年 9月 日, 平安北道定州居李德淵等訴狀.
157) 『黃海道各郡訴狀』 3冊, 光武 6年 6月 日, 黃海道瑞興郡居民人等訴狀.
158) 『高宗實錄』 卷 37, 光武 2年 2月 19日, 下, p.32.

名曰軍屯田이라 ㅎ읍고 年例以來[159)]

라고 하였음은 그 예이다. 그리고 평안도 지방의 그것을 앞에서 보았듯이, '私自買付田畓於代立者 …… 自該鎭 每年每名 身役錢七八兩 或十餘兩式 收棒 于田畓上'(註 140)이라고 한 것, 그리고 또

本郡軍田 …… 防軍募立後 統內各人이 出力買土ㅎ야 耕食仰役矣러니[160)]

라고 하였던 것도 같은 예이다. 이 같은 軍役田의 경영에서 그 代立耕食者 가 되는 것은 말할 것도 없이 가난한 농민층이나 몰락한 농민층이 많았다. 남이 逃避하는 軍役을, 軍役田을 통한 생계유지 때문에 代立하는 것이므로, 그들은 그러한 농민층일 수밖에 없었다. 함경도 지방에서는 軍役田耕食 농 민을 '使流移貧民으로 任以耕食ㅎ고 從以應役'(註 147)케 한다든가, 또는 '許給該里常賤無依之人ㅎ야 使之耕食ㅎ고 代名應役'(註 137)케 한다고 표현 하고 있었으며, 평안도 지방에서는 '富裕ㅎ 者는 田을 買ㅎ야 此를 貧民에게 與ㅎ고 或은 軍用을 命ㅎ 時는 代ㅎ야 此에 應'케 하는 것으로 말하고 있었 다.[161)]

이와 같이 軍役을 代立하는 농민에게 토지를 주어 耕食應役케 한다고 할 때, 代立者에게 주는 것이 토지의 所有權 그 자체는 아니었다. 그 토지에는 軍役稅가 부과되고, 그 토지를 耕食하는 자는 이를 부담해야 하는 단서가 붙 은 토지였다. 代立者가 軍役을 지는 대가로 받는 것은, 일반 토지의 그것과 같은 완전한 所有權이 아니라 일종의 耕食權이었다. 그러나 이 耕食權은 代 立者가 그 토지를 任意耕食토록 되어 있어서, 일반 地主制 하의 時作農民들 의 권리보다는 유리하고 자유로웠다. 그러므로 이 耕食權에는 軍役稅를 부 담해야 한다는 단서와 아울러, 賣買・讓渡할 수 있는 하나의 권리가 성립되 고 있었다. 가령 江界 지방의 軍役田이 '本郡에 有虛伍軍田 而自來私相賣買

---

159) 『咸鏡南北道各郡訴狀』 7冊, 光武 10年 9月 16日, 咸南安邊郡民人崔應鎬等請願書.
160) 『平安南北道各郡報告』 2冊, 光武 5年 5月 30日, 平安北道慈城郡守報告書.
161) 註 140의 '軍役田에 就하여'(『財務彙報』 21) 참조.

ᄒᆞ야 互相耕食ᄒᆞ고 以納軍丁雇入代錢'[162]한다고 말해지고 있었던 일과, 기술한 바 義州 지방의 軍役田이 '轉相賣買'(註 140)된다고 하였음은 그 예이다. 이러한 권리의 매매를 당시에는 '軍役田之私自權賣'[163]라 부르기도 하고, 그 買主를 후에는 '賭地買主'[164]라 부르기도 하였다. 耕食權은 일종의 賭地權에 해당하는 것이었다고 하겠다.

이 같은 軍役田은 韓末에 舊軍制·軍役制가 폐기될 때까지 계속되었다. 甲午 이후 제도개혁이 있게 되면서 軍役田은 그 존재의의를 상실하게 되었다. 그리고 政府의 일련의 토지정책에 의해서 公土·驛屯土로 흡수되고, 驛屯土地主制로서 경영되어 나갔다. 그 소유권을 둘러싸고 그 소유주와 정부 사이에 분쟁이 일어나고, 또 耕食者와 買者(정부가 한때 放賣했다가 還退) 사이에도 분쟁이 계속되었지만, 驛屯土地主制의 방침은 강행되고 있었다.

3. 軍役制 釐正의 推移와 戶布法

1) 軍役制 釐正의 推移와 戶布論

18~19세기에 軍役制의 동요는 사회혼란·농민항쟁으로 이어지고 있었다. 그러므로 이 시기의 朝鮮王朝에서는 이 같은 현상을 절대적으로 수습하지 않으면 안 되었다. 그것은 中世封建的인 사회체제 및 국가의 유지 여부와도 관련되는 중요한 문제가 아닐 수 없었다. 그리하여 이 시기의 지배층은 그 수습방안을 여러 가지로 모색하였다. 그 기본방향으로는 다음과 같은 몇 가지가 있었다. 첫째는 避役행위를 봉쇄하고 규정을 小變通으로 改良함으로써 封建軍役制를 유지 재건하려는 것이었으며(良役變通), 다음은 그와 반대로 현실적으로 모순이 많고 불합리한 軍役制를 전면적 근본적 大變通으로 變革함으로써 새로운 제도를 마련하려는 것이었다(戶布論 계통의 여러 論).

---

162) 『平安南北道各郡訴狀』10冊, 隆熙 元年 11月 日, 平安北道江界郡邑東居金樂予
　　　請願書.
163) 『高宗實錄』 卷 22, 高宗 22年 7月 15日, 中, p.204.
164) 『平安南北道各郡報告』8冊, 光武 10年 5月 16日, 義州郡守金璉植報告書.

그리고 셋째는 그 어느 것도 아닌 그러나 양자에게 모두 연결되는 것으로서 현실적으로 변동하고 있는 軍役制를 그대로 인정한 채 폐단을 최소한으로 줄임으로써 稅收의 안전을 꾀하려는 것이었다(軍役田). 그 가운데서도 제2, 제3의 방안은 이 시기 지배층의 軍役制 개혁론의 전진적 방향을 보여주는 것이었다. 그러므로 제3방안과도 관련하여,[165] 이 제2의 방안을 제1의 방안과 대비·고찰하면, 그들의 軍役制 개혁론의 전모와 그 각각의 성격의 차이점을 구체적으로 파악할 수 있다.

이 방안에서 제론되는 것은 주로 戶布論이었으며, 그것은 오랜 세월의 논의 끝에 高宗朝의 戶布法으로 귀결되고 있었다. 그러므로 이 戶布法의 軍役制 개혁방안으로서의 성격을 이해하기 위해서는, 그에 앞서 있었던 戶布論의 논의과정과 高宗朝 戶布法의 내용을 분석 검토하는 것이 필요하겠다.[166]

朝鮮後期에 戶布論은 軍役制釐正의 한 방법으로서 軍政의 폐단을 시정할 필요가 있을 때마다 늘 제론되고 있었다. 이 시기에는 軍役制가 그 제도적 특질 및 封建制解體期의 시대상황과도 관련된 농민층의 避役으로 크게 동요하고, 이에 따라서는 族徵·隣徵·黃口·白骨·疊徵 등 軍政의 폐단이 일어나고 있었기 때문이다. 그리고 그 결과로서는 봉건국가의 租稅源을 이루는 小農民層의 생존을 또한 어렵게 하고 있었기 때문이었다. 그러므로 이 시기의 지배층에게는 그 全期間에 걸쳐 이 같은 폐단을 제거함으로써 軍役制를 그대로 유지하고, 나아가서는 農民經濟를 안정시킴으로써 국가의 租稅源을

---

165) 拙稿, ʻ朝鮮後期 軍役制의 動搖와 軍役田ʼ(『東方學志』 32, 1982), 本稿 제2장 참조.
166) 이러한 문제에 관해서는, 均役法 전후의 戶布論이나 大院君의 戶布法을 중심으로 이미 여러 연구가 있는 터이지만, 이곳에서는 이 양시기의 문제를 연결 고찰하는 가운데 戶布法이 지니는 의미를 살피게 될 것이다. 이와 관련해서는 다음과 같은 연구가 특히 참고된다.

　車文燮, ʻ壬亂以後의 良役과 均役法의 成立ʼ(『史學研究』 10·11, 1961).
　鄭萬祚, ʻ朝鮮後期의 良役變通論議에 대한 檢討ʼ(『同德女大論文集』 7, 1977).
　姜萬吉, ʻ軍役改革論을 通해 본 實學의 性格ʼ(『東方學志』 22, 1979).
　韓沾劢, ① ʻ大院君의 稅源擴張策의 一端—高宗朝 洞布·戶布制 實施와 그 後弊ʼ(『金載元博士 回甲紀念論叢』, 1969).
　　　　② 『東學亂起因에 관한 研究』, 1971.
　J. B. Palais, *Politics & Policy in Traditional Korea*, Harvard East Asian Series 82, 1975.

공고히 할 것이 요청되고 있었다. 軍役制釐正의 한 방법으로서 戶布論은 軍政의 폐단과 더불어 그 역사가 오래였다.

(1) 肅宗朝의 良役變通 ― 弊端 제거와 戶布論

그러한 가운데서도 軍政의 폐단이 크게 사회문제가 되고, 따라서 軍役制의 釐正問題가 본격적으로 정부정책으로서 논의케 되는 것은 肅宗朝부터의 일이었다. 肅宗의 재위 40여 년간은 이 문제의 해결을 최대의 정치적 과제로 삼고, 여러 차례에 걸쳐 그 釐正方案을 내놓은 시기였다. 그리고 그에 따라 戶布論도 크게 논의되었다. 그러므로 이 같은 정부의 釐正策은 농민층의 避役이나 軍政의 폐단에 대응하는 조치로 취해지고 있었으며, 따라서 避役행위와 軍政의 폐단이 심해지면 심해질수록 그 대응조치도 거기에 상응하는 것이 되지 않을 수 없었다.

정부의 軍役釐正策을 유발하는 농민층의 避役은 적극적 또는 소극적으로 다양하게 전개되었다. 적극적인 방법은 양반 신분을 冒稱함으로써 軍役에서 면제되는 것이었다. 이 시기의 봉건적인 軍役制는 신분제의 바탕 위에 마련되고 兩班支配層은 軍役을 면제받고 있었으므로, 양반 신분을 冒稱하는 것은 避役을 할 수 있는 최선의 방법이었다. 그리고 그와 같은 양반으로 상승하는 데는 여러 가지 길이 있었다. 幼學·儒生·鄕人을 冒稱하고, 校生·院生·軍官·將校가 되는 것은 흔히 있는 일이었다. 전자는 科擧와 벼슬을 하지는 않았으되 당당한 양반인 것이며, 후자는 文班과 武班계열의 최말단에 위치한 신분층이었다. 또 官爵을 僞載하고, 納粟授職을 빙자하고, 僞譜를 만들어서 양반 행세를 하는 일도 흔하였다. 이 시기에는 이 같은 방법으로 신분을 변동시키는 것이 어렵지 않았다. 財力이 있으면 가능하였다. 그러므로 약간의 富力이 있는 農民이면 으레 신분을 변동하고 軍役을 면할 것을 꾀할 수 있었다.[167]

그리고 이 밖에 소극적인 방법은 各級 官衙의 額外의 私募屬으로 募入되는 경우였다. 이러한 私募屬도 각종 保率에서 契房에 이르기까지 다양하였

---

167) 四方博, '李朝人口에 관한 身分階級別的 觀察'(『朝鮮經濟의 研究』, 1938).
　　　鄭奭鍾, '朝鮮後期 社會身分制의 崩壞'(『大同文化研究』 9, 1972).

는데, 이는 額內의 軍役보다 헐하였으므로 많은 農民들이 이 방면으로 빠져 나가고 있었다. 이 경우도 財力이 소요됨은 말할 것도 없었다. 그러나 이 시기의 各級 官衙에서는 경비 부족을 이를 통해서 보충하고 있었으므로, 비교적 적은 富力으로도 額外의 私募屬에 募入될 수 있었고, 따라서 이들은 額內의 무거운 軍役을 피할 수 있었다.

그리하여 이같이 避役者가 생기게 되면, 그들은 사회적 천대와 경제적 핍박에서 해방될 수 있었으나, 額內의 軍役民으로 編伍되어 있는 農民들에게는 그만큼 더 賦稅가 가중되었다. 그리고 그 결과로서는 앞에서 지적한 바와 같은 여러 가지 軍政의 폐단이 발생하지 않을 수 없었으며, 따라서 避役현상과 軍額의 증가가 점점 심해짐에 따라서는 額內의 軍役民들이 그것을 감당하는 것도 더욱 어려워지지 않을 수 없었다.[168]

軍役民의 避役과 그 결과가 이러하였으므로 정부는 軍役釐正策을 우선은 이 같은 현상을 저지하는 방향에서 마련할 수밖에 없었다. 그러나 그것이 단 한 번의 규정의 제정으로써 해결될 수 있는 것은 아니었다. 그리하여 肅宗年間의 정부에서는 여러 단계에 걸쳐 그 수습방안을 검토하고, 그 釐正策을 마련해 나갔다.

그 첫 단계로서 마련된 것은 肅宗朝 초기의 釐正策이었다. 肅宗 2년의「良丁査覈節目」은 그것이었다. 이 해 5월에 備邊司에서는 各衙門이 軍額을 지키고 額外私募를 하지 않도록 논의 결정하였으며,[169] 6월에는 兵曹에서 그 節目을 마련하였다. 모두 10條로 된 이 節目의 내용은 諸色冒錄者와 閑丁을 査覈해서 11세 이상을 定役하고, 出身子枝와 中庶子枝 가운데 有蔭者를 가려내서 有廳軍士로 시키되 中庶子枝 가운데 無蔭者는 定役하며, 各衙門의 冒錄生徒・軍官・武學・業武, 各營의 在家軍官・官軍官 등은 忠壯衛를 兼帶케 하며, 各邑校生은 진위를 가려서 冒錄者를 定役케 하는 것 등이었다.[170] 이때의 釐正策은 避役을 방지함으로써 闕額을 充定하려는 것이었다. 그러나 이 節目에서는 各衙門의 私募屬 문제는 크게 다루어지지 않았고, 따라서 이

---

168) 이 같은 避役・被役의 관계에 관해서는 本稿 제2장 참조.
169)『備邊司謄錄』32, 肅宗 2年 5月 27日, 3冊, pp.250~251.
170)『肅宗實錄』卷 5, 肅宗 2年 6月 丙寅, 38冊, p.330.

를 통한 避役과 軍政의 폐단은 여전하였다. 그리하여 정부에서는 肅宗 15년에 이르러서 이를 방지하기 위하여 「各衙門軍兵直定禁斷事目」을 마련하였다.[171] 私募屬의 폐단을 근원적으로 막아보려는 시도였다.

이 같은 정부의 釐正策은 어느 정도 효과를 기대할 수 있었다. 軍政의 폐단이 단순히 軍役行政의 운영부실에서 연유하는 것이라면 그럴 수 있었다. 그러나 그것이 그러한 선을 넘어서서 軍役制가 갖는 제도적 결함, 구조적 모순에서 연유하는 것이라면 그 정도의 釐正策으로서는 그 효과를 크게 기대하기 어려웠다. 그럴 경우에는 보다 더 根源的인 변혁이 필요하였다. 그리하여 이러한 관점에서 軍政의 폐단을 생각하는 사람들은 軍役制를 근본적으로 變通하지 않으면 안 될 것으로 생각하였다. 그리고 그 근본적 變通의 방법으로 제기되는 것은 戶布論이었다. 軍役稅를 戶布의 이름으로 위로는 王子大君 · 公卿大夫로부터 아래로는 庶 · 賤에 이르기까지 모두 받도록 하자는 案이었다.[172]

戶布論의 기원은 오래였고, 이를 제기하게 되는 동기는 여러 가지였다. 그 가운데서도 두드러진 것은, 첫째 軍政의 폐단이 심해지면 軍役稅의 징수가 어려워져 國家經費 · 軍國之用이 부족하게 된다는 점이었다.[173] 국가는 그 부족한 재정을 충당하는 방안을 강구하지 않으면 안 되었다. 다음은 軍政의 폐단이 심해지면 額內의 軍役民으로부터는 더욱 많은 稅를 징수하게 됨으로 그들은 '살아남기 어렵게'(不能保存) 된다는 점이었다.[174] 국가는 농민경제의 안정을 軍役制의 개정을 통해서 찾지 않으면 안 되었다. 셋째는 이 시기의 국가재정이나 농민경제가 곤란하게 되는 문제를 모두 이때의 賦稅制度, 특히 軍役制의 不合理性에서 연유하는 것으로 보고, 따라서 그것을 안정시키려면 賦稅制度 · 軍役制 자체의 개정이 필요하다는 점이었다. 그리고 그 개정 방법은 古法에 비추어 보아 稅의 부과대상을 田 · 戶로 구분하고 거기에

---

171) 『備邊司謄錄』 43, 肅宗 15年 正月 24日, 4冊, pp.175~176.
172) 註 182, 218 참조.
173) 『孝宗實錄』 卷 16, 孝宗 7年 2月 庚午, 36冊, p.44.
　　　『宣祖實錄』 卷 145, 宣祖 35年 正月 丙午, 24冊, p.334.
174) 『顯宗改修實錄』 卷 16, 顯宗 7年 11月 壬午, 37冊, p.529.

稅와 布를 부과해야 한다는 것이었다.[175]

　그리하여 이 같은 사정에서 軍政의 폐단을 시정하고, 軍役制의 모순을 개정하려 할 때 나올 수 있는 방안은 兩班層에게도 稅를 부과하는 戶布論이 최선의 방안이었다. 그것은 논리의 귀결상 당연한 일이었다. 양반층에게 免役의 특권을 그대로 인정하고서는 軍役制의 모순은 근본적으로 해결될 수 없었다. 孝宗朝의 兪棨가 이 시기의 軍政의 폐단을 釐正하는 방안을 양반도 함께 出布함으로써 '民志以定 民役以均'하는 戶布論으로서 제기한 것,[176] 肅宗朝의 尹鑴가 불합리한 軍役制를 개정하는 방안을 역시 양반에게도 課稅함으로써 '均民役而足國用'하는 戶布·口算之法으로 제론한 것은 바로 그러한 까닭에서였다.[177] 그리하여 良役變通 문제가 크게 정치문제로 되어 있었던 肅宗初年代에는 이 같은 戶布法을 제도화하는 문제가 정부에서 대대적으로 논의케 되었다.

　戶布論은 口布論과도 아울러 여러 사람에 의해서 극구 주장되었다. 그리고 그 가운데는 儒布(身布)論을 염두에 두고 戶布論을 강조한 사람도 있었다. 양반층 내에서 차등을 두고 戶布를 부과하려는 견해였다.[178]

　그러나 그에 못지않게 戶布不可論도 강경하였다. 이는 양반 지배층의 사회적 지위와 경제적 이해관계에 관련되는 것이므로 그 기세는 대단하였다. 戶布의 시행 여부에 대한 찬반 양론은 黨爭과도 얽히는 가운데 격렬하게 전개되었다. 그 반대의 이유는 여러 가지로 제시되었다. 戶布는 그 뜻은 좋으나 그것을 시행하려는 시기(당쟁의 와중, 흉년의 계속, 국왕의 즉위 초)가 좋

---

175)『肅宗實錄』卷 2, 肅宗 元年 正月 壬午, 38冊, p.239.
176)『孝宗實錄』卷 21, 孝宗 10年 2月 壬申, 36冊, p.174.
　　『增補文獻備考』, 財用考 3良役, 中, p.823.
177)『肅宗實錄』卷 6, 肅宗 3年 12月 丁未, 38冊, pp.374~375.
178)『肅宗實錄』卷 5, 肅宗 2年 正月 壬寅, 38冊, p.319.
　　『顯宗改修實錄』卷 28, 顯宗 15年 7月 丁卯, 乙亥, 38冊, p.186, 188.
　　上曰 何謂身布 壽興曰 除出生進外 自幼學以下 每人各徵一匹 則雖不充定軍額 收布之數自足 而
　民役亦自均矣(丁卯條)
　　仄聞 朝家將徵布於儒生 而未及頒令 群情疑惑 騷屑可想(乙亥條)
　　儒布에 관해서는 鄭萬祚, 註 166의 논문 참조.

지 않으며,[179] 잘못하면 '土崩之患'을 자초할지도 모른다.[180] 戶布·口布 등에
도 단점은 있어서 반드시 좋은 결과만을 기대할 수는 없으며, 無役者 避役者
를 搜括하는 것이 최선의 방법이다.[181] 戶布는 귀천을 막론하고 出布를 하는
데서 大均之道인 듯하나, 자연의 이치, 상하관계의 질서를 부정하는 점에서
명분에 어긋나므로 실은 大不均之道라는 것 등이 그것이었다.[182] 이 같은 찬
반 양론은 그간 政局의 變動이 거듭하였으나 계속되고 더욱 왕성하여졌다.
그리고 마침내는 타협안이 나오게 되었다. 전국적 시행에 앞서 關西先試 都
下先試를 거치며, 戶布制 시행을 위한 節目은 미리 작성하되 그 시행은 年豐
할 때까지 기다린다는 것이었다.[183] 그리하여 戶布論의 의의는 인정되었으되
실제로 시행은 되지 못하였다. 그 기다림은 그 후 大院君의 執權期까지 해제
되지 않았다.

　다음 단계로서 마련된 것은 肅宗朝 중기의 釐正策이었다. 肅宗 25년에 작
성된 「各衙門良役定額數」, 「六道良役存減數」[184]와 同 30년에 작성된 「五軍
門改軍制 及兩南水軍變通節目」, 「軍布均役節目」, 「海西水軍變通節目」, 「校
生落講者徵布節目」[185] 등이 그것이다. 이 같은 釐正策도 초기의 그것과 마찬
가지로 기존의 軍役制를 그대로 둔 채 그 폐단만을 제거하는 것을 기본으로
하고 있었다. 그러한 범위 안에서 軍額을 감축하고, 軍制를 부분적으로 變通

---

179) 이 같은 의견은 戶布論이 제기될 때마다 많은 사람이 강조하였다.
180) 『肅宗實錄』卷 6, 肅宗 3年 12月 戊午, 38冊, p.376.
181) 『肅宗實錄』卷 10, 肅宗 6年 11月 辛未, 38冊, p.500.
182) 『肅宗實錄』卷 11, 肅宗 7年 4月 丙戌, 38冊, pp.523~524.
　　　大司憲李端夏上疏略曰 戶布之議 …… 欲行此法者 以爲上自公卿下至庶賤 無一戶
不出布 此爲大均之道 人誰敢怨 尤而逃故兒弱隣族之弊 可以掃除 此說似矣 有未能
深思者 物之不齊物之情也 貴賤厚薄 大小輕重 有萬不同 是以 聖王之治天下國家 必
因其情之不齊 貴者貴之 賤者賤之 厚者厚之 薄者薄之 大小輕重莫不皆然 使各得其
所 而無敢踰其分 今者無論貴賤 皆出戶布 朝紳則爲國家危亡之勢 雖勉出而無所憚
若以士子言之 平生勤苦讀書者 與不讀一字者 同出其布 不亦寃乎 臣以爲 此法近於
孟子所斥大屨小屨同價之說也
　　『增補文獻備考』財用考 3, 良役, 中, p.823.
183) 『肅宗實錄』卷 12, 肅宗 7年 12月 己丑, 38冊, p.569.
　　『肅宗實錄』卷 13 上, 肅宗 8年 2月 甲申, 38冊, p.582.
184) 『備邊司謄錄』50, 肅宗 25年 8月 25日, 4冊, pp.824~827.
185) 『肅宗實錄』卷 40, 肅宗 30年 12月 甲午, 40冊, pp.126~129.

하며, 避役者를 규제하고, 應役者의 役을 均平히 하는 것을 목표로 삼고 있
었다. 그러나 그러면서도 이때의 釐正方案이 초기의 그것과 다른 점은 그 제
도를 소폭으로나마 변통하려고 한 점이었다.[186] 그것은 軍役制의 폐단이 그
만큼 더 심화되고, 그것을 수습할 수 있는 戶布論이 그만큼 더 요청되고 있
는 사회적 분위기를 의식한 때문이었다. 戶布制를 시행할 수 없는 것이라면
軍役制나마 변통해야 하는 것이었다. 國王은 戶布制를 행할 수 없는 것이라
면 그 대안이 마련되어야 할 것임을 촉구하고 있었다.[187]

　　戶布論은 戶布法으로도 제기되고 口錢之議로도 제론되고 있었다.[188] 軍政
의 폐단을 釐正할 수 있는 최선의 방안이 戶布論이라는 것은 여론화하고 있
었다. 국왕도 戶布論에는 미련을 버릴 수가 없어서 戶布法을 시행할 가망이
없게 되었을 때 '戶布終不可行耶'라고 반문하고 있었다.[189] 그러나 집권층의
戶布不可論은 거기에 상응해서 강력하였다. 그들도 戶布制가 軍政釐正의 최
선책이라는 것은 인정하고 있었으나,[190] 여러 가지 이유를 들어 그 시행을 한
사코 반대하고 있었다. 人心의 이산, 국가기강의 해이, 連歲凶作 등을 반대
이유로 내세웠으며, 이런 시기에 이를 시행하면 騷擾가 일어날 것임을 강조
하기도 하였다. 또 國王의 반문이 있었을 때는 先朝에서도 행하지 못한 것을
지금에 가벼이 행할 수는 없는 것이라고 잘라 말하기도 하였다.[191] 그리하여
軍役制의 釐正은 大變革을 버리고 小變通을 추구한 것이 앞에 든 여러 釐正
方案이었다.

　　끝으로 마련된 것은 肅宗朝 말기의 釐正策이었다. 肅宗 37년의 「良役變通
節目」[192]과 同 39·40년의 「良役查正別單」[193]은 그것이었다. 이때의 釐正策

---

186) 그래서 후에 『良役實摠』에서는 이때부터를 均役法이 성립하게 되는 배경, 즉 良
　　役變通의 傳統으로 취급하였다(良役查正凡例).
187) 『肅宗實錄』卷 32 下, 肅宗 24年 9月 辛卯, 39冊, p.504.
188) 『肅宗實錄』卷 32 上, 肅宗 24年 2月 己酉, 39冊, p.484.
　　『肅宗實錄』卷 37, 肅宗 28年 8月 庚寅, 39冊, p.695.
189) 『肅宗實錄』卷 38 上, 肅宗 29年 正月 丙辰, 40冊, p.1.
190) 『肅宗實錄』卷 33, 肅宗 25年 5月 乙丑, 39冊, p.529.
191) 『肅宗實錄』卷 38 上, 肅宗 29年 正月 丙辰, 40冊, p.1.
192) 『備邊司謄錄』63, 肅宗 37年 12月 26日, 6冊, pp.321~325.
　　『肅宗實錄』卷 50 下, 肅宗 37年 12月 庚辰, 40冊, pp.423~424.

도 이 시기의 軍役制를 그대로 유지한 채 종전부터 있어온 釐正策의 입장에서 그 폐단을 제거해 나가려는 것이었다. 즉 37년의 節目은 軍丁闕額이 생기면 이를 里代定으로 충당하고 避役者는 철저하게 搜括하며, 校生考講·校院生額數·軍官額數를 조정하고 民少軍多處의 軍額을 조정하며, 各衙門의 軍保直定을 규정에 따라 엄히 금지함으로써 避役을 방지하려는 것이었다. 그리고 39·40년의 別單은 錄事·書吏·軍官·軍兵 등의 액수를 減定하고, 또 미진한 조건을 보완함으로써 避役을 방지하려는 것이었다. 이러한 釐正策에서 특히 눈에 띄는 것은 里代定의 법인데, 이때에 특히 里代定의 법을 마련한 것은 避役을 방지하는 데 목표가 있는 것이기는 했지만, 또한 民의 鄕里緊縛을 전제로 한 것으로,[194] 이 단계의 釐正策이 그 釐正의 방향을 軍役制의 變通이 아니라 이를 보완 강화하는 데 두고 있었음을 보여주는 것이라 하겠다.

이 같은 釐正策도 戶布論과의 이론적 대결을 통해서 다져지고 있었다. 이 단계에서는 戶布論도 그 논지를 재정비하면서 총공세를 취하고 있었다. 이때의 戶布論은 戶布·口錢論 등으로도 제론되고, 이를 완화한 丁布論[195]이나 遊布論[196]으로도 제기되었으며, 또 結布로서 거론되기도 하였다.[197] 戶布論의 입장에서는 이 시기의 軍役制는 근본적인 변혁이 있어야 한다고 생각하였으므로, 이 같은 방안도 내놓고 있는 것이었다. 그러나 이 논의는 결국 戶

---

193)『備邊司謄錄』66, 肅宗 39年 7月 18日, 6冊, pp.549~554.
　　『備邊司謄錄』67, 肅宗 40年 2月 7日, 6冊, pp.642~646.
194) 本稿 제2장 참조.
195)『肅宗實錄』卷 50 下, 肅宗 37年 8月 甲戌, 40冊, p.408.
　　漢時 雖名以口錢 今則似當改稱丁布 成丁而出賦 故謂之丁 可賦以布 故謂之布
196)『肅宗實錄』卷 55, 肅宗 40年 9月 癸亥, 40冊, p.541.
　　大司憲宋相琦上疏 …… 論良役變通之策 …… 今夫各邑有役戶有遊戶 所謂役戶 卽各邑良役之類 遊戶卽士夫儒生諸般無役閑遊者 而我國良丁之數 本不及於士夫以下閑遊者 今以良役之戶 比較於閑遊戶 則大抵遊戶必贏於役戶矣 臣取考兵曹各邑軍案畿湖應納之數 謄出兩道各邑元戶 與相准 則戶數之過軍額 或三倍或二倍 畿甸三南則兩班爲名者 比他最多 雖未知西北諸路之果皆如此 而要之不甚相懸矣 今若就良役中本納二疋者 減其一疋 其餘一疋 則分諸遊戶 而所謂遊戶 名目多端 上自朝官下至土品校生軍官之類 皆納一疋 則便與戶布無異 而其法則稍以簡易矣
197)『肅宗實錄』卷 54, 肅宗 39年 11月 壬寅, 40冊, p.520.
　　『肅宗實錄』卷 56, 肅宗 41年 8月 乙卯, 40冊, p.551.

布와 口錢論에 수렴될 수 있는 것이고, 따라서 이 시기에 戶布論은 주로 戶布·口錢論으로 압축되면서 그 시행이 주장되고 있었다. 그리하여 이 단계의 끝 무렵에 이르러서는 '戶布·口錢中 熟講以處'[198]할 것이 王命으로 지시되기도 하였다.

물론 이때에도 戶布制의 시행을 위요해서는 찬반 양론이 격돌하고 있었다. 그리고 그것을 주장하는 입장도 각각 분명해지고 있었다. 戶布不可論에서는 양반사대부 계층의 이익을 옹호하는 것이 선명해지고, 戶布論에서는 軍役民·小民層의 보호를 생각하는 바가 뚜렷해지고 있었다. 전자에서는 戶布·口錢·丁布를 시행할 수 없는 이유로 兩班·士族·閑遊者의 怨恨을 사게 된다는 점을 내세우기도 하고,[199] 우리나라는 規模와 名分을 중히 여기므로 支配層인 士族에게 徵布를 해서는 안 된다는 것을 강조하기도 하였다.[200] 그리고 후자에서는 戶布·口錢을 시행하면 小民은 喜悅하고 大家巨室(奴婢多者) 兩班庶孽中人은 不悅할 것이며,[201] 따라서 士夫의 불편을 두려워한다면 그만이지만, 만일에 小民의 안정을 바란다면 戶布를 시행해야 할 것임을 극구 주장하였다.[202] 그러나 이 같은 논쟁에서도 戶布論이 승자가 될 수는 없었다. 양반사대부가 지배하는 사회에서 심상한 방법으로 小民의 이익을 추구하는 정책을 실현하기는 어려웠다. 정부에서는 이 문제를 '今難遽行'[203]이라는 한마디로 강조하고 유보 처리하고 있었다.

(2) 英祖朝의 良役變通 — 均役法과 戶布論

軍役制의 釐正은 肅宗朝의 조치로써 완결되지 않았다. 여러 차례에 걸친 釐正策에도 불구하고 軍政의 폐단은 제거할 수 없었고, 따라서 그 釐正事業은 그 후에도 계속되지 않을 수 없었다. 그뿐만 아니라 景宗·英祖朝에 접어들면서 그러한 폐단이 더욱 심해지고 있어서, 그것을 수습 釐正하는 문제가

---

198) 『肅宗實錄』 卷 55, 肅宗 40年 9月 己未, 40冊, p.541, 542.
199) 『肅宗實錄』 卷 50 下, 肅宗 37年 8月 甲戌, 40冊, p.408.
　　　『肅宗實錄』 卷 50 下, 肅宗 37年 9月 庚戌, 40冊, p.412.
200) 『肅宗實錄』 卷 50 下, 肅宗 37年 8月 甲戌, 40冊, p.409.
201) 『肅宗實錄』 卷 50 下, 肅宗 37年 12月 辛巳, 40冊, p.425.
202) 『肅宗實錄』 卷 55, 肅宗 40年 7月 壬寅, 40冊, p.530.
203) 『肅宗實錄』 卷 56, 肅宗 41年 10月 甲戌, 40冊, p.555.

한층 더 절박해지고 있었다. 즉 이때에는 그 폐단·수탈이 가중하는 가운데 民의 생사와 국가의 존폐에 관한 위기의식이 고조되고 있어서, 그에 대한 대책의 필요성이 그만큼 더 절실해지고 있는 것이었다. 이때에는 그러한 분위기를 ‘京外良役繁重 民不堪命’[204]이라든가 ‘今良役之弊 殆同百尺干頭 此弊不救 則民國俱亡’[205]이라고 운위하기도 하고, 또는 ‘二正良役之弊 爲亡國根柢久矣’[206]라든가 ‘良役一事 今日莫大之弊 若不及時變通 則國家之危亡 可立而待也’[207]라고 말하고도 있었다. 그리하여 그러한 분위를 배경으로 하여 정부는 英祖中年에 이르러 새로운 釐正策을 마련하게 되었다. 英祖 18·19년의 「良役査正別單」 및 『良役實摠』과 英祖 26년의 「良役節目」은 그것이었다. 그리고 그 후에는 『關西良役實摠』 등 북부지방에 대해서도 같은 내용의 조치를 취했다.

英祖 18·19년의 釐正事業은 趙顯命 주도로 이루어졌는데, 이는 各軍門, 各衙門의 軍額(收布良額)과 각 지방의 軍額(納布軍額)을 조정하는 것이 목표가 되고 있었다. 肅宗朝 중기·말기에 査正된 액수를 기준으로 軍額을 재조정하되, 그 후 증가된 數와 額外人員을 汰減하는 것이었다.[208] 수만 명의 軍額이 汰減되고 있었다.[209] 그 사업의 원칙으로 마련된 것이 「良役査正別單」[210]이고, 그 결과 査定案으로 마련된 것이 『良役實摠』[211]이었다. 그러나 이때의 査正사업에서는 주로 收布軍數의 ‘定額’에 주력하고, 各地方民의 부담의 경중을 조정하는 각 지방 軍摠의 ‘均額’에는 유의하지 않고 있었다. 그러므로 이 査正사업으로는 軍多民少한 지방의 軍役의 폐단은 해결할 수 없었다.[212] 정부에서는 이 같은 문제를 논의하고, 국왕은 그 보완과 『良役實摠』

---

204) 『英祖實錄』 卷 56, 英祖 18年 11月 己巳, 43冊, p.75.
205) 『英祖實錄』 卷 36, 英祖 9年 12月 癸酉, 42冊, p.404.
206) 『英祖實錄』 卷 73, 英祖 27年 5月 丁酉, 43冊, p.401.
207) 『英祖實錄』 卷 68, 英祖 24年 9月 乙亥, 43冊, p.308.
208) 『承政院日記』 951, 英祖 18年 11月 14日, 52冊, pp.28~29.
　　　『良役實摠』 良役査正凡例.
209) 『承政院日記』 960, 英祖 19年 7月 5日, 52冊, p.549.
210) 『備邊司謄錄』 111, 英祖 18年 12月 15日, 11冊, pp.332~335.
211) 『英祖實錄』 卷 58, 英祖 19年 7月 乙酉, 43冊, p.107.
212) 『承政院日記』 960, 英祖 19年 7月 5日, 52冊, p.552.

의 재작성을 지시하게 되었다. 이 보완작업은 수년간 계속되었으며, 英祖 24년에 이르러서야 겨우 끝을 맺을 수 있었다. 그리하여 그 결과로『良役實摠』(全 10책)을 간행할 수 있었으며,[213] 그 후의 軍役行政은 이를 기준으로 운영되어 나갔다.

그러나 이러한 釐正策은 국가의 稅入을 보장할 수는 있는 것이지만, 軍政의 폐단에서 초래되는 농민의 困苦를 덜어줄 수는 없었다. 釐正의 방향이 그러하였다. 후에 史臣이 평했듯이 이 釐正策은 '弊源不塞 只救其末'하는 것이었다. 民의 困苦는 여전할 수밖에 없었다.[214] 그러므로 軍政의 폐단을 시정하는 문제를 이 釐正策에다 기대할 수는 없었다. 軍役制에 관해서는 농민경제를 생각하는 가운데 근본적인 대책이 필요하다는 여론이 팽배해지고 있었다. 戶布論系의 주장이었다. 정부에서는 그러한 拔本塞源論을 받아드리거나, 아니면 거기에 준하는 다른 제3의 안을 마련하지 않으면 안 되었다. 그리하여 여기에 英祖 26년 정부에서는 洪啓禧 주도로 종래의 釐正方案과 戶布論을 절충하는 가운데 '專爲國'하고 '專爲民'하는 새로운 「良役節目」을 마련하게 되었다.[215] 이는 곧 「均役事目」(英祖 28년)의 골격이 되는 것으로서, 軍役民의 納布를 1疋로 경감 均一化하되 경감된 1疋분의 稅를 국가가 다른 방법으로 해결하는 均役法의 제정이었다. 현행 軍役制의 테두리 내에서의 일이기는 하지만 이것은 커다란 변화가 아닐 수 없었다. 이는 戶布論系에서 만족할 수 있는 釐正策이 아니었지만,[216] 그러나 이는 제도로서 정착하고 실시되어 나갔다.

均役法 정도의 변동이나마 변동이 있을 수 있었던 것은, 앞에서 언급했듯이

宋寅明은 이때의 査正을 '今番査正 本爲定額 非爲均額 故 …… 民少軍多之弊邑 未必有査正之實效矣'라고 지적하고 있었다.

213)『承政院日記』1030, 英祖 24年 6月 18·20日, 56冊, p.753, 757.
　　　『英祖實錄』卷 67, 英祖 24年 6月 庚午·癸酉, 43冊, p.298.
214)『英祖實錄』卷 67, 英祖 24年 6月 庚午, 43冊, p.298.
215)『英祖實錄』卷 71, 英祖 26年 7月 壬寅, 43冊, p.373.
216)『英祖實錄』卷 71, 英祖 26年 7月 癸卯, 43冊, p.374. 戶曹判書 朴文秀는 이때 이 良役變通을 다음과 같이 批判하고 있었다.
　　　今良役之弊 至於滔天 豈小小更張推排 所可救止者哉 臣之初言罷良役 可全減而不可減一疋也 可大變通而不可小推移也

軍政의 폐단이 심해져서 '民國俱亡'하게 되고 있었던 사정과 관련이 있었다. 이제는 도저히 그대로 넘어갈 수 없는 형편이었다. 그러나 그것을 실현하지 않을 수 없도록 촉진한 것은 역시 戶布論系의 근본적 變通에 대한 주장이었다.

戶布論은 肅宗末年의 왕성한 논의를 계승해서 이 시기에도 많은 사람들이 극구 강조하였다. 그것은 戶布·戶錢·戶米·口錢·儒布·結布 등 다양하게 논의되었다. 大學者 韓元震이 戶布可行論을 편 것이 힘이 되었다.[217] 均役法의 제정에서 주축이 되었던 洪啓禧도 개인적으로는 儒布·結布論을 지지 주장하고 있었다. 여론은 戶布論으로 압도되는 인상이었다. 그리하여 그것은 두 차례에 걸쳐 실현될 수 있는 기회를 맞기도 하였다. 국왕이 戶布論에 동조하고 결단을 내릴 수 있는 시기가 있었던 것이다. 아마도 英祖 9년과 26년이 그 시기였던 것으로 생각된다. 英祖는 그 9년경에는 '上自王子大君 下至庶民 一切行之然後 可謂大同之役 予意則戶布爲可行之法'[218]이라는 판단을 내리고 있었으며, 그 26년경에는 戶布論系의 여러 견해 가운데서도 戶布를 지지하면서, 戶布와 結布 중에서 어느 쪽이 좋다고 생각하는지 士·庶人들에게 詢問을 하고도 있었다.[219]

그러나 戶布論은 끝내 실현되지 못하고 그 논의의 결과는 均役法으로 마무리지어지고 있었다. 戶布不可論이 그만큼 강했기 때문이다. 많은 사람들이 戶布不可, 戶布難行을 말하고 있었다. 그러한 가운데는 그 不可나 難行의 이유를 들어서 설명하는 사람도 있었다. 그 이유는 다양하였다.[220] 그리고 그 가운데는 戶布不可論의 성격을 단적으로 드러내고 戶布論의 시행을 결정적으로 저지하는 것도 있었다. 戶布論系의 釐正策이 제도화되면 名分이 무너지고 국가의 유지가 어려워지리라는 것이었다. 양반사대부 계층의 원한을 사고 그들의 반란을 초래하게 되리라는 데서였다. 이 같은 不可論은 이미 이전부터 주장되어온 것이지만 이때의 戶布不可論에서는 이를 새삼 다짐하고 강조하고 있었다. 그리고 이러한 위협 때문에 戶布論은 결국 그 시행을 볼

---

217) 『英祖實錄』卷 10, 英祖 2年 8月 乙亥, 41冊, p.600.
218) 『英祖實錄』卷 36, 英祖 9年 12月 己巳, 42冊, p.402.
219) 『英祖實錄』卷 71, 英祖 26年 5月 戊午, 庚申, 43冊, p.368.
220) 鄭萬祚, 前揭論文에는 이 무렵의 그러한 사정이 요령 있게 정리되어 있다.

수 없었다.

戶布不可論에서 일반적으로 강조하는 名分論은 '一行口錢之法 而無分於上下 則名分自此而紊亂'[221]하리라는 것이었다. 戶布論의 하나인 口錢制를 시행하되 상하의 신분을 분별하지 않으면 名分이 문란해진다는 것이었다. 이는 封建朝鮮王朝에게는 중대한 문제였다. 朝鮮王朝는 신분제, 즉 상하관계적인 사회질서의 바탕 위에 수립되고, 이것은 성리학적인 유교사상의 名分論으로서 합리화되고 있었기 때문이었다. 유교적인 名分論이 흐려지고 상하관계적인 사회질서가 무너지면, 그 위에 수립된 국가도 결국 무너지도록 되어 있는 것이었다. 그러므로 戶布不可論을 주장하는 논자들은 명분이 흐려지고 무너지는 것을 국가적인 위기로 간주하고 있었다.

洪啓禧가 儒布論을 작성하였을 때 史臣이 이를 보고 다음과 같이 격렬하게 비판하였음은 그 한 예이다

　　此亡國之術 何自爲此 今國家所維持者 唯賴定名分崇儒學 若爲此 則名分虧而恥怨興 國不可行[222]

이 시기의 상황에서 朝鮮王朝가 유지되는 것은 다만 명분을 정하고 유학을 존중하는 데 있으므로, 이를 행하게 되면 명분이 무너지고 恥辱을 당한 원한의 소리가 일어날 것이며, 따라서 이는 망국의 방법이 되리라는 것이었다. 이 같은 내용의 名分論은 유명한 李宗城의 戶錢四不可說에서도 강조되고 있다. 그는 명분의 중요성, 따라서 양반에게도 稅를 부과하는 戶布·戶錢을 시행해서는 안 되는 이유를 다음과 같이 말하고 있었다.

　　我東風俗 絶異中國 奧自羅麗 最重名分 其不可一朝改革也明矣 是故 識者以我朝兩班 比昔之封建 以其維持民心 使不敢生變 亦不爲無助於國家也 …… 故 ……

---

221) 『英祖實錄』 卷 68, 英祖 24年 9月 乙亥, 43冊, p.308.
222) 『英祖實錄』 卷 70, 英祖 25年 8月 癸未, 43冊, p.347.
　　　洪啓禧는 史官의 이 비판에 따라 그의 儒布論을 結布論으로 바꾸었다. 그가 수장하였던 儒布論은 '其法 以良民受役偏苦 請制爲儒布設科 廣取三數千人 其不中格者 責出布以充良役'(同上書)하는 것이었다.

國家寧失小民之心 不可失士夫之心[223]

　즉, 우리나라는 전통적으로 명분을 가장 중하게 여겨왔으므로, 따라서 양
반사대부 계층을 중시해왔으므로, 하루아침에 이를 고칠 수 없는 것임이 분
명하다. 그래서 識者들은 우리나라 양반층을 옛날의 '封建'들에 비유하여, 그
들이 민심을 유지함으로써 民이 변란을 일으키지 못하도록 한다고도 하는
것이니, 양반이 국가에 도움되는 바 없지 않은 것이다. 그러므로 국가는 이
名分論의 입장에서 小民의 마음(지지)은 잃을지언정 양반사대부의 마음을
잃어서는 안 된다는 것이었다.

　名分論은 양반층의 이익과 직결되고 있었다. 그러므로 名分論이 무너지는
것은 양반층의 이익선이 무너지는 것이었고, 따라서 이 같은 현상이 일어나
면 양반층은 반발할 수밖에 없었다. 戶布論은 그러한 현상의 하나였다. 그리
고 그러한 점에서는 結布論도 마찬가지였다. 이는 兩班地主層·豪富層의 이
익과 상충하는 것이었다.[224] 그러므로 보수적인 兩班支配層이 戶布論이나 結
布論을 격렬하게 반대하는 것은 오히려 자연스러운 일이었다. 그리고 戶布制
가 시행되면 反亂과 亡國이 올 것이라고 위협하는 것도 무리가 아니었다. 그
같은 위협적인 반론에는 두 가지가 있었다. 하나는 高麗의 쇠망이 戶布의 폐
단에 있었다고 하는 것이고,[225] 다른 하나는 '黑笠者必有土崩之勢'일 것으로
예상하는 것이었다.[226] 이러한 반론은 戶布論에 결정적인 타격을 주고 있었
다. 이러한 말을 듣고 보면 국왕은 戶布論에 동조하거나 그 시행을 결재할
수 없었다. 그러한 예는 여러 차례 있었다. 英祖 3년에는 高麗의 쇠망이 戶布

---

223)『英祖實錄』卷 71, 英祖 26年 6月 癸巳, 43冊, p.372.
　　　그가 말하는 戶錢 四不可는 ① 戶等을 貧富를 생각하지 않고 口數만으로 구분하
　　면 부세가 不均하다. ② 처음 戶布論이 나올 때의 기준에 의해서 戶布를 징수하면
　　財政이 不足하다. ③ 戶錢을 시행하면 貪官汚吏의 法外의 수탈이 田結에 부과되어
　　結稅를 增加시킨다. ④ 兩班에게도 戶稅를 부과하면 士夫之心을 失하게 된다는 것
　　등이었다.
224)『英祖實錄』卷 61, 英祖 21年 4月 丁未, 43冊, p.179.
225)『英祖實錄』卷 14, 英祖 3年 11月 癸亥, 41冊, p.682.
　　　『英祖實錄』卷 61, 英祖 21年 4月 丁未, 43冊, p.179.
226)『英祖實錄』卷 36, 英祖 9年 12月 丁卯, 己巳, 42冊, p.400, 402.
　　　『英祖實錄』卷 71, 英祖 26年 5月 庚午, 43冊, p.369.

의 폐단 때문이라는 戶布不可論을 국왕이 시인했었고,[227] 同 9년에는 黑笠者
土崩說로 戶布로 民을 구하려는 것이 도리어 '促亂之階'가 된다고 인정하여,
'戶布更不留意'키로 하고 있었다.[228] 그리고 同 26년에도 黑笠者土崩說로 戶
布論을 포기하고 軍布 1疋을 감하는 均役法을 제정하였다.[229] 英祖는 戊申亂
등 여러 차례 政爭을 겪고 있었으므로 이러한 반론은 지극히 효과적이었다.

(3) 正祖朝 이후의 農民層 動向과 戶布論

　均役法이 제정된 후 정부에서는 軍役制를 『良役實摠』과 『均役事目』을 기
준으로 운영해 나갔다. 避役과 제반 폐단은 철저하게 제거되리라 기대되었
다. 어느 정도는 그러한 성과가 없는 것도 아니었다. 그러나 均役法의 효과
는 오래가지 않았다. 이 法은 避役과 疊徵 등의 폐단을 근본적으로 제거 해
결할 수 있는 조치가 아니었기 때문이다. 그것은 이미 均役法 성립 무렵에
지적된 대로였다.[230] 그리하여 軍役民의 避役과 그에 따르는 제반 폐단은 곧
다시 재연하게 되었다. 軍役制의 釐正問題는 해결되지 못한 채 그대로 남게
된 것이다. 더욱이 이 시기에는 정부 지배층이 軍政의 폐단을 어느 정도 해
결했다고 생각하는 데서, 軍役釐正 문제는 좀처럼 정책에 반영되지 못한 채
오랜 세월 동안 정치적 과제로서 남게 되었다.

　이 같은 사정이 어떤 결과를 초래할 것인지는 너무나 분명하였다. 避役者
는 점점 더 늘어나고, 鄕村社會에서는 어느 곳을 막론하고 軍多民少 현상이
더욱더 심화되었다. 그리고 均役法은 軍布를 1疋로 반감 均一化하는 조치였
지만, 軍役稅 전체는 증가하고, 따라서 軍役農民들의 부담은 감소되는 것이
아니라 증가되고 있었다. 농민경제는 결국 軍役稅 하나만으로도 파탄을 면
할 수 없었다. 茶山의 '哀絶陽詩'가 나오는 것도 均役法 이후의 일이었다. 그
리하여 軍役稅 부과의 이 같은 사정은 다른 賦役의 가중과도 관련하여 농민
층으로 하여금 항쟁의식을 갖도록 충동하고 있었다. 茶山이 正祖·純祖年間
의 농민층의 동태를 말하여, '近年以來賦役煩重 官吏肆虐 民不聊生 擧皆思

---

227) 註 225 참조. 그러나 英祖는 21年에는 이 주장을 인정하지 않았다.
228) 『英祖實錄』 卷 36, 英祖 9年 12月 己巳, 42冊, p.402.
229) 『英祖實錄』 卷 71, 英祖 26年 5月 庚午, 43冊, p.369.
230) 註 212, 216 참조.

亂'[231]이라고 표현한 것, 그리고 아래로 좀더 내려와서 兪莘煥과 姜瑋가 일반
으로 농민들이 '慾爲亂者 十室而五'[232]라든가, 또는 '日夜怨望 思亂久矣'[233]라
고 말하고 있는 것은 모두 그러한 사정을 말함이었다.

  농민들의 '思亂'의식은 단지 생각으로만 그치는 것이 아니었다. 그들은 그
생각을 마침내 행동으로까지 옮기고 있었다. 농민층이 직접 봉건정부와 관
리들에 대항하여 항쟁을 일으킨 것이다. 각 지방에서 발생한 民亂이 그것이
다. 19세기는 그 같은 民亂의 연속이었다. 純祖 초에는 함경도 端川과 황해
도 谷山에서 民亂이 일어났는데, 谷山民亂은 특히 軍政의 폐단과 깊은 관계
가 있었다.[234] 그리고 곧 이어서는 西北地方民이 총동원되는 평안도 농민항
쟁이 발생하였는데, 이는 다른 이유와 더불어 軍政의 폐단을 포함한 三政紊
亂이 그 중요한 이유였다. 그 밖의 民訴나, 哲宗年間에 발생한 三南地方 民
亂도 마찬가지였다. 그 발생원인은 복합적이었지만 三政紊亂에 따른 軍政의
폐단이 그 중요원인이었다. 농민들은 軍役税의 과중한 부담과도 관련하여
이제 힘으로써 봉건정부나 지배층에게 항쟁을 하고 있는 것이었다.

  물론 均役法 이후 정부가 良役變通·軍役制의 釐正問題를 당면정책으로
삼지는 않았지만, 三政과 雜役(民庫) 등의 賦税에 문제가 있는 것을 모르는
것은 아니었다. 그리고 이와 관련해서는 농민층의 동향에도 몹시 신경을 쓰
고 있었다. 그것은 비단 西北民의 항쟁 때문만이 아니라 그 이전부터도 그러
하였다. 正祖·純祖年間에 있었던 農政에 관한 여러 차례의 求言敎·詢問·
民隱에 관한 조사보고의 지시 등은 그 증좌였다. 正祖 10년에 있었던 群臣의
所懷謄錄,[235] 同 22년의 民隱疏,[236] 同 22, 23년의 農政疏,[237] 純祖 9년의 各

---

231) 『牧民心書』 卷 28, 兵典 應變, 3冊, p.105.

232) 『鳳棲集』 卷 5, 時務篇.

233) 『古歡堂收草』 卷 4, 擬三政捄弊策.

234) 『牧民心書』 卷 28, 兵典 應變, 3冊, p.109.

235) 『正祖丙午所懷謄錄』. 이에 대한 연구로는 韓㳓劤 교수의 '正祖丙午所懷謄錄의
    分析的 硏究'(『서울大論文集』 11, 1965)가 있다.

236) 『承政院日記』, 1794~1806冊의 正祖 22年 7月에서 同 23年 3月까지 사이에
    비교적 소상하게 수록되어 있다. 이에 관해서는 安秉旭, '朝鮮後期民隱의 一端과
    民의 動向'(『韓國文化』 2, 1981)에 잘 정리 분석되어 있다.

237) 應旨進農書의 이름으로 亞細亞文化社의 『農書』(총서)에 수록되어 있다. 이에 대

道民弊冊子,[238] 同 11년의 各道陳弊冊子[239] 등은 그러한 결과로서 마련된 것이었다. 그리고 그 후 암행어사를 더욱 자주 파견하는 가운데 地方行政을 감찰한 것도 그 때문이었다.

그러나 이 같은 여러 가지 방법으로 지방의 사정을 조사하고 軍政의 폐단에 관해서 보고를 받으면서도, 이 시기에는 哲宗朝에 이르러 그 농민항쟁에 대한 대책을 강구하게 될 때까지 이를 대대적으로 검토하고 釐正하려고는 하지 않았다. 均役法으로 조정된 軍役制를 충실히 지켜나가면 될 것으로 생각하였다. 이때에도 戶布論이 심심치 않게 제기되었지만, 정부에서는 제도 내에서 몇 가지 편법을 쓰거나 지방에서 일어나는 변화(軍布契·軍役田)를 묵인하였을 뿐, 封建軍役制를 근본적으로 변혁함으로써 軍役農民의 항쟁을 미연에 막을 것을 생각하지는 못하고 있었다. 정부가 비로소 이 문제를 정부의 정책으로 크게 다루게 되는 것은 哲宗朝의 民亂을 수습하기 위하여 「三政釐整策」을 마련하게 되었을 때였다.

「三政釐整策」은 田政·軍政·還政에 관한 釐正策으로서, 晋州民亂 등 이 시기 三南地方의 농민항쟁을 三政紊亂에서 연유하는 것으로 보고, 이를 수습하기 위해서 마련한 것이었다.[240] 전국의 지식인들에게 그 대책을 써내도록 求言敎를 내리고, 三政釐整廳에서 應旨上疏文을 토대로 趙斗淳 초안으로서 이를 작성하고 있었다.[241] 그러한 가운데서 정부가 民亂을 수습하기 위하여 내세운 軍政의 釐正方案은 종전의 軍役制를 근본적으로 크게 변혁하려는 것이 아니었다. 그것은 종전 軍役制의 테두리 안에서 避役을 금지하고, 黃口·白骨 등의 폐단을 제거하며, 軍多民少한 지역의 軍額을 조정하려는 것이었다. 그러한 점에서 이 안은 民亂을 수습하기에 충분한 것이 되기 어려웠다. 그러나 그러면서도 이 釐正策에는 軍役稅를 수납하는 방법으로 '口疤·

해서는 筆者가 '十八世紀 農村知識人의 農業觀 — 正祖末年의 應旨進農書의 分析'(『朝鮮後期農業史硏究』 Ⅰ 초판본 ; 증보판)으로 검토한 바 있다.
238) 『備邊司謄錄』 199, 純祖 9年 12月 25日, 20冊, pp.156~157.
239) 『備邊司謄錄』 201, 純祖 11年 3月 15日, 20冊, pp.292~325.
240) 朴廣成, '晋州民亂의 硏究 — 釐整廳의 設置와 三政矯捄策을 中心으로'(『仁川敎大論文集』 3, 1968).
241) 拙稿, '哲宗朝의 應旨三政疏와 「三政釐整策」'(本書 本稿의 다음에 수록) 참조.

洞布 量宜定規 期充原額'[242]이라고 하였듯이, 종전의 口疤와 더불어 새로이 洞布制를 용인하는 특이한 점이 있었다. 이 경우의 洞布는 물론 전국에 일률적으로 시행되는 법제로서가 아니라, 지방에 따라 口疤건 洞布건 편리한 대로 하라는 '權宜', '周便之政'으로 마련된 것에 불과하였다.[243] 그러나 洞里 내에서의 신분계층 간의 역학관계에 따라서는, 신분제를 바탕으로 한 종래의 軍役制를 크게 무너뜨릴 수 있는 요인을 내포하고 있었다. 양반 지배층도 洞布의 이름으로 軍布를 내게 되는 경우가 있을 것이기 때문이었다.[244] 그러한 점에서 「三政釐整策」에서의 軍役문제에 대한 釐正策은 還穀에 대한 그것이 '罷還歸結'[245]이었음과 더불어 一定한 의의가 있었다.

軍政의 폐단에 관하여 이만한 정도로나마 釐正方案이 나올 수 있었던 것은, 물론 民亂을 야기하는 요인을 제거해야만 民亂을 수습할 수 있었기 때문이었다. 그러나 그 釐正의 방향이 洞布制를 용인하는 방향으로 정해지게 된 데는, 이때까지 있었던 軍役制의 釐正에 관한 여러 차례의 논의와 鄕村社會에서 실제로 행해지고 있었던 洞布·戶布 관행이 크게 작용하고 있었다.

軍役制의 釐正을 근본적인 大變通 변혁으로써 제기하는 논의는 이때에도 여러 차례 있었다. 戶布論이나 結布論(結斂)이 그것으로서, 이는 正祖·純祖·憲宗·哲宗 등 어느 王代에도 논의되었다. 正祖朝의 民隱疏[246]와 應旨農政疏,[247] 純祖朝의 各道陳弊冊子[248]와 서북지방 農民抗爭 후의 戶布 시행

---

242) 趙斗淳, 『三政錄』, 三政釐整節目 軍政.
　　『釐整廳謄錄』軍政(『壬戌錄』, p.336).
243) 『備邊司謄錄』249, 哲宗 13年 10月 8日, 25冊, p.877. 註 244 참조.
244) 『備邊司謄錄』249, 哲宗 13年 11月 15日, 25冊, p.892에서는 洞徵 洞布라고 하는 새로운 規定이 마련됨에 따라 大民 小民 간에 분쟁이 일어나고 있었음을 다음과 같이 지적하고 있다.
　　向來釐整廳之 以疤定與洞布 量宜施行之意 行會諸道 專出於爲民周便之政 …… 近聞湖中列邑 或有大小民相擾之處云
245) 趙斗淳, 『三政錄』, 三政釐整節目 還政.
　　『釐整廳謄錄』還政(『壬戌錄』, p.337).
246) 이때에는 淸道郡守 金履喬, 泰仁縣監 趙恒鎭, 延日縣監 鄭晩錫 등이 戶布制를 제론했다(安秉旭, 前揭論文).
247) 茶山은 應旨論農政疏(正祖 22年)에서 戶布制를 제론하고, 이어서 田論(正祖 23年)에서도 이를 강조했다.
248) 평안도와 전라도에서 戶布(戶斂) 시행을 요청했다(『備邊司謄錄』201, 純祖 11

설,[249] 憲宗朝의 暗行御史 보고,[250] 哲宗朝의 應旨三政疏[251] 등 軍役·軍政문제가 거론되었을 때는 언제나 이 같은 방안을 제론하는 사람이 있었다. 그리고 그 밖에도 수시로 이 같은 방안은 제론되었다. 茶山 丁若鏞·禹夏永·兪莘煥 등이 이를 강조한 것도 이때의 일이었다.[252] 특히 茶山은 이를 牧民官의 지침서인 『牧民心書』에서 거듭 강조하고 있어서 그 미치는 영향이 컸다. 그 뿐만 아니라 이때에는 혹 地方長官이 이를 시행해 보는 경우도 있었다. 李秉模가 평안도 관찰사로 있으면서 中和府에서 戶布制를 시행하였던 것, 그리고 純祖 초의 함경도 北靑 지방에서 戶布制를 행하고 있었던 것 등은 그 예이다.[253] 이 시기에는 戶布論에 의한 軍役制釐正의 필요성이 절실해지고 있었던 것이다. 그러나 이 같이 지방에 따라 戶布論을 시행하는 곳이 있었다 하더라도, 「三政釐整策」에서 洞布의 이름으로 戶布制로의 방향을 용납할 때까지는, 정부는 절대로 이를 제도적으로 용인하려 하지 않았다. 지배층의 반대가 강했던 까닭이다.[254]

  年 3月 15日, 20冊, p.297. 3月 27日, 20冊, p.319).

249) 『備邊司謄錄』202, 純祖 12年 12月 10日, 20冊, pp.608~609. 이해 여름부터 서울 장안에는 평안도에서 戶布를 시행할 것이라는 說이 파다하게 돌았다(盖自夏間 關西將行戶布之說 盛傳於京中). 많은 사람들이 이 문제를 논했던 것으로 생각된다. 農民抗爭 후의 대책이 不可避했던 까닭이었다. 평안도 지방에서는 이때의 農民抗爭으로 軍丁이 전체적으로 5分의 1이나 감축하고 있었다(『備邊司謄錄』204, 純祖 14年 閏 2月 10日, 20冊, pp.774~775).

250) 憲宗 5年에 있었던 暗行御史의 보고서에서는, 충청도 暗行御史 任百經이 民意에 의해 結布를 요청하고(『備邊司謄錄』227, 憲宗 5年 7月 12日, 23冊, p.115), 경기도 暗行御史 洪永圭가 戶布(戶斂)를 요청하고 있었다(同上書, 7月 13日, 23冊, p.113).

251) 이때에는 여러 사람들이 戶布·結布를 요청했다(拙稿, 註 241의 논문 참조).

252) 『牧民心書』卷 17, 戶典 平賦, 2冊, p.164.
   『千一錄』卷 6, 均役 22장.
   『鳳棲集』卷 5, 時務篇.

253) 『丁茶山全書』詩文集 田論 7.
   『備邊司謄錄』199, 純祖 9年 10月 10日, 20冊, p.131.

254) 戶布制는 鄕村士大夫層도 반대하고, 政府支配層도 크게 반대하고 있었다. 李秉模가 中和府에서 이를 시행했을 때 '府民相聚號哭 事遂已'(田論 7)한 것은 前者의 예이고, 西北民의 抗爭 후 서울 장안에서 戶布論이 성언되고 있을 때, 洪羲瑾이 關西에서는 '擅行戶布之法'하는 것으로 고발함으로써 政府의 論議를 막았던 일(註 257, 그 후 勢道政權의 실력자인 金祖淳이 또한 이를 행하면 士類의 '擾民召亂'이

均役法이 軍政의 폐단을 제거하는 데 효과가 없고 戶布論은 아무리 거론해도 실현될 가망이 없을 때, 鄕村社會에서는 자율적으로나마 軍政의 폐단에 대하여 대책을 강구하지 않으면 안 되었다. 闕額이 된 軍丁을 面·里代定으로 補充해야 하는 상황, 즉 軍役稅의 수납이 鄕村社會의 공동책임으로 되어 있는 조건에서는 이 같은 대응이 반드시 필요하였다. 그리하여 軍政의 폐단이 특히 심한 곳에서는 촌락민 전체에 의한 戶斂(洞斂)·結斂의 방법이 발생하게 되었다. 이는 戶布·洞布制와 실질적으로 같은 것이었다.[255] 그리고 그것이 더욱 합리적으로 운영됨에 따라서는 軍布契와 軍役田 관행이 나오게도 되었다. 鄕村民들이 富農層의 避役도 인정하고 官에의 納布도 완수할 수 있는 방안으로 마련한 대책이었다.[256] 이 같은 대책은 均役法 이전에 이미 발생하였지만, 均役法 이후 특히 널리 보급되어 나갔다. 戶斂·洞斂·軍布契는 실질적으로 戶布制와 같기 때문에, 논자에 따라서는 이를 불법적인 戶布制라고 정부에 고발하고 비판하기도 하였지만,[257] 그러나 정부에서는 이 共同納布의 방법을 막을 필요는 없었다. 이는 鄕村社會가 자발적으로 행하고 있는 것이고, 또 정부에서는 어떤 방법으로든 稅를 징수해야만 했기 때문이었다. 그리고 이를 묵인해야 한다는 識者層의 소리도 높았다.[258]

이러한 軍布收納의 관행은 서북지방에서 특히 발달하였지만,[259] 남부지방

있을 것이라고 위협함으로써 政府로 하여금 이를 擧論치 못하게 하였던 것(『楓皐集』 卷 10, 書, 上金領相載瓚) 등은 後者의 에이다. 그래서 奇陽衍은 후에 「三政策」을 올리면서 이를 통틀어 '臣竊聞於閭巷之談 傳聞於搢紳之間 則戶布之不行者 以東國 所謂兩班沮之故也'(『柏石軒遺集』 卷 1, 雜著, 三政策)라고도 하였다.

255) 『正祖實錄』 卷 31, 正祖 14年 8月 丁巳, 46冊, p.162. 梁山郡守 南鶴聞은 軍布收納에 관한 그러한 사정을 '雖以此邑言之 逃故身布 擧皆責徵於本里 是無戶布之名而有戶布之實也'라고 하고 있었다. 그래서 그는 이에 이어 '通計一邑之上下民戶 區別大小 較量貧富 逐戶分排 備充保布'하는 戶布制를 시행함으로써 軍弊를 시정할 것을 건의하였다.

256) 本稿 제2장 참조.

257) 『備邊司謄錄』 202, 純祖 12年 11月 8日, 12月 10日, 20冊, p.592, 608.
『純祖實錄』 卷 16, 純祖 12年 12月 癸丑, 48冊, p.42.

258) 『牧民心書』 卷 26, 兵典 簽丁, 3冊, pp.62~64.

259) 茶山은 註 258의 『牧民心書』에서 戶布制와 다를 바 없는 軍布契가 서북지방에서 발달하고 있음을 지적하고 있으며, 軍役田도 그러하였다(註 165의 논문). 또 註 255의 梁山郡守가 戶布制를 건의하면서도 '臣曾聞 西關數三邑 挪行戶錢之法 民無

에서도 곳에 따라서는 철저하게 시행되고 있었다.[260] 이는 지방민의 軍政문
란에 대한 자발적이고도 경험적인 대응책이었으므로, 이러한 곳에서는 그
폐단의 釐正에 일정한 효과가 있었으며, 따라서 이 같은 대응책을 보이는 곳
은 늘어나고 있었다. 혹자는 이를 '軍籍之弊 至於此極然後 各邑或設爲結布
或設爲洞布'[261]한다고도 말하고, 또 혹자는 '近來守令 多有行此法(洞布)者 而
…… 民猶以爲便 軍未有其弊'[262]라고도 하고 있었다. 그리하여 鄕村社會의
이 같은 공동체적인 대응 때문에 軍政의 폐단이 저와 같이 심각하였던 시기
에도 鄕村民은 당분간 그 생계를 이어나갈 수 있었다. 그러므로 哲宗朝의 三
政釐整廳에서 軍政을 釐正하면서는 이 같은 鄕村社會의 納布 관행을 참작하
지 않을 수 없었다. 더욱이 이때에는 많은 사람이 戶布·洞布·結布를 대책
으로서 제론하고 있었다.「三政釐整策」에서 洞布制를 인정한 조치는 그 배
후에 이 같은 움직임이 있었기 때문이었다.

2) 戶布法의 시행과 軍役制의 變動

(1) 戶布法의 施行

「三政釐整策」에서 볼 수 있는 洞布制는 그 내용이 곧 戶布制인 것은 아니
지만, 그것은 양반 지배층에게도 軍役稅를 분담시킬 수 있다는 점에서 戶布
制의 단서가 될 수 있었다. 사실 이때에는 戶布法의 시행을 주장하는 사람
도, 그 방법으로는, 戶布法을 직접 시행할 것이 아니라 우선은 洞布制를 시
행하고, 民이 이를 믿게 된 후에 점차 戶布法으로 이행할 것을 제론하고도

　　　怨苦之意 軍免椎剝之患云'이라고 하여 그 標本을 서북지방에다 구하고 있었으며,
　　　註 257에서 고발된 지역도 서북지방이어서 平安監司 鄭晩錫이 변명을 하고 있었
　　　다. 그리고 肅川郡守 任長源의 글을 보아도 이곳에서는 士民과 下民이 均一無別하
　　　게 軍役을 지고(실질적인 戶布制) 있었다(『葵庵元集』 卷 5, 農疏 39장).
260) 閔胄顯,『沙厓集』卷 3, 三政策에서는 同福 지방에서 三南地方의 農民抗爭이 일
　　　어나기 수십 년 전부터 戶布制를 시행하고 있었음을 지적하고 있으며, 孫永老,『水
　　　西集』卷 3, 三政策에서는 淸河 지방에서 結布·戶布制를 강행했음을 지적하고 있
　　　었다. 영남지방에 관해서는 그곳 監司도「慶尙道三政啓」에서 '洞布 …… 間或有行之
　　　之邑'이라고 보고하고 있었다.
261) 兪萬柱,『白蕖先生詩抄』, 白渠先生初稿, 策.
262) 金尙鉉,「三政釐正策」.

있었다. 副護軍 金尙鉉은 그 예였다. 그는

今日之計 急務莫先於洞布 良法莫過於洞布 …… 八路俱行 兆民旣孚然後 進而爲
戶布之法 不亦宜乎[263]

라고 말하고 있었다. 洞布制는 戶布制로 넘어가는 과도적인 조치일 수 있었
다. 그러한 점에서 三南地方의 농민항쟁은 戶布制를 제도화할 수 있는 계기
가 되고 있었으며, 또 그러한 점에서 농민항쟁을 계기로 한 「三政釐整策」에
서의 軍政의 釐正은 적잖은 의의가 있었다. 그러나 바로 그러한 점 때문에
「三政釐整策」은 그 규정을 그대로 시행하기 어려운 바가 있기도 하였다. 「三
政釐整策」에서 새로 마련한 여러 규정은 양반 지배층이나 부유층의 이해관
계에 저촉되는 바 컸기 때문이었다. 民亂이 진압된 후에는 더욱 그러하였다.
그리하여 이 釐正事業은 결국 여러 규정을 마련하기는 하였지만 이를 적극
실시하지 못한 채 정체상태에 빠지고 있었다.[264] 더욱이 哲宗이 사망하고 高
宗이 즉위하는 부산한 정국, 세도정권의 동요 속에서 이를 강력히 추진할 권
력주체도 아직 없었다. 民亂의 뒤처리 문제는 「三政釐整策」으로 마무리되지
못하고 高宗朝의 新政權으로 이월될 수밖에 없었다. 軍政의 폐단이 수습되
지 못한 채 그대로 계속되었음은 말할 것도 없었다.

이 같은 시기에 여러 가지 어려운 문제를 해결하도록 全權을 위임받은 것
은 大院君 李昰應이었다. 그는 왕조의 중흥을 꾀하는 인물이었다. 그리하여
그는 이 시기의 여러 문제를 그의 內政改革으로써 수행해 나갔다. 軍政의 폐
단이 그 內政改革의 일환으로 처리되어 나갔음은 말할 것도 없었다. 그리고
그 결과로 마련된 것이 戶布法이었다.

그렇지만 戶布法은 그의 집권과 더불어 곧 제정된 것이 아니었다. 그것이
제정되기까지에는 우여곡절이 있었다. 그도 처음에는 軍政의 폐단을 제거하
기 위한 조치를, 종래의 政府政策이 보여준 방법, 즉 「三政釐整策」 속에서
찾으려 하였다. 避役者를 査括簽丁하여 闕額을 충당하기도 하고, 收布의 방

---

263) 金尙鉉, 「三政厘正策」.
264) 朴廣成, 註 240의 논문.

법을 口疤(名疤)나 洞布制로 하면 軍政의 폐단이 해결될 수 있을 것으로 본 것이었다. 「三政釐整策」은 이미 공포되어 있었으므로 그는 이를 철저하게 시행만 하면 되었다. 그리하여 그는 이를 시행할 때 두 가지 계통으로 일을 진행시켰다. 그 하나는 避役者를 査括하는 문제였다. 그는 그 같은 避役者로 서 특히 규모가 큰 것은 校院祠宇의 私募保率과 士夫家의 墓村養戶 및 各級 官廳의 契房 등이라고 생각하였다. 그래서 그는 집권과 더불어 高宗元年에 는 7월 이후 여러 차례에 걸쳐 그 같은 避役者를 철저히 査括해낼 것을 지시 하는 敎書・關文을 내리게 하였으며,[265] 高宗 3년 5월에 이르러서는 이를 다 시 거론하고 時原任大臣과 政府堂上들이 會合하여 그 釐正方案을 철저히 강 구토록 촉구하기도 하였다.[266]

다른 하나는 收布의 방법으로 口疤와 함께 洞布制를 시행하는 일이었다. 이 경우 避役者에 대한 査括이 철저하게 행해지면 收布는 口疤로서도 족했 을 것이지만, 그러나 그 査括이 제대로 되지 않을 경우에는 口疤에 의한 收 布는 어려웠을 것이다. 이 같은 경우에는 부득이 洞布의 시행이 강요되었을 것이다. 그런데 避役者에 대한 査括은 역사적 경험으로 보아 완벽하게 수행 되기가 쉬운 일이 아니었으며, 실제로 大院君의 집권 하에서도 軍役民의 避 役현상은 계속되고 있었다. 그러한 점에서 大院君의 軍政釐正策에서는 洞布 制가 강조되지 않을 수 없었으며, 따라서 識者層에게는 특히 그것이 두드러 지게 보였으리라 생각된다. 梅泉이 이때의 사정을

軍役簽丁收布 流弊萬端 爲小民切骨之寃 而士族游閒 終世無身役 …… 甲子初 雲
峴力任衆怨 移而均諸貴賤 一丁歲納錢二緡 謂之洞布錢[267]

이라고까지 한 것은 그 때문이라고 생각된다. 이때에는 아직 洞布制가 軍役

---

265) 『日省錄』14, 高宗 元年 8月 17日, 高宗篇 1冊, p.436.
　　　『日省錄』18, 高宗 元年 12月 13日, 高宗篇 1冊, p.589.
　　　「査丁關文軸」.
266) 『日省錄』40, 高宗 3年 5月 27日, 高宗篇 3冊, p.286.
267) 『梅泉野錄』卷 1上(甲午以前), p.12. 洞布制의 시행에 관해서는 韓沽劢, 註
　　　166의 ① 논문 참조.

制를 변혁함으로써 유일한 제도로서 확립되고 있는 것이 아니었지만, 그에
게는 그러한 것으로 보일 만큼 강조되고 있었던 것이다.

　양면에 걸친 이 같은 조치는 高宗元年의 敎書 이래로 어김없이 차근차근
수행되고 있었다. 그리하여 軍政의 폐단을 제거하는 데 어느 정도 성과가 있
는 가운데,[268] 高宗 3년에는 지시에 따라 그간의 진행과정을 검토하고 보고
할 수 있었다.[269] 이에 의하면 정부에서는 그간 避役者를 査括하는 작업을 부
지런히 진행시키고 있었다. 허다한 명목의 避役淵藪를 혁파하여 그들을 본
래 軍役으로 환원시키고, 冒稱仮托者를 적발해서 軍額에 충정하며, 정부에
서 모르는(『良役實摠』에 없는) 私募軍伍는 元額으로 移屬시키되 반드시 窮搜
廣疤해서 虛伍의 患이 없도록 하고 있었다. 그리하여 정부대신들의 軍役釐
正을 위한 이 회의에서는 이 같은 査括을 토대로 각 지방의 軍額을 새로이
新定軍額으로써 책정할 수 있었으며, 軍布의 수납에서는 名疤 이외에 폐단
과 不均이 없는 한 洞布制를 그대로 시행해도 좋다는 것을 재확인하였다.[270]
「三政釐整策」의 洞布制와 그간 大院君 집권 하에서 시행되어 온 洞布制를
재확인한 것이었다. 그리고 이러한 원칙에 따라 각 지방에서는 그 후 軍政의
폐단을 계속 釐正해 나갔다.[271]

　그러나 이러한 정도의 조치로서 軍政의 폐단이 전면적으로 제거될 수 있었
던 것은 아니다. 종전부터 있어 온 避役행위가 여전히 계속된 것은 말할 것도
없지만, 洞布制를 시행하는 곳에서도 반드시 폐가 없는 것은 아니었다.[272] 洞

---

268) 註 270 참조.
269) 『備邊司謄錄』251, 高宗 3年 6月 1日, 26冊, p.186.
270) 『日省錄』41, 高宗 3年 6月 2日, 高宗篇 3冊, p.290.
　　議政府啓言 軍政之弊久矣 中間更張 未始不嚴 而編戶殘氓之受害 今猶夫昔 以言
　　軍政 則士夫墓村 邑屬稧防 校院保率 已是投托免役之要地也 年前奉承玆敎 已有著
　　式 許多名目 一切革罷 並還本役 冒稱假托 摘發充定 至於朝廷所不知營邑私設軍伍
　　移屬元額 而必須窮搜廣疤 期無虛伍之患 逃故充代之月 行將不遠矣 新定軍額 區別
　　登聞 且以洞布言之 雖是權時制宜之政 間有若而邑行之無弊者 則参量物情 務歸平均
　　敎以 軍政則各其邑 名疤洞布間 量宜分排 新定刷案 別具成冊以聞
271) 『日省錄』53, 高宗 4年 3月 25日, 高宗篇 4冊, p.115.
　　予曰 三政皆爲釐整乎 橲泰曰 軍政近依釐整廳節目 或有洞布之邑 或有名疤之邑
　　邑皆無弊釐整
272) 『日省錄』55, 高宗 4年 4月 27日, 高宗篇 4冊, p.178.

布制는 그 운영을 잘하면 정부가 바라는 대로 稅의 부담이 균평해질 수 있었지만, 그러나 잘못 운영할 경우에는 軍役稅 부담의 偏重偏寡의 不均을 면할 수가 없었다. 洞布制를 행해도 軍役稅의 부담은 얼마든지 不均等・不公平할 수 있는 것이었다. 이 같은 현상은 高宗 3년의 釐正事業이 시작될 때부터 벌써 드러나고 있었다. 경기도 암행어사 朴齊寬이 書啓別單에서

군역之弊其來久矣 洞布元非法意 而亦有不均之歎 班戶廊屬投托者 不爲應納 則其餘貧殘 有偏重之苦 暇其洞錢稍寡處而移居 則重者益重 寡者益寡 嚴禁其巧避移居之習 使之均一恐好[273]

라고 지적한 것은 바로 그것이었다. 즉 한 洞里 내에서 兩班家의 廊屬으로 投托하는 避役者가 있게 되면 戶排가 안 되는 데서 貧殘者의 부담이 편중하게 되고, 부담이 稍寡한 他洞으로 移居하는 자가 생기면 또한 重한 곳은 더욱 편중하고 寡한 곳은 더욱 偏寡하게 된다는 것이었다. 그래서 그는 洞布制를 제대로 시행하려면 避役이나 避役을 위한 移居를 금지함으로써 稅의 부담을 균일하게 해야 할 것이라고 보았다. 이는 洞布制가 避役・移居로 말미암아 洞里 안 또는 洞里 사이에 稅의 不均이 있게 됨을 뜻하는 것으로, 이러한 원인을 제거하지 못하는 한 洞布制는 그 효과를 기대하기가 어려운 것이 아닐 수 없었다. 그리하여 정부에서는 이를 막기 위한 후속조치를 취하기도 하였다.[274] 그러나 그 같은 원인으로서의 避役행위는 軍政의 釐正事業이 진행되는 가운데서도 여전히 계속되고, 따라서 軍摠의 虛額은 메워지지 못하고 있었다.[275] 그러므로 大院君의 軍政釐正策이 정말로 그 釐正・變革을 바란다면 무엇인가 획기적인 새로운 방안을 내놓지 않으면 안 되었다. 그 방안은 全住民에게 균일하게 稅를 부과하는 戶布錢일 수밖에 없었다. 大院君은 그것을 잘 알고 있었으며, 高宗 7년에는 그것을 시행하기로 결심하였다.

---

273) 『日省錄』61, 高宗 4年 9月 17日, 高宗篇 4冊, p.416.
274) 『高宗實錄』卷 4, 高宗 4年 9月 25日, 上, p.274.
275) 『日省錄』93, 高宗 7年 正月 10日, 高宗篇 7冊, p.13.
    『高宗實錄』卷 7, 高宗 7年 正月 10日, 上, p.330.

戶布法의 시행이 쉽지 않은 것임은 말할 것도 없었다. 그것은 무엇보다도 肅宗朝 이래의 良役變通·軍政의 釐正에 관한 역사가 잘 말해준다고 하겠다. 封建軍役制의 구조적 특질의 하나는 양반 지배층에게 軍役稅의 부담을 면제하는 것이었는데, 戶布法은 그 같은 특권층에게도 稅를 분담시키는 것을 원칙으로 하고 있었기 때문이다. 그리고 그것은 단순한 경제적 이해관계의 문제로 그치는 것이 아니라, 사회를 상하관계로 질서화하는 가운데 양반층이 지배자로 군림하던 사회적 특권을 부정하는 것이었기 때문이기도 하였다. 그리하여 양반 지배층은 이 같은 이해관계 때문에, 특히 보수적인 사람들은 戶布論을 결사적으로 반대하고 그 시행을 저지하고 있는 것이었다.

그러나 그와 같이 시행 곤란한 戶布法도, 이때에는 그 사회 사정과 국제 사정이 그 시행을 불가피하게 하고 있었다. 그것은 안으로는 哲宗朝의 三南民의 항쟁에 이어 高宗朝에 들어서도 同 5년에서 8년에 이르면서 여러 곳에서 民亂이 일어나고 있는 일이었으며,[276] 밖으로는 同 3년에서 8년에 이르는 사이 프랑스·美國 등과 전쟁을 하고 있는 일이었다.[277] 이 시기의 집권층은, 軍役에 관해서만 말한다면 軍政의 문란을 제거하고 稅源을 확보함으로써, 사회적 혼란과 국제적 위기를 극복하지 않으면 안 되었다. 그리고 국가의 보위를 위해서는 양반 지배층의 이익이 희생되는 것도 감수하지 않으면 안 되었다. 다른 분야에서는 이미 그러한 조치가 戶布法에 앞서 취해지고 있었다.[278] 그리하여 大院君은 마침내 高宗 7년에 이르러서는 양반층에게도 軍役稅를 부과하는 戶布法의 시행에 결단을 내리게 되었다. 이 해에 그는 戶布法

---

276) 韓㳓劤, 註 166 ② 논문, pp.65~72.
　　　金義煥, ‘辛未年(1871) 李弼濟亂攷’(『우리나라 近代化史論攷』, 1964).
277) 여기서는 丙寅洋擾 辛未洋擾를 중심한 거국적 응전태세와 위기의식을 생각할 일이다. 韓㳓劤, ‘開港當時의 危機意識과 開化思想’(『韓國開港期의 商業研究』) 참조.
278) 景福宮의 重建을 위해서 願納錢을 받은 것은 논하지 않더라도, 沿浦諸邑에서 鄉班·土豪·牟利輩가 私設한 鹽盆漁基에서 收稅하여 該邑의 軍需에 補한 일(『日省錄』 43, 高宗 3年 7月 30日, 高宗篇 3冊, p.366), 황해도에서 砲軍加設을 위하여 京班土豪가 權利하던 海州結城浦에 旅閣主人을 設하고 收稅한 일(『高宗實錄』 卷 5, 高宗 5年 10月 7日, 上, p.302), 社倉法을 신설하여 還穀制度에서 누리던 兩班層의 特權을 제거한 것(『日省錄』 57, 高宗 4年 6月 11日, 高宗篇 4冊, p.262) 등은 그 한두 예이다.

으로서 軍政의 폐단을 근본적으로 釐正하도록 分付를 내렸으며, 다음해인 高宗 8년부터는 이를 법으로 확정하여 새로운 제도로서 시행해 나갔다. 同 年 3월 25일의 敎書는 그것이었다.

> 敎曰　近來各邑　軍政之弊滋甚云矣　自昨年　以有大院君分付　班戶則以奴名出布 小民則以身軍出之　今無白骨黃口之怨　此爲導祥迎和之事　自廟堂行會各道　以爲萬 年法式可也[279]

軍政의 폐단을 제거하기 위하여, 兩班戶는 奴名으로서 出布하고 小民(常 民)은 직접 出布하되 영구히 法式으로 삼도록 한다는 것이었다. 이 敎書에서 는 이를 戶布法으로 명시하지는 않았지만 이는 곧 그의 戶布法의 시행이었 다. 물론 이 경우의 그의 이 戶布法은 종전부터 일반으로 주장되어온, 王子 大君·公卿大夫에서 庶賤에 이르기까지 모두 出布를 한다는 戶布論과 꼭 같 은 것은 아니었다. 그러나 그 후 識者層이나 정부에서 이 문제를 논할 때는 이때의 이 조치를 모두 戶布法의 시행으로 기술하고 있었다.[280] 그리고 정부 에서 조세제도를 정리하면서도 ‘今上八年 始收戶布’라고 하여 이를 戶布制의 시행인 것으로 말하였다.[281] 戶布法은 실로 2세기에 걸친 논란 끝에 大院君 시기에 이르러서 비로소 大院君式 戶布法으로 시행케 된 셈이었다. 그리하 여 이 戶布法이 시행될 때는, 각각 지방 단위로 節目이 작성되고, 그 法의 시행은 이 節目에 따라서 운영되어 나갔다. 그러므로 이때의 戶布法이 구체 적으로 어떤 내용이었는지는 이 節目을 검토함으로써 비로소 분명해지는 것 이라고 하겠다.

---

279) 『日省錄』 108, 高宗 8年 3月 25日, 高宗篇 8冊, p.100.
280) 이 法의 시행으로 여론이 비등하자, 政府에서는 이를 설명하게 되는데 그 명칭은 ‘戶布’였다. 가령 高宗 9年의 敎書에 ‘戶布之大小民同納 此是古法也’(『日省錄』 129, 高宗 9年 12月 4日, 9冊, p.391)라고 한 것, 同 16年의 領相의 啓言에 ‘外邑戶布 之設 盖欲其均一也’(『高宗實錄』 卷 16, 高宗 16年 11月 15日, 上, p.606)라고 하 였음은 그것이다. 그리고 많은 사람들이 이 법을 폐기할 것을 주장할 때는 이를 ‘戶 布’라 부르고 있었다.
281) 『增補文獻備考』 財用考 3, 良役, 中, p.831.
　　　度支部司稅局, 『韓國稅制考』, p.36, 1909.

(2) 榮川 지방 「戶布節目」의 分析

「戶布節目」을 통해서 이 시기 戶布法의 내용을 파악하려 할 때 하나의 사례로 들 수 있는 지역은 경상도 榮川 지방이다. 이 지방에 관해서는『榮川郡各軍保戶布節目』(壬申 12月 日·高宗 9年)이 남아 있어서 大院君의 戶布法이 어떠한 것이었는지 소상하게 알 수 있다.[282] 더욱이 이 지역에는 戶布法시행에 앞서서 행해지고 있었던 軍役税의 징수 상황이 또한 잘 알려져 있어서, 종래의 軍役制와 이때의 戶布法이 어느 정도 차이가 있는 것인지도 비교할 수 있다. 뒤에 언급되는 正祖 16년의 榮川郡守 李勉兢의 上疏는 그것이다. 그러므로 本節에서는 이 榮川 지방의『戶布節目』을 그 이전의 軍役税 징수 상황과 비교 검토함으로써 大院君 戶布法의 내용을 파악할 것이다.

戶布法 이전의 軍役行政은 말할 것도 없이『均役事目』과『良役實摠』에 의거해서 수행되고 있었다. 軍保布는 每丁 1匹씩 징수하도록 되어 있었으나, 각 지방의 軍役税 총액은『良役實摠』에 査正된 軍額에 의거해서 그 지방이

---

282)『榮川郡各軍保戶布節目』(京都大所藏河合文庫本)은 高宗 9年 12月에 戶布法의 운영을 위해서 榮川郡에서 作成한 것이다. 그 構成은 다음과 같으며, 번호는 필자가 편의상 붙인 것이다.
  ① (序)
  ② 凡例
  ③ 各軍保錢總秩
  ④ 戶布排定式例
  ⑤ 各面里戶總錢總秩
  ⑥ 舊軍案中有錢殖有田畓秩
  ⑦ 甲戌四月十九日倒付 巡營甘結
  甲戌三月二十七日 在營
  ⑧ 己卯二月 日 各軍保戶布新節目
  正月二十二日 報營
  巡營回題
  傳令
  各樣軍木價加磨鍊式例
  ⑨ 榮川郡守書目
  ①, ②는 戶布法의 趣旨와 運營原則, ③은 榮川郡의 軍額과 稅錢, ④는 榮川郡의 擔稅戶數와 그에 대한 戶布錢의 배정, ⑤는 各面·里 단위의 戶總(擔稅戶)과 稅額, ⑥은 戶布法 이전에 이곳 軍役制 運營에서 自治的으로 마련하였던 殖利錢과 軍役田에 관한 기록이며, ⑦, ⑧, ⑨는 高宗 11年과 16年에 이르러서 이 節目의 운영에 관하여 취해진 한두 가지 변동사항을 첨가한 것이다.

責任上納토록 되어 있는 것이었다. 그러한 가운데서도 이때의 軍役行政에서는 개인별 均賦보다도 지방 단위의 稅摠 확보를 우선시하고 있었다. 국가재정을 위해서였다. 鄕村社會에서는 稅摠 전체를 共同責納으로 완납하지 않으면 안 되었다. 물론 이 같은 軍役制에 폐단이 많아서 이를 시정할 필요가 있을 때는 정부에서 그 軍額을 조정할 수 있었다. 다른 지방과의 사이에 軍額을 移來移去함으로써 그 부담을 일부 경감하는 것이었다. 그러나 이러한 조정을 받는 것이 쉬운 일은 아니었으며, 그렇게 하는 것으로 폐단을 전면적으로 제거할 수 있는 것도 아니었다. 그러므로 均役法이 제정된 후에도 軍政의 폐단은 항상적으로 일어나고 있었다. 더욱이 『良役實摠』의 軍額查正이 본시 공평정확한 것이 아니었으므로 그 폐단은 없을 수가 없었다. 榮川 지방의 경우도 예외는 아니었다.

A. 榮川 지방의 軍役制(正祖 16년)

榮川 지방의 軍役行政은 均役法 시행 당시에는 戶總을 4,435戶로 파악하는 가운데 軍額을 1,361명으로 배정하고 운영하였다.[283] 수년간에 걸친 良役査正의 결과로 정해진 것이었다. 이것만으로 보면 이 지방의 軍政에는 별 문제가 있을 것 같지 않다. 그러나 이 軍額은 반드시 정확하게 책정된 것이 아니었으며, 따라서 그 후 戶摠과 軍額은 변동될 수 있었다. 실제로 이 고장에서는 束伍軍 등이 추가로 계정되는 가운데 軍額이 배로 늘어났다. 英祖 35년의 기록에 의하면 戶摠은 3,649戶인데 軍額은 3,089명으로 되어 있었으며,[284] 正祖 16년에는 榮川郡守 李勉兢의 상소에 의하면 약간의 조정이 있어서 戶摠 3,283戶에 軍額 2,783명과 그 밖에 약간명의 上納이 있었다.[285] 均役法 당시보다 戶摠은 줄고 軍額은 늘고 있는 것이었다. 그리하여 이 고장에서는 결정적으로 軍多民少하게 되고 疊徵·黃口·白骨하는 軍政의 폐단이 일어나게 되었다. 아직은 戶摠이 軍額보다 많기는 하지만 班戶·奴婢戶·除役戶를 빼고 나면 應役할 常民戶는 얼마 되지 않았다. 500여 戶의 常民이 3,000 안팎의 軍額을 부담하지 않으면 안 되었다. 이 지방에는 이 밖에도

---

283)『良役實摠』8, 慶尙左道 榮川郡.
284)『輿地圖書』慶尙道 榮川, 下, pp.399~405.
285) 註 286 참조.

田政과 還穀의 폐단이 또한 혹심하였다. 三政은 철저하게 문란했으며, 이는
이 지방의 큰 사회문제였다. 그래서 榮川郡守 李勉兢은 正祖 16년에 이러한
사정을 정부에 보고하고 그 시정을 요청했다.[286] 그의 보고에 따라 이 지방의
民戶構成과 軍役의 관계를 표시하면 〈表 1〉과 같다.

---

286)『承政院日記』1702, 正祖 16年 4月 14日, 90冊, pp.374~376.
　　　其一曰 軍額之兼役也 本郡壬子式戶摠 爲三千二百八十三戶內 除僧戶女獨戶病廢
巫女柳匠等戶 則不過爲二千七百餘戶 而朝官班族一千二百餘戶 內奴寺奴校院奴驛
奴私奴六百餘戶 忠衛業武校生三班官屬席匠等戶三百餘戶 計其餘數 良丁應役之戶
不過爲五百戶零數 而成籍之後 又不知幾戶流亡幾戶故絶 大略計之 殆不及五百戶矣
本邑軍額 則京司上納 騎步兵七百五名 砲保禁衛營保合二百八十名 司饔院匠人保八
十一名 均役廳選武六十名 禁軍保裸直扈輦保內吹保樂工保等名色 又爲三十八名 水
營下納 水軍武學二百七十一名 收布都數爲一千四百三十五名 其他 樂工巫女奴婢義
僧等上納不在此數 禁御營上番軍資裝保並一百五十名 束伍步軍保人並一千一百三十
名內 半良半賤 良軍爲五百六十五名 馬隊元軍保人並一百九十四名 兩山烽燧軍二百
四名 醫生保人一百五十名 鄕校仮屬四十名 賜額書院仮屬二十名 史庫軍及刻手保人
又爲二十五名 此則或有收布 或有立役 而都數爲一千三百四十八名 皆以良人充丁 通
計上下納收布軍之數 合爲二千七百八十三名 今以五百戶良丁 應二千七百八十餘名
之役 雖戶出五丁 尙多不足之數 故軍額虛錄 三居其二 白骨而責十年之布 黃口而兼
數三之役 一戶族徵 或過十緡 一洞隣連 或至十名 價布一出 貧富俱困 閭境蕩然 家餘
鼎鐺者無幾矣

이 자료를 통해서 〈正祖 16年 榮川郡 軍額〉을 정리하면 다음과 같다.

京司上納	騎馬兵	705名	
	砲保禁衛營保	280	
	司饔院匠人保	81	
	均役廳選武	60	
	禁軍保裸直扈輦保內吹保樂工保	38	
水營下納	水軍武學	271	小計 1,435名
其他上納	樂工巫女奴婢義僧	?	(不在此數)

	禁御營上番軍資裝保	150	
	束伍步軍保人	1,130(半良半賤)	
	馬隊元軍保人	194	
	兩山烽燧軍	204	
	醫生保人	150	
	鄕校仮屬	40	
	賜額書院仮屬	20	
	史庫軍及刻手保人	25	小計 1,348名(皆以良人充定)
通計上下納收布軍		2,783名	

〈表 1〉 榮川 지방의 民戶構成과 軍役(正祖 16년)

民 戶 構 成	軍　　役	戶　　數	百　分　比
戶　　　　摠		3,283戶	100%
朝　　　官 班　　　族	免　　役	1,200餘戶	37.95%
忠　　　衛 業　　　武 校　　　生 三 班 官 屬 席　　　匠	免　　役	300餘戶	10.53%
內　　　奴 寺　　　奴 校 院 奴 驛　　　奴 私　　　奴	奴　　役	600餘戶	19.67%
僧　　　戶 女 獨 戶 病　　　廢 巫　　　女 柳　　　匠	除　　役	500餘戶	16.62%
良　　　丁	應　　役	500戶	15.23%

　　戶摠이 軍額보다 많으면서도 軍役稅 징수에 폐단이 있었던 것은 이 시기
의 軍役制에는 그럴 수밖에 없는 구조적 특질이 있었기 때문이었다. 그것은
첫째로, 軍役(良役) 부담이 常民에게만 한정되어 있는 점이었다. 賤民層은
奴役 등 별도의 役을 지고 있었으며, 양반층이나 말단 지배층은 免役되고 있
었다. 양반층이나 말단 지배층이 軍役의 부과에서 면제되는 것은 이 신분층
이 지니는 사회적 특권이었다. 榮川 지방에는 그와 같은 양반층 및 말단 지
배층이 전 戶口의 48%를 넘고 있었다. 그리고 그 밖에 奴戶와 課役이 어려
운 戶가 또한 36%나 되었다. 그러므로 軍役을 지는 것은 15% 정도에 불과
한 소수의 常民層으로 한정되었으며, 이들이 全郡民의 軍役을 지지 않으면
안 되었다. 그런데 이 시기의 軍役制는 이 밖에 또 다른 특질을 지니고 있었
다. 郡縣 단위로 軍額이 배정되면 그것은 원칙적으로 고정되어 변동하기 어
려우며, 戶口構成上에 변동이 생겨도 그 지방 軍役民은 그 軍額을 責任上納

해야 하는 점이었다. 또 각 지방의 各級 官廳은, 法으로써 인정된 것은 아니
지만, 현실적으로 私募屬을 모입하고 있어서 軍額은 늘어나게 마련이었다.
그러므로 이때의 軍役制에서는 그 수가 한정되었거나 감소되는 常民層이 그
수가 일정하거나 늘어나는 軍額을 모두 부담해야 하는 不合理를 안고 있었
으며, 따라서 軍政의 폐단이 일어나는 것은 필연한 일이었다. 그 같은 가운
데서도 榮川 지방의 경우는 그러한 현상이 다른 지방에 비하여 유달리 심한
바가 있었다. 500명 軍役民이 近 3,000의 軍額을 다 담당할 수는 없는 일이
었다. 그리하여 이곳에서는 時任將校 守直校生 吏屬 가운데서도 혹자는 軍
役을 지지 않으면 안 되었다.[287]

　榮川郡守 李勉兢의 上疏와 그 시정에 관한 요청은 정부 정책에 반영될 수
가 있었다. 이 지방의 三政의 폐단은 극에 달하고 있었으므로 정부에서도 이
를 고려하지 않을 수 없었다. 그리하여 田政, 還穀과 더불어 軍政도 釐正되
었으며, 軍額이 均役法 당시의 정도로 경감될 수가 있었다. 純祖年間에는 이
곳 軍額은 1,390명으로서 운영되고 있었다.[288] 이는 실로 큰 釐正이 아닐 수
없었으며, 이 지방의 軍政의 폐단은 이로써 어느 정도 시정될 수가 있었다.
이때의 이러한 釐正은 이 지방으로서는 획기적인 변화였다. 그래서 이곳에
서는 이때의 釐正을 재래한 李郡守를

　　　邑弊民瘼 到底釐革 田結·還穀·軍額 陳疏釐整 民吏莫不頌德[289]

이라고 하여 크게 칭송하였다. 그러나 이러한 釐正으로 조정된 軍額도 영속

---

287) 榮川郡守 李勉兢은 그의 上疏에서 다음과 같이 말하기도 하였다(同上書,
　　p.375).
　　　議者以爲 民戶必有漏丁 或爲里任之隱蔽 奸吏之操縱 而守宰不之察也 此則 有不
　　然者 時任將校 守直校生 太半名係於軍案 盖其襁褓時充丁 雖於任案入屬之後 不得
　　閑丁代疤 終未頉下 歲納身布 此而猶然 則殘民兼役 不問可知 甚至於吏輩之方帶該
　　色 預受情錢 而無人可充 以渠名編於軍案者 亦有數人 若果有漏丁之可括 則必無是
　　理矣
288)『慶尙道邑誌』(純祖 31年) 榮川郡邑誌 軍額條.
289)『慶尙道邑誌』榮川郡邑誌 宦蹟條.
　　『嶺南邑誌』(高宗 8年) 榮川郡誌 宦蹟條.

될 수는 없었다. 세도정권의 말기에 이르면서 三政의 문란은 전반적으로 심
해지고 있었다. 民은 줄고 軍額은 늘어나는 民少軍多 현상이 심화되었다. 民
亂이 일어나게 되는 軍政상의 배경이 한층 더 심각하게 조성되고 있었던 것
이다. 그리고 결국 民亂은 발발했으며, 그것을 수습하기 위해 기술한 바와
같이「三政釐整策」을 마련하였다. 그리고 곧 이어서 집권을 하게 된 大院君
도 계속 軍政의 폐단을 釐正하기 위한 조치를 취했다. 이 조치는 일정한 효
과가 있기는 했으나 항구적이지는 못했으며 軍政의 폐단은 여전히 계속되었
다.[290] 그리하여 戶布法을 제정할 무렵인 高宗 8년에 이 고장 軍額은 다시
크게 증가하여 戶總 3,313戶에 軍額이 1,793명으로 되고 있었다.[291] 免役
者 除役戶가 있는 가운데 소수의 常民層이 이를 담당하였음은 말할 것도 없
었다.

　大院君이 戶布法을 시행하는 의도는 이 같은 軍政의 폐단을 근원적으로
제거하려는 데 있었다. 그러나 그의 戶布法은 종래의 軍役制를 그 제도 자체
까지도 폐기하고 새로운 기준과 새로운 원칙의 戶布稅를 신설하려는 것은
아니었다. 얼핏 생각하기에 軍政의 폐단을 시정하기 위해서 戶布法을 시행
하였다고 하면, 구래의 軍保布制는 폐기하고 그 대신 새로운 賦役制度로서
戶布稅를 신설하였을 것으로 생각되기도 하지만, 실은 그런 것이 아니었다.
그의 戶布法은 종래의 軍役制를 그대로 둔 채 그 테두리 안에서 軍役稅의 징
수를 양반층이나 노비층에게까지도 洞·戶 단위로 확대 부과하는 것이었다.
그러므로 그의 戶布法에서 戶布는 단순한 戶布가 아니라,『榮川郡各軍保戶
布節目』의 명칭에서 볼 수 있듯이 ‘軍保戶布’인 것이었다. 말하자면 大院君의
戶布法은 朝鮮王朝의 봉건적 軍役制의 테두리 안에서 軍役稅 징수에 均賦의
원칙을 적용하고, 모든 신분층에게 稅源을 확대함으로써 軍政 문란의 근원
을 제거하려는 것이었다. 이 같은 사정은『戶布節目』을 검토하면 쉽게 이해

---

290)『榮川郡各軍保戶布節目』序(이하『戶布節目』으로 약칭).
　　收布養兵 誠爲美制 而挽近百弊滋生 黃口白骨疊疤虛錄 是布民切骨之寃也 以本邑
　言之 甲子·(高宗元年)生死布之案 固已苟簡而 游手則冒免多端 闕額則査簽未易 不幾
　年 寃徵如故 哀彼殘氓 偏受其困
291)『嶺南邑誌』榮川郡誌 戶口·軍額條.

할 수 있다.

B. 戶布法(高宗 9년)의 軍役制釐正

『戶布節目』을 통해서 볼 때, 戶布法에서 추구한 軍役制釐正의 방향은 크게 두 가지였다.

ⅰ) 軍額 조정 ; 그 하나는 軍額을 조정하는 문제였다. 軍額은 郡縣 단위로 責任上納해야 하는 것이었으므로, 軍政의 폐단은 軍額의 多寡와 밀접한 관련이 있었다. 肅宗朝 이래의 良役變通이 늘 軍額을 조정하는 데 중점을 두었던 것과, 각 지방에서 軍多民少로 軍政의 폐단이 일어나고 있을 때 軍額의 移來移去를 통해서 이를 해결하려 하였던 것은 모두 이 때문이었다. 大院君의 戶布法도 舊軍役制의 테두리 안에서 軍政의 폐단을 釐正하려는 것이었으므로 각 지방의 軍額을 재조정하는 것은 당연한 일이었다. 이러한 조정은 전국적으로 행해졌을 것이지만, 戶布法을 제정할 때 榮川 지방에는 그 戶摠과도 관련하여 1,276명의 軍額을 배정하였다.[292] 그리고 그에 대한 稅錢으로는 도합 3,997兩 7戔 4分을 봄·가을 2회로 分捧하도록 규정하였다.[293] 정

---

292) 『戶布節目』各軍保錢總秩.

高宗 9年 榮川郡 軍額

兵曹納騎兵	180名	戶曹納餘射夫	50
步兵	251	巫女布	—
裸直	14	均役廳納選武軍官	76
訓練都監納砲保	54	司饔院納沙器匠保	46
禁衛營納禁保	28	掌樂院納樂工保	3
除番軍	30	巡營納席保	26
正軍資保	27	城丁軍	7
停番正軍	24	分養馬代錢	—
御營廳納御保	26	醫生	140
除番軍	25	奉化史庫軍	9
正軍資保	20	邑捧烽燧軍	200
停番正軍	19	代鄕所	15
摠戎廳納義僧	6	計	1,276

293) 『戶布節目』各軍保錢總秩. 軍保에 대한 稅錢의 배당방식은 예를 들면 다음과 같다. 이 예에는 보이지 않지만 軍保의 종류에 따라 每名당 稅錢에는 차이가 있었다.
　　兵曹納騎兵壹百捌拾名
　　　　步兵貳百伍拾壹名
　　　　合　肆百參拾壹名
　　　　　　捌名　上番正軍貳名　保陸名條　純錢
　　　　在　肆百貳拾參名　錢木參半

부가 정부기준으로 부과 징수해야 할 軍額과 稅錢이었다. 이 경우 稅錢은, 대부분의 軍保에 대해서는 金納을 하도록 하였으나 일부의 保에 대해서는 布納을 하도록 하고 있었다. 그러나 이 고장에서는 이를 '恒定其價'로 환산 징수하여 官에서 貿布上納하는 방법을 택했고, 따라서 榮川郡民은 이 같은 軍保에 대한 稅錢도 모두 처음부터 金納으로 하면 되었다.[294]

이 같은 軍額과 稅錢은 물론 榮川郡民 내에서 1,276명의 軍保를 징발해서 그들에게 그 稅錢을 부과하는 것이 아니었다. 戶布法 이전의 軍役制에서는 軍保布의 징수를 위한 簽丁收布 행정이 그와 같이 운영되었지만, 戶布法에서는 그 점을 개선하고 있었다. 뒤에 다시 언급하겠지만 戶布法에서 배정한 軍額과 稅錢은 榮川郡民 전체에게, 일정한 원칙에 따라서 排定元戶와 稅錢을 전체적으로 부과한 것이었다. 이 軍額과 稅錢을 어떻게 분담할 것인가는 榮川郡民이 戶布法의 규정(母法)에 따라 별도로 정할 문제였다. 그러므로 戶布法에서는, 정부가 각 郡에 배정하는 軍額이 줄면 그 郡民 전체의 부담은 가벼워지는 것인데, 榮川 지방에서는 그 같은 軍額이 그 이전에 비하여 대폭 감소되었다. 그것은 正祖 16년의 軍額에 비하면 반 이상이 줄고, 高宗 8년 戶布法 시행 당시의 그것에 견주어도 500명 이상이 준 것이었다. 이 지방에서는 戶布法의 시행으로 軍役稅의 부담이 전체적으로 크게 경감된 셈이었다.

木肆同拾壹疋貳拾尺 ┐
　　每疋 伍兩陸戔
　錢肆百貳拾參兩
　後錢每名肆戔伍分 ┘　　　每名錢肆兩貳戔伍分
合錢壹千捌百參拾壹兩柒戔伍分
袡直 拾肆名 錢木參半
　木 柒疋 ┐
　　每疋伍兩陸戔
　錢拾肆兩
　後錢每名肆戔伍分 ┘　　　每名錢肆兩貳戔伍分
合錢伍拾玖兩伍戔 十月當

· ·

己上 錢參千玖百玖拾柒兩柒戔肆分 以從其月當 春秋分捧是齊

294) 『戶布節目』己卯 2月 日, 各軍保戶布新節目.

『戶布節目』에서 조정한 규정상의 軍額과 稅錢은 위에 언급한 것이 전부이지만, 이 지방에는 이 밖에도 兵營陪持錢條에 해당하는 稅錢이 별도로 더 있었다. 그러나 이 節目에서는 이것은 『戶布節目』의 軍額으로 포함시키지 않고 별도로 취급하고 있었다. 이곳에서는 舊軍役制 하에서 자율적으로 약간의 軍役田・錢을 마련하여 軍役稅를 수납하였으므로, 兵營陪持錢은 이로써 충당키로 하고 있었다. 그 軍役田의 규모는 미상이지만, 軍役錢은 純祖 31년에 3명의 保人이 28兩을 自納한 것을 立本으로 하여 늘려가고 있었다. 그리하여 이때에는 軍役田・錢에 관련된 사람이 38명이 있었는데,[295] 이들에게서는 각각 2兩씩의 殖利錢을 징수하였으며, 이것으로 兵營陪持錢을 수납하였다.[296]

ⅱ) **戶布 배정** ; 戶布法에서 추구한 軍政釐正의 다른 한 방향은, 郡 전체에 부과된 軍額・稅摠을 郡民에게 어떻게 분담시킬 것인가 하는 문제, 즉 戶布의 배정을 조정하는 문제였다. 그리고 이 문제에서 첫째로 생각한 것은 身分職役別民戶에 대한 戶布배정의 문제였다. 舊軍役制로 말한다면 簽丁을 해서 保布를 징수하는 문제였다. 舊軍役制에서는 保布의 징수가 여러 社會 身分層 가운데서도 특정 신분층에 한정되는 것이 특징이었다. 즉 양반층, 천민층, 雜頉者 등은 빠지고, 常民良丁만이 軍役을 지고 保布를 수납하도록 되어 있었다. 이는 이 시기 軍役制의 구조적 특질이었다. 그런 까닭으로 舊軍役制에서는 신분을 변동시켜 避役을 하게도 되고, 그 결과 여러 가지 軍政의 폐단이 일어나고 있었다. 그러므로 구래의 軍役制를 그대로 둔 채 軍政의 폐단을 근본적으로 釐正하려면, 保布징수의 신분적 차별을 철폐하는 것이 선결문제가 아닐 수 없었다. 그리고 그것을 주장해 온 것이 戶布論이었다. 그리하여 大院君의 戶布法에서도 軍政을 釐正하기 위해서는 이 같은 문제를 조정하는 것이 최대의 과제가 되지 않을 수 없었다. 그리고 그것은 결행되어 양반층이나 말단 지배층에게도 戶布를 부과케 되었다. 高宗 8년의 戶布法

---

295) 『戶布節目』 舊軍案中有錢殖有田畓秩.
296) 『戶布節目』 凡例.
　　兵營陪持錢 例爲添徵於騎步兵矣 今則不立軍名 無所責納是如乎 別抄舊軍案中各
　洞有錢殖有田土秩 每名下貳兩式 待關到 發令收捧是齊

시행에 관한 敎書는 그것이었으며, 이에 따라서 榮川郡의『戶布節目』에서도
모든 신분층에게 戶布를 배정하게 되었다. 이제 이 무렵의 戶摠과 戶布 배정
의 내역을 표시하면 〈表 2〉와 같다.[297]

　表에서 볼 수 있듯이 榮川 지방의『戶布節目』작성 당시의 戶籍上 戶數는
3,313戶였는데, 그 가운데 戶布를 排定할 수 있는 元戶는 2,686戶였다.[298]
많은 戶가 戶布의 排定戶로 파악되고 있지만 거기에서 제외된 免除戶도 있
었다. 이 表를 〈表 1〉의 正祖 16년의 民戶構成과 비교해 보면, 戶布배정에
서 제외된 戶는 幼學 이상의 지위를 가진 戶와 기타일 것으로 생각된다. 正
祖 16년의 民戶構成에서는 朝官·班族이 1,200여 戶였는데, 이『戶布節目』
에서는 幼學만이 872戶이기 때문이다. 아마도 전·현직 朝官과 과거급제자
(생원·진사 포함) 및 그에 예속된 노비 및 경제력이 없는 病廢者 등일 것으
로 생각된다. 이 고장은 '班多民少'하고 '世祿之家'가 많았다.[299] 이 같은 戶들
을 제외하면 이 고장에서는 모든 戶들이 戶布의 부과대상이 되었다. 그러한
戶를 이곳에서는 戶布 부과를 위한 元戶로 삼았다.

　그러나 戶布의 부과대상이 되는 戶 가운데는 직접 身役으로 官의 役에 종
사하는 사람이 있고, 또 각 洞에는 忠翊衛가 있었으므로 이들은 戶布의 부과
에서 頉給되었다. 그리고 그 밖에 나머지 戶들만이 戶布를 부담했다. 그들은
幼學·人吏·小民·散居驛民[300]·校僕·官奴婢·使令·校差 등 모든 신분
층으로 구성되었으며, 그 수는 2,459戶나 되었다. 戶布法에서도 除外者와
頉給者가 있었지만, 그래도 이를 부담하는 民戶는 많아서 그 수는 전체 戶摠

---

297)『戶布節目』戶布排定式例.
　　　단, 戶摠은 이 式例에는 기재되어 있지 않다. 그러므로 이곳에서는 戶摠은 바로
　　이때(高宗 8年)의 邑誌(註 291 참조)에 의거해서 검토했다.
298) 戶布 배정을 위한 이 元戶는 現實戶가 아니라 戶籍上의 戶를 기준으로 한 것이
　　며, 그 戶籍은 庚午式(高宗 7年) 戶籍조사에 의한 것이다. 이 節目에서는 그것을
　　'初不計家　只以帳籍總分排'(凡例) '庚午式元戶貳千陸百捌拾陸戶內 ……'(戶布排定
　　式例)라고 명시하고 있다.
299)『承政院日記』1702, 正祖 16年 4月 4日, 90冊, p.360.
　　　『戶布節目』序.
300) 驛民에는 元驛民과 散居驛民이 있어서, '元驛民全頉 散居驛民半減'(『戶布節目』
　　凡例)하였으나, 후에는 散居驛民도 雜頉에 포함되어 제외되었다.

〈表 2〉 榮川 지방의 民戶構成과 戶布(高宗 9년)

民 戶 構 成	戶　　布	戶　　數	構 成 比
戶　　　　摠		3, 313戶	100%
排 定 元 戶		2, 686	81%
幼　　　　學		872	
人　　　　吏		33	
小　　　　民		1, 455	
散 居 驛 民		77	
校　　　　僕	排 定	2	
官　奴　婢		11	
使　　　　令		8	
校　　　　差		1	
小　　　　計		2, 459	(74)%
兩 驛 走 卒		132	
各洞才白丁		38	
各 洞 炮 手		10	
各 面 主 人		10	
冊　　　　匠		3	
熟　　　　手	雜　頉	2	
藥　　　　直		1	
各洞忠翊衛		21	
新芳洞轎軍		8	
兩山烽燧直		2	
小　　　　計		227	(7)%
朝官 · 其他	免 除	627	19%

의 74%나 되었다.

　이 지방에서는 이들 民戶가 앞에서 든 바 이 지방에 배당된 軍額(1,276명
—註 292), 즉 軍役稅(軍保錢總 3,997.74兩—註 293)를 부담하도록 되어
있었다. 이는 賦稅의 균평화라는 점에서 커다란 의미가 있었다. 종래 軍役稅
의 부과에서 볼 수 있었던 신분적 차별이 戶布稅의 부과에서는 크게 해소되
어, 이제는 양반층도 戶布의 이름으로 軍役稅를 부담하지 않으면 안 되게 되
었다. 그리고 그 결과로서는 軍役民 개개인이 부담하던 稅額이 戶布稅에서
는 대폭 경감되었다. 그것은 이 『戶布節目』의 내용을 正祖 16년의 경우와
비교해보면 너무나 분명하다. 이 고장에서는 戶布法의 시행으로 郡 전체의
稅錢은 말할 것도 없고 郡民 개개인의 부담이 대폭 가벼워지고 있었다. 이는

軍政의 폐단이 크게 釐正되었음을 뜻하는 것이었다. 그래서 이 고장에서는
民이 '戶布之令一下 衆瘼盡蠲 宿奸如掃 實區蹈舞'[301]하기도 하였다.

　榮川 지방에서의 戶布배정은 그 후 약간의 변동이 있었다. 이는 高宗 11
년의 조정을 거쳐, 高宗 16년(1879)에는「各軍保戶布新節目」(己卯 2월)으
로 마련되었다. 그 내용은 戶布 배정 元戶를 1戶 늘려서 2,687戶로 파악하
고, 임시로 배정 戶에 넣었던 散居驛民 77戶를 雜頉戶로 이동시키며, 雜頉
戶 내에서의 各面主人은 7戶, 冊匠은 4戶, 熟手는 5戶로 조정하는 것이었
다.[302] 실제의 役 관계를 참작해서였다. 그리고 이 밖에 新節目에서는 定額金
納制로서 수납하던 布價를 현행 市場時勢대로 수납하는 代金納制로 바꾸기
도 하였다. 布價 등귀 시에는 郡에 결손이 생기는 까닭이었다.[303] 변동사항은
이것이 주이고, 그 밖의 규정은 원래의『戶布節目』을 그대로 따랐다.

　戶布의 배정을 조정하는 문제에서,『戶布節目』이 다음으로 생각한 것은
戶布錢을 각 신분층의 개개인에게 얼마씩이나 배정할 것이냐 하는 문제였
다. 즉 戶布錢을 신분을 고려하지 않고 전 民戶에게 均等하게 배정할 것이
냐, 아니면 신분에 따라 일정한 差等을 두고 배정할 것이냐 하는 문제였다.
이에 관해서는 지방에 따라 차이가 있었는데, 이곳에서는 후자의 원칙을 택
했으며, 따라서『戶布節目』에서도 그러한 입장에서 운영규정을 작성하였다.
官戶를 戶布의 배정대상에서 제외하고 있는 것은 무엇보다도 그 분명한 입
장의 표시였다. 이는 이곳만의 사정이 아니라 다른 곳에서도 그러하였던 일
반적 원칙이었던 것 같다.[304] 戶布法은 신분제를 부정하려는 것이 아니었으
며, 戶布法을 시행하더라도 身分秩序・名分은 지켜가려는 것이 이 시기 집
권자・지배층의 뜻이었다.[305] 官戶가 아닌 幼學의 경우에도 마찬가지였다.

---

301)『戶布節目』序.
302)『戶布節目』各樣軍木價加磨鍊式例.
303)『戶布節目』己卯 2月 日, 各軍保戶布新節目.
304)『日省錄』129, 高宗 9年 12月 4日, 高宗篇 9冊, p.390. 領議政 洪淳穆은 戶布
　　法의 시행에 관하여 다음과 같이 말하고 있었다.
　　　近來軍政 虛額未塡 疊徵居多 不得不以排戶收布 磨勘京納 雖鄕紳章布 亦用一切
　　之法 而窮居士族 久絶仕宦 儒業從事 扶持門戶者 自以不侵軍布 標置於里魁村」之
　　上 今與兵籍編伍 淺然一色
　　　金澤榮,『韓史綮』卷 5, 太上皇 辛未 8月, 24장.

科擧를 보지 않은 양반층인 幼學戶에게는 官戶와는 달리 戶布錢을 부과하기
는 하였지만, 그 戶布錢의 액수에서 常民戶·小民과의 사이에 일정한 차이
를 두고 있었다. 이 같은 현상은 처음에는 혹 身分差를 두지 않던 다른 지방
에서도 후에는 마찬가지가 되고 있었다.[306] 말단 지배층인 吏屬에 대해서도
그러하였다. 이러한 사정이 『戶布節目』에는 분명하게 기록되어 있었다. 이
節目에 의하면 각 신분층에 대한 戶布錢 배정액수의 내역은 〈表 3〉과 같았
다.[307]

　이에 의하면 戶布錢은 兩班·吏屬·常民·驛民·奴僕 등에 대한 배정액
수에 차이가 있었다. 驛民은 役戶로서 임시로 과세되는 것이므로 常民戶와
차이를 둘 수 있고, 奴僕은 직접 官에 예속되어 있었으므로 또한 차이를 둘
수 있는 것이지만, 幼學과 人吏戶의 세액을 常民戶의 그것과 다르게 한 것은
그 신분질서를 유지하고 그 사회적 지위의 우위성을 분명히 구분하기 위해
서였다. 節目에서는 그것을 '戶布之令一下 …… 然名分所係 不可不稍存區別
故每戶錢數 並宜排定'[308]이라고 말하고 있었다. 戶布法은 부득이 시행하는
것이지만, 兩班戶와 常民戶의 세액이 같다는 것은 명분에 관련되므로 그 신

---

305) 同上書, pp.390~391. 戶布法의 시행으로 名分 紀綱이 흐려지는 데 대하여 領
　　議政 洪淳穆과 國王은 다음과 같은 조치를 취하고 있었다.
　　　蓋戶布者 旣有古規 而雖士族亦均排也 軍布者 自存等分 而必常賤乃應役也 今若
　　以戶布 統稱軍布 無所區別 是豈成說乎 蚩氓之不識法意 侵凌至此者 職由於尺籍不
　　修 班民軍民混淆無分 臣方今三軍府發關 另飭申嚴簽丁之法 而若夫矯警其愚頑 重則
　　刑配 輕則懲勵 自底遷善而遠辜 惟在長吏之責 而豈可無日月漸磨之術乎 將臣此奏
　　行會八道四都 眞諺翻謄 揭付坊曲 俾知朝家先甲之令 以正名分 爲立紀綱之本焉
　　　批以 戶布之大小民同納 此是古法也 今此小民之謂以同納戶布 而凌蔑者 大關紀綱
　　各別禁飭 而大民無至自侮事 營邑各爲曉諭
306)『磊棲集』卷 6, 雜著 軍弊.
　　　去戊寅年 戶布査正之日 一鄕齊會 酌定其等級 而班戶一兩三錢 民戶二兩八錢 永
　　爲定例 亦以錢木參半也
　　『尙州事例』軍政.
　　　大小民通同均布 卽因朝令也 而至于庚辰 劃出班常戶等分之別 班戶則以春一兩秋
　　八戔爲定 常戶則並計春秋布及頒降後布錢 每戶所納 多至五兩餘
　　라고 한 것은 그 예이다. 전자는 聞慶 지방의 예로서 戊寅年은 高宗 15年(1878)이
　　고, 후자는 尙州 지방의 예로서 庚辰年은 高宗 17年이다.
307)『戶布節目』戶布排定式例.
308)『戶布節目』序.

<표 3> 民戶構成과 戶布錢排定

民　　戶	戶　數	戶　當	合　計　錢
幼　　學	872戶	1.2兩	1,046.4兩
人　　吏	33	1.0	33.0
小　　民	1,455	1.94	2, 822.7
散 居 驛 民	77	0.97	74.69
校　　僕	2	1.0	2.0
官 奴 婢	11	0.5	5.5
使　　令	8	0.5	4.0
校　　差	1	0.5	0.5
計	2, 459		3, 988.79

※ 이 경우 이곳 軍保錢總은 3,997.74兩이었으므로, 이 배정으로서는 不足錢이 8.95兩이 되는데, 이것은 邑捧條에서 減來 충당하고 있었다.

분성을 구분하기 위해서 세액에 차등을 두고 배정한다는 것이었다. 戶布法에서의 양반층에 대한 우대였다. 兩班戶에 대한 우대규정은 이 밖에도 몇 가지가 더 있었다. 陸戶資裝錢의 排斂에서 大小民戶 사이에 2 대 3의 차등을 둔 것, 式年都案勘債・十年大都案勘債・十年刪去勘債 등의 排斂에서는 大民戶를 제외하고 있는 것, 그리고 散居驛民을 雜頉로 이동했을 때 그들이 부담하던 세액을 小民戶에게만 移排한 것 등은 그러한 예이다.[309] 大院君의 戶布法은 완전하게 均賦의 원칙을 적용하고 있는 稅制는 아니었다.

ⅲ) **戶布錢 징수** ; 戶布 배정의 이상과 같은 규정과 더불어,『戶布節目』이 끝으로 정해야 할 문제는 戶布錢의 징수방법에 관해서였다. 그러나 이에 관해서는 戶布法에서는 크게 신경을 쓰지 않은 듯하다. 종래 軍役稅의 징수방법을 크게 개선할 필요를 느끼지 않은 것이다. 戶布制는 舊來의 軍役制 테두리 안에서 마련하고 있었으므로, 戶布錢의 징수방법도 舊來의 방법을 그대로 따르면 될 것으로 생각하였다. 그것은 洞里 단위로 일괄징수 책임상납하는 방법이었다. 洞里 내에 避役闕丁이 생겨도 殘餘農民이 공동으로 이를 충납하지 않으면 안 되었다. 鄕村社會의 농민들은 납세문제를 둘러싸고 공동체적인 긴박관계에 있었다. 납세자의 입장에서 보면 가혹한 방법이지만 국가의 입장에서 보면 세를 징수하는 데 지극히 효과적인 방법이었다.

---

309)『戶布節目』凡例. 甲戌 3月 27日 在營.

그리하여 이곳『戶布節目』에서는 〈表 3〉에 든 郡 전체의 戶布錢을 14面
85洞에 身分別戶數에 따라 다시 세분하여 배정하고, 이를 洞里 단위의 정액
으로 규정하였다.[310] 구태여 말한다면 洞布制인 것이었다. 그래서 당시에는
大院君의 戶布法을 洞布法으로 부르는 사람도 있었다.[311] 그리고 그 稅錢을
징수하기 위해서는 다음과 같은 규정을 마련하였다.

    各洞戶總爲一定不易之數 雖添得幾戶 更無添徵 減却幾戶 不可減捧 若有移去戶
或責徵新入之戶是如喩 或執留應役之物是加喩 隨機從長措處是遺 不幸至於絶戶人
無家庄田土 可以立本者 使其隣族 登時區劃 毋致逐年難處之端是齊[312]

이에 의하면, 洞에 배정된 戶總은 一定不變이어서 戶가 늘어도 세를 더 받
지 않으며 줄어도 감해주지 않았다. 移去하는 자가 있으면 그가 내던 세를
新入戶에 받거나 戶布錢으로 낼 수 있는 재물을 執留하거나 좋을 대로 조처
했다. 그리고 絶戶人이 있으면 그 家庄田土로써 立本하여 應稅케 하고, 그것

---

310)『戶布節目』各面里戶總錢總秩.
　　　가령 奉香面下望里에 관해서 예를 들면 다음과 같다.
　　　下望里 肆拾肆戶內
　　　　　貳戶 砲手戶 除
　　　　在 肆拾貳戶內
　　　　　幼學 拾捌戶
　　　　　人吏 壹戶
　　　　　官奴 壹戶
　　　　　校僕 貳戶
　　　　　校差 壹戶
　　　　　小民 拾玖戶
　　　　錢 陸拾貳兩肆戔陸分內
　　　　春參拾伍兩
　　　　秋貳拾柒兩肆戔陸分
311) 朴齊炯,『朝鮮政鑑』上, 38장.
　　　又國制 人丁之稅 名爲身布 忠勳之裔 皆免其身布 而行之旣久 濫冒甚多 至近代 凡
　　士族皆無身布 其欠缺之額 必移徵於民 以爲補充 大院君立一法 曰洞布 仮令一洞有
　　二百戶 每戶有寄戶若干 精覈計算 均收身布 昔之免稅者 無不納布 朝議沮之日 若如
　　此者 非國家襃獎忠勳之厚意 大院君不聽曰 忠勳事業 亦爲宗社生靈 今以其裔孫免稅
　　之故 民荷格外之重擔 非忠臣之本意 若其有靈 豈自安於此等襃賞乎 遂斷然行之
　　　　註 304의『韓史綮』에서도 그러했다.
312)『戶布節目』凡例.

이 없으면 隣人親族에게 즉시 할당하여 납세에 곤란이 없도록 한다는 것이
었다. 이는 戶布의 징수상납이 洞里의 공동책임임을 뜻하는 것으로서, 종래
軍役制의 그것과 다를 바 없는 것이며, 따라서 戶布法을 시행해도 농민들은
공동체적인 긴박관계에서 해방될 수 없음을 뜻하는 것이라 하겠다. 그래서
좀 후에 이르러서는 이러한 단점을 釐正하는 지방관도 있었다.[313]

(3) 戶布法의 意義 — 軍役制의 變動

榮川 지방의 軍保『戶布節目』에서 볼 수 있는 戶布法의 내용은 대략 이상
과 같았다. 節目을 이같이 살피면, 大院君의 戶布法은 舊來의 軍役制를 전면
적으로 해체하고 새로운 제도로 마련한 것은 아니었다. 그러므로 그것은 단
지 稅源의 확대에 불과하다는 평가를 받게도 된다.[314] 그러나 그러면서도 그
의 戶布法에는 舊軍役制와 비교해서 커다란 변화가 있었다. 그것은 軍額을
보다 합리적으로 조정하고, 賦稅 대상을 양반·말단 지배층에게까지 확대하
고 있는 점이었다. 아직은 신분적 차이에 따라 課稅額에 일정한 차등을 두었
지만, 종래의 軍役制에서는 免稅의 특전을 받던 신분층이 이제는 軍保戶布
를 부담하지 않으면 안 되었다. 賦稅의 均平化, 즉 봉건적인 役의 부과에서
身分差의 완전한 제거라는 점에서는 아직 한계가 있는 것이었지만, 그러나
그렇더라도 賦稅 대상을 양반 신분에까지 확대한 것은 큰 변화가 아닐 수 없
었다. 그러한 점에서 당시 戶布法의 시행에 대해서는 상반된 두 가지 반응이
나오고 있었다. 그 하나는 이 조치를 환영하는 것이고, 다른 하나는 이를 싫
어하고 반대하는 것이었다. 그러므로 이러한 民의 동향을 살피면, 戶布法의
시행에서 오는 변화가 어떠한 성격, 어떠한 의미를 갖는 것인지 좀더 분명하
게 이해할 수 있겠다.

戶布法의 시행을 특히 환영한 것은 종래부터 軍役을 지고 있었던 常民層
이었다. 그들은 軍役을 지는 것으로 해서 사회적으로 천대를 받아왔고, 경제

---

313) 鄭秉夏,『密州章程』(高宗 26年)
　　　戶布 向因軍布切骨之寃 而矯革之 行之未幾 已形巨瘼矣 大抵大小村落 興替不一
　　則此洞之增戶薄斂 雖云幸矣 彼洞之縮戶加役 其將何補 自今春爲始 東里某戶 移居
　　於西里 則東里直月 具狀報官 減其戶數 而以所減之役 移錄於西里 不待病源之深 而
　　試服三年之艾事
314) 韓㳓劤, 註 166의 ① 논문.

적으로는 과중한 稅의 부담에 시달리고 있었다. 더욱이 避役者가 많은 곳에서는 軍役稅의 부담 때문에 農家經濟를 지탱하기 어려운 경우도 있었다. 그러므로 戶布法의 시행으로 賦稅 대상, 즉 擔稅層이 늘고, 따라서 종전부터 稅를 부담하던 常民層의 부담이 가벼워지게 되었을 때, 그들이 이를 환영하는 것은 당연한 일이었다. 앞에서도 지적했듯이 榮川郡民들은 戶布法 시행의 令이 내려졌을 때, '寰區蹈舞'하는 기쁨을 보이기도 하였다. 榮川民의 경우 戶布法의 시행 이전과 이후에는 稅의 부담에 현저한 차이가 있었다. 최악의 상태였던 正祖年間의 경우와 최선의 상태였던 高宗年間의 戶布法 시행 당시를 비교하면 그 차이가 확연히 드러난다. 前者의 경우에는 常民 500여 戶가 2,783여의 軍額을 담당했고, 後者의 경우에는 주민(兩班·常民·賤民) 2,459戶가 1,276여의 軍額을 담당했다. 이 같은 격차는 正祖 16년의 釐正策 이후 좀 좁혀지고는 있었지만 戶布法에서의 부담과는 여전히 큰 차이가 있었다. 다른 지방에서도 대동소이했으리라 생각된다. 그러한 점에서 戶布法은 주로 종전부터 軍役을 지고 있었던 常民層에게 경제적으로 혜택을 주는 조치로서,[315] 이들에게 크게 환영을 받았다.

軍役을 지던 常民層이 戶布法을 환영하는 것은, 이 法으로 말미암아 그들의 경제적 부담이 경감된다는 점에서만은 아니었다. 그와 아울러 戶布法이 그들에게 기쁨을 준 것은, 그것이 軍役民으로서 받던 사회적 천대에서 그들을 해방시켜 준다고 생각하는 데서였다. 그들은 戶布法의 시행으로 양반층도 軍保戶布를 지게 되면 그들 常民層이나 양반층이 동등하게 되는 것으로 생각하였다. 신분제가 폐기된 것은 아니지만 실질적으로는 그러한 점이 있었다. 그들은 그것을 '我旣出布 彼亦出布 常賤則一也'[316]라든가, '爾亦戶布 吾亦戶布 何有差等'[317]이라고 말하고 있었다. 兩班層이거나 常民層이거나 戶布

---

315) 都漢基, 『管軒集』 卷 18, 對三政策 14장.
　　我國軍政 …… 軍籍蕩然 兵械無存 而殘民之應納價布 至有一身四五役之弊 故聖上
臨御之初 悶其軍民之情勢 乃有戶布之收捧 此固曠絶之惠澤 卽納布民再生之秋
　　『治法政謨』 論賦稅.
　　戶役者 …… 聖上御極之初 首行戶布法 而八域殘民 得雪幽鬱之冤 此誠啓太平 致
熙皡之鴻業 猗歟盛哉
316) 『日省錄』 129, 高宗 9年 12月 4日, 高宗篇 9冊, p.390.

를 내기는 매한가지여서 차등이 없다는 생각이었다. 그들은 또 戶布法이 稅
의 균일화를 기하려는 것임에서, '雖蚩蠢常賤 固宜感戢 而敢與士族相抗 輒曰
出布則一般 我亦軍也 彼亦軍也 豪健駁惡 無所不至'[318]하기도 하고, '軍民輩
…… 眞欲與儒鄕子孫 比肩而平交'[319]하려고도 하였다. 軍役을 지고 천대를
받던 常民層은 이제 戶布法을 통해서 양반층과 동등·평등의식을 갖게 되고
대항도 하게 되는 것이었다. 그러한 점에서 常民層은 戶布法을 지극히 환영
하였다.

　常民層과는 달리 戶布法을 싫어하고 이를 반대한 것은 양반층이었다. 그
들은 종래의 軍役制에서는 免役이 되는 특권을 누리고 있었기 때문이다. 그
들은 그것을 儒敎的 名分論으로서 옳은 것으로 생각하고 있었으며, 常民層
과 더불어 戶布를 같이 내게 되면 명분이 무너지고 사회질서가 혼란해질 것
으로 이해했다. 戶布法이 시행되는 가운데 常民層의 동등·평등의식이 성장
해가자 더욱 그렇게 생각하였다. 그러한 생각을 지닌 사람은 위로는 정부의
領相, 아래로는 지방 幼學에 이르기까지 많았다.[320] 그리하여 그러한 사람들
가운데서도 극단적인 논자들은 '戶布之不可不罷也 …… 百姓愚冥難曉 等級無
別 至有犯分蔑法'[321]이라든가 '戶布之不可不革罷者 …… 一自戶布之出 蔑分
敗常之事 在在有之'[322]라고도 하고, 또는 '革戶布 正名分'[323]이라고도 하여,
戶布法의 부당함을 지적하고 그 혁파를 주장했다. 명분을 바로잡고 상하관
계적인 질서를 확립해야 한다는 것이었다. 그리고 戶布法을 파한 후의 대안
으로는 종래 軍役制로 복귀할 것을 말하기도 하였다.[324] 물론 이때 戶布制를

───────────────

317) 『管軒集』 卷 18, 對三政策 18장.
318) 『日省錄』 226, 高宗 16年 11月 15日, 高宗篇 16冊, p.372.
319) 『日省錄』 277, 高宗 20年 10月 4日, 高宗篇 20冊, pp.244~245.
320) 註 305 참조. 그리고 『管軒集』 卷 18에 '戶布刱立 …… 軍漢子孫 亦皆自稱班民
　　　與士夫不有分別焉 …… 以之而名分倒喪 班常無別 此豈不萬萬寒心哉'(對三政策 18
　　　장)라고 한 것도 그 한 예이다.
321) 『日省錄』 142, 高宗 10年 11月 14日, 高宗篇 10冊, p.380.
322) 『日省錄』 148, 高宗 11年 3月 3日, 高宗篇 11冊, p.108.
323) 『高宗實錄』 卷 19, 高宗 19年 8月 17日, 中, p.62.
　　　高宗 19年에는 壬午軍亂과도 관련하여 이 같은 上疏를 올린 사람들이 특히 많았다.
324) 『日省錄』 263, 高宗 19年 9月 26日, 高宗篇 19冊, p.226.
　　　以外道軍丁論之 戶布無等名 大小之民無別 幾百年遵式 從此廢矣 若夫鄕軍上番

반대하고 그것의 혁파를 주장하는 양반층의 논거가 名分論에만 있었던 것은 아니다. 戶布制를 시행할 때도 不均·歲增 등 그 나름대로의 폐단이 있었는데,[325] 戶布制를 반대하는 논자들은 이를 이유로 그 혁파를 주장하기도 하였다.[326] 그러나 그렇더라도 常民層과의 사회적·경제적 이해관계에서 戶布制를 반대할 경우에는 대부분 名分論이 그 근거가 되고 있었다. 그들은 名分이 무너지면 儒敎的 中世國家는 성립할 수 없는 것이라고 보고 있었는데, 그 名分紊亂이 戶布法으로 말미암아 제도적으로 열리고 있다고까지 생각하고 있었다.[327]

戶布法의 시행을 둘러싸고 이와 같이 양반 지배층과 常民層, 大民層과 小民層 사이에 갈등이 있었지만, 그러나 이 시기에는 이로 말미암아 戶布法이 중단되지는 않았다. 이 시기의 시대상황 사회정황은 이제 더 이상 舊軍役制를 고집할 수 없게 하고 있었다. 그리하여 戶布法은 是是非非도 있고 폐단도 있었지만 하나의 새로운 제도로서 정착되고 유지되어 나갔다. 大院君은 실로 오랜 세월에 걸쳐 논의되고 숙원사업으로 되어 있었던 戶布論을 制度로서 정착시킨 것이었다. 그리하여 이 제도는 그 후 甲午改革期에 이르러서는 좀더 조정되고 개정되어 新制度·近代的 租稅制度로서의 戶布稅·戶布로 자연스럽게 이어졌다.[328]

依舊例 抄其各邑軍案 以充三軍之數 其餘隨名捧錢 以補軍餉
『高宗實錄』卷 19, 高宗 19年 11月 11日, 中, p.76.
325) 韓㳓劤, 註 166의 논문.
326)『日省錄』188, 高宗 13年 12月 7日, 高宗篇 13冊, p.409.
　　　『日省錄』217, 高宗 16年 3月 4日, 高宗篇 16冊, p.74.
327) 張錫藎,『果齋集』卷 3, 乙未言事疏.
328)『韓國稅制考』, pp.36~37.
　　　水田直昌,『李朝時代의 財政』, 1968, pp.215~216.

4. 純祖朝의 量田計劃과 田政釐正 문제

1) 田政의 弊端과 量田의 要請

(1) 田政의 構造的 特質

朝鮮後期에는 田稅를 징수하기 위해서 前期에서의 그것과 마찬가지로 두 계통으로 法制를 마련하고 있었다. 하나는 量田制이고 다른 하나는 收稅制였다. 전자에서는 量田의 대원칙을 結負法으로 量田을 하되 田品을 6等으로 구분하고, 每 20년마다 한번씩 改量을 하여 量案을 작성하되, 이를 戶曹·本道·本邑에 보관한다는 것이었으며, 이 밖에도 이와 관련되는 여러 가지 세세한 규정을 마련하고 있었다.[329] 그리고 후자에서는 정부에서 징수하는 여러 종류의 稅의 額數와 給災방식, 作夫規程 및 그 밖의 여러 가지 細則을 마련하고 있었다.[330] 이 兩者는 물론 각각 다른 별개의 제도가 아니었으며, 후자는 전자를 바탕으로 성립하고 있었다. 量田을 통해서 각 지방(郡縣)의 結摠이 확정되면, 즉 郡摠이 확정되면 그 지방의 結稅·稅摠은 이로써 확정되고, 그 지방의 稅는 이로써 民에게 배정 징수케 되는 것이었다. 말하자면 이 시기의 田稅行政은 量田을 통한 結摠의 확보를 기초로 해서 운영되고 있는 것이었다.

量田을 통해서 파악된 각 지방의 結摠은 量田臺帳에 기록되기 때문에 이를 元帳付라고도 하였으며, 이는 다음 단계의 改量田에서 그 지방의 結摠이 재조정될 때까지 稅政을 운영하는 데 기준이 되었다. 그리고 새로이 量田을 하여 新結摠을 책정할 경우에도 특별한 사정이 없는 한 그때까지 기준이 되어 온 結摠을 크게 변동시키지 않는 것, 즉 '充原額' '無減於元結' 또는 '準摠'토록 하는 것이 관례였다.[331] 結摠을 갑자기 크게 늘리면 원성과 혼란이 일어

---

329) 『經國大典』·『大典通編』, 戶典 量田.
　　　『萬機要覽』財用編 2, 田結.
330) 『續大典』·『大典通編』, 戶典 收稅·徭賦.
　　　『萬機要覽』財用編 2, 收稅·年分
　　　이 시기의 田稅制度에 관해서는 다음 논문 참고.
　　　金玉根, '朝鮮後期田稅制研究'(『釜山水大論集』9, 1972)

나기 때문이었다.[332] 이 시기에는 한번 정해진 結摠을 변동시키기는 어려웠으며, 이를 그대로 유지하는 가운데 稅를 징수하는 것이 원칙인 셈이었다. 이 같은 元帳付 結摠에는 各樣의 免稅結과 流來陳雜頉이 모두 포함되며, 이를 제외한 토지가 時起結摠으로서 정부의 稅源이 되고 있었다. 그리고 時起結에서 稅를 징수할 때는 灾結에 대하여 給灾(比摠給灾·參量加給)를 하고 나머지 實結에서만 이를 징수하도록 하였다.[333]

그러므로 정부의 稅政에서 중요한 것은 어떻게 하면 이 時起結摠과 實結을 항상 많이 확보하느냐 하는 문제였으며, 이를 늘려나갈 수 있으면 더욱 좋지만, 그것이 힘들 경우에는 최소한 이를 그대로 유지하는 것이 필요하였다. 政府財政의 안정적 운영을 위해서는 그것은 필수조건이었다. 時起結摠이 줄어드는 것은 政府歲入의 감소를 뜻하기 때문이었다. 그리고 그런 까닭으로 해서 여러 가지 사정으로 실제로 結數가 주는 경우에도 정부로서는 그 結摠을 蠲減 조정하지 않는 것이 보통이었다. 禹夏永이 結摠과 稅收의 관계를

---

331) 『牧民心書』卷 10, 戶典 田政, 2冊, p.6.
　　改量者 田政之大擧也 …… 其無大害者 悉因其舊 釐其太甚 以充原額
　　『備邊司謄錄』204, 純祖 14年 閏 2月 10日, 20冊, p.776.
　　改量之際 査起充陳 充無以準總 則更以實狀狀聞 以待朝家處分 卽外道擧行之次第也
　　『備邊司謄錄』206, 純祖 17年 5月 7日, 21冊, p.32.
　　兎山縣量田事 …… 前縣監改量時 期欲準摠 不諒後弊
　　『備邊司謄錄』200, 純祖 10年 10月 15日, 20冊, p.245.
　　陳與起相當 無減於元結而後 方可以起則錄而陳則頉 卽田政之作爲鐵限 擲撲不易者也
332) 茂山의 경우 正祖年間의 改量으로서 '稅入倍饒'케 되어 官에서는 좋아했으나(『備邊司謄錄』177, 正祖 14年 8月 17日, 17冊, p.632), 이곳은 그 후 陳田白徵이 1,300結이나 되어 큰 고통거리가 되고 있었다(『備邊司謄錄』204, 純祖 14年 閏 2月 10日, 20日, 20冊, p.755). 改量 充額에 무리가 있었던 것이다.
　　昌原의 경우 改量에서 結摠을 1,200餘結이나 늘렸기 때문에 民의 怨聲이 일고, 이 때문에 府使는 竄配되고 改量은 無效가 되었다(『備邊司謄錄』179, 正祖 15年 11月 10日, 17冊, p.894. 同上書 180, 正祖 16年 6月 30日, 18冊, p.53).
　　富平의 경우 改量에서 '執卜太濫'했기 때문에 捨田不耕하는 者가 많았다(『備邊司謄錄』186, 正祖 21年 8月 20日, 18冊, p.683. 同上書 199, 純祖 9年 正月 10日, 20冊, p.4).
　　兎山의 경우 改量에서 加執이 350餘結이나 됨으로써 말썽이 일어났다(『備邊司謄錄』206, 純祖 17年 5月 7日, 21冊, p.32. 12月 4日, 21冊, p.71).
333) 『萬機要覽』財用編 2, 田結, 年分.

自前流來之時起結總　已係度支收租有數　故守宰不得任自蠲減　但得依舊例充數上
納　其所上納無處責出　遍徵於傍近　而傍近猶爲不足　延至隣洞閭境[334]

이라고 한 것은 바로 그러한 사정을 말함이었다. 結摠은 戶曹에서 豫算한 歲
入에 관계되므로 지방수령이 이를 견감할 수 없으며, 그들은 다만 結摠에 따
라 그 稅를 징수 상납할 수 있을 따름이었다. 稅를 징수할 데가 없으면 근방
에서, 그리고 근방에서도 부족하면 隣洞이나 全郡 내에서 이를 징수 상납하
지 않으면 안 된다는 것이었다. 結摠은 말하자면 郡 전체가 공동으로 책임을
지는 정액의 稅摠이었다. 그래서 흔히 이를 郡摠制라고도 한다. 이는 당시의
鄕村社會에서 현실적으로 전개되고 있는 收稅行政의 실태였다.

時起結摠을 늘리거나 현상유지하기 위해서는 免稅結의 확대를 억제하고,
陳雜頉을 還起하거나 新田開發을 하며, 起耕田이 새로이 陳田化하는 것을
막는 적극적인 農政策이 필요하였다. 그리고 實結을 확보하기 위해서도 災
結이 늘지 않도록 농정책을 펴서 사전에 이를 방지할 필요가 있었다. 그리하
여 이 시기에는 이러한 정책을 배려하고, 수시로 지시를 내렸으며, 어느 정
도 성과를 거두고 있는 것도 사실이었다. 그러나 그러면서도 이 시기에는 稅
를 징수하기 위해서 時起結을 확보하는 데 적극적이기는 하였지만, 그것을
가능케 하는 농정책을 펴는 데는 그만큼 적극적이지 못하였다.

그뿐만 아니라 後述하는 바와 같이, 이 시기에는 還起田이 적지 않았는데
도 이를 정확히 파악하여 國庫收入이 되도록 하지 못하고, 따라서 以起爲陳
은 늘어나고 있었다. 더욱이 이 시기에는 起耕田으로서 收稅가 되면서도 政
府收納이 되지 않는 隱漏結도 적지 않았다. 정부의 입장에서는 일정한 時起
結의 확보가 절대로 필요한데, 起耕田이면서도 收稅 대상에서 隱匿되고 落
漏되는 농지가 '歲增月衍'[335]하고 있는 것이었다. 물론 이러한 현상이 있더라
도 정부가 稅收의 감축을 감수하는 것은 아니었다. 그러므로 이 時期의 稅政
에서는 軍摠制로 收稅를 하려는 원칙 및 時起結摠을 유지하려고 하는 노력

---

334)『千一錄』6, 穀簿 14장.
335)『備邊司謄錄』210, 純祖 22年 11月 2日, 21冊, p.410.
　　　『牧民心書』卷 10, 戶典 田政, 2冊 p.19.

과 賦稅 대상에서 脫漏하려는 현상이 동시에 전개되는 가운데, 피해를 보는 제3자가 나오게 되어 있었다. 族徵·隣徵·白徵이 그것이었다. 이러한 문제를 조정할 수 있는 것은 量田이었다.

  稅政의 운영을 이같이 살피면 그 기초가 되는 것은 量田이었다. 量田을 規程대로 시행하느냐의 여부에 따라 稅政을 공정하게 운영할 수 있느냐도 결정되도록 되어 있었다. 量田은 반드시 규정대로 시행할 필요가 있는 것이었다. 물론 量田의 필요성은 이 때문만은 아니었다. 그것은 이 시기, 또는 우리나라 中世 全時期의 量田制가 結負制를 바탕으로 하고 있는 것과 관련하여, 이때에는 그 結負制 자체까지도 재검토하고 개혁해야 한다는 견해가 나오고 있었으므로(註 472의 논문 참조) 그렇게까지 못 하는 조건 하에서는 현행의 量田制나마 정확하고 철저하게 시행할 필요가 있었다.

  結負制를 바탕으로 한 量田制는 일정한 所出을 전제로 농지 면적을 파악하는 것, 즉 일정한 所出·일정한 稅額을 확보할 수 있도록 그만한 소출이 생산될 수 있는 농지 면적을 확정하는 제도였다. 그러므로 이 제도에서는 농지의 肥瘠 여하에 따라 동일한 1結이라 하더라도 그 結의 實積이 달라지도록 되어 있었다. 法典의 量田條에서 田品을 6등급으로 구분하고 있는 것은 그 때문이었다. 이 시기의 이 田品等第에서는 1結이 1等田은 약 1町步, 6等田은 약 4町步였으며, 그 사이의 田等도 그 실적에 일정한 차이가 있었다. 그러나 농지의 田品이 영구불변의 것일 수는 없었다. 농지의 肥瘠은 자연환경의 변동이나 水利施設·施肥 등 人功의 작용 여하에 따라서는 변동될 수 있는 것이고,[336] 따라서 結에서 나는 소출도 가변적이었다. 그러므로 結負制로써 농지를 파악하고 稅를 징수하려면 농지의 肥瘠이 변동하는 데 따라 그 농지의 田品을 수시로 재조정할 필요가 있었다. 法典의 量田條에서 '每二十年 改量成籍'할 것을 규정하고 있는 것은 이 때문이었다. 말하자면 이 시기의 田

---

336) 『牧民心書』 卷 10, 戶典 田政, 2冊 p.6.
　　　 況土地肥瘠 時月以變 村盛糞多 則瘠者以肥 村衰力屈 則肥者以瘠 又或昔之多泉
　　 者 松茂而泉渴 昔之乏水者 渠成而水足
　　　「量田事目」(純祖 20年) 更關草.
　　　 田畓之饒瘠 間多因水勢而變易 或有昔瘠今饒者 亦有昔饒今瘠者

政은, 20년마다 한번씩 改量田을 함으로써 田品을 그때그때의 현실대로 조
정할 수 있을 때에만, 그 운영이 공정하고 균평할 수 있었다. 그렇지 않으면
6等田品은 田政의 病源이 되게 마련이었다.[337] 量田은 이 시기 田政 운영의
기초조건이자 대전제였다. 이러한 사정을 앞에서 언급한 여러 문제와도 관
련하여 이 시기 田政의 구조적 특질이 되는 것이었다.

  그러나 이 시기에는 그 같은 量田事業이 법대로 시행되지 못하고 있었다.
肅宗末年의 己亥·庚子量田(1719·1720)이 비교적 큰 규모의 사업으로서
三南地方에서 행해진 후에는 그만한 규모의 큰 사업은 없었다. 지방 단위로
소규모의 量田이나 査陳이 있었을 뿐이었다. 규정대로 量田을 함으로써 소
출과 농지 면적을 조정하고, 따라서 稅率을 조정해도 田政의 운영에는 여러
가지 폐단이 일어날 수 있는 것인데, 이 시기에는 그 기초조건으로서의 量田
마저도 缺하고 있었다. 그러므로 이 시기의 田政 운영에는 근원적으로 賦稅
의 불합리가 내포되고, 폐단의 근인이 내포되지 않을 수 없도록 되고 있었
다. 그리고 그 결과로서는 肅宗朝의 量田에서 시간이 흐르면 흐를수록 田政
의 폐단은 더욱 심화되고 확산되어 나갔다.

(2) 田政弊端의 諸局面과 量田要請

  이 시기에 田政 운영에서 발생하는 폐단은 그 구조적 특질과도 관련하여
여러 局面으로 나타나고 있었다. 그러한 여러 폐단 중에서도 먼저 유의하게
되는 것은 量案, 즉 田籍이 虛實·紊亂해지고 있는 점이었다. 量田이 있으면
量案을 작성하고 이를 바탕으로 하여서는 稅를 부과토록 하는 것인데, 肅宗
末年의 量田 이후에는 70, 80년 또는 100여 년이 지남에 따라 量案의 내용
과 농지의 現況이 괴리되기도 하고 量案 자체에 결함이 생기기도 하여, 그것
이 賦稅를 위한 근거로서의 자료적 가치를 상실해 가고 있는 것이었다. 황해
도 지방에서 ‘本邑(殷栗) 自經年前水灾之後 田案虛實 多未厘正 白懲之寃 勢
所固然’이라든가,[338] 또는 ‘本道改量已久 田案刑弊 往往有只憑衿記’[339]라고 하

---

337) 『治法政謨』論田政.
　　田政之六等區別 始作病源 豪富之民 以一等之土 納六等之稅 貧民六等之田 變爲
　　一等之稅 此爲各邑書史之利竇 而國結受病
338) 『備邊司謄錄』195, 純祖 4年 5月 25日, 19冊, p.649.

였던 것, 그리고 충청도에 관하여 '近來田籍紊亂 奸僞百出 公私赤立 民國俱竭'[340] 또는 '本道改量已久 田籍紊亂 奸吏豪民 冒錄圖頉之弊 將至國結無餘'[341] 라고 보고하고 있는 것은 그러한 실정을 말해주는 것이었다. 더욱이 量案 그 자체가 없는 곳도 있었다. 이런 곳에서는 '姦僞滋生'하여 '按法均稅'하기가 어려웠다.[342] 그래서 量案에 이 같은 여러 사정이 있는 지방에서는 田政의 弊가 '專有於田籍之紊亂'에서 연유하는 것으로 보고 '改量修籍'할 것,[343] 改量을 통해서 '改作田案'할 것이 요청되고 있었다.[344]

다음으로 들 수 있는 것은 田案이 虛實하면 농지의 현황대로 賦稅를 할 수 없으므로 白地徵稅를 하게 되는 경우가 많은 점이었다. 이러한 현상은 앞의 자료에서도 볼 수 있듯이 주로 量田이 자주 안 되고, 따라서 量案이 그때그때 농지의 현 실태대로 작성되고 있지 않는 데서 연유하고 있었다. 농지는 數十年·百餘年이 지나는 사이에 水災·海溢·浦落 등으로 地形·地目이 변동하기도 하고 아예 陳廢田이 되기도 하는데, 給災는 제대로 되지 않는 까닭이었다. 그러한 사정은 몇 지방의 예만으로도 알 수 있다. 정부에서는 서울 近郊 陽川 지방의 白徵에 관하여 '水沈頻年 陳荒相望 而賦稅自如'[345]라고 보고하고, 서북지방에 관하여는 '淸川一帶 水道已變 沿江之地 便成滄桑 而仍舊案徵舊稅 宜爲田民白徵之弊'[346]라고 보고하였으며, 호남지방에 관하여는 '陳田白徵 爲湖民切骨之寃 …… 畓摠之如海溢浦落 未及蒙頉'[347]이라고 보고하고 있었다. 白徵에 관한 기록은 많은데 그 원인은 이 같은 경우가 많았다. 그러나 白徵은 이러한 사정에서만 연유하는 것이 아니었다. 이 밖에도 농민

339) 『備邊司謄錄』 222, 純祖 34年 2月 2日, 22冊, p.492.
340) 『備邊司謄錄』 205, 純祖 16年 4月 26日, 20冊, p.923.
341) 『備邊司謄錄』 222, 純祖 34年 2月 2日, 22冊, p.490.
342) 『備邊司謄錄』 206, 純祖 17年 5月 7日, 21冊, p.32.
　　　『備邊司謄錄』 210, 純祖 22年 11月 2日, 21冊, p.412.
343) 『備邊司謄錄』 197, 純祖 6年 10月 20日, 19冊, p.856.
344) 『備邊司謄錄』 187, 正祖 22年 正月 15日, 18冊, p.776.
　　　『備邊司謄錄』 201, 純祖 11年 5月 6日, 20冊, p.352.
345) 『備邊司謄錄』 186, 正祖 21年 8月 20日, 18冊, p.683.
346) 『備邊司謄錄』 201, 純祖 11年 3月 15日, 20冊, p.292.
347) 『備邊司謄錄』 210, 純祖 22年 11月 1日, 21冊, p.406.

들이 重稅를 감당하기 어려워 捨田不耕함으로써 이것이 陳田이 되는 경우가 있었는데, 官에서는 이 같은 陳田에 대해서도 民間分徵으로 稅를 징수하고 있었다.[348] 그리고 지방에 따라서는 元結이 줄어도 幷徵重稅함으로써 白徵이 일어나기도 하고,[349] 財政困難을 해결하기 위하여 故意로 虛卜을 만들어 白徵을 하기도 하였다.[350] 또 白徵은 정부의 농민에 대한 收稅에서만이 아니라, 宮房田이나 官屯田의 收稅과정에서도 일어나고 있었다. 이러한 일도 흔히 있는 현상이었다.[351]

陳田·虛卜에 대한 白徵은 田政운영에서의 고질적 폐단이었다. 이러한 현상은 전국의 어느 지방에서나 일어나고 있었으며, 그 규모도 적은 것이 아니었다. 혹 적은 지방에서는 수십 結에 불과했지만 많은 지방에서는 천여 結이 넘는 수도 있었다.[352] 그러므로 이 같은 폐단이 있는 지방의 民은 부당하게 부과되는 白徵의 稅를 시정해 줄 것을 요청하지 않을 수 없었다. 그리고 그

---

348) 『備邊司謄錄』 186, 正祖 21年 8月 20日, 18冊, p.683.
349) 『備邊司謄錄』 203, 純祖 13年 11月 25日, 20冊, p.728.
350) 『備邊司謄錄』 200, 純祖 10年 9月 25日, 20冊, p.234.
351) 『備邊司謄錄』 201, 純祖 11年 3月 27日, 20冊, p.321.
　　　『備邊司謄錄』 203, 純祖 13年 8月 9日, 20冊, p.672.
　　　『備邊司謄錄』 203, 純祖 13年 10月 16日, 20冊, p.711.
　　　『備邊司謄錄』 205, 純祖 16年 閏 6月 15日, 20冊, p.941.
　　　『備邊司謄錄』 210, 純祖 22年 11月 3日, 21冊, p.418.
352) 白徵規模의 예

地 域	規 模	資 料
江 界	700餘結	備 200, 純祖 10年 3月 15日, 20冊, p.180.
義 州	380餘結	備 200, 純祖 10年 8月 22日, 20冊, p.222.
永 興	1000結	備 180, 正祖 16年 閏 4月 21日, 17冊, p.13.
六 鎭	1000餘結	備 218, 純祖 30年 12月 20日, 22冊, p.195.
茂 山	1300餘結	備 204, 純祖 14年 閏 2月 10日, 20冊, p.775.
延 安	百數十餘結	備 196, 純祖 5年 9月 28日, 19冊, p.763.
殷 栗	59結	備 198, 純祖 7年 6月 21日, 19冊, p.917.
江 陵	100餘結	備 199, 純祖 9年 正月 17日, 20冊, p.21.
陽 川	30結	備 182, 正祖 18年 11月 18日, 18冊, p.303.
燕 岐	120餘結	『歧陽文籍』 庚申 8月 日, 量田事.
梁 山	100餘結	備 188, 正祖 22年 11月 29日, 18冊, p.973.
慶尙道 沿江邑	3400餘結	備 205, 純祖 16年 閏 6月 19日, 20冊, p.946.
全羅道	3554結	備 201, 純祖 11年 3月 27日, 20冊, p.318.
泰 仁	數百結	備 188, 正祖 22年 10月 9日, 18冊, p.930.
靈 岩	180餘結	備 188, 正祖 22年 12月 30日, 19冊, p.35.

러한 요청이 榮川 지방의 경우와 같이 정부에서 받아 들여져서 그 稅가 蠲減
되는 수도 있었다.[353] 그러나 이 같은 폐단을 근본적으로 시정할 수 있는 방
법은 量田의 시행이 아닐 수 없었다. 그래서 白徵이 있는 지방에서는 地方民
이나 地方官, 그리고 王命으로 派遣된 暗行御史들이 '矯捄之策 歸之改量'[354]
이라든가 '矯弊之道 改量爲急'[355] 또는 '田弊厘革 莫如量田'[356]이라고 하여 量
田의 시행을 건의하곤 하였다.

田政의 폐단에서 셋째로 들 수 있는 것은 賦稅不均 賦稅錯亂한 점이었다.
稅가 公正 均平하지 않고 부당하게 부과되고 있는 폐단이었다. 이러한 현상
은 동일지역 내에서도 일어나고 타 지역과의 사이에서도 일어나고 있었다.
松都 지방에서는 大南面과 小南面에 대하여 他面보다 월등히 많은 稅額을
부과하고 있었으며,[357] 杆城 지방에서는 '元結出賦 比他邑倍重'[358]하고, 평안
도에서는 '各邑田結所收 或多或少' 또는 '田結收稅之法 邑各不同 高下懸殊'하
였다.[359] 그리고 경기도에서 1結所納이 米 30여 斗일 때 嶺·湖 지방의 그것
은 或 70, 80斗 或 50, 60斗였다.[360] 이 같은 結稅의 지역차 현상은 혹 雜役
稅의 지역차에서 연유하는 것으로 간주되기도 하였지만,[361] 보다 더 근원적
인 이유는 다른 데 있었다. 그것은 結負制에 기초한 量田制가 규정대로 운영
되지 못하고 있는 것과 깊은 관련이 있었다. 量田을 규정대로 시행하지 않으
면 그동안에 일어난 田品·地形·地目의 변동이 量案上에 현실대로 반영되
지 않는 까닭이었다. 가령 田政錯亂을 설명하여

---

353) 『備邊司謄錄』180, 正祖 16年 5月 11日, 18冊, p.27.
354) 『日省錄』, 正祖 23年 5月 22日, 朴宗赫 所進農書.
355) 『備邊司謄錄』188, 正祖 22年 10月 9日, 18冊, p.930.
356) 『備邊司謄錄』205, 純祖 16年 閏 6月 19日, 20冊, p.946.
357) 『備邊司謄錄』199, 純祖 9年 5月 13日, 20冊, p.68.
     松都結稅 本自輕歇 田一結四兩 畓一結五兩 而兩面(大南面·小南面) 田一結八兩
     畓一結十兩
358) 『備邊司謄錄』180, 正祖 16年 閏 4月 27日, 18冊, p.16.
359) 『備邊司謄錄』197, 純祖 6年 2月 28日, 19冊, p.802.
     『備邊司謄錄』210, 純祖 22年 11月 2日, 21冊, p.412.
360) 『備邊司謄錄』213, 純祖 25年 11月 21日, 21冊, p.711.
361) 『備邊司謄錄』193, 純祖 2年 6月 23日, 19冊, p.457.

陳起之虛實相蒙(陳起相混) 結卜之多寡不均 專由於帳案久而無徵[362]

이라고 한 것, 諸道田制之紊亂을 말하여

白徵於陳荒 都失於隱漏 方圓圭直之制 無案可考 高下等數之紊 有土皆然 及今
改量 不容少緩[363]

이라고 한 것이 그 예이다. 그리고 北道의 農政을 말하여

奧在丙午年量田 而自戊已以後 水道變易 水畓爲陸田 陸田爲水畓者有之 而至於
田稅 則一從丙午量案[364]

이라고 한 것도 그 예이다. 여기서 '結卜之多寡不均'이나 '高下等數之紊'은 田品에 변동이 생긴 데서 부세가 均平하게 시행되지 못하고 있음을 말한 것이고, '方圓圭直' 운운한 것은 地形이 변동하고 있는 것, '陳起之虛實' 운운은 地形 변동으로 陳起를 구분할 수 없게 된 것을 표현한 것이었다. 그리고 '水畓陸田' 云云은 水路의 변동으로 地目이 변동하였거나 反畓反田이 있었음을 나타낸 것이었다.

田品의 변동으로 賦稅가 不均하게 되는 것, 즉 結役不均의 현상은 흔히 있는 일이었다. 量田이 장기간 안 될 경우에는 특히 그러하였다. 田品은 농지의 肥瘠에 따라 1等田에서 6等田까지로 구분되고 等外도 있었는데, 이 같은 등급은 量田事業에서 한번 정해진 후 수십 년 백여 년이 흐르는 사이에 자연 환경이나 人功의 작용 여하에 따라 몇 번이고 변동될 수 있는 까닭이었다. '昔之上上田 今爲下下田', '改量久曠 田地不均'이라든가,[365] 또는

山川變改沃瘠互換 昔者大村連井之地 今爲荒蕪之場 而猶納上等之重稅 前日枯

---

362) 『備邊司謄錄』193, 純祖 2年 6月 1日, 19冊, p.446.
363) 『備邊司謄錄』199, 純祖 9年 6月 20日, 20冊, p.86.
364) 『日省錄』, 正祖 22年 12月 21日, 康德隅 疏陳農務五條.
365) 『日省錄』, 正祖 22年 12月 25日, 李仁榮 疏陳農務九條.
　　　『日省錄』, 正祖 23年 正月 8日, 張炘 所陳冊子.

根不芒之田 今作膏腴之土 而尙應下等之輕賦[366]

라고 하였음은 그것이었다. 물론 量田이 규정대로 시행된다 하더라도, 田品
이 잘못 정해질 경우에는 賦稅不均, 結役不均은 더욱 심하였다. 量田을 제때
에 할 수 없거나, 해도 별 효과가 없는 것은 이 때문이기도 하였다. 華城 지
방에서는 '昔在乙卯改量時 分等不均 執卜有偏'[367]하였으며, 호남지방에서는
'湖南分等 初失其宜'[368]하고, 영남의 金海 지방에서는 '土薄等高'[369]한 데서 賦
稅가 不均한 것으로 이해되고 있었다. 增卜·等高稅重이 심하면 앞에서 지
적했듯이 농지를 捨田不耕·抛置하기도 하는데, 그럴 때는 혹 白地徵稅가
되고도 있었다.[370]

地形의 변동은 田畓筆地의 경계가 변동하고 불분명해지는 것으로서, 이른
바 經界紊亂, 經界紊錯, 壃界紊糅로 표현되는 현상이었다. 흔히 큰 수해가
있을 때 발생하는 것으로, 이로 말미암아 稅의 부과에 큰 혼란이 일어났다.
경상도 仁同 지방에 관하여 '本邑 …… 壬子大潦 便成一番滄桑 庚子量以後
鉤梯莫卜 …… 東田之卜 混出於西田'[371]이라고 하였음은 그 한 예이다. 여기서
는 田地 간의 紊錯을 지적하고 있지만, 경계의 문란은 '壃界之紊糅 奚特本道
(咸鏡道)爲然 …… 外此諸道之陳起相混 爲民生切苦之弊'[372]라고 한 데서 볼
수 있듯이 起田과 陳地 사이에서도 일어나고 있었다. 그리하여 이러한 혼란
속에서 '奸民之幻弄移卜'[373]하는 현상이 생기게도 되었다. 자기 농지에서 부
담해야 할 結稅를 타인 농지로 몰래 移錄해 버리는 일이었다. 이러한 폐단은
吏屬들이 묵인함으로써 가능하였다. 그들은 부족한 稅를 充報하기 위해서
'或暗錄於民結之上 或加徵於親知之間'[374]하기도 하였다. 田地紊錯이나 陳起

---

366) 『千一錄』 6, 穀簿 13장.
367) 『日省錄』, 正祖 23年 3月 28日, 金養直 疏陳農務.
368) 『日省錄』, 正祖 23年 5月 22日, 南燦 疏陳農書.
369) 『備邊司謄錄』 201, 純祖 11年 3月 18日, 20冊, p.307.
370) 註 348 참조.
    『備邊司謄錄』 188, 正祖 22年 12月 30日, 19冊, p.31.
371) 『備邊司謄錄』 186, 正祖 21年 11月 5日, 18冊, p.731.
372) 『備邊司謄錄』 172, 正祖 12年 正月 9日, 17冊, p.37.
373) 『備邊司謄錄』 196, 純祖 5年 9月 28日, 19冊, p.764.

相混·陳起互錯은 賦稅不均의 문제에서 田品의 변동에 따르는 結役不均과 더불어 커다란 문제였다. 그래서 量田은 왕왕 結役不均의 시정과 더불어 경계를 바로잡을 것을 목적으로 요청되었다.[375]

地目의 변동으로 賦稅가 不均해지는 현상도 흔하였다. 旱田을 水田으로 飜作한 反畓의 경우는 특히 그러하였다. 反畓은 畓作이 田作보다도 유리한 까닭에 자연환경의 변화와 관련 없이도 널리 일어나고 있었던 까닭이었다. 19세기 초의 徐有榘는 反畓 관행에 관하여 '近自百年以來 飯稻之風盛 而從古粟麥之田 無不飜作水田'[376]이라든가, 또는 '今南北水田 什三皆反田 雖緣飯稻之風 視昔爲盛 亦由地省而利博也'[377]라고 기술하고 있었다. 그런데 이 같은 反畓은 흉년을 당하여도 不爲給災하는 것이 또한 관례였다. 旱田은 一年再耕을 하는 데서 不許給災하는 것이 원칙이었는데, 反畓의 量案上의 地目은 旱田이기 때문이었다. 『萬機要覽』에서는 그러한 사정을 '以田作畓 謂之反畓 今雖爲畓 而量案則以田懸錄 故不許給災'[378]라고 기술하고 있다. 反畓에서 일어나는 賦稅不均은 말하자면 量田이 안 되고 있는 까닭이었다. 그래서 이러한 폐단이 있는 곳에서는 그 원인을 가령 仁同 지방에서 '嶺俗善爲反畓 遇旱全棄 法無給災 此盖量久之爲弊'[379]라고 하였듯이, 量田이 오랫동안 안 된 데 있는 것으로 보고 改量을 요청하였다. 이러한 이해는 정부에서도 마찬가지였다. 反畓도 旱田과 마찬가지로 給災할 것을 요청하는 곳이 있을 때, 정부에서는 改量을 하기 전에는 허락할 수 없음을 강조하고 있었다.[380]

田政의 폐단에서 넷째로 지적될 수 있는 것은 隱結·漏結이 적지 않았던

---

374) 『歧陽文籍』庚申 8月 日, 量田事.
375) 『備邊司謄錄』192, 純祖 元年 正月 7日, 19冊, p.275.
　　　『備邊司謄錄』197, 純祖 6年 正月 7日, 19冊, p.789.
376) 『楓石全集』8, 金華知非集 卷 12, 擬上經界策 下.
377) 『林園經濟志』本利志 1 田制, 第1卷, p.57.
378) 『萬機要覽』財用編 2, 年分, p.217.
379) 『備邊司謄錄』186, 正祖 21年 11月 5日, 18冊, p.731.
380) 『備邊司謄錄』201, 純祖 11年 3月 18日, 20冊, p.306. '旱田之爲反畓者 不爲給災 自是例也 而若於未改量之前 許使變通 則田政益多淆亂 爲弊必多 置之'라고 한 것이 그 한 예인데, 이는 尙州 지방에서 '旱田之爲水田者 依水田例災頉'할 것을 요청한 데 대한 조치였다.

점이다. 이는 농지가 경작되고 있으면서도 정부의 徵稅 대상에서는 누락되고 있음을 말하는 것이다. 어떤 농지에 대해서는 陳田의 白地徵稅를 族徵으로까지 하는 경우도 있었는데, 이 隱結은 起耕을 하면서도 정부의 收稅 대상에서 빠지고 있는 것이었다. 이러한 현상은 지방 세력가·토호들에 의해서 그렇게 되는 수도 있었으나, 일반적으로는 吏屬들의 弄奸에 기인하는 바가 많았다. 正祖末年에 光州 지방에서 隱結의 적발로 처벌을 받은 자가 있었던 일,[381] 燕岐 지방에서 土豪奸民이 王稅에서 脫漏하는 바가 100여 結이나 되었던 일,[382] 그리고 純祖初期에 金海 지방에서 奸吏의 私腹으로 채워지던 560結의 隱結이 査覈되었던 일,[383] 海西 암행어사가 그 지방 吏鄕들의 隱漏結 作奸에 관하여 지적하고 있는 일[384] 등등은 그러한 예였다. 吏屬들이 隱漏結을 조작할 경우에는 稅를 징수하여 私腹을 채우는 것이 또한 일반이었으나, 官況으로 이용되는 경우도 있었다. 지방관도 그 官況을 늘리기 위해서 隱結을 조작하고 있었다. 그러한 예는 충청도를 暗行한 어사 洪遠謨의 別單에서 볼 수 있다.[385]

그들은 여러 가지 방법으로 되도록 많은 隱結을 만들려 하였다. 그 방법은 ① 量田時 負數의 조작, ② 新墾田이나 陳田이 起耕될 때 면적의 조작, ③ 陳田給災의 이용, ④ 田稅 부과 시 加徵 등 다양하였다.[386] 그 가운데서도 量田 후의 隱結 발생은 ②와 ③의 방법에서 연유하는 바가 많았다.[387] ②의 방법은 新墾田이나 還起田을 일부만 보고하고 일부는 私取하는 것이며, ③의 방법

---

381) 『備邊司謄錄』187, 正祖 22年 6月 23日, 18冊, p.860.

382) 『歧陽文籍』庚申 8月 日, 量田事.

383) 『備邊司謄錄』198, 純祖 7年 9月 16日, 19冊, p.940. 영남지방의 예로서는 이 밖에 山陰 지방의 사정이 참고된다. 『山陰記事』, 庚子 十月 日, 傳令下帖 謄書에는 '本邑陳荒之處 必多起墾之民 而或因書員之勒執私稅 或因土豪之冒稱本主 多有隱漏之弊'라고 하고 있다.

384) 『備邊司謄錄』196, 純祖 5年 9月 28日, 19冊, p.764.

385) 註 388 참조.

386) 『經世遺表』卷 7, 地官修制 田制 8, 『全書』下, pp.128~129.

387) 『備邊司謄錄』188, 正祖 22年 12月 30日, 19冊, p.32.
　　 『備邊司謄錄』189, 正祖 23年 12月 30日, 19冊, p.136.
　　 『備邊司謄錄』199, 純祖 9年 6月 14日, 20冊, p.83.
　　 『備邊司謄錄』203, 純祖 13年 8月 9日, 20冊, p.668.

은 陳田을 永災로 인정받은 후 稅를 여전히 白徵으로 징수하거나 起耕시켜 징수 私用하는 것이었다. 이러한 隱結은 지방에 따라 그 규모에는 차이가 있었지만 어느 곳에나 있었다. 그리고 이 시기에는 그러한 농지가 점점 더 늘어나고 있었다. 이 시기에는 舊災는 많고 國結은 축소되고 있었는데, 舊災의 대부분은 그러한 농지일 것으로 파악되고 있었다. 洪遠謨의 보고에

除却豪族之以起爲陳　猾胥之賣緣包入　邑倅之把作官況者　則其實應頉之舊災　盖無幾矣[388]

라고 하였음은 그것이었다. 정부에서는 그러한 사정을 收稅地가 '都失於隱漏'[389]하는 것으로 설명하기도 하고, 앞에서도 지적했듯이 隱結이 '歲增月衍'하는 것으로 표현하기도 하였다. 사실 茶山이 말하고 있듯이 '隱結不革 則國非其國'[390]이 아닐 수 없었다. 국가재정을 생각하면 隱結은 반드시 搜括하지 않으면 안 되었고, 따라서 量田이나 査陳은 반드시 시행되지 않으면 안 되는 것이 실정이었다. 그러므로 隱漏結이 거론될 때 識者들은 대개 '新起徒歸邑吏面任之私槖 不入於公稅 有識之論 莫不以改量爲急務'[391]라고 하여 量田의 急務임을 말하곤 하였다. 그리고 다른 田政紊亂의 현상과도 관련하여 '亟行量田之政 然後可除此弊'[392]라고 말함으로써 量田의 조속한 시행을 강조하기도 하고, '新起無稅 都是未改量之故也'[393]라고 하여, 起墾은 하는데도 징수하는 稅가 없음은 量田을 하지 않은 까닭이라고 보고, 量田을 해야 할 것임을 주장하기도 하였으며, '亟行査陳', '改量與査陳間 及時講究 指一設行'[394]이라고 하여, 査陳이건 量田이건 간에 시급히 시행해야 할 것임을 요청하기도 하였다.

---

388)『備邊司謄錄』218, 純祖 30年 2月 1日, 22冊, p.113.
389)『備邊司謄錄』199, 純祖 9年 6月 20日, 20冊, p.86.
390) 註 386 참조.
391)『千一錄』6, 穀簿 14장.
392)『備邊司謄錄』196, 純祖 5年 9月 28日, 19冊, p.764.
393)『備邊司謄錄』203, 純祖 13年 8月 9日, 20冊, p.668.
394)『備邊司謄錄』214, 純祖 26年 7月 8日, 21冊, p.766.
　　 註 388의 자료 참조.

量田과 관련되는 田政의 폐단으로서 끝으로 부연해야 할 것은 농지의 경계·소유권분쟁이 적잖이 일어나고 있었던 점이다. 이는 賦稅行政 그 자체는 아니지만, 그 기초가 되는 문제로서 중요하였는데, 量田이 장기간 시행되지 않아서 일어나고 있는 문제였다. 量田이 오랫동안 시행되지 않으면 農地의 경계가 모호해지기도 하고, 토지의 소유권이 불분명해지기도 하는 까닭이었다. 이러한 현상은 民間人 상호간의 문제로서도 일어나고 宮房·政府와 民間人 사이에서도 일어나고 있었다. 그리고 이 같은 문제는 농민층의 宮房田 등에 대한 浸蝕으로서도 나타났지만,[395] 일반적으로는 宮房·政府·豪强들의 農民侵害로 나타나고 있었다.[396] 농지가 사실대로 파악되지 않으면 賦稅가 공평할 수 없었다. 그러므로 田政에서는 농지의 경계와 소유주를 항상 정확하게 파악할 필요가 있었다. 그것은 곧 量田의 문제, 즉 定經界하는 문제였다. 농지에서는 '使無爭訟 莫如量田'[397]이었다.

(3) 政府財政과 量田의 緊急性

田政의 폐단을 위와 같이 살피면 量田은 잠시도 지체할 수 없는 절실한 일이었다. 量田이 끊임없이 요청되는 이유였다. 더욱이 量田이 요청되는 사정은 이것만이 아니었다. 그 밖에도 그러한 사정은 또 있었다. 그것을 우리는 두 가지 점에서 생각할 수 있다.

그 하나는 大典上의 정규 結稅 외에도 結斂이 점점 더 늘어나고 있었던 점이다. 지방관청에서 재정사정으로 民間收斂이 필요할 때마다 結斂·戶斂을 하였기 때문이었다.[398] 그 대부분은 아마도 雜役에 관련되는 것으로 생각된다. 雜役稅 結斂의 증가는 結稅 전반의 증가와 그 不均의 원인이 되고 있었다.[399] 그것은 定例가 있거나 없거나 마찬가지였다. 그리고 雜役이 民庫制로

---

395) 拙稿, '司宮庄土의 佃戶經濟와 그 成長'(改題, '司宮庄土에서의 時作農民의 經濟와 그 成長', 『朝鮮後期農業史研究』Ⅰ, 초판본, p.385 ; 증보판, p.468).

396) 『備邊司謄錄』180, 正祖 16年 5月 11日, 18冊, p.25.
    『備邊司謄錄』193, 純祖 2年 5月 26日, 19冊, p.442.
    『備邊司謄錄』186, 正祖 21年 7月 11日, 18冊, p.665.
    『日省錄』, 正祖 23年 3月 22日, 李光漢 所陳冊子.

397) 『日省錄』, 正祖 22年 12月 25日, 李仁榮 疏陳農務九條.

398) 『備邊司謄錄』188, 正祖 22年 10月 12日, 18冊, p.935.

399) 『備邊司謄錄』193, 純祖 2年 6月 23日, 19冊, p.457.

운영될 경우에도 마찬가지였다. 民庫의 民間收斂은 점점 더 늘어나고 있어서 이 시기 稅政의 커다란 폐단이 되고 있었다.[400] 그리고 이때에는 還穀이 부세화되고 있어서 民戶에 강제로 배정하고 있었는데, 民戶에 배정하기 불편할 때는 田結에다 배정하고도 있었다.[401] 이른바 結分·結還이었는데 이로 인해서는 結斂이 늘어나고 있었다. 그뿐만 아니라 이 무렵에는 結稅의 수납 과정에서 생기는 防納의 폐 또한 적지 않았는데,[402] 이 防納의 폐도 결국 結斂을 증가시키는 원인이 되고 있었다. 더욱이 純祖年間에는 18세기 초의 肅宗末年에 비하여 結所出, 즉 생산력이 저하되는 경향이 있기도 하였다.[403] 農民層의 結을 통한 稅의 부담은 한층 더 무거워질 수밖에 없는 것임을 뜻하는 것이었다. 그러므로 結에 대한 정확한 파악, 즉 量田의 필요성은 그만큼 더 커지고 있었다.

다른 하나는 정부의 歲入이 감소하고 있었던 점이다. 앞에서 보았듯이 이때의 稅政은 白地徵稅를 할 정도로 가혹한 것이었는데, 정부의 수입은 줄고 있었다. 歲入만으로는 歲出을 감당할 수 없게 되고 있는 것이었다. 이러한 현상은 純祖年間에 들면서 두드러지게 드러나고 있었다. 戶曹에서는 그것을

臣曹經用之入不當出 厥惟久矣 近年以來 歲匱月竭 幾至弩末竿頭之境[404]

이라든가, 또는

二年之入 幾不當一年之出 輒費區劃 僅以塗抹 前猶或然 今尤爲甚[405]

400) 拙稿, ‘朝鮮後期의 民庫와 民庫田’(『東方學志』23·24, 1980 ; 本稿 제6장).
401) 『備邊司謄錄』191, 純祖 卽位年 12月 17日, 19冊, p.265.
402) 『備邊司謄錄』204, 純祖 14年 閏 2月 25日, 20冊, p.781.
　　 『備邊司謄錄』210, 純祖 22年 11月 2日, 21冊, p.409.
　　 田稅의 收納 과정에 관해서는 다음 논문을 참조.
　　 李榮薰, ‘朝鮮後期 八結作夫制에 대한 研究’(『韓國史研究』29, 1980).
　　 金甲周, ‘朝鮮後期의 養戶’(『歷史學報』85·86, 1980).
403) 『備邊司謄錄』213, 純祖 25年 11月 21日, 21冊, p.711.
404) 『備邊司謄錄』208, 純祖 19年 12月 20日, 21冊, p.250.
405) 『備邊司謄錄』210, 純祖 22年 10月 16日, 21冊, p.395.

이라고 표현하고 있었다. 이러한 현상은 전에도 있었지만 近年에 이르러서 더욱 심해지고 있다는 것이었다. 18세기의 正祖年間에 비하여 19세기의 純祖年間에는 정부의 歲入減少가 만성화하고 있는 셈이었다. 純祖 22년에 있었던 戶曹判書 沈象奎의 보고를 보면 그 같은 사정을 쉽게 이해할 수 있다. 그의 보고에 따라 1776년(英祖 52년·丙申)에서 1797년(正祖 21년·丁巳) 까지의 戶曹의 歲入·歲出(用下)과 1800년(正祖 24년·庚申)에서 1821년 (純祖 21년·辛巳)까지의 그것을 비교하면 아래 주와 같다.[406] 이에 의하면 純祖年間에는 正祖年間에 비하여 歲入은 줄고 歲出은 늘고 있었다. 이는 歲入이 3.91% 감소하는 반면 歲出이 6.79% 증대하고 있음을 말해주는 것이었다. 正祖年間에도 歲入이 歲出을 따르지 못했지만, 純祖年間에는 그 폭이 더욱 넓어지고 있었다. 이러한 현상은 收稅實結數의 면에서 보더라도 분명하였다. 正祖年間에서 純祖年間에 이르면서는 收稅實結數가 줄고 있었다.[407] 政府歲入이 감소하고 있음을 반영하는 것이었다. 그리하여 그 결과로서는 戶曹에서 자주 '料祿不足'을 호소하게도 되고 있었다.[408]

　정부(戶曹)의 歲入 감소는 農地에 대한 稅政의 운영과 관련이 있었다. 戶曹의 財源은 아래(註 410)에 '經用財穀 皆出於土田常稅'라고 하였듯이 주로 농지로부터의 稅收入이기 때문이었다. 그리고 이 같은 稅政 가운데서도 특히 歲入의 多寡를 좌우하는 것은 陳雜頉과 還起를 잘 파악하고 災結에 대한

---

406) 『備邊司謄錄』 210, 純祖 22年 10月 16日, 21冊, p.395.

正祖·純祖年間의 歲入·歲出比較

年　　度	歲入總計	歲出總計	不　足
1776~1797	14,402,375兩	18,971,604兩	4,569,229兩
1800~1821	13,839,140	20,259,522	6,420,382
	−563,235	+1,287,918	+1,851,153

※ 이 數는 土田常稅를 주로 하며 金銀木布는 포함되지 않는다. +는 增, −는 減이다.

407) 麻生武龜, 『朝鮮田制考』, 附錄 結數表, 第一表 出稅實結數에서는 「度支田賦考」에 의하여 收稅實結數의 一覽表를 작성하고 있으므로 그 大勢를 파악할 수 있다.

408) 『備邊司謄錄』 210, 純祖 22年 10月 16日, 21冊, p.394.
　　『備邊司謄錄』 211, 純祖 23年 2月 16日, 21冊, p.445.
　　『備邊司謄錄』 220, 純祖 32年 10月 11日, 22冊, p.332.
　　『備邊司謄錄』 221, 純祖 33年 10月 5日, 22冊, p.442.

給災를 되도록 정확하게 하는 일이었다. '歲入多寡 專在於土地之荒闢 災政之
精濫'[409]이라고 하였음은 바로 그러한 사정을 말해주는 것이다. 그런데 이 무
렵의 稅政은 이 같은 문제가 정확하게 처리되지 못하고 있었다. 陳雜頉에서
新起實結을 査覈하지 못하는 것은 말할 것도 없고, 새로운 免稅田이 늘어나
고 있었으며, 災結 또한 正祖年間에 비하여 늘어나고 있었다.[410] 이는 결국
陳田還起된 實結의 隱結化와 俵災의 不均, 따라서 탐관오리 奸鄕猾胥의 國
稅偸食을 막지 못하고 있음을 뜻하는 것이었다.[411] 이같이 누락되는 結을 국
가 原結의 10分의 2, 3으로까지 보는 견해도 있었다. 淸安縣에서는 時起結
이 1,329結 8負였는데, 査起結 238結 83卜 6束을 찾아내어 도합 1,567結
91卜 6束이 되고 있었음은 그러한 예가 되는 것이겠다.[412] 그리하여 그 결과
歲入은 줄고 政府財政은 어려워지고 있었다. 이러한 문제를 해결하는 방법
은 量田이나 査陳이었다. 그것은 앞의 隱結 부분에서 이미 언급한 바와 같
다. 政府財政을 생각하더라도 이 시기에는 量田의 시행이 절실하게 요청되는
긴급한 문제였다.

2) 量田策의 推移와 社會的 葛藤

田政의 폐단을 시정하기 위해서 量田이 필요하다면 이를 적극적으로 추진
하고 시행하지 않으면 안 되었다. 피해를 받는 농민층을 위해서도 그렇고 정
부재정을 위해서도 그러하였다. 朝鮮王朝는 田政의 공정한 운영을 위해서
20년 1改量의 원칙을 제정하고 있었으므로, 量田을 하는 것이 어떤 혁신적
인 조치를 취하는 것은 아니었다. 그것은 다만 釐正經界함으로써 '公無漏稅

---

409) 『備邊司謄錄』 184, 正祖 20年 11月 3日, 18冊, p.536.
410) 『備邊司謄錄』 210, 純祖 22年 10月 16日, 21冊, p.395.
　　　經用財穀 皆出於土田常稅 而以言乎實結 則在法典 應爲收還者 幷皆仍置 而庚申
　　以後新免稅 又爲二千八百六十八結 是則地不加闢 而費則愈廣也 以言乎災結 則庚申
　　至辛巳劃下 合爲一百三十九萬六千一百九結 而試比丙申至丁巳劃下 亦加二十五萬
　　九千五百九十四結 是則年非偏荒 而稅則常縮也 若此不已 免稅與災頉之外 將無餘結
　　可資國用矣
411) 『備邊司謄錄』 199, 純祖 9年 6月 14日, 20冊, p.83.
412) 『日省錄』, 正祖 23年 6月 2日, 崔演重 農書冊子.
　　　「淸安縣三政捄弊節目」 丁巳 9月 日.

民無寃納', '公而無漏稅之患 私而絶白徵之弊'하려는 것이었다.[413] 이는 田政을 규정대로 정상적으로 운영하는 것 외에 아무 것도 아니었다. 그런데 그러한 量田을 이때에는 여러 가지 사정 때문에 시행하지 못하고 있었다. 肅宗 己亥·庚子量田에서 正祖末年까지면 80년, 純祖 20년까지면 100년이 되는데 全國的 또는 全地域的인 量田은 안 되고 있었다. 量田의 논의가 없었던 것이 아니라, 그러한 논의와 시도는 많았으나 실현되지 못하고 있었던 것이다. 그리하여 철저한 量田이 없는 가운데 기술한 바와 같은 田政의 폐단은 심화되고, 그것은 三政紊亂 전체와도 관련하여 사회혼란의 요인이 되고 있었다. 그리고 그것은 純祖年間에 이르러서는 광범한 농민항쟁으로까지 확대되었다. 그러므로 正祖·純祖年間에 정부에서는 田政의 폐단을 釐正하는 문제, 즉 量田問題를 좀더 진지하게 검토하고 추진하지 않으면 안 되었다.

(1) 部分 改量田과 査陳의 施行

이때 講究되고 그 시행을 시도하였던 量田의 방법에는 두 가지가 있었다. 그 하나는 改量이고 다른 하나는 査陳이었다. 전자는 一般量田으로서 특히 폐단이 심한 郡縣에 대하여 모든 地目의 농지를 陳起를 막론하고 다시 逐庫改量田하는 것이고, 후자는 陳田만을 찾아내어 改量田하는 것이었다. 前者는 규모가 큰 것이고, 후자는 규모가 작은 것이었다. 이때에는 그것을 흔히 '大則改量 小則査陳'[414]이라고 표현하였다. 그리고 그것을 좀더 구체적으로 설명하여서는 '量田之法 大則曰改量 小則曰査陳也 盖並量陳起 改定彊理之謂改量也 先從陳處 更査虛實之謂査陳也'[415]라고도 하였다. 査陳이 改量과 다른 점은 起耕田은 손대지 않는다는 점이었다. 그러나 그러면서도 兩者는 '大則改量 小則査陳然後 田制可均 公稅可整'[416]이라고 하였듯이, 모두 賦稅를 공평히 하려는 것이라는 점에서 공통되고 있었다. 그런 점에서 査陳이 비록 改量보다

---

413) 『備邊司謄錄』179, 正祖 15年 11月 10日, 17冊, p.895.
    『備邊司謄錄』206, 純祖 17年 12月 4日, 21冊, p.71.
414) 『備邊司謄錄』193, 純祖 2年 6月 1日, 19冊, p.446.
    『備邊司謄錄』195, 純祖 4年 5月 25日, 19冊, p.649.
    『備邊司謄錄』203, 純祖 13年 8月 9日, 20冊, p.668.
415) 『備邊司謄錄』201, 純祖 11年 3月 15日, 20冊, p.292.
416) 『備邊司謄錄』204, 純祖 14年 2月 11日, 20冊, p.764.

규모가 작은 量田이기는 하였지만, '大抵 査陳之法 無異於量田 其政不輕'[417] 이라고 하여, 그 의의를 결코 가볍지 않은 것으로 이해하고 있었다.

量田에 관한 이 같은 두 방법 가운데서 어느 것을 채택하여 量田事業을 추진시켜 나갈 것인가 하는 문제는 그때그때의 사정에 따라 달랐다. 혹은 査陳을 부분적으로 시도하기도 하고, 혹은 改量을 부분적 또는 거국적으로 시도하기도 하였다. 그러한 가운데 純祖 20년 이전의 正祖·純祖年間에는 査陳과 改量을 부분적·점진적으로 수행할 것을 시도하였으며, 純祖 20년에는 量田을 거국적 사업으로 수행할 것을 시도하였다. 이른바 庚辰量田이었다. 앞에서 量田의 논의와 시도가 많았다고 한 것은 바로 이 같은 査陳과 改量의 부분적·점진적 수행에 관한 것이었다. 正祖·純祖年間의 이 같은 量田 수행에 관한 방침은 이미 正祖初期부터 확립되고 있었다.

正祖初期에 정부가 田政釐正을 위한 量田方案으로서 먼저 커다랗게 내세운 것은 점진적인 査陳策이었다. 이는 正祖 3년 11월의 일로서, 量田에 관한 논의가 많이 있는 가운데,[418] 새로 임명된[419] 領議政 徐命善과 左議政 洪樂純이 제기하고 정부에서 논의 결정하였다. 그들이 제기한 査陳의 방안은 守令親査의 방법이었다.

使道臣專委守令 一馬二僮 簡其威儀 出入山野 親履畎畝 一則勸課農桑 一則詳察陳起 一日二日 不殫勞勣 稍過四五朔 雖大邑亦可盡察 一境陳起 瞭然於目中 然則無量田之弊 而有量田之實 兼有踏驗災實之效[420]

라고 한 것은 그것이었다. 즉 수령이 친히 一馬二童으로 山野를 출입하며 勸農도 하고 陳起를 詳察하면 大邑이라도 4, 5朔 안에 끝낼 수 있어서, 量田의 폐가 없이 量田의 實을 거둘 수 있고, 아울러 踏驗災實의 효과도 얻을 수 있

---

417) 『備邊司謄錄』 204, 純祖 14年 2月 11日, 20冊, p.764.
418) 『備邊司謄錄』 159, 正祖 2年 9月 5日, 15冊, p.639.
    『備邊司謄錄』 160, 正祖 3年 3月 29日, 15冊, p.715.
    『備邊司謄錄』 160, 正祖 3年 10月 17日, 15冊, p.780.
419) 『正祖實錄』 卷 8, 正祖 3年 9月 庚戌, 45冊, p.125.
420) 『備邊司謄錄』 160, 正祖 3年 11月 7日, 15冊, p.790.

다는 것이었다. 그가 이러한 방안을 제기한 것은, 改量은 없을 수 없는 것이
지만, 그 방법이 잘못되면 그 미치는 폐단이 크다는 데서였다. 많은 大臣들
도 같은 생각을 하고 있었다. 改量을 하려는 것은 田品(等數)을 조정하려는
것인데 그 결과는 得失이 별로 없다는 점을 지적하기도 하고, 改量을 一時並
擧로 하려면은 財力이 미치지 못하고, 점진적으로 하면 그 효과를 기대할 수
없다는 점을 지적하기도 하였다. 더욱이 改量을 하려면 반드시 4, 5년 전부
터 미리 준비해야 한다는 점을 강조하기도 하였다. 그리하여 이러한 논의 결
과 正祖는 査陳方案을 확정하고 '以此 自備局膽關各道 使之實心擧行'케 하는
지시를 내리게 하였다.[421]

그러나 이러한 조치를 유일한 量田方案으로서 채택하고 시행해 나간 것은
아니었다. 이에 이어서는 곧 改量策 또한 채택하지 않으면 안 되었다. 정부
에서는 영의정 徐가 교체되고 좌의정 洪이 削奪黜送되는 가운데,[422] 改量策
채택의 불가피성을 강조하는 견해가 있었기 때문이었다. 正祖 4년 정월에
校理 李儒慶, 副修撰 柳孟養 등은 田政紊亂을 논하고 이를 釐正하기 위해서
는 改量이 있어야 할 것임을 강조하였다. 그들은 그것을 점진적 改量策으로
서 건의하였다. 그 방법은

令各道道臣　擇其道內之習於田政者數三人　及其收穫先試之　待其善成　移行他邑
則庶見其效[423]

케 하자는 것이었다. 量田을 道臣에게 일임하여 점진적으로 시행해 나가려
는 방법이었다. 新任의 영의정 金尙喆은 이를 타당하게 여겨 정부에서 논의
하였다. 그리고 道臣으로 하여금 '先察其不可不改量之邑 漸次設施'[424]케 하는
漸進的 改量策을 채택 시행해야 할 것임을 국왕에게 건의하였으며, 국왕도
이를 허락하였다. 그뿐만 아니라 9월에는 北路田政의 문란이 막심하여 '若行
査陳 則實結反漏 必也改量 然後方可有實效'[425]라는 강경한 견해가 나오기도

---

421)『備邊司膽錄』160, 正祖 3年 11月 7日, 15冊, p.791.
422)『正祖實錄』卷 9, 正祖 4年 正月 甲申, 丁亥, 45冊, pp.145~146.
423)『備邊司膽錄』161, 正祖 4年 正月 11日, 15冊, p.808.
424)『備邊司膽錄』161, 正祖 4年 正月 17日, 15冊, p.810.

하였다. 改量이 아니면 田政釐正이 안 된다는 주장이었다. 그리하여 정부에서는 이 문제를 다시 논의하고 국왕의 결재를 받음으로써, 諸道量田事는 그곳 道臣이 재량껏 거행하되, '察其緩急 從長設施'[426]하는 점진적 改量策으로서 수행할 것임을 재확인하였다.

  그 후에 취한 量田施策은 이 같은 두 방안을 그때그때 형편에 따라 적용하는 것이었다. 正祖 8, 12, 14년의 시책은 그 두드러진 조치였는데, 이때의 정부는 北關地方의 量田問題와 관련하여 改量方案을 결정 지시하고, 그 밖의 다른 道에 대해서도 같은 지시를 내렸다.[427] 특히 14년에는 그 着手形止를 狀聞케 하는 적극성을 보이기도 하였다. 量田이 필요하고 그 요청이 있을 때는 그 후에도 이 같은 조치를 계속 취했다. 그러나 그러한 가운데 正祖末年에 이르면서는 査陳에 대한 요청이 늘어났고, 따라서 정부에서는 査陳方案도 또한 지시하게 되었다. 査陳이라고 특별히 큰 효과가 있을 것으로 생각하는 것은 아니었지만, 이를 원하는 지방에 대해서는 그 시행을 지시하였다.[428] '任其便宜 責其成效'[429]케 하려는 것이었다. 正祖年間에는 改量과 査陳을 당해 지방의 희망에 따라 선택케 하고 있었던 것이다. 純祖年間에 들면서는 이 같은 두 방안이 하나로 종합되면서 量田의 시행이 촉구되었다. 純祖 2년부터의 일로서 道臣守令으로 하여금 그곳 사정을 잘 의논해서, '大則改量 小則査陳'하되 '改量査陳 從便擧行 漸次釐正'토록 하는 조치였다.[430] 그리하여 그 후의 量田은 혹은 改量으로도 행해지고 혹은 査陳으로도 행해졌다.

---

425) 『備邊司謄錄』161, 正祖 4年 9月 20日, 15冊, p.894.
426) 同上.
427) 『備邊司謄錄』167, 正祖 8年 11月 30日, 16冊, pp.554~556.
   『備邊司謄錄』172, 正祖 12年 正月 9日, 17冊, p.37.
   『備邊司謄錄』176, 正祖 14年 5月 2日, 17冊, p.574.
   『備邊司謄錄』177, 正祖 14年 8月 17日, 17冊, pp.632~633.
428) 『備邊司謄錄』188, 正祖 22年 10月 12日, 18冊, p.936.
   『備邊司謄錄』191, 正祖 24年 5月 22日, 19冊, p.217.
429) 『備邊司謄錄』187, 正祖 22年 正月 11日, 18冊, p.767.
430) 『備邊司謄錄』193, 純祖 2年 6月 1日, 19冊, p.446.
   『備邊司謄錄』193, 純祖 2年 6月 12日, 19冊, p.453.

이러한 과정을 거치면서 적지 않은 지방에서 改量이나 査陳이 행해졌다.
改量을 요청하는 곳이 있을 때는 정부는 그것을 허락하고, 다른 지방에서도
그렇게 해주기를 희망했다.[431] 그리고 改量이나 査陳을 하는 곳에서는 실제
로 田政의 폐단을 제거하는 데 일정한 성과를 거두기도 하였다.[432] 그러나 改
量과 査陳이 반드시 효과적인 것만은 아니었으며, 그러한 改量과 査陳이 別
無效果인 경우는 고사하고,[433] 또 다른 폐단을 몰고 오는 경우도 적지 않았
다.[434] 지방수령에게 일임한 結負制的인 量田이 잘 되기만을 기대하는 것은
무리였다. 그것은 이 무렵의 量田制가 지니는 커다란 한계였다. 茶山이 말하
였듯이, 結負經田法은 법 자체가 未善하였으므로,[435] 그러한 현상이 일어나
는 것은 필연적일 수밖에 없었다. 더욱이 그러한 정도의 量田이나마 시행하
지 않은 곳이 더욱 많았다. 量田의 논의가 있을 때마다 改量이나 査陳에 관
한 朝令은 거듭 내려갔지만, 이러한 시달이 지방에서는 실천에 옮겨지지 않
고 있었다. 그러므로 정부에서는, 結負制를 그대로 두고 田政의 폐단을 釐正
하려 하는 한, 量田問題에 관하여 새로운 대책을 강구하지 않으면 안 되었

---

431) 『備邊司謄錄』189, 正祖 23年 9月 4日, 19冊, p.69.
　　　答校理趙弘鎭疏曰 …… 經界之政 民事中大者 況康津田政之爲民弊 爲尤於道內 而
其所量之之方 爾亦詳陳 依所請許施 俾卽爲之 外此最弊十數邑之一體改量當否 一委
之道伯
　　　『備邊司謄錄』192, 純祖 元年 正月 7日, 19冊, p.275.
　　　『備邊司謄錄』197, 純祖 6年 正月 7日, 19冊, p.789.
432) 『歧陽文籍』庚申 8月 日, 量田事.
　　　「清安縣三政捄弊節目」丁巳 9月 日.
433) 『備邊司謄錄』197, 純祖 6年 10月 20日, 19冊, p.856.
　　　改量修籍事 前此亦旣屢試 而未見顯效 盖緣未得要道之致也
　　　『備邊司謄錄』205, 純祖 16年 4月 26日, 20冊, p.923.
　　　往在先朝筵中 屢發此議 而只使可行處 若而邑行之 未見其效 旋復止之
434) 가령 改量에서 公正을 缺한 增卜 結總의 增加는 그 예이겠고(註 332 참조), 査
陳에서 起耕으로 査覈한 것이 곧 仍陳田이 되는 것도 그 예이겠다(『備邊司謄錄』
191, 正祖 24年 5月 22日, 19冊, pp.216~217). 그러나 무엇보다도 '査陳 憑公
營私 使民稱寃', '名以改量 反爲營私之端 徒添號寃之弊'(『備邊司謄錄』199, 純祖 9
年 正月 10日, 20冊, p.4)라고 하였듯이, 査陳이나 改量을 빙자하여 私利를 圖謀
하는 守令이나 吏屬이 많았음은 큰 문제였다.
435) 『經世遺表』卷 6, 地官修制 田制 6, 邦田議, 『全書』下, p.116.
　　　『牧民心書』卷 10, 戶典 田政, 2冊, p.1, 6.

다. 서북지방에서 일어난 농민항쟁·농민전쟁을 겪고 난 후에는 특히 그러
하였다. 그러한 대책은 一時並擧의 전국적 또는 전 지역적 量田일 수밖에 없
었다.

(2) 全國的 量田의 試行과 挫折

　전국적 量田의 논의가 있었던 것은 純祖 19년 9월이었으며, 이를 제기한
것은 그보다 앞선 8월 徐龍輔 領相 휘하의 護軍 李止淵이었다. 그는 호남·
호서·전국에서 나타나는 田政紊亂과 그로 인한 民의 受弊 및 이에 따른 국
가의 受害를 논하고, 따라서 국가가 존립하기 위해서는 民이 보존될 수 있는
量田이 필요하다는 것을 논리 정연하게 설명했다.[436] 그리고 그런 점에서 田
政에서 目下急務는 量田이라는 점을 지적하고 ‘先自兩湖而亟行改量 不計久
速 惟務精詳 他餘諸路 次第倣行’[437]할 것을 건의하였다. 이는 領相의 뜻이기
도 하였다. 그리하여 領相은 이를 계기로 量田의 불가피성을 극구 강조하고
量田施行 문제를 정부에서 논의케 하였다. 제1차 토론이었다. 政府諸臣들의
의견도 원칙적으로는 이를 모두 찬성하는 편이었다. 그들은 당시의 田政이
‘田賦紊亂 隱漏居多’(金履陽 발언)하다든가, ‘時起之實總 逐年見縮 而白徵之
民寃 到處入聞’(李義甲 발언)하는 것으로 이해하고 있었으며, 量田을 한 지
백 년이나 지나고 있어서 田政은 ‘陳起互換 虛實相蒙 民賦有白徵之寃 國計有
日縮之歎 …… 徵賦徵稅之際 無以憑據’(李存秀 발언)한 실정이 되고 있는 것
으로 파악하고 있었다.[438] 더욱이 20년 1改量은 法典上의 규정이었다. 그러
므로 量田의 시행에 이론을 제기할 사람은 없었다. 이조판서 李存秀는 재정
대책을 말하기도 하고, 우의정 南公轍은 전국적 量田의 시행방법을 제안 설
명하기도 하였다. 역사적 경험으로 보아 전국적 量田에는 ‘差遣均田使 一時
並量’하는 경우와 ‘監司守令 先就尤甚諸邑 漸次改量’하는 경우가 있었는데,
이번에는 후자의 방법으로 幾年을 한하여 전국을 量田토록 하자는 것이었
다.[439]

---

436)『純祖實錄』卷 22, 純祖 19年 8月 丙午, 48冊, p.152.
　　　註 475, 476 참소.
437) 同上.
438)『備邊司謄錄』208, 純祖 19年 9月 12日, 21冊, pp.210~213.

 그러나 그러면서도 전국적 量田을 시행하는 데는 문제가 없지 않다는 점도 지적하고 있었다. 만일에 일을 시작하기에 앞서 審思熟量하지 않으면 '竟無實效 徒致騷擾 則必當反貽民國之害'(韓用龜 발언)가 된다는 것이었고,[440] 또 量田은 단연 시행해야 할 일이지만, 그 시기와 방법을 잘 택하지 않으면 선의로 시작한 일도 결과가 반드시 善事가 되지는 않는다는 것이었다(金履陽 발언).[441] 韓用龜는 行判中樞府事였고 金履陽은 行知中樞府事였다. 그 가운데서도 후자의 발언은 量田愼重論의 한 표본이 되는 것이었다. 그는 量田을 원칙적으로는 찬성하면서도 지금은 財政·紀綱·民情 등으로 그 시기가 적당치 않다는 것을 지적하고 있었다. 그리하여 이날의 정부대신들의 논의에서는 量田問題는 가부간 결정을 보지 못한 채 연기되었다.

 이 문제에 대한 제2차 토론은 며칠 후에 다시 있었다. 이번에는 전번에 참석치 못한 時原任大臣들의 의견을 물었는데, 이 토론에서는 量田不可論이 정면으로 내세워졌다. 領中樞府事 李時秀는 量田의 기준을 '將以裕民 非爲增減'이라는 점에서, 그리고 量田 시행 여부의 기준은 '惟以民之便不便 時之可不可'여야 한다는 점에서, 지금은 民力·年事·紀綱·財用 등 면으로 보아 '此時此擧 恐非其時 務在靜而鎭之'라고 잘라 말했다.[442] 行判中樞府事 金載瓚도 같은 생각이어서 量田 三不可論을 조목조목 설명하고 지금은 量田을 시행할 시기가 아님을 말했다. 그것은 다음과 같았다.[443] 첫째 兩湖地方은 凶荒으로 民이 살기 어려운데 이제 量田을 하면 百奸層生해서 騷亂이 일어나고, 따라서 量田을 해도 田은 不均하고 民心은 離反하게 된다. 둘째 量田의 경비를 위해서 中外의 留貨를 取用하면 公家의 財用이 비고, 科外로 徵稅하면 裕民을 위한 사업이 病民하는 바가 된다. 셋째 天下國家를 均平히 하는 일은

---

439) 『備邊司謄錄』208, 純祖 19年 9月 12日, 21冊, p.211.
440) 同上.
441) 同上, p.211.
　　 慮善以動 動惟厥時 苟不能量時度勢措處得宜 則雖善政 亦不爲善政 以今財力之匱竭 紀綱之頹墮 民情之騷屑 有難保其畢竟善其事 則或反不如初無是事之爲愈
442) 『備邊司謄錄』208, 純祖 19年 9月 16日, 21冊, p.214.
443) 同上, p.214.
　　 『海石奏議』13冊, 量田議.

孔子조차도 三難의 하나로 삼았는데, 하물며 지금의 國綱民勢로써 이를 쉽게 보고 朝令夕行하려는 것은, 마치 平城의 圍를 풀지 않는 가운데 干戚舞를 추는 것과 같아서 매우 위험한 일이다.

  그에게 있어서 量田은 단순한 農地測量이 아니라 체제의 문제이기도 하였다. 그는 서북지방의 농민항쟁을 左相·領相의 위치에서 지배층을 지휘하여 진압했던 인물이며 이 시기 정치 실력자의 한 사람이었다. 그의 반대가 미치는 영향은 컸다. 좌의정 金思穆은 折衷案으로 舊臺帳의 字號·次第·田品·卜數를 그대로 둔 채 陳起만을 打量 査陳할 것을 제언하기도 하였다.[444] 大臣들의 의견이 통일되지 않는 가운데 이 문제는 더 연구해야 할 과제로 남겨졌다.

  量田問題에 대한 제3차 토론은 연말에 있었다. 行都承旨가 되어 있었던 李止淵이 그간의 反論을 재비판하는 것에서 시작되었다. 量田不可의 이유는 대략 紀綱已壞 財力大絀 饑饉未蘇 增賦有怨 靜鎭其時 등으로 표현되고 있었는데, 그는 이에 대하여 하나하나 비판함으로써 그것이 量田不可의 이유가 될 수 없음을 지적하였다. 기한이 촉박하다는 견해도 이유가 될 수 없음을 말했다. 그리하여 그는 정말로 道臣·守宰로 하여금 내년에 量田을 시행케 할 것이면, 今冬에 미리 各道에 지시하여 그에 대한 준비를 하도록 해야 할 것임을 강조하였다.[445] 諸臣들의 견해도 크게 다르지 않았다. 적극적인 量田不可論은 나오지 않았으며, 量田의 필요성은 강조되었다. 右相은 '失今不圖 漸至難言之境'일 것이라고까지 말하였다.[446] 吏判은 量田을 안 할 것이면 몰라도 할 것이면 제반조치를 開春 전에 취해야 할 것임을 촉구했다. 토론은 흡족하게 의견통일을 본 것은 아니지만, 不可論 측이 묵묵불언하는 가운데 量田論으로 기울어진 셈이었다. 그리하여 좀 불안한 가운데 국왕은 量田問題에 관하여 다음과 같이 결론을 내리게 되었다.

  僉議皆以委之方伯·守令爲便 然則八路不必一時並擧 先自兩南試之爲好 自廟堂

---

444) 『備邊司謄錄』 208, 純祖 19年 9月 16日, 21冊, p.215.
445) 『備邊司謄錄』 208, 純祖 19年 12月 12日, 21冊, pp.246~247.
446) 同上, p.248.

知委該道 講究方略 啓聞[447]

즉, 量田은 各道의 方伯·守令으로 하여금 지휘 감독해서 道 단위의 점진적 전국적 量田으로 수행하되, 兩南(경상도·전라도)에서 먼저 試量을 하며, 그러기 위해서는 그 지방에 지시해서 量田을 위한 방략을 강구 보고토록 하라는 것이었다. 量田施行의 원칙은 이로써 결정된 셈이었다. 국왕은 이를 이듬해인 庚辰年(純祖 20년) 정월의 歲首勸農敎에서 재확인하였다.[448] 肅宗 己亥·庚子년의 量田에서 100년 만의 일이었다.

純祖 20년의 量田, 즉 庚辰量田(1820)은 이렇게 해서 兩南에서 먼저 試行케 되었다. 그 내용은 뒤에서 상론한다. 그러나 이 試行過程은 오래 계속되지 않았다. 量田을 위한 제반준비가 진행되는 가운데, 이를 중단케 하는 사정이 발생한 까닭이었다. 그것은 그동안 量田의 施行을 추진해온 領相 徐龍輔가 해임된 일이었다.[449] 더욱이 그간에는 갓 태어난 王子가 卒逝(5월 26일)하고 있어서 국왕의 적극성도 감소되고 있었다. 領相이 해임된 구체적 내막은 미상이지만, 이에 이어서는 全羅監司 李書九가 量田施行의 중단·연기를 건의하고 정부에서는 이를 받아들이고 있었다.[450] 그 이유는 饑民未蘇와 財源의 준비부족이었다. 그리고 곧 이어서는 영남 量田도 중지토록 하였다. 淸皇帝의 사망에 따르는 使臣往來에 많은 財力이 소요된다는 데서였다.[451] 그러나 그 후 이러한 사정들이 해소된 후에도 전국적 量田은 다시는 추진되지 않았다. 徐龍輔에 이어서 領相이 된 것은 韓用龜, 金載瓚 등이었다. 이때의 量田事業은 말하자면 量田에 대한 의견이 엇갈리면서 시기 또한 적당하지 못하여 중단되고 있는 것이었다. 그 후 정부에서는 이때의 사정을 '年前嶺湖之議量旋寢 非爲量之不可爲也 議或有岐 時適不便 識者尙以爲歎'[452]이라고 설

---

447) 『備邊司謄錄』 208, 純祖 19年 12月 12日, 21冊, p.249.
448) 『備邊司謄錄』 209, 純祖 20年 正月 2日, 21冊, p.254.
449) 『純祖實錄』 卷 23, 純祖 20年 6月 己亥, 48冊, p.162.
450) 『備邊司謄錄』 209, 純祖 20年 8月 2日, 21冊, pp.290~291.
451) 『備邊司謄錄』 209, 純祖 20年 8月 24日, 21冊, p.295.
452) 『備邊司謄錄』 214, 純祖 26年 7月 8日, 21冊, p.766.
　　　이때의 事情을 다른 곳에서는 구체적인 이유를 설명하지 않고, 다만 '年前量田之議 先從本道設施 而適値朝家有事 姑令停撤'(『備邊司謄錄』 210, 純祖 22年 11月 4

명하고 탄식하였다. 그리하여 전국적 量田이 중단된 후에는 量田策은 다시 그 이전의 것으로 돌아갔다. 査陳과 改量을 願에 따라 부분적으로 시행하는 것이었다. 그것이 효과적으로 시행되지 못하였음도 예전과 마찬가지였다.

(3) 量田을 위요한 社會的 葛藤

量田은 지금까지 살펴온 바와 같이 농민층이나 국가에게 모두 필요하였다. 그럼에도 불구하고 量田을 제대로 시행하기는 어려웠고, 이를 시행하더라도 큰 성과를 올리지는 못하고 있었다. 그것은 어디에서 연유하는 것일까. 그것은 물론 그 사업의 시행에 관한 政府大臣들의 재원문제 시기문제를 둘러싼 견해차나 성의부족에서만 연유하는 것은 아니었다. 거기에는 좀더 근원적인 이유가 있었다. 그것은 量田問題에 얽힌 社會的 葛藤, 즉 이해관계의 대립 문제였다. 量田을 철저하게 시행하면, 어떤 계층은 공정한 稅를 부담하게 됨으로써 종전의 賦稅不均 때에 비하여 큰 德을 보지만, 어떤 계층은 그와 반대로 종전의 賦稅不均에서 누리던 이득을 상실하게 됨으로써 큰 타격을 받도록 되어 있었다. 量田의 시행에 관한 찬반이 엇갈리는 것은 근본적으로는 이 같은 이해관계의 대립 때문이었다. 그러므로 田政釐正策으로서 量田이 지니는 의미를 이해하기 위해서는 量田問題에 얽힌 이 같은 대립관계를 좀더 분명하게 파악할 필요가 있겠다.

量田의 시행을 반대하고 量田을 시행하더라도 공정한 것이 되지 못하도록 하는 것은, 賦稅不均 田政紊亂의 상태에서 덕을 보고 있는 계층, 量田을 하지 않음으로써 이익이 있는 계층이었다. 그들은 이미 앞에서도 잠깐 언급하였듯이 豪右·富戶·强戶 등으로 불리는 鄕村社會의 유력자와 지방관청의 吏屬들이었다.[453] 이들은 鄕村社會의 지배층으로서 그 힘과 지위를 이용하여 賦稅不均 속에서 그들의 이익을 추구하고 있었다. 豪右·强戶들이 量田을 반대하는 사정은 많은 자료에서 볼 수 있다. 가령 正祖年間의 정부에서 量田

―――――――――――――

日, 21冊, p.426)이라든가, 또는 '量田一事 有年前廟議 適値有事而還寢'(『備邊司謄錄』215, 純祖 27年 3月 17日, 21冊, p.842)이라고 하고 있었다.

453) 鄕村社會의 有力者層에 관해서는 다음 논고를 참고.

管野修一, '李朝後期의 鄕所에 대하여'(『朝鮮史硏究會論文集』18, 1981).

李勛相, 「掾曹龜鑑의 編纂과 刊行」, 1981.

金弼東, 「朝鮮後期 吏胥集團의 組織構造」, 1982.

問題가 논의될 때

> 大抵經界不正 最關民害 量田之爲小民所同願 富戶所必沮 從古已然.
> 大抵量田之政 所謂民怨 皆出於豪右兼幷之類 傳播遠近 奔訴京鄕 必欲沮毁 而
> 疲殘小民 則雖或有寃有惠 無路及聞於朝家[454]

라고 하였음은 그 한두 예이다. 그들이 이와 같이 量田을 반대하는 것은 두 가지 점에서 量田이 그들에게 불리하였기 때문이었다. 그 하나는, 그들은 비옥한 농지를 소유하고 있으면서도 田品을 낮추어 輕稅를 내고 있었는데 量田을 하게 되면 그와 같은 田品等第에 변동이 있게 된다는 점이고,[455] 다른 하나는, 앞에서도 언급했듯이 그들은 '以起爲陳'이나 '欺隱'의 방법으로 脫稅하는 農地를 兼幷하는 바가 많았는데,[456] 量田을 하면 이 같은 사정이 드러난다는 점이었다.[457] 그리하여 지방에서 量田이 있을 때는 그들은 이로써 적발되는 것을 싫어하고(豪右苦其摘發),[458] 지방관으로 하여금 量田을 공정하게

---

454) 『備邊司謄錄』 176, 正祖 14年 5月 2日, 17冊, p.574.
　　　『備邊司謄錄』 180, 正祖 16年 6月 30日, 18冊, p.53.
455) 『備邊司謄錄』 208, 純祖 19年 9月 12日, 21冊, p.210.
　　　盖以量田者 小民之所大願 而强戶之所不願也 何也 小民之田 多瘠而稅重 强戶之
　　田 多沃而稅輕 一經改量 沃瘠歸正 而輕重互換 其願與不願之相懸 勢所然也
　　　『備邊司謄錄』 249, 哲宗 13年 閏 8月 23日, 25冊, p.855.
　　　結摠中 富豪之好庄歇卜 窮民之薄土重卜 自打量之初 勢力不侔 顚倒若是
　　　『受敎輯要』, 新補受敎輯錄 戶典 量田, p.303.
　　　量田中 土品高下 繩尺伸縮 最是大段緊要之節 而土豪富輩 行賂用奸 品好之地 務
　　從輕歇 賤民無勢之類 以其不得行賂之故 雖是瘠薄之田 執負過多 民怨之朋興 專由
　　於此
　　　『景宗修正實錄』 卷 1, 景宗 卽位年 10月 己亥, 41冊, p.337.
　　　己亥改量 …… 朝廷徒慕均田之名 而不求均田之實 觀察使郡守縣令不得其人 使奸
　　鄕猾吏之輩 從中用事 勢家之田 置於下等 窮民之田 置於上等 虛僞相蒙 奸弊百出
456) 前節 田政폐단의 隱結・漏結부분 참조. 그리고 다음 記錄도 그 좋은 예가 되겠다.
　　　『受敎輯要』, 新補受敎輯錄 戶典 量田, p.303.
　　　結負欺隱之弊 多出於土豪
457) 『備邊司謄錄』 179, 正祖 15年 11月 10日, 17冊, p.894.
　　　備邊司에서는 이와 관련하여 量田에서 수행할 사항을 '豪右兼幷 奸吏幻匿 若能嚴
　　搜明剔 屬之於公 ……'이라고 말하고 있었다.
458) 『純祖實錄』 卷 22, 純祖 19年 8月 丙午, 48冊, p.152.

하지 못하도록 行賂用奸하였으며, 다만 책임을 면하기 위한 성의 없는 量田
을 하게 만들었다. 그리고 그 결과는 그들에게 유리한 量田이 되도록 하였
다.[459]

　지방관청의 吏屬들이 量田을 환영하지 않은 것도 같은 이유에서였다. 그
들은 당연히 정부의 收稅結이 되어야 할 농지를 隱匿해서(隱結·漏結) 중간
에서 偸食하는 바가 많았는데,[460] 量田이 철저하게 시행되면 이 같은 농지가
발각되는 까닭이었다. 그들이 中間偸食하는 國結은 地方豪右層이 兼幷하는
토지와 그 비중에서 다를 바가 없었다.[461] 그러므로 이 시기의 量田의 한 목
표는 豪右層의 兼幷과 함께 이 같은 吏屬들의 隱匿地를 찾아내는데 있는 것
이기도 하였다. 가령 田政의 폐단을 제거하기 위해서 量田의 시행을 건의하
는 論者들이 '吏鄕之漏結隱結等許多作奸 …… 亟行量田之政 然後可除此弊'[462]
라든가, 또는 '今若量田苟善 則 …… 隱漏者覈而吏奸不肆'[463]라고 한 것이 그
것이었다. 물론 이들은 官屬이므로 정부에서 시행하는 量田事業을 정면으로
반대할 수는 없었다. 그들의 반대는 방해, 즉 量田에 편승하여 奸僞를 자행
함으로써 量田이 그들의 이익을 박탈하지 못하도록 하는 것이었다. 그리하
여 보통 量田에서는 量田을 하더라도 '土豪之兼幷 猾胥之隱匿 有難盡察'[464]케
되는 것이 또한 흔한 일이었다.

　鄕村社會의 유력자와 吏屬들이 이와 같이 量田을 반대하고 그것을 방해하
고 보면 量田은 성공하기가 어려웠다. 量田의 성패는 이들을 어떻게 통제하
느냐에 달려 있는 것이기도 하였다. 이 시기의 量田은 量田 그 자체만으로서
도 어려운 점이 있었는데, 그 밖에 量田을 운영할 人員과 방해하는 階層까지
도 신경을 쓰지 않으면 안 되도록 되어 있었다. 그리고 이 시기에는 그것이

---

459)『備邊司謄錄』180, 正祖 16年 6月 30日, 18冊, p.53.
　　　今聞量田諸邑 必以減結爲事 盖減結 則豪右之頌聲 可以沽譽 公結之欠縮 無關自
　　己故也 如此則不如初不量田之爲愈
460)『備邊司謄錄』208, 純祖 19年 12月 12日, 21冊, p.247.
461) 註 388, 457 참조.
462)『備邊司謄錄』196, 純祖 5年 9月 28日, 19冊, p.764.
463)『備邊司謄錄』208, 純祖 19年 12月 12日, 21冊, p.246.
464)『備邊司謄錄』208, 純祖 19年 9月 16日, 21冊, p.215.

제대로 되지 않고 있었다. 지방수령에게 일임하는 量田일 경우는 특히 그러하였다. 지방수령에게는 그 지방의 지배층 유력자를 조정 제압하고 중앙의 田政釐正策, 즉 量田策을 공정하게 수행해 나갈 만한 능력이 없었다. 그럴 만한 인물이 전혀 없지야 않았겠지만 흔치 않았다. 그러므로 이 시기의 量田 問題는 능력 있는 守令을 얻는 문제, 즉 得人의 문제였으며, 따라서 量田시 행이 안 되는 이유를 흔히 '盖由於難其人'이라든가 '守宰每難得人', '人材之難 於求得'에 있는 것으로 돌리기도 하고,[465] 量田을 '得人而後 田可以量'이라든 가 '量田之政 唯先得人 乃可議也' 또는 '如欲改之 必先得人 然後始可議到'라 고 하여,[466] 量田을 수행할 사람(適格者)을 얻은 후라야 비로소 그것을 행할 수 있는 것으로 단언하기도 하였다. 그리하여 量田은 '守令不得人 田亦不可 量'이라든가, 또는 '邑不得人 則不如不改量'이라고 하여,[467] 능력 있는 수령을 얻지 못하면 그것을 할 수 없거나 또는 안 하는 것만 같지 못하다고도 말하 고, '若有守令之可以行者 得人以任 則亦不必斷以爲不可行矣'[468]라고 하여, 그 러한 수령을 얻을 수 있다면 量田을 반드시 행할 수 없는 것으로 단정할 필 요는 없는 것이라고도 하였다.

守令이 吏屬이나 그 고장 유력자를 통제할 수 없다는 것은 통치력 기강의 문제였다. 통치력이 약하고 기강이 확립되어 있지 않은 데서 오는 현상이었 다. 中世國家의 地方統制는 본시 그럴 수밖에 없는 것이기도 하였다. 그래서 量田不可論을 말하는 사람들은 흔히 '紀綱不立'을 그 이유로서 들곤 하였다. 紀綱이 不立하면 田政이 제대로 운영될 수 없었다. 그래서 量田問題에 紀綱 不立 현상이 일어나면 吏鄕이나 유력자의 貪汚狡猾과 民生의 益困이 가중하 게 마련이었다. 純祖 19년의 量田論議에서 李止淵이 '近年以來 奸僞漸滋 生

---

465)『備邊司謄錄』167, 正祖 8年 11月 30日, 16冊, p.554.
　　『備邊司謄錄』172, 正祖 12年 正月 9日, 17冊, p.37.
　　『備邊司謄錄』208, 純祖 19年 9月 12日, 21冊, p.210.
466)『備邊司謄錄』199, 純祖 9年 6月 20日, 20冊, p.86.
　　『牧民心書』卷 10, 戶典 田政, 2冊, p.9.
　　『備邊司謄錄』205, 純祖 16年 4月 26日, 20冊, p.923.
467)『備邊司謄錄』183, 正祖 20年 3月 8日, 18冊, p.401.
　　『備邊司謄錄』190, 正祖 24年 2月 23日, 19冊, p.153.
468)『備邊司謄錄』205, 純祖 16年 4月 26日, 20冊, p.923.

靈益困 而貪汚無懲 狡猾無忌 此所謂紀綱之壞也'[469]라고 한 것은 바로 그것이었다. 그리고 李存秀가 또한 紀綱不立 문제를 논하여 '爲守令者 能則奸弊不售 田隨以均 否則奸弊日滋 田不得均'[470]이라고 한 것도 그것이었다. 기강의 확립, 따라서 賦稅不均을 제거하는 일은 수령이 能할 때에만 가능하였다. 그런데 이 시기에는 紀綱不立이 오히려 일반적이었으며, 따라서 앞에서 이미 언급한 바와 같이 量田을 해도 '未見其效' '未見顯效'하는 것이 보통이었다. 더욱이 純祖年間에 들어서는 紀綱不立 奸僞百出의 현상이 前朝에 비하여 점점 더 심화되고 있어서, 정부에서는 量田을 강제적으로 행할 수는 없는 것이라고까지 생각하였다.[471]

　量田이 이와 같이 통치력이 미치지 못하는 데 있는 것이라면, 이는 量田制와 통치질서 자체에 문제가 있는 것이 아닐 수 없었다. 행해질 수 없는 제도를 제정해 놓고 그것을 행하려 하며 통제할 수 없는 吏屬을 구사하여 정치를 하려는 것이었다. 그리하여 이 시기에는 結負制에 입각한 量田制를 전면적으로 비판하는 소리가 나오기도 하고, 吏胥層에 대한 대책은 말할 것도 없고 나아가서는 국가기구 전반을 개편하려는 연구가 나오게도 되었다. 전자는 結負法을 頃畝法으로 개정하라는 논의,[472] 그리고 후자는 實學者, 특히 茶山의 『經世遺表』 편찬을 생각하면 좋을 것이다. 그러나 이때에는 이러한 문제들이 정부 정책상에 반영되기는 더욱 어려운 일이었으며, 따라서 舊來의 量田制度는 그대로 존속하는 가운데 賦稅의 불공평, 이해관계의 대립이 계속되었다. 그뿐만 아니라 지방의 有力者를 통제하는 문제는 한층 더 어려운 일이었다. 정부에서는 그들을 '黑笠者土崩說'과도 관련하여 두려워했으며, 차라리 민심을 잃을지언정 '均天下'를 적극적으로 실현하려고까지는 하지 않았다.

---

469)『備邊司謄錄』208, 純祖 19年 12月 12日, 21冊, p.246.
470)『備邊司謄錄』208, 純祖 19年 12月 12日, 21冊, p.249.
471)『備邊司謄錄』205, 純祖 16年 4月 26日, 20冊, p.923.
　　改量之論 匪今斯今 明知其改則有效 不改則滋弊 而 …… 到今事勢之難 比前尤加 不可以强而行之
472)『備邊司謄錄』201, 純祖 11年 3月 18日, 20冊, p.302.
　　拙稿, '茶山과 楓石의 量田論'(『韓國史硏究』11, 1975 ; 本書 제 I 편 所收).

3) 庚辰「量田事目」의 分析

(1)「量田事目」의 作成과 그 目標

正祖·純祖年間의 量田은 앞에서 살핀 바와 같이 여러 가지 방책이 있었으나 그 어느 것을 막론하고 제대로 시행되지 못하고 있었다. 量田을 둘러싸고 사회적 갈등관계가 있었기 때문이다. 그것은 郡 단위의 査陳이나 改量에서도 그렇고 전국적인 量田에서도 그러하였다. 量田이란 본시 그러한 난관을 뚫고 이를 강행함으로써 賦稅를 均平히 하는 것이 목표가 되는 것인데, 이 시기의 정부는 그와 같은 사업을 추진하는 데 소극적이었다. 당시의 정부에게는 量田을 반대하는 세력·여론을 억제할 만한 힘이 없었던 탓이기도 하고, 정부의 지배층 자신이 그러한 사회계층에 속하는 까닭이기도 하였다. 量田에 얽힌 이 같은 갈등관계는 물론 純祖 20년의 庚辰量田에서도 마찬가지였다. 앞에서 언급했듯이, 이때의 量田은 兩南地方에서 먼저 시행토록 조처하고 있었으며, 이 지방에 대해서는 전국적 量田에 필요한 量田方略(즉「量田事目」)을 강구토록 지시하고 있었는데(註 447 참조), 이 방략에 따라 量田을 시행하면 量田은 비교적 정확하고 賦稅도 어느 정도 균평해질 것을 기대할 수 있었다. 量田을 둘러싼 갈등관계는 일어날 수밖에 없었다. 그러므로 이 같은 문제를 좀더 소상하게 이해하기 위해서는 이때 작성된 量田方略「量田事目」을 좀더 구체적으로 검토할 필요가 있겠다.

量田方略을 강구하라는 지시에 따라「量田事目」을 작성 보고한 것은 慶尙監司 金履載였다.[473] 그는 이를 작성하기 위해 試量을 하고, 문헌을 조사하며, 本量田에 대비한 준비작업도 함으로써, 量田을 공정하게 할 수 있도록 충실한 事目을 작성하였다. 그리고 그러한 작업과정에 대해서는 監營에서 기록을 남기게도 하였다.「量田事目」은 그것이었다.[474] 그러므로 이를 검토하면 그가 量田事目을 작성할 때 留念한 量田의 취지, 즉 이 시기의 量田事

---

473) 『純祖實錄』 卷 23, 純祖 20年 3月 癸未, 48冊, pp.160~161.
　　　『備邊司謄錄』 209, 純祖 20年 4月 6日, 21冊, pp.268~270.
　　　전라도에서는 어떻게 하였는지 未詳이다.
474)「量田事目」의 內題는「庚辰 正月 日 改量錄」으로 되어 있다(延世大 소장本). 編者未詳이나 그 내용으로 보아 慶尙監營에서 작성하였거나 또는 監營에서 이때의 이 量田事業에 참여한 사람이 작성한 것으로 보인다.

業에서 추구하고 있는 목표가 어떤 것이었는지를 파악할 수 있다. 그리고 量田을 반대해온 계층이 어떠한 반응을 보였을 것인지도 짐작할 수 있다.

　量田方略을 강구하기 위해서는 정부에서 量田을 추진하는 본의가 어디에 있는지를 알아야 했다. 그리고 그러기 위해서는 量田問題가 어떻게 제기되고 정부에서는 어떠한 취지로서 이를 받아들였는지 알아야만 하였다. 金履載는 그것을 李止淵이 量田問題를 제기하는 事情과 朝家의 量田斷行의 뜻에서 찾았다. 그것은 요컨대 국가가 존립하고 民이 생존하기 위해서는 田政紊亂을 제거하고 均賦·制産을 실현해야 한다는 점이었으며, 그것을 실현하려면 量田을 정확히 행해야 한다는 점이었다. 李止淵은 그것을

　今…… 食日以艱 農日以厲 實有朝不謀夕之形 若是者 無他 田政紊而已 田政旣紊而能均賦而裕産者 未之聞焉[475]

이라든가, 또는

　夫國以民爲本 民以土爲産 經界不明 賦役不均 故兼並由於此 白徵由於此 侵虐舞弄由於此 死亡流離由於此 統而會之 則害歸於國 國將顚隮矣 今欲存國 則必先保民 欲保民 則必先制産 欲制産 則必先量田 此孟子所謂 仁政必自經界始者也[476]

라고 말하고 있었다. 전자는 농민생활의 파탄이 田政紊亂에 있음을 강조하는 것이었고, 후자는 그로 말미암아 국가 역시 害를 입고 쓰러지게 된 사정을 말한 것, 따라서 국가가 존립할 수 있는 방법을 量田과 관련하여 논리정연하게 설명한 것이었다. 國家·農民·田政의 관계를 이같이 연결하고 보면 田政紊亂을 제거하는 量田事業을 소홀히 할 수는 없었다. 그리하여 李止淵은 자신을 가지고 '今試一量之 則民必受益矣 民受其益 則國之所祈天永命 實在於是擧'[477]라고 하여, 量田을 하면 농민이 이익을 받고, 농민이 이익을 받

---

475)「量田事目」, 李止淵 初次上章.
　　　　註 436 참조.
476) 同上.
477) 同上.

으면 국가가 永續하는 길이 바로 거기에 있는 것이라고까지 하였다. 量田의 시행을 위해서 事目을 작성하지 않으면 안 되는 金履載가 이 같은 논리에 찬성할 것임은 말할 것도 없었다. 「量田事目」의 卷頭에는 이 글을 수록하고 있었다. 더욱이 量田에 대한 政府의 입장도 그러하였다. 그래서 그는 量田令을 '今此量田之擧 特出朝家均賦之盛意'[478]라든가, 또는 '改量所以均賦也'[479]라는 한마디로 받아들이고 있었다. 이번 量田은 田稅行政에서 均賦, 즉 賦稅의 균평한 부과를 위해서 시행한다는 것이었다. 이는 이번에 量田을 시행하는 취지이기도 하고 量田事業이 본시 지니는 목표이기도 하였다.

　量田의 취지와 목표가 정해지면, 그러한 量田을 위한 事目은 어렵지 않게 작성할 수 있었다. 慶尙監營에서는 그것을 두 계통의 작업을 거치는 가운데 작성해 나갔다. 그 하나는 10개의 고을을 선정하여 실제로 量田을 先試해 보는 것이었으며, 다른 하나는 과거의 量田事業에서 작성하였던 量田事目을 조사 검토함으로써 이를 試量作業에 적용하는 것이었다.

　이때 量田을 先試한 곳은 尙州・大邱・晋州・星州・永川・陜川・玄風・金海・機張・三嘉 등지였다.[480] 이 지역들은 田案最紊處로 인정됨으로써 특히 先試의 대상으로 선정되고 있었다.[481] 慶尙監營에서는 田案最紊處를 試量해 봄으로써 均賦를 위한 量田의 요령을 파악하고 이에 의거해서 事目을 작성하려는 것이었다. 사실 이때는 量田이 폐지된 지 100년이나 지나고 있었으므로 「量田事目」을 작성하기 위해서는 이 같은 기초조사가 반드시 필요하였다.[482] 先量의 작업은 純祖 20년의 春前(春分 전후)에 행해지도록 하였으며, 혹은 邑을 혹은 몇 개 面을 대상으로 하였다. 그리고 이 같은 先量을 하

---

478)「量田事目」, 更關草(1).
479)「量田事目」, 3月 初 2日 巡到金海時 巡使道面給書.
480)「量田事目」, 先試十邑了改量關草.
481)「量田事目」, 巡營啓草.
482)「量田事目」, 先試十邑了改量關草(尙州 大邱 晉州 星州 永川 陜川 玄風 金海 機張 三嘉).
　　當自本道 先爲講究方略修啓 而量田之廢 百年于玆矣 文獻無可取徵 施措有難適宜 必須先從若而邑始事 得其要領然後 可以據實啓稟是如乎 欲就本邑而先試之 玆以發關爲去乎……
　　괄호 안은 挾註.

는 郡에 대해서는 監營에서 수시로 量田에 관한 유의사항과 合行條件을 시
달하였다.[483] 유의사항은 이번 量田의 뜻을 생각해서 量田不均의 요인이 개
입되지 않도록(奸無所容) 주의를 환기하는 점이었다. '毫分奸弊之 容於其間'
하는 예가 있으면 법에 따라 처벌할 것임을 강조했다.[484] 그리고 合行條件은
先量을 위한 事目이라고 할 수 있는 것으로서 세 차례에 걸쳐 보내졌다. 1차
는 8개조, 2차는 22개조와 量田圖式, 3차는 37개조로 되어 있었다.[485] 과거
의 量田事目이나 조례로 특히 이용된 것은 『遵守冊』(「田制詳定所遵守條畫」),
肅宗 庚子量田時의 「啓下事目」 및 『大典通編』 등이었다. 그리하여 이 같은
量田의 先試와 여러 차례에 걸친 合行條件을 토대로 마침내 전국적 量田事
業을 위한 庚辰 「量田事目」(純祖 20년)은 작성되었으며, 그것은 중앙에 보
고되었다.[486]

(2) 「量田事目」의 주요 釐正事項

純祖 20년의 「量田事目」은 이와 같이 量田의 先試過程을 거쳐서 작성되었
지만, 그렇다고 그것이 종전의 量田事目과 근본적으로 다른 것은 아니었다.
그것은 종전의 量田制 안에서 수행되는 일이었으므로 그 원칙도 종전의 그
것과 기본적으로 같았다. 그러나 그러면서도 이때의 量田은 稅政의 공평, 均
賦의 실현이 절실히 요청되는 시대상황과 관련해서 시행되는 것이었으므로,
그 事目을 작성할 때는 釐正事項으로서 특히 관심을 기울이지 않으면 안 되
는 문제가 있었다. 그것을 金履載는

---

483) 「量田事目」, 先試十邑了改量關草.
　　 到卽料理量事　卽爲始役　以爲春分前後　量得幾何之地爲乎矣　合行條件　採取已例
　　略具後錄
　　 「量田事目」, 更關草(2).
　　 改量之春前先試　雖不過若而邑若而面　而合行條件　亦不可無按據準的者乙仍于
　　 ……
484) 「量田事目」, 更關草(1).
485) 「量田事目」, 先試十邑了改量關草.
　　 「量田事目」, 更關草(1).
　　 「量田事目」, 更關草(2).
486) 「量田事目」, 巡營啓草(改量事日別單, 別單稟處秩)
　　 『純祖實錄』 卷 23, 純祖 20年 3月 癸未, 量田事目, 48冊, pp.160~161.

①等數之陞降不公是去乃 ②田段或漏是去乃 ③尺量之盈縮用私是去乃 ④陳起或
混是去乃 ⑤或潛捧賂物是去乃 有一於此 則今日營邑之臣 對揚朝令之意 果安在
哉[487]

라고 표현하고 있었다. 이러한 현상은 田政紊亂 賦稅不均의 요인이 되는 까
닭이었다. ①은 田品不公 ②는 隱結·漏結 ③은 地多卜少 또는 地少卜多 ④
는 白徵 또는 隱結化를 초래하는 현상으로서 어느 것이나 賦稅不均의 원인
이 되는 것이었다. 그리고 ⑤는 그와 같은 여러 가지 부정이 일어날 수 있도
록 작용하는 행위였다. 그러므로 量田을 先試하면서 이러한 현상에 대하여
각별한 관심을 갖는 것, 따라서 이를 방지함으로써 공정한 量田을 기하려 하
는 것은 당연한 일이었다. 이는 모두가 중요한 문제였다. 그리고 그러한 가
운데서도 慶尙監司 金履載는 田品不公과 隱結漏結 문제에 관하여 특히 더
신경을 쓰고 있었다.

　田品 조정 ― 田品不公에 관하여 그가 각별한 관심을 보이고 있는 것은
이것이 賦稅不均의 근본원인이 되는 까닭이었다. 그러므로 그가 先試하는
量田에서는 이를 공정하게 하겠다는 것이며, 따라서 이는 기왕에 통용되어
온 量案上의 田品을 재조정하겠다는 것이었다. 田品의 결정은 눈에 보이지
않는 肥瘠을 구분하는 문제이므로 어려운 일이고, 따라서 朝鮮後期에는 大
小간에 量田事業이 있을 경우에도 田品문제에는 크게 손을 대지 않는 것이
일반이었다. 기왕에 많은 부분적 改量이 있었으면서도 田品을 중심한 賦稅
不均을 시정할 수 없었던 것은 바로 이 때문이었다. 그런데 그는 이번 量田
에서는 이를 크게 시정하겠다는 것이었다. 이러한 사정은 그의 「量田事目」
을 과거의 그것과 비교 검토하면 쉽게 이해할 수 있다. 가령 肅宗 庚子量田
에서는 田品의 조정문제를

①諸道의 田畓은 여러 번 檢量했으므로 田品은 사실대로 量案에 기록되어 있
다. ②그러므로 量後可起田만을 土品대로 시행하고, ③量案所載田畓의 田品은
勿爲陞降한다. ④단 부득이 釐正해야 할 田畓은 里中公論에 따라 監營에 보고하
여 摘奸을 받은 후 개정할 수 있다.[488] ⑤그리고 그럴 경우에도 田品을 隔等으

────────────────

487) 「量田事目」, 更關草(1).

로 陞降할 수는 없다.[489]

고 하여 되도록 변동시키지 않는 쪽으로 규정하고 있었다. 그런데 純祖 庚辰 量田에서는 이 같은 田品 조정에 관한 규정을 다음과 같이 크게 改正하고 있었다.

　①田畓의 分等은 일체 土品에 따르되, ②膏瘠이 前과 다르지 않으면 田品도 종전대로 시행하며, ③膏瘠이 섞여 있는 곳은 이를 구분해서 규정한다.[490] ④等數를 陞降할 때 傍田을 대조해서 從多시행하되 隔等으로는 陞降할 수 없지만, ⑤饒瘠이 현저히 달라진 곳은 (水利施設 有無) 隔等에 구애받지 않고 土品에 따라 陞降하며, ⑥이 경우 그 陞降은 衆論이 모아진 후 守令의 親監으로 시행한다.[491]

즉, 여기서는 田畓의 肥瘠은 실제로 변동하고 있는 것, 그리고 田品은 사실대로 파악되어 있지 않는 것으로 보고, 量案上의 田品을 조정하는 방향으로 규정을 개정하고 있음을 볼 수 있다. 勿爲陞降·勿爲隔等 규정은 사실상 폐기되었다고 할 수 있으며, 田品의 陞降에 대한 권한도 수령에게 일임하고

---

488) 『受敎輯要』, 新補受敎輯錄 戶典 量田, p.301.
　　　諸道田畓 從前累經檢量 等數高下 旣已從實懸錄於量案中 此則前後宜無異同 今番改量時 則量後加起之處 等數高下 一從土品施行 而至於曾前量案所在 田畓等第 勿爲陞降 其中或有不得已釐正者 各邑一從里中公論 抄報監營 自監營別爲摘奸 詳知其實狀然後 始許改正
489) 「量田事目」, 狀啓回下輪關.
　　　等數陞降 照以傍田 從多施行 而毋得隔等 載在庚子事目 而盖慮監任輩之循私率意也
490) 「量田事目」, 巡營啓草 改量事目別單.
　　　田畓分等 一從土品 其膏瘠比前無異者 依舊等施行 其膏瘠相雜處 分膏瘠爲兩作
　　　註 486 實錄의 量田事目.
491) 「量田事目」, 巡營啓草 別單稟處秩.
　　　等數陞降之際 照以傍田 從多施行 無得隔等是白乎矣 若其饒瘠相懸處 守令親監 一從土品 勿拘隔等陞降 恐無不可 令廟堂稟處爲白齊
　　　「量田事目」, 狀啓回下輪關.
　　　…… 土品饒瘠之隨時可改者 固不必過有陞降 而至若堤洑之 昔修而今廢 昔無而今有 農利之相懸 不啻倍蓰處 則必待衆論歸一後 守令一一親監 從實陞降
　　　註 486 實錄의 量田事目.
　　　『備邊司謄錄』209, 純祖 20年 4月 5日, 21冊, pp.269～270.

있어서 田品 조정은 용이해지고 있는 것이었다고 하겠다. 그러나 이 규정은 모든 농지에 적용되는 것이 아니었다. 宮房田・驛土・官屯田 등은 '並勿陞降'이라고 하여 이 규정에서 제외되고 있었다.[492] 田品 조정 규정으로서 이는 이 규정이 갖는 한계였다. 이러한 農地를 제외한 이유는 '比民田加等 旣有舊案 不必陞降'이라 설명하였지만,[493] 아마도 政府收入이나 王室收入을 더 크게 생각한 조치가 아니었을까 생각된다. 그러므로 이때의 田品 조정은 民田에 한하는 것이었으며, 그 가운데서도 田品不公을 통해서 稅를 포탈하고 있는 특정인들의 농지가 그 주 대상이 되는 것이었다고 하겠다. 그러한 사람들은 앞에서도 언급하였듯이(註 455) 鄕村社會의 유력자, 즉 土豪・富民들이었다.

　　隱漏結 방지 ── 「量田事目」을 작성하면서 慶尙監司가 隱漏結에 관하여 관심을 보인 것도 田品의 경우와 마찬가지였다. 그는 이것을 賦稅不均・白徵・國庫收入의 감축을 초래하는 중요한 원인으로 생각하였으며, 따라서 이를 방지하고 제거해야 할 것으로 생각하였다. 그리고 이러한 폐단은 여러 가지 방법으로 발생하고 있었으므로, 그도 이것을 제거하기 위해 여러 가지 면으로 세심하게 조사를 진행시켰다. 종래의 量田事目에서도 隱漏結을 방지하기 위해서는 많은 규정을 마련하고 있었지만, 그는 그 위에다 몇 가지를 더 첨가하였다.[494] 그러나 隱漏結의 방지는 그것을 막기 위한 규정을 얼마나 더 만드느냐에 달려 있는 것이 아니라, 量田을 얼마나 철저하게 遺漏 없이 행하느냐에 달려 있다는 사실도 그는 잘 알고 있었다. 그는 그것을 量田을 先試하는 과정에서 확인하고 있었다. 그리고 그렇게 하기 위해서는 거기에 상응하는 방법이 있다는 사실도 알아내고 있었다.

---

492)「量田事目」, 巡營啓草 改量事目別單.
　　　「量田事目」, 更關草(2).
　　　註 486 實錄의 量田事目.
493)「量田事目」, 更關草(2).
494)「量田事目」, 巡營啓草 別單稟處秩.
　　　「量田事目」, 狀啓回下輪關.
　　　註 491의『備邊司謄錄』.
　　　墓陳의 제한, 封山界內 墾田의 打量, 山腰以下 火田의 元田시행 강조 등은 그 예가 되겠다.

隱漏結에 관하여 그가 先量過程에서 확인한 것은 다년간 無稅耕食하고 있는 隱結이나 漏結이 많다는 사실이었다. 그는 量田 先試를 철저하게 행하도록 여러 차례 지시를 하고 그 결과를 보고 받고 있었는데, 그러한 가운데서 그는 이 같은 사실을 알아내고 있었다. 그는 그것을

　近日若而邑若而面之先量處觀之　已多有庚案(肅宗庚子量案 – 필자)見漏之土　一面如是　一境斯可反隅[495]

라고 기술하고 있었다. 邑이나 面에서 先量한 곳을 보면 肅宗庚子年에 작성한 量案에 누락되어 있는 농지가 많다는 것이며, 先量한 1個面이 이러하다면 이를 통해서 郡 전체의 사정도 가히 알 수 있다는 것이었다. '以起爲陳'하는 농지까지를 생각하면 더욱 그러하였다. 그러므로 이번 量田의 先試過程이나 앞으로 있을 本量田에서는 이러한 隱漏結이 철저하게 색출해야 하며, 그러기 위해서는 그것을 색출할 수 있는 방법으로 한 가지 기초조사를 할 필요가 있다고 생각하였다. 그것은 앞으로 있을 本量田에서 그 量田을 '期無一毫差謬遺漏'케 할 수 있는 자료가 될 것으로 생각하였다. 그것은 개인별로 時起田畓을 신고받아 郡 전체의 實起實總을 작성하는 일, 즉 實起成冊을 작성하는 일이었다. 吏胥層을 개입시키지 않고 座首의 담당 하에 村民들이 직접 錄納토록 하였으며, 이번 成冊작성에서 숨겼다가 秋後量田에서 발각되면 國穀偸弄律로 처벌될 것임은 말할 것도 없고, 30년간의 稅條 또한 徵捧할 것임을 강조하였다.[496] 이 일은 3월내로 끝낼 예정이었으나, 그러나 이 일은 그렇게 간단치가 않았다. 鄕村에서는 이 일로 '騷撓衆民'하는 바가 있게 된 까닭이었다.[497] 그리하여 이 일은 先量過程에서는 일단 중지하고 秋後의 本量에서 다시 시도하기로 하였으며,[498] 그 대신 先量過程에서는 邑 전체의 陳起成冊만을 작성키로 하였다. 이 경우의 조사도 隱漏結을 방지하려는 데 목적이 있었음은 말할 것도 없었다.[499]

---

495)「量田事目」, 2月 初 5日 到付輪關.
496)「量田事目」, 2月 5日 到付輪關.
497)「量田事目」, 2月 13日 到付甘結.
498)「量田事目」, 2月 18日 到付甘結.

농지를 隱漏시키는 것도 기술한 바와 같이 주로는 鄕村社會의 유력자들이었다. 그 방법은 참으로 여러 가지였다. 그러면서도 그들은 그것이 발각됨으로써 처벌될 것에 대비해서 佃夫(田主)를 흔히 奴名으로 기록하는 것이 보통이었다. 肅宗 庚子年의 「量田事目」에 '結負欺隱之弊 多出於土豪 而畏其全家之律 例以奴名爲佃夫'[500]라고 하였음은 그것이었다. 그러므로 隱漏結을 방지하기 위해서는 모든 농지의 소유주를 사실대로 기록할 필요가 있었다. 그리하여 慶尙監司는 이 점을 또한 「量田事目」에서 강조함으로써 隱漏結을 사전에 막을 것을 생각하기도 하였다.[501]

「量田事目」의 작성과 그 목표를 이같이 살피면, 그것은 요컨대 稅政을 不均케 하는 요인을 제거함으로써 均賦를 실현하려는 것이었다. 다시 말하면 土豪·富民들이 그동안 부당하게 누려온 稅政 운영상의 非理를 척결함으로써, 거기에서 얻어지는 이익이 국가와 농민층에게 돌아가게 하려는 것이었다고 하겠다. 그러한 점에서 이 事目에 따라 量田을 철저하게 시행할 때 크게 損을 보게 되는 것은 土豪·富民이 아닐 수 없었다. 더욱이 이 해에는 政府에서 周尺의 길이를 2分 줄이는 釐正措置가 있었으므로,[502] 量田尺의 길이도 짧아지고, 따라서 이 같은 量田尺으로 量田을 하면 結負數는 늘어나도록 되어 있었다. 이 조치는 모든 토지소유자에게 불리한 것이지만, 그 가운데서도 큰 타격을 받는 것은 大土地를 소유하고 있는 土豪·富民層이 아닐 수 없었다. 그러므로 이때의 量田事業은 결코 그들에게 환영받을 수 있는 것이 아니었다.

---

499)「量田事目」, 3月 初 2日 巡到金海時巡使道面給書.
　　…… 第以事理言之 則今量之土 卽庚量之土也 庚量以後 于今百年 設有灾傷而縮
　　亦必有還墾而添 況今人物益繁 榛蕪盡闢 今焉改量 而較諸庚量時起之摠 加則加矣
　　若或未準 則雖云盡心 人孰信其得實而無漏哉
500)『受敎輯要』, 新補受敎輯錄 戶典 量田, p.303.
501)「量田事目」, 巡營啓草 改量事目別單.
　　註 486 實錄의 量田事目.
502)『六典條例』卷 3, 戶典 度量衡.
　　純祖庚辰 釐正周尺 比舊尺少二分 準黃鍾尺爲五寸九分五釐

5. 還穀制의 釐正과 社倉法

1) 還穀制의 構造와 弊源

還穀은 還上·還餉·糶糴 등으로도 불리었으며, 春貸秋斂의 방법으로 지방관청에서 담당 운영하였다. 이를 운영하기 위한 元穀으로는 京·外의 各級 官廳의 所管穀과 軍營·鎭의 穀을 또한 할당하고 있었다. 각 지방에 還穀을 배당할 때는 民戶 수를 기준으로 정하였으며, 그것을 民에게 貸與·賦課할 때는 일부 分 또는 盡分으로서 행하였다. 그리고 곡물에는 米粟麥豆 등여러 가지가 있었으나 米를 기준으로 환산비율을 정하여 운영하였다. 還穀의 貸與·賦課에는 耗(利息)를 米 1石당 1.5斗씩 수납토록 하였으며, 그러한 가운데서도 衙門에 따라서는 그 耗穀의 일부 또는 전부를 會錄하였는데, 이 會錄 부분의 收入은 그 出資穀 所管官廳의 財用·軍餉으로 쓰이고, 나머지 부분은 지방관청의 재정 및 元穀의 耗失에 충당되었다. 그리고 이 같은 耗穀은 흔히 상품화폐경제 및 다른 租稅의 金納과도 관련하여 作錢으로써 수납되기도 하였다. 이러한 규정은 평상시의 경우이고 災年을 당하면 停退停捧하기도 하고, 舊還으로 아주 難捧일 경우에는 탕감해주는 수도 있었다. 이 규정은 철저히 지켜질 것이 요구되었으며, 그렇지 못할 경우에 대비해서는 벌칙을 마련하고도 있었다.[503] 이 같은 還穀制에 관해서는 이미 여러 각도에서의 연구가 있는 터이지만,[504] 이곳에서는 그것을 특히 18세기 중엽에서

---

503) 『大典通編』, 戶典 倉庫.
　　　『萬機要覽』財用編 3, 糶糴, 財用篇, pp.455~459.
504) 金峻憲, ‘李朝後期에 있어서 糶糴制度의 經濟的 位置’(『靑丘大論集』5, 1962).
　　　宋贊植, ‘李朝時代 還上取耗補用考’(『歷史學報』27, 1965).
　　　水田直昌, ①『李朝時代의 財政』(稿本), 1936.
　　　　　　　　②『李朝時代의 財政』, 1968.
　　　韓㳓劤, 『東學亂起因에 관한 研究―그 社會的 背景과 三政의 紊亂을 중심으로』, 1971.
　　　J. B. Palais, *Politics & Policy in Traditional Korea*, Harvard East Asian Series 82, 1975.
　　　愼鏞廈, ‘丁若鏞의 還上制度改革思想’(『社會科學과 政策研究』3의 2, 1981).

19세기 중엽에 걸치는 사회문제, 농민항쟁에 대한 대책문제로서 검토하게
된다.

還穀制度를 法制上의 규정으로만 보는 한 거기에 무슨 고질적인 폐단이
있을 것으로 보이지는 않는다. 그러나 그것이 실제로 시행되고 운영되는 데
는 賑貸制度·賦稅制度로서는 상상도 할 수 없을 만큼 허다한 폐단이 발생
하고 있었다. 그것은 이미 법의 규정을 넘어서서 한낱 掠奪吸盤으로 化해 있
었다. 還穀制度가 이렇듯이 악법으로 化하고 있는 데는 그럴 만한 이유·원
인이 있었다. 당시의 위정자·지식인들은 그것을 여러 局面으로 검토·지적
하고 있었다. 還穀의 운영구조상에서 볼 수 있는 폐단의 근원이라고도 할 수
있는 것이었다.

(1) 賑貸機能과 取耗補用

첫째로 들 수 있는 것은 取耗補用의 문제였다.[505] 이는 還穀을 賑貸機能으
로써 그대로 운영하면서도 그 耗穀의 취득을 國家經用에 쓰고 있는 점이었
다. 종래에는 取耗가 단지 雀鼠로 耗縮된 부분을 보충하려는 것이었는데, 取
耗補用을 하게 되면서부터는 국가재정의 일부로 이를 收取하게 된 것이었
다. 이제 국가는 還穀을 賑貸制로서만 운영하게 된 것이 아니라, 그 수입을
늘리기 위한 실질적인 營利事業으로서 이를 운영하게 된 것이다.[506] 더욱이
그러한 영리행위는 자유로운 거래가 아니라 國家權力에 의해서 강요되는 강
제행위였다. 그러한 점에서 取耗補用을 하는 還穀은 이제 실질적인 賦稅制
度로 전화하고 있는 것이기도 하였다. 그리하여 取耗補用이 法制化된 후 영
리행위와 賦稅로서 징수되는 耗穀收入은 자연스럽게 國家經用에 쓰이게 되
었다.[507] 아래로는 邑用, 중간에는 營用, 위로는 國用에 이르기까지 耗穀收
入에 의존하는 바는 컸다.[508] 軍用도 그러하였다.

取耗의 營利化는 국가재정에 크게 도움이 되었으며, 이 수입이 없으면 그

---

505) 이에 관해서는 宋贊植 前揭論文 참조.
506) 水田直昌, 前揭 ② 書, p.261.
507) 『備邊司謄錄』 229, 憲宗 7年 正月 18日, 23冊, p.288.
508) 「還餉策問」, 10장.
     『經世遺表』 卷 12, 地官修制 倉廩之儲 2, 全書 下, p.230.

所管穀을 出資한 各級 官衙와 軍營은 그 유지가 어려웠다. 그러므로 정부의 입장에서는 耗穀收入이 많을수록 좋았다. 그러나 농민의 입장은 정부와는 달랐다. 還穀이 분배되고 取耗의 대상이 되는 것은 결국 농민층이었기 때문이다. 還穀의 폐단은 근원적으로 여기에서부터 비롯되고 있었다. 還穀의 釐正問題를 논하던 純祖朝의 정부에서 '究其弊源 專在於取其耗息 裨補經費'[509] 라고 하였음은 바로 그것이었다. 정부에서는 수입이 많아야 경비가 足하므로 耗穀收入의 증대에 열중하고, 이에 따라서는 농민이 그 피해를 입고 있는 것이었다.

정부의 取耗補用, 따라서 耗穀收入의 증대행위가 還穀의 弊源이 된다고 할 때, 그 폐단은 두 계통으로 나타나고 있었다. 그 하나는 정부가 還穀의 數量을 증가시킴으로써 그 耗穀의 수입을 늘리는 것이었다. 各級 官衙에서는 수입증대를 위해서 다투어 資本穀을 늘려나갔다.[510] 그리하여 그 증대현상이 절정에 달하였을 때 還穀의 總數는 천만 石에 육박하였다.[511] 그리고 그 결과는 농민부담을 증대시켰다. 다른 하나는 利息을 증대시킴으로로써 그 수입을 늘리는 것이었다. 法制上의 규정은 取耗率이 10分의 1이었지만 실제로는 그렇게 되기가 어려웠다. 지방관청에서는 수입을 늘리기 위해 온갖 부정한 방법을 다 고안하여 많은 耗穀을 强徵했다. 그 率은 10分의 5 또는 倍나 되기도 하였다.[512] 더욱이 이 같은 利息收入을 늘리기 위해서는 加分을 하고도 있었으며, 그 결과로서는 '害歸於民'하고 있었다.[513] 還穀은 農民들에게는 高利貸的인 수탈 그것이었다.

(2) 郡縣 단위 還摠制

다음은 이 같은 還穀이 郡縣·營鎭 단위의 還摠制로써 운영되고 있는 점이었다. 還摠이 한번 정해지면 이를 변동하기는 쉽지 않았다. 還摠이 적은 곳에서 이를 늘리는 것은 쉬운 일이지만, 그래도 災年 加分의 경우가 아니면

---

509)『備邊司謄錄』196, 純祖 5年 正月 10日, 19冊, p.695.
510)『承政院日記』1799, 正祖 22年 10月 22日 尹悌東疏, 95冊, p. 405.
511)『萬機要覽』財用編 6, 還摠, 財用篇, p.773.
512)「還餉策問」, 12장.
513)『備邊司謄錄』225, 憲宗 3年 12月 10日, 22冊, p.921.

자진해서 그렇게 하는 곳이 많을 수 없었다. 還摠이 많은 곳에서는 정부에 보고하여 減摠하거나 타지방으로 이전할 수도 있었으나, 특별한 경우가 아닌 한 減摠은 그것을 청하는 것조차 어려웠다.[514] 政府收入이 주는 까닭이었다. 그리고 타지방으로 이전하는 것도 쉽지 않았다. 常年에 할 수 있는 것도 아니고 移疾로 간주되기 때문이었다.[515] 穀價가 다른 것도 문제였다.[516] 그것을 받아들이기를 願하는 곳은 없었다.[517] 정부의 대대적인 釐正策이 아니고서는 이도 용이한 일이 아니었다. 移轉에는 소란이 따랐다.[518]

還穀이 郡縣·營鎭 단위의 還摠制로 운영되는 결과로서는 두 가지 현상이 일어나고 있었다. 하나는 還穀 부담의 지방간의 不均, 즉 賦稅不均의 문제이고, 다른 하나는 還多民少한 지방에서의 受還者의 難捧·族徵·隣徵의 문제였다. 還穀은 賑貸制이면서도 賦稅化되고 있었으므로 還耗를 賦稅로써 징수하려면 전국 각 지방의 民에게 공통되는 均一한 원칙·기준을 적용해야 할 터인데 현실은 그렇지 못하였다. 각 지방에서는 정해진 還摠을 가지고 이를 郡縣 단위로 운영하였고, 따라서 지방에 따라서는 還摠의 多寡에 따라 농민부담에 차이가 있었다. 어떤 지방은 '還少民多'하고 어떤 지방은 '還多民少'한 까닭이었다. 還穀을 民戶와 비교해 볼 때 多寡不均한 것이었다.[519] 전자의 지방에서는 농민부담이 가벼웠으나 후자의 지방에서는 그것이 과중하였다. 어느 경우나 문제가 없었던 것은 아니지만,[520] 그러나 還穀의 운영에서 크게 문제가 되는 것은 후자, 즉 還多民少한 지방이었다. 이러한 지방의 民은 數十石 거의 百石 또는 그 이상의 還穀을 勒配당해야 했고 高利로 그 耗穀을 수

---

514)『牧民心書』卷 14, 戶典 穀簿, 2冊, p.99.
　　『備邊司謄錄』233, 憲宗 12年 3月 15日, 23冊, p.679.
　　『備邊司謄錄』239, 哲宗 3年 7月 14日, 24冊, p.447.
515)『備邊司謄錄』190, 正祖 24年 5月 10日, 19冊, p.209.
　　『備邊司謄錄』240, 哲宗 4年 正月 18日, 24冊, pp.520~522.
516)『備邊司謄錄』215, 純祖 27年 11月 16日, 21冊, p.918.
517)『備邊司謄錄』197, 純祖 6年 9月 16, 21日, 19冊, p.843, 845.
　　『備邊司謄錄』224, 憲宗 2年 4月 6日, 22冊, p.737.
518)『備邊司謄錄』153, 英祖 45年 3月 20日, 14冊, p.787.
519)『備邊司謄錄』153, 英祖 45年 3月 20日, 14冊, p.787.
520)『備邊司謄錄』190, 正祖 24年 5月 10日, 19冊, p.208.
　　多處每患難捧 而徵及隣族 少處無所聊賴 而終乏種粮

납해야만 하였다.[521] 이 같은 곳에서는 零細小農層은 還穀 때문에 가계를 유
지하기가 어려웠다. 難捧과 流亡者는 늘고, 族徵·隣徵·鞭扑이 뒤따랐
다.[522] 이런 경우에는 貧富가 모두 곤란해졌다.[523] 더욱이 還政의 문란이 절
정에 달하면 吏逋·民逋 등 逋還이 생겨서 還穀은 '還摠名存實無'한 실정이
되고 있었지만, 鄕村民은 還摠의 규정 때문에 耗穀을 白徵당하지 않으면 안
되었다.[524]

　지방에 따라 還摠에 偏多偏寡의 차이가 있었던 것은 還穀의 설치사정이나
그 운영사정과 관련이 있었다. 還穀을 처음으로 설치해 나가는 시기에는 그
것을 주로 각 지방의 要地要路에 많이 설치할 수밖에 없었고 벽지에는 소량
의 還穀이 배정되고 있을 뿐이었다.[525] 그러나 그러한 가운데서도 점차 還穀
의 지역간 불균형이 더욱 촉진된 것은 그 운영과 관련해서였다. 京·外의 各
級 官衙에서 耗穀을 징수할 때는 作錢을 하는 바가 많았는데, 지방에 따라서
는 穀價에 貴賤의 차이가 있었으므로, 官에서 耗穀을 징수할 때 그것을 偏留
偏用하고 있었음은 그것이었다. 즉 官에서는 穀價가 비싼 곳에서는 耗穀을
作錢하여 쓸 뿐만 아니라 경우에 따라서는 元穀까지도 作錢需用하며, 싼 곳
에서는 그것을 그대로 積置함으로써 穀少邑과 穀多邑의 차이가 생기게 된
것이었다.[526] 이런 경우 官이 還耗를 作錢需用하는 곳은 주로 沿邑 지방이고

---

521)『備邊司謄錄』190, 正祖 24年 5月 12日, 19冊, p.211.
　　　『備邊司謄錄』195, 純祖 4年 10月 11日, 19冊, p.679.
　　　『備邊司謄錄』200, 純祖 10年 4月 18日, 20冊, p.190.
　　　『備邊司謄錄』237, 哲宗 元年 3月 21日, 24冊, p.138.
　　　『備邊司謄錄』237, 哲宗 元年 4月 16日, 24冊, p.159.
522)『備邊司謄錄』180, 正祖 16年 3月 9日, 17冊, p.958.
　　　『備邊司謄錄』197, 純祖 6年 9月 16日, 19冊, p.842.
　　　『備邊司謄錄』201, 純祖 11年 3月 30日, 20冊, p.315.
　　　『備邊司謄錄』227, 憲宗 5年 6月 20日, 23冊, p.109.
　　　『備邊司謄錄』232, 憲宗 11年 12月 26日, 23冊, p.651.
　　　『備邊司謄錄』236, 哲宗 卽位年 11月 16日, 24冊, p.80.
　　　『備邊司謄錄』244, 哲宗 8年 5月 11日, 25冊, p.92.
523)『備邊司謄錄』217, 純祖 29年 4月 5日, 22冊, p.33.
524) 趙斗淳,『三政錄』全, 三政矯略議.
525)『牧民心書』卷 14, 戶典 穀簿, 2冊, p.99.
526)『備邊司謄錄』153, 英祖 45年 3月 20日, 14冊, p.787.

그것을 積置偏留케 하는 곳은 山郡 지방이어서, 이 같은 지방에서는 '沿栝山積', '山積坪栝' 현상이 일어나고 있었다.[527] 그리하여 이러한 지방에서는 앞에서 언급했듯이 民이 還摠의 過多로 고통을 받을 수밖에 없었다.

(3) 還戶와 頉戶의 策定

셋째는 還穀이 郡縣 단위의 還摠制로 운영되는 가운데서도, 어느 지방에서나 還戶를 책정하고 還穀을 배정할 때는, 그 배정에서 제외되는 특권층, 즉 頉戶가 있었던 점이다. '貧無恒産'해서 제각되는 것은 할 수 없지만, 實戶이면서도 脫免하고 있었던 것이다.[528] 특히 還摠이 많은 지방, 還穀이 賦稅的 기능으로써 운영되는 때에 그러하였다. 還穀이 賦稅로서 운영되고 取耗되는 것이라면 그 부과가 균평해야 할 터인데 그렇지 못했던 것이다. 還摠이 적고 還穀을 주로 賑貸機能으로서 운영하던 때에는 이 같은 현상이 문제되지는 않았다. 이럴 때에는 오히려 穀少하여 필요할 때 그것을 배정할 수 없는 것이 걱정이었다. 흉년에는 특히 그러하였다. 肅宗初에는 豪戶가 偏受하는 것을 막기 위하여 社倉制를 시행할 것을 건의하기도 하였다(註 613 참조). 옛적에는 국가에서 배정하려 하면 '雖卿宰之鄕居者 不敢頉免'이었다.[529] 그런데 시대가 흘러 還穀의 비중이 점점 賑貸 기능보다도 賦稅 기능 쪽으로 기울어짐에 따라 사정은 달라지고 있었다. 특정인들이 賦稅로서의 還穀 부과에서 免除·圖頉하고 있었던 것이다.[530] 그리고 그 결과로 鄕村社會 내에 還穀을

　　　　『備邊司謄錄』181, 正祖 17年 6月 25日, 18冊, p.177.
　　　　『備邊司謄錄』193, 純祖 2年 12月 8日, 19冊, p.539.
　　　　『備邊司謄錄』237, 哲宗 元年 4月 28日, 24冊, p.165.
527) 同上 및
　　　　『備邊司謄錄』196, 純祖 5年 3月 4日, 19冊, p.703.
　　　　『備邊司謄錄』226, 憲宗 4年 7月 30日, 23冊, p.11.
　　　　『備邊司謄錄』238, 哲宗 2年 5月 7日, 24冊, p.276.
　　　　『備邊司謄錄』244, 哲宗 8年 12月 8日, 25冊, p.169.
528) 『安義疏抄』.
529) 註 535 참조.
530) 『顧問備略』 卷 1, 糶糴條에서는 이 같은 사정을 다음과 같이 기술하고 있다.
　　　今日之弊 皆反於昔 昔之分給也 民皆願得 今則民皆圖免 而至於抑配 昔之民得之
　　也 惟恐其不多 今則惟懼其不少 昔之民計口而給 口不過石 今則一人而或十百石 昔
　　之耗什之一 今之耗什之百 百之不足而爲生徵 昔之留庫折半 今則盡分 昔之穀新舊相
　　換 今之穀幷新而盡無

중심한 賦稅不均을 초래하고 있었다.

還穀의 부과에서 免除者·頉還者가 생긴다는 것은 還穀을 부담하는 擔稅者, 즉 還戶가 줄어드는 것을 뜻한다. 鄕村社會의 戶摠에는 限이 있는데 그 가운데 일부 특정인들이 還穀 부과에서 빠져나가고 나머지 鄕村民만이 이를 부담하게 되는 까닭이었다. 그리고 이같이 되면 還戶의 還穀 부담은 가중하게 마련이었다. 郡縣의 還摠은 일정한데 전체 戶摠이 부담해야 할 還穀을 감소된 還戶만으로써 이를 부담하지 않으면 안 되는 까닭이었다.[531] 몇몇 지방에 관하여 예를 들어보면 우리는 그렇게 될 수밖에 없는 사정을 구체적으로 파악할 수 있다.[532] 이러한 현상은 지역차가 있기는 했지만 어느 지방에서나 일어나고 있었다.[533] 그러므로 이 시기의 還穀 운영에서 頉戶가 늘어나고 還戶가 줄어드는 것은 중요한 문제가 아닐 수 없었다. 그런데 還戶는 흉년이 아닐 경우 줄고 있었다.[534]

免還者나 頉還者는 여러 신분층으로 구성되고 있었다. 각 지방에 還穀이

---

531)『備邊司謄錄』245, 哲宗 9年 6月 20日, 25冊, p.252.
　　　仮令萬石穀 昔之通同分給者 今其萃派於頉戶以外之民 一戶所受 非二三十石 則爲
　　五六十石 於是乎流散相續 民戶日縮
　　　註 535 참조.
532) 郭山·利川·聞慶·谷城·安義 등지 및 해서지방의 戶摠과 還戶의 예.

地方	戶摠	還戶	資　料
郭山	1,700戶	1,000餘戶	備, 正祖 20年 9月 18日, 18冊, p.504
利川	4,967戶	3,600戶	戶口總數, p.31(正祖 13年)
			備, 純祖 11年 3月 30日, 20冊, p.315
聞慶	3,533戶	800戶	戶口總數, p.301(正祖 13年)
			備, 純祖 2年 6月 23日, 19冊, p.459
谷城	3,010戶	2,000餘戶	備, 正祖 24年 5月 12日, 19冊, p.211
安義	4,000戶	2,000餘戶	安義疏抄
海西	128,000戶	7~8千戶	備, 哲宗 13年 閏 8月 23日, 25冊, p.856

533)『備邊司謄錄』240, 哲宗 4年 正月 16日, 24冊, pp.515~516.
　　　戶謂頉戶二字 非但爲糴弊之巨瘼也 …… 近來戶摠 較前無減 分糴簽伍 宜無偏苦之
　　患 而只緣人心多巧 法紀漸壞 無論某道某邑 …… 夤緣頉免者 在在皆然 然則受還徵
　　布之民 其數其何
534)『備邊司謄錄』224, 憲宗 2年 4月 6日, 22冊, p.737.
　　　『備邊司謄錄』232, 憲宗 11年 12月 26日, 23冊, p.646.

배정되면 그 운영은 지방행정에 일임되는데, 그들은 그 같은 지방행정의 담
당자이거나 직접 간접으로 영향력을 미칠 수 있는 유력자들이었고, 따라서
守令의 지배 통제에서 쉽게 벗어날 수 있었다. 부유한 兩班層이 그 권위로써
면제되고 있었음은 말할 것도 없으며, 吏屬과 그 親屬 또한 그러하였다.[535]
常民層 가운데서도 富民들은 納賂頉免하였으며,[536] 兩班層과 富民層이 符同
하는 가운데 일이 진행되기도 하였다.[537] 그리고 冒稱兩班하거나 기관이나
권력자에 冒屬投托한 자,[538] 또는 王室庄土의 부유한 作人들도 頉免할 수가
있었다.[539] 말하자면 免還・頉還은 신분・권력・부력을 배경으로 전개되고
있었으며, 따라서 受還者는 無勢貧困한 常賤이거나 경제적으로 영락한 양반
층이었다. 그들에게는 고통과 피해가 偏重하였다.[540] 이들은 還穀稅의 부담
이 아니더라도 가계 유지가 어려운 존재였는데, 他人에게 부과될 還穀까지
도 합해서 다량의 還穀을 받아야만 하였다. 鄕村社會 내에서 還穀의 賦稅的
기능은 철저하게 不均하였다. 그리하여 그 결과는 難捧과 族徵・隣徵의 폐
단을 야기하고 농민경제를 파국으로 몰아갔다.

(4) 耗穀의 作錢收捧

넷째는 還穀의 운영이 단순한 現物貸與와 現物收納으로서가 아니라 作錢
代捧制로서 운영되고 있는 점이었다. 이는 시작은 비록 賦稅로서의 耗穀을
金納으로 수납하려는 데서 비롯하였지만, 결과는 각급 官衙로 하여금 수입

---

535)『備邊司謄錄』232, 憲宗 11年 正月 11日, 23冊, p.551.
　　古者糶糴之法 雖卿宰之鄕居者 不敢頉免 今焉凡有勢班族者 及下至吏鄕校卒之親
　屬 一切免還 而只以至貧下戶分排 故仮使萬家之邑 計其還戶 不滿數千 所受夥多 辦
　納無術 竟不免隣族侵徵之患 民何以聊生乎
536)『備邊司謄錄』190, 正祖 24年 5月 10日, 19冊, p.209.
　　『備邊司謄錄』193, 純祖 2年 6月 8日, 19冊, p.449.
　　『備邊司謄錄』197, 純祖 6年 2月 28日, 19冊, p.801.
　　『備邊司謄錄』210, 純祖 22年 11月 2日, 21冊, p.415.
537)『備邊司謄錄』226, 憲宗 4年 7月 6日, 23冊, p.5.
538)『備邊司謄錄』240, 哲宗 4年 正月 16日, 24冊, p.516.
539)『備邊司謄錄』232, 憲宗 11年 12月 26日, 23冊, p.646.
　　『備邊司謄錄』245, 哲宗 9年 6月 20日, 25冊, pp.251~252.
540)『顧問備略』卷 1, 糶糴.
　　今日之還戶 皆無告之民也 稍有勢力者 則百計圖免 或投托紳家稱謂廊戶 或山直墓
　直 或校院所屬 或納賂 或稱班戶 如是等在在皆免 故其害萃於如干屝戶 而莫可支保也

의 증대를 위하여 영리활동을 하도록 하는 바가 되고 있었다. 상품화폐경제
의 발달에 편승하여 還穀의 운영을 조정함으로써 剩餘를 취하고 있는 것이
었다. 耗穀 징수에서 차원을 달리한 수탈방법이었다. 그래서 '代錢收捧 最爲
生弊之源委'[541]로 이해되고도 있었다. 그것은 몇 가지 국면으로 전개되고 있
었다.

耗穀作錢을 穀貴邑을 중심으로 행하고 있었음은 그 두드러진 현상의 하나
였다. 기왕이면, 穀賤邑의 耗穀을 作錢함으로써 錢收入이 적은 것보다는, 穀
貴邑의 耗穀을 作錢함으로써 그 수입을 늘리려는 것이었다. 이 시기의 각급
官衙는 그 재정을 耗穀收入에 의존하는 바가 컸음으로 作錢令을 내리게 되
는 官衙에서는 이를 당연시하고 있었다. 그리하여 그 결과는 앞에서 지적했
듯이 還摠이 山沿不均하는 폐단을 재래하고 있었다.

더욱이 作錢을 위해서는 詳定價를 마련하고 있었지만, 일반적으로는 高價
執錢하는 것이 또한 관례로 되어 있었다. 低價分給하고 高價執錢하거나[542]
詳定價에 加捧・添捧하기도 하고,[543] 穀賤할 때 시세보다 고가로 징수하거
나[544] 穀貴할 때 市直대로 징수하기도 하였다.[545] 그리하여 官의 입장에서는
現物을 作錢收捧하는 가운데 수입이 늘어났지만, 還戶의 입장에서는 作錢을
거치는 가운데 그 收納 그 부담이 늘어났다. 高價執錢은 이에서 그치는 것이
아니었다. 高價執錢하면 剩餘가 많았으므로 각 官衙에서는 原作錢의 數 외
에 加作, 즉 加數執錢을 하고 있었다.[546] 규정 외로 耗穀을 더 作錢하고 取剩
하려는 것이었다. 이같이 加數執錢할 경우에는 作錢한 穀을 원상대로 복구

---

541) 『備邊司謄錄』 218, 純祖 30年 2月 1日, 22冊, p.114.
542) 『備邊司謄錄』 241, 哲宗 5年 8月 29日, 24冊, p.693.
543) 『備邊司謄錄』 228, 憲宗 6年 9月 14日, 23冊, p.247.
　　　『備邊司謄錄』 237, 哲宗 元年 4月 16日, 24冊, p.161.
　　　그리고 다음 자료에서는 그 구체적인 예를 볼 수 있겠다.
　　　『備邊司謄錄』 231, 憲宗 10年 3月 16日, 23冊, p.488.
　　　『備邊司謄錄』 233, 憲宗 12年 5月 2日, 23冊, p.692.
544) 『備邊司謄錄』 187, 正祖 22年 5月 29日, 18冊, p.853.
　　　『備邊司謄錄』 189, 正祖 23年 11月 25日, 19冊, p.106.
545) 『備邊司謄錄』 249, 哲宗 13年 3月 25日, 25冊, p.761.
546) 『備邊司謄錄』 222, 純祖 34年 2月 2日, 22冊, p.489.
　　　『備邊司謄錄』 248, 哲宗 12年 9月 14日, 25冊, p.692.

해 놓아야 하는데, 이때는 반대로 그것을 헐값으로 계산해서 채워놓음으로 써 그동안에 取剩私用할 수가 있었다. 이른바 加作立本이었다.[547] 加作立本은 이때의 還弊 가운데서도 두드러진 현상이었다. 이 경우 還穀을 부과할 때와 收捧할 때 他穀을 개입시키면 取剩에 이중의 효과를 볼 수가 있었다. 해서지방에서는 그렇게 해서 얻은 剩餘가 小米로 연간 3數萬石이나 되었다.[548] 또 각종 穀物의 準折價를 지키지 않고 單代를 함으로써 수탈을 하기도 하였다.[549]

高價執錢과 관련된 還穀의 영리화는 그 取剩을 그 지역 내에서의 加作立本만으로 그치게 하지 않았다. 還穀을 관리운영하는 官衙에서는 加作立本 행위를 타 지역으로까지 확대함으로써 取剩할 것을 생각하고 실천해 나갔다. 移貿立本이었다.[550] 移貿는 본시 還摠의 지역간 不均을 해소하기 위해서,[551] 그리고 災年의 救荒을 위해서 마련하였던 것인데,[552] 이제는 이윤을 늘리기 위한 상행위로서 행해지고 있는 것이었다. 그래도 처음에는 移貿가 不均도 조정하는 가운데 取剩을 하고 있었으나,[553] 뒤에는 주로 영리를 목적

---

547) 『備邊司謄錄』 218, 純祖 30年 2月 1日, 22冊, p.114.
   『備邊司謄錄』 237, 哲宗 元年 4月 16日, 24冊, p.161.
   所謂加作者 年例原作之外 加數執錢 歇價立本 取剩而私用者也
   『備邊司謄錄』 239, 哲宗 3年 10月 11日, 24冊, p.475.
548) 『備邊司謄錄』 237, 哲宗 元年 7月 15日, 24冊, p.188.
549) 端川 지방에서는 米와 각종 雜穀을 單代(相代)로서 準折함으로써 取剩을 하고 있었으며(『備邊司謄錄』 232, 憲宗 11年 11月 17日, 23冊, p.632), 영남지방에서는 이것이 고질적인 병폐가 되고 있었다(『承政院日記』 1702, 正祖 16年 4月 14日, 90冊, pp.375~376). 그리고 관북지방에서는 戶曹式 외에 土式·本土式 등의 名色을 적용함으로써 取剩을 하기도 하였으며(『備邊司謄錄』 228, 憲宗 6年 10月 21日, 23冊, p.259 ; 同上 237, 哲宗 元年 3月 21日, 24冊, p.138), 호서지방에서는 부당한 單代가 詳定으로 되어 있기도 하였다(『備邊司謄錄』 239, 哲宗 3年 7月 14日, 24冊, p.447).
550) 『備邊司謄錄』 241, 哲宗 5年 12月 21日, 24冊, p.736.
   『備邊司謄錄』 245, 哲宗 9年 4月 16日, 25冊, p.231, 233.
551) 『備邊司謄錄』 178, 正祖 15年 4月 4日, 17冊, pp.759~760.
   『備邊司謄錄』 196, 純祖 5年 9月 28日, 19冊, p.763.
   『備邊司謄錄』 202, 純祖 12年 7月 12日, 20冊, p.542.
552) 『備邊司謄錄』 204, 純祖 14年 8月 24日, 20冊, p.836.
553) 『備邊司謄錄』 187, 正祖 22年 4月 29日, 18冊, p.834.

으로 행해졌다. 그리하여 移貿立本은 점점 성행하고 규모가 커지는 가운데 각 官衙에 取剩을 늘려주는 바가 되었다. 그러나 그것은 그만큼 還民에게 피해를 주는 것이 아닐 수 없었다. 移貿가 吏逋를 充完하기 위해서 행해질 경우에는 더욱 그러하였다. 그래서 이 시기에는 移貿立本을 還穀의 弊源으로 이해하기도 하고,[554] 이것이 행해짐으로써 還穀制가 무너지는 것으로도 보고 있었다.[555] 高價執錢을 통한 還穀의 폐단은 移貿立本에서 절정에 달하고 있는 것이었다.

(5) 運營不實 — 還摠減縮

끝으로 들 수 있는 것은 還穀의 운영이 산만하고 부실했던 점이다. 還穀收入은 국가재정의 중요한 재원이고, 한때 還摠이 많았을 때는 거의 千萬石에 달하고 있었으므로 그 貸與·取耗·管理 등은 합리적이고 조직적이며 치밀해야만 했다. 막대한 재산의 관리운영이 부실하면 還戶에 대한 수탈이 큰 것은 말할 것도 없고, 還摠 그 자체도 減縮되고 유지하기 어렵게 되기 때문이었다. 그리고 결국 결과는 그렇게 되고 있었다.

그러한 현상으로는 무엇보다도 還穀의 勾管官衙가 많았던 점을 들 수 있겠다. 이는 당시의 재정체계가 한 衙門에 집중되지 못하고 여러 계통으로 분산되어 있었음과 관련이 있었다. 그뿐만 아니라 각 官衙가 勾管하는 還穀의 名色도 多岐하고, 따라서 그 운영이 복잡하였다.[556] 정부 입장에서 보면 列邑에다 還穀을 배치할 때 한 고을 안에서도 여러 종류의 還穀을 배정하지 않으면 안 되었고, 還穀을 운영하는 지방관청에서 보면 名色이 浩繁하고 會付의 내용이 다른 여러 종류의 還穀을 한 창고에 收藏하고 운영하지 않으면 안 되었다.[557] 더욱이 그러한 가운데서도 地方官衙에서는 그 經用을 위하여 添餉을 하거나[558] 私還을 별도로 더 설치함으로써 수입을 늘려 나가고도 있었

---

554) 『備邊司謄錄』 241, 哲宗 5年 8月 29日, 24冊, p.693.
555) 『備邊司謄錄』 241, 哲宗 5年 2月 15日, 24冊, p.631.
556) 『穀總便攷』.
　　　「還餉策問」, 3~9장.
　　　『萬機要覽』 財用編 6, 還摠, 財用篇, pp.773~837.
557) 『備邊司謄錄』 187, 正祖 22年 正月 15日, 18冊, p.774.
　　　『備邊司謄錄』 193, 純祖 2年 6月 8日, 19冊, p.449.

다.[559] 그러므로 地方官衙의 還穀 운영에서는 穀簿의 명색이 또한 多端하고 혼란하였다.[560] 營邑 간에 還摠파악이 달라지기도 하였다.[561] 그리하여 이 같은 사실은 還政 전반이 문란해지는 요인이 되었다.[562]

지방수령이 還穀의 운영을 제대로 하지 못하고 있는 것도 문제였다. 지방 관청에서 還穀을 담당 운영하는 것은 그곳 地方官屬이었고, 수령은 이들의 還穀 운영을 감독하고 통제하는 것이 그 직무였는데, 많은 경우 그것이 잘 안 되고 있었다. 地方官屬은 정상적으로 祿을 받지 못하고 있었으며, 지방에서 각종 賦稅를 수납하는 가운데 그 보수를 위한 재원을 마련하고 있었다. 還穀은 그 좋은 수입원이었다. 그러므로 그들 地方官屬은 還穀을 운영하는 가운데 偸弄을 하게 마련이었는데, 지방수령은 '不能束吏'하고 있었다. 庸官의 경우는 특히 그러하였다.[563] 그뿐만 아니라 그들은 또한 휘하 官屬의 還逋가 있어도 '未覺察', '不卽摘發' 하는 형편이었다.[564] 倉庫의 親檢과 勘簿를 하지 않는 일,[565] 還穀을 挪用하는 일도 흔하였다.[566] 일반적으로는 還穀 운영

---

558) 『備邊司謄錄』 213, 純祖 25年 8月 22日, 21冊, p.678.
　　　『備邊司謄錄』 244, 哲宗 8年 11月 19日, 25冊, p.160.
　　　『備邊司謄錄』 245, 哲宗 9年 3月 8日, 25冊, p.215.
　　　『備邊司謄錄』 248, 哲宗 12年 7月 10日, 25冊, p.670.
559) 『備邊司謄錄』 187, 正祖 22年 正月 12日, 18冊, p.768.
　　　『備邊司謄錄』 187, 正祖 22年 4月 27日, 18冊, p.830.
　　　『備邊司謄錄』 238, 哲宗 2年 8月 18日, 24冊, p.302.
　　　『備邊司謄錄』 241, 哲宗 5年 12月 21日, 24冊, p.736.
560) 『備邊司謄錄』 201, 純祖 11年 3月 18日, 20冊, p.303.
　　　『備邊司謄錄』 215, 純祖 27年 4月 16日, 21冊, p.148.
　　　『備邊司謄錄』 235, 憲宗 14年 正月 7日, 23冊, p.876.
561) 『備邊司謄錄』 241, 哲宗 5年 8月 29日, 24冊, p.693.
562) 『備邊司謄錄』 191, 純祖 卽位年 8月 10日, 19冊, p.233.
　　　『備邊司謄錄』 193, 純祖 2年 6月 23日, 19冊, p.458.
563) 『備邊司謄錄』 225, 憲宗 3年 4月 11日, 22冊, p.848.
　　　『備邊司謄錄』 233, 憲宗 12年 9月 21日, 10月 21日, 23冊, p.734, 747.
564) 『備邊司謄錄』 200, 純祖 10年 4月 27日, 20冊, p.193.
　　　『備邊司謄錄』 234, 憲宗 13年 3月 20日, 23冊, p.793.
　　　『備邊司謄錄』 243, 哲宗 7年 3月 5日, 24冊, p.868.
　　　『備邊司謄錄』 247, 哲宗 11年 閏 3月 4日, 25冊, p.497.
565) 『備邊司謄錄』 147, 英祖 41年 5月 25日, 14冊, p.342.
　　　『備邊司謄錄』 229, 憲宗 7年 3月 15日, 23冊, p.303.

에 어두워서 그렇게 되거나 또는 吏胥層을 억제할 만한 힘이 없어서 그렇게
되었겠지만, 수령이 作奸하는 경우도 있었다.[567] 그리하여 이 같은 느슨한 운
영을 통해서 還穀의 폐단은 늘어났다.

　운영부실은 還穀의 유지에 큰 영향을 미치고 있었다. 그것은 각 지방이
운영하는 還穀에 결손이 나게 하는 것으로서, 이는 종합되어 국가 전체의
還摠을 크게 見縮케 하고 있었다. 還摠의 見縮은 물론 凶年賑資・耗穀作
錢・元穀賣用 등 여러 가지 사정이 있었지만, 그 밖에 民의 流亡이나 吏逋
에 따른 舊還의 탕감이 또한 큰 비중을 차지하고 있었다. 18세기 말 19세기
초에 들어오면서 還摠의 감축은 특히 三司穀을 중심으로 두드러지게 드러났
다. 각 지방에서는 元穀見縮의 보고를 자주 올리게 되었다.[568] 憲宗 7년에는
경상도의 常賑穀이 屢十萬石에서 2만 3천여 石으로 줄고,[569] 哲宗 5년에는
전라도 지방의 還摠이 수십 년 전보다 40여만 石이나 감축한 것으로 보고되
었다.[570] 다른 지방도 마찬가지였다. 그뿐만 아니라 그러한 還穀도 반 이상
은 虛穀化되고 있었다. 그리하여 哲宗 13년에는 전국의 還摠이 517만 石
정도로 보고되는 가운데, 實在穀은 236만여 石으로 파악되었다.[571] 그런데
還摠은 줄어도 政府・官衙의 經用이 주는 것은 아니었다.[572] 더욱이 이 시기
에는 전반적으로 재정수입은 줄고 經用은 확대되고 용도는 無節하였으므
로,[573] 還穀 운영에서 일어난 收入減少를 다른 수입으로 메울 수는 없었다.

---

566)『備邊司謄錄』210, 純祖 22年 10月 16日, 21冊, p.392.
　　　『備邊司謄錄』235, 憲宗 14年 10月 10日, 23冊, p.948.
　　　『備邊司謄錄』246, 哲宗 10年 7月 20日, 25冊, p.390.
　　　『備邊司謄錄』247, 哲宗 11年 8月 12日, 25冊, p.559.
567)『備邊司謄錄』199, 純祖 9年 5月 27日, 20冊, p.71.
　　　『備邊司謄錄』225, 憲宗 3年 正月 21日, 22冊, p.820.
568)『備邊司謄錄』184, 正祖 20年 7月 14日, 18冊, p.459.
　　　『備邊司謄錄』187, 正祖 22年 3月 16日, 18冊, p.802.
　　　『備邊司謄錄』225, 憲宗 3年 正月 19日, 22冊, p.818.
569)『備邊司謄錄』229, 憲宗 7年 11月 26日, 23冊, p.363.
570)『備邊司謄錄』241, 哲宗 5年 2月 13日, 24冊, p.630.
571)『三政釐整節目』還政 ;『釐整廳謄錄』還政(『壬戌錄』, p.357).
　　　本稿, 稿末 p.451의 補說 참조.
572)『備邊司謄錄』205, 純祖 16年 10月 14日, 20冊, p.972.
　　　『備邊司謄錄』247, 哲宗 11年 3月 5日, 25冊, p.485.

그러므로 정부는 耗穀 수입의 감소를 어떤 방법으로든 還穀의 운영 그 자체 속에서 찾으려 하지 않을 수 없었다. 그리고 그것은 결국 농민부담을 가중시켰다.

이 경우 국가가 취할 수 있는 조치는 吏逋를 充完하는 일이었는데 폐단은 여기에도 따르고 있었다. 民逋의 경우도 마찬가지였지만, 吏逋가 있게 되면 일차적으로는 犯逋者에게 年限을 정해서 除耗排捧토록 하는 조치를 취하고 있었는데, 이런 경우 그 收捧은 유명무실해지는 것이 일반적이었다.[574] 流亡 戶의 경우는 특히 그러하였다.[575] 그리하여 充逋가 안 되면 族徵·隣徵을 하고, 그 所徵이 面里에까지 미치기도 하였다.[576] 吏鄕의 犯逋는 ‘害及平民’하게 마련이었다.[577] 또 경우에 따라서는 減價收捧하여 民에 排劃을 하고,[578] 移貿移轉을 하고,[579] 殖利取息을 함으로써[580] 逋穀을 충당하기도 하였는데, 이 경우에도 해는 鄕村民에게 미치게 마련이었다. 그뿐만 아니라 充逋를 위해서는 田結에 대한 加斂으로서 都結을 행하고도 있어서[581] 吏逋에 의한 民의 피해는 컸다.

還穀制의 구조를 이같이 살피면 그것은 賑貸制度·賦稅制度로서 유지되

---

573) 『備邊司謄錄』 215, 純祖 27年 12月 21日, 21冊, p.931.
　　　『備邊司謄錄』 240, 哲宗 4年 4月 5日, 24冊, p.544.
　　　『備邊司謄錄』 246, 哲宗 10年 2月 11日, 25冊, p.334.
574) 『備邊司謄錄』 225, 憲宗 3年 3月 11日, 22冊, p.835.
　　　『備邊司謄錄』 231, 憲宗 10年 12月 10日, 23冊, p.537.
575) 『備邊司謄錄』 226, 憲宗 4年 7月 6日, 23冊, p.3.
576) 『備邊司謄錄』 215, 純祖 27年 8月 21日, 21冊, p.896.
　　　『備邊司謄錄』 230, 憲宗 9年 3月 5日, 23冊, p.388.
577) 『備邊司謄錄』 180, 正祖 20年 9月 18日, 18冊, p.504.
578) 『備邊司謄錄』 239, 哲宗 3年 6月 10日, 24冊, p.429.
　　　『備邊司謄錄』 232, 憲宗 11年 12月 25日, 23冊, pp.641~642.
　　　『備邊司謄錄』 243, 哲宗 7年 3月 5日, 24冊, p.867.
579) 『備邊司謄錄』 238, 哲宗 2年 5月 7日, 24冊, p.278.
　　　『備邊司謄錄』 238, 哲宗 2年 11月 12日, 24冊, p.347.
580) 『備邊司謄錄』 238, 哲宗 2年 4月 15日, 24冊, p.264.
　　　『備邊司謄錄』 238, 哲宗 2年 12月 6日, 24冊, pp.352~353.
　　　『備邊司謄錄』 245, 哲宗 9年 4月 16日, 25冊, p.233.
581) 『備邊司謄錄』 246, 哲宗 10年 6月 19日, 10月 29日, 25冊, p.383, 428.
　　　『備邊司謄錄』 248, 哲宗 12年 2月 19日, 3月 10日, 25冊, p.631, 636.

기 어려운 구조적 결함이 있었다. 그것은 본질적으로 收奪用으로 기능하도
록 되어 있었다. 還穀制가 賑貸制度이거나 賦稅制度일 수 있으려면 이 같은
구조적 결함을 시정하지 않으면 안 되었다. 이를 시정하지 않는 한 그 폐단
과 사회혼란을 면하기는 어려웠다. 還穀制의 운영에 따르는 폐단은 그만큼
심각하였다. 당시의 지식인과 위정자들은 그것을 잘 알고 있었다. 茶山은 還
穀制가 운영되는 가운데 일어나는 폐단을 보고 그 부당성과 불합리성을 '此
是賦斂 豈可曰振貸乎 此是勒奪 豈可曰賦稅乎'[582]라고까지 말하였으며, 純祖
朝의 정부에서는 그 같은 還穀의 폐단으로 '不出多年 必見國不國民不民 將至
胥溺之境'[583]할 것으로 내다보고도 있었다. 그리고 그 같은 우려는 현실로 나
타나고 있었다. 19세기에 들어서 나타난 농민항쟁과 國權의 쇠퇴는 그것이
었다. 당시의 위정자들은 還穀制가 지니는 폐단의 근원이 무엇인지를 잘 알
고 있었다. 그리고 그러한 폐단이 가져올 결과에 대해서도 분명하게 인식하
고 있었다. 그들은 三南地方에서 농민항쟁이 일어났을 때 그 주원인이 還穀
의 폐단이라고까지 생각하였다. 그러므로 그들은 그와 같은 還穀制의 폐단
을 제거하기 위해서는 還穀制를 크게 釐正해야 할 것으로 생각하였다.

2) 還穀制 釐正의 推移와 社倉法

還穀制의 釐正은 오랜 세월에 걸쳐 여러 가지로 논의되었다. 그러나 그것
을 크게 보면 두 계통의 다른 방안으로서 제론되고 있었다. 하나는 還穀制를
大變通·大更張하는 것이고, 다른 하나는 小變通하는 것이었다. 전자는 영
리화되고 賦稅化된 還穀制를 제도 자체까지도 근본적으로 변혁하려는 것이
고, 후자는 현행 還穀制를 그대로 유지한 채 그 안의 결함을 그때마다 부분
적으로 개선하려는 것이었다.

還穀의 폐단으로 그 釐正問題를 생각하게 되었을 때 먼저 제기된 것은 大
變通의 방안이었다. 그것은 벌써 17세기 중엽 孝宗朝의 일로서 金應祖의 啓
言에 의해서였다. 그는 이보다 앞서 丙子亂 후에 財政難 타개를 위하여 還穀

---

582) 『牧民心書』 卷 13, 穀簿, 2冊, p.62.
583) 『備邊司謄錄』 210, 純祖 22年 10月 16日, 21冊, p.392.

의 三分耗會錄을 陳疏하여 이를 權設로서 시행하였는데, 그 폐단이 커지자 다시 啓言하여 이를 파했던 것이다.[584] 그러나 이때의 조치는 사후대책이 없는 혁파였다. 그것을 혁파한 후의 재정수입에 대해서는 대체 방안을 제시하지 못했으며, 따라서 이 조치는 곧 異議가 제기되고 번복되었다.[585] 이때에는 또 還穀制의 釐正을 土地改革을 전제한 常平·社倉制로서 구상하는 사람도 있었으나, 이는 물론 구상으로 그쳤다.[586] 還穀의 폐단은 많았지만 이를 파한 후의 給代方案은 발견하지 못하고 있었다. 그리하여 構造的으로 폐단이 있을 수밖에 없는 還穀制는 그 후 그대로 계속되었다.

(1) 英祖朝의 小變通 — 地域間 不均 是正

앞에서 든 還穀의 弊源과도 관련하여 18세기 후반에 들어와서 還穀釐正策으로서 주목되는 것은 英祖 45년의 조치였다. 이 해에는 小變通의 방법으로 還穀의 釐正問題를 정책에 반영하고 있었다. 「各道還穀釐正節目」[587]은 그것이다. 이는 還穀의 지역간 不均을 시정하려는 것으로서, 이러한 문제를 이때 검토하게 된 것은 이보다 앞서 여러 해에 걸쳐 드러난 還穀 운영상의 폐단을 시정하려는 데서였다.

이에 앞서 있었던 폐단은 요컨대 還穀의 지역간 不均의 문제였다. 어떤 지방에서는 還多民少해서 농민이 이를 감당키 어려울 때, 다른 지방에서는 還少民多해서 도움이 되지 못하는 경우가 있었다. 함경도나 영·호남지방은 전자의 예였는데,[588] 이 같은 지방에서는 가령 영남지방의 경우 가난한 小民들이 혹은 10여 石 혹은 20여 石씩 受還을 함으로써 '蕩敗家産 流離散亡'하는 것으로 보고하고 있었다.[589] 경기도·강원도는 후자의 예였는데,[590] 이 같

---

584) 『備邊司謄錄』 14, 孝宗 元年 4月 6日, 2冊, p.141.
　　　「還餉策問」, 10장.
585) 宋贊植, 前揭論文.
586) 『磻溪隨錄』 卷 3, 田制後錄 上 常平社倉, p.79.
587) 『備邊司謄錄』 153, 英祖 45年 3月 20日, 14冊, pp.786~788.
588) 『備邊司謄錄』 141, 英祖 38年 3月 12, 16日, 13冊, p.670, 673.
　　　『備邊司謄錄』 141, 英祖 38年 5月 8日, 13冊, p.702.
589) 『備邊司謄錄』 141, 英祖 38年 3月 19日, 13冊, p.676.
590) 『備邊司謄錄』 141, 英祖 38年 5月 8日, 13冊, p.702.
　　　『備邊司謄錄』 144, 英祖 39年 12月 10日, 14冊, p.51.

은 지방에서는 경기도의 경우 1民 1斗밖에 배정할 수 없어서 還穀의 영성함을 호소하고 있었다. 그뿐만 아니라 이 같은 不均은 한 道 내의 각 郡縣 간에서도 일어나고 있었다. 호남지방에 관해서는 일반적으로 還多한 것으로 말해지고 있었는데 그러한 가운데서도 同福·玉果·和順 등지는 특히 더 그러하였다.[591] 그리고 관동지방은 還少가 운위되고 있었지만 伊川 지방은 還穀이 過多해서 民不支堪하는 실정이었다.[592] 그리하여 이때에는 위의 경기·강원 등 還少民多한 지방에서는 還多民少한 지방의 還穀을 이전해 줄 것을 요청하고도 있었다. 이는 還穀의 지역간 不均을 조정하는 문제였다. 더욱이 英祖 38년 壬午年은 대흉작으로 이 문제를 진지하게 생각할 수밖에 없었다. 이 해에는 특히 영·호남·호서지방 등이 큰 타격을 받았는데, 정부에서는 監運御史를 임명하여 北穀을 이송함으로써 이 지방을 구제할 수 있었기 때문이었다.[593]

還穀은 본시 이 같은 不虞에 대비하는 것이 목표였으므로, 정부에서는 이때의 사정을 계기로 還穀의 不均, 移轉 문제를 재검토하고 대책을 세우지 않을 수 없었다. 그리하여 정부에서는 두 가지 면에서 그 대책을 세우게 되었다. 그들이 우선 생각한 것은, 三南地方의 저 같은 凶歉에서도 累萬生靈이 살아남을 수 있었던 것은 '專由於南北之互相移粟'이었다는 점에서,[594] 특정한 때 遠隔한 지방에 대량의 糧穀을 이송할 수 있는 특별한 還穀을 설치하는 일이었다. 함경도의 交濟倉과 같은 것이었다. 三南地方에 각각 濟民倉을 설치케 된 연유였다. 그 節目에서 그 설치목적을 '是他道不時移轉之需'라든가 '今此設倉儲穀 專爲他日移轉之資'라고 규정하고 있는 것은 그러한 사정을 말함이었다.[595] 그러나 이는 불시의 변에 대한 대책은 되겠지만, 각 지방에서 항상적으로 일어나고 있는 지역간 不均을 시정하는 조치가 될 수는 없었다. 이

---

591) 『湖南釐正』(英祖 30年).

592) 『備邊司謄錄』153, 英祖 45年 2月 12日, 14冊, p.773.

593) 『備邊司謄錄』142, 英祖 38年 11月 26日, 12月 27日, 13冊, p.836, 858.

594) 「嶺南濟民倉節目」, 『備邊司謄錄』144, 英祖 39年 10月 18日, 14冊, p.24.
　　「湖西濟民倉節目」, 『備邊司謄錄』145, 英祖 40年 6月 16日, 14冊, p.166.
　　「湖南濟民倉節目」, 『備邊司謄錄』146, 英祖 40年 7月 11日, 14冊, p.180.

595) 同上.

에 대해서는 별도의 대책이 필요하였다. 정부에서는 英祖 39년에는 이에 대한 대책도 강구하게 되었다.[596] 그리하여 英祖 45년에는 그 釐正方案이 나오게 되었으니, 앞에 들었던 바 「各道還穀釐正節目」이 그것이다.

還穀의 지역간 不均을 시정하기 위해서 이때의 釐正策에서 내세운 방법은 裒多益寡하는 것이었다. 그리하여 이를 실현하기 위해서는 다음과 같은 節目상의 규정을 마련했다.[597] 각 道에서는 각 邑의 還穀을 民戶와 비교하여 移轉裒益함으로써 그 부담이 균평토록 하되, 이는 大擧措로서 擾民·病民의 염려가 있으므로 隣近邑 간의 大不均한 곳이 아니면 이를 행하지 않는다(節目 1). 三南·兩西地方에서는 鎭·驛의 還穀도 穀多이면 이같이 조정한다(節目 4). 山沿 간의 不均을 시정하기 위해서는, 京衙門의 需用은 所官還穀이 있는 고을에서 이를 取해서 쓰고 作錢을 할 때는 穀多邑의 것을 發賣하며, 各道藩閫의 그것은 將士頒料 등 특별한 것 외에는 山郡의 것을 先用하고 沿邑의 것을 남용하지 못하게 함으로써, 山郡에서는 所用이 전보다 많아지고 沿邑에서는 所留가 전보다 늘게 한다(節目 2). 단 三南의 雄府巨邑과 兩

---

596)『增補文獻備考』166, 市糴考 4, 糶糴, 中, p.945.
　　左議政洪鳳漢啓曰 各邑還上 多寡太偏 分留之際 每患不適 若逐邑計戶 以定某邑當置幾石之數 多處裒之 少處益之 作爲永法 則朝家易於遙管 各邑難以自專 於豊於歉 可期有賴 故前秋筵稟後 發關各道 使之裁量報備局 而今依前關 修報成冊 以爲成法遵行之地宜矣
597)『各道還穀釐正節目』抄.
　　1. 今以各邑還穀 較量於民戶 則多寡不均 在在皆然 論其先務 莫如移轉裒益 而如此大擧措 一時並行 其勢誠難爲不喩 山沿換輸之際 易致擾民而病民是白去乎 如非隣近邑大不均處 則移轉一款 不必擧論爲白齊
　　2. 從今以後 京衙門循例需用者 必取該邑而上下 如或作錢 則先取穀多邑而發賣 各道藩閫 則將士頒料 營門應用之不可不船運者外 隨其公用 亦必直下於該邑 凡係無方所之需用 必於山郡而先用 無得惟意濫用於沿邑 以山郡則一歲所用 必加於前 以沿邑則一歲所留 必增於舊 磨以多年 以山沿均一爲限爲白齊
　　3. 各道監·統·兵·水營勾管穀物之布置列邑 取耗取用者 雖是前例 亦係公下是白乎乃 無得偏用偏留事 旣而嚴禁 則亦不可無一切之法 此後則待當等會案上來 自京司一一考準 若有一斛一斗穀之 換名移錄者 則所犯道帥臣 自難免論責
　　4. 三南兩西鎭驛中還上稍多處 自各其監營 詳量民穀 就其餘數 或從便移錄於當該本邑 或漸次移送於穀小近邑爲白齊
　　5. 至於三南之雄府巨邑 兩西之直路各邑 雖非沿海 宜其多積 如此之處 毋得諉以山邑與穀多惟意濫用爲白齊

西의 直路各邑은 비록 沿邑이 아니더라도 還穀을 多積하고 남용하지 못한다 (節目 5). 그리고 各道 監・統・兵・水營의 勾管穀物을 列邑에 布置하고 取耗補用을 할 때는 偏用偏留가 없도록 하며, 후에 조사하여 換名移錄한 바가 있으면 論責한다(節目 3).

이 釐正方案은 지역간의 不均을 시정하는 데 어느 정도 효과가 있을 수 있었다. 그래서 그 후 지역간 不均 문제를 矯捄하는 데는 이 방안을 채택했다. 正祖 14, 15년의 矯捄에서는 移轉移貿한 還穀이 9만 5천여 石에 달했다.[598] 그 후에도 마찬가지여서 還弊의 시정을 위해서는 이를 요청하기도 하였다. 그러나 이 釐正方案으로써는, 그 節目에 大不均한 곳이 아니면 이를 행할 수 없도록 하고 있었으므로, 그리고 受還을 하는 고을에서는 불만이었으므로, 지역간 不均 문제를 근본적으로 시정할 수는 없었다. 더욱이 아래로 내려오면서 移轉移貿는 영리목적에 이용됨으로써 도리어 폐단을 가중시키는 바가 되기도 하였다. 다른 여러 가지 폐단도 복합적으로 일어났다. 그리하여 18세기 말 正祖年間에 이르러서는 이 같은 폐단들이 절정에 달했다.

(2) 正祖朝의 大變通(社倉制) 小變通 논의

正祖年間에는 三政 전반의 문제와도 관련하여 還穀制를 釐正하는 문제를 심각하고도 광범하게 논의하였다. 還弊로 사회적 모순이 심화되는 가운데 정부는 그것을 타개하기 위한 방안을 모색한 것이다. 여러 차례 求言敎가 있었으며 많은 사람들이 還弊를 논하고 그 개혁방안을 제언했다. 正祖 10년의 歲首求言과 大小官僚의 所懷陳言,[599] 동 19년의 還餉策問과 應旨上疏文,[600] 동 22년의 求民隱綸音과 應旨民隱疏[601] 및 勸農政求農書綸音과 應旨進農書[602] 등은 그 중에서도 두드러진 일이었다. 특히 19년의 還餉策問은 還穀의 폐단만을 專論하고 그 대책만을 專問한 것으로서, 還穀의 폐단・불합리성에

---

598) 『備邊司謄錄』178, 正祖 15年 4月 4日, 17冊, pp.759~760.
599) 『正祖丙午所懷謄錄』. 이에 관해서는 韓㳓劤, ‘正祖丙午所懷謄錄의 分析的 研究’ (『서울大論文集』11, 1965) 참조.
600) 「還餉策問」(『弘齋全書』卷 51, 策問 還餉), 『還餉策文』.
601) 安秉旭, ‘朝鮮後期 民隱의 端과 民의 動向’(『韓國文化』2, 1981) 참소.
602) 拙稿, ‘十八世紀 農村知識人의 農業觀 ― 正祖末年의 應旨進農書의 分析’(『朝鮮後期農業史研究』Ⅰ, 초판본 ; 증보판) 참조.

대한 심각한 우려와 그 개혁의 절실한 필요성을 보여주는 것이었다. 그리고 이 시기에는 이 밖에도 정부에서 求言教와는 별도로 還弊에 대한 대책을 여러 가지로 논의하고 있었다. 그리하여 이 같은 동향 속에서 이때에는 大更張과 小變通의 방안이 모두 제기되고 있었다. 그러한 사정을 잘 종합 정리하고 있는 것이 「還餉策問」이었다. 正祖는 이 策問에서 당시의 還穀의 폐단을 상론하고 그에 대한 釐正策으로서 일반적으로 논의되는 여러 견해를 열거했다. 그리고 이러한 견해들이 갖는 한계를 지적하고, 따라서 현실에 맞는 좋은 방안을 새로 연구해 주기를 바랐다.

이에 의하면 이 무렵에 還穀釐正策으로서 일반적으로 거론되는 大更張 大變通의 방안에는 두 가지가 있었다. 그 하나는 平糴制이고 다른 하나는 社倉制였다. 전자는 還穀制를 혁파하여 平糴制, 즉 常平倉制度로 개편하되 還耗收入에 대한 給代方案으로는 口錢이나 戶布 등 별도의 조치를 취하자는 것이었다.[603] 그리고 후자는 還穀制를 혁파하여 社倉制로 개편 운영하되 給代方案으로는 정부에서 出資하여 衙屯 · 營屯 등을 설치함으로써 그 稅收로서 (地主經營과 地代收取) 還耗收入을 대신하자는 것이었다.[604] 어느 경우나 還穀의 救恤 · 賑貸 기능과 營利 · 賦稅 기능을 분리하여, 전자의 필요성은 인정하고 이를 존속시키되, 후자는 이를 변혁하여 다른 방법으로 해결하려는 것이었다. 그러므로 이 두 釐正方案은 그 의도하는 바가 주로 국가재정을 충실히 하려는 富國의 방안이 아니라, 小農的 農民經濟의 안정을 기하려는 濟民의 방안으로서 발상된 것이었다고 하겠다. 그 가운데서도 많은 사람들이 특히 좋은 방안으로 생각하는 것은 社倉制였다. 이는 常平倉보다 賑貸 기능이 더욱 분명한 까닭이었다.

---

603)「還餉策問」, 14장.
　　或曰 有還餉之名 則有還餉之弊 莫如一切罷去 只存常平倉號 用李悝平糴之制 立上中下三熟 大中小三饑之法 熟而斂之 饑而散之 以爲常 亦勿許取其贏息 京外之以耗需用者 以口錢戶布 別爲措處
604)「還餉策問」, 14~15장.
　　或曰 旣儲之穀 惡其名而去之 別爲加斂於民田 可乎 …… 若能亟復朱夫子社倉之制 以今見在之穀 分授坊里 建立倉舍 令一鄕君子主之 斂散贏息 一遵成規 朝家則察其臧否 而不取其利 京外之耗條給代 不可不商量區劃 而口錢戶布 軍役不罷 則不可疊徵 莫如錢穀間 一番優劃 各置衙屯營屯 歲收其稅之爲無弊

　　還穀制를 社倉制로 개혁하라는 건의와 정부에서의 논의는 「還餉策問」에 앞서서도 있었고 그 후에도 있었다. 正祖 10년 丙午所懷에서 訓鍊院判官 兪漢忠이 밝힌 견해는 그 한 예이다. 그는 還穀의 지역간 不均을 시정한 후 이를 面倉·社倉制로 개편하여 鄕村民으로 하여금 운영케 할 것을 제언했다.[605] 그리고 正祖 20년에는 順陵直長 蘇洙中이 社倉制를 전제로 釐革糶糴(還穀)할 것을 건의하고,[606] 동 21年에는 正言 邊景祐가 濟州島에 그곳 牧場稅를 몰수하여 이를 자금으로 삼아 社倉制를 시행하자고 요청했다.[607] 그리고 또 同 22, 23년의 「應旨進農書」에서도 柳鎭穆 등 여러 사람이 還穀制의 폐지와 社倉制 및 常平倉의 시행을 제언했다.[608] 이 시기의 지식인들은 社倉制를 숙지하고 있었다. 그들의 학문은 朱子學的인 유교로 단련되고 있었는데, 朱子는 鄕約과 더불어 社倉制의 시행을 권장하고 있었다.[609] 栗谷이 社倉契約束을 만들고 있는 것도 중지의 사실이었다.[610] 더욱이 정부에서는 鄕村支配의 일환으로 「五家統事目」을 작성하고 있었는데 거기에는 社倉을 설치하도록 되어 있었다.[611] 그리고 지방에 따라서는 실제로, 지속성은 없었지만, 향촌의 자치기구로서 社倉制를 시행하는 경우도 없지 않았다.[612] 社倉의 설치를 필생의 과제로 삼은 사람도 있었다.[613] 그러므로 이 시기 지식인들은

---

605) 「正祖丙午所懷謄錄」, pp.262~263.
606) 『備邊司謄錄』 183, 正祖 20年 3月 8日, 18冊, p.402.
607) 『備邊司謄錄』 185, 正祖 21年 5月 8日, 18冊, p.629.
608) 『日省錄』, 正祖 22年 12月 29日, 鄭錫猷 疏.
　　　『日省錄』, 正祖 23年 2月 11日, 柳鎭穆 疏.
　　　『日省錄』, 正祖 23年 3月 19日, 安聖鐸 疏.
609) 『朱子大全』 卷 99, 公移, 社倉事目.
610) 『栗谷全書』 卷 16, 雜著 3, 社倉契約束.
611) 『肅宗實錄』 卷 4, 肅宗 元年 9月 辛亥, 38冊, pp.303~304.
　　　『備邊司謄錄』 31, 肅宗 元年 9月 26日, 3冊, pp.196~198.
612) 『肅宗實錄』 卷 11, 肅宗 7年 5月 甲寅, 38冊, p.527.
　　　大司憲 李端夏上疏 …… 社倉則設於臣之鄕里 松葉則臣親自服食 以此知其可推行於國中也
　　　『正祖實錄』 卷 48, 正祖 22年 6月 乙未, 47冊, p.89.
　　　(李)秉模曰 社倉之法 故相崔興源嘗行之嶺南云 臣之先祖亦行於砥平 今已廢矣 其成其廢 惟在得人與否耳
613) 李端夏의 경우는 그러한 예였다. 그는 軍役制의 釐正에서는 戶布制를 극력 반대하고 있었으나(『肅宗實錄』 卷 11, 肅宗 7年 4月 丙戌, 38冊, pp.523~524), 還

社倉制의 효용성을 잘 알고 있었으며, 따라서 還穀制에 문제가 생길 때 그것을 社倉制로 개혁할 것을 자연스럽게 생각할 수 있었다.

이 시기에는 還穀制의 폐단이 극심하였으므로 이를 大變通으로 혁파해야 한다는 사람은 많았다. 그러나 그렇게 할 경우 국가수입을 무엇으로 어떻게 대체할 것이냐 하는 給代의 방안이 문제였다. 거기에는 많은 이론이 있었다. 이 시기의 국가재정은 그 많은 부분을 還耗收入에 의존하고 있었기 때문이었다. 茶山은 '國之財用 半靠於賦稅 半靠於還上'[614]라고까지 하였다. 바로 그러한 점에서 革罷論은 쉽게 채택되기 어려웠다. 더욱이 이의 혁파에는 사회적 이해관계가 얽혀 있었다. 그러나 還穀制를 釐正해야 하는 것은 이 시기의 당위의 과제였다. 그러므로 혁파는 물론 좋지만 현실적으로 그렇게 할 수 없을 경우 다른 變通의 방법을 생각해내지 않으면 안 되었다.[615] 小變通의 방안이 나오게 된 까닭이다. 還穀制를 그대로 두고 폐단만을 矯捄하는 '仍舊捄弊'의 방안이었다. 正祖의 「還餉策問」에서는 小變通에 관해서도 그 동향을 잘 정리하고 있었다. 이에 의하면 小變通의 방안은 여러 가지였으나 대개 還穀制 운영의 細則에 관련되는 것이었다. 다만 그 가운데서도 주목되는 것은 還穀 운영의 기구를 度支部로 이관 일원화하고 穀名도 통합해서 좀더 합리적으로 경영하자는 점이었다.[616]

穀制의 釐正에서는 社倉制를 적극 주장하고 있어서 社倉節目을 마련하기도 하였다(『肅宗實錄』卷 15 上, 肅宗 10年 3月 己卯, 38冊, p.683). 상하관계의 질서 속에서 均賦均稅를 추구한 것이다. 그러나 이때 그가 釐正하려는 것은 小民이 多受하는 폐단이 아니라 豪戶가 偏受하는 데서 오는 不均이었다. 節目의 제1조는 다음과 같이 되어 있었다.

其一曰 官穀稱貸者 計其口數 平均分給 而如有豪戶偏受者 罪其有司 並治豪戶

614) 『丁茶山全書』, 詩文集 卷 9, 還餉議, 上, p.181.

615) 同上.

有口者皆曰 此法不罷 國必危 罷之固善 如其不能下之 不可以不變也

616) 「還餉策問」, 15~16장.

或曰 …… 蓋奸竇之如鼠穴 由於衙門穀名之太繁賾也 今若盡去各衙門勾管 一付之度支 掌其出入 穀名則 只存大小米租太粟车六種 京外耗條之某衙門某穀幾石 永劃於某邑 毋敢以價直高下移易 則可除令出多門吏緣爲奸之弊 亦可以快祛偏多偏少之患

이와 관련해서 이 무렵에는 還穀을 보다 合理的으로 無弊하게 운영하기 위해서는 還穀倉庫를 面 단위로 설치하는 것이 좋다는 것을 말하는 사람도 있었다. 禹夏永이 分倉之法을 말한 것(『千一錄』 6, 穀簿)이라든가, 全萬이 面庫制를 건의한 것

大變通이나 小變通의 어느 방안에도 正祖는 만족하지 않았다. 전자는 古今의 사세가 다르다는 점에서, 후자는 節目上의 문제에 지나지 않는다는 점에서였다.[617] 正祖는 現時에 맞는 大變通의 방안을 찾고 있었던 셈이다. 이때에는 그러한 방안은 나오지 않았다. 「還餉策問」에 應旨上疏한 「還餉策文」이 적잖이 있었지만 正祖가 바라는 바와 같은 方略을 제기한 사람은 없었다. 다만 茶山의 방안이 좀 특이했을 뿐이다.

茶山은 「還餉議」를 통해서, 후에는 「經世遺表」에서 大變通과 小變通을 종합하고, 이를 통해서 還穀制를 釐正하려 하였다. 小變通은 還穀의 穀種·耗法·巡分法·分留法 등을 조정한 위에서, 관리기구를 戶曹·監營으로 통합하고 穀名은 一元化하며, 還穀의 배정은 戶摠상의 每戶에게 3석씩 한정 均一化함으로써, 還穀 운영상의 불합리와 불균을 제거하려는 것이었다.[618] 還穀의 賦稅 기능을 합리화·균평화하는 가운데 그 폐단을 제거하려는 것이었다. 그리고 大變通은 還穀의 일부를 常平倉으로 흡수하여 糶糴기능을 살려 물가를 조절함으로써 還穀 운영의 경제기반을 안정시키려는 것이었다.[619] 社倉制는 고려하지 않았다. 그는 還穀制의 본의가 국가의 재정수입에 있고, 국가의 재정수입도 중요한 것이므로, 大言淸論이 아닌 현실적인 개선방안이 필요하다고 생각했다.[620] 물론 그도 社倉制를 좋은 제도로 보고 환영했다.[621] 賑貸救恤 제도의 표본이 거기에 있기 때문이었다. 그러나 還穀制를 社倉制로 개혁하는 데는 찬성치 않았다. 還穀은 그 현재 목표가 國用·支費를 마련하는 데 있고, 社倉은 그 본의가 救民에 있기 때문이었다.[622] 그리고 還穀은 국가가 國穀을 官 기구로서 운영하는데, 社倉은 鄕村民이 私蓄을 民 주도로

（『日省錄』, 正祖 23年 3月 19日）은 그러한 예이다. 이는 社倉法에서의 社倉과는 다른 것이지만 거기에 통할 수 있는 것이었다.

617) 「還餉策問」, 18장.

618) 「還餉議」, 1~6항.
　　　『經世遺表』卷 12, 地官修制 倉廩之儲 2, 『全書』下, p.231.

619) 「還餉議」, 7항.
　　　『經世遺表』卷 12, 地官修制 倉廩之儲 3, 『全書』下, p.237.

620) 『經世遺表』卷 12, 地官修制 倉廩之儲 2, 『全書』下, p.234.

621) 『經世遺表』卷 12, 地官修制 倉廩之儲 1, 『全書』下, p.225.

622) 『經世遺表』卷 12, 地官修制 倉廩之儲 2, 『全書』下, p.230, 234.

운영하는 것이기 때문이다.[623] 그러므로 그는 還穀을 社倉으로 개편하려는
것은 양자의 본질을 未覈한 탓이라고 생각했다.[624] 社倉의 개념을 이같이 한
정하면, 설사 社倉制를 시행하여 鄕村民이 그 운영에 참여한다 하더라도, 그
것이 國穀을 자본으로 국가재정의 수입을 위해서 운영될 경우 이미 본래적
의미의 社倉일 수는 없었다.

(3) 純祖朝의 大變通(社倉制) 試行과 挫折

「還餉策問」을 중심으로 일어난 還穀制 釐正의 논의는 결국 논의로 그치고
말았다. 正祖는 어떤 확신을 얻지 못했고 결단을 내리지 못했다. 그리하여
還穀의 폐단이 여전히 계속되는 가운데 純祖가 즉위했으며, 따라서 正祖가
제기한 還穀의 釐正問題는 純祖朝로 그대로 이어졌다. 純祖朝에 들면서 사
회적 모순은 심화되고 있었다. 賦稅問題와 관련해서 보면 그것은 평안도 지
방의 농민항쟁(純祖 11, 12년)으로 폭발했다. 그러한 정세 속에서 정부는 賦
稅問題(三政紊亂)에 대해서 대책을 세우지 않으면 안 되었다. 求言敎를 내
려[625] 時務疏를 받기도 하고, 陳弊冊子도 작성케 했다.[626] 그리고 그러한 일
환으로서는 還穀制에 대한 대책을 세우게도 하였다. 純祖 4, 5년의 일이었
다. 이때에는 還穀制의 釐正方略을 강구하라는 敎書가 내렸고,[627] 정부에서
는 大臣들이 이를 정책문제로서 논하게 되었다.

還穀制를 釐正하기 위한 정부의 대책으로는 두 개의 방안이 선후해서 제
기되었다. 大變通과 小變通의 방안이었다. 전자는 社倉制를 시행하려는 것
으로서 우의정 李敬一이 제언했다. 그는 還弊의 실태와 先朝의 策問을 논하
고 '他無捄弊之道 惟有社倉一條 可以矯捄'라 하여 社倉制 외에 다른 좋은 방
안이 없는 것으로 생각했다. 그러나 그러면서도 그는 朱子의 社倉之規를 그

---

623) 『經世遺表』 卷 12, 地官修制 倉廩之儲 1, 『全書』 下, p.224.
　　　『經世遺表』 卷 12, 地官修制 倉廩之儲 2, 『全書』 下, p.233.
624) 『經世遺表』 卷 12, 地官修制 倉廩之儲 2, 『全書』 下, p.230.
625) 『純祖實錄』 卷 5, 純祖 3年 12月 丁丑, 47冊, p.469.
626) 『備邊司謄錄』 199, 純祖 9年 12月 25日, 20冊, pp.156~157.
　　　『備邊司謄錄』 201, 純祖 11年 3月 15~28日, 20冊, pp.292~325.
627) 『純祖實錄』 卷 6, 純祖 4年 11月 乙卯, 47冊, p.495.
　　　『備邊司謄錄』 195, 純祖 4年 11月 30日, 19冊, p.688.

대로 還穀制에 대치하려는 것은 아니었다. 그는 朱子의 社倉之規와 우리나
라의 還穀制를 종합하여 取耗를 하는 새로운 社倉制를 마련하려 하였다.[628]
正祖年間의 社倉논의를 일보 전진시켜 현실에 맞는 社倉制를 구상한 것이
다. 그는 이미 社倉節目을 마련하여 동료와 상의했고, 정부회의에서는 이를
우선 還弊가 가장 심한 兩南·兩西地方에서 시행할 것을 요청했다. 社倉制
가 갖는 爲民·救民의 뜻과 還穀制가 갖는 國用·支費의 뜻을 그의 社倉制
를 통해서 모두 해결하려는 것이었다. 朝臣들은 반대하지 않았다. 다만 그의
社倉制를 법제화하기에 앞서 兩南·兩西 4道의 몇 개 지방에서 試行을 거치
기로 하였다. 이는 결국 外倉(多有社倉之名)을 加設하는 것인데 外倉의 폐단
을 外倉을 가설하는 것으로써 제거할 수 있을까 하는 의문이 있었기 때문이
다.[629] 試行은 여론조사였다. 4道에는 社倉節目을 첨부해서 關文을 발송하였
다.[630]

　후자는 좌의정 徐邁修에 의해서 전자를 보완하는 형식으로 제기되었다.
그것은 還穀의 폐를 不均과 운영 불합리에 있는 것으로 보고, 不均을 제거하
기 위해서는 戶摠과 穀摠을 비교해서 裒多益寡하고 京司의 需用은 穀在邑에
서 從實作錢하려는 것이었으며, 운영 불합리를 제거하기 위해서는 穀簿名色
을 간소화하려는 것이었다.[631] 종전부터 있어온 논의였다.

　이 같은 두 방안에서 小變通의 방안에는 문제가 있을 수 없었다. 그러나
大變通의 방안에는 지방에서 큰 반발이 일어났다. 慶尙監司는 새로 시행하
려는 社倉이 종래의 官倉(還穀)과 다를 바가 없는데, 官(吏)이 관장하던 운

---

628)『承政院日記』1888, 純祖 4年 12月 10日, 100冊, p.516.
　　　『備邊司謄錄』195, 純祖 4年 12月 14日, 19冊, pp.690~691.
　　　　奧在先朝 特軫還穀之痼弊 至於發策詢問矯捄之道 而訖未有對揚之人 可勝歎哉 百
　　　爾思之 他無捄弊之道 惟有社倉一條 可以矯捄 而先朝策問中 亦有社倉之下敎矣 今
　　　以朱子社倉之規 參以我國糶糴之法 依例取耗 則民必樂從 而可無白徵之弊 爲先成節
　　　目 行會於還弊最甚之兩南兩西 使之依倣社倉之制 從民願設施
629) 同上『備邊司謄錄』.
　　　『承政院日記』1888, 純祖 4年 12月 24日, 100冊, pp.538~539.
630) 李敬一,『潦霽錄』(內題「釋褐錄」) 6冊, 甲子年條.
631)『備邊司謄錄』196, 純祖 5年 正月 10日, 19冊, pp.695~696.
　　　『承政院日記』1889, 純祖 5年 正月 10日, 100冊, p.567.

영권을 鄕君子에게 넘겨주는 것은 鄕君子를 위하는 방안이며, 이들이 특별
한 사람도 아닌데 이를 관리하게 되면 末弊가 官倉보다 더 심할 것이라고 비
판했다. 그리고 실제로 현재 社倉을 빙자한 鄕君子의 小民驅迫과 官令不遵
의 폐가 있음을 지적했다.[632] 황해도에서는 大小民情이 엇갈려서 강제설치가
어려우며, 또 지금은 거듭 歉荒을 겪은 때이므로 斂民을 논할 때가 아님을
지적했다.[633] 평안도·전라도에서도 비슷했다. 還穀制에서도 外倉이 여러 개
여서 社倉과 별로 다를 것이 없으며, 民情은 모두 종전대로 還穀制의 시행을
원한다고 하였다.[634] 그리하여 이들 네 監司는 그들 보고서의 결론에서 社倉
制 시행을 중지할 것을 요청했다. 정부에서는 慶尙·黃海監司를 파면하는
등 논란이 많았지만,[635] 결국 그들의 의견을 받아들이지 않을 수 없었다. 朱
子 社倉之規와 還穀制를 종합함으로써 還穀制의 폐단을 시정하려던 계획은
무산되었다.

地方官이 이와 같이 社倉 설치를 반대한 데는 그럴 만한 이유가 있었다.
地方官衙에서는 監營이나 郡縣을 막론하고 그 재정을 還穀을 운영함으로써
還耗收入에 의존하는 바가 컸으며, 이를 빙자한 수탈이 또한 많았는데, 社倉
이 설치되면 그 운영권이 鄕君子層으로 넘어가게 되는 까닭이었다. 地方官
衙에게 社倉은 官 수입원의 상실이거나 감소일 수밖에 없었다. 그들이 그것
을 환영할 리 없었다. 제주도의 경우에서 우리는 그러한 사실을 확인할 수
있다.[636] 官 수입 자체도 문제이지만, 특히 지방관청의 吏胥層에게 이는 심각
한 문제였다. 그들에게 還穀 운영은 그 생활기반의 일부였다. 그러므로 그들
은 社倉制를 극력 반대할 수밖에 없었다. 이러한 사정은 그 試行令을 發關할
때 이미 예상되고 있었다. 거기서는 '此法之行 吏屬必不樂聞'일 것임을 지적
하고 있었다.[637] 앞의 각 지방 監司들의 보고에서 社倉 설치를 좌절케 하는

632)『純祖實錄』卷 7, 純祖 5年 4月 癸亥, 47冊, p.505.
     『承政院日記』1892, 純祖 5年 4月 10日, 100冊, p.669.
     『備邊司謄錄』196, 純祖 5年 4月 15日, 19冊, p.713.
633)『備邊司謄錄』196, 純祖 5年 4月 30日, 19冊, p.716.
634)『備邊司謄錄』196, 純祖 5年 6月 5日, 19冊, pp.730~731.
635)『備邊司謄錄』196, 純祖 5年 5月 6日, 19冊, pp.719~720.
636)『備邊司謄錄』185, 正祖 21年 5月 8日, 18冊, p.629.

지방의 '民情'이란 바로 이러한 사정과 관련이 있었다. 좀 후에 황해도 지방을 暗行한 御史는 이때 社倉制를 시행하지 못한 이유를 '向者 社倉之議 爲吏屬輩所沮戲 事竟不成'[638]이라고 기술하고 있었다. 鄕村社會에 군림하는 것은 鄕班層이지만, 지방행정의 실무에 종사하면서 농민층을 실질적으로 직접 지배하고 있는 것은 이들 吏胥層이었다.

純祖初年에 제기된 大變通 계획이 좌절된 후, 정부에서는 純祖·憲宗朝에 걸치는 동안 還穀의 釐正問題를 변혁의 차원에서 전개하지 못했다. 그간 평안도 지방에서는 농민항쟁이 있었고, 그 후 三政紊亂은 더욱 심화되었지만 근본적인 대책은 진지하게 논의하지 못한 것이다. 정치권력은 이른바 세도정권으로 집중되고 진보적인 지식人은 사상탄압을 받고 있었으므로 변혁의 방안이 제기될 수 있는 분위기가 아니었다. 이때에도 위정자들은 마땅히 '更張矯捄之策'을 마련해야 할 것으로는 생각했지만, 이는 '至難至愼'한 일이므로 '隨弊隨察 革謬杜奸'하는 방법을 택하고 있었다.[639] 변혁이 없을 경우 이렇게라도 할 수밖에 없는 것이기는 하지만, 이렇게 해도 폐단이 조금은 시정되리라 생각했다. 還穀의 폐원을 근원적으로 제거하는 방안이 아니라 겉으로 드러난 폐단만을 제거해 나가는 소극적인 對症療法의 방법이었다. 그리고 그럴 경우 기준이 되는 것은 제도상의 규정이었다.

隨弊隨察해서 그 폐단을 막으려는 조치는 還摠의 多寡를 둘러싼 지역간의 不均 문제, 還戶·頉戶 등을 중심한 신분·빈부간의 不均 문제, 耗穀作錢에서의 詳定價 문제, 운영부실·불합리에 관련되는 문제 등 허다하였다. 폐단이 있더라도 혹 置之하는 경우도 있었으나, 경우에 따라서는 강력한 조치로써 대처하기도 하였다. 逋吏와 탐관오리에 대한 제재가 거듭 강조되었다.

(4) 哲宗朝의 大變通(罷還歸結) 試圖와 還穀制 釐正

哲宗朝에 들어서도 還穀制의 釐正을 위한 노력은 계속되었다. 哲宗은 즉위한 지 3년에 還弊矯捄 등을 條陳하라는 求言敎를 내리기도 하였다.[640] 좀

---

637) 註 630과 同.
638) 『備邊司謄錄』 196, 純祖 5年 9月 28日, 19冊, p.764.
639) 『備邊司謄錄』 225, 憲宗 3年 12月 10日, 22冊, p.921.
640) 『備邊司謄錄』 239, 哲宗 3年 10月 22日, 24冊, p.487.

더 효과적인 대책을 세우려 한 것이다. 각 지방에서는 還弊를 조사 보고하고 政府에서는 「糴弊矯捄別單」을 마련하였다.[641] 거기에서는 여러 가지 문제를 검토하였지만, 특히 유의한 것은 還戶・頉戶를 중심한 還穀의 不均 문제를 조정하는 일이었다.[642] 그러나 이 시기의 還穀의 폐단은 이상과 같은 정도의 대책으로 제거할 수 있는 것이 아니었다. 還穀의 폐단은 만성화・고질화・대형화하고 있었다. 그것은 이제 對症療法만으로 해결할 수 없음이 분명해 졌다. 변화가 있어야 하겠다는 발언을 미묘하게 표현하기 시작하였다. 그것은 이미 先王代부터의 일이지만, '減糴一條 亦爲目下紆力之要'[643]라든가, '捄弊之道 先在減總'이라고 말한 것은 그것이었다.[644] 이는 還多民少한 지방에 관해서 언급한 것이지만 전반적인 문제로 확대될 수도 있었다. 또 실제로 관북지방에서와 같이 일부 減摠을 한 대신에 買屯收稅를 하는 예도 있었다.[645] 還穀田・還上田이라고도 할 수 있는 것으로써, 地主經營과 그 收入을 통해서 還耗收入에 대치하려는 것이었다. 이는 還穀制 자체를 폐기한다는 점에서는 大變通으로 통할 수도 있는 것이었다. 地主經營도 문제이지만 債殖(고리대)보다는 낫다고 생각하였다. 그러나 이때에는 減摠이라고 하는 變通方案은 아직 조심스러운 발언에 불과할 뿐 정책상의 주요대상이 될 수 없었다. 그리고 이 시기에도 지식인들 가운데는 개인적으로 還穀永罷 등 大變通의 의견을 가진 사람이 있었으나 역시 정책문제화하는 데까지는 이르지 못하고 있었다.[646] 그리하여 哲宗末年에 이르러서는 마침내 三南地方에 농민항쟁이 발생하게 되었다.

---

641) 『備邊司謄錄』 240, 哲宗 4年 正月 18日, 24冊, pp.518~524.
642) 『備邊司謄錄』 240, 哲宗 4年 正月 16日, 24冊, p.515~516.
643) 『備邊司謄錄』 229, 憲宗 7年 正月 18日, 23冊, p.288.
644) 『備邊司謄錄』 237, 哲宗 元年 4月 16日, 24冊, pp.159~161.
　　　『備邊司謄錄』 241, 哲宗 5年 12月 21日, 24冊, p.736.
　　　『備邊司謄錄』 215, 純祖 27年 11月 16日, 21冊, p.918.
645) 『備邊司謄錄』 237, 哲宗 元年 5月 29日, 24冊, p.174.
　　　『備邊司謄錄』 240, 哲宗 4年 正月 6日, 24冊, p.512.
646) 『顧問備略』의 저자 崔瑆煥의 경우는 그 한 예이다. 그는 憲宗의 命에 의해 時務經濟의 釐正策을 講究했으나, 憲宗의 승하로 이를 통해 政府의 釐正策이 마련되지는 못했다. 여기서는 還穀의 釐正에 관하여 永罷・里分・結排結錢・屯田・常平倉・社倉 등을 논하고 있다(卷 1, 糴糴).

　농민항쟁은 哲宗 13년에 있었다. 이른 봄 경상도 남쪽 지방 丹城에서 발생한 民亂이 이웃 晋州로 비화하고, 이어서는 三南地方 전 지역으로 확산된 것이다. 그 원인은 賦稅制度와 관련하여서는 三政紊亂으로 파악되었고, 그 가운데서도 특히 핵심이 되는 것은 還穀의 문란으로 이해되었다. 그동안 還穀制의 운영과 관련해서는 隨弊隨察의 조치로 탐관오리·逋吏 등에 대한 규제가 거듭 나가고 있었으므로 이는 자연스러운 이해이었다. 그리고 民亂에 앞서서는 還穀의 부당한 수탈(田結加斂－都結)과 관련하여 晋州 지방 大小民人들의 聯狀提疏가 있었으며,[647] 民亂이 발생한 후의 地方官·按覈使들의 조사보고에서도 특히 환곡의 폐단을 강조하고 있었다.[648] 還穀의 문란과 農民抗爭은 지극히 밀접한 관계에 있었다. 그러므로 이 같은 사태에 직면하였을 때 정부에서는 새로운 대책을 세우지 않으면 안 될 것으로 생각하였다. 그 대책은 두 계통으로 취해졌다. 하나는 吏額을 汰減하는 조치이고,[649] 다른 하나는 還穀制를 크게 釐正하는 조치였다.

　정부가 이때 생각한 還穀制의 釐正은 大變通을 꾀하는 것이었다. 그리고 그 방법은 求言敎로 널리 여론을 조사하고 이에 기초해서 적절한 대책을 세우려는 것이었다. 영의정 金左根은 廣探博訪해서 그 대책을 세워야 할 것임을 건의하였으며,[650] 晋州民亂을 査覈한 朴珪壽도 특별기구를 설치하고 衆謀群策을 모아 釐正方略을 강구하도록 건의하였다.[651] 그리하여 三政釐整廳이 세워지고 국왕의 三政策問이 나가게 되었다. 策問에 應旨上疏하여 三政疏가

---

647) 『備邊司謄錄』246, 哲宗 10年 6月 19日, 25冊, p.383.
　　　『備邊司謄錄』246, 哲宗 10年 10月 29日, 25冊, p.428.
648) 朴廣成, ‘壬戌民亂의 研究’(『仁川敎大論文集』4, 1969).
　　　拙稿, ‘哲宗朝의 應旨三政疏와「三政釐整策」’(本書 所收) 참조.
649) 『備邊司謄錄』249, 哲宗 13年 3月 25日, 25冊, p.761.
　　　이때의 汰減 내용은 다음과 같은 자료로 정리되고 있었다.
　　　「平安道內各邑吏胥定額成冊」
　　　「咸鏡道內各邑吏額減定成冊」
　　　「江華府時役書吏成冊」
　　　「忠淸道各邑吏額減定成冊」
650) 『備邊司謄錄』249, 哲宗 13年 4月 15日, 25冊, p.773.
651) 『承政院日記』2651, 哲宗 13年 5月 22日, 126冊, pp.405~406.
　　　『瓛齋集』卷 6, 請設局整釐還餉疏.

들어오면 三政釐整廳에서는 이를 검토하고 참고하려는 것이었다. 應旨三政
疏는 수백 건에 달하였으며, 이를 釐整廳堂上들이 逐條 검토하였다. 그리고
이를 바탕으로 해서 좌의정 趙斗淳이 정부의 방안이 기초하고, 이는 정부의
釐整策으로 인준되었다. 「三政釐整策」이었다.[652]

　應旨三政疏의 논자들 가운데는 還穀制의 변혁을 주장하는 사람이 많았다.
그것은 크게 두 계통으로 분류할 수 있었다. 그 하나는 還穀制를 폐지하고
그 대신에 耗를 징수하는 새로운 常平倉이나 社倉制를 설하자는 견해이고,
다른 하나는 還穀制를 폐지하는 대신에 戶·結·里를 단위로 한 새로운 稅
를 설하자는 견해였다.[653] 還穀에는 賑貸 기능과 함께 賦稅 기능도 있었으므
로, 이를 폐지할 경우 賦稅收入에 대한 給代方案이 문제였다. 趙斗淳도 이
두 가지 방안을 모두 생각하고 있었다. 社倉制를 시행할 경우와 結稅로 징수
할 경우였다. 다만 社倉制는 鄕約의 시행과 병행해서 시행할 때 그 성과를
기대할 수 있는 것이므로, 鄕約이 시행되고 있지 않는 현재로서는 田結에다
稅를 부과하는 방법이 좋다고 생각했다.[654] '罷還歸結'인 것으로서, 이는 還
穀制에서 거둬들이는 耗穀收入만큼 時起結摠에다 일정액(1結 2兩)의 稅를
부과하자는 것이었다.[655] 그는 이 같은 방안을 均役法에서의 結錢의 예에 따
라 마련한다고 말하고 있었다.[656] 그러므로 정부의 「三政釐整策」에서도 그간
에 논의는 많았지만 還穀制의 釐正問題는 결국 罷還歸結로써 처리되지 않을
수 없었다.[657] 이 節目은 곧 시행되도록 국왕 결재를 받아 전국에 반포될 수
있었다.[658]

---

652) 朴廣成, '晋州民亂의 研究 ― 釐整廳의 設置와 三政矯捄策을 中心으로'(『仁川敎大
　　論文集』 3, 1968).
　　　註 648의 拙稿.
653) 同上 拙稿.
　　物論 이와는 좀 다르게 생각하는 사람도 있었다. 許傳은 常平倉과 社倉之規를 兼
　　行하면 좋을 것으로 생각하고 있었으며, 給代問題는 常平倉 기능을 활성화(穀賤時
　　買入 穀貴時賣出)하여 利를 얻으면, 還穀制로 거둬들이는 耗穀收入을 대신할 수
　　있을 것으로 생각했다(『三政策』, 『壬戌錄』, pp.379～381).
654) 『三政錄』全, 三政釐整節目 還政.
655) 同上.
656) 同上.
657) 『釐整廳謄錄』, 節目 還政(『壬戌錄』, pp.336～361).

罷還歸結은 賦稅制度 개혁으로서는 큰 의미가 있었다. 그것은 農民들의 입장에서도 그렇고 國家의 입장에서도 그러하였다. 전자에게는 무엇보다도 폐단이 많은 還穀制를 폐지하는 것이므로 이제 더는 耗穀 수취를 통한 無法的인 수탈을 당하지 않아도 되었다. 그들은 이제 숨을 좀 돌릴 수 있었다. 후자에게는 田結에 稅를 부과하는 것이므로 이제 더는 불합리한 還耗 징수를 하지 않아도 충분히 재정수입을 보장받을 수 있었다. 逋吏조차도 살아남을 수 있었다. 그래서 이때의 罷還歸結은 후에 '八域生靈 再生之澤'이라고까지 평가되었다.[659] 더욱이 이는 田結 부과이므로 有田者는 유과세, 無田者는 무과세, 多田者는 중과세, 少田者는 경과세가 되는 것이며, 따라서 종래와 같은 還穀 부과의 不均은 시정되고 均賦均稅의 원리는 실현될 수 있는 것이었다. 다만 농지가 지주제로 경영되는 곳에서는, 지주가 罷還歸結되었을 때의 結錢을 作人에게 轉嫁하지 않는다는 조건 하에서만 그럴 수 있었다. 趙斗淳은 罷還歸結을 均役法의 結錢의 예에 따라 정하고 있었는데, 均役法의 규정에서는 그 結錢 부담을 地主와 作人 가운데서 그 부담자를 元稅例(地稅 부담자)에 따라 결정하고 있었기 때문이다.[660] 그런데 그와 같은 地稅 부담이 지방에 따라서는 그리고 地代가 賭租로서 징수되는 경우에는 作人 부담으로 되는 것이 관례였다.[661] 그러므로 이런 곳에서는 罷還歸結의 結錢도 作人 부담이 될 수밖에 없었다. 그러나 地稅의 作人轉嫁가 모든 지방, 모든 地代에서 관행하는 것은 아니었다. 地主 부담으로 되는 곳도 여전히 많았다.[662] 법제가 그렇게 되어 있었기 때문이다. 그런 점에서 이때의 罷還歸結의 釐正策은 획기적인 大變通이었다고 하겠다.

그러나 그렇기 때문에 이 釐正策에는 또한 강한 반발이 있을 수 있었다.

---

658) 『承政院日記』 2655, 哲宗 13年 閏 8月 11日, 126冊, p.556.
659) 『日省錄』 76, 高宗 5年 10月 26日, 高宗篇 5, p.364.
660) 『均役事目』, 結米.
　　　今此結米 自與本有之賦稅無異 賭地幷作等 田主田客擔當之規 只當一依元稅例施行 俾無紛紜之弊爲白齊
661) 宋贊植, '朝鮮後期 農業에 있어서의 廣作運動'(『李海南博士華甲紀念史學論叢』, 1970).
662) 『牧民心書』 卷 12, 戶典 稅法, 2冊, p.56.

이를 환영하는 계층도 있었지만 불만을 표시하는 계층도 있었다. 어떤 논자는 이를 貧民下戶는 深喜하고 豪家猾吏는 不樂하는 朱子의 計畝定錢之法에 비유해서 말하기도 하였다.[663] 이는 이 제도를 정착시키는 데 큰 난점이 아닐 수 없었다. 평상시라면 鄕村社會를 실질적으로 지배하는 것은 이들 豪家猾吏이었기 때문이다. 농민항쟁이 三南地方 전역으로 확산되는 상황 하에서 이 釐正方案은 나올 수 있었지만, 이제 그 같은 항쟁이 진압되면서 이 제도는 벽에 부딪치지 않을 수 없었다. 그뿐만 아니라 地稅가 作人轉嫁로 되는 지방의 時作農民도 만족할 수는 없었다. 慶尙監司 李敦榮은 특히 이를 이유로 내세워 還穀의 結排, 즉 結還조차도 반대하고 있었다.[664] 더욱이 이 罷還歸結의 조치는 還穀制의 賑貸 기능마저도 폐기하는 것이었다. 여기서는 還穀을 전부 實在穀과 虛留穀으로 조사하여 虛留穀의 많은 부분을 탕감하고 實在穀을 재정리해서 恒留穀으로 貯置했을 뿐,[665] 春貸秋斂하는 救貧取耗 기능을 살리지 못하고 있었다.[666] 이는 이 제도가 안고 있는 큰 결함이었다. 이 制度가 시행케 되면 가난한 軍民들은 그나마 그 糧道를 의지할 데가 없어지는 것이었다.[667] 그러므로 이 제도에 대해서는 이들도 우선은 불만이 아닐 수 없었다.

　이 같은 상황으로 말미암아 정부는 罷還歸結의 조치를 재검토하지 않을 수 없었다. 恒留穀을 社倉制로 바꾸라는 건의도 들어왔다.[668] 罷還歸結을 둘러싼 이러한 문제에 관해서는 節目을 결재할 때에도 정부 내에서 이미 논란

---

663)『備邊司謄錄』249, 哲宗 13年 10月 8日, 25冊, p.877.
664)「慶尙道三政啓」.
665)『釐整廳謄錄』, 節目 還政(『壬戌錄』, p.337).
　　　趙斗淳,『三政錄』全, 三政釐整節目 還政.
　　　八道四都餘在實還 二百三十六萬一千六百九十八石 一並執錢 拔本〔根〕限三年作穀 以備一百五十萬石恒留 間二年改色是白齊
　　　이때 還摠은 5,178,614石, 虛留穀은 2,816,916石으로 파악되고 있었으며, 虛留穀의 3分의 2인 1,877,944石은 蕩減하고 3分의 1인 938,972石은 限 10年 排捧토록 하였다. 그리고 實留還은 처분하여 새로이 恒留穀을 마련하도록 하였다.
666) 同上.
　　　糶弊矯捄 無如罷還 自今以後 斂散取耗之節 永爲革罷是白齊
667)『備邊司謄錄』249, 哲宗 13年 10月 8日, 25冊, p.877.
668)『備邊司謄錄』249, 哲宗 13年 9月 30日, 25冊, p.870.

이 많았고,[669] 領府事 鄭元容에게는 별도의 節目을 마련하도록 지시를 내리고 있었으므로,[670] 이는 불가피한 일이었다. 罷還의 조치를 내린 지 불과 몇 달 후의 일이었다. 政府大臣들은 새로운 제도를 고집하지 않았으며, 舊規를 復行하는 것이 편할 것으로 생각하였다. 그리하여 新規는 취소되고 還穀制는 다시 시행케 되었다.[671] 그러나 還穀制로 다시 돌아간다 하더라도 폐단이 많은 還穀制를 그대로 시행할 수는 없었다. 그것은 小變通으로나마 조정되지 않으면 안 되었다.「三南還政捄弊節目」[672]은 그것이었다. 이는 各道 虛留穀의 많은 부분을 탕감하여 還摠을 재책정한 후, 列邑의 還摠을 또한 戶數多寡 計戶大小에 따라 재조정함으로써 不均이 없게 하려는 것이었다.[673] 그리고 그 후의 폐단을 막기 위해서는 還摠의 加減移動 私設穀을 막고, 吏額도 조정하며, 斂散을 盡分으로 하려는 것이었다.[674] 물론 節目의 운영에는 융통성이 있어서 실제로는 關西지방에서와 같이 三南지방에서도 '排斂結戶'하는

---

669) 註 658과 同.
670)『哲宗實錄』卷 14, 哲宗 13年 閏 8月 辛卯・丁酉, 48冊, p.656.
671)『備邊司謄錄』249, 哲宗 13年 10月 29日, 25冊, p.881.
672)『備邊司謄錄』249, 哲宗 13年 12月 11日, 25冊, pp.901~907.
673) 이 節目에서의 還摠의 조정 상황은 다음과 같다.

地域	舊還摠	虛留	蕩減	新還摠
嶺南	1,175,969石	566,377石	296,377石	722,283石
湖南	789,561	429,308	219,308	573,586
湖西	607,528	584,178	384,178	226,683
計	2,573,058	1,579,863	899,863	1,522,552

※ 舊還・蕩減・新還의 계산이 맞지 않는 것은 첨삭이 있었기 때문이다.

674) 嶺南지방에 관하여 節目을 抄하면 다음과 같다. 湖南・湖西의 경우도 內容은 같다.
　一. 本道還摠 以七十二萬二千二百八十三石爲定 酌量道內大中小邑戶數多寡 分定石數 計戶大小 分等均給 則仮量每戶 多不過數石 小不滿一石 自明年冬 以稍實穀捧置 待春分給
　一. 還穀分數定摠之後 原數每年無加無減 無去無來 則年例作加作別作移貿等許多作錢名色 自在勿論是白齊
　一. 還弊 皆從分留中出來 今摠不多 每年盡分盡捧 以杜開弊之端是白齊
　一. 營邑私設穀名色 并爲罷之 時存者移作公穀 勿使小民有添還多受之弊是白齊
　一. 各邑吏額過多 爲弊多端 仮令本邑任窠爲幾何 則額數依任窠數定置 以爲從久次輪差之地 而原額外加定幾人 隨闕陞付 令巡營商議於各邑倅 定數成冊上送是白齊

경우가 왕왕 있었다.[675] 三南地方에 대한 이 조치에 이어서는 곧 관동지방에 대해서도 유사한 조치가 취해졌다. 「關東還政捄弊節目」[676]은 그것이다. 이 같은 일련의 조치에서 주목되는 것은, 還摠이 적잖이 견감된 점과 지역간 不均을 어느 정도 조정할 수 있었던 점이다. 그러나 동일지역 내에서의 身分階層 간의 不均 문제(頉戶)를 분명하게 釐正하지 못하고 있는 것은 큰 한계로 남고 있었다.

(5) 大院君의 二元的 折衷的 還穀制 釐正과 社倉法

高宗이 즉위하고 大院君이 집권하게 된 후에도 우선은 이 같은 시책을 그대로 계승하였다. 관서지방에 대해서도 이러한 입장에서 變通이 요구되었다.[677] 그리고 그것은 「關西還弊矯捄節目」[678]으로 작성되었다. 이 지방에서 이루어진 釐正의 특징은 還穀의 均賦를 위하여 '戶結排斂'을 하도록 규정한 점이었다. 이 같은 원칙은 軍役稅에서 이미 적용되고 있었으므로 생소한 것이 아니었다. 이때에도 여전히 罷還歸結을 제언하는 陳疏가 있었으나 채택되지 않았다.[679] 그러나 이와 같은 小變通의 釐正策을 시행하는 데도 문제가 없는 것은 아니었다. 이 釐正策에서는 虛留穀을 蕩減條와 收捧條로 구분하여 후자를 節目상의 새로운 還摠에다 포함시키고 있었는데, 그러한 收捧條도 실은 指徵無處한 까닭이었다.[680] 蕩減條도 지방 단위로 '均排'를 했기 때문에 逋穀이 많은 곳에서는 효과가 별로 없었다.[681] 逋吏에 대한 査覈과 그 收

---

675) 『日省錄』204, 高宗 15年 4月 4日, 高宗篇 15冊, p.118.
　　光州 …… 本州還弊 更張時 排斂結戶 以充耗雜 以其剩餘 爲官屬沾漑之資 村民往往有不愜之論
　　『還政捄弊節目』(戊寅 十一月 日)에 의하면 靈岩郡에서도 還摠·其他를 雜頉을 제외한 結에다 分排하고 있었다.
676) 『備邊司謄錄』250, 哲宗 14年 3月 1日, 26冊, pp.28~29.
677) 『日省錄』12, 高宗 1年 7月 4日, 高宗篇 1冊, p.364.
678) 『日省錄』13, 高宗 1年 7月 26日, 高宗篇 1冊, p.406.
　　『日省錄』19, 高宗 2年 正月 11日, 高宗篇 2冊, p.17.
679) 『日省錄』2, 高宗 1年 正月 15日, 高宗篇 1冊, p.78.
680) 『日省錄』7, 高宗 1年 3月 10日, 高宗篇 1冊, p.189.
　　『日省錄』15, 高宗 1年 9月 13日, 高宗篇 1冊, p.475.
　　『日省錄』23, 高宗 2年 4月 1日, 高宗篇 2冊, p.132.
681) 『備邊司謄錄』250, 哲宗 14年 8月 12日, 26冊, p.82.

捧에 관한 지시가 거듭 나갔고 지방관도 노력하였지만 큰 효과는 없었다. 이러한 곳에서는 還耗의 수납은 결국 白徵으로서 戶排結斂이 되는 수밖에 없었으며, 捐補査結等錢으로 보충하기도 하였다.[682] 그리고 경우에 따라서는 그 充完을 돕기 위해서 政府에서 기한부로 거금을 대여하는 수도 있었다.[683] 그러한 가운데서도 경기도에 대해서만은 虛留穀을 전부 蠲蕩하는 특별조치가 취해졌으며, 충청도에서도 收捧條로 되어 있었던 虛留穀의 많은 부분을 탕감해 주었다.[684]

　小變通이기는 하였지만 이때의 釐正策은 적잖은 의미가 있었다. 虛留還穀의 많은 부분을 탕감한 것은 農民들에 대한 白徵이 그만큼 경감되었음을 뜻하기 때문이었다. 위에서 언급한 三南·京畿 등 몇 개 지방의 경우만 하더라도 그러한 虛留還穀의 탕감 수는 120여만 石이나 되었다. 그렇지만 이같이 많은 還穀을 일시에 탕감한다는 것은 국가재정의 측면에서는 큰 문제가 아닐 수 없었다. 이는 이 小變通의 釐正策이 안고 있는 고민이었다. 이 釐正策은 농민항쟁에 대한 양보, 사회적 모순의 수습책으로서 어쩔 수 없이 취하고 있는 것이기는 하였지만, 국가로서는 참으로 중대한 문제였다. 더욱이 이 시기는 大院君政權의 입장에서 볼 때 국가재정의 충실이 절실하게 요청되는 때였다. 이때에는 景福宮을 營建하고 있었으며, 프랑스와 전쟁(丙寅洋擾)도 벌이고 있었기 때문이다. 정부에서는 財政難을 타개하기 위해서 願納錢을 强徵하기도 하고 當百錢을 鑄造해 내기도 할 정도였다. 내외정세로서 보면 이 시기는 결코 還穀을 이같이 견감할 수 있는 상황이 아니었다고 하겠다. 그것은 누구보다도 정부 당국자들이 잘 알고 있었다. 그리하여 大院君政權은 마침내 還穀 문제에 대하여 새로운 대책을 세우지 않으면 안 될 것으로 생각하였다.

　그 새로운 대책은 위의 釐正策을 시행해 나가는 가운데 정부재정을 어떻

---

682) 註 678, 680과 同.
683) 『日省錄』50, 高宗 3年 12月 30日, 高宗篇 3冊, p.623.
684) 『日省錄』27, 高宗 2年 7月 28日, 高宗篇 2冊, p.318.
　　『日省錄』40, 高宗 3年 5月 10日, 高宗篇 3冊, p.257.
　　『日省錄』15, 高宗 1年 9月 13日, 高宗篇 1冊, p.475.

게 늘려 나갈 것인가 하는 문제였다. 그러기 위해서는 還耗를 징수할 수 있는 還穀의 수를 복구하되 그 운영은 좀더 좋은 방법으로 개선하는 것일 수밖에 없다고 생각하였다. 그 방법에는 무슨 신기한 것이 있을 수 없었다. 지금까지 누차 거부해 오던 것만이 남아 있었다. 그것을 정부에서는 還穀復舊와 社倉制로 집약하고 있었다. 大院君은 還穀量을 복구하기 위해서 우선 특별대책을 세우게 되었다. 高宗 3년 5월에 還穀復舊의 命을 내림과 아울러 帑金 30만 兩을 내려 資本穀을 마련토록 한 것이 그것이다. 정부에서는 이를 京畿·三南·海西·關東 등지에 分送하여 作穀하고 이를 丙寅別備穀의 이름으로 운영키로 하였다.[685] 盡分取耗해서 添還토록 했으며 흉년에도 停蕩에 넣지 않는 특별한 것이었다. 그리고 高宗 4년 6월에도 다시 新鑄錢 150만 兩을 三南·海西 등지에 下送하여 作穀하고 取耗하게 하였다.[686] 戶曹別備穀이었다. 이렇게 함으로써 정부에서는 이에 앞서서 있었던 虛留穀의 탕감을 어느 정도 복구할 수 있었다.

 還穀을 새로 마련한 후에는 이것을 어떻게 운영할 것이냐 하는 것이 문제였다. 종래식으로 郡縣에 일임하면 언제 다시 虛留穀化할는지도 모르는 일이었다. 新穀의 主務官司인 戶曹에서는 운영방법을 재고하지 않을 수 없었다. 戶判 金炳國은 결국, 그의 책임 아래 있는 別備穀을 중심으로 한 것이기는 하지만, 社倉法을 생각하게 되었으며 이를 정부회의에 제기했다.[687] 그가 社倉法을 생각하게 된 것은 그간의 정부의 경험과 그 자신이 주변인물과 맺고 있던 관계에서 연유하고 있었다. 정부에서는 앞서 「關東還政捄弊節目」을 마련했을 때, 특히 原州 지방에 대하여는 '若有民言 則當社倉之法'할 것임을 예고하고 있었다.[688] 이는 還政에 폐단이 있어서 民이 社倉을 요구할 때는 그렇게 변통하겠다는 것이었다. 그리고 「三南還政捄弊節目」을 시행하기 위해서 호서지방의 虛留穀을 탕감 처리하였을 때는, 時存穀 3만 石을 종래의 還穀制로서가 아니라 社倉規式으로 운영케 하고 있었다.[689] 이는 모두 社倉制

---

685) 『日省錄』 40, 高宗 3年 5月 13日, 高宗篇 3冊, p.263.
686) 『日省錄』 57, 高宗 4年 6月 3日, 高宗篇 4冊, p.232.
687) 『日省錄』 57, 高宗 4年 6月 6日, 高宗篇 4冊, pp.249~250.
688) 『備邊司謄錄』 250, 哲宗 14年 3月 1日, 26冊, p.29.

가 還穀制보다 元穀을 보존하는 데 있어서나 제반 폐단을 없애는 데 있어서 유리하다고 판단한 데서 취하고 있는 조치였다. 그러므로 이제 還穀制를 釐正해야만 한다고 할 때 戶判인 金炳國이 社倉制를 생각하게 되는 것은 자연스러운 일이었다. 더욱이 그는 그의 주변에 門中人이고 同學이기도 한 金炳昱이 있어서 늘 社倉制에 관하여 듣고 있었다. 金炳昱은 還穀制를 社倉制로 釐正할 것을 지론으로 주장해 온 인물이었다.[690] 그리하여 戶判 金炳國은 그에게 節目의 작성을 청했고 이는 廟堂회의에서 기초자료가 되었다.[691] 그리고 이를 기초로 하여서는 「三政釐整策」을 작성하였던 바 趙斗淳에 의해서 정부안으로서 「社倉節目」이 마련되었으며,[692] 이는 곧 京畿·三南·海西 등 5道에서 시행토록 되었다. 高宗 4년 6월이었다.[693]

「社倉節目」의 명칭은 물론 朱子「社倉事目」에서 유래하는 것이지만, 그러나 그 내용은 朱子의 「社倉事目」을 그대로 따른 것이 아니었다. 이때에도 社倉制를 시행하려는 자세는 純祖朝에 시도했던 그것과 마찬가지로, '要領於古規 斟酌於時宜'[694]라든가 '依倣於崇安社倉舊規 參互於我東外邑時宜'[695]한 것으로서, 옛 社倉制와 현 還穀制를 절충함으로써 현재의 우리 鄕村社會에 맞도록 改編 改作한 것이었다. 그러므로 그것은 옛 「社倉事目」 그대로도 아니고 현행 還穀制와도 그 내용이 다른 것이었다. 兩者가 합해진 社還이었다.

이 같은 「社倉節目」에서 두드러지게 드러나는 특징은 두 가지가 있었다. 그 하나는 社倉의 운영을 面 단위로 社首를 뽑아 그를 중심한 鄕村民에게 일임하고 吏屬이 간여치 않는 점이며,[696] 다른 하나는 還穀의 분배를 洞의 大小

---

689) 註 684와 同.
690) 그에게는『磊樓集』6卷, 2冊이 있어서 여러 곳에서 社倉에 관하여 언급하고 있음을 볼 수 있다. 그에 관해서는 拙稿, '光武改革期의 量務監理 金星圭의 社會經濟論'(『韓國近代農業史研究』Ⅱ, 초판본 ; 증보판 所收) 참조.
691)『磊樓集』卷 5, 社倉節目 後記.
　　『日省錄』57, 高宗 4年 6月 6日, 高宗篇 4冊, pp.249∼250).
692) 趙斗淳,『三政錄』全, 社倉節目.
693)『日省錄』57, 高宗 4年 6月 11日, 高宗篇 4冊, p.262.
694)『日省錄』57, 高宗 4年 6月 6日, 高宗篇 4冊, p.250.
695)『日省錄』57, 高宗 4年 6月 11日, 高宗篇 4冊, p.262.
696) 同上의 (社倉)節目 및 註 692의 社倉節目.
　　2. 本倉不可無掌管之人 必擇本面中勤實稍饒者 一面會薦 報官差定 亦無敢自官勒

貧富를 비교해서 차등을 두고 班常을 논하지 않고 헤아려 洞分함으로써, 偏多偏少 賦稅不均의 폐가 없도록 한 점이었다.[697] 還弊의 핵심은 바로 이러한 점에 있었으므로 이를 시정함으로써 그 폐단을 근원적으로 제거하려는 것이었다. 거기에는 큰 효과가 있었으며 鄕村民은 기뻐하고 있었다.[698] 社倉의 운영권을 鄕村民이 가지고 還穀의 분배에 不均이 없게 한다면 큰 폐단은 제거될 수 있을 것이었다. 그 후 정부에서는 社還刷補의 策으로 '結頭排斂'을 社倉程式으로 삼으려 하였으나 시행되지 못하였고,[699] 이 節目은 그대로 유지되어 나갔다. 물론 이 節目의 운영에도 아직은 큰 한계가 남아 있었다. 社首를 大民 가운데서 差定하려 한 점이라든가,[700] 洞內에 流亡者가 있어서 貸與穀이 指徵無處할 경우에는 洞民이 共同責納하도록 한 점등은 그것이다.[701] 아직도 中世的인 신분관계 공동체적인 긴박관계가 남아 있었던 것이다. 또 社倉이라고 폐단이 전혀 없는 것도 아니었다.[702] 더욱이 社倉의 운영은 전 還穀을 모두 대상으로 하는 것이 아니었다. 그것은 이때의 別備穀을 중심으로 하는 데 불과하였으며, 따라서 그것은 전 還穀의 일부에 지나지 않았다.[703]

定 而稱之曰社首 勾檢其糶糴之節 又自各洞另擇勤幹之人 以爲洞長 一聽社首 指揮本洞斂散 使之董飭 庫直一名 亦令社首 極擇其有根着勤幹者 使之擧行守直 (而)出納斛量 一切付之 該還民處

697) 同上.
　　3. 還分之規 自該面 視各洞大小貧富 以爲差等 無論班常 參量洞分 俾無偏多偏少之患 如有流亡指徵無處者 自該洞均排充納 而社首與該洞長 并勘以不善操飭之罪
698) 徐得中,『石南居士續藁』卷 8, 地方論 社倉.
699)『日省錄』281, 高宗 21年 2月 16日, 高宗篇 21冊, p.42.
700)『日省錄』61, 高宗 4年 9月 25日, 高宗篇 4冊, p.429.
　　　『(文義縣) 社倉節目』序.
　　　『(醴泉郡) 渚谷面大渚洞社還添補節目』序 (丙子 2月 日).
701) 註 697 原文 참조.
702)『(醴泉郡) 渚谷面大渚洞社還添補節目』序.
703)『磊棲集』卷 5, 社倉節目 後記에 의하면 金炳國과 金炳昱은 舊來의 還穀을 모두 社倉制로 改編하려 하였고, 大院君의 許諾도 받았으나
　　　余曰 好哉好哉 然諸般倉穀 皆爲社倉可也 戶判曰 此必有携貳之說 他穀吾不知也 第須議及於雲峴矣 來日夕子其來見也 其夕再往 則戶判曰 得諾於雲宮矣 明當以此上疏矣 來日夕子來見也 其夕又復往 則戶判曰 疏已蒙允矣 子其草定節目 納之于吾兄主也 時潁樵公爲領揆 而其事目自廟堂擧行故也
　　　이 案은 廟堂회의에서 부결된 것 같다. 政府에서 결정한『社倉節目』에 따르면 戶判所管下의 別備穀만을 社倉法으로 운영토록 하고 있다(節目 6, 9條).

지역적으로도 5道에 한정되어 있었다. 그러므로 社倉法을 시행한다고 해서 元還穀의 폐단까지도 모두 社倉法으로 인해서 시정될 수 있는 것은 아니었다. 그 폐단은 여전히 계속되고 있었다.[704]

그러나 그러면서도 이때의 社倉法 시행에는 적잖은 의미가 있었던 것으로 생각된다. 오랜 세월에 걸친 還穀制釐正, 還穀制大變通의 단서가 이로써 열리게 되었기 때문이다. 그리고 이때의 社倉法이 바탕이 됨으로로써 甲午改革에서도 「社還條例」를 자연스럽게 법제화할 수 있었으리라 생각되기 때문이다. 甲午改革의 「社還條例」는 「社倉節目」을 한층 더 발전시킨 것이었다. 度支部大臣 魚允中은 度支部令 제3호로써 이 조례를 제정하고 있었는데, 이는 종래 還穀에서의 取耗補用 기능을 제거하고 賑貸 기능만을 살리는 가운데, 그 운영을 鄉村民에게 일임하는 것이었다. 그리고 이것은 새로운 지방제도로서의 「鄉會條規」와 병행해서 시행하도록 되고 있었다.[705] 社倉法의 시행은 甲午改革에서 시도한 지방제도·재정제도 개혁의 한 배경·전통이 되고 있는 셈이었다. 더욱이 이 「社還條例」는 그 후 있게 되는 근대적 面制·金融組合制의 原由가 되고도 있었다.[706]

6. 民庫制의 釐正과 民庫田

1) 民庫의 設置와 그 機能

(1) 地方官廳의 民庫 設置

民庫는 官庫에 대칭이 되는 용어로서 法制上의 제도나 기구로서 설치된 것은 아니었다. 그것은 각 지방관청에서 그곳 地方民과 상의 하에 雜役稅政 운영상의 편의를 도모하여 邑事例로서 마련한 것이었다. 그러므로 民庫는

---

704) 韓沽劤, 註 504의 書 참조.
705) 『舊韓國官報』 第76號, 開國 504年 閏 5月 28日, 度支部令 第3號, 영인本 3冊 (亞細亞文化社), pp.981~988.
　　　『現行韓國法典』 第9編 地方制度 第2章 鄉會 社還, 社還條例, pp.1835~1838.
706) 水田, 註 504의 ② 書, p.296.

획일적인 것이 아니었으며 지방에 따라 적지 않은 차이가 있었다.

그것은 무엇보다도 명칭상으로 그렇게 나타나고 있었다. 民庫나 補民庫는 흔히 쓰이는 용어이지만 지방에 따라서는 달리 불리기도 하였다. 寧海府의 '路貫廳 卽民庫也' 驪州邑의 '坊役廳 卽他邑民庫也' 咸興府의 '大同庫 卽一邑 公用之民庫也' 평안도의 '大同庫 乃他道民庫也'라고 한 기록은 바로 그것이다.[707] 그리고 雇馬庫를 흔히 民庫라고 하였던 것,[708] 民庫의 稅를 '稱以補民·防役 名色百千'[709]이라고 말하였던 것도 그러한 예이다. 雜役에는 여러 가지 종류가 있는데 民庫는 반드시 그 모든 것을 통합해서 설치하는 것이 아니라, 경우에 따라서는 가령 雇馬庫와 같이, 그 중에서도 일부 필요한 부분을 중심으로 설치하고도 있는 까닭이었다.

그러나 그러한 여러 가지 명칭은 점차 民庫의 이름으로 그리고 民庫의 개념 속에 통합되었다. 정부는 이를 일괄하여 파악할 필요가 있었으며, 거기에 적합한 명칭을 民庫로 간주하였다. 그것은 雜役, 즉 民役이 民에게서 나오는 까닭, 즉 民役을 담당하기 위해서 또는 民役을 補하기 위해서 설치한 기구인 까닭이었다.[710] 그리하여 正祖朝에는 여러 가지 명칭으로 불리던 여러 庫를 통틀어 民庫라는 이름으로 부르게 되었다. 正祖年間의 평안도 지방의 民庫節目은 그 좋은 예겠다.[711] 여기서는 大同庫·夫馬庫·雇馬庫·從馬

---

707)『備邊司謄錄』188, 正祖 22年 12月 21日, 19冊, p.17.
　　　『備邊司謄錄』222, 純祖 34年 2月 2日, 22冊, p.497.
　　　『咸興府大同庫捄弊節目』(同治 12年 11月 日 — 高宗 10年).
　　　『高宗實錄』卷 11, 高宗 11年 11月 25日, 上卷, p.483.
708)『經世遺表』卷 7, 地官修制 7,『全書』下, p.126.
　　　『關西良役實摠』良役查正啓下條件.
709)『備邊司謄錄』190, 正祖 24年 5月 2日 19冊, p.201.
710)『承政院日記』2147, 純祖 21年 11月 17日, 110冊, p.684에 '大同庫一事是已 其設立意義 實同京司之惠局 而各樣收捧歲入之數 皆出民力 故謂之民庫',『備邊司謄錄』241, 哲宗 5年 8月 29日, 24冊, p.695에 '斂結斂戶 以備公用之需曰民庫 謂其出於民也',『江州文蹟』民庫新定節目序 에 '財力出於民 而用於公者 收藏于官 是謂民庫'라고 한 것 등은 그 例이다. 그래서 茶山은 '問今之諸路郡縣 有所謂民庫之名 以其補民之用 而謂之民庫歟 抑以蓄民之財 而謂之民庫歟'(『牧民心書』卷 16, 戶典 平賦, 2冊, p.128, 廣文社本, 光武 5年)라고 하여 그 民庫라는 名稱에 疑問을 제기하기도 하였다.
711)『平安道內各邑民庫定例節目』(乾隆 53年 2月 日 — 正祖 12年).

庫・息肩所・補民庫・軍器庫 등이 民庫 내에 종합되었다. 그리고 영남지방에서 각 郡縣의 補民・雇馬・差役等庫를 民庫로 통칭하였던 것도[712] 같은 예가 되겠다.

民庫가 획일적인 제도가 아니었음은 그 설치 여부를 통해서 더욱 분명하게 파악할 수 있다. 民庫는 지방에 따라 혹 이를 설치한 곳도 있지만 설치하지 않은 곳도 있었다. 그러한 사정은 雜役의 부과에 폐가 생김으로써 정부가 그 是正策을 마련하지 않으면 안 되었을 때 내린 공문에서, 民庫의 設置邑과 非設置邑을 구분하여 각각 그 대책을 세우고 있었던 데서 알 수 있다.[713] 그리고 民庫의 폐를 논의할 때, 有民庫邑에서의 그 같은 폐를 말하거나,[714] 有民庫邑과 無民庫邑을 비교하여 말하고 있는 것에서도[715] 그렇게 이해할 수 있다.

그 같은 사정이 경상도에서는 소상하게 파악되고 있었다. 경상도 내의 郡縣 수는 「新增東國輿地勝覽」에는 66, 「大東地誌」에는 71, 「輿地圖書」에는 諸營까지 합해서 76이었는데, 慶尙監司의 보고에 의하면 그 가운데서 晋州 등 13邑에는 補民・雇馬・差役庫 등이 설치되고, 慶州 등 17邑에는 民庫가 설치되어 있었다. 그리고 그 밖의 邑에서는 設庫를 하지 않고 있었다.[716] 이는 正祖 14년의 일인데, 이때까지 이 고장에서는 약 반수에 가까운 郡縣에서 民庫를 설치하고 있는 것이었다. 이러한 경향은 아마도 다른 道에서도 마찬가지가 아니었을까 생각된다.

그러나 民庫의 설치 여부는 항상적으로 고정되어 있는 것이 아니었다. 시대의 진전에 따라서는 이를 設施하는 邑이 점점 늘어나지 않을 수 없었다. 그것은 雜役을 부과하고 징수할 때, 民庫를 設施하는 것이 官에게 편리

---

712) 『正祖實錄』卷 30, 正祖 14年 5月 丙午, 46冊, p.141.
713) 『河東府補民庫節目冊』(道光 4年 閏 7月 — 純祖 24年).
　　　甲申四月十八日到付 甘結內 各邑民庫設施 本欲便民 事情多變 需用漸增 其所爲弊 無邑不然 …… 若其無民庫邑段 如隨時斂民 預貸倉穀等諸般事例 一從邑規 ……
714) 『備邊司謄錄』203, 純祖 13年 8月 9日, 20冊, p.683에 '此弊則非但湖南爲然 凡有民庫諸道諸邑 無不皆然'이라고 한 것, 또 同上書 222, 純祖 34年 2月 2日, 22冊, p.497에 '有民庫之如呂州・南陽等諸邑'이라고 한 것은 그 例이다.
715) 『備邊司謄錄』187, 正祖 22年 3月 27日, 18冊, p.813.
716) 『正祖實錄』卷 30, 正祖 14年 5月 丙午, 46冊, p.141.

하고 또 民에게도 편리한 점이 있었던 까닭이다. 民庫를 설치하지 않을 때
는 여러 가지 雜役稅를 그때그때 필요할 때마다 郡官衙의 六房·軍丁色·
上納色 등이 '臨時取民'하고 있었는데,[717] 民庫를 설치하면 이를 일시에 일
괄하여 취급하게 되므로 사무적으로 편리하였다. 그러므로 흔히 民庫의 설
치는 그 動機를 '本欲便民'이라든가,[718] 또는 '官民俱便之道'[719]라 말하기도
하였다.

　더욱이 民의 입장에서 民庫를 설치할 때나, 官이 설치하더라도 民을 위하
여 이를 설치할 때는 雜役의 부담에 무엇인가 경제적으로 도움이 될 것을 목
적으로 하고 있었다. 이를테면 함경도 明川 지방의 補民庫가 '乾隆癸酉 府民
爲輔賦役 鳩聚財穀 創設庫名'[720]한 데서 설치되었음은 그 예이다. 이는 一時
에 많은 稅金을 부담하는 고통을 덜기 위해서 사전에 資金을 鳩聚하는 것인
데, 이런 경우에는 이 자금을 存本取利하여 이 金利로써 각종 稅를 납부토록
하는 것이 관례였다. 그래서 이 같은 民庫는 '存本取利 以補民役'[721], '存本取
利 以紓民力'[722]한다거나, '民庫之設 盖出於民 而專爲乎民 …… 民庫係是西民
紓力之所'[723]라 말하여지고, 또 경우에 따라서는 '各邑民庫 卽爲民設置者'[724]
로 운위되기도 하였다. 각 지방에 설치된 여러 종의 民庫는 사실 처음에는
다소나마 이 같은 경제적 이익을 목적으로 출현한 점이 없지 않았다. 이런
점에서는 民庫는 官의 雜役賦課에 대하여 民의 대응조치로서 마련된 기구인
셈이었다. 民庫의 經費 전체가 이로써 마련되는 것은 아니지만, 경비의 일부
를 이로써 해결하는 경우는 적지 않았다.

---

717)『巨濟府補民庫節目冊』(道光 10年 8月 日—純祖 30年).
　　雖無民庫之邑是良置 所以支過無頉者 六房及軍丁色·上納色 各自有用故也
　　註 713. 810 참조.
718) 註 713 참조.
719)『備邊司謄錄』188, 正祖 22年 10月 18日, 18冊, p.940.
720)『輿地圖書』咸鏡北道 明川府邑誌, 下, p.186.
721)『輿地圖書』咸鏡南道 安邊都護府邑誌, 下, p.215.
722)『肅宗實錄』卷 45, 肅宗 33年 12月 丙申, 40冊, p.279.
723)『備邊司謄錄』170, 正祖 11年 4月 17日, 16冊, p.858.
　　『平安道內各邑民庫定例節目』.
724)『高宗實錄』卷 20, 高宗 20年 9月 23日, 中卷, p.110.

　이 시기의 鄕村社會에서는 혹 郡縣 단위 또는 鄕村 단위로 鄕民이 鄕約이나 契를 조직하고, 그 재산으로 기금을 모아 殖利를 하거나 買地 지주경영을 통해 收賭를 함으로써, 官의 각종 賦稅에 대비하고도 있었으므로,[725] 이 같은 농촌관행은 '存本取利 以紓民力'하는 民庫를 자연스럽게 성립시킬 수 있었으리라 생각된다. 鄕村社會의 이 같은 농촌관행이 官의 雜役稅 징수를 항상적으로 담당하고, 따라서 그 기능이 주로 雜役稅를 부담하는 것으로 되면, 그것은 곧 民庫가 되는 것이기 때문이다. 民이 자발적으로 설치한 民庫 가운데는 아마도 그러한 경우가 많았을 것으로 생각된다. 후술하는 南原 지방 民庫畓의 前身이 鄕畓(鄕約畓)이었음과(註 892 참조), 同福 지방의 松契畓이 民庫畓으로 간주되었던 것은(註 913, 914 참조) 그러한 예겠다.

　그러므로 이러한 설치사정에서 보면 民庫는 점점 늘어날 수밖에 없는 것인데, 이는 법으로 통제되는 것이 아니라, 지방관의 재량에 따라 자유로이 설치될 수 있었으므로 쉽게 확대되어 나갔다. 慶山 지방에서는 韓末 高宗 26년에야 설치되기도 하였지만,[726] 民庫가 설치되면 지방수령이나 鄕吏들이 부정하게 수입을 늘릴 수 있었으므로, 설치는 지속적으로 빠르게 확대되었다. 그래서 茶山은 그러한 사정 때문에 '民庫者 鄕吏自發其例 守令自作其法'[727]한다고 말하기도 하였다.

　民庫機構가 설치되면 이를 담당할 色吏・監官의 직책을 별도로 정하고 임명하는 것이 일반적이지만, 경우에 따라서는 鄕吏 가운데서 적임자를 선출하여 그 任을 兼帶케 하거나 鄕廳에서 그 소임을 맡게도 하였다. 그리고 이 기구에는 각종 稅를 收納할 수 있는 창고가 마련되는데, 이는 民庫의 운영에서 대단히 중요한 시설이었다. 이 창고는 民庫나 補民庫의 이름으로 세워지기도 하였지만, 民庫機構의 내용을 구성하는 여러 가지 稅役의 명칭으로 각각 개별적으로 세워지기도 하였다. 이를테면 평안도 民庫에서는 大同庫・雇

---

725) 四方博, '李朝時代 鄕約의 歷史와 性格'(『京城大 法學會論集』 14의 4).
　　　 '李朝時代에 있어서의 契規約의 硏究'(『朝鮮總督府 調査月報』 15의 7).
　　　金三守, 『韓國社會經濟史硏究』, 第2篇 第3章.
　　　本稿, 第2節의 軍布契・軍役田의 설치사정(p.247, 253)을 참조.
726) 『嶺營各捄弊節目』 乾, 光緒 15年 正月 日, 慶山縣補民庫節目.
727) 『牧民心書』 卷 16, 戶典 平賦, 2冊, p.128.

馬庫·補民庫 기타 등등이 각각 따로 설치되고 있었다.[728] 혹 지방에 따라서
는 民庫의 창고를 별도로 설치하지 않고 官庫, 즉 三政의 稅를 收納하는 창
고를 이용하는 경우도 없지 않았으나, 원칙적으로는 금지하고 있었던 것 같
다. 이런 경우에는 폐단이 생기기 쉬웠던 까닭이라고 생각된다.

(2) 民庫의 機能 ─ 雜役稅 負擔

民庫의 기능은 이른바 雜役으로 불리던 각종 稅를 부담하는 일이었다. 그것
을 당시에는 '各邑有補民·補役·雇馬等三庫 以應公役'[729]이라든가, '民庫之
用 卽出於民 而應公役者'[730] 또는 '盖此諸邑之設置民庫 專爲公下責應之資',[731]
그리고 '收其一年所需 一應支勅及諸般公用之事'[732]라고 하고 있었다. 제반 雜
役은 각 邑의 公役인데 民庫는 이를 담당한다는 것이며 또 民庫는 公下·公用
의 責應을 위해서 존재한다는 것이었다. 그리고 이 같은 公役은 요컨대 官用
을 뜻하는 것이므로, 民庫는 '均是斂於民 而補於官者'하는 官庫와 '名雖異而實
則一'하는 것으로 이해되기도 하였다.[733]

이 경우 公役이나 官用의 내용은 다양하였으나, 몇 가지 주요한 계통으로
정리할 수 있다. 가령 관서지방의 경우 民庫의 기능을 '使星供億 巡兵營卜定
守令迎送'[734]이라든가, '關西之民庫 卽新舊迎送時夫刷價 及營納雜種等價 皆
從此出'[735]이라고 한 것, 호남지방의 그것을 '京司求請 列邑官用 不拘式例 專
責於民庫'[736]라 한 것 등은 그것이다. 이 경우의 官用은 方伯 守令의 新舊迎
送이나 營卜定 및 營納·京納을 위한 主人役價 등을 포함한 지방관청에 소
요되는 제반 경비를 뜻한다. 그러므로 民庫의 기능은 지방에 따라, 다시 말

---

728) 『平安道內各邑民庫定例節目』, 그리고 『輿地圖書』各郡邑誌의 倉庫條에 收錄된
　　　倉庫의 名稱에서도 그러한 事情을 엿볼 수 있다.
729) 『備邊司謄錄』181, 正祖 17年 6月 25日, 18冊, p.177.
730) 『河東府補民庫節目冊』.
731) 『正祖實錄』卷 30, 正祖 14年 5月 丙午, 46冊, p.141.
732) 『高宗實錄』卷 11, 高宗 11年 11月 25日, 上卷, p.483.
733) 『高宗實錄』卷 29, 高宗 29年 7月 18日, 中卷, p.432.
734) 『正祖實錄』卷 20, 正祖 9年 7月 壬子, 45冊, p.532.
735) 『備邊司謄錄』170, 正祖 11年 4月 17日, 16冊, p.858.
　　　『平安道內各邑民庫定例節目』.
736) 『備邊司謄錄』203, 純祖 13年 8月 9日, 20冊, p.683.

하면 雜役의 내용에 따라 다소 차이는 있었겠지만, 요컨대 京司求請, 使星供
億, 巡·兵營卜定, 方伯守令迎送費, 主人役價 기타를 포함한 列邑官用 등을
收納하는 것이 그 임무였다고 하겠다. 그래서 흔히 民庫는 '一邑大小公用責
應之所'[737]라든가 '一邑奉公之庫'[738]라고 불리기도 하였다.

　이러한 사정은 茶山도 소상하게 기록하고 있다. 그는 科儒數人에게 民庫
를 주제로 그 개혁방안을 策問한 일이 있었는데, 여기서 그는 民庫의 기능을
일반화하여 언급하고 있었다. 이에 의하면 民庫에서 부담하는 중요한 稅役
은 京各司의 求請, 進上添價, 賀使治裝, 勅使支待, 監司·守令의 迎送費, 監
司卜定, 京·營主人役價, 書院求請 기타 등등을 堪當하는 일이었다.[739] 이러
한 사정은 民庫節目을 살피면 더욱 분명하다. 民庫節目은 현재 손쉽게 볼 수
있는 것만도 여러 곳의 것이 있는데, 여기에는 民庫財源에서 상납 또는 지출
하는 稅役의 내용이 세세하게 기록되어 있다. 그리고 그 내용은 대체로 前記
한 바와 같은 것임을 확인할 수 있다.

　民庫의 기능은 이같이 각종 雜役을 부담하는 것이 그 목표로 되는 것이지
만, 民庫는 많은 경우 그것을 주로 民으로부터 雜役·雜稅의 이름으로 징수
함으로써 상납 또는 지출하고 있었다. 民庫는 말하자면 民으로부터 雜役·
雜稅를 徵收하여 이를 監營과 京各司에 상납하거나 지방관의 官用으로 調達
하는 기구였던 셈이다.

　民庫가 民으로부터 징수하는 雜役의 稅源은 여러 가지였지만, 그 가운데
서도 가장 중요한 것은 田結과 戶였다. 그래서 이는 흔히 '或以田賦 或以戶
賦'[740]라든가, 또는 '結斂·戶斂'[741]이라고 표현되고 있었다. 남부지방에서는
結斂을 많이 하고, 서북지방에서는 戶斂을 많이 하고 있었으나,[742] 어느 지방
에서나 다른 하나를 배제하는 것은 아니었으며, 흔히 이 兩者를 종합해서 징

---

737) 『巨濟府補民庫節目冊』.
738) 『備邊司謄錄』 241, 哲宗 5年 閏 7月 13日 , 24冊, p.677.
739) 『牧民心書』 卷 16, 戶典 平賦, 2冊, pp.128~130.
740) 『牧民心書』 卷 16, 戶典 平賦, 2冊, p.126.
741) 『河東府補民庫節目冊』.
742) 『牧民心書』 卷 16, 戶典 平賦, 2冊, p.131.
　　西北土薄 故民庫多以戶斂 南方土沃 故民庫多以結斂

수하고 있었다.[743] 우리나라 中世에서의 稅와 役은 어느 것을 막론하고 주로
田結과 戶口에 부과되고 있었으므로, 民庫에서도 雜役의 징수를 그렇게 하
는 것은 자연스러운 일이었다.

結斂은 물론 正規의 田稅 이외에 이를 더 징수하는 것으로 지방에 따라 차
이가 있었으며, 班·賤 간에도 혹 일정한 정도로 차등을 두고 징수하였다.[744]
그리고 혹 경우에 따라서는 田稅 그 자체를 民庫用으로 할당하거나,[745] 陳田
을 起墾한 후에 이곳에서 징수한 稅를 民庫財源으로 돌리기도 하고,[746] 無土
宮房田의 免稅餘結을 民庫로 돌리기도 하며,[747] 또 8結作夫時의 餘結을 補民
結로 돌림으로써[748] 그 財源을 확대하는 경우도 있었다. 그리고 戶斂에서는
일반적으로 양반을 포함한 全戶(班常戶)가 균등하게 또는 身分的 차등을 두
고 수취 대상이 되지만,[749] 혹 지방에 따라서는 여러 가지 民役 가운데서도

---

743) 山陰縣에서는 補民錢을 '半爲戶斂 半爲結斂'으로 하고 있었다(『山陰記事』, 20장).
744) 註 810 참조. 그리고 山陰 지방에서는 朝官戶에 대해서 2結 25負를 除減해 주고
　　있었다(『山陰記事』, 20장).
745)『平安南北道各郡報告』6冊, 光武 9年 12月 5日, 平安北道寧邊郡守報告에 '本郡
　　百嶺面所在雇馬屯은 本非公土오 自來民田之付邑者 而本郡捍衛士革罷後 今年稅穀
　　은 移補於本郡鄕廳修茸費事'한 것은 그 例이겠다.『平安道內各邑民庫定例節目』중
　　寧邊雇馬庫의 應捧 2,063兩 3戔 3分 가운데 보이는 '捌百貳拾五兩貳戔 粟伍百伍
　　十石貳斗 民捧折錢'은 이것이라고 생각된다.
746)『備邊司謄錄』227, 憲宗 5年 7月 12日, 23冊, p.118. 忠淸右道暗行御史別單.
　　또「湖南營事例」公事戶房條에 '回浦娘山五百條 三面民田之 川沙泥生處 自官出役
　　後 許民耕食 自雇馬廳 收捧稅太三十餘石 俾補馬料矣'라고 한 데서 볼 수 있듯이,
　　官이 陳田을 出役起墾 許民耕食케 함으로써 稅穀을 民庫(雇馬廳)에 收納하는 수도
　　있었다. 이런 경우의 田은 隱結, 官은 中畓主的인 性格을 띠는 것이라고 하겠다.
747)『備邊司謄錄』240, 哲宗 4年 2月 27日, 24冊, p.533.
　　『巨濟府補民庫節目冊』.
　　『琴山縣民庫節目』(『牧民心書』卷 16, 戶典 平賦, 2冊, pp.139~143)에서도 이
　　를 容認하고 있었다.
748)『秋城三政考錄』, 各樣邑弊矯捄秩. 여기서 秋城은 潭陽이다.
749)『巨濟府補民庫節目冊』에 의하면, 그 應捧錢의 大部分은 '一從戶案 數分三等 春
　　秋收捧'되고 있었는데, 이는 全戶를 三等分하여 그 稅를 差等을 두고 收捧하였음을
　　보여주는 것이다.『湖西天安邑誌 附事例』(高宗 5年)의 補民廳條에 '補民錢五百兩
　　一從家座收捧 民戶一錢九分 班戶一錢二分式'이라고 한 것도 같은 例이다. 그리고
　　某縣『補民廳錢殖利節目』(純祖 26年)에 補民庫의 斂錢을 '通一邑班常戶 每戶出七
　　分錢 以爲當年責應之地'하고 있었음은 班常戶가 均等하게 收納하고 있었음을 보여
　　주는 것이다.

특별한 것은 양반을 제외한 民戶나 實戶 및 窮殘小民만이 그 대상이 되는 수
도 있고,[750] 또 경우에 따라서는 특정한 私冒屬·保人, 이를테면 特定軍官·
校生·保를 정하고 그들에게서 稅錢을 징수함으로써 이를 충당하는 수도 있
었다.[751]

　雜役의 명목으로 징수하는 稅는 각 지방의 산업의 특성에 따라, 漁業地帶
에서는 漁箭收入의 일부를 징수하거나 船主人으로부터 收稅를 하기도 하
고,[752] 竹의 産地에서는 '以竹斂民'하기도 하며, 紙의 産地에서는 紙를 근거
로 斂民하기도 하였다.[753] 그리고 場市가 발달한 곳에서는, 따라서 많은 곳
이 그러하지만, 場稅를 징수하여 民庫收入으로 삼기도 하였다.[754] 이는 일종
의 商稅인데 이 시기에는 이 같은 商稅가 民庫財政으로 이용되고 있는 것이

---

750) 林川地方『大同稧案』의 雇馬庫殖利錢의 放債에서 '兩班·官屬及不實者'를 除外
　　하고 '多卜有實民人'만을 對象으로 한 것, 湖南民庫의 結斂이 '班·賤結役各異'하였
　　던 것(註 810) 등은 특히 兩班戶를 除外하고 있음을 보여주는 것이며, 某縣의『補
　　民廳錢殖利節目』에서 班常戶 모두에게 均等하게 賦課하던 것을 改定하여 '邑外村
　　饒富人'에게만 給錢殖利케 한 것,『湖南茂朱邑誌 附事例』의 民庫色에서 '十一面實
　　戶 每戶烟戶租一斗式' 징수한 것 등은 특히 實戶를 對象으로 하였음을 보여주는 것
　　이다. 그리고 金山郡에서 官用柴木의 戶斂을 '班戶有勢 初不責納 窮殘小民 成冊以
　　錢代徵'(『備邊司謄錄』190, 正祖 24年 閏 4月 30日, 19冊, p.200)하였음은 小民
　　에게만 賦課하고 있는 例이다.
751)『平安道內各邑民庫定例節目』各邑大同庫의 應捧條에서는 軍官番錢·除講生番錢
　　(身役)이 큰 몫을 차지하고 있으며,『巨濟府補民庫節目冊』에서는 保民軍官과 募軍
　　(保)에게서 거둬들이는 稅錢의 徵收가 加入秩(應捧)의 一部가 되고 있었다. 그리
　　고『湖南沃溝邑誌 附事例』(開國 504年 3月)의 雇馬廳條에는 雇馬保가 24명,『湖
　　南茂朱邑誌 附事例』(開國 504年)의 民庫色에는 添役保가 89명 배당되고 있었다.
752)『備邊司謄錄』188, 正祖 22年 9月 30日, 18冊, pp.919~920.
　　『備邊司謄錄』203, 純祖 13年 8月 9日, 20冊, p.679.
　　『備邊司謄錄』245, 哲宗 9年 4月 6日, 25冊, p.232.
　　『(巨濟府民庫) 完文』(1801).
　　『湖南沃溝邑誌 附事例』(開國 504年)
753)『備邊司謄錄』187, 正祖 22年 3月 24日, 18冊, p.809.
　　『備邊司謄錄』188, 正祖 22年 9月 14, 17日, 18冊, p.904, 906.
754)『河東府補民庫節目冊』.
　　『商山邑例』救民廳, 立馬廳條.
　　『湖南茂朱邑誌 附事例』民庫色條.
　　『平安道內各邑民庫定例節目』의 寧邊·安州·定州·昌城·成川의 大同庫條, 단
　　成川의 경우에는 '市人身役'이란 이름으로 徵收하고 있었다.

었다.

　民庫의 이름으로 징수되는 稅額은 적지 않았다. 그것은 여러 가지 賦稅 가운데서도 '田賦之外 其最大者 民庫也'라든가, '大抵民庫者 賦役之最大者也'라고 말하여지고 있는 데서 알 수 있다.[755] 가령 結斂의 경우로서 생각할 때, 농지 1結에 부과하는 稅額을 대략 租 100斗 정도라고 한다면,[756] 그 중 50, 60斗(米 약 23.5斗)만이 正規의 稅이고[757] 나머지는 雜役과 기타 등등의 附加稅에 해당하는 것이었다. 兩南地方에서는 結役의 煩重으로 民生이 困瘁하였는데, 이는 雜役米의 年增歲加 때문인 것으로 이해되기도 하였다.[758] 그리고 郡 전체의 稅收로 생각할 때, 巨濟府의 경우 田稅·大同·均稅·軍兵(保) 등의 稅가 총 米 1,907石 11.538斗, 太 153石 7.896斗, 木 1,822匹 19.6尺, 錢 2,841兩 7.2錢일 때, 民庫稅의 應捧은 米 52石 13.49斗, 租 377石, 草席 104立, 錢 3,989兩 4.5錢이었다.[759]

　그러한 가운데서도 民庫의 雜役稅 부담을 위한 운영은, 茶山에 의하면, '民庫規條 道各不同 邑各不同'[760]해서 지방마다 稅額에 경중의 차이가 있었다. 또 정부에서도 각 지방의 雜役米를 '收捧之規 道道各異 邑邑不同'[761]한 것으로 판단하고 있었다. 경상도의 경우 監營에서 道內 각 邑의 民庫文書를 검토한 결과는 '道內民庫 都聚考閱 則收斂之數 或小或多 用下之節 此濫彼約'[762]한

---

755) 『牧民心書』 卷 16, 戶典 平賦, 2冊, p.126, 130.
756) 『萬機要覽』 財用編 2, 田結, 財用篇, p.197.
　　『農政纂要』 卷 1, 我東田賦條.
　　이는 純祖代 이후에 볼 수 있는 一般化된 現象이었다. 이보다 앞서 肅宗代에는 租 100斗의 징수가 養戶의 弊端과 관련하여 일어나는 것으로 指摘되고 있었다(『肅宗實錄』 卷 60, 肅宗 43年 8月 辛亥, 40冊, p.673 ; 『承政院日記』 503, 肅宗 43年 8月 30日, 27冊, p.234). 물론 경우에 따라서는 이보다 더 많은 때도 있고 적은 때도 있었다(『備邊司謄錄』 213, 純祖 25年 11月 21日, 21冊, p.711).
757) 『牧民心書』 卷 11, 戶典 稅法, 2冊, pp.40~41.
758) 註 763 및 本稿 제4장 318쪽 참조.
759) 郡의 稅收는 『輿地圖書』 慶尙道 巨濟府邑誌, 下, p.590에서, 民庫稅는 『巨濟府補民庫節目冊』 加入秩에서 인용하였다.
760) 『經世遺表』 卷 7, 地官修制 田制 7, 『全書』 下, p.126.
　　『牧民心書』 卷 16, 戶典 平賦, 2冊, p.131.
761) 『均役廳事目』 結米 第二.
762) 『河東府補民庫節目冊』.

바가 있었다. 純祖初에 이 지방에서는 일반적으로 '田結官稅가 적으면 10兩 많으면 16, 17兩에 달하였는데, 이는 지방에 따라 雜役이 各異한 까닭으로' 파악되고 있었다.[763] 그리고 民庫 가운데 각 庫의 稅를 각각 分徵하는지 合徵하는지에 따라서도 稅額에는 차이가 생기고 있었다. 그래서 茶山은 위의 사실을 말하면서 이어서는 分徵하는 쪽이 '其斂彌重'하다고 하였다.

이 밖에 民庫에 그 基本財産이 있을 경우에는 이를 증식하여 이로써 雜役을 부담하기도 하였다. 그 가운데서도 흔히 있는 일은 庫錢(穀)을 給債殖利하여 그 수입으로써 官用에 補하는 현상이었는데, 이는 어느 지방에서나 널리 행해지고 있었다. 三政의 하나인 還穀은 본시 그 같은 성격을 지닌 賦稅였으므로, 각 지방관청에서도 이와는 별도로 지방관청 수입용으로 民庫錢을 통해 給債殖利를 하고 있는 것이었다.

가령 開城府에서 '舊邑時 有雇馬本錢 取殖補用於官用'[764]하고 있었던 일이라든가, 京畿 각 지방의 軍需·雇馬債錢의 當初設始가 '爲將士之支放'[765]에 있었던 것, 호남지방의 列邑이 '或有雇馬廳 或有補民廳 取息應役'[766]하고 있었음은 그 예이다. 그리고 관서지방의 각 邑에서도 '庫錢給債'를 하는데, 그 名色은 勅庫債·民庫債·防役債 등 여러 가지가 있었다.[767] 그래서 정부에서는 일찍부터 '各道營邑 放債殖利之弊'[768]를 논하는 바가 적지 않았다. 이 문제는 뒤에 다시 언급할 것이다.

그리고 民庫는 독자의 재산으로서 民庫田을 買置하고 그 수입으로 官用에 補하는 바도 적지 않았다. 民庫田의 규모가 크면 많은 도움이 되었다. 民庫에서는 이 밖에 雇馬와 民庫牛를 喂養하기도 하였다. 전자는 新舊官 교체 시에 경비를 절약하기 위해서, 그리고 후자는 賃貸收賭를 위해서였다. 이 문제도 뒤에 다시 언급할 것이다.

이 같은 民庫는 韓末의 甲午·光武改革期에 지방제도가 개혁될 때까지 계

---

763) 『備邊司謄錄』 193, 純祖 2年 6月 23日, 19冊, p.457.
764) 『備邊司謄錄』 212, 純祖 24年 2月 27日, 21冊, p.549.
765) 『備邊司謄錄』 222, 純祖 34年 2月 2日, 22冊, p.496.
766) 『備邊司謄錄』 187, 正祖 22年 3月 27日, 18冊, p.813.
767) 『備邊司謄錄』 182, 正祖 18年 7月 23日, 18冊, p.196.
768) 『備邊司謄錄』 190, 正祖 24年 5月 2日, 19冊, p.201.

속되는데, 그간에는 많은 弊端과 그에 대한 對策으로서의 釐正過程을 거치고 있었다. 朝鮮後期의 民庫는 정지된 상태로 지속된 것이 아니라 여러 가지로 변동하고 있었던 것이다. 그리고 그러한 변동은 賦稅의 應捧應下를 중심한 운영원칙상에서 뿐만 아니라, 民庫財産의 운영상에서도 일어나고 있었다. 그것은 이 시기 지배층의 稅政改善 또는 제도개혁의 방향과 보조를 같이 하는 것으로, 이 시기 民庫의 성격은 바로 이 같은 변동 속에 잘 나타나는 것이라고 하겠다. 그러므로 朝鮮後期의 民庫의 성격과 그 추세를 바로 이해하기 위해서는, 이 같은 民庫의 운영원칙의 변동 및 재산운영상의 변동을 좀 더 소상하게 고찰하지 않으면 안 되는 것이라고 하겠다.

2) 民庫運營의 弊端과 節目의 釐正

民庫를 설치하고 운영하려면 그 운영에 관한 규정을 마련하지 않으면 안 되었다. 이 같은 규정을 당시에는 節目이라고 하였으므로, 民庫에는 民庫節目이 필요했던 셈이다. 各級 官廳이나 各種團體에서 새로이 기구를 마련하고 이를 운영하게 될 때는 이 같은 節目을 작성하는 것이 관례였다. 재정문제를 다루는 기관에서는 그것을 특히 더 세밀하게 마련하였다. 그러한 기관에서 운영규정에 미비함이 있으면 폐단이 생기고, 그것은 곧 국가재정을 축내고 농민수탈을 가중시키는 바가 되기 때문이었다. 民庫는 그러한 기관의 한 예였다.

그러나 民庫의 운영규정은 처음부터 완벽한 것이 아니었다. 그것은 民庫의 설치사정과 관련이 있었다. 民庫는 法으로써 일시에 설치된 것이 아니라, 邑事例로 부분적·점진적으로 확대 설치되고 있었으므로, 그 운영규정도 처음에는 각양각색의 불완전한 것일 수밖에 없었다. 그리하여 民庫는 그 후 그 운영상에 폐단과 缺陷이 발생함에 따라 점차 이를 釐正함으로써 보다 정비된 규정을 마련해 나갔다. 그러한 釐正過程은 몇 단계에 걸치고 있었으며, 따라서 이는 民庫 운영의 발전과정을 뜻하는 것이기도 하였다. 民庫의 그 같은 발전과정을 운영원칙이라는 면에서 살피면 대체로 세 단계로 구분할 수 있다.

(1) 民庫制 시행 초기의 運營事情

그 첫 단계는 民庫制가 시행되는 초기 사정으로, 시간적으로는 18세기 말경까지의 시기이다. 이때까지는 지방 단위로 각종 民庫가 설치되는 데 따라 각각 그 운영규정이 마련되고 있었지만, 그러나 아직 전국의 民庫에 공통되는 합리적이고 통일적인 원칙을 마련하고 있지는 못하였다. 그것은 民庫를 설치하는 지방관이나 그것을 필요로 하는 중앙관청이 지방 단위로 그곳 형편이나 그 설치사정과 관련하여 규정을 마련하고 있었기 때문이다. 우리는 그것을 이 시기의 節目을 통해서 구체적으로 살필 수는 없지만, 다음과 같은 몇 가지 자료를 통해서 쉽게 이해할 수 있다.

茶山이 그 경험에 근거해서 民庫의 설치사정과 節目의 작성사정을 다음과 같이 말하고 있었음은 그 한 예이다. 그는 民庫가 '鄕吏自發其例 守令自作其法'하는 데서 설치 운영되는 것으로 보고 있었으며, 그 규정이 작성되는 것도

> 所謂民庫之法 不稟於人主 不報于宰相 監司漫不知何事 御史曾未有題決 而一二奸胥 自下而橫斂 一二昏官 私撰其節目[769]

한다고 보고 있었다. 民庫의 설치와 節目의 작성은 국왕에게 稟하거나 재상에게 보고함으로써 행하는 것도 아니고, 監司가 양해하거나 御史가 題決함으로써 이루어지는 것도 아니며, 한두 명의 奸胥가 스스로 마련하여 이용함으로서 橫斂을 하거나, 사리에 밝지 못한 지방관이 私撰으로 이를 작성하는 데 불과하다는 것이었다. 民庫의 설치와 節目의 작성사정이 만일 일반적으로 그러하였다면, 아마도 이렇게 해서 운영되는 각 지방의 民庫는 그 운영에 관한 규정이 합리적이거나 통일적이기는 어려웠을 것이다.

그러나 물론 茶山의 이 지적은 지방에서 작성하는 경우에 혹 그렇다는 것이지 모든 民庫가 그런 것은 아니었다. 이때에도 지방에 따라서는 民庫가 중앙관청의 句管 아래 중앙관청과 관련하여 節目이 작성되는 경우도 있고, 또 地方監司가 그곳 道 내의 民庫節目 작성에 일정한 작용을 하는 경우도 있었다. 함경도는 전자의 경우이고 평안도는 후자의 경우였다. 즉 關北지방에시

---

769) 『牧民心書』卷 16, 戶典 平賦, 2冊, p.130.

는 民庫의 운영이 '各邑補民庫·雇馬庫·補仮率等名色 皆係詳定 句管京司'되는 가운데, 民庫에 관련된 節目이

當初廟堂之往復本道 講定節目者 盖欲使吏無容奸之路 民無疊徵之弊[770]

라고 한 바와 같이 작성되고 있었다. 이는 이곳 民庫節目이 이곳 지방관이나 吏屬들에 의해서 그들 자신의 民庫節目으로서가 아니라, 주로 廟堂의 本道 往復과 관련하여 중앙에 의해서 작성되었음을 보여주는 것이었다.

關西지방에서는 監司가 道 단위로 이를 작성하고 있었는데, 그 사정은 관북지방보다 좀더 분명하였다. 그 시초는 英祖 8년(壬子)의 일이었는데, 이때에는 당시의 監司 宋眞明이 「關西詳定」(壬子詳定)의 이름으로 여러 가지 賦稅에 관한 원칙을 마련하였고, 그 일부로서 民庫에 관한 것도 添附하고 있었다. 이때에는 軍役의 폐단이 民斂을 가중시키고, 民斂의 가중은 民庫의 부담을 가중시켰으므로, 民庫問題가 여러 賦稅를 詳定하는 가운데 논의된 것이었다. 그러나 「壬子詳定」에서의 民庫에 관한 규정은 '應捧應下 各有區別 嚴立科條'할 것을 원칙으로 내세우기는 하였으나, 이는 다만 지방수령에게 關文으로써 知委하였을 뿐 이를 책자로 조목조목 작성하여 刊布한 것은 아니었다.[771] 民庫運營에 관한 節目을 郡縣 단위로 구체적으로 책자로서 작성하고 있는 것이 아니라는 것이었다.

이 고장에서는 그 후 수십 년에 걸쳐 이 「壬子詳定」을 시초로 여러 차례 그 규정을 고쳐 나갔다. 그 내용을 모두 알 수는 없으나 그것은 英祖 35년 현재 '今不可一例遵用'한 것이었다. 그러한 여러 차례의 규정의 변동 가운데는 民庫節目을 정식으로 작성한 일도 있었다. 英祖 21~22년 사이에 監司로 在任하고 있었던 李宗城이 이 고장의 民庫節目을 마련하고 있었음은 그것이었다. 이 節目도 그 具體的 內容은 분명치 않지만, 그 운영에 관한 벌칙은 엄하였다. 즉

---

770) 『正祖實錄』 卷 4, 正祖 元年 7月 己卯, 44冊, p.678.
　　　『備邊司謄錄』 158, 正祖 元年 7月 22日, 15冊, p.489.
771) 『關西良役實摠』 良役査正 啓下條件.

　　昔者 故相李宗城 於關西 嚴立民庫節目 而列邑之托公染指 不爲遵行者 其首鄕
先斬後啓爲式[772]

　이라고 한 것이 그것으로, 그것은 각 지방에서 節目의 규정을 지키지 않을
경우 首鄕을 斬할 정도로 엄격한 것이었다.

　그러나 이러한 節目도 그 후의 사정을 보면 제대로 遵守되고 있지는 않았
다. 제반 賦稅의 民庫를 통한 수탈은 가중하고 그것은 사회문제가 되고 있었
다. 그리하여 정부에서는 英祖 28년의 「均役廳事目」에서 雜役米 일반의 징
수와 관련하여 雜役의 均賦原則에 입각한 규정의 작성을 촉구하였고, 이와
관련하여서는 이 고장에서도 英祖 35년의 「平安道良役實摠」에서 軍役과 관
련되는 民庫規程을 일부 조정 확정하고 그 시행을 강조하게 되었다.[773]

　이같이 살피면 관북지방이나 관서지방의 어느 경우를 막론하고, 이때의
民庫에 대한 규정은 각각 그 지방, 즉 道 단위의 규정인 것으로, 전국의 民庫
운영에 공통으로 적용될 수 있는 것은 아니었으며, 또 그나마 그 규정이 완
벽한 것이 아니었음도 알 수 있겠다.

　이 같은 사정은 嶺南지방에서도 마찬가지였다. 이 고장에는 正祖 14년까
지 30개 邑에 民庫가 설치되고 있었는데, 그 가운데 17개 邑은

　　民庫設置 其來已久 而當初措劃之財 逐年公用之數 成置節目 已成規例 果無爲
弊之端[774]

하는 것으로 보고되고 있었다. 아마도 이는 民庫에서 취급하는 賦稅의 종류
와 公用의 수량이 節目으로 작성되고, 따라서 民庫 운영에서 하나의 規例가
되고 있다는 것이겠다. 그래서 위의 보고에서는 이 고장에는 폐가 없는 것으

---

772) 『備邊司謄錄』188, 正祖 22年 9月 17日, 18冊, p.906.
773) 『關西良役實摠』良役查正 啓下條件.
774) 『正祖實錄』卷 30, 正祖 14年 5月 丙午, 46冊, p.141.
　　　이때의 30個邑 가운데 17個邑은, 慶州·安東·密陽·昌原·寧海·河東·仁同·
　　咸安·興海·固城·盈德·義城·彦陽·山清·漆原·高靈·鎭海 등이며, 13個邑은
　　晋州·尙州·巨濟·金海·昆陽·陝川·永川·南海·新寧·泗川·三嘉·安義·居
　　昌 등이었다.

로 말하기도 하였다. 그러나 이 같은 節目도 각각 邑 단위로 작성한 것에 불과하며, 다른 13개 邑에서는 그나마 이러한 節目을 整然하게 작성하고 있는 것도 아니었다. 民庫 운영을 위한 규정의 통일적 원칙은 이 고장에서도 아직 마련되고 있는 것이 아니었다.

(2) 民庫制 확산기의 弊端과 應捧應下制

다음 단계는 民庫制의 설치가 확산되는 18세기 말에서 19세기 초에 걸치는 시기, 즉 正祖年間에서 純祖年間에 이르는 시기의 사정이다. 이 기간에는 이때까지의 民庫의 운영에 여러 가지 폐단이 생기고, 따라서 농민수탈이 가중하여 농민의 항쟁을 초래하고 있었다. 그리하여 정부에서는 정책적인 차원에서 民庫 운영상의 문제를 본격적으로 재검토하고 그 폐단을 是正하고 節目을 마련하지 않으면 안 되었다. 그리고 그러한 釐正過程을 통해서 각 지방의 民庫 運營에서는 새로운 공통의 원칙을 마련해 나갔다. 그것은 應捧 應下[775]의 원칙을 마련하고 그 조건과 數를 일정케 하는 것이었다.

關西地方 ─ 이때까지의 民庫의 폐단은 여러 가지로 표현되고 있지만 그것은 요컨대 民庫의 이름으로 규정 외의 농민수탈을 자행하는 일이었다. 民庫가 '句管於京司'되고 있는 관북지방에서는

每年雜役 不以庫中財力用下 臨時收斂民間 爲北民難支之端[776]

이 되고 있었으며, 관서지방에서는

關西之民庫 …… 營門磨勘外　又有邑上件者　仮如營門磨勘之數爲一千兩　而邑上件則爲二千兩之多 …… 諸邑之痛患[777]

---

775) 이 用語는 地方이나 節目에 따라 달라서 應捧은 應上·捧上·應入·加入·歲入으로도 불리고, 應下는 上下·用下·捧下·歲出 등으로도 불리었다. 그리고 應下에는 定期支給分으로서의 應下와 隨時支給分으로서의 應下가 있었는데, 後者는 間年上下, 不恒上下 또는 別下로도 불리었다.
776) 『正祖實錄』 卷 4, 正祖 元年 7月 己卯, 44冊, p.678.
777) 『備邊司謄錄』 170, 正祖 11年 4月 17日, 16冊, p.858.
　　　『平安道內各邑民庫定例節目』.

하는 실정이 되고 있었다. 전자에서는 民庫에서 지출할 雜役을 民庫의 財力
으로써 지출하지 않고 農民들로부터 臨時收斂함으로써 北民難支之端이 되고
있다는 것이며, 후자에서는 애초에 규정된 稅額(營門磨勘) 외에도 邑上件의
명목으로 징수하는 民庫稅가 또 있는데, 그 邑上件의 稅가 오히려 규정된 稅
額보다도 많다는 것이었다. 더욱이 후자에서는

民庫之蕩渴莫可支保之邑　計窮力盡　於是乎　擇其稍饒之民　勒差該庫都監　名曰富
民都監　一經其任　則傾家破産　一族流離[778)]

라고 하였듯이, 民庫의 財力을 다 써버린 邑의 경우 궁여지책으로 富民에게
民庫의 都監(富民都監)을 勒差하여 稅를 징수함으로써 이들을 파산케 하는
현상이 일어나고도 있었다. 그래서 이 지방에서는 이 문제가 해결되지 않으
면 장차 民이 견디기 어려울 것임을 강조하기도 하였다.[779)] 이는 일반적으로
는 지방수령들의 '憑公濫下'[780)]에서 오는 것이지만, 이와는 달리 실제로 '耗費
漸廣'[781)]이나 '稅入則有縮而無贏　公費則有加而無減'[782)]한 데서 연유하는 경우
도 적지 않았다. 이 같은 현상은 다른 지방에도 있어서 '用度漸廣　出處無
路'[783)]하거나 '事情多變　需用漸增　其所爲弊　無邑不然'[784)]한 것으로 말해지고도
있었다.

　이때의 民庫의 폐는 관서지방에서 특히 심하였다. 이 지역에서는 이 밖에
도 內司와 尙方의 物故奴婢貢을 15, 16년간이나 상납하고 있었는데, 지방관

---

778)『正祖實錄』卷 20, 正祖 9年 7月 壬子, 45冊, p.532.
779)『備邊司謄錄』179, 正祖 15年 10月 5日, 17冊, p.875.
　　　司啓曰 …… 取見其別單 則年事與民瘼 條列頗詳 而其中民庫到處蕩然之 爲最可悶
　者 其說誠然 此不嚴加管束 盡除謬習 來頭西民 不可支吾 不待明告而知矣
780) 註 777과 同.
781)『正祖實錄』卷 20, 正祖 9年 7月 丁巳, 45冊, p.532.
782)『備邊司謄錄』212, 純祖 24年 9月 7日, 21冊, p.594.
783)『備邊司謄錄』181, 正祖 17年 6月 25日, 18冊, p.177.
784)『河東府補民庫節目冊』
　　　이 같은 事情은 巨濟府에서도 마찬가지여서, 이곳에서는 公用은 늘고 所入은 如
　前한 데서 오는 不足分을 民間에서 收斂함으로써 弊端을 일으키고 있었다(註 826
　참조).

들은 이를 民庫의 수입으로써 替納하고 있었으며, 龍川府의 大同庫에서는
'擅貸還穀 冒錄蕩減'하는 不正을 행하였다가 적발당하는 일이 있기도 하였
다.[785] 이 같은 일들은 모두 농민수탈을 가중시키고 또 民庫의 재정을 축내는
원인이 되고 있었다.

民庫의 폐단이 발생하면 그때마다 그것을 是正하기 위한 조치를 취했으나
미봉적이었고, 정부에서 이를 政策상의 문제로 크게 다루게 되는 것은 正祖
年間부터였다. 그것은 正祖 7년에는 民庫의 폐단을 단속할 것을 「諸道御史
賫去事目」에 포함시키고,[786] 正祖 11年에는 암행어사 李崑秀가 관서지방을
다녀와서 이 고장의 民庫의 폐단을 지적하고 그 是正을 요청함으로써 본격
화되었다. 그는 이 고장의 民庫가 營門磨勘말고도 邑上件이 또 있어서 그것
이 營門磨勘分보다도 더 많으며, 그 지출은 憑公濫下되고, 그 기록은 轉成
鬼錄하고 있는 것으로 보아서, 이를 다음과 같이 釐正해야 할 것임을 건의
하였다.

關西之民庫 …… 年久鬼錄者 一倂蕩滌後 邑上件之謬習 永爲革罷 以其一年應捧
之數 俾爲一年用下之資 而明定其用下條件 成出節目 毋敢違越 而所謂用下件則
先令監兵營 就其各樣卜定中 不得不取用者外 不緊名色 幷爲減罷[787]

그 釐正의 내용은 鬼錄化한 舊來의 문서를 깨끗이 정리한 후, 첫째 邑上件
의 謬習을 혁파하고, 둘째 應捧 用下(應下)에 일정한 규정을 마련하려는 것
이었다. 그 가운데서도 첫째 건은 당연한 것이므로 특히 주목되는 것은 둘째
건이겠다. 이는 用下는 應捧의 범위 내에서 하되, 애초에 그 用下條件을 明
定하여 節目으로 작성하고, 지출이 많을 경우라도 이를 초과하지 못하도록
하자는 것이었다. 그리고 用下條件도 營卜定 가운데 不緊한 것은 減削하자
는 것이었다. 이는 말하자면 用下의 조건을 최소한으로 줄이고 그 액수를 일
정케 하려는 것이며, 民庫財政을 歲入 범위 내에서 歲出하는 원칙으로서 운

---

785) 『正祖實錄』卷 4, 正祖 元年 10月 丙申, 44冊, p.697.
　　　『備邊司謄錄』181, 正祖 17年 3月 29日, 18冊, p.125.
786) 『正祖實錄』卷 16, 正祖 7年 10月 丁亥, 45冊, p.407.
787) 註 777과 同.

영하려는 것이었다.

이러한 건의에 대하여 정부(備邊司)에서는 민감한 반응을 보이고 있었다. 정부에서는 이를 계기로 관서지방의 民庫 운영상의 폐단을 李崑秀가 제기한 방향으로 矯革하기로 하였다. 이에 대해서는 國王 正祖도 늘 염려하는 바였으므로 적극적이었다.[788] 국왕은 正祖 7년의 「諸道御史賫去事目」을 보완하여 새로운 「暗行御史賫去事目」을 작성하고, 이에 民庫問題를 첨가하는 것을 재확인함으로써 널리 그 실정을 조사토록 하였다.[789] 그리고 정부에서는 節次를 거쳐 새로운 釐正策으로서의 民庫節目을 마련하도록 하였다. 그 절차는 道에서 각 邑 民庫의 應捧應下의 수를 調査·照勘한 후 營·邑 간에 往復爛商하여 節目을 작성케 하는 것이며, 그 목표는

以民各庫一年應捧 量其一年應下 作爲詳定[790]

케 하려는 것, 즉 民庫의 應捧應下를 사전에 豫算制로 확정하고 그 범위 내에서 應下分을 지출토록 하려는 것이었다.

이 과정은 수년 동안 진행되었다. 節目의 草稿는 正祖 12년에 마련된 것 같으나 同 15년 10월까지는 아직 완성되지 않고 있었다. 그동안 2代에 걸친 平安監司의 釐改와 潤色過程을 거쳐, 이때에는 정부에서 최종 검토를 하고 있었으며, 곧 箕營에 下送하여 刊布케 할 예정으로 되어 있었다.[791] 국왕은 이때 이에 대하여 ‘民庫事 若不別般定式 其將依舊而已’라고 하여 그 釐正策

---

788) 茶山은 正祖의 그 같은 자세를 ‘先大王 深察民庫之弊 思革民庫之法 前後絲綸 嚴厲惻怛 有足以怵伏感動 而瞥不知畏 恬不知改 挽近以來 如水益深’이라고 표현하였으며(『牧民心書』卷 16, 戶典 平賦, 2冊, p.130), 純祖 卽位 초에 壯勇營提調 尹行恁도 ‘本營句管兩西耗穀 付之該民庫’할 것을 건의하면서 正祖의 民庫問題에 대한 입장을 ‘我先朝 每勤西顧之憂’라고 표현하고 있었다(『備邊司謄錄』191, 純祖 卽位年 12月 16日, 19冊, p.264).

789) 『暗行御史賫去事目』(奎 1127)은 이러한 과정에서 正祖 12年 10月 이후에 작성된 것이다.

790) 註 777과 同.

791) 『備邊司謄錄』179, 正祖 15年 10月 5日, 17冊, p.875.
司啓曰 …… 聞前日道臣有所釐改 前道臣又潤色之 今方在京繕寫 以爲下送箕營 刊布列邑之計云 若然則庶可有所補益 卽速完了 毋或遲延之意 更加申飭

에 열의를 보이고 있었다. 그리하여 이 새로운 矯捄方案은 다음의 洪 監司代
에 이르러서 완성되고 그것은「平安道內各邑民庫定例節目」으로서 公布 施行
되었다. 이것은 아마도 正祖 17년(癸丑)의 일이 아니었을까, 그리고 평안도
民庫節目에서의「癸丑定式」은 바로 이것이 아니었을까 생각된다.[792]

  그러나 이 定式은 두 가지 점에서 아직 미비함이 있었다. 그 하나는 이 定
式은 그 형식상 주로 應捧應下의 조건과 액수를 규정했을 뿐이고, 그 시행세
칙을 충분하게 마련하여 철저하게 시행하고 있는 것이 아니었다는 점이다.
그러므로「癸丑定式」은 종전에 있었던 民庫節目의 시행세칙과도 관련하여
좀더 보완할 필요가 있었다.[793] 그리고 그것은 純祖元年(辛酉)에 이르러서
보완 작성될 수 있었다. 평안도 民庫節目에서의「辛酉節目」은 이것이며, 이

---

792)『平安道內各邑民庫定例節目』은 그 序頭에 '乾隆 53年 2月 日'(正祖 12年)의 年
  度가 記入되어 있고, 末尾에 '行平安道觀察使兼都巡察使管餉使 洪'의 記錄이 있는
  데, 이는 節目의 草稿가 작성된 시기와 節目으로 確定 公布되는 시기를 말해주는
  것으로 생각된다. 正祖 12年 2月 現在의 平安監司는 金履素였으며, 그 후에 平安
  監司가 된 洪은 洪良浩인데, 그는 正祖 15年 4月에서 同 17年 2月에 걸쳐 그 任을
  맡고 있었기 때문이다(『正祖實錄』卷 32, 正祖 15年 4月 乙丑 및 卷 37, 正祖 17
  年 2月 丙戌, 46冊, p.217, 378).
    그리고 洪의 在任기간 중에서도 이 節目이 公布되는 것은 正祖 17年(癸丑)이었
  던 것으로 생각된다. 그것은 이때의 節目이「癸丑定式」의 이름으로 通用되고 있었
  기 때문이다. 가령 純祖 21年에 關西慰諭使로서 이곳에 왔던 鄭元容이 그 上疏에
  서 이 고장의 民庫節目을 가리켜「癸丑定式」이라고 하였던 것은 그 한 例이다(『純
  祖實錄』卷 24, 純祖 21年 11月 甲子, 48冊, p.195).
793)『癸丑定式』, 즉『平安道內各邑民庫定例節目』에도 그 施行細則이 전혀 없었던 것
  은 아니다. 이 節目의 序頭에는 그것이 記錄되어 있음을 볼 수 있다. 이것은 이 節
  目의 작성과정에 있었던 중요한 文書를 收錄한 것인데, 그 중 (平安監司에게 내린)
  한 文書에는 '如有一分違越 復生弊端 則自營廉察 隨現隨發 守令啓聞論勘 監色繩以
  刑配除良 一依法典各道大同未捧例 解由拘碍之意 論報備局 以爲定式施行計料是去
  乎'이라는 罰則事項이 있는 것이다. 그러나 이것은 확정된 規程은 아니었으며, '以
  爲定式施行計料是去乎'이라는 표현에서 볼 수 있듯이 豫定事項일 뿐이었다. 그래
  서 이 節目이 시행되는 데 있어서는, 혹 '以民庫加下該守令擔當 而亦拘解由事 曾有
  癸丑定式刊揭公堂者'하기도 하였으나, 제대로 시행되지 않아서 '近來西守之 因庫下
  拘由 臣未之聞焉' 하였으며, 따라서 純祖 21年 11月에 이곳에 온 慰諭使 鄭元容은
  이『癸丑定式』과 관련하여 '今若確定條例 則自祛是弊'할 것임을 强調하였다(『純祖
  實錄』卷 24, 純祖 21年 11月 甲子, 48冊, p.195). 단 이때의 慰諭使 鄭元容은
  이『癸丑定式』이 辛酉年(純祖 元年)에 이르러서 변동하고 있었던 사실에 관해서는
  잘 모르고 있었던 것이 아닌가 생각된다(註 794 참조).

節目에서는 미비한 시행세칙을 좀더 보완한 것으로 생각된다.[794]

　다른 하나는 이 定式이 평안도 내 모든 郡縣의 民庫를 대상으로 작성한 것이 아니라, 平壤·寧邊·安州·定州·江界·昌城·成川·朔州 등 8개 郡에 한해서만 작성하고 있는 점이었다. 그러므로 관서지방의 民庫의 폐가 이것만으로 제거될 수는 없는 것이며, 그 목적을 달성하기 위해서는 이 같은 節目을 모든 郡縣에 확대적용할 필요가 있었다. 이는 단시일에 이루어지지는 않았다.

　應捧應下의 조건과 수를 節目으로써 확정하고 이 규정에 따라서 운영하는 民庫는 이리하여 평안도 내의 일부 지역에서 시작됐지만, 그러나 그 지역에서도, 이러한 운영규정의 개정만으로 그 폐단이 자동적으로 제거될 수 있는 것은 아니었다. 그것은 節目으로 편성된 應下條件 및 그 액수가 얼마나 정확하고 적절한가 하는 점과, 앞에서 말한 시행세칙과도 관련하여 方伯守令이나 吏屬들이 그 규정을 얼마나 잘 준수하느냐에 달려 있었다. 그리고 그렇지 못한 경우는 많았다. 그리하여 실제로 民庫節目을 새로이 작성하고 시행하는 지방에서도 그 폐단은 여전히 발생하였다. 새로운 규정, 즉 節目이 작성되지 않은 곳에서는 더 말할 것도 없었다.

　그러한 폐단은 여러 가지 형태로 나타났지만 흔히 있는 현상은 濫用·濫下·加下와 이에 따른 加斂疊徵이었다. '兩西民庫之 官則濫用 民則疊徵'[795]이라고 한 것이 그것으로, 지방수령들이 지출용도가 이미 정해져 있는 民庫의 財源을 마음대로 사용하고 缺損部分을 民에게서 다시 여러 차례에 걸쳐 징수하는 현상이었다. 이런 경우 혹 그 징수가 어려우면 '民庫濫下 公逋族徵'[796]

---

794)　『辛酉節目』의 구체적 내용은 알 수 없지만,『癸丑定式』과 비교하여 분명히 달라진 것은 그 施行細則이 확정된 점이다. 그것은 純祖 22年(壬午)에 民庫弊의 是正方案과 관련하여 '各邑民庫之弊 旣因廟堂行會 方張行査 而民庫則 必依辛酉節目 如有加下 以官廩充報 未及充報者 解由拘礙 …… 則庶可矯捄'(『備邊司謄錄』210, 純祖 22年 11月 2日, 21冊, p.413) 라고 한 것, 憲宗 6年에 있었던 民庫弊의 是正方案과 관련하여 '民庫之弊 無邑不然 …… 一依辛酉節目中 如有加下 則以官廩充報 未及充報 則解由拘礙等一條 申明講確'(『備邊司謄錄』228, 憲宗 6年 9月 14日, 23책, p.247)할 것을 건의하고 있는 데서 알 수 있다. 『癸丑定式』에서는 확정되지 않았던 條項이 『辛酉節目』에서는 施行細則의 規程으로 확정되고 있음을 볼 수 있다.
795)　『備邊司謄錄』191, 純祖 卽位年 12月 16日, 19冊, p.264.

이 되는 수도 흔히 있었다. 수령은 또 民庫의 '開庫取用'을 官物과 같이 하는 수도 있어서[797] 濫用은 손쉬운 일이었다. 그뿐만 아니라 지방관이 不正을 대대적으로 저지를 경우에는, 會外 別庫를 따로 設하여,[798] 즉 監營과 郡邑의 帳簿가 일치하지 않도록 庫를 별도로 마련함으로써 지출을 마음대로 하는 수도 있었다. 그리고 그 결과는 疊徵으로 나타났고, 따라서 이 같은 여러 현상은 농민수탈을 가중시켰다.

이 같은 폐단을 당하여서는 그때마다 그에 대한 대책이 제기되고도 있었다. 가령 純祖 6년에

　　爲守令者 苟能親執簿書 團束下吏 則定例加下 不至太濫 嚴飭營邑 使用下之數 無過於定例事也[799]

라고 한 것은 그 한 예이다. 수령이 친히 帳簿를 점검하고 吏屬을 단속함으로써 濫下·加下를 막고 지출을 定例 내(예산)에서 집행하자는 것이었다. 그러나 그 같은 조치가 제대로 시행되기는 참으로 어려웠다. 그리하여 純祖 11년에 있었던 「平安道陳弊冊子」에서는 그 이전에 있었던 民庫節目의 釐正에 무슨 효과가 있는지 의문이 제기되기도 하였다.[800] 民庫를 통한 농민수탈이 여전했기 때문이다. 이 시기 이 고장에서 발생한 1811년의 농민항쟁(洪景來亂)이 이러한 사정과도 관련이 있었음은 말할 것도 없다.

관서지방의 民庫의 폐가 정부에서 다시금 크게 논의되는 것은 純祖 21년 11월부터였다. 關西慰諭使 鄭元容이 이 고장을 다녀와서 民三庫(大同庫·民庫·勅庫)의 폐를 보고하고 그 시정을 건의하게 된 데서였다.[801] 이에 이어서 그 다음해에는 영의정 金載瓚이 鄭元容의 疏에 의거하여 이를 다시 거론하고, 정부에서는 그 是正策을 강구하게 되었다. 民庫는 '不有事目 無難毁劃'하

---

796) 『純祖實錄』卷 11, 純祖 8年 9月 庚午, 47冊, p.609.
797) 『備邊司謄錄』197, 純祖 6年 2月 28日, 19冊, p.802.
798) 同上.
799) 『備邊司謄錄』197, 純祖 6年 2月 28日, 19冊, pp.802~803.
800) 『備邊司謄錄』201, 純祖 11年 3月 15日, 20冊, p.295.
801) 『純祖實錄』卷 24, 純祖 21年 11月 甲子, 48冊, p.195.

고 '托公下而仍歸私用 援事例而都屬謬規'하며, 巡營의 勘簿 또한 제대로 행해지지 않고 있으므로,

　　依疏請 令本道 推出其加下最多之邑 到底查刷 必得端緒 當該守令 依解由例 永不收叙 仍成三庫定例 上送籌司 反貼下送 以爲永久不易之典[802]

이라고 한 바와 같이, 벌칙을 더욱 강화하고 三庫의 定例節目을 새로이 작성해야 한다는 것이었다. 이는 일부 지역에만 적용되던 民庫節目을 확대 시행하자는 주장이겠다. 그리하여 이 지방에서는 '各邑民庫之弊 旣因廟堂行會 方張行査'하게 되고,[803] 節目의 釐正이 없었던 곳에서도 새로운 節目을 작성하게 되었다. 그리고 이러한 작업이 진행되는 과정에서, 이 고장 암행어사는 이 문제를 다시 더 거론하고 그 是正의 불가피함과 특히 「辛酉節目」에 의한 釐正과 民庫監色을 首鄕·首吏로 임명하는 등 그 보완을 강조하였다.[804] 그리하여 새로운 節目의 작성은 촉진되고 그 적용 지역은 넓어지게 되었다. 평안도 民庫節目에서의 「壬午定式」(純祖 22년)이었다.[805]

　이때의 논의는 純祖 24년까지 계속되었다. 이해 정월에는 다시 암행어사의 보고와 건의에 따라, 民庫濫下나 定例 외의 邑下 會外 및 加下 斂民 등의 폐단을 시정하는 문제를 논의하였다. 그것은

　　更加嚴飭道臣 參較各邑民庫歲入與應下 斟量事宜 新出定例 使之一遵施行 而若

---

802) 『備邊司謄錄』210, 純祖 22年 5月 25日, 21冊, pp.361~362.
803) 『備邊司謄錄』210, 純祖 22年 11月 2日, 21冊, p.413.
804) 同上.
　　民庫則必依辛酉節目 如有加下 以官廩充報 未及充報者 解由拘碍 而且勿別定監色 令首鄕首吏擧行 則庶可矯捄 而且今守令 不能親執文簿 委之於曾經該庫之監色 實無查正之效 令道臣 察其守令之勤慢 啓聞論罪事也
805) 이때의 節目을 『壬午定式』으로 稱하였음은 憲宗 6年에 있었던 民庫弊端의 是正論議에 보인다.
　　向在壬午 因慰諭使疏陳 且有繡衣別單 有所覆奏行會者矣 今見繡論 許多煩弊 依舊自在 營邑擧行 極涉可駭 辛酉節目 果爲一分矯捄之道 更加申明 無敢違繡 首吏鄕之差出監色 亦是壬午定式 使之一體遵行 而此事在於道臣糾察之如何 並爲嚴飭(『備邊司謄錄』228, 憲宗 6年 9月 14日, 23冊, p.247)

或有定例外 邑下會外等名色 及加下斂民之事 則卽爲啓聞論勘[806]

할 것을 전제로, '使之逐邑査正'케 하려는 것이었다. 이는 아마도「壬午定式」의 확대적용을 강조한 것이었다고 생각된다. 더욱이 이해 9월에는 領敦寧金祖淳이 또한 이 문제를 제론하게 됨으로써, 이 고장 民庫에 대해서는 집중적으로 再檢討를 하게 되었다. 그것은

분付道臣 悉聚一道大同庫出入之簿 與道內守令中綜明解事者 爛加商度 就元定式 大加査櫛 可以裁減者減之 可以釐革者釐革之 悉祛冗濫 定爲恒規 又使稍存嬴餘 以爲歲課[807]

케 하려는 것이었다. 그리하여 이 같은 여러 차례의 釐正過程을 통해서 正祖 17년의「癸丑定式」은 조정 보완되었다. 이미 정해진 應捧應下의 조건과 액수를 좀더 정확하게 조정하고, 그것을 준수치 않을 때의 벌칙을 명시하며, 또 그 같은 규정을 점차 全道에 확대 보급시켜 나가는 움직임이었다.

正祖年間에서 純祖年間에 걸치면서 행해진 관서지방의 民庫釐正은 단지 이 고장의 일로만 그친 것이 아니었다. 이곳 節目이 마련되고 있는 이 시기에는 전국 각 지방에 암행어사가 자주 파견되고 있었는데, 이들은 각 지방의 民庫의 폐단을 목도하고 그 시정을 건의하고 있어서, 다른 지방에서도 그 釐正이 불가피하였다. 그리고 특히 이러한 문제에 관심을 가진 지방관은 스스로 새로운 民庫節目을 작성하기도 하였다. 황해도 谷山府使 丁若鏞이 正祖 末年에 관서지방의 그것과 동일한 새로운 民庫節目을 작성·시행하였던 일은 그 예이다.[808] 그러한 필요성은 다른 지방에서도 마찬가지였다. 그 시정을

---

806)『備邊司謄錄』212, 純祖 24年 正月 9日, 21冊, p.537.
807)『備邊司謄錄』212, 純祖 24年 9月 7日, 21冊, p.594.
808)『牧民心書』卷 5, 奉公 守法, 1冊, p.83.
　　昔余在谷山府 撰民庫節目如此 吏民咸悅 欲以此法 通于一國 及考兵曹一軍色二軍色節目 靈城君朴文秀撰定如此 益信此法 可通於大小也
　　여기서 '如此'라고 한 것은 應捧應下의 會計制度를 말하는 것인데, 茶山은 이러한 民庫節目을 作成하면서, 平安道民庫節目에 관하여는 언급하지 않고 있다. 아마도 그것을 참고하지 못한 채 谷山府民庫節目을 작성하였던 것이 아닌가 생각된다.

필요로 하는 民庫의 폐단은 어느 곳이나 마찬가지였다. 그것은 濫下 加斂을 비롯하여, 他官穀과의 移用을 통해서 일어나는 加捧增徵, 放債殖利로 일어나는 수탈 등 허다하였다.

湖南地方 — 이러한 폐단은 전국적인 현상이었지만, 그러한 가운데서도 특히 관서지방 못지않게 그 폐단이 심하였던 곳은 호남지방이었다. 이 지방의 民庫는 관서지방과는 달리 邑私設로 되어 있었으므로 監視를 받지 않는 가운데 특히 그 폐단이 심했다.[809] 그리고 이곳에서는 혹 民庫(雇馬廳·補民廳)를 설치한 곳이 이를 설치하지 않은 곳보다 폐가 많았고, 또 班·賤 간에 差異를 두고 結斂을 하고 있어서 농민들은 이를 감당하기가 어려운 실정이 되고 있었다.

列邑或有雇馬廳 或有保民廳 取息應役 而吏奸民弊 反甚於不設廳庫 臨時取民之 爲便 且湖南班·賤結役各異 徵斂無常 農民一年勤作 不能當一年誅求 民抱切瘼[810]

그리고 이로써도 民庫財政이 부족할 경우에는, 관서지방의 富民都監差出과 같이 有司를 차출하여

用度漸廣 出處無路 自官差出有司 收斂加徵[811]

이를 담당(收斂加徵)케도 하고 있었다. 그래서 이 고장 民庫의 폐는 '其弊言之痛哭'[812]할 일로 말해지기도 하였다. 그러므로 이곳에서는 벌써 正祖 17년에 관서지방의 예에 따라 年終에 用下를 監營에 보고할 것을 요청하고도 있었으며,[813] 그 후에도 계속 여러 가지 명목으로 雜役을 逐年加斂함에, 別卜定 元卜定添價 등을 제거함과 아울러 '爲今之計 必有一番大整頓 然後始可責效'[814]라든가, 또는 '更降嚴飭之教 使之劃卽厘正'[815]이라고 하여 커다란 釐正

---

809) 『備邊司謄錄』 210, 純祖 22年 11月 2日, 21冊, p.409.
810) 『備邊司謄錄』 187, 正祖 22年 3月 27日, 18冊, p.813.
811) 『備邊司謄錄』 181, 正祖 17年 6月 25日, 18冊, p.177.
812) 『備邊司謄錄』 188, 正祖 22年 9月 14日, 18冊, p.904.
813) 『備邊司謄錄』 181, 正祖 17年 6月 25日, 18冊, p.177.

이 있어야 할 것임이 강조되고 있었다.

그리하여 정부에서는 이러한 움직임에 대하여 대책을 세우지 않으면 안 되었고, '民庫則兩南今方釐正'[816]이라고 하였듯이, 영남지방과 함께 실제로 釐正事業을 전개하기도 하였다. 正祖 22년의 일이다.

이때의 釐正이 구체적으로 어떠한 것이었는지는 알 수 없다. 그러나 아마도 그 원칙은 應捧應下의 조건과 수를 일정하게 조정·확정하려는 것이 아니었을까 생각된다. 그러한 가운데서도 호남지방에서는 그 원칙이 좀더 빨리 채택되었던 것 같다. 이 에서는 앞에서 지적한 바와 같이, 正祖 17년에 民庫의 폐를 관서지방의 예에 따라 시정할 것을 요청하고 있었는데, 兩南釐正을 거친 후에는 이곳 民庫의 폐를 '京司求請 列邑官用 不拘式例 專責於民庫'라고 지적하는 가운데, 그 民庫의 式例(節目)를

> 外邑民庫 盖倣京大同法 而捧下有數 條例甚詳[817]

한 것으로 말하고 있었다. 이는 民庫節目에서 捧下(應下)의 수가 일정하고 그 지출조건이 소상하게 규정되어 있음을 뜻하는 것이겠다. 사실 관서지방의 釐正策에서는 應捧應下의 수를 일정케 하는 案을 택하고 있으면서, 그와 並行해서 진행되는 타지방의 釐正策에서 다른 방안을 따로 마련할 필요는 없었을 것이다. 더욱이 그러한 방안은 본시 정부재정의 운영방안이기도 한 것이었다.

물론 호남지방에서도 正祖 22년의 釐正에서는 아직 그 같은 원칙을 모든 지역에서 일거에 성취하지는 못하고 있었으며, 民庫問題가 발생하는 곳을 중심으로 점진적으로 추진해 나가고 있었다. 그리고 節目을 마련하고 채택한 곳에서도 모든 폐단이 一掃된 것은 아니었다. 이 같은 釐正方案을 채택하고 시행해 나가는 과정에서도 해마다 濫下하는 民庫의 폐는 계속되고 있었

---

814)『備邊司謄錄』188, 正祖 22年 9月 17日, 18冊, p.908.
　　　『備邊司謄錄』188, 正祖 22年 10月 18日, 18冊, p.940.
815)『備邊司謄錄』188, 正祖 22年 12月 30日, 19冊, p.35.
816)『備邊司謄錄』188, 正祖 22年 12月 30日, 19冊, p.36.
817)『備邊司謄錄』203, 純祖 13年 8月 9日, 20冊, p.683.

다.[818] 따라서 좀더 완벽한 규정을 마련하기 위해서는 종래의 규정을 오랜 세월을 두고 다듬어 나갔다. 茶山이 康津縣에 유배되어 있던 純祖 10년대에, 民庫의 운영을 개선하기 위해서 여러 지방의 民庫節目을 참작하면서 '以定其用下之數'하는 모범적인 節目을 작성하고 있었음은 그 한 예이다. 「琴山縣民庫節目」은 바로 그것이었다.[819] 그리하여 그는 이것을 지방관의 지침서인 그의 『牧民心書』에다 수록함으로써 지방수령들이 참고하고 본받아 주기를 바랐다.

호남지방의 民庫의 폐는 痛哭할 일로 알려져 있었으므로 그 釐正問題를 地方守令에게 일임한 채 그대로 방치해 둘 수는 없었다. 郡縣에서 그 문제를 제대로 해결하지 못하면 道에서 이를 일괄 수습하고 釐正하지 않으면 안 되었다. 그렇게 하는 것이 더 효과적일 수 있었다. 그러한 일은 純祖 20년(庚辰)에 있었다. 이때의 釐正內容을 구체적으로 알 수는 없지만, 그 방법은 道에서 각 邑의 民庫 사정을 일괄 조사하고 검토하여 그 定例와 節目을 작성한 후 이를 各邑에 分送하는 것이었다. 좀 뒤의 일이기는 하지만

　　民庫濫觴之弊 往在庚辰 有所釐革 刊成貢膳定例民庫節目 分送各邑[820]

이라고 하였음은 그것이었다. 그리하여 그 후에는 각 邑의 雜役·民庫를 이 定例와 節目에 따라 운영하도록 요청하였을 것임은 말할 것도 없었다. 호남지방 民庫節目에서의 「庚辰定例」였다. 그런데 이때의 釐正은 모든 고을의 雜役·民庫問題를 道에서 일괄 釐革하는 것이었으므로, 그 釐正節目은 아마도 全道에 공통되는 道 단위의 기준으로 마련되었을 것으로 생각되며, 이는 또 관서지방의 民庫節目도 참고하였을 것이므로 아마도 각 道에 공통되는 전국적 기준으로 마련되었을 것이라고도 생각된다. 그러므로 이는 民庫弊의 釐正策이라는 점에서 보면 일단의 전진인 셈이었다.

---

818) 『純祖實錄』 卷 11, 純祖 8年 8月 己亥, 47冊, p.608.
　　　還穀與民庫之弊 若不變通 則一道將空虛矣 …… 民庫之弊 …… 一年所用 都斂於民 付諸民庫 無所照管 年年濫下 弊不可勝言
819) 『牧民心書』 卷 16, 戶典 平賦, 2冊, pp.139~143.
820) 『備邊司謄錄』 218, 純祖 30年 2月 1日, 22冊, p.110.

民庫의 폐단을 시정하기 위해서 이와 같이 監營에서 그 定例와 節目을 釐
正하기는 하였지만, 그러나 그 폐단이 하루아침에 일소된 것은 아니었다. 監
營에서의 節目釐正은 각 郡의 民庫를 중심한 농민수탈을 견제하려는 것이었
으므로, 각 郡에서는 이를 순순히 따르지 않고 있었다. 그들은 여전히 부당
한 명색으로 節目을 新創하고 科外濫斂을 하였으며, 濫下加斂을 자행하기도
하였다. 民庫의 폐단은 여전한 상태였다. 그래서 이 지방을 암행하는 어사들
은 節目과 條例를 조정해서 民庫운영에 ‘劃一遵行’케 할 것을 요청하기도 하
고,[821] 제반 폐단을 裁革한 후 民庫를 「庚辰定例」에 따라 遵行할 것을 건의하
기도 하였다.[822]

 嶺南地方 — 이러한 상황은 영남지방에서도 마찬가지여서, 이곳에서도
역시 그러한 폐단의 시정이 요청되고 있었으며, 이에 따라서는 그 釐正策이
점진적으로 추진되고 있었다. 正祖 14년에 慶尙監司는 啓言을 올려 그러한
民庫의 폐단을

> 第其財力有限 酬用漸煩 每年加下 無路充補 目前姑幸牽補 來頭難保無弊 …… 盖
> 此諸邑之設置民庫 專爲公下責應之資 而酬用冗煩 奸竇漸濶 易至拖犯還穀 侵徵民間
> 之慮[823]

이라고 보고하고 있었다. 현재 큰 폐단이 일어나고 있는 것은 아니지만, 지
출은 늘고 民庫財力은 일정해서 장차 큰 폐단이 일어날 수밖에 없다는 것이
었다. 그리하여 그는 이에 대한 대책으로 歲入問題를 官이 스스로 해결하여
量入爲出하고 斂民하지 않도록 하는 조치를 취해야 할 것임을 다음과 같이
요구하였다.

> 晋州等邑民庫 應入不能當應下 而不可藉此斂民 自該邑 從便拮据 量入爲出 更
> 成節目 期無後弊之意 更加嚴飭[824]

---

821) 『備邊司謄錄』 210, 純祖 22年 11月 2日, 21冊, p.409.
822) 註 820과 同.
823) 『正祖實錄』 卷 30, 正祖 14年 5月 丙午, 46冊, p.141.
824) 同上.

　이에 대하여 국왕은 정부로 하여금 監司에 지시하여 '以永久無弊之方 定成一副事例'할 것을 명하였다. 이때는 서북지방의 民庫에 대하여 대대적인 釐正作業이 진행되고 있었으며, 호남지방에서도 그 개선案이 마련되고 있었으므로 이는 당연한 조치였다. 그럼에도 불구하고 그러한 우려는 현실로 나타나고 있었다. 그것은 '民役庫之爲弊 無邑不然'하는 실정이었지만, 그 가운데서도 仁同·寧海府의 경우는 그 濫下의 폐가 두드러졌다.[825] 정부에서는 영남지방에 대해서도 그 是正策을 서두르지 않으면 안 되었다. 그리하여 그 결과 호남지방의 경우에서 이미 본 바와 같이, 이곳 영남지방의 民庫도 호남지방의 그것과 함께 正祖 22년에는 '民庫則兩南今方釐正'케 되고 있었다.

　正祖 22년의 釐正이 어느 정도의 것이었는지 분명치는 않지만, 아마도 다른 지방에서와 마찬가지로 철저한 것은 아니었던 것 같다. 그것은 ① 應捧應下의 수를 豫算制로 확정하지 않고 있는 지방이 아직도 있었다는 점과, ② 그것이 확정되고 있다 하더라도 폐단이 크게 일어나고 있었던 점으로써 그렇게 이해할 수 있다. 그리하여 그러한 문제들은 그 후 純祖 24년과 30년의 두 차례에 걸쳐 크게 조정되고 釐正됨으로써 이 지방에서도 全道的 또는 全國的 기준의 民庫節目이 마련되고 보급되어 나갔다.

　①의 예를 우리는 巨濟府의 경우에서 살필 수 있다. 이곳에서는 正祖 22년의 釐正事業에 따라 그 폐단이 부분적으로 시정되고는 있었으나,[826] 이때에는 아직

---

825) 『備邊司謄錄』 187, 正祖 22年 正月 11日, 18冊, p.766.
　　『備邊司謄錄』 188, 正祖 22年 12月 17, 21日, 19冊, p.15, 17.
826) 『(巨濟府民庫) 完文』(辛酉 6月 日 : 純祖 1年)은 그 是正을 指示한 것으로, 이는 이곳의 民庫弊가 '補民庫設始初 錢穀間 措處非不周密 各項進上所關及凡係公用 年增歲加 該庫年例所入 如前無加 每年應入之物 不能當用下之數 及於歲末 錢穀之不足 收斂還報 民人愁痛 已成痼瘼'한 데서, 그 解決方案으로서 이 고장 漁箭의 一部를 民庫에 劃付한 措置였다. 이 問題는 正祖 22年 9月부터 論議되었고(『備邊司謄錄』 188, 正祖 22年 9月 30日, 11月 30日, 18冊, p.919, 974), 이때에 이르러서 해결된 것이었다. 그러나 이 漁箭은 民庫에 永久히 劃給된 것이 아니라 統營이나 宮房으로 넘어가는 일이 있었으며, 따라서 民庫와의 사이에 갈등이 일어나고도 있었다(『備邊司謄錄』 203, 純祖 13年 8月 9日, 20冊, p.679. 同上書 245, 哲宗 9年 4月 16日, 25冊, p.232).

本邑民庫 用下本無定數 隨用隨下 未有成節目遵行之例[827]

하는 실정이었다. 그리고 이것이 크게 矯革되는 것은 그 후 純祖 24년에 이르러서의 일이었다. 純祖 24년(甲申)에는 그 이전에는 볼 수 없었던 用下를 일정케 하는 規程을 마련하도록 監營에서 지시를 내리고, 이에 따라 새로운 節目을 작성하고 있었다. 純祖 30년의 節目에서 이곳 民庫節目의 작성 사정을 말하여,

往去甲申年(純祖 24년) 自營門 各邑民庫用下 有所査正之事 而本邑各年下記文書 一一考覽教是後 每年應下·間年上下·不恒年上下條 箇箇區別 仍成節目[828]

이라고 하였음은 바로 그것이었다. 그리고 純祖 24년의 이 節目은 그 후 더 다듬어져서 純祖 30년(庚寅)의「巨濟府補民庫節目冊」, 즉「庚寅節目」이 되었다. 이는 純祖 24년의「甲申節目」의 用下條를 크게 減削矯正하여 應捧應下의 수를 확정한 것이었다. 이 해에는 民庫의 폐가 '許多冗費 專責於此 濫錄於此 加下橫斂 實爲厲民之政'[829]이 되고 있는 가운데, 영남지방을 암행한 어사 趙基謙이

嚴飭道臣 收聚各邑庫廳節目 凡係公用民役之不得不上下者外 一併減刪 別成節目 每於歲終 勘準營門[830]

하는 대책을 요구하고, 정부에서는 이를 받아들이고 있었다. 이「庚寅節目」은 이 조치에 따라 釐正되고 작성된 것이었다. 그것은 비교적 완벽한 것이었다. 그리하여 이 節目에 대해서는 그 후에도 '以此節目 永久遵行是遣 此外節目 則一並勿施'[831]하라는 조치를 취하기도 하였다.

---

827)『巨濟府補民庫節目冊』(純祖 30年).

828) 同上.

829)『備邊司謄錄』218, 純祖 30年 2月 1日, 22冊, p.109.

830) 同上.

831) 同 節目 表紙에 '壬寅六月初二日'付로 御史(?)가 題決하고 있다. 여기서 壬寅은 憲宗 8年이다.

②의 예는 河東府의 경우에서 살필 수 있다. 이곳은 正祖 14년의 보고에
서는 措劃之財와 公用之數가 節目으로 작성되고 있어서 弊端이 없는 것으로
지적된 곳의 하나이며, 그 후에는 正祖 22년의 '兩南釐正'을 거치고 있어서
民庫의 폐단이 있을 수 없을 것이었으나 실제로는 그렇지 않았다. 이곳에서
나타난 폐단은 더욱 지능화한 형태로 발생하고 있었다. 應捧應下의 수가 정
해져 있는 補民庫 외에 烟役庫와 別庫를 별도로 더 설치함으로써 民役을 징
수하고 있었다. 타지방의 會外 別庫와 같은 것이었다. 그리하여 이러한 폐단
은 그 후 純祖年間에 이르러서 크게 문제가 되고, 烟役庫와 別庫를 혁파하여
補民庫에 통합하는 조치가 취해졌다.[832] 그리고 捧上 上下를 새로이 규정한
釐正節目이 작성되었다. 「河東府補民庫節目冊」(道光 4년 閏 7월 : 純祖 24
년)은 그것이었다.

(3) 民庫制 弊端의 深化와 官庫制의 試圖

끝으로 셋째 단계는 民庫制의 폐단이 王朝末期的으로 심화되는 19세기 중
엽에서 말엽까지에 이르는 시기, 즉 憲宗朝에서 韓末의 지방제도 개혁에 이
르기까지의 사정이다. 이 기간에는 대체로 그 이전 단계에서 세워진 民庫運
營의 원칙이 확대되어 나가는 가운데 각양각색의 폐단이 발생하고 있었으
며, 이에 따라서는 부분적으로 이를 시정하는 작업이 진행되었다. 「三政釐整
策」이나 大院君의 내정개혁에서도 이를 배려하고 있었다. 그리고 그 후에는
甲午·光武改革에서 지방제도 개혁으로 民庫 자체가 혁파되기에 이르렀다.

이 무렵의 폐단도 여러 가지로 나타났지만, 그 가운데서도 가장 두드러진
현상은 民庫財政을 濫下하는 일과 이에 따라 일어나게 되는 加斂現象이었
다. 관서지방에서는 그것이 '民庫之弊 無邑不然 監色之濫下偸食 守令之冒下
引用 遂成積痼'이거나 '各邑民庫 濫下無節 …… 而伊來憑公營私 無非濫下 結
斂族徵 便成根窩'[833]하는 형편이 되고 있었다. 그래서 혹은 「辛酉節目」과 「壬

---

832) 『河東府補民庫節目冊』(純祖 24年).
　　本邑民庫 旣有補民庫 而又有烟役庫·別庫 出入已多門 用下極煩亂 以致加下之夥
　　然 將至莫可收拾之境 前後官長 何不致意於釐革 一任其流弊是隱喩 所謂烟役·別庫
　　爲先革罷 一付於補民庫 ……
833) 『備邊司謄錄』 228. 憲宗 6年 9月 14日, 23冊, p.247.

午定式」에 의거하여 그 矯捄를 꾀하기도 하고, 監色(首吏首鄉)을 ‘嚴刑遠配’
하기도 하며, 혹은 ‘官庫’制를 시행하는 대책을 세우기도 하였다.[834]

　관북지방에서도 濫下加斂의 폐가 심해서 ‘令道臣 逐條査實 汰其濫費 出入
相當事’할 것이 건의되고 ‘冗雜之費 一切刊汰 更爲定式’하는 대책이 세워졌
다.[835] 이 경우 그 濫下가 반드시 부정행위에서만 오는 것은 아니었다. 咸興
府에서는 경비를 공정하게 썼는데도 ‘民捧自有其數 而公用殆無限節 至于昨
年加下 洽爲四千金之多’[836]하는 형편이 되고 있었다. 이러한 상황은 해서지
방에서도 마찬가지였다. 平山郡의 경우에서 보면 이곳은 通燕大路에 처해
있어서 각종 비용이 많이 들었고, 따라서 ‘逐年之用下夥多 民戶之收斂難繼’
하는 형편이 되고 있어서 補弊錢을 設하는 큰 釐正作業이 있었다. 그러나 이
로써도 폐단은 해결되지 못하고 ‘加下之數 無年無之 而結斂之弊 愈往愈甚’하
는 실정이 계속되었다. 당국에서는 그 원인을 監色의 惟意濫下와 本官의 不
爲操切에 있는 것으로 보았으며, 따라서 本庫下記를 本官이 친히 검토토록
하는 대책을 세우기도 하였다.[837]

　이 같은 현상은 남부지방에서도 마찬가지였다. 三南民의 抗爭이 있었을
때 좌의정 趙斗淳은 「三政釐整策」을 마련하면서 그러한 사정을 다음과 같이
표현하고 있었다.

　　各邑民庫加下 畢竟害歸於民 而挽近加下之弊 亶由於用下淆濫 在前之官廩私用
　移下於民庫故也[838]

　加下를 하면 필경 그 해가 民에게 돌아가는데, 그러한 폐단은 지방관의 用
下淆濫과 官廩私用分을 民庫에서 지출토록 하는 데서 일어나고 있다는 것이
었다. 그래서 그는 이에 대한 대책으로 民庫를 定例에 따라 운영함으로써 加

---

834)　同上.
　　　『高宗實錄』卷 11, 高宗 11年 11月 25日, 上卷, pp.483~484.
835)　『備邊司謄錄』228, 憲宗 6年 10月 21日, 23冊, p.260.
836)　『咸興府大同庫捄弊節目』(高宗 10年).
837)　『平山補役庫捄弊節目』(甲寅 7月 日).
838)　趙斗淳, 『三政錄』三政釐整節目 田政.

下가 없어야 할 것임을 강조하였다. 그러나 民庫의 폐단은 이러한 조치로써 제거될 수 있는 것이 아니었다.

　호남지방에서는 冒用濫下의 폐가 심해서 '民庫加下 輒爲民斂'하고, '民庫用下之 蕩無限節 幾乎無邑不然 所以向來朝飭矣 今其痼瘼年增歲加 吏則權利 民自受病'[839]하는 실정이었다. 그래서 정부에서는 그때마다 대책을 세우고 있었다. 그것은 혹은 元定의 稅額을 넘어서는 結斂 戶斂을 禁斷하기도 하고,[840] 혹은 道臣으로 하여금 각 邑의 節目이나 下記冊子를 참작 釐正하여 새로운 節目을 작성 준수케 하려는 것이기도 하며,[841] 혹은 民庫制를 대신해서 官庫制를 시행하려는 것이기도 하였다.[842]

　영남지방에서도 사정은 마찬가지였다. 이 지방에서도 民庫節目은 정연하게 마련되어 있었는데 지키지 않았으므로 소용이 없었다. 哲宗朝에 이 지방 암행어사는 列邑 民庫運營에서 일어나는 加下와 加斂을 보고하고, 정부에서는 수령들이 '用下之以一爲十 加斂之歲輒二三'하는 것으로 파악했다.[843] 이러한 표현은 과장이 아니었다. 陜川郡에서는 '挽近 用下之節 歲加年增 甚至有三次斂民之擧'[844]라고 기술하고 있었다. 그리고 巨濟府에서는 純祖朝 이래로 그 歲入이 늘었어도 高宗元年까지는 入下의 數가 불과 6천여 兩이었으나, 동 25년에는 1년 所用이 1만 7천여 金이나 되는 것으로 보고되었다.[845] 이 같은 현상은 막지 않으면 안 되었으며, 이를 막기 위한 방안으로는 巡營執簿의 徹底나 自官充補 및 犯者에 대한 처벌 등이 강조되었다.[846] 民庫制를 官庫制로 轉換하는 방법도 논의되었으나 좋은 방안이 못 되는 것으로 보고 있었

---

839)『高宗實錄』卷 12, 高宗 12年 2月 27日, 上卷, p.495.
　　　『高宗實錄』卷 4, 高宗 4年 6月 16日, 上卷, p.267.
840)『備邊司謄錄』241, 哲宗 5年 閏 7月 13日, 24冊, p.677.
　　　『備邊司謄錄』245, 哲宗 9年 5月 9日, 25冊, p.240.
841) 註 839와 同.
842)『日省錄』37, 高宗 3年 3月 23日, 高宗篇 3冊, p.167.
843)『備邊司謄錄』241, 哲宗 5年 8月 29日, 24冊, p.695.
844)『嶺營各捄弊節目』坤, 陜川郡民庫矯捄節目.
845)『嶺營各捄弊節目』乾, 巨濟府民庫矯捄節目.
846) 同上.
　　　『備邊司謄錄』245, 哲宗 9年 4月 16日, 25冊, p.232, 234.

다. 民弊가 더 심할 것이라는 판단에서였다.[847] 그리고 폐단이 절정에 달하는 경우에는 수시로 民庫節目을 釐正하였다. 歲入歲出의 수를 조정하는 것이었다.

사실 民庫를 官庫로 전환한 곳에서도 폐단은 여전하였다. 民庫를 대신해서 官庫를 設하려는 것은 民庫를 '一付官庫 使官裁制'케 하려는 까닭에서였으므로,[848] 지방수령이 공정하고 유능하면 효과를 볼 수도 있었다. 그래서 高宗 3년(丙寅)의 大院君 집권 하에서는 京畿監司 兪致善의 건의에 따라 民庫를 官庫에 專屬시켜 官의 관장 아래 운영하는 조치를 취하기도 하였다. 民庫의 폐를 '毋過如前放過'케 하려는 데서였다.[849] 그러나 官과 吏가 갑자기 공정하고 정직해지기는 어려웠으며, 더욱이 각 지방의 官庫는 '均是斂於民 而補於官'하는 것이므로 '官庫民庫 名雖異而實則一'한 것이었다.[850] 그러므로 民庫를 官庫로 改稱하고 운영방법을 바꾸는 것만으로는 그 폐단을 전적으로 제거하기 어려웠다. 다만 그것은 民庫와 官庫를 비교하여 말할 때 후자가 전자보다 나을 뿐이었다. 그리하여 官庫에서도 民庫에서와 마찬가지로 폐단은 일어났다. 호남지방에서는 그러한 폐단이 특히 심했다. 이 지방에서는 元定의 應捧 액수보다 '或倍蓰或十百'하기도 하였다.[851]

그뿐만 아니라 官庫制는 大院君이 그 시행령을 내렸을 때 전국적으로 시행되었던 것도 아니고, 그나마 시행되었던 곳에서도 그가 하야한 후에는 '罷官庫而爲民庫'하는 환원조치를 취하는 곳까지 있었다.[852] 그리고 民庫의 폐는 다시 일어났다. 그러므로 이와 같이 民庫가 그대로 시행되고 있었던 곳이거나 官庫制를 채택했다가 民庫制로 환원한 곳에서는 大院君의 丙寅例에 따라 官庫制로 개편 운영하는 대책을 세우기도 하였으며,[853] 民庫의 폐단뿐만

---

847) 註 843과 同.
848) 『備邊司謄錄』 241, 哲宗 5年 8月 29日, 24冊, p.695.
849) 『日省錄』 37, 高宗 3年 3月 23日, 高宗篇 3冊, p.167.
850) 『高宗實錄』 卷 29, 高宗 29年 7月 18日, 中卷, p.432.
851) 『高宗實錄』 卷 29, 高宗 29年 7月 18日, 中卷, p.432.
　　『湖南繡啓草冊 附別單』(原本)에서는 이 부분을 다음과 같이 표현하고 있다.
　　官令一出 吏奸層生 深求討索 不一其端 哀此小民 無他控訴 惟求必應 仮令 昔之每結一兩 今之七八兩 每戶幾戔 今之幾兩 民安得不困 邑安得不弊乎
852) 『備邊司謄錄』 264, 高宗 20年 6月 2日, 27冊, p.725.

아니라 官庫의 폐까지도 아울러 시정하기 위하여, 道臣이 직접 각 邑에서 올라오는 報勘簿冊을 監査할 것이 강조되었다.[854]

이같이 濫下와 加斂이 자행될 경우 그것은 흔히 民庫의 應下條件 가운데서도 不恒上下, 즉 隨時支給分이 구실이 되기도 하였다. 그래서 이 같은 경우에는 民庫色吏를 吏房으로 兼帶하고 用下를 歲入錢內에서 행할 것과, 巡營에서 嚴束 防奸하는 대책을 세우기도 하였다.[855] 관서지방에서는 이미 純祖 22년의 「壬午定式」에서부터 民庫監色을 首吏·首鄕으로 차출하고 있었으므로 이는 자연스러운 대책이었다. 그러나 이로써 民庫의 弊를 제거할 수 있는 것은 물론 아니었다.

또 濫下는 還穀挪移를 수반해서 일어나는 경우가 있었는데, 이러한 경우에는 그 폐단이 수습할 수 없는 지경에 이르기도 하였다. 咸安의 경우는 그 한 예인데, 이곳 民庫에서는 挪移還錢으로 '所逋殆近萬石 …… 加下之至爲萬石之多'[856]하고 있었다. 그리고 경기도 抱川에서도 이 같은 현상이 심했다.[857] 이런 경우의 수습은 정부의 特別措置가 있을 뿐이었다.

그리고 濫下 加斂의 폐는 규정된 節目 내에서만이 아니라 경우에 따라서는 事目·節目·會案外에서 별도의 명목, 즉 會外·追磨鍊으로써 행해지기도 하였다. 이런 경우의 應下는 營勘에서 제외되며 별도의 邑簿로 처리되었다. 이러한 應下를 邑下라 하였는데, 이 같은 邑下는 營勘과 달라서 '公貨便爲私藏'하는 바가 되고 있었으며, 따라서 농민수탈에 이용되었다. 그러므로

---

853) 『備邊司謄錄』 264, 高宗 20年 6月 2日, 27冊, p.725.
　　　『高宗實錄』 卷 20, 高宗 20年 9月 23日, 中卷, p.110.
854) 『高宗實錄』 卷 29, 高宗 29年 7月 18日, 中卷, p.432.
855) 『(密陽)矯捄節目』(壬午：高宗 20年).
　　　一. 民庫歲入之錢 爲三千餘兩 而稱以不恒上下 濫斂無節 宜遵年前節目 民庫色吏
　　　　　使吏房兼帶 每年用下 以元入錢三千餘兩 足不足間 擔當取用 更勿戶斂是齊
　　　『高山縣稅賦釐正節目』.
　　　一. 稱以不恒上下 科外結斂之弊 自巡營別般嚴束 期圖防奸 俾省民力是齊
856) 註 843과 同.
857) 『備邊司謄錄』 230, 憲宗 9年 11月 21日, 23冊, pp.461~462.
　　　『備邊司謄錄』 233, 憲宗 12年 10月 3日, 23冊, p.743.
　　　『備邊司謄錄』 234, 憲宗 13年 10月 7日, 23冊, p.853.
　　　『備邊司謄錄』 236, 哲宗 卽位年 10月 8日, 24冊, p.71.

이 같은 회 외의 폐단을 막기 위해서는 이를 會 내에 포함시켜 巡營의 監査를 받도록 할 것이 요청되기도 하였다.[858]

3) 民庫財産의 運營과 民庫田의 擴大

앞에서 살핀 바와 같이 民庫는 稅政이나 지방재정의 운영을 위해서 필요한 것이었으나, 그 운영에는 여러 가지 폐단이 생기고 있었다. 그러므로 民庫를 정상적으로 유지하기 위해서는 그러한 폐단을 시정하지 않으면 안 되었다. 그리고 그러한 사정을 위해서는 여러 가지 措置가 취해졌지만, 그 最善의 방법으로서 마지막으로 택한 것은 應捧應下의 조건과 수를 일정케 하고 벌칙을 엄격히 하는 것이었다. 그것은 각종 雜役과 雜稅를 民庫를 통해서 운영한다는 것을 전제로 하는 한 아마도 최선의 방안일 수 있었을 것이다. 그럼에도 불구하고 民庫의 운영에서는 여전히 폐단이 제거되지 못하고 있었다. 歲入은 일정한데 官用支出과 不正은 계속 늘고 있는 까닭이었다. 官庫制로의 전환이 시도되기도 하였으나 효과가 없었다. 民庫 운영상의 폐단은 새로운 규정을 마련하는 것만으로 시정될 수 없었으며, 그와 아울러서 더욱 실질적이고 효과적인 대책을 강구할 필요가 있었다.

그러한 對策은 民으로부터 雜役을 징수하는 것과는 별도로, 民庫 스스로가 자체의 재산을 소유하고 이를 통해서 초과되는 지출을 보완하는 것일 수밖에 없었다. 거기에는 몇 가지 길이 있었다. 그 하나는 民庫가 動産으로서의 錢穀을 기금으로 소유하는 것이고, 다른 하나는 不動産으로서의 民庫田을 기본재산으로 소유하는 것이었다. 慶尙監司 李祖源이 그 고장 民庫에 관하여

 各樣公用 於斯取辦 故刱始之初 或自本官添補 或自民間鳩聚 錢則存本殖利 穀則作錢買屯[859]

---

858)『備邊司謄錄』232, 憲宗 11年 12月 26日, 23冊, pp.647~648.
   『備邊司謄錄』222, 純祖 34年 2月 2日, 22冊, p.497.
859)『正祖實錄』卷 30, 正祖 14年 5月 丙午, 46冊, p.141.

이라고 보고하고 있음은 그러한 사정을 말해주는 것이다. 그리고 이 밖에도 民庫는 雇馬나 民庫牛를 소유하기도 하였다. 그러나 그러한 여러 가지 방법 가운데서도 중요한 것은 錢·田을 소유하는 것이었다.

(1) 民庫基金의 造成과 그 運營

民庫가 자체의 기금을 갖는 일은 民庫의 발생과 더불어 그 기원이 오래였다. 旣述한 바와 같이 이때에는 鄕約이나 契를 통한 殖利慣行이 있었기 때문이다. 사실 民庫는 어떤 의미에서는 출발 그 자체가 그러한 기금을 갖는 데서 시작되었다고도 할 수 있겠다.

그러한 民庫의 기금을 확보하는 데는 위의 자료에서 볼 수 있는 바와 같이, 官添補와 民鳩聚의 방법이 있었지만, 이를 좀더 구체적으로 살피면 그 방법은 다양하였다. 그것은 혹 官收入, 즉 각종 收稅上納이나 還穀 운영 기타 등에서 거둔 수익의 일부를 捐出함으로써 마련하거나, 官錢을 臨時貸用하여 마련하기도 하고,[860] 지방수령이 官用을 절약함으로써 마련하기도 하며,[861] 또 경우에 따라서는 鳩聚民資하거나,[862] 願納錢을 받아들임으로써 이

---

860) 『嶺南邑事例』(大邱) 雇馬色條에 보이는 다음 기록이나
　　新舊扶刷價 民夫當納矣 奧在中年 自巡營捐出木十七同 立馬三十匹 丁巳(英祖 13
　　年) 李案前諱浹等內 又立馬十八匹 …… 財力幾盡 復至民斂之境 故癸卯(正祖 7年)
　　洪案前諱元燮等內 捐錢二百兩 乙酉(乙巳? : 正祖 9年) 鄭(李?)政丞大監諱秉模 又
　　捐錢一千兩 幷什三取殖 丙午(正祖 10年) 至合本利錢爲二千一百二十九兩四錢 仍
　　付錢邊 ……
　　矯捄錢 在錢 營府次次捐出取殖 以爲防役之資矣
　　『密陽補民稧節目』에 보이는 다음 記錄
　　都結·冒錄及各樣査徵錢三千六百兩 每面三百兩式 先爲劃付爲去乎 自面中刱設一
　　稧 名曰補民 以每年什四邊 準五年取殖 第六年以後 存母取子 以資矯捄之用
　　『湖南營事例』(監營) 營雇馬廳條의 다음 項目
　　營門拮据錢一千五百九十兩 壬戌爲始十二取殖 本府新迎上騎馬價一百兩及立馬廳該
　　庫公費牌頭料資等上下事 成置節目
　　『湖南古阜邑誌 附事例』에 보이는 다음 記錄 등이 그러한 例이다.
　　戶籍價米二百石 …… 癸卯因巡營關 營耗穀加耗代錢中三百六十二兩四錢二分 劃付
　　民庫 限三年殖利 則利條爲三百三十三兩七錢 丙午式爲始 以此取用矣
861) 『(林川)大同契案』 및 『嘉林報草』 2冊에서 '以排朔捧廩節損除出'하여 立馬資金
　　殖利資金을 마련하였던 것은 그 例이다.
862) 『湖南古阜邑誌 附事例』의 徭役條에 보이는 '保民廳錢一千兩 自庚子 鳩合殖利 京
　　司·巡營分定紙地·冊板·木物等價用下 笠岩城役及大小民役 防給'이라는 記錄은
　　그 例이다.

루어지기도 하였다.[863] 그리하여 기금이 모이면 기술한 바와 같이 이를 給債
殖利함으로써 수익을 얻고, 이로써 民庫에서 지출하는 각종 경비를 담당하
였다. 그러므로 民庫에서 기금을 가지고 殖利事業을 하는 것은 어떤 의미에
서는 '裕財皁民'할 수 있는 한 방법으로 간주되기도 하였다.

給債殖利는 그러나 모든 民庫에서 행하고 있지는 않았다. 그리고 殖利行
爲의 규모도 동일하지는 않았다. 그것은 그 기금에 잘 나타나는데, 民庫基金
의 유무와 그 규모는 지방에 따라 각양각색이었다. 혹 어떤 지방에서는 '本無
存殖之財'하는가 하면,[864] 다른 지방에서는 수백 兩 또는 수천 兩의 거금으로
取息을 하기도 하였다. 某縣에서는 240兩,[865] 茂朱 지방에서는 1,230兩을
각각 年利 50%로 取息하였으며, 潭陽 지방에서는 1,792兩 1戔 9分, 玉果
지방에서는 7 600兩을 年利 40%로 取息함으로써 유용하게 사용하고 있었
다.[866] 鎭安에서는 元錢都數에 대한 四利收捧錢이 3,993.86兩이나 되었다.
元錢은 9,984.65兩인 셈이었다.[867] 그리고 湖南監營의 民庫에서도 數千兩
을 貸錢取息하였다.[868] 이러한 현상은 다른 지방에서도 마찬가지였다. 大邱
府에서는 한때 2,129兩 4戔을 年利 30%로 取息하여 民庫田을 買入하였고,
密陽에서는 3 600兩을 年利 40%로 取息하고 있었다.[869] 그리고 平壤에서는
民庫 가운데 하나인 大同庫의 摠應捧이 5,675兩 6分인데, 그 중 5,352兩
5戔 4分이 각종 기금의 生殖으로 수납된 것이었다.[870] 그리하여 이 같은 殖

---

863) 『湖南茂朱邑誌 附事例』 民庫色條에는 다음 記錄이 있다.
　　錢一千兩 府內故徐建妻趙姓願納 錢八百七十兩 雇馬畓八十七斗落放賣條 合錢一
　千八百七十兩內 …… 在一千二百三十兩 以十五利 分授各面里 存本取殖
864) 沃溝 지방의 民庫는 그러한 例인데, 이곳 民庫는 本是 '本無存殖之財 恒定用下及
　　別用下 計數結斂 而鄉所主管'하다가, 高宗 1年부터 '本廳遺在錢六百十五兩 …… 以
　　十二例分給民間 逐等收捧 次次殖利繼用'하고 있었다(『湖南沃溝邑誌 附事例』, 戶斂
　　雇馬廳條).
865) 『補民廳錢殖利節目』(道光 6年 5月 日).
866) 『湖南茂朱邑誌 附事例』.
　　『湖南潭陽邑誌 附事例』.
　　『湖南玉果邑誌 附事例』.
867) 『忍堂集』 卷 2, 雜著, 鎭安縣民庫朔利分定矯捄節目.
868) 『完營各庫事例』.
869) 『嶺南邑事例』(大邱).
　　『密陽補民稧節目』.

利事業을 통해서 거둬들인 수입은 民庫의 歲入이 되고 각종 지출에 需用되었다.

給債殖利를 통해서 얻는 소득은 실로 컸다. 그것은 흔히 年利가 '或以什三 或以什五 低仰惟意 重歇無常'[871]하는 것이었으므로 高利貸的인 수입이었다. 그리고 그것은 강제성을 띠고 官權으로 운영되는 것이므로 그 수입에 확실성이 보장되는 것이었다. 그러므로 수입만을 생각한다면 給債殖利는 가장 안전하고도 큰 수입이 아닐 수 없으며, 따라서 이는 民庫의 큰 財源이 아닐 수 없었다. 그리고 그러므로 해서 民庫의 財産으로 民庫田을 소유하고 있는 곳에서도, 경우에 따라서는 그 농지를 放賣하여 그 자금을 殖利事業에 활용하는 수도 있었다.[872] 그리하여 民庫의 기금소유와 殖利事業은 民庫의 운영에서 빼놓을 수 없는 존재가 되고, 따라서 이는 民庫의 제도가 폐지될 때까지 계속 존속하였다.

그러나 民庫가 기금을 확보함으로써 給債殖利를 하고 이로써 지출을 補하는 활동은, 民庫가 자체의 재산을 소유하는 하나의 방법이기는 하지만 최선의 방법일 수는 없었다. 그것은 給債殖利의 활동 자체가 民庫가 초래하는 폐의 한 근거가 되는 것이었기 때문이다. 그러한 사정은 여러 자료에서 읽을 수 있다. 가령 兩西地方의 그것이 이미 오래전부터 '給債徵捧之際 已多侵擾之患'[873]하는 바가 되고 있었던 것이라든가, 正祖·純祖年間에 이르러서는 '庫錢給債 …… 實爲積痼之弊',[874] '放債殖利之弊 大關民隱'[875]이 되고 있었던 것, 그리고 裕財阜民을 내세우던 殖利事業이 도리어 '始也捄弊之方 終爲厲民之階'[876]가 되고 '裕財反爲耗財 阜民適足厲民'[877]하는 형편이 되고 있었음은 그 몇몇 예이다.

---

870) 『平安道內各邑民庫定例節目』平壤 大同庫.
871) 『備邊司謄錄』190, 正祖 24年 5月 2日, 19冊, p.201.
872) 『尙州邑誌』雇馬錢與畓條. 註 863에서 볼 수 있는 茂朱 지방의 경우도 그러한 例이다.
873) 『肅宗實錄』卷 45, 肅宗 33年 12月 丙申, 40冊, p.279.
874) 『備邊司謄錄』182, 正祖 18年 7月 23日, 18冊, p.196.
875) 『備邊司謄錄』190, 正祖 24年 5月 2日, 19冊, p.201.
876) 同上.
877) 『備邊司謄錄』203, 純祖 13年 8月 9日, 20冊, p.671.

給債殖利가 이같이 民庫의 폐가 되는 것은 무엇보다도 그 給債의 방법에 있었다. 給債는 단순히 희망자에게 錢穀을 대여하고 利息을 취하는 것이 아니라, 還穀의 경우와 마찬가지로 강제성을 띠고 있었으며, 그럴 경우 給債의 대상으로는 주로 取息이 용이한 富民·實戶를 선정하고 있어서,[878] 그것은 수탈적인 성격을 지니고 있었다. 또 그러한 殖利事業에서 혹 年久未捧하거나 指徵無處한 곳이 있을 경우, 정부의 給代措置가 없으면[879] 族徵 隣徵이 될 수밖에 없는 약탈성을 지니고 있었으며,[880] 탐관오리가 그 기금을 축냈을 경우에도 民에 대한 수탈이 加重될 수밖에 없었다. 더욱이 그러한 給債殖利는 그 대여조건(金利)이 高利였다. 강제성을 띤 高利貸는 民富가 아니라 수탈에 목표를 두는 것이고 따라서 그것은 본질적으로 민폐에 속하는 것일 수밖에 없었다.

물론 이 같은 폐단에 대해서 當局者나 識者層 가운데는 그에 대한 대책을 마련하려고 노력을 하는 바가 없지 않았다. 給債를 공평히 한다거나 금리를 인하토록 하는 것, 그리고 民庫擔當의 色吏·監官을 엄선하거나 吏房·座首로 하여금 겸임케 하려 한 것 등은 그러한 시도였다. 그러한 가운데서도 금리를 인하하는 방안이 제기되고 있었음은 주목할 만한 일이었다. 그리하여 韓末까지도 年利 40~50%를 取息하는 경향이 일반적인 가운데, 개중에는 실제로 그 금리를 年利 20%로 인하함으로써 민폐를 더는 곳도 있었다.[881]

---

878) 『補民廳錢殖利節目』.
　　　『(林川)大同契案』.
　　　『琴山縣民庫節目』(『牧民心書』 卷 16, 戶典 平賦, 2冊, p.143).
　　　『光陽縣各所事例冊』(庚戌 2月 日), 民庫.
879) 『備邊司謄錄』201, 純祖 11年 3月 15日, 20冊, p.295에는 民各庫殖利錢의 年久未捧者에 대한 給代例가 있다.
880) 『補民廳錢殖利節目』.
　　　一. 十月內抄出邑外村饒富人 隨力給錢 使之殖利 而此是公貨 債用之人 如有死亡 逃避之弊 雖族徵洞里徵 準捧利本錢事
　　　『備邊司謄錄』190, 正祖 24年 5月 2日, 19冊, p.201.
　　　一境吏民 都歸債藪 甚至於徵隣徵族
881) 民庫弊의 是正과 관련하여 茶山은 그 金利의 引下도 강조하고 있었다. 그는 民庫節目을 釐正하면서 公正한 利息으로 '其利條 則每百兩 一年錄利二十兩 五年則收百兩'할 것을 提言하였다(『牧民心書』 卷 16, 戶典 平賦, 2冊, p.143). 그리고 그 후 이 고장 民庫에서는 年利 20%의 金利로 取息하는 例가 적잖이 있었으며(『完營各

이 시기의 徵債法은 利息을 '什二'條로 규정하고 있었으므로(『續大典』戶典 徵債), 금리를 20%로 인하하는 문제는 자연스럽게 주장할 수 있었다.

그러나 그렇더라도 給債殖利의 폐를 근본적으로 제거할 수는 없었다. 그 것은 그 행위 자체에 문제가 있는 것이기도 하고, 利息의 인하가 일반화되고 있는 것도 아니었기 때문이다. 그러므로 民庫가 民庫의 폐단을 시정하는 뜻에서 재산을 소유하기로 한다면, 殖利錢의 缺陷을 최대한으로 개선함과 아울러, 다른 방법을 또한 강구할 필요가 있었다. 民庫田이 설치되고 확대되는 이유는 여기에 있었다.

(2) 民庫田의 設置 · 經營과 그 擴大

民庫田을 설치하려면 막대한 자금이 필요한데 그 같은 자금도 두 계통으로 마련함으로써 토지를 買入하였다. 그 하나는 官에서 民庫用으로 기금을 마련하고 殖利增資하여 토지를 매입할 경우이고, 다른 하나는 民資를 鳩聚하여 매입하는 경우였다. 앞에서 예시한 官添補 民鳩聚의 방법은 그것이었다.

전자는 官 주도의 설치이고, 후자는 民 주도의 설치라고 할 수 있겠다. 英祖初期의 林川 지방에서 雇馬畓을 마련하였을 때의 사정은 전자의 예에 속하고,[882] 같은 때 大邱 지방에서 雇馬畓을 매입하였을 때의 사정은 후자의 예에 속한다.[883] 그리고 이 밖에, 앞에서 이미 언급한 바와 같이, 이때에는 地方民이 鄕約이나 契를 통해서 공유하고 있었던 농지가 점차 民庫田으로 전환하는 경우도 있었는데, 이는 후자에 속하는 것이겠다.

하지만 전자와 같은 경우 그것이 외형상 官捐出의 형태를 띠고 있다 하더라도 전적으로 官金의 出資를 뜻하는 것은 아니며, 실질적으로는 民資를 斂出하는 경우가 많았다. 그것은 그 기금을 마련하는 것 자체가 國庫金의 지출이 아니라 科外의 徵稅나 여러 가지 형태의 民斂에 의하는 경우가 많고, 또 그러한 기금을 殖利增資할 때에도 강제성을 띤 取息行爲로 행하는 경우가

庫事例』雇馬庫條 ; 『湖南營事例』營雇馬廳條 ; 『湖南沃溝邑誌 附事例』), 또 咸興 지방에서도 그러하였다(『咸興府大同庫捄弊節目』). 그리고 民庫錢의 殖利事業에 관해서는 水原府의 經濟的 안정과도 관련하여 禹夏永도 20% 取息을 提言하고 있었다(『觀水漫錄』十日 廣置錢貨之策).

882) 『(林川)大同契案』 및 『嘉林報草』 2冊.
883) 註 886 참조.

430   Ⅱ. 政府의 賦稅制度 釐正策

많았기 때문이다. 그러므로 官捐出로 民庫田(雇馬畓)을 마련하고 있었던 林
川 지방에서도, 이를 발의한 郡守 朴龍秀는 그 토지를 '馬位田旣是官田'이라
고 말하기는 하되, 이를 좀더 구체적으로 언급하여서는, 錢·馬·田이 모두
林川 地方民들의 공유재산임을 강조하고 있었다.[884]

　民庫田은 이같이 하여 설치되지만, 이러한 民庫田에는 두 가지 형태가 있
었다. 그 하나는 다만 民庫經費를 절약하기 위해서 설치한 民庫田이고(제1
형태), 다른 하나는 地代 수입을 통한 官費補用을 목표로 설치하는 民庫田이
었다(제2형태). 후자는 전자에 비하여 더 적극적인 의미를 지니고 있는 것이
었다.

　제1형태의 民庫田은 주로 雇馬의 喂養을 위해서 설치하는 雇馬田(馬位田)
이 중심이 되었는데, 이는 新舊官 교체 시의 夫刷價를 절약하기 위해서 設置
하는 것이었다. 新舊官 교체 시에는 雇馬를 비롯한 각종 비용이 新官이나 舊
官 모두 수백 兩씩 소요되는데, 이는 보통 民에게서 雜役으로 징수하여 충당
하고 있었다.[885] 이 비용은 邑費 전체로 볼 때 대단히 큰 것이었다. 그러므로

------

884) 『(林川)大同契案』.
　　　且錢非自吾有也　一緡莫非從林民瓮甖中出來　則錢固林民之錢也　馬亦林民之馬也
　　田亦林民之田也　非吾之私也
885) 『續大典』戶典 外官供給條에는 新舊官交替時의 迎送刷馬의 定數規程이 있고, 『萬
　　機要覽』財用篇 3, 大同作貢條(p.363)에는 그 費用의 支給에 관한 規程이 있다.
　　이에 의하면 그 經費는 新官·舊官, 道里의 遠近, 瓜遞·經遞의 差異에 따라 支給額
　　數에 差異가 있고, 官給이냐 民斂이냐의 支給方法에도 차이가 있었다. 그리고 刷馬
　　의 支給에는 人夫의 支給이 또한 隨伴하고 있었다. 이 兩者는 합해져서 夫刷로 불려
　　졌다. 그러므로 民斂인 지방에서는 新舊官의 交替가 있을 경우 이 夫刷價를 해결하
　　지 않으면 안 되었다. 따라서 그러한 지방에서는 그 內容을 邑事例로 明記해 두고
　　있었다. 尙州 지방의 경우에서 例를 들면 다음과 같았다(『商山邑例』雇馬廳).
　　　一. 新官主刷馬二十三匹　每匹價二十兩式　合錢四百六十四兩
　　　　　錢五十兩大馬價
　　　　　錢四十九兩　轎軍七名　每名七兩式
　　　一. 新舊官主　大夫人行次敎是則　轎軍四名加定　每名七兩式　合錢二十八兩
　　　一. 舊官主　刷馬二十匹　每匹價十五兩式　合三百兩
　　　　　轎軍七名價　每名七兩式　合四十九兩
　　　一. 新官主刷馬價　米三十二石五斗八刀七合一勺
　　　　　轎軍價　米四石九斗五刀六合
　　이만한 夫刷價를 民斂으로 해결하는 것은 간단한 일이 아니었다. 이는 일반적으
　　로 '新舊夫刷價　民夫當納'〔『嶺南邑事例』(大邱) 雇馬色〕할 것으로 규정되어 있는

각 지방에서는 이 비용을 절약하기 위하여 或買馬喂養함으로써 雇馬를 자체해결하기도 하였다. 그리고 이 雇馬를 喂養하기 위해서는 馬夫를 정하고 그에게 雇馬喂養을 위한 경비 조로 馬位田을 지급하였다. 이른바 雇馬畓 雇馬屯으로서의 民庫田이었다.

이러한 民庫田은 그 예를 여러 곳에서 볼 수 있다. 大邱府에서는 民이 當納하던 新舊官 교체 시의 夫刷價를 해결하기 위하여, 巡營과 大邱府에서 '奧在中年'과 英祖 13년(丁巳)에 48匹의 雇馬를 매입하였는데, 이와 관련하여서는 民이 '鳩聚錢段'하여 480斗落의 농지를 매입하고 馬 1匹당 位畓(馬位田) 10斗落씩을 급여하였다.[886] 그리고 林川郡에서는 英祖 16년에 이곳 郡民들의 新舊官 교체 시의 刷馬의 폐를 시정하기 위하여, 郡守가 '以排朔捧廩節損除出'하여 15匹의 雇馬를 사고 15石落의 농지를 매입하여 馬夫에게 馬位田을 지급토록 하였다.[887] 이 같은 사정은 尙州에서도 마찬가지여서, 이곳 雇馬廳에서는 雇馬 15匹과 雇馬畓 1,343斗 6升落을 매입하였고, 馬 1匹당 喂養畓(馬位田) 20斗落과 禾利畓 15斗落씩을 급여하고 있었다. 喂養畓은 '無稅耕食'하고 禾利畓은 '納稅耕食'하는 농지였다.[888]

제2형태의 民庫田은 地主經營을 통한 地代收入을 목표로 하는 것으로서, 여기에서 거둬들이는 소득으로써는 民庫가 擔當하는 應下條의 경비를 일부 해결하고 있었다. 가령 遂安 지방에 관하여 '二去戊申 爲防徭役 田十五日耕 自民間收斂買得 收稅應公'[889]이라고 하였음은 그 한 예이다. 여기서 '二去戊

것으로, 그 徵收方法은 星火와 같았다. 그것을 林川 지방의 경우에서 例를 들면 다음과 같다.

　　不幸四五年來 新舊迎送之患 無歲無之 而每當窮夏之節 責立刷馬之際 以稍實民人 作爲刷馬矣人 發牌捉囚之後 同刷價 一兩日內 星火徵捧乙仍于 或斥賣農牛出債月利 以救燃眉之急 故因此蕩敗者 比比有之是遣 民間段每結所收 輒至於四五錢之多 民不支堪 故民皆厭避矣〔『(林川)大同契案』, 傳令 己未 11月 日〕

　　民庫(雇馬庫)는 이러한 문제를 해결하려는 데 目的이 있는 것이기도 하였다.

886)『嶺南邑事例』(大邱).
　　新舊扶刷價 民夫當納矣 …… 民夫鳩聚錢段 買畓四百八十斗落 馬每匹 各給位畓十斗落 仍設雇馬庫 以其餘錢 逐年生殖 防給扶刷矣
887) 註 882와 同.
888)『商山邑例』雇馬廳・立馬廳條.
889)『碧營隨錄』.

申'은 英祖初로 생각된다. 이 같은 民庫田도 民庫의 설치와 더불어 그 기원이 오래였다. 이 밖에 韓末에 民庫田을 정리할 때 이를 반대하면서 주장한 地方民들의 말이기는 하지만, 그 기원은 혹 수백 년 전으로 소급하는 경우가 있었다. 慶州 地方民이 그 고장 雇馬補膳畓에 관하여

本郡이 數百年前의 邑民이 私自鳩財ᄒ야 買畓四百餘斗落ᄒ야 名爲雇馬補膳畓이라ᄒ고 以其每年賭價所入으로 補用於公用不足條와 民間當斂條ᄒ야[890]

라고 호소하였던 것, 鎭南 地方民이 그곳 民庫畓인 社庫 · 濟民庫畓의 기원을 '相傳數百餘年'으로 주장하였던 것,[891] 그리고 南原 지방의 儒生들이 그곳 鄕畓 또는 補民畓에 관하여

邑之先長老가 爲救民瘼ᄒ야 出義捐金ᄒ야 買畓收賭ᄒ야 以補邑用者 數百年矣[892]

라고 주장하였던 것은 그러한 예가 되는 것이겠다. 수백 년이라고 하면 막연한 표현이지만, 일반적인 용법을 따른다면 200년이나 300년은 되는 것으로 볼 수 있다. 南原 지방에 관한 다른 기록에서는 이를 '壽傳于三百餘年之久'[893] 라고 정확하게 표현하고 있었다.

이 같은 제2형태의 民庫田은 地主經營과 地代收入을 목표로 한다고 말하였는데, 그러한 사정은 위에서 제시한 遂安 지방의 民庫田이 '收稅應公'한

---

890) 『各道各郡訴狀』 8冊, 光武 3年 9月 日, 慶尙北道慶州郡居民等訴告狀.
891) 『慶尙南北道各郡訴狀』 2冊, 光武 5年 2月 日, 9月 日, 慶尙南道鎭南居民等訴狀.
892) 『全羅南北道各郡訴狀』 8冊, 光武 11年 1月 日, 全羅北道南原郡請願人金楝等訴狀.
　　南原 지방의 補民畓은 본시 鄕約에서 출발하였고, 따라서 '鄕畓' 또는 '鄕約畓'으로 불리었다(『全羅南北道各郡報告』 2冊, 光武 5年 1月 21日, 南原郡守 權直相報告 ; 同年 4月 20日, 全北捧稅官 白元圭報告 ; 『全羅北道南原郡鄕畓癸卯賭租實數擧薦及捧未捧區別成冊』, 光武 8年 4月 日). 그러나 그 후 民庫가 설치된 뒤에는 실질적으로 民庫畓의 機能을 하게 됨으로써 '民庫畓'으로 불리기도 하고(『全羅南北道各郡報告』 8冊, 光武 10年 10月 日, 全羅北道收租官報告), 또는 '補民畓'으로 불리기도 하였다(『全羅南北道各郡訴狀』 8冊, 光武 11年 1月 日, 2月 日, 全羅北道南原郡請願人 金楝等訴狀).
893) 『全羅南北道各郡報告』 2冊, 光武 5年 1月 21日, 南原郡守權直相報告.

다고 한 것, 慶州·南原 등지의 民庫田에 '每年賭價所入 …… 補用於公用不足條', '買畓收賭 …… 以補邑用者'한다는 표현이 있는 것으로써 알 수 있다. 그리고 앞에서 예시한 尙州 지방의 雇馬田이 그러한 貸與地를 포함하고 있었음도 같은 예가 되겠다. 이곳의 雇馬田은 總 1,343.6斗落인데 馬位畓은 300斗落이고 나머지 1,043.6斗落은 貸與 收賭하는 농지였다.[894] 그것을 이곳 民庫에서는 225斗落은 馬戶에게, 818.6斗落은 일반인에게 分與耕作케 하고 收賭하고 있었다. 또 湖南監營의 雇馬屯田(7結 10卜1束)이 '每結太八十斗式收捧補役'하였던 것이나,[895] 새로 買入한 雇馬畓 638.7斗落과 1,175.3斗落에서 '稅租'를 收捧하고 있었음도[896] 그 예가 되는 것이다. 이렇게 해서 징수되는 賭地가 民이 부담하게 될 雜役稅의 일부를 대신해서 官用에 補用되었음은 말할 것도 없었다. 金堤 지방에서는 '雇馬畓一年所出足當一年所用'[897]하였다.

　이 같은 두 형태의 民庫田은 그러나 계속 병행 존속하지는 않았다. 馬位田으로서의 民庫田 설치는 점차 쇠퇴하고, 이는 地代收入을 목표로 하는 民庫田으로 변모해 갔다. 馬夫를 정하여 雇馬를 喂養케 하고 그에게 그 대가로 馬位田을 지급하는 民庫運營의 관행은, 舊來의 봉건적인 役制를 따른 것인데, 朝鮮後期에는 그 같은 役制가 점차 그리고 전면적으로 동요하는 가운데 雇立制가 발달하고 있었다.[898] 그러므로 그러한 추세로 볼 때 民庫에서도 반드시 雇馬·馬夫·雇馬田을 상호관련된 하나의 기구로 모두 설치할 필요는 없었다. 가령 雇馬가 필요하다 하더라도 雇馬와 馬夫를 세우지 않고 馬位田을 지주제로 경영하여 그 수입으로써 소요되는 雇馬를 雇立하면 족하였다. 그리고 일부의 雇馬를 喂養할 경우에도 그 대가를 馬位田이 아니라 役價, 즉 임금으로 지급하면 되었다. 사실 평안도에서는 使星을 당하거나 巡審할 때의 馬匹을 실제로 民庫에서 雇立하고 있었다.[899]

---

894) 註 888과 同.
895) 『湖南營事例』 營雇馬廳條.
896) 『完營各庫事例』 雇馬庫條.
897) 『備邊司謄錄』 188, 正祖 22年 8月 1日, 18冊, p.883.
898) 姜萬吉, '朝鮮後期 雇立制 發達'(『韓國史研究』 13, 『世林韓國學論叢』 1).
899) 『備邊司謄錄』 166, 正祖 8年 4月 22日, 16冊, p.415.

이같이 변동하는 사정은 여러 지방의 民庫에서 그 구체적인 예를 볼 수 있다. 가령 新舊官 교체 시에 한 지방에서 소요되는 雇馬는 20, 30匹이나 되는데, 韓末의 潭陽 지방에서는 雇馬 8匹과 이에 대한 馬位田(각 5斗落)을 설치했다가 4匹을 줄이고 그 4匹分을 '自民庫 年年充數補給'하고 있었으며, 茂朱에서는 雇馬를 단지 2匹만 設置하고 이에 대하여 馬位田 20斗落을 지급하고 있었다.[900] 아마도 이들 雇馬는 평상시 지방행정에 이용되는 것이었으리라 생각된다. 그리고 全州府에는 雇馬 29匹이 있고 雇馬田도 있었으나 馬位田을 給與하지 않고 喂養價(賃金)를 지급하고 있었으며,[901] 南平에서도 雇馬 3匹을 설치하였으나 喂養價를 지급하고 있었다.[902] 民庫나 雇馬庫가 있고 거기에 속한 토지가 있으면서도, 雇馬의 수가 적거나 또는 雇馬가 아주 없는 지방에서는, 新舊官 교체 시의 雇馬를 民庫田의 수입으로써 세내어 쓰고 있는 것이었다.

더욱이 民庫田은, 雇馬와만 관련하여 설치되는 것이 아니라, 처음부터 民庫 전체의 경비 일반을 補用키 위해서 설치하는 바도 적지 않았다. 그리고 그럴 경우에는 地代收入을 전제로 하는 民庫田을 설치하는 수밖에 없었다. 가령 이미 馬位田을 설치하고 있었던 前揭한 바 大邱府에서 正祖年間에 다시 民庫田으로서 雇馬畓과 矯捄畓을 매입하였을 때에는 이를 屯田例에 따라 民에게 貸與耕作케 하고 '收稅'를 하고 있었음은 그 예가 되는 것이겠다.[903] 또 民庫田의 설치가 收賭補用을 목표로 하는 鄕村 공동체의 鄕約畓이나 契畓과 관련이 있었음도 그러한 예가 된다.

그리하여 처음에 民庫田은 두 가지 형태로 설치되었지만, 이제 시간이 흐름에 따라서는 地主經營과 地代收入을 목표로 하는 民庫田이 民庫田의 중심

---

900) 『湖南潭陽邑誌 附事例』.
　　　『湖南茂朱邑誌 附事例』.
901) 『完營各庫事例』 雇馬庫條.
902) 『湖南南平邑誌 附事例』.
903) 『嶺南邑事例』(大邱) 雇馬色條.
　　　丙午至合本利錢爲二千一百二十九兩四錢 仍付錢邊 …… 卽爲買畓 始自己酉 依雉鷄屯例收稅
　　　矯捄錢 …… 在錢一千一百五十七兩四錢九分 始自戊申 買畓收稅 一依雇馬庫例

으로 확대되어 나갔다. 이는 자연스런 추세로, 이 시기 民庫田 가운데 民庫田으로서의 특질을 지니는 것은 바로 이 같은 농지였다.

이러한 전환의 시기는 아마도 民庫 운영상의 전반적인 변동이 일어나고 있었던 바로 그러한 시기가 아니었을까 생각된다. 즉 正祖年間에서 純祖年間에 걸쳐 民庫 운영상의 폐단을 應捧應下制로 釐正하고, 그 후에는 그 폐단이 더욱 심화되는 가운데 民庫制를 官庫制로 釐正하고자 하는 과정을 거치면서, 지방관이나 지방민들이 무엇인가 좀더 효과적인 대책을 마련하게 되는 것과 관련이 있었을 것이라고 생각된다. 그것은 이 시기를 살았던 茶山이 이때 民庫의 폐를 시정하는 방안으로 모범적인 民庫節目을 작성하여 그것을 참작 이용할 것을 권하고 있으면서도, 이것이 근본적인 釐正策이 될 수는 없는 것으로 보고, 民庫制가 존재하는 범위 내에서 民庫財政의 근본적 해결책으로는, 民庫 '公田'의 설치를 제기하고 있었던 것으로서 알 수 있다. 즉 그는

> 大抵民庫之弊不可不革　宜於本邑　思一長策　建一公田　以防斯役 …… 南方諸邑 凡築堰穿渠　可以爲公田者甚多　沿海之邑收其島利　亦可以支民庫一年之用 …… 羅州有十二島　並其屬島餘數十也 …… 若此之類　屬之民庫　以除民瘼[904]

이라고 하여, 民庫의 폐를 혁파하기 위해서는 民庫 소속의 公田을 설치하는 것이 長策이 되겠는데, 이것을 그는 堰畓의 작성이나 島嶼를 개간함으로써 설치하고, 그 수입으로써 民庫財政을 해결하라고 제언하고 있는 것이었다. 여기서 주목해야 할 것은 이같이 民庫公田의 설치를 제언하면서도, 그러한 民庫田이 이미 설치되어 있는 곳에 관해서는 언급하고 있지 않다는 점이다. 이는 아마도 地代收入을 전제로 하는 民庫田의 설치가 일반적인 현상으로 널리 보급되고 있지 않은 데서 연유하는 것으로 생각된다.

그런데, 茶山이 民庫釐正策을 마련하고 있었던 때까지도 아직 이 같은 실정에 있었던 民庫田이, 韓末에 이르면 그 이전에 비하여 보다 널리 확대되고

---

904) 『牧民心書』 卷 16, 戶典 平賦, 2冊, pp.144~145.
　　茶山은 여기서 그 經營方式에 관해서는 言及하지 않았는데, 이는 그 經營이 이때의 官屯田의 慣例에 따르는 것임을 뜻하는 것으로 보인다.

또 일반화되고 있음을 볼 수 있다. 地代收入을 통해서 경비를 補用하는 民庫田이 각 지방에 널리 설치된 것이다. 그러한 사정은 茶山이 그 실정을 목도하고 관찰함으로써 『牧民心書』를 저술하고 있었던 호남지방에 관하여, 그 후의 사정을 調査해보면 쉽사리 이해할 수 있다.

이 고장의 그러한 사정은 韓末의 驛屯土 문제와 관련된 기록이나 邑事例 등에 그 대략이 수록되어 있다. 이때에는 甲午改革 이후의 토지정책 및 재정제도의 개혁과 관련하여 民庫田을 驛屯土로 편입시키는 일을 강행하고 있어서 民庫의 실태가 비교적 소상하게 드러나고 있었다. 이제 그것을 한정된 범위의 자료에서나마 지역별로 정리하면 20郡 내외나 됨을 알 수 있다.[905] 이

---

905) 全羅道內 民庫田 所在地域

地　域	名　　稱	資　　料
順　天	雇馬·雇三	『全羅南北道各郡報告』(이하『報告』),『雇畓放賣成冊』
和　順	民庫(補民)畓	『報告』
綾　州	〃	『全羅南北道各郡訴狀』(이하『訴狀』)
海　南	〃	『全羅南道海南郡門內面民庫畓賭租捧上冊』
長　興	雇馬畓	『訴狀』
突　山	民庫畓	『訴狀』
同　福	松契畓	『訴狀』,『報告』
任　實	民庫畓	『報告』
興　德	民庫畓	『訴狀』,『報告』,『興德郡訓屯畓·民庫畓調査定賭成冊』
泰　仁	〃	『訴狀』,『報告』
南　原	〃(鄕畓)	『訴狀』,『報告』,『全羅北道南原郡鄕畓癸卯賭租實數擧薦及捧未捧區別成冊』
礪　山	雇馬畓	『礪山郡別砲·雇馬·官屯畓秋收成冊』
光　陽	民庫畓	『左水營所在民庫畓斗落成冊』
樂　安	〃	〃
呂　水	〃	〃
三日浦	〃	〃
召羅浦	〃	〃
栗　村	〃	〃
龍海村	〃	〃
全　州	雇馬畓	『湖南營事例』
井　邑	民庫畓	『湖南井邑邑誌 附事例』
茂　朱	民庫畓, 雇馬畓	『湖南茂朱邑誌 附事例』
潭　陽	雇馬畓	『湖南潭陽邑誌 附事例』
金　堤	雇馬畓	註 897

※ 이는 限定된 資料를 통해서 볼 수 있는 地域이다. 調査資料가 늘어나면 民庫田 所在 地域도 늘어날 것이다.

같은 변화는 정도의 차는 있었겠지만 아마도 다른 지역에서도 마찬가지였으
리라 생각된다.

　이렇게 확대되는 각 지방 民庫田의 규모는 모두 동일하지는 않았다. 그것
은 지방에 따라 큰 차이가 있어서, 혹 어떤 지방에서는 수십 斗落에 불과한
소규모의 民庫田을 설치하였는가 하면, 다른 지방에서는 천 斗落이 넘는 대
규모의 民庫田을 설치하고도 있었다. 가령 潭陽 지방은 78.3斗落, 興德은
300斗落, 礪山은 500斗落, 順天은 735.5斗落, 左水營所在는 총 1,443.6
斗落, 海南은 民庫畓이 1,259.4斗落, 防弊畓이 1,568.5斗落으로 도합
2,827.9斗落, 尙州 지방은 1,343.6斗落이었다.[906] 그리고 民庫田은 民庫의
형편에 따라 賣買도 되고 있었으므로, 한 지방에서도 시대에 따라 그 규모에
는 변동이 있기도 하였다. 林川 지방에서는 처음에 300斗落의 雇畓을 매입
하였던 것으로 생각되는데 韓末에는 73斗落만 남아 있었고,[907] 茂朱 지방에
서는 기술한 바와 같이 雇馬畓의 일부(87斗落)을 放賣하여 이로써 殖利를
하고 있었다.

　이같이 확대되는 民庫田은, 앞에서도 언급하였듯이 地代收入을 목표로 하
는 것이었으므로, 地主經營을 하게 됨은 말할 것도 없었다. 左水營所在 民庫
田을

　　　東西部民人 收斂買得 捧禾 該庫補用[908]

이라고 한 것이라든가, 興德의 民庫田을

　　　民庫畓 즉 自來民弊補用之畓이기에 逐年以此補用故로 己亥賭租半條를 亦爲補
　　用[909]
　　　民庫畓이 原非公土요 本是邑民吏之私備買置에 捧賭而爲邑公用[910]

---

906) 註 905의 該當 地域의 資料 및 『商山邑例』.
907) 『林川郡各屯賭租成冊』(辛丑 3月 : 光武 5年).
908) 『左水營所在民庫畓斗落成冊』(建陽 元年).
909) 『興德郡訓屯畓・民庫畓調査定賭成冊』(光武 5年).
910) 『全羅南北道各郡報告』 2冊, 光武 5年 1月 日, 全羅南道興德郡守 金建漢報告.

이라고 하였음은 그 例證이 되는 것이다. 賭地를 받는 경영을 하고 있었던 것이다. 또 泰仁 지방의 民庫田이 '此本出於民而買土 逐年收賭 以補民納'[911] 하였던 것, 綾州民庫田이 '民庫田畓 散在十三面 而甲午以前 즉 收稅四千四百兩ㅎ와 補用各軍錢'[912]하고 있었던 것, 그리고 南原 지방의 補民畓이 旣述한 바와 같이 買畓收賭하는 것이었음과, 民庫田의 기능을 지니고 있었던 同福 지방의 松契田이 또한 '設契取殖에 買土捧賭ㅎ야 以補公私之用'[913]이나 '民有 松契畓ㅎ고 吏有廳畓ㅎ와 新式以前의 以備邑村間公用'[914]하고 있었음도 같은 사정을 말해주는 것이다. 모두 地主經營을 통해서 얻는 수입으로써 民庫에서 부담하는 각종 稅役을 담당한다는 것이었다.

　地主經營의 내용은 일반 官屯田의 경우와 대략 같았다. 作人은 양반층·평민층·천민층 등 어느 경우도 있었고, 地代는 농지의 肥沃度에 따라 지역차가 있었지만, 동일 지역 내에서라면 官屯田이나 驛屯土의 그것과 비등하였다.[915] 그리고 그것은 並作制로 경영되기도 하였으나, 많은 경우 賭地의 형태를 취하고 있었다. 그러므로 그 액수는 일반 民田에서 並作半收制로 징수하는 地代에 비하여 헐한 바가 있었다. 그러나 그렇더라도 民庫田의 규모가 수백 斗落 수천 斗落씩이나 되면 그 수입은 큰 것이고, 따라서 民庫財政에 補用되는 바는 적지 않았다. 民庫田은 民庫가 그 자신의 독자적인 재산을 소

---

911) 『全羅南北道各郡報告』 2冊, 光武 5年 2月 12日, 全北捧稅官 白元圭報告.
912) 『全羅南北道各郡訴狀』 4冊, 光武 7年 9月 日, 綾州民人 閔相鎬·文載豹請願書.
913) 『全羅南北道各郡報告』 2冊, 光武 5年 6月 28日, 全羅南道觀察使 尹雄烈報告.
　　이곳 松契田은 民庫田으로 간주되어 光武查檢·驛屯土調査 등에서 國有로 編入되고 있었다.
914) 『全羅南北道各郡訴狀』 2冊, 光武 5年 辛丑 9月 日, 全羅南道同福郡民人 等 訴狀.
915) 『林川郡各屯賭租成冊』(光武 5年), 『礪山郡別砲·雇馬·官屯畓秋收成冊』(光武 7年), 『興德郡訓屯畓·民庫畓調查定賭成冊』(光武 5年), 『完營各庫事例』 馬位庫·雇馬庫條 등에서 官屯·訓屯·驛土와 雇馬畓·民庫畓의 斗落當 平均 賭額을 算出比較하면 다음과 같다.

	官屯(訓屯·驛土)	雇馬畓(民庫畓)
林　川	3.7斗	3.52斗
礪　山	6.2	6.3
興　德	4.75	5.19
全　州	13.27	11.97

유하기로 할 때 가장 안전한 방법이 아닐 수 없었다.

民庫의 폐단은 물론 이 같은 民庫田에도 없지 않았으리라 생각된다. 그것은 아마도 地代의 징수와 관련이 있었을 것이며, 高率地代나 陳田收賭 및 각종 賦稅를 民庫田作人에게 轉嫁하는 일 등과도 관련이 있었으리라 여겨진다. 그리고 그로 말미암아 地主와 作人 간에 대립과 마찰이 일어나기도 하였을 것이다. 그러나 그러한 조건 하에서 이때의 民庫田의 地代는 비교적 헐한 상태에 도달하였으리라고도 생각된다. 이때에는 일반적으로 時作農民들의 抗租運動으로 宮庄土・驛土・屯土 등의 地代가 인하되는 실정이었으므로, 民庫田의 地代도 그 일환으로 인하될 수밖에 없었던 것이 아닐까 생각된다. 그러고 보면 이 시기의 지방관청에서는 民庫의 폐단을 시정하기 위한 방안을, 民庫田의 地主經營을 통해서 하되, 그것을 스스로 矛盾構造를 안고 있어서 갈등하고 변동하고 있는 宮庄土・驛土・屯土의 地主經營의 동향에 준하여 추진하고 있었던 것이라고 하겠다.[916)]

7. 結 語

지금까지 우리는 朝鮮後期, 특히 18세기 중엽에서 19세기 중엽에 이르는 시기의 三政의 稅와 雜役(民庫)稅에 관하여, 거기에서 폐단이 발생하게 되는 내적・구조적 사정과 폐단의 실태, 및 그에 대한 대책으로서의 賦稅制度 釐正策을 살폈다. 이들 賦稅는 이 시기의 여러 사회조건에 규제되면서 성립되고 있었으므로, 그 조건이 변동함에 따라 그 賦稅制度에도 변화와 혼란이 오지 않을 수 없었다. 이른바 三政紊亂이 그것으로서, 이는 사회혼란을 불러오고 농민항쟁을 야기하고 있었다. 그러므로 政府支配層은 그에 대한 대책, 賦稅制度에 대한 釐正策을 세우지 않으면 안 되었다. 그러한 釐正策은 여러 단계에 걸치면서 賦稅別로 개별적으로 수행되기도 하고 전체가 종합적으로 다

---

916) 拙稿, '司宮庄土에서의 時作農民의 經濟와 그 成長'(『朝鮮後期農業史硏究』 I, 증보판, 1995) 참조.

루어지면서 수행되기도 하였다. 이제 그 같은 釐正策에 관하여 본고에서 고찰하고 도달한 결과를 정리하면 다음과 같다.

① 이 시기의 軍役制는 郡縣 단위의 軍摠制·軍額制를 봉건적인 신분제와 공동체적인 연대책임의 鄕村社會를 바탕으로 正軍立役과 保人收布하는 원칙으로써 운영되었는데, 軍役을 지던 일부 농민들은 이 같은 軍役에서 탈출함으로써 그 제도를 서서히 동요시켜 나가고 있었다. 경제적으로 여유가 있는 농민들이 여러 가지 방법으로 신분을 변동시킴으로써 軍役에서 탈피하기도 하고, 각급 官衙의 私募屬으로 募入됨으로써 鄕村社會에 배정된 軍額에서 빠져나가기도 하였다. 이는 이 시기의 軍役制를 그 내부에서부터 해체시키고 軍役制의 구조를 그 기층에서부터 동요시키는 것이었다.

공동체적인 鄕村社會에서 일부 농민들의 避役은 다른 農民들에게 적잖은 피해를 입히는 원인이 되고 있었다. 避役을 한 농민은 軍役制의 속박에서 탈피할 수 있었지만, 그들이 지던 軍額은 그대로 남고, 따라서 鄕村社會에는 어느 지방을 막론하고 軍多民少의 현상이 일어나고 있었기 때문이다. 이는 避役者로 말미암아 감소된 소수의 應役民이 본시부터 배정되어 있는 鄕村社會의 다수 軍額을 모두 져야 하는 현상으로, 疊役·族徵·黃口·白骨 등 軍政의 폐단은 여기에서 발생하게 되었다. 軍政의 문란은 물론 地方官屬의 무조건적인 수탈과 부정행위에서도 연유하지만, 구조적으로는 적어도 이 같은 변동이 그 기반이 되고 있었다. 그리하여 이 같은 軍政의 폐단으로 말미암아, 鄕村社會 내부에 避役을 한 농민과 軍役을 그대로 지고 있는 貧農層 간에 갈등이 생기기도 하고, 이 같은 軍役行政으로 피해를 입는 농민들의 정부·지방관청에 대한 불만이 고조되기도 하였다.

그러므로 이 시기 정부에서는 이 같은 軍政의 문란을 수습하지 않으면 안되었다. 그러한 수습방안에는 그 기본방향으로 다음과 같은 몇 가지가 있었다. 첫째는 避役행위를 봉쇄하고 규정을 改良함으로써 軍役制를 본래대로 유지하는 것이었으며(良役變通), 다음은 그와 반대로 현실적으로 모순이 많고 불합리한 軍役制를 전면적·근본적으로 변혁함으로써 새로운 제도를 마련하는 것이었다(戶布論). 그리고 셋째는 그 어느 경우도 아닌 것으로서 현실적으로 변동하고 있는 軍役制를 그대로 인정한 채 폐단을 최소한으로 줄임으로써 稅收의 안전을 꾀하는 것이었다(軍役田). 당시의 위정자들이 이같은 여러 가지 방안을 모두 유념하고 있었음은 말할 것도 없었다. 그러한 가운데서도 본 연구의 제2장에서 검토한 것은 제3의 방안에 관련되는 것이었다.

　軍役田은 정부와 지배층이 軍役制의 재건을 기도하면서도, 그것이 변동하고 있는 현실 속에서 이를 수행하지 못하고, 최소한 稅入만이라도 확보하려는 데서 나온 것이었다. 정부가 주도하여 이를 적극 추진한 것은 아니지만, 현실적으로 전개되고 있는 避役과 軍役制 동요의 사태를 사실상 인정하고 용납하는 데서 취해지고 있는 소극적인 조치였다. 그것은 요컨대 軍役民이 신분을 변동시키고 避役을 함으로써 軍摠에 闕額이 생기고, 또 그 과정에서 軍籍・軍案을 假名으로 작성하고 있어서 軍役制는 사실상 제대로 유지될 수가 없도록 되어 있었는데, 그러나 정부가 收取할 軍役稅는 이를 어김없이 징수할 수 있도록 하려는 것이었다. 그리하여 이러한 가운데서 이 안을 적극 추진한 것은 鄕村民과 지방관청이었으며, 그들은 그 방법으로 軍布契와 軍役田을 마련하고 있었다. 鄕村社會에서는 지방관청의 양해 아래 富農層의 避役을 묵인하고 그들에게서 그 대가로 일정한 資産을 기증 받거나, 流亡戶의 家産을 村有로 하고, 또 鄕村民이 공동출자하여 軍布契를 조직하거나 軍役田을 설치하고 있었다. 그리고 避役을 기도하는 농민이 代立者에게 農地를 出給함으로써 軍役田을 설치하기도 하였다. 그리하여 그 契錢으로는 殖利取息을 하고, 그 役田으로는 地主經營이나 委託經營을 함으로써, 그 收入으로 軍役稅를 수납토록 하고 있었다.

　말하자면 軍布契와 軍役田은 결국 軍役을 피하려는 농민층과 이를 통제하려는 정부・지방관청 및 잔여 농민층간의 타협안으로서 마련되고 있는 것이었다고 하겠다. 避役農民의 입장에서 볼 때 이는 종래의 軍役制를 크게 동요시키면서도 이를 완전히 해체시키지 못한 데서 나올 수 있는 것이었으며, 官의 입장에서 볼 때 이는 避役과 軍政紊亂을 규제함으로써 동요하는 軍役制를 안정시키려 하나 이를 이루지 못하는 데서 취하고 있는 대책이었다. 다시 말하면 軍布契・軍役田은 朝鮮王朝의 軍役制가 해체되는 과정에서 등장할 수 있었던 대책으로서, 이를 용인하는 정부의 정책방향은 그 해체의 물결을 인정하지 않을 수 없었음을 뜻하는 것이었다고 하겠다. 그러나 그러면서도 지방관청에서는 그와 같은 대책을 高利貸나 地主經營을 인정하는 가운데 그리고 공동체적인 긴박관계를 그대로 유지하는 가운데 마련케 하고 있었다.

② 軍政의 紊亂을 수습하기 위한 제2의 방향(戶布論)은 본 연구의 제3장에서 검토하였다. 이 戶布論은 이때의 軍政의 폐단을 이 시기의 軍役制가 지니는 구조적 특질과 관련되는 것으로 보고, 이를 變通함으로써 軍政의 폐단을 근원적으로 시정하려는 것이었다.

軍政의 폐단을 시정하기 위해서 戶布論이 軍役制의 구조를 變通한다고 하는 것은, 免役의 특권을 누리던 양반 지배층에게도 常民層과 마찬가지로 軍役稅를 부과함으로써 부족한 軍額을 해결하고 均賦를 실현하려는 것이었다. 종래의 軍役制가 중세적 봉건적 軍役制일 수 있는 이유의 하나는 軍役의 부과에 신분차를 두어 양반층은 양반층이기에 免役이 되고, 따라서 그 役은 常民層에게만 부과하는 점이었는데, 戶布論에서는 이를 변혁하여 王子大君·公卿大夫를 비롯한 모든 양반층에게도 役을 과하려는 것이었다. 그러한 점에서 戶布論은 양반 지배층의 사회적 특권이나 경제적 이익과 정면으로 대립되는 것이었으며, 따라서 보수적인 양반 지배층은 軍役制釐正의 전 과정에 걸쳐 이것이 제론될 때마다 이를 적극 반대 저지하고 있었다. 이 경우 그들이 일반적으로 戶布를 반대하는 이유로 내세우는 것은 名分論이었다. 朝鮮王朝는 名分의 논리로써 질서화된 사회인데, 양반층이 常民層과 마찬가지로 軍役을 지면 명분이 무너지고, 따라서 그 사회질서 국가가 무너지게 된다는 데서였다. 그뿐만 아니라 그들은 또 양반층의 불만을 사면 그들이 反亂을 일으키게 될 것이라고 국왕을 위협하기도 하였다. 그리고 그것은 지극히 효과적이었다. 그러나 그와 같이 저지되던 戶布論도 19세기 중엽 高宗朝에 이르러서는 이제 더는 그 시행을 막을 수 없게 되었다. 王朝權力이 軍政의 폐단과 이에 따른 민중의 항쟁 및 외세침략의 위기상황에서 舊軍役制를 고수함으로써 양반 지배층의 권익만을 옹호할 수는 없었기 때문이다.

大院君이 시행한 戶布法은 이 같은 戶布論의 배경 위에서 성립되고 있었다. 그러나 그의 戶布法은 종래의 戶布論에서 말하고 있듯이 王子大君·公卿大夫에 이르기까지 모두 서민층과 꼭 같이 戶布를 부담하는 그러한 제도는 아니었다. 그의 戶布法은 아직은 유교적 명분론을 완전히 제거하고 있는 것이 아니었다. 신분제를 그대로 유지하고 명분을 강조하는 가운데 戶布法이 시행되고 있었다. 명분과 稅의 부담은 별개의 문제였다. 더욱이 榮川 지방의 경우에서 보면 양반층 가운데서도 朝官戶는 戶布 부과에서 제외되고 幼學戶만이 이를 부담하고 있었다. 양반층을 세분하여 非官人戶만을 그 賦稅의 대상으로 삼은 것이었다. 그뿐만 아니라 幼學戶에 戶布를 부과할 경우에도 일반 常民層과 균일하게 배정하는 것이 아니었다. 지역차가 있기는 하였지만, 兩班戶는 常民戶에 비하여 훨씬 적은 액수를 부담하도록 배려하고 있었다. 兩班戶와 常民戶의 신분차, 즉 명분을 강조하기 위해서였다. 大院君의 戶布法은 戶布論으로서는 철저한 것이 되지 못하고 있었다. 더욱이 종래 軍役制에서 중세적·봉건적 성격의 한 표현인 稅 수납의 공동체적인 연대관계·책임관계를 해제한 것도 아니었다.

그러나 大院君이 시행한 戶布法에는 적잖은 의미가 있었다. 그것은 이 시기 집권층의 사회적 모순에 대한 개혁의 방향이나 성격을 단적으로 드러내는 것이기도 하였다. 무엇보다도 주목해야 할 것은 租稅制度, 특히 身役의 부과에서 均賦·均役의 이념을 추구하고 있는 점이었다. 아직은 賦稅에서 身分差를 완전하게 타파한 것이 아니었지만, 그러나 원칙적으로는 그 방향을 택하고 있었다. 이는 이 제도를 시행한 大院君 자신의 의도와는 관계없이 봉건적인 身役稅를 해체시켜 나가는 단서가 될 수 있었다. 그의 戶布法에는 租稅 부담에서 평등의 원리가 적용되고 있었기 때문이었다. 그리하여 戶布法 시행의 결과로서는 실제로 常·賤民들이 兩班層과의 관계에서 동등의식 대등의식을 가지고 대항을 하게도 되고, 또 한때 만족을 하게도 되었다. 그러한 점에서 그의 戶布法은 농민항쟁을 수습하려는 軍役 釐正策으로서는 지금까지의 그 어느 것보다도 혁신적인 조치가 아닐 수 없었다.

③ 이 시기의 田政은 郡縣 단위의 結摠制와 田品 6等에 기초한 結負制에 입각해서 운영되었으며, 이 같은 田政을 정상적으로 운영해 나가기 위해서는 최소한 20년 1改量을 하도록 하고 있었다. 이는 이 시기의 法이 田政의 정상적인 운영을 위해서 법전에서 규정하고 있는 바였다. 말하자면 이 시기의 田政은 量田의 시행을 전제로 해서만 정상적으로 운영될 수 있었다. 그런

데 이 시기에는 그와 같은 量田이 제대로 시행되지 않는 가운데 田政이 운영되었으며, 따라서 田政의 운영에는 여러 가지 명목의 폐단, 즉 田政紊亂이 발생하고 있었다. 그 가운데서도 白地徵稅를 하는 바가 있고, 田品不公으로 田結稅・賦稅가 不均하며, 隱漏結을 통해서 結稅를 逋脫하는 바가 많았음은 그 중요한 현상이었다. 국가는 結摠에 해당하는 만큼의 田結稅를 징수해야 하는데, 농지는 정확하게 파악되지 못하고, 鄕村社會에는 結稅를 逋脫하는 자가 있는 것이었다. 그 결과가 어떻게 될 것인지는 너무나도 자명하였다. 國家는 稅收를 무한정 蠲減할 수는 없는 것이고, 따라서 일반 농민들에게는 族徵・隣徵・白地徵稅가 강요되었다. 그리하여 이 시기의 田政에서는 대대적인 田政釐整策이 요청되지 않을 수 없었다.

稅政面에서 田政의 폐단을 근원적으로 제거하고 均賦・均稅를 기하려면, 結負制를 頃畝法으로 변혁하는 것이 최선의 방법으로 여겨지고 있었다. 그렇지 않을 경우에는 量田을 규정대로 정확하게 시행하는 것이 차선의 방법이었다. 정부는 田政의 釐正을 위해서 후자의 방법을 택하고 있었으며, 많은 논자들도 田政釐正의 방법으로 量田을 주장했다. 田政의 폐단이 심해질수록 그러한 논의는 더욱더 많은 사람들이 자주 제기하였다. 그러한 논자들은 혹은 査陳을 말하기도 하고 혹은 改量을 말하기도 하였지만, 어느 방법을 택하거나 田政釐正의 효과는 있을 것으로 생각하였다. 그리고 그러한 査陳이나 改量은 보통 부분적・점진적인 방법으로 수행할 것을 요청하는 것이었으나, 田政의 폐단이 심화됨에 따라 量田論者들은 점차 전국적 量田의 필요성을 강조하게 되었다. 그리하여 마침내 純祖 20년에 이르러서는 그러한 요청이 수용되어 정부에서는 전국적 量田을 계획하고 試行하게 되었다.

그러나 이 시기에는 그렇게 많은 量田의 논의와 그렇게 많은 부분적 査陳・改量이 있었음에도 불구하고 田政의 폐단을 제거하지는 못하고 있었다. 量田은 田政의 폐단을 제거하고 均賦를 실현하려는 것이 목표인데, 그 목표를 달성할 수 있을 만큼 효과적으로 査陳・量田을 수행하고 있는 것이 아니기 때문이었다. 더욱이 그렇게 어려운 과정을 거쳐 肅宗 庚子量田 이후 100년 만에 계획된 純祖 20년의 庚辰量田計劃도 시작과 더불어 중단되고 있었다. 이때에는 量田을 시행하되 그것을 효과적으로 수행하기가 어려웠다.

量田의 시행이 어렵고 시행해도 효과를 거두기 어려웠던 것은, 여러 가지 이유가 있었지만, 그러나 기본적으로는 量田을 반대하고 이것의 공정한 수행을 어렵게 하는 社會勢力이 있었기 때문이었다. 그들은 量田이 공정하게 수행됨으로써 田政에서 均賦의 원칙이 실현될 때, 종전에 누리던 부당한 이득을 상실하게 되는 사회계층이었다. 그러한 계층은 鄕村社會의 土豪・富民・吏胥 등 유력자와 中央의 양반 지배층으로서 鄕村에 대토지를 소유하고 있는 지주층이었다. 그들은 權力과 金力을 배경으로 田品不公 農地隱漏 등을 통해 賦稅不均을 초래하고 國結을 逋脫하고 있었으며, 따라서 量田의 시행으로 이것이 發露되는 것을 원하지 않고 있었다. 量田을 원하는 것은 그와 같은 유력자들 때문에 賦稅不均의 피해를 받고 있는 계층, 즉 과중하고 부당하게 수탈을 당하는 농민층이었다. 量田을 둘러싸고 사회적 갈등관계 계급적 이해관계가 얽혀 있는 것이었다. 量田이 結負法을 바탕으로 하는 結負量田制로서 수행되는 한 이와 같은 갈등관계는 필연적으로 발생하게 마련이었다. 20년 1 改量의 원칙은 그와 같은 갈등관계를 최소한으로 줄이는 장치였다.

그러므로 이와 같은 대립관계 속에서 政府가 純祖 20년에 대대적인 量田 計劃을 세우고 그것을 試行하고 있었다는 것은 鄕村社會의 유력자, 봉건지배층을 한정된 범위에서나마 견제함으로써 均賦를 실현하고 이를 통해서 농촌문제를 수습하려는 것이었다고 하겠다. 이는 농민항쟁이 전개되는 시기상황 속에서 정부가 내놓을 수 있는 최소한의 대책이었다. 당시는 농민항쟁에 대한 대책으로 結負制는 말할 것도 없고 봉건적인 地主制까지도 변혁하자는 견해가 나와 있었으므로, 量田의 시행을 통해서 均賦・均稅의 실현을 추구하는 견해가 제기되는 것은 당연하였다. 그리고 그와 같은 뜻을 지닌 量田 계획을 중단한다는 것은, 그만한 정도의 釐正策이나마 포기하는 것, 따라서 지배층・유력자의 부당한 이익을 묵인하고 農民層에게 희생을 강요하게 되는 것이었다고 하겠다. 그 후에는 종전과 마찬가지로 부분 量田과 査陳으로써 사태를 미봉해 나갔다. 그러므로 이 시기에 절실하게 요청되던 田政釐正 문제는 크게 해결되지 못하고 그대로 그 후의 과제로서 남게 되었다.

④ 還穀制는 본시 단순한 賑貸・救恤정책으로서 시작했으나, 取耗補用을 하게 되면시부터는 영리화하고 나아가서는 국가재정을 위한 실질적인 賦稅

로 化하고 있었다. 賦稅는 그 본질상 공평균등할 것이 요청되므로 還穀制의
운영도 의당 그러해야만 하였다. 그러나 18, 19세기 還穀制는 공평균등의
원리가 관철된 均賦·均稅의 賦稅制度로서 운영되고 있지 못하였다. 이 시
기의 還穀制는 구조적으로 그럴 수 없었다. 取耗補用의 원칙도 그렇고 還穀
이 郡縣 단위의 還摠制로 운영되는 것도 그러하였다. 그리고 還穀의 배정에
는 身分·權力·金力을 통해서 頉戶가 생기고 있었으며, 作錢은 取剩을 위
해서 이용되고 있었다. 더욱이 그 기구는 불합리하고, 그 운영은 부실하며,
운영자의 보수는 耗穀 속에서 나오도록 되어 있었다. 그리하여 이 같은 사실
들이 복합적으로 작용하는 가운데 還穀의 운영에는 여러 가지 폐단이 발생
하지 않을 수 없었다. 농민들로부터 수탈은 심화되는 데도, 그 운영자들이
基本穀마저도 逋欠하는 가운데 還摠은 줄어들고 있었다. 이른바 還政의 문
란인 것으로서, 還政紊亂은 본질상 그 구조적 결함에서 연유하고 있었다. 그
리하여 還穀의 폐단이 절정에 달하게 되었을 때, 농민층의 불만은 民亂으로
까지 확대되었으며, 따라서 還穀制의 釐正은 이제 軍政·田政의 釐正問題와
아울러 절실한 문제가 되지 않을 수 없었다. 逋還은 늘고 還摠은 줄고 있었
으므로 국가재정의 측면에서도 그 釐正은 불가피하였다.

　還穀의 釐正은 오랜 세월에 걸쳐 상황에 따라 小變通으로도 제론되고 大
變通으로도 제기되었다.

　전자는 制度 내에서의 개선을 목표로 하는 것으로서, 그 개선의 기본목표
는 賦稅로서의 還穀 운영을 均賦·均稅가 되도록 하고, 白徵이나 수탈적인
耗穀徵收가 없도록 하며, 그러한 가운데서 賑貸 기능도 유지해 나가려는 것
이었다. 그러기 위해서는 여러 가지 문제를 배려하지 않으면 안 되었다. 무
엇보다도 유의한 것은 還摠을 衰多益寡해서 지역간 不均을 조정하기도 하
고, 頉戶를 査括함으로써 지역 내 不均을 조정하려고도 한 점이었다. 耗穀作
錢에서는 偏留偏用이 없게 하고 詳定價·準折價를 준수토록 하였다. 還穀을
부정하게 운영하는 자를 통제하기 위해 逋吏를 처벌하고 逋穀을 限年排捧토
록 하며 또 吏額을 줄이기도 하였다. 그리고 수탈의 근거를 줄이는 뜻으로서
는 虛留의 還摠을 蠲減하기도 하고 토지를 매입하여 地主經營을 함으로써
耗穀收入을 地代收入으로써 대체하기도 하였다. 그러나 이 같은 釐正策은

처음부터 일시에 수행된 것이 아니고 여러 차례에 걸쳐 부분적으로 서서히 전개되고 있었다. 따라서 효과도 큰 것이 아니었다. 이를 일시에 종합적으로 다시 수행하게 되는 것은 19세기 중엽의 농민항쟁 이후 大院君 집권기에 들면서의 일이었다. 그러므로 小變通이기는 하였으나 어느 정도 그 釐正策으로서 효과를 보게 되는 것도 이때의 일이었다.

후자는 제도 자체를 변혁하려는 것으로, 그 목표는 還穀制에서의 賑貸 기능과 賦稅 기능을 분리하여, 賦稅 기능의 還穀을 폐지하려는 것이었다. 高利貸的인 收取를 통해서 국가재정을 운영하는 것, 즉 取耗補用을 하는 것 자체가 잘못되어 있는 것으로 보는 생각이었다. 그 방법으로서는 흔히 常平倉・社倉의 설치가 건의되었으며, 그 가운데서도 일반적으로는 사창을 주장하는 논자가 많았다. 社倉은 朱子學을 공부하는 儒者들에게는 익숙한 제도로, 鄕村民이 자치적으로 운영하는 賑貸기구였다. 중세사회에서는 토지분배를 통한 小農的 농민경제의 안정을 기하기는 어려웠고, 따라서 이 같은 기구는 鄕村 차원이거나 국가 차원에서 필요하였다. 그리하여 우리나라에서도 명칭은 달랐지만 오래전부터 시행되고 있었는데, 朝鮮王朝에는 그것이 取耗補用하는 還穀制로 변질되고 있었다. 還穀制의 大變通을 주장하는 논자들은 이 같은 還穀制를 본래의 社倉 기능으로 환원시키려는 것이었다. 많은 사람들은 이것을 還穀制를 釐正할 수 있는 유일한 길로 보고 기회 있을 때마다 정부에 건의하였다.

그러나 賦稅로서의 還穀制를 폐지하고 社倉制를 시행할 경우 국가재정은 어떻게 충당할 것인가 하는 給代方案이 문제되지 않을 수 없었다. 이에 관해서는 두 가지 해결방안이 제기되고 있었다. 그 하나는 社倉制를 통해서 국가재정을 해결하려는 것이고, 다른 하나는 社倉과는 별도로 戶布・口錢・結錢 등 均賦 均稅를 기할 수 있는 다른 稅制를 신설함으로써 해결하려는 것이었다. 전자는 鄕村民에게 社倉을 자율적으로 운영케 하면서도, 國穀을 資本穀으로 삼게 함으로써, 국가가 계속 取耗補用을 하려는 것이었으며, 후자는 결국 「三政釐整策」의 罷還歸結로 압축되었는데, 均役法에서의 結錢과 마찬가지로 田結에다 공평하게 稅錢을 부과함으로써 國用을 충당하려는 것이었다. 국가와 농민의 입장에서 보면 이는 확실히 좋은 방안일 수 있었다. 그렇지만 이 방안을 시행하는 일이 그렇게 단순하고 용이하지는 않았다. 還穀制를 폐지하고 이 같은 제도를 시행하는 데는 사회적 이해관계가 얽혀 있었기 때문이다. 社倉制를 시행하면 지방관과 吏胥層이 還穀 운영의 이권을 상실하게 되고, 罷還歸結을 하면 결국 토지가 많은 지배층이 稅를 많이 부담하게 되어 있었다. 그리하여 결국 이 두 釐正方案은 이들의 반대로 쉽사리 시행되기 어려웠다.

그렇지만 19세기 중엽이 되면서 大變通 大更張은 절실히 요청되고 있었다. 農民抗爭을 수습하기 위해서는 대대적인 變通을 적극 추진하지 않으면 안 되었다. 大變通이 안 되는 가운데 還穀制의 釐正은 小變通으로나마 조정할 수밖에 없었고, 그것으로도 어느 정도 효과는 볼 수 있었지만, 그러나 小變通으로는 還穀制의 弊源을 근원적으로 제거할 수가 없었다. 농민항쟁에 대한 대책으로서 뿐만 아니라 국가재정을 위해서도 大變通의 釐正策은 필요하였다. 그리하여 大院君 政權에서는 결국 二元體制를 생각하게 되었다. 元還穀은 小變通으로써 그대로 운영해 나가고, 복구한 新還穀(別備穀)은 大變通으로써 운영해 나가려는 것이었다. 大變通의 방법은 社倉法을 시행하는 것이었다. 본래의 社倉 기능(鄕村自治・賑貸)과 還穀 기능(取耗補用)을 절충 종합하는 가운데 均賦・均稅를 실현하고, 수탈을 방지하며, 耗穀도 징수하는 그러한 社倉이었다. 그리하여 여기에 還穀制는 부분적으로나마 大變通되고, 이것은 甲午改革에서 「社還條例」가 성립되는 배경이 되었다.

⑤ 雜役稅는 民庫를 통해서 운영되고 있었다. 이는 정규의 國稅, 즉 三政의 稅는 아니지만, 三政의 운영이나 지방재정의 운영에 불가결한 賦稅로서 三政의 稅와는 표리관계에 있는 地方稅였다. 그러므로 三政을 중심한 稅政紊亂이 있을 때는 이 雜役稅・民庫의 운영에도 혼란이 왔으며, 따라서 賦稅制度를 釐正하려 할 때는 이 民庫制의 운영도 釐正하지 않으면 안 되었다.

民庫는 처음부터 법제상의 제도로서 모든 郡縣에 일률적으로 설치한 것이 아니었다. 이를 필요로 하는 지방에서 개별적으로 邑事例로서 마련하고 있었으며, 따라서 그 규정에는 미비함이 있고 또 지방마다 차이가 있었다. 그러므로 이러한 규정으로 民庫를 운영함에 따라, 民庫의 운영에는 여러 가지 폐단이 발생하고 이는 농민수탈을 가중시키는 바가 되었다. 더욱이 三政紊

亂이 심화됨에 따라서는 그 稅가 民庫로 전가되기도 하였다. 그리하여 이 같은 民庫운영에서의 폐단은 三政의 문란과도 관련하여 鄕村民의 불평과 항쟁을 유발시키고 있었다. 그러므로 정부나 지방관청에서는 이러한 사태에 대한 충분한 대책, 즉 雜役稅 또는 民庫制의 釐正策을 마련하지 않으면 안 되었다.

그 釐正策은 民庫制를 근본적으로 혁파하거나, 아니면 그 제도 내에서 그 폐단을 제거할 수 있는 더욱 합리적인 운영원칙이나 규정을 마련하는 것일 수밖에 없었다. 정부·지배층은 그 가운데서 후자의 방법을 택하고 있었다. 그리하여 정부에서는 民庫의 운영에 관하여 몇 차례에 걸치면서 그 釐正策을 마련하였고, 지방관청에서도 그 테두리 안에서의 개선방안을 마련하게 되었다.

정부에서 마련하고 있는 방안은 民庫의 應捧應下의 조건과 그 수를 節目으로 일정하게 하려는 것, 즉 民庫의 운영에 지금의 歲入歲出의 豫算制度와 같은 방안을 적용하려는 것이었고, 또 그것을 엄격하게 시행해 나가려는 것이었다. 그리고 지방관청에서 마련하고 있는 것은 地方有志와의 합의 아래 民庫의 기본재산으로서 특히 錢·穀이나 토지, 즉 民庫田을 소유하려는 것이었다. 基金으로는 給債殖利를 하고 토지로는 位田經營이나 地主經營을 함으로써 수입을 얻고, 이로써 民庫 경비를 절약하고 補用하려는 것이었다. 그리하여 정부와 지방관청의 이 같은 두 개선방안은 각각 별도로 마련되었지만, 지방관청에서 이를 시행할 때는 하나의 안으로 종합되고, 따라서 그 후 民庫는 한편으로는 應捧應下의 조건과 수가 확정된 節目에 따라 운영되면서도, 다른 한편으로는 給債殖利의 高利貸와 民庫田의 地主經營을 통해서 운영되어 나갔다. 地主的·高利貸的 입장에서 합리적 운영을 추구한 것이었다.

三政의 稅 및 雜役稅·民庫에 관하여 정부의 釐正策을 이같이 살펴 보면, 각 賦稅의 釐正策에는 크게 공통되는 점이 두 가지 있었다. 그것은 이 시기 政府의 賦稅制度 釐正策이 지니는 목표와 자세가 되는 것이라고 하겠다.

첫째는 稅를 부과할 때 均賦·均稅를 추구한 점이었다. 중세적 봉건적인 賦稅는 신분차를 두고 지역차가 있는 것이 특징이 되겠는데, 이 시기의 정부의 賦稅制度 釐正策에서는 이를 점진적으로 釐正해 나가고 있었다. 19세기 중엽까지도 아직은 그러한 賦稅制度가 제대로 온전하게 확립되지 않았지만, 새로운 賦稅制度를 정립하려는 자세는 그러한 방향으로 확립되고 있었다. 중세의 신분제는 동요 해체되어 나가고, 지역간 유통경제는 발달 성행하고 있었으며, 被支配層의 불만은 고조되고 있었으므로 이 같은 釐正은 불가피한 것이었다.

다음은 중세적인 賦稅制度를 釐正하고 있으면서도, 중세적인 경제제도, 즉 地主制・高利貸는 이를 문제삼지 않은 점이었다. 그뿐만 아니라 地主制・高利貸를 기반으로 하면서 賦稅制度를 釐正해 나가고 있었다. 이 시기에는 地主佃戶, 地主時作 간의 사회적 갈등이 심화되고 있어서 抗租運動이 광범하게 전개되고 있었으며, 따라서 혹 진보적인 논자들은 이 같은 중세적인 地主制를 개혁의 기본대상으로 삼고도 있었는데, 정부의 賦稅制度 釐正策에서는 이를 논외로 하고 있었다. 이 시기의 정부정책이 實學派의 農業改革論과 크게 차이가 나는 것도 바로 이 점이었다. 이는 이 시기 정부・지배층의 賦稅制度 釐正策의 자세와 입장을 단적으로 표현하는 것으로, 그 釐正方略이 요컨대 地主的・支配層的 입장에서 발상되고 제기되는 데서 연유하기도 하고, 鄕村 유력자 층을 통제할 수 없었던 데서 연유하는 것이었다고도 하겠다. 사회개혁, 근대로 이어지는 개혁의 전통에는 크게 두 흐름이 있었는데, 정부의 賦稅制度 釐正策은 그 가운데 한 흐름을 이루고 있었다.

〔本稿는 『東方學志』 32, 1982 ; 『省谷論叢』 13, 1982 ; 『金哲埈博士華甲紀念史學論叢』 1983 ; 『東方學志』 34, 1982 ; 『東方學志』 23・24, 1980에 각각 개별 논문으로 게재한 5편의 논문을 本書 제Ⅱ편 제1논문의 5개 장으로 종합 정리한 것이다〕

[補　說](p.363의　注　571)

　「三政釐整節目」에는　還摠의　虛·實과　實留穀의　금액이　다음과　같이　기술
되어　있다.

　　還摠五百十七萬八千六百十四石　　虛留二百八十一萬六千九百十六石 …… 實留二
百三十六萬一千六百九十八石　價六百七十九萬六千九百四十二兩

　이에　따르면　還摠은　還穀을　米·各穀으로　파악한　것인지　折米로　파악한
것인지　분명치　않다.　그러나　이는　實留穀의　금액을　還米詳定價　3兩으로　계
산하고　있는　점으로　보아(北關은　예외)　折米　수를　표시한　것이라　하겠다.　단,
그　수를　얼마만큼　정확하게　파악했는지는　문제이다.　각　지방에서　보고하고
있는　還摠(折米)과　「節目」에　표기된　還摠이　다르기　때문이다.　예컨대,　관북
지방과　해서지방은　이때　還摠이　각각　折米로　60만　石과　39만여　石이었는
데,[1]　「節目」에는　이보다　약　4만　石씩　많게　기록하고　있으며,　서북지방에　관
하여는　邑의　私設穀을　제외한　탓인지　약　12만여　石　적게　기록하고　있는　것
등이　그것이다.[2]　더욱이　관동지방에　관하여는　米·各穀으로　보고　된　수를　그
대로　折米수로　기록하고　있는　것이다.[3]　다른　지방은　어떤지　분명치　않지만,
아마도　이를　바로잡으면　「節目」의　還摠에는　약간의　변동이　있을　수　있는　것
이라고　하겠다.

　그러나　還摠의　수에　어느　정도　변동이　있을　수　있다　하더라도,　그　수가　5
백만　石　내외에서　크게　달라지는　것은　아닐　것이며,　「節目」에　기록된　折米
還摠의　수가　米·各穀　還摠의　수로　되는　것은　더구나　아니겠다.　그러므로　이
수로서　米·各穀으로　표시된　천만　石　단계(『萬機要覽』)의　還摠과　직접　비교
하여　그　감축을　말할　수는　없다.　각　穀을　米로　準折하면　그　수가　약　40%로

---

1)『備邊司謄錄』249,　哲宗　13年　4月　15日,　閏　8月　23日,　25冊,　p.775,　856.
2)『備邊司謄錄』250,　哲宗　14年　7月　21日,　26冊,　p.74.
3)『備邊司謄錄』250,　哲宗　14年　3月　1日,　26冊,　p.28.

줄기 때문이다. 양 시기의 還摠을 비교하려면 折米還摠을 米・各穀 還摠으로 복원할 필요가 있다. 그런데 이 무렵(哲宗 9년 戊午)의 還穀의 構成比는 米 約 40%, 各穀 約 60%이고, 各穀의 折米 비율은 約 41.5%이므로,[4] 이 比率로서 「節目」의 還摠을 米・各穀으로 산출하면 대략 8백만 石 정도가 아니었을까 생각된다. 따라서 還摠으로서 見縮된 것은 米・各穀으로 2백만 石 내외일 것이며, 8백만 石 정도의 還摠 중에서 半 이상은 虛穀으로서 실제로 감축되고 있는 것이라 하겠다.

---

4) 『嶺要』卷 1, 「慶尙道還餉己未歲末成冊」
    『咸鏡道內南關十一邑還餉己未歲末成冊』
    『咸鏡道內北關十邑及三甲厚長四邑還餉己未歲末成冊』
    『江原道還餉己未歲末成冊』
    『京畿道還餉己未歲末成冊』
    『水原府還餉各穀己未歲末別件成冊』
    『廣州府還餉己未歲末成冊』
    『開城府還餉己未歲末成冊』
    『江華府還餉己未歲末成冊』 등에서 新還餉을 중심으로 산출.

哲宗朝의 應旨三政疏와「三政釐整策」

1. 序　言

　　17, 18세기 이래로 우리나라에서는 농업개혁에 관한 논의가 끊이지 않았다. 이 시기에는 鄕村社會에서 사회적 모순이 심화되는 가운데 그 개혁의 필요성이 커지고 있었던 까닭이다. 改革의 대상은 ①농업생산력을 발전시키기 위한 농업기술상의 개량에 관한 것에서부터, ②三政의 운영을 중심한 국가의 農民支配 정책의 개혁에 관한 것, 그리고 ③封建的인 地主制를 중심한 경제제도를 개혁하는 문제에 이르기까지 실로 다양하였다. 이 같은 문제들은 물론 재야학자들도 연구하고 政府・支配層도 그 농정책으로 연구 추진하고 있었다. 그러나 그러한 가운데서도 전자는 ①, ②, ③의 문제를 모두 그 대상으로서 다룬 데 반해 후자는 ①, ②의 문제를 주로 다룬 것이 특징이었다. 그리하여 19세기에 접어들면서 전자의 연구는 茶山이나 楓石의 연구로 집약 집대성되고 있었으며, 후자의 연구와 정책은 ①은 正祖末年의 農書編纂 계획에, ②는 포괄적인 것으로는 哲宗朝의「三政釐整策」과 이를 기초로 한 大院君의 내정개혁 등으로 집약되고 있었다.

　　哲宗朝의「三政釐整策」은 哲宗 13년(1862)에 晋州民亂을 위시한 三南地方의 농민항쟁과 관련하여 그 수습방안으로 마련된 것이었다. 이보다 앞서 19세기 초에는 西北民의 항쟁(洪景來亂)이 있어서, 이에 대해서도 한정된 범위 내에서 三政의 釐正을 추구하고 있었지만 큰 효과를 거두지는 못하고 있었다. 그리하여 三政의 운영에는 여전히 폐단이 많았고, 그 결과 19세기 중엽에 이르러서는 三南民들에 의해서도 항쟁이 일어나게 되었었다. 이러한 항쟁은 朝鮮王朝의 農民支配體制를 위협하는 것이었다. 그러므로 이 시기의 정부·지배층에게는 이 같은 농민항쟁을 수습하는 문제가 시급하고도 중요한 과제가 되지 않을 수 없었다. 그들은 그것을 三政을 釐正함으로써 농민경제를 안정시키면 될 것으로 생각하였다. 그러나 三政의 釐正이 그렇게 용이할 수는 없었다. 三政은 본시 직접 간접으로 지배층의 이익을 전제로 하고 마련한 것이었으며, 농민층은 바로 그 같은 구조에 대하여 항쟁을 하는 것이었으므로, 農民層이 만족할 만큼 그것을 釐正하려면 그 구조변혁까지도 불가피했기 때문이다. 정부에서는 그와 같은 難點을 해결하기 위해서 여론을 수집할 필요가 있었다. 그리하여 農民抗爭이 진행되는 와중에서 수집하게 된 것이 위정자와 지식인들의 應旨三政疏였다. 그리고 이를 토대로 하여 政府는 마침내 「三政釐整策」을 마련할 수 있었다.

應旨三政疏와 「三政釐整策」을 살피면 농민항쟁에 대한 위정자·지식인들의 수습방안이나 정부의 그것이 어떤 것이었는지 구체적으로 파악할 수 있다. 농민항쟁은 三政紊亂·農業(土地所有)에서의 사회적 모순이 가져온 결과였으므로, 그 수습방안은 곧 그것의 개혁방안이 되지 않을 수 없는 것인데, 應旨三政疏와 「三政釐整策」에서는 바로 그와 같은 문제를 다루고 있는 것이다. 더욱이 정부의 「三政釐整策」은 종래의 賦稅制度 釐正의 전통을 계승하고, 그 후의 賦稅制度나 農政策에 지침이 되었던 것으로, 이 시기 지배층의 三政改革·農業改革의 자세와 방향을 단적으로 보여주는 것이기도 하였다.

그러므로 本稿에서는 위정자·지식인들의 應旨三政疏를 분석 검토하고 그것이 「三政釐整策」에 반영되는 사정을 살핌으로써, 朝鮮王朝 지배층의 사회적 모순에 대한 대응방식, 즉 賦稅制度改革·農業改革의 자세와 방향을 살피고자 한다. 이 같은 문제가 해명되면, 곧 뒤따라 등장하는 近代化, 近代的 制度改革의 改革的 전통이나 자세 및 방향도 아울러 분명해지는 것이라고 생각된다.

※ 本稿는 晉州民亂 三南民亂의 시점에서, 民亂의 원인을 三政紊亂에 있는 것으로 보고, 이를 釐整함으로써 民亂을 수습하려 한 여러 견해를 분석 고찰한 것이다. 그러나 三政의 賦稅制度로서의 特徵과 그 釐整策은 역사적 기원이 오래였으므로, 이때의 三政釐整策을 좀 더 심도 있게 이해하기 위해서는, 그 釐整策의 역사적 추이에 대한 고찰도 아울러 필요하다. 이 같은 문제는 本稿의 앞 논문 '朝鮮後期의 賦稅制度 釐整策'에서 상론하였으므로 참고를 바란다.

2. 三政策問과 應旨三政疏

위정자와 지식인들의 三政疏는 哲宗 壬戌 13년의 6월에서 閏 8월에 걸치면서 呈疏되었으며, 그것은 그 해 6월 12일에 있었던 國王 哲宗의 三政策問에 대한 應旨上疏의 형식으로 작성된 것이었다. 朝鮮王朝의 정치형태는 국가가 어려운 일을 당하게 되면 그 해결방안을 마련하기 위하여, 지배층의 견해를 광범하게 收斂하여 이를 정책에 반영하는 이른바 言路를 개방한 士大夫政治를 하는 것이 특징이었는데, 이 해에는 당시까지 朝鮮王朝로서는 그 유례를 볼 수 없는 중대한 사태가 발생하고 있어서, 국왕은 이를 수습하기 위한 求言敎를 내리게 되고 사대부계층은 그 수습방안을 進言하게 된 것이다.

국왕으로 하여금 求言敎를 내리게까지 한 이때의 중대사태는 被支配層인 농민대중이 항쟁을 일으키게 된 일이었다. 晉州·尙州·益山·公州 등의 지방을 중심한 三南 일대의 民亂이 바로 그것이다. 즉 이 해에는 2월 4일 경상도 남단의 小邑 丹城에서 발생한 民亂의 물결이 이웃 大都 晉州로 飛火하여 2월 18일에서 23일에 사이에 대규모 농민항쟁이 일어났으며, 이를 계기로 하여 영남지방에서는 咸陽·居昌·星州·善山·尙州·開寧·密陽·玄風·昌原·仁同·比安·軍威·蔚山, 호남지방에서는 益山·咸平·茂朱·錦山·高山·靈光·扶安·金溝·順天·長興, 호서지방에서는 恩津·懷德·公州·鎭岑·連山·懷仁·文義·淸州 등지에서 民亂이 발생하였다. 그리고 그 후 秋冬節에 이르면서는 廣州·咸興·黃州 등 중부지방과 북부지방에서도 같은 사태가 발생하게 되었다.[1]

이때의 이러한 民亂은 지방에 따라 그 양상이 조금씩 다르기는 하였지만,

---

1) 哲宗 壬戌年의 民亂에 관한 具體的인 硏究로는 다음 論考를 참조. 朴廣成, '晉州民亂의 原因에 대하여'(서울大大學院, 『敎授硏究生 硏究報告書』, 1962), '壬戌民亂의 硏究'(『仁川敎大論集』 4, 1969), 金鎭鳳, '壬戌民亂의 社會經濟的 背景'(『史學硏究』 19, 1967), '哲宗朝의 濟州民亂에 대하여'(『史學硏究』 21, 1969), '晉州民亂에 대하여'(『白山學報』 8, 1970).

요컨대 樵軍을 자처하여 蓬頭亂髮 頭着白巾을 하고 棒杖과 竹槍으로 무장을
한 수십 수백 또는 수천의 농민들이 邑城을 습격하고 동헌을 점령하며, 官長
을 축출하고 印符와 鄕權을 탈취하며, 破獄放囚하고 軍田糶文簿를 燒却하
며, 朝官士夫를 毆打하고 奸鄕猾胥를 撲殺하며, 怨吏富民의 가옥을 毁破燒
却하고 재물을 탈취하며, 當該郡縣에서 볼 수 있는 어떠한 고질적인 폐단이
있으면 이를 矯革토록 주장한 것이 그 일반적인 형태였다. 朝鮮王朝에서는
官에 과오가 있거나 民이 억울한 일을 당하였을 때는 訴狀을 呈邑 呈營하여
그 시정을 요구할 수 있는 것이 관례였고, 또 실제로 이때의 농민들은 누차
邑幣를 시정하도록 訴請을 해온 터였지만, 이것이 받아들여지지 않자 마침
내는 힘에 의한 항쟁을 전개하게 된 것이었다.

    民亂이 일어나자, 각 지방의 지방관들은 심상치 않은 사태의 발생을 보고
하였고, 정부에서는 그 진상과 원인을 파악하여 대책을 세우려 하였다. 慶尙
監司 李敦榮은 右兵使 白樂莘의 보고에 따라 晉州民亂이 統還과 都結을 중
심한 營邑逋弊矯捄에서 발생하였음을 馳啓하였고, 全羅監司 金始淵은 益山
民亂이 都結의 폐단에 대한 항쟁이었음을 보고하였다.[2] 그 후 있게 된 다른
곳 民亂에 대한 보고도 대략 동일하였다. 그러나 이것만으로는 그 진상을 파
악할 수 없었다. 정부에서는 安覈使를 파견하였고, 이들의 보고를 통해서 民
亂의 전모가 비교적 소상하게 드러나게 되었다. 晉州按覈使 朴珪壽는 按獄
狀啓와 査逋狀啓를 통해서 民亂의 실상과 지방관리들의 還逋問題를 구체적
으로 열거하였으며,[3] 이어서 再啓를 통해서는 右兵使 白樂莘의 貪饕侵虐狀
況을 條列하고 그것이 民亂의 직접적인 동기가 되었음을 보고하였다.[4] 晉州
民亂이 발생한 지 한 달 반이나 지난 4월 4일의 일이었다.

    그러나 이러한 여러 報告에도 불구하고 정부에서는 아직 民亂의 진상을
정확하게 파악하지는 못하였으며, 따라서 그에 대한 대책도 전면적으로 세
울 수 없었다. 政府大臣들은 지금까지의 여러 보고를 토대로 民亂이 還穀을

---

2) 『日省錄』195, 哲宗 13年 壬戌 2月 29日, 4月 1日, 64冊(서울大學校 奎章閣本
   —이하 同), pp.65~66, 110.
3) 『壬戌錄』(國編委本), pp.9~13, 22~35.
4) 『日省錄』197, 哲宗 13年 壬戌 4月 4日, 64冊, p.113.

중심한 농민수탈과 탐관오리의 農民侵虐에 있는 것으로 보고 이의 시정을
구상하였을 뿐이었다. 영의정 金左根의 啓言에 따라 外邑의 吏額을 감소하
고 錢 4백 兩 이상을 축낸 逋吏는 皇律에 따라 다스리며,[5] 貪墨長吏도 皇律
로써 治罪하며,[6] 還穀의 운영에는 폐단이 있으나 還耗는 中外의 官廳經費를
조달하는 것이므로 이것을 없앨 수는 없는 것이니 이 폐단을 어떻게 제거할
것인지 그 대책을 廣探博詢할 것을 결정하였으며,[7] 그 밖에 場市浦口의 無名
雜稅, 堤堰田畓의 勒奪의 폐 등을 혁파케 하였다.[8] 그러나 이와 같은 조치를
취하기는 했지만, 근본적인 대책을 마련하지 못하고 있어서 각 지방에서는
民亂이 계속해서 일어나고 있었다. 4월 17일에는 開寧民亂, 21일에는 咸平
民亂, 5월 12일에는 懷德民亂, 16일에는 公州民亂, 19일에는 恩津民亂, 20
일에는 連山民亂, 21일에는 扶安·金溝民亂, 22일에는 淸州·懷仁·文義의
民亂이 보고되고 논의되었다.[9] 정부로서는 무엇인가 좀더 근본적인 대책을
마련하지 않으면 안 되었다. 바로 그러한 방안을 提言한 것은 按覈使로서 地
方實情을 관찰하고 亂民의 동태를 목도할 수 있었던 朴珪壽이었다.

그는 晉州按覈使로서 按獄狀啓와 査逋狀啓 및 再啓를 올린 뒤에도 각 지
방에서 올라오는 보고서를 토대로 三南民亂의 기본원인을 종합적으로 파악
하려 노력하였고, 마침내는 그것을 三政紊亂으로 집약할 수 있었다. 5월 22
일의 상소문에서

> 嗚呼斯民也 …… 胡爲乎一朝 自陷於不義 而甘作聖世之亂民也 若是之悖也 此其
> 故必有由焉 此輩之所藉口而煩冤者 卽不過三政之俱紊

이라고 하였음이 그것이다.[10] 다만 그러한 三政紊亂 가운데서도 그는 위의

---

5) 『日省錄』196, 哲宗 13年 壬戌 3月 25日, 64冊, p.98.
6) 『日省錄』197, 哲宗 13年 壬戌 4月 15日, 64冊, p.125.
7) 『日省錄』197, 哲宗 13年 壬戌 4月 15日, 64冊, p.125.
8) 『日省錄』197, 哲宗 13年 壬戌 4月 24日, 64冊, p.142.
　　『備邊司謄錄』249, 哲宗 13年 壬戌 5月 10日(影印本), 25冊, p.790.
9) 『日省錄』, 『承政院日記』, 『備邊司謄錄』, 『哲宗實錄』등 同口條의 記事 참조.
10) 『承政院日記』2651, 哲宗 13年(同治 元年) 5月 22日, 126冊, p.405.
　　『瓛齋集』卷 6, 請設局整釐還餉疏.

글에 이어서 '惟是還餉之弊 居其最耳'라고 하여 還穀의 문란이 가장 심하다
고 보고 있었는데, 이는 그의 사태파악의 한 특징이었다. 사실 농민들이 항
쟁을 일으키게 된 것은 還穀을 비롯하여 田政·軍政 등과 관련되지 않은 바
없었으므로, 그 원인을 '三政紊亂'으로 파악하는 것은 막연하기는 하지만 포
괄적인 表現이었다. 그는 이미 오래전(哲宗 6년)에 暗行御史로서 지방관리
들의 農民統治의 실태를 목도하고 그것을 '顧今三政俱病 百弊成痼'라고 규정
하고 있었으므로,[11] 이번 民亂의 배경을 三政紊亂으로 收斂하는 것이 어려운
일은 아니었다. 사실 그 후에도 각 지방에 파견된 宣撫使·암행어사 등이 復
命書를 속속 올리고 그 원인을 제시하였지만, 요컨대 그 내용은 모두 이 범
주 내에 드는 것이었다.[12] 그리하여 民亂 발생에 대한 정부의 그 후의 公論은
三政紊亂으로 집약되고 귀결되게 되었으며, 따라서 그 대책도 그러한 차원
에서 마련케 되었다.

民亂의 발생이 三政紊亂에 있는 것으로 파악한 朴珪壽는 그 수습책을 三

이 경우 그에게 三政紊亂은 단순히 三政收取상의 弊端을 뜻하는 것이며, 그것을
이 時期의 經濟制度(地主佃戶 地主時作制)나 農民層分化와 관련하여 생각한 것은
아니었다. 後述하는 바와 같이 三政紊亂은 단순한 稅政上의 문제에 그치는 것이 아
니라, 體制的인 矛盾이나 農民層分化의 促進, 따라서 그 沒落의 加速化에까지 연결
되는 것이었으나 그의 理解는 여기에까지는 미치지 못하고 있었다. 그것은 그가 按
覈한 晉州民亂의 發生을 '觀其爲亂之次第 跡其起手之先後 有若機謀叵測之所爲 決
非擔柴負薪之所能一朝而可辦也 以必有饒戶富民 田連阡陌氣壓邑村 以都結 則有斂
錢居多之苦 以統還 則失拔戶不受之權 惡其害已 大不便宜'(『壬戌錄』, p.23)라고 하
였듯이, 三政紊亂으로 被害를 많이 받는 土地所有者層, 특히 饒戶富民 즉 富農層이
나 地主層의 所行으로 보고, 따라서 沒落農民으로서 亂을 主謀하였던 柳繼春이나
李貴才에 대하여는 '柳繼春段 …… 本無田地 何論結還 都非渠身甘苦之攸關 則必有
他人指嗾之可覈 …… 李貴才段自是宜寧流離之漢 無關晉邑結還之弊 抑何心腸 敢肆
兇悖'(『壬戌錄』, p.24)라고 하여, 土地 없는 이들, 따라서 都結의 害를 직접적으로
받지 않을 이들이 亂을 主動한 데 대하여는 크게 유의하지 않고 있었던 것으로써
알 수 있다.
　朴珪壽의 晉州民亂을 위요한 民亂觀에 관하여 좀더 구체적으로 검토한 고찰은,
別稿, '哲宗朝의 民亂發生과 그 指向─晉州民亂 按覈文件의 分析'(『韓國近代農業
史研究』 Ⅲ, 2001)을 참조.
11) 朴珪壽, 『繡啓』 1.
12) 三政策問을 내릴 때까지 按覈使와 宣撫使는 각 2人, 御吏는 9人을 派遣하고 있
　　었다(許傳, 『三政策』 2장 細註). 이들의 報告書는 『壬戌錄』과 각종 編年體史料를
　　통해서 읽을 수 있다.

政의 釐正에서 찾으려 하였다. 그로서는 그것은 당연한 논리였다. 그리고 그러한 가운데서도 그 문란이 가장 혹심한 것은 還餉이었음으로, 三政의 釐正에서는 還穀을 중심적인 문제로서 다루어야 할 것임을 강조하였다. 그뿐만 아니라, 그는 그 방법으로서는

或置司設局 集衆謀而採群策 講磨商確 以求至當[13]

할 것과 또는,

別開一局 揀選委任 悉具條理 或因舊以修飭 或師古而增損 潤色周祥然後 擧而先試一道 次第通行[14]

할 것을 건의하기도 하였다. 특별기구를 설치하여 이 문제를 연구하고 또 衆論을 모아서 그 수습책을 마련케 하자는 것이었다. 이러한 건의는 卽席에서 채택되었다. 다만 정부에서는 朴珪壽의 건의를 三政 전반에 걸친 문제로 받아들이기로 하였다. 그리하여 三政의 釐正에 관한 敎는 내려지고,[15] 이어서는 三政釐整廳을 설치하기에 이르렀다.[16] 그리고 그 委員으로는 鄭元容·金興根·金左根·趙斗淳 등을 釐整廳 摠裁官으로, 金炳冀·金炳國 기타 등등의 政府大臣들을 釐整廳 堂上官으로 임명하였다.[17] 三政紊亂을 초래한 당시의 政府大臣들이 그것을 개혁할 위원으로 선임된 것이다.

그 후 三政釐整廳은 閏 8월 19일까지 지속되면서 民亂을 수습하기 위한 방략을 강구하게 되고 그것은 마침내「三政釐整策」으로 완성을 보게 되는데, 이러한 方略을 釐整廳의 委員들만으로써 마련하고 있는 것은 아니었다.

---

13)『承政院日記』2651, 哲宗 13年 5月 22日, 126冊, p.406.
　　『瓛齋集』卷 6, 請設局整釐還餉疏.
14) 同上.
　　『哲宗實錄』卷 14, 哲宗 13年 5月 癸卯, 48冊, p.651.
15)『承政院日記』2651, 哲宗 13年 5月 25日, 126冊, p.409.
　　『哲宗實錄』卷 14, 哲宗 13年 5月 丙午, 48冊, p.652.
16)『哲宗實錄』卷 14, 哲宗 13年 5月 丁未, 48冊, p.652.
17)『哲宗實錄』卷 14, 哲宗 13年 5月 丁未·戊申, 48冊, p.652.

앞에서 제시한 바와 같이 朴珪壽는 그 釐革의 방법으로 '集衆謀而採群策'할 것을 提言하였는데, 이는 이에 앞서서 있었던 金左根의 還弊矯捄의 방략이 衆論을 '廣探博詢'하려는 것과 같은 것이어서, 「三政釐整策」의 작성에 앞서서는 이 여론의 收聚作業이 선행되고 있었다. 三政策問과 應旨三政疏가 바로 그것이었다.

三政策問의 방침을 공포한 것은 6월 10일이었다. 이날 哲宗은 敎를 내려 釐整廳에서 三政捄弊의 방략을 강구하는 것은 朝家의 大更張에 속하는 것이므로, 여론을 廣詢博探하여 반드시 이치에 맞는 타당한 것을 마련하지 않으면 안 된다고 전제하고, 그러기 위해서는 전국의 정치인·지식인, 즉 文蔭의 堂上·堂下·參下 및 生·進·幼學에게서 試策의 형식으로 의견을 청취할 것임을 밝혔다. 그리고 이 試策에서의 讀券官은 釐整廳의 摠裁官이 겸임할 것이며, 應試人의 製述은 試場(仁政殿)에서는 제목만을 받아 가지고 退去하여 10일간을 기한으로 在家製進하되 試券은 太學에서 수취하여 보고케 한다는 것이었다.[18]

그리고 試策의 날인 12일에는 試場에 나오지 못한 지방인사의 의견을 청취하기 위한 방안을 따로 마련하기도 하였다. 즉 釐整廳으로 하여금 서울의 試場에서 懸題하였던 策題를 謄書하여 전국의 八道四都에 下送케 하고, 각 地方民으로 하여금 이에 대한 방략을 製述케 한 다음에, 邑에서 收券하고 道에서 都聚上送케 하라는 것이었다.[19] 이 경우 각 지방에서 올라오는 試券의 都聚上送은 그 거리의 遠近을 고려하여 上送의 기한을 釐整廳에서 내린 公文이 도착한 일자로부터 70일로 정하는 여유를 주기도 하였다.[20] 더욱이 지방에는 조정에 나아가 仕하지 않았지만 학식이 높은 儒賢들이 있었으므로 국왕은 이들이 試策에 응해 줄 것을 바랐다. 그래서 이들에게는 따로 敎를 내려 지방관으로 하여금 이를 傳諭케 하고, 평소에 窮經力行하여 강구하였

---

18) 『日省錄』198, 哲宗 13年 壬戌 6月 10日, 64冊, p.176.
　　『哲宗實錄』卷 14, 哲宗 13年 6月 辛酉, 48冊, p.653.
19) 『日省錄』198, 哲宗 13年 壬戌 6月 12日, 64冊, p.180.
　　『哲宗實錄』卷 14, 哲宗 13年 6月 癸亥, 48冊, p.653.
20) 『壬戌錄』, p.80.

던 방략을 三政捄弊策으로 진언해 줄 것을 당부하였다.[21]

　이리하여 三政捄弊를 위한 求言敎는 서울의 試場이나 지방관을 통해서 전국의 정치인·지식인에게 전달되었다. 그러나 이때 국왕이 下問한 것이 三政의 근본적인 개혁, 경제제도의 혁신방안을 요구한 것은 아니었다. 그것은 趙斗淳이 代製한 策題에 잘 나타나 있지만 三政的인 질서를 유지하기 위한 한정된 범위 내에서의 개선방안을 요구한 것이었다. 국왕 哲宗은 三政을 중심한 朝鮮王朝의 법제를

　　本朝開國近五百年　凡所規畫　無非良法美制[22]

라고 자부하고 있었으며, 또

　　以予所識　先爲披露　國初三政　本是爲國爲民而設　田不收賦　軍不衛邦　穀不議賑　而能成國者　未之有也　國不成國　民將疇依[23]

라고도 말하여, 三政은 본시 爲國爲民의 뜻에서 설치된 것이고, 이것이 없으면 국가가 성립될 수 없고, 그렇게 되면 民이 의지할 데가 없을 것이라고 확신하고 있었다. 그런데 그러한 三政이 法久弊生하여 民이 生을 유지하기 어렵게 되고 국가가 기울어지게 되었으니, 이는 '矯革'하지 않으면 안 되겠다는 것이 국왕의 생각이었다. 그리고 그러한 矯革에서도 그 방법이 없음을 근심하는 것은 아니었다. 哲宗은 田政의 폐는 豪勢兼倂으로 經界가 문란해지는 것이므로 이를 시정하기 위해서는 改量田을 하여 이를 바로잡고, 軍政의 폐는 狡黠逃竄으로 尺籍이 虛해지는 것이므로 이를 시정하기 위해서는 壯丁을 査括해서 이를 보충하며, 還穀의 폐는 奸猾舞弄해서 糴法이 무너지게 되는 것이므로 이를 바로잡기 위해서는 還穀을 蠲蕩해 버리면 된다는 생각이었다. 그는 三政의 폐를 제거하는 방법은 '捄正之道　不外於是'라고 하여 이외에

---

21) 『日省錄』199, 哲宗 13年 壬戌 6月 18日, 64冊, p.192.
　　『哲宗實錄』卷 14, 哲宗 13年 6月 己巳, 48冊, p.653.
22) 『日省錄』198, 哲宗 13年 壬戌 6月 12日의 策題, 64冊, p.180.
23) 同上.

는 별다른 방법이 있을 수 없는 것으로 믿고 있었다.[24] 그러한 국왕에게 문제
가 되는 것은,

> 第念此擧 左右掣礙 做說矛盾 苟欲改量 先務得人 次又辦財 人才已不逮古 而財
> 力從何辦多 苟欲査丁 宜刷冒稱之幼學 又罷投托之閑丁 括簽之際 易致混淆 苟欲
> 蠲還 漢家之常平 隋氏之義倉 皆爲良規 取耗穀作經費 匪今斯今 …… 蠲之固快 又
> 將奚取而以給其代歟[25]

라고 반문하고 있는 표현 속에서 읽을 수 있듯이, 다만 그러한 방안을 수행
할 때 여러 가지 제약조건을 어떻게 해결할 것인가 하는 점이었다. 즉 개량
을 하려면 그것을 수행할 수 있는 人才와 財力이 있어야 할 터인데, 인재는
옛날과 같지 않고 재력은 어디서 이를 그렇게 많이 辦出할 것이냐는 것이며,
壯丁을 査括하려면 冒稱幼學者를 刷還하고 權勢家에 投托한 閑丁을 혁파해
야 할 터인데, 그렇게 할 때에는 진위가 混淆되기 쉬움을 어찌할 것이냐는
것이며, 還穀을 蠲蕩하는 것은 물론 快한 일이지만 取耗補用하던 그 經用을
어디서 給代할 것이냐는 것이었다. 哲宗이 策問하는 것은 바로 이러한 점이
었으며, 이를 위해서 大夫 諸生에게 평소에 강구한 捄弊之方을 제언해 줄 것
을 바라는 것이었다. 이는 요컨대 三政策問에서의 三政釐正의 목표가 三政
의 테두리 안에서 그 운영의 개선을 도모하는 것이었음을 뜻하는 것이라 하
겠다.

　이러한 입장은 그 후 이 策問에 응시한 三政疏에 대하여 심사원칙을 정할
때도 재확인되었다. 이는 策題를 내린 지 10일 후인 6월 22일의 일이었다.
이날 국왕은 試策讀券官(釐整廳摠裁官)과 釐整堂上을 熙政堂에 召見하고 試
策의 심사방침을 논의하였는데, 首摠裁官으로 首讀券官을 겸하고, 따라서
主試를 맡게 된 鄭元容은 성적의 심사를 '當取捄弊說之爲勝者 而第次書等'할
것인지를 국왕에게 문의하고 국왕의 승낙을 받고 있었다.[26] 제도・체제의 근

---

24) 『日省錄』 198, 哲宗 13年 壬戌 6月 12日의 策題, 64冊, p.180.
25) 同上.
　　『承政院日記』 2652, 哲宗 13年 6月 12日, 126冊, p.430.
26) 『日省錄』 199, 哲宗 13年 壬戌 6月 22日, 64冊, p.200.

본적인 변혁에 주목표를 둔 것이 아니라, 폐단의 矯捄에 초점을 두고서 성적을 평가한다는 것이었다.

그리고 이러한 원칙으로 상소문을 고사하되 그것을 담당하는 곳이 釐整廳이었음은 말할 것도 없었다. 국왕은 '試券當下於釐整廳 卿等偕進考閱可也'라고 하여 釐整廳의 讀券官과 堂上官이 모두 참여하여 심사토록 하였다. 讀券官의 한 사람인 趙斗淳은 이것이 試體에 어긋나는 것임을 지적하였으나 國王은 '相議同考'할 것을 명하였다. 그리고 이와 아울러서 여러 堂上은 逐日輪回로 仕進하여 勤仕하고 大臣도 頻頻進會하여 일이 잘 되도록 노력할 것을 당부하였다.[27] 말하자면 釐整廳의 大臣과 堂上들은 정부측의 정해진 방침에 따라, 전국에서 올라온 상소문을 通讀하고 그 성적을 평가하고 있는 것이었다. 그러므로 이러한 作業過程이, 이와 병행하여 마련되고 있었던 그들 자신의 「三政釐整策」과 밀접하게 관련될 것임은 말할 것도 없었다.

농민항쟁을 수습하기 위해서 마련된 三政策問에 應旨上疏한 사람은 많았다. 서울의 試場에 나온 사람도 그렇고, 지방에서 應旨한 사람도 그러하였다. 정부에서는 예정보다 좀 늦은 閏 8月 19日에 가서야 試策에 應試한 者의 席次를 발표하였는데,[28] 이에 따르면 1人은 陞敍, 3人은 初仕調用, 5人에게는 雅誦一件賜給, 90人에게는 奎章全韻을 賜給하는 施賞을 하고 있었다.[29] 施賞者가 이러하다면 應旨上疏者는 더욱 많았을 것이다. 曺垣淳이 후에 이때의 사정을 말하여 '哲宗十三年 壬戌 上欲矯捄三政之弊 …… 親策問中外臣民 …… 對之者無慮數百'[30]이라고 하였음을 보면 應旨者는 수백 명에 달하였

『承政院改修日記』 2652, 哲宗 13年 6月 22日, 126冊, p.439.

27) 同上.

28) 應旨者에 대한 審査와 그 發表가 늦어진 것은 아마도 이때 서울에서 발생한 敦寧府 都正 李夏銓事件 때문이었던 것으로 생각된다. 이는 각 지방에서 民亂이 일어나고 있음을 奇貨로 前五衛將 金順性이 李夏銓을 推戴하여 政權을 奪取하려 했다는 事件으로, 政府大臣들은 7月에서 8月에 걸쳐 이를 수습하느라 餘念이 없었다. 이것이 一段落지어진 것은 8月 11日에 李夏銓이 濟州로 추방되고 이어서 賜死된 후였다. 이 事件의 政治的 意義에 관해서는 田保橋潔가 이를 要約說明하고 있다(『近代日鮮關係의 研究』上, p.21).

29) 『日省錄』 204, 哲宗 13年 壬戌 閏 8月 19日, 64冊, p.408.

30) 『復菴集』 卷 4, 均田論.

던 것으로 보인다. 언제나 求言敎를 내렸을 때는 그러하였지만, 이 밖에도 대책을 마련은 하였으나 상소를 하지 않은 사람이 있었을 것을 생각하면, 이때 三政의 捄弊問題를 거론한 사람은 그 이상으로 많았으리라 생각된다. 이들은 政府大臣으로부터 지방수령에 이르기까지, 그리고 一世에 그 명성을 떨친 대학자로부터 말단 지식인인 幼學에 이르기까지 실로 광범한 인사로 구성되어 있었다.

應旨三政疏의 분석을 통해서 이 시기의 정치인·지식인들의 개혁방안을 파악하기 위해서는 상소를 하였거나 안 하였거나를 막론하고 이들 전체의 저술을 검토할 필요가 있다. 釐整廳에서 「三政釐整策」을 작성하면서는 이들 應旨者의 捄弊說을 考試하는 과정이 있었고, 따라서 이것은 그 기초가 되고 있었으므로 더욱 그러하다. 그러나 그와 같은 應旨上疏가 종합되고 정리된 상태로 보존되어 있지는 않다. 그러므로 여기에서는 筆者가 볼 수 있었던 가능한 범위 내에서의 상소문만을 중심으로 이를 살필 수밖에 없겠다. 그것은 다음과 같은 50여 명의 저술을 중심으로 하는 것이다.[31]

應旨上疏者와 그 三政策

1. 姜　瑋	擬三政捄弊策	『古歡堂收草』	卷 4
2. 姜晉奎	三政策	『櫟菴稿』	卷 10
3. 權周郁	對三政策	『逴庵集』	卷 4
4. 奇正鎭	壬戌擬策	『蘆沙集』	卷 3
5. 金觀燮	策	『魯湖集』	卷 4
6. 金永爵	三政議	『邵亭文稿』	卷 1
7. 金允植	三政策	『雲養集』	卷 7
8. 南秉哲	三政捄弊議	『圭齋遺稿』	卷 4
9. 盧德奎	三政策	『古今堂集』	卷 1
10. 閔冑顯	三政策	『沙厓集』	卷 3

---

31) 以下 이들의 見解를 提示할 때는 이를 모두 '三政策'으로 通稱하고 그 資料의 引用은 여기에 列擧한 應旨上疏者의 一連番號로써 表記하기로 한다. 例 : 三政策 1, 三政策 17 A.

11. 朴應漢	策	『新菴集』	卷 2
12. 朴宗永	三政策	『松塢集』	卷 9
13. 朴致馥	應旨對三政策	『晩醒集』	卷 8
14. 朴熙典	三政策	『酉澗集』	卷 7
15. 宋近洙	三政說	『立齋集』	卷 11
16. 宋來熙	應矯弊傳敎疏	『錦谷集』	卷 2
17. 申錫愚	A. 三政捄弊議	『海藏集』	卷 10
	B. 三政大對	〃	
18. 申錫祐	三政策	『可軒文集』	卷 2
19. 沈相直	策	『竹西遺稿』	卷 6
20. 柳重敎	三政策	『省齋文集』	卷 44
21. 尹大淳	策	『活水翁遺稿』	卷 4
22. 尹宗儀	三政捄弊策	『硯北三存』	
23. 李喬榮	龍宮縣三政策	單卷	
24. 李參鉉	A. 三政收議	『鐘山集』	卷 9
	B. 釐整節目頒行後擬疏	〃	卷 10
25. 李象秀	三政策	『峿堂集』	卷 18
26. 李瑀祥	對三政策	『希庵文集』	卷 3
27. 李源祚	三政詢瘼後陳所懷疏	『凝窩集』	卷 5
28. 李志容	壬戌擬策	『小松遺稿』	卷 5
29. 李震相	應旨對三政策	『寒洲集』	卷 4
30. 李彙載	應旨三政策	『雲山文集』	卷 3
31. 李熙爽	三政策	『瑞樵遺稿』	卷 1
32. 任百經	A. 策	『紫閣謾稿』	全
	B. 釐整廳三政捄弊收議	〃	
33. 鄭基雨	三政策對	『雲齋遺稿』	卷 2
34. 鄭祐昆	擬軍還結三政應旨對	『晩悟集』	卷 12
35. 趙斗淳	A. 三政釐整節目	『三政錄』	全
	B. 社倉節目	〃	
36. 崔祥純	應旨三政策	『絅齋集』	卷 2
37. 許 傳	三政策	單卷(檜山新刊本)	
		『性齋文集』	卷 9

3. 應旨三政疏에 보이는 三政論

1) 三政紊亂과 農民抗爭에 대한 理解

應旨三政疏의 論者들이 三政疏를 통해서 해결하려고 한 것은 요컨대 농민항쟁으로 폭발된 농민경제의 파탄을 수습함으로써 亂民을 무마하려는 것이었다. 그리고 그들은 그것을 田政·軍政·還穀 등의 三政과의 관련에서 해결하려고 하는 것이었다. 民亂이 三政의 문란 때문에 야기된 것으로 파악하고 또 그러한 각도에서 三政策問이 내려진 까닭이었다. 그러므로 그들의 농민경제의 안정방안, 즉 民亂의 수습방안은 三政과 관련하여 제론될 수밖에 없는 것이었지만, 그러기에 또한 그들의 그러한 수습방안은, 이른바 三政紊亂과 농민항쟁의 관계를 얼마만큼 정확하게 이해하고 있었는가에 따라 여러 가지로 견해차가 생기기도 하였다. 그러므로 그들의 그러한 여러 방안을 이해하기 위해서는, 그에 앞서서 그들이 三政紊亂과 농민항쟁을 얼마나 깊이 있게 이해했는지 살펴볼 필요가 있다.

(1) 三政紊亂 — 制度解弛·運營紊亂論

呈疏者들이 일반적으로 그리고 공통된 현상으로 널리 三政紊亂에 관하여 지적한 것은, 三政의 제도는 본래 良法美制였는데, 이제는 그 제도가 解弛해지고 그 운영이 문란해져서 제반 폐단이 발생하고 있다는 점이었다. 그들은 田政·軍政·還穀 등에서 일어나는 그와 같은 폐단을 소상하게 파악하고 그것을 民亂의 배경으로 제시하고 있었다.

田政의 폐단은 量田을 법대로 시행하지 않는 데서 일어나는 현상, 吏胥層의 田政運營, 즉 平年의 徵稅過程과 凶災 시의 給災過程에서 일어나는 현상, 그리고 軍政이나 還穀의 운영에서 저지른 負逋를 田結에다 전가하는 데서 일어나는 현상(軍政·還穀 부분 참조) 등으로 요약되고 있었다. 李喬榮이 龍宮縣의 사례에 근거하여

> 一自庚子改量以後　年久月深　文簿轉訛　天字之田幻作地字　第一之號變爲十一　而眞贗莫卜　一等之田降爲六等　下等之賦升爲上等　而虛實不分　浦落而宜蒙頉者　反有貧民之寃徵　泥生而宜收稅者　反有饒民之倖免　吏緣作奸　民亦多巧　眩亂出役　查正無路[32]

라고 한 것이라든가, 閔胄顯이 역시 同福 지방의 사례를 근거로 하여

> 田賦　則改量積久　經界不正　字標之變幻　等數之混淆　已無可言　而甚至於白地而徵稅　膏腴而漏帳　因緣生奸有百其竇　民不聊生　莫此爲甚矣[33]

라고 한 것, 그리고 李彙載나 朴應漢이 또한

> 田賦　則經界不正而豪富兼幷　量案久廢而稅等無分　浦落半爲白徵　泥生多歸隱漏　吏民交奸曰防結　邑例添附曰加結　官戶取剩曰都結　災結之給於民者爲一二　歸於吏

---

32) 三政策 23.
33) 三政策 10.

者爲十九 而官自取之者 又結餘也 作餘也 科外徵斂 紛如蝟毛 民何以聊生乎[34]

라 하고, 또

   改量之限歲二十者 以其法久弊生三七一變之運也 土年之分等六九者 以其肥瘠豊
歉高下增減之殊也 而癸乙以後更不改量 三南之外又不擧論 則分等之無別者久矣
…… 貪汚無厭而濫徵其結負 豪勢兼幷而紊亂經界[35]

라고 한 것 등등은 모두 그러한 것이었다. 이를 종합해보면 量田을 법대로
(20年 1改量) 하지 않는 데 따라서는 두 가지 폐단이 발생하고 있었다. 그
하나는 量田이 오랫동안 중단되고 있는 데서 경계는 不正해지고, 경계가 부
정해지는 데서 豪富의 兼併은 일어나고 있었으며, 또 豪富의 兼併으로 말미
암아 경계가 더욱 문란하고 부정해진다는 것이었다. 李喬榮이 지적하고 있
듯이 개량을 하지 않고 量案을 새로이 작성하지 않게 되면, 수십 년 전 또는
백여 년 전에 작성한 臺帳을 사용하게 마련인데, 그간에는 轉訛幻作의 弊가
생겨서 字號가 바뀌기도 하고 地番이 변동되기도 하였으므로, 경계는 不正
하고 문란해지는 수밖에 없었다. 田政에서 농지에 대한 稅의 부과는 字號와
地番을 기준으로 作夫를 거쳐 개개인에게 부과되는 것인데, 그러한 기준으
로서의 字號·地番, 따라서 田畓 하나하나의 경계에 혼동이 일어나고 있다
면 稅의 부과에는 혼란이 올 수밖에 없었다.
   다른 하나는 田畓의 等級과 陳起의 파악이 不明해지고 있다는 점이었다.
量田은 본시 그 목적의 하나가 稅를 공평하게 부과하기 위해서 있는 것이고,
그것을 합리적으로 부과하기 위해서 朝鮮王朝에서는 田畓을 6등급으로 구분
하고 이를 매 20년마다 재확인(改量)하도록 하고 있었는데, 그러한 量田을
오랫동안 중단하고 있었기 때문에 그 등급의 변동은 말할 것도 없고 陳起조
차도 사실대로 파악할 수 없게 된 것이다. 田品과 陳起는 人功의 有無와 자
연조건의 여하에 따라 수시로 변동될 수 있는 것이므로 量田을 하지 않는다

---

34) 三政策 30.
35) 三政策 11.

면 田品等第를 제대로 파악할 수 없을 것임은 말할 것도 없는 일이었다. 그리고 그러한 결과로 上等田으로 下等田의 稅를 부담하고 下等田으로 上等田의 稅를 수납해야 하는 불합리를 초래하기도 하였다. 分等無別·等數混淆로 표현된 이 문제는 실로 田政의 불합리 가운데서도 중요한 문제가 아닐 수 없었다. 그래서 어떤 논자는 田政의 폐단으로서 이 문제를 다른 것보다 특히 더 강조하기도 하였다.[36) 結負制 하에서 量田은 실로 중요한 의미를 지니는 것이었으며, 따라서 그것이 제대로 시행되지 못할 때에는 그만큼 그 결과는 큰 폐단을 수반할 수밖에 없는 것이었다. 그래서 盧德奎는 田制不均하고 田稅不實한 田政의 폐단을

  改量之不擧 而於是乎田制不均矣 分等之無別 而於是乎田稅不實矣[37)

라고 하여, 한마디로 量田의 不行에서 연유하는 것이라고까지 하였다.

  量田의 중단, 따라서 年久한 토지대장을 통한 稅政의 운영은 경계와 田品을 이와 같이 부실하게 파악하고 있었기 때문에 그간에는 吏胥層의 갖가지 부정을 낳게도 하였다. 그들은 臺帳을 근거로 收稅를 하기 때문에, 실제 등급 이상으로 濫徵을 하기도 하고, 浦落永陳處에 대해서 白地徵稅를 하기도 하며, 또 泥生處와 膏腴地에 대해서는 반대로 漏稅·脫稅를 시킬 수도 있었다. 모든 책임을 臺帳에다 돌릴 수 있는 구실을 발견하는 것이었다. 그리고 그들은 이러한 사실을 바탕으로 하여 그 밖에도 갖가지 부정을 자행할 수 있었다. 隱結의 歲加年增은 그러한 가운데서도 두드러진 현상이었다. 隱結은 가령 沈相直이

  水敗之地 新墾之田 盡歸於吏胥之私橐 是所謂隱結也[38)

라고 한 것이라든가, 또는 沈相直이

---

36) 三政策 36.
37) 三政策 9.
38) 三政策 19.

大率一境之內 遺起五十結 則只以十餘結草草報營 而仍作隱結 視爲私橐[39]

이라고 한 것, 그리고 洪碧松이

若有水旱虫霜 則入灾減稅 流亡失耕 則入陳蠲賦 後雖更起 奸吏以永陳欺官 執卜依舊而歸于私橐 或富民賤買 納賂于吏 灾減之稅 移錄於窮民新起與火耕 而原稅以永陳欺 新起則指爲正田 初執之卜 律以正田之稅 而入于吏橐 所謂隱結不過如此[40]

라고 하였음에서 알 수 있듯이, 어떤 농지의 灾結免稅와 이의 起墾收稅를 틈타서 실제로는 收稅를 하면서도, 정부에는 이를 그대로 灾結로 보고하고 중간에서 그것을 횡령하는 것이었다. 그와 같은 隱結의 규모는 실로 방대하였다. 崔祥純은 그것을 가령

一經改量 則隱結俱起 新卜更增 厥數之加 未知其幾萬也 以臣本邑言之 田結四千餘結之中 上納者 只止三千餘結也[41]

라고까지 말하고 있었다. 量田의 중단에 따르는 經界의 문란은 隱結을 증대시키고 結總(收稅結)의 감축을 초래하고 있었다. 그리고 그것은 날로 심해지고 있었다. 南秉哲은 그러한 사정을 '經界之紊亂 結總之減縮 年甚一年'이라고 표현하고 있었다.[42]

給灾를 중심한 稅政은 吏胥層에게는 농민수탈의 좋은 기회가 되고 있었다. 그들은 그것을 隱結化하지 않을 경우라 하더라도 農民層에게 유리하게 처리하지는 않았다. 李彙載의 지적에서 볼 수 있듯이 정부에서는 給灾를 하더라도 그것이 민간에까지 미치는 것은 1, 2에 불과하고 奸吏들이 橫領하는 것은 10에 9나 되고 있었다. 李震相이

---

39) 三政策 29.
40) 三政策 38.
41) 三政策 36.
42) 三政策 8.

　　近年水災浦落居多　朝家給災之數　通計八路　動逾萬結　而從中幻弄　自下隱匿　末
乃以略干零數　爬俵於民間　以杜豪黠之口[43]

라고 한 것도 바로 그러한 현상을 말한 것이었다. 그래서 이럴 경우에는 民
은 여전히 '上有蠲稅之惠　而民不知惠　民出惟正之供'[44]하는 것이며, 吏는 중간
에서 이를 착복하게 되는 것이었다.

　吏胥層의 田政 운영에서 이와 같은 여러 폐단은 田政紊亂의 중심을 이루
는 것이었다. 그래서 姜晉奎는 田政의 폐를 대별하여 豪勢兼倂과 官吏의 부
정으로 구분하고, 官吏의 부정으로 말미암아 야기되는 현상을

　　田賦之弊　則豪勢兼倂之外　有官吏偸食之隱結　有虛名白徵之虛卜　有田之稅半歸
私橐　無田之稅遍於民間　上納實數日縮日絀[45]

이라고 요약하고 있었다. 田稅의 上納實數는 이들의 稅政 운영의 문란으로
날로 감축한다는 것이었다.

　軍政의 폐단은 軍役에 관한 여러 규정이 전체적으로 동요하고 무너지는
방향으로 전개되었다. 이 시기의 軍役制는 兩班戶와 吏屬·奴婢戶 및 기타
의 雜頉戶가 제외되고 良人(常民)戶만이 이 役을 지도록 되어 있었다. 그리
고 良人이 그 役을 지는 데서도 법제상으로 몇 가지 엄격한 規定이 마련되어
있었다. 즉 成年男丁으로서 만 15세가 되면 成籍하고 만 60세가 되면(應役
45년) 免役하며, 物故者는 代定한다. 1家 내에 應役者가 여러 명이거나 1人
이 疊役을 하고 있으면 除減한다[46]는 것이 그 기본이었다. 그런데 이 시기
軍役行政에서는 이러한 규정이 제대로 지켜지지 않고 있었다. 前郡守 李承
敬은 그가 경험한 바를 다음과 같이 표현하고 있었다.

　　軍籍則 …… 稍有氣力者　抵死圖免　至殘無依者　計口入役　簽黃口而不足　則或生

---

43) 三政策 29.
44) 三政策 19.
45) 三政策 2.
46) 『大典通編』卷 4, 兵典 成籍·免役.

女而混疤 徵白骨而不已 則乃降年而仍存 歲抄遂成文具 軍伍只存虛簿矣[47]

이에 따르면 이때의 軍役行政에서는 良人이면 누구나 軍役을 져야 하는 원칙, 1家內 多人應役者의 除減 원칙, 成年男丁의 원칙, 老除·物故除의 원칙 등이 모두 지켜지지 않고 있었다. 李彙載와 朴熙典은 이러한 사정을 좀더 구체적으로 기술하고 있었다. 즉 李彙載가

> 軍籍 則邑有原額而額數難定 布有升數而布價無藝 該吏代定 吏緣爲奸 里正代納 里爲容隱   或托驛屬·或逃墓村·校院之募入·吏奴之稧防·僞造譜牒·盜買錄券 此等名色不勝其多 黃口白骨皆在軍案 一人所擔三四疊役 害延鄰族 村里爲空[48]

이라고 한 것이라든가, 또는 朴熙典이

> 軍籍之弊 …… 無論某邑 除班戶·吏戶·驛戶·僧戶·校生·童蒙外 其所處役者 固無幾 而或冒錄於幼學而頉之 或稱托於契防而頉之 或以貴家墓守而衆戶俱頉 或以勢家廊番而一隣皆頉 人人求免 戶戶欲免 則及其括丁之際 黃口簽錄 白骨徵布 有不得免者也[49]

라고 하였음은 그러한 사정을 표현한 것이었다. 어느 기록에서나 볼 수 있듯이 각 지방마다 班戶·吏戶·驛戶·僧戶·校生·童蒙 등 常例로 免役되는 戶를 제하고 나면 應役戶 수는 얼마 되지 않는데, 그러한 應役者들이 여러 가지 방법으로 避役圖頉하고 나면 그 수는 더욱 줄어들기 때문에, 軍額을 充定하기가 어렵고, 따라서 收布 시에는 결국 어느 지방에서나 疊役은 말할 것도 없고, 白骨徵布·黃口簽丁·族徵里徵에까지 이르게 된다는 것이었다. 살아 있으면서 疊役을 져야 하는 것도 부당한 일이지만, 이 시기의 농민들은 죽은 후에도 役을 면할 수 없었고 자손에게 그것을 물게 해야만 하였다. 그것이 경우에 따라서는 30, 40년 20, 30년씩 계속되었다. 이는 제도의 문란으로 표현할 수 없는 수탈 그 자체였다.[50]

---

47) 三政策 48.
48) 三政策 30.
49) 三政策 14.

　이러한 여러 弊端을 유발하는 避役의 방법은 冒稱幼學·僞造譜牒·盜買錄券·班戶墓村·勢家廊底·鄕祠校院募屬·營邑各廳保率·吏奴禊防 등 여러 가지였다. 이러한 현상은 전국의 어디서나 일어나고 있었으며, 呈疏者들은 누구나가 이것을 軍政의 폐단으로 지적하고 있었는데, 그 가운데서도 특히 중심이 되는 것은 冒稱幼學의 방법이었다. 그래서 朴應漢은 그러한 사정을 '自上番弛敎布始之後 軍額漸減 昔日之良丁 今爲游閒之幼學'[51]이라고 표현하기도 하였다. 이는 이 시기 신분제의 해체와 관련하여 당연한 현상이 아닐 수 없었다. 그러기에 이러한 폐단을 제거하기 위해서는 上記한 여러 避役行爲를 근절하지 않으면 안 되었는데, 그러나 그것이 쉬운 일일 수는 없었다. 그것은 모두가 그 지방의 班戶·勢家·吏屬 등과 결부되어 있는 까닭이었으며, 冒稱幼學者는 그 자신이 그 지방의 유력자인 까닭이기도 하였다. 혹 지방에서 査括이라도 있게 되면 吏屬과 鄕任이 이를 적발해내야 하는데, 그렇게 되면 仇賊視되고 원수지간이 되기 때문에 감히 그렇게는 못하는 것이며,[52] 따라서 白骨과 黃口는 계속해서 軍籍에 남아 있고 冒稱幼學者는 여전히 軍額에 充塡될 수 없었다.

　避役으로 말미암아 軍役을 질 수 있는 良丁의 수가 줄어들고 있었다는 사실은 농민경제 측면에서는 중대한 문제가 아닐 수 없었다. 鄕村民은 무엇인가 대책을 세우지 않으면 안 되었고, 지배층도 그것을 메울 수 있는 방략을 세우지 않으면 안 되었다. 그리하여 鄕村民이 案出하고 지방관이 묵인한 것은 戶布나 洞布 그리고 役根田의 방안이었다. 가령 閔胄顯이 同福 지방의 사례로서

---

50) 白骨徵布가 어떠한 것인지는 李喬榮의 報告를 통해서 實感할 수 있다. 그는 龍宮縣의 한 老婆에게 가해진 白骨徵布의 實況을 그 老婆의 呼訴에 따라 다음과 같이 記述하였다(三政策 23). '矣女之偲舅疤丁於禁保 而身死已數十年矣 夫入於砲保 十年前物故矣 子生甫五歲入於兵番 又不幸而夭折 嗟呼 以寡獨之村婦 晝耕夜織 納此三役 猶患不給 而又以偲外三寸之番 疊徵於矣女 無告此寡 何以保生'. 즉 이 老婆는 이미 죽은 지 오래된 偲舅(數十年前 死亡)·夫(十年前 死亡)·子(五歲 때 黃口簽丁을 당했다가 夭折) 등의 軍布를 納付하고 있었는데, 그 위에다 다시 偲外三寸의 軍布를 또한 疊徵당하고 있었다.
51) 三政策 11.
52) 三政策 36.

　　本邑自數十年來　爲戶布之法　使班戶均當　此固出於不得已之政[53]

이라고 한 것, 南秉哲이

　　　方今三南之外　有行洞布之邑　又有以役根田徵布之邑　此皆丁雖有闕　布則無減　法
　　雖有違　民則苟安[54]

이라고 하였음이 그것이다. 軍布의 액수를 洞 단위로 분배하면 洞에서 자치
적으로 각 戶마다 均賦均徵을 하는 것이며, 그렇지 않을 경우에는 洞의 공유
지로 役根田을 設하여 그 소출로써 軍布를 부담하는 것이었다. 이럴 경우 양
반층의 세력이 약한 곳에서는 班戶조차도 賦役의 대상이 되고 있었다. 이는
물론 軍役制의 해체과정을 뜻하는 것으로 바람직한 현상이기는 하였지만,
그러나 軍役制의 폐단을 이로써 전적으로 해소할 수는 없었다. 설사 해소한
다 하더라도 이것이 전국적으로 시행되고 있는 것은 아니었다. 閔胄顯은 앞
서 든 文章에 이어 洞 단위로 戶布制를 시행해도 '分排於各坊各里　而稧防之
村　饒實之民　還多倖免　而貧賤之班村偏受其害'하는 不均이 있음을 지적하고
있었다. 그리하여 軍政의 폐단은 여전히 계속되었으며 그것은 더욱 확대되
어 나갔다. 吏胥層은 여러 가지 폐단을 야기하면서 징수한 布를 횡령하기도
하였으며, 이럴 경우에는 이 負逋를 보충해 놓지 않으면 안 되었는데, 이를
보충하기 위해서는 그 폐단은 또 다른 각도로 번져 나가고 있었다. 그 흔한
방법은 結斂을 하는 것이었다. 宋近洙가

　　　此又乾沒於該吏之手　畢竟京營上納　皆從田結中出來[55]

라고 한 것이라든가, 尹大淳이

　　　所謂軍役　橫徵於民墾田畦[56]

---

53) 三政策 10.
54) 三政策 8.
55) 三政策 15.

라고 한 것, 그리고 懷德縣監이

故自戊子己丑間 軍額太半不足 於是乎每結一兩式爲加斂 以補軍錢[57]

한다고 하였음이 바로 그것이다. 軍役은 본시 법적으로 人身에 부과되는 것이었는데, 이제 그들은 그 원칙을 이탈하여 田結에까지 부과하게 된 것이었다. 이른바 都結·加結의 폐단으로 불리는 것이 바로 그것으로써, 軍政의 폐단은 이제 田政의 폐단으로 확대되고 이를 또한 가중시키고 있었다.[58]

　還穀의 폐단으로는 그 農民賑貸로서의 의의가 상실된 것은 말할 것도 없고, 取耗補用을 위한 還穀法의 의의와 원칙마저도 해이해지고, 그것을 운영하는 데 여러 가지 폐단이 생기고 있음을 지적하고 있었다. 가령 朴應漢이

昔者賑貸之政 今爲補用之資 昔者取耗之法 今有加作之令 …… 悍吏脅勒 代錢而加斂 奸胥舞弄 蠹食而徵逋 是以民不堪命 國不爲榮[59]

이라고 한 것이라든가, 尹大淳이

謹稽國穀 民食民納 去舊取新 取耗經費 厥有常數 不可有剩縮之用奸也 如非狡猾操弄 倉豈擁虛簿乎[60]

라고 하였음이 그것이다. 朴의 언급 가운데, 還穀은 원래 賑貸政策으로서 출발한 것인데 이제는 다만 補用의 資로 되고 있으며, 그것도 옛적에는 取耗法에 일정한 원칙, 이를테면 1分耗穀의 會錄 또는 3分耗穀의 會錄 등의 원칙이 있었는데 이제는 加作의 令이 있을 뿐이라고 한 것은 그 법의 解弛를 말함이었다. 그리고 그러한 還穀의 운영에서나마 悍吏奸胥가 代錢加斂하고 蠹食徵

---

56) 三政策 21.
57) 三政策 40.
58) 그들은 이 밖에 軍制 자체의 문제를 논하기도 하였지만 本稿에서는 이를 論外로 한다.
59) 三政策 11.
60) 三政策 21.

遝한다고 한 것은 그 운영의 紊亂狀을 말함이었다. 그리고 尹의 언급 가운데, 民이 貸用하고 元利를 상환할 때나 국가가 儲穀의 新舊를 교체하는 데 있어서, 그리고 取耗補用을 할 때는 일정한 率이 있어서 剩縮의 用奸이 있을 수 없는 것이라고 하였음은 전자를 말함이었고, 官과 吏의 狡猾操弄이 아니면 어찌 당연히 儲穀을 지니고 있어야 할 官倉이 虛簿를 지니고 있겠느냐고 반문하고 있음은 후자를 말함이었다. 또 寶城 지방의 사례로써 그 폐단을 논하고 있었던 李志容이

> 我朝還穀之法 …… 取耗補用　固出不已　而舊法漸懈　猾胥因緣　巖邑沿郡往來無脛
> 舊糠新粲變幻無常　鄕遝吏縮虛載簿錄　族徵隣侵浪藉鞭扑　至於營耗之換錢　賑廳之
> 買穀　馮公舞私　料販多逞　儲蓄只是空券　停退盡歸私橐　最是錢換一事　便成近來之
> 痼瘼　則利國者反爲病國　養人者反爲害人[61]

이라고 한 것도 같은 예이다. 還穀을 통해서 取耗補用을 하게 됨으로써, 還穀法이 본래 지니고 있었던 賑貸의 의의는 점차 解弛해지고, 이를 틈타서 官과 吏에 의한 여러 폐단이 생기게 되었다는 것이다. 이러한 몇 가지 사례에서 보면, 이들은 還弊의 중요한 양상의 하나로 그 賑貸法으로서의 기능이 마비되고 取耗補用의 率에 한계가 없어지고 있음을 중시한 셈이었다.[62] 이러한 사실은 반드시 이와 같이 설명하지는 않았다 하더라도 많은 논자들이 주장하는 바였다. 全耗會錄의 폐단을 들고,[63] 盡分沒作의 폐를 논하며,[64] 加作加分의 폐를 논하고 있음은 바로 그것이었다.[65] 그리하여 그들은 이러한 논리 위에서 官과 吏에 의한 여러 가지 폐단이 나올 수 있는 근거를 '此實還上之爲法 有弊而然也'[66]라고 하여 還穀法 자체에 결함이 있는 까닭이라고까지 생각

---

61) 三政策 28.
62) 還穀制度 및 取耗補用에 관해서는, 金峻憲, '李朝後期에 있어서의 糶糴制度의 經濟的 位置'(『靑丘大論集』 5, 1962), 宋贊植, '李朝時代 還上取耗補用考'(『歷史學報』 27, 1965) 참조.
63) 三政策 2.
64) 三政策 19.
65) 三政策 22.
66) 三政策 8.

하게 되었다.

　還穀은 그 법 자체의 解弛過程에 따라 많은 폐단을 隨伴하고 있었다. 그것은 위의 李志容의 글에서 쉽사리 읽을 수 있지만, 同福 지방의 사례에서 그 폐단의 실태를 지적한 閔胄顯의 기록에서도 생생하게 파악할 수 있다.

　　還穀則斂散之地奸竇層生　錢穀之間流弊無窮　沿郡巖邑往來無脛　舊糠新粲變幻無常　鄕逋吏縮虛載簿錄　族徵隣侵浪藉鞭扑　儲留只是空券　停退盡歸私橐　千疵萬瘼未可以更僕數　而最是京營作錢列邑移轉之因緣弄奸　爲近來之痼弊矣[67]

　이를 보면 還弊는 穀을 斂散할 때의 폐단, 그것을 錢과 穀으로 서로 대체하는 데 따르는 폐단, 山郡野邑을 왕래하는 데 따르는 폐단, 新舊穀을 교체하는 데 따르는 폐단, 鄕吏의 逋穀으로 還摠이 帳簿上에 虛載되는 데 따르는 폐단, 還穀의 儲留가 空券化하는 데 따르는 폐단, 族徵隣侵의 폐단, 停退가 있을 경우 그것이 모두 官吏의 私囊으로 들어가는 폐단, 그리고 營梱과 京司의 作錢과 移貿에 따르는 폐단 등으로 요약할 수 있다.

　그리고 이러한 여러 폐단 가운데서도 특히 이 시기에 이르러서 還弊의 핵심이 되고 있는 것으로는 두 가지를 들 수 있는데, 그 하나는 李志容이나 閔胄顯이 말하고 있듯이 京司營梱의 移貿作錢의 행위였다.

　移貿는 본시 지방에 따르는 還穀·還摠의 多寡를 裒益해서 糶糴의 균평을 기하려는 데서 나온 것으로, 列邑의 穀摠을 비교하고 沿峽의 事勢를 참작해서 多寡不稱의 폐가 있거나, 枏峙不均의 歎이 있으면 此邑에서 作錢하여 彼邑으로 移貿를 함으로써 不均을 시정하려는 것이었다. 그런데 近年에 이르러서는 이러한 본래의 의도가 무너지고 마침내는 作錢取剩의 妙方으로 화하고 있었다.[68] 그리하여 京司營梱의 還穀運營은 다만 取剩을 목적으로 하는

---

67) 三政策 10.
68)『繡啓』2.
　　還上之有移貿　本出於裒多益寡之政　欲其糶糴之平均也　比較列邑之穀摠　斟酌沿峽之事勢　如有多寡不稱之弊　枏峙不均之歎　則作錢於此　移貿於彼是白乎矣　每於分留修啓時　移貿石數參互分排　附陳後錄　待回下擧行　自是舊例愼重之義　而十數年來　此例遂廢　糴法蕩然　無復防限　移貿一事　竟爲作錢取剩之妙方

移貿를 하게 되고 이로 말미암아 民이 그 피해를 입고 있었다. 그리고 그러한 移貿에서조차도 斂散에 따르는 폐단은 그대로 따르고 있었다. 沈相直이 移貿의 실태를

> 穀價貴賤之邑　往來搬移　存其本而取其剩　米貴之邑價或至八九兩　而給之以半化
> 糠粃　不直一錢之粟　而收之以八九兩之價　政之虐民　豈有甚於此哉[69]

라고 한 것이 그것이다. 즉 그들은 穀價의 지역차를 살펴서 穀價가 싼 곳의 還穀을 穀價가 비싼 지방으로 移貿하되, 가령 그곳 穀價가 8, 9兩이면 반은 糠粃로 化한 1錢어치도 안 되는 粟을 給與하고서도 이것을 거둬들일 때는 8, 9兩을 다 받아간다는 것이었다.

　다른 하나는 吏逋로 말미암아 虛載가 늘어나고 儲留가 空券化하는 데 따르는 폐단이었다. 이러한 현상은 특히 近年에 이르러서 심해지고 있었다. 任百經은 還穀의 여러 가지 폐단을 논하면서 '此猶屬昔年事　到今八路州郡　倉庫空柝　徒擁虛簿'라고 하고 있었다.[70] 다른 폐단은 그래도 옛적부터 있었던 일이므로 놀랄 것이 없지만, 近年에 이르러서는 옛적에 볼 수 없었던 폐단, 즉 모든 州·郡의 창고가 텅 비고 다만 虛簿만을 지니는 현상이 일어나게 되었다는 것이다. 이러한 사실은 간단한 문제가 아니었다. 帳簿上의 還摠의 수는 늘어나는데도 실제로는 實物이 없는 것이다. 그러나 그럼에도 還穀은 取耗補用으로 화하고 있었으므로 반드시 分排와 收斂이 있어야만 하는 것이었으니, 이럴 경우에는 결국 還穀을 分給치 못하면서도 取耗는 하게 되는 것이었다. 白徵이었다. 鄭泰元은 그것을

> 今之還穀　卽古之遺制　而所謂還上　卽白上也　還穀卽虛穀也[71]

라고 표현하고 있었다. 이러한 점을 지적하는 논자는 많았다. 實棒空俵의 폐

---

69) 三政策 19.
70) 三政策 32 A.
71) 三政策 52.

를 말하고,[72] 虛穀筆分의 폐를 말한 것,[73] 不給白徵의 폐를 말한 것,[74] 그리고 虛簿日增으로 有糶而無糴하고 有納而無給한다는 폐를 말하고(虛簿白奪) 있는 것[75] 등은 모두 그것이었다.

白徵은 여러 가지 폐단의 귀결이었으므로 前記한 바와 같은 여러 폐단이 심화되면 될수록 白徵은 늘어났다. 그러나 白徵이 쉬울 수는 없었다. 그래서 考案된 것이 結斂이었다. 田結에서 結斂錢의 이름으로 稅를 징수하는 것으로써 取耗에 代하는 것이었다. 尹宗儀는 그러한 상황을

> 雖欲奉行 計無所出 乃於結摠之內 橫加暴斂 賦稅雜役 已爲高重 而添價勒捧 兼作肥己之術[76]

이라고 하였다. 그리고 李喬榮도 그가 다스리던 龍宮縣의 실례를

> 還穀 …… 倉無一升之穀 而筆分給於民間 戶之大者數三十石 小者猶爲五六石 歲取其耗於不食之穀 於是民不堪命 計出不已 隨結而加斂五兩三錢 名之曰結斂錢 …… 納于營門以當耗貢[77]

이라고 하였다. 儲穀이 전무한 이곳에서는 다만 문서상으로만 民戶에 還穀을 分給하여 耗穀을 白徵하였는데, 民이 이를 견딜 수 없게 되자 그 代案으로 매 結당 5兩 3戔씩 加斂하여 營門에다 상납하고 있다는 것이었다. 그 후 이곳에서는 還摠에 蠲減이 있었으나, 水災로 縣廳의 청사를 新築하게 되자 그 비용도 첨가되어 結斂은 白徵으로써 계속되었다. 이러한 結斂은 앞에서도 언급하였듯이 이른바 都結·加結로 불리는 것이었다. 가령

> 如今所稱都結加結等 許多名目之爲弊於田政者 或因軍政之貽害 而邑各相殊 或

---

72) 三政策 38.
73) 三政策 26.
74) 三政策 22, 46.
75) 三政策 2, 49.
76) 三政策 22.
77) 三政策 23.

因還政之嫁禍　而州又不同[78]

　以田賦言之　則都結加結者　卽虛還虛伍之無處徵出　而混入於田結中　以致結價之
高濫者也[79]

라고 한 것이라든가, 또는

　　近來列邑　擧皆空虛　凡百需用　無所取辦　則刱爲都結　稅外添價　還逋之無徵　而斂
之於結　軍錢之不足　而斂之於結　以至上營之卜定　邑用之雜費　亦無不斂之於結[80]

이라고 한 것이 그것이다. 軍布의 폐단에서와 마찬가지로, 이제 還穀의 폐단
에서도 마침내 田結을 통해서 白徵을 하게 됨에 따라 田政의 폐단을 또한 가
중시키고 있었다. 都結이나 加結은 말하자면 軍弊·還弊의 종국적 귀결이었
고, 따라서 三政紊亂의 집약적 표현이기도 한 셈이었다. 그러한 점에서 民亂
이 일어났을 때, 亂民들이 규탄의 주 대상으로 삼은 것은 바로 이 都結이나
加結이 아닐 수 없었을 것이다. 그리고 실제로도 그러하였다.

(2) 三政紊亂 ─ 增稅·賦稅不均論

다음으로 呈疏者들이 좀더 구체적으로 三政紊亂의 핵심을 지적한 것은,
그것을 制度解弛나 運營紊亂으로 보고 또 그것을 스스로 논하면서도, 한 걸
음 더 나아가 그것을 增稅現象으로 파악하고 그로 말미암아 농민부담이 가
중하고 있다는 것을 특히 강조하고 있는 점이었다. 그리고 이 경우 이 增稅
는 단순한 稅의 증가인 것이 아니라 身分階層 간의 차이, 貧富 간의 차이,
勸力의 有無에 따르는 차이 등을 내포하는 이른바 賦稅不均의 현상이 따르
는 增稅라는 것이었다. 이는 三政紊亂을 단시 制度解弛나 運營紊亂으로 보
는 데 머물지 않고, 그 본질을 파악하는 데까지 한 걸음 들어간 견해였다.
이러한 견해에서도 그들은 이를 田政·軍政·還穀 등에 관하여 제시하고 그
것을 농민항쟁의 배경으로서 이해하고 있었다.

田政의 增稅現象을 논할 경우, 그것이 전 項에서 언급한 여러 폐단을 바탕

---

78) 三政策 8.
79) 三政策 24 A.
80) 三政策 48.

으로 하는 것임은 말할 것도 없었다. 가령 姜瑋가

田政之難　在中葉神聖之世　猶苦其疆界漸紊　賦斂不均　而屢改之矣　到今之弊　乃
不止此　陳稅·虛卜·白徵之弊　且未暇論　其外隱結·餘結·都結·加結·宮結·屯
結許多名目　已爲民國難支之弊矣　乃有官欠之再徵也　吏逋之代輸也　邸債之布斂也
民庫常用閒雜之費也　營員使客不時之需也　無大無小皆敷於結　一結之出　多或至三
四十兩[81]

이라고 한 것이라든가, 朴宗永이

盖田賦之爲弊　非止一端　而最其甚者　近來所謂都結是耳　都結云者　都取民結而官
戶取剩者也　本非經法　而許多弊端　多從此出 …… 其所取剩　多歸私用　甚至別星廚
供之費　邸吏補弊之給　外他各樣支需不一而足　於是乎結價年增而歲加　罔有限節[82]

이라고 한 것이 그것이다. 이에 따르면 疆界紊亂으로 말미암은 賦稅不均은
이전에도 있었던 일이며, 지금에 이르러서는 이에 그치지 않고 陳稅·虛
卜·白徵은 말할 것도 없고, 그 밖에 隱結·餘結·都結·加結·宮結·屯結
등의 폐가 있고, 官欠을 再徵하는 폐, 吏逋를 代輸하는 폐, 邸債를 布斂하는
폐, 民庫의 비용과 使客接待費를 捻出하는 폐 등이 모두 田結에 부과됨으로
써 結稅는 늘어나고 있었다. 그리고 그 가운데서도 두드러진 폐단은 都結인
것으로 田政에서 일어나는 허다한 폐단은 모두 여기서 비롯되는 것이며, 여
기에 稅額은 年增歲加하여 姜瑋가 말하듯이 1년에 30, 40兩씩이나 되는 등
그 한계까지 없어지게 된다는 것이었다. 이러한 폐단은 이미 앞에서 언급한
바와 같이 여러 사람이 거론한 바이지만, 이들은 이를 종합하여 그 성격을
增稅現象으로 收斂하고 있었다.
　이러한 입장에서 三政紊亂을 생각하는 논자는 이 밖에도 많아서 유사한
견해를 내세우고 있다. 李象秀는 土豪層의 고리대를 통한 농민수탈과 自己
擔稅地를 他人結卜으로 勒移하는 일, 京營·宮房 등의 開堰築洑를 빙자한

---

81) 三政策 1.
82) 三政策 12.

土地侵占, 豪勢殘民의 賦稅差, 防納偸弄, 白地徵稅, 上納時의 情費·雜費의
증가, 雜結·都結을 통한 賦稅, 邸債의 田結徵收, 書院求請의 田結添徵, 奸
吏負逋의 田結移禍 등등으로 말미암아 結稅가 늘어나게 되는 것임을 지적하
고, 淸州 지방에서는 그것이 30兩, 晋州 지방에서는 90兩씩이나 되고 있음
을 말하였다.[83] 그리고 許傳은 改量이 안 되는 데 따르는 경계의 문란, 作錢
納租의 폐, 借租(豫借·先結)의 폐, 各司·各宮의 增稅의 폐, 勢家의 수리시
설 抑奪의 폐 등을 논함과 아울러 특히 都結의 발생으로 인한 租稅의 漸增을
말하였다.[84]

　結稅의 증가가 얼마나 되는 것인지 일률적으로 말하기는 어렵고 또 지역
에 따라 차이가 나는 것이지만, 대체로는 20, 30兩 또는 30, 40兩을 넘나드
는 수치로 나타나고 있었다. 姜瑋의 기록에 '一結之出 多或至三四十兩'이라
고 하고 李象秀의 지적에 '淸州之結三十兩 晋州之結九十兩'이라고 하였음은
이미 앞에서 본 바이지만, 이 밖에도 權周郁은 結稅를 '一結而價或至三十
緡'[85]이라 하였고 許傳은 '每結所收 多至二三千錢 又或有過焉者' 즉 20, 30
兩 또는 그것을 넘는다고도 하였다. 이러한 20, 30兩의 結稅는 농민들에게
는 과중한 것이었다. 許傳은 앞서 든 文章에 이어 이 금액을 米로서 환산하
여 말하되

　　　較諸豊年之斗直 則民賣米百餘斗 僅加得錢以應之 則加增爲四五培[86]

라고 하고 있었다. 增稅는 穀價가 하락하는 풍년에는 원래 稅額의 4, 5배나
된다는 것이었다. 그리고 晋州의 경우 90兩은 다른 지방에 비하여 월등히
많아서 의심스럽기도 하지만, 鄭泰元도 이 고장 結斂을 '一結之價 多至百
兩'[87]이라고 하고 있으므로 사실이었던 것 같다. 특별한 경우였을 것으로 생
각된다.

---

83) 三政策 25.
84) 三政策 37.
85) 三政策 3.
86) 三政策 37.
87) 三政策 52.

이와 같은 몇 가지 사례에서 보면 어느 지방을 막론하고 結稅는 일반적으로 원래의 稅額보다 월등히 많았음을 알 수 있다. 이러한 사실은 다른 기록에서도 확인할 수 있다. 鄭祐昆은 그것을 '昔之取八者 今至十七八'[88]이라 하였고, 宋近洙는 '前日之十許兩稅者 今焉爲數十緡'[89]이라 하였다. 그리고 金觀燮은 田稅의 경우만을 들어서 원래 12斗를 수취하던 結稅가 '近來百物騰貴 一負納爲一錢三四分'[90]한다고도 하였다. 田結에 부과되는 稅는 이것 이외에도 허다한데 結稅의 경우만도 米 12斗에서 13, 14兩으로 늘어났다는 것이었다. 이 금액을 許傳의 算法으로 換算하면 米 50여 斗나 되는 것이니 원래보다는 4배나 증가한 셈이다. 또 그러한 현상은 李瑀祥이 官·吏의 부정을 논하면서 '該色之濫竊 其數三培 官長之染指 又占一分'[91]이라고 한 데서도 살필 수 있다. 이에서 보면 그들은 원래의 法定稅額보다도 3, 4배나 더 增收하였음을 알 수 있다.

그러나 앞에서도 지적했듯이 이러한 增稅는 단순한 稅額의 증가나 稅率의 증가만을 뜻하는 것이 아니었다. 三政紊亂을 사회적인 모순으로 관찰하고 있는 論者들은 이러한 增稅現象에는 빈부·권력·신분계층 간의 차이에 따라 稅가 불균등하게 부과되고 있음을 놓치지 않고 있었다. 가령 懷德縣監이

本邑田政之紊亂 其來久矣 …… 苟究其故 專由於班戶及饒戶 以威脅之 以利啗之 符同該色 以其當徵之稅 移送於無知小民[92]

이라고 한 것이라든가, 李象秀가 淸州 30兩, 晉州 90兩의 增額現象이 일어나게 된 緣由를 말하는 가운데

豪右有新起 則例從寬斂 抑有隱匿而漏稅者焉 殘民有舊陣 則多係寃徵 抑有溢出於量外者焉[93]

---

88) 三政策 34.
89) 三政策 15.
90) 三政策 5.
91) 三政策 26.
92) 三政策 40.

이라고 한 것이 그 예이다. 이에 따르면 班戶와 饒戶들은 衙前에게 脅喘해서 그들이 담당해야 할 稅를 小民들에게 전가하고 있으며, 官吏들은 豪勢家들이 新起를 하면 低率의 稅를 부과하거나 아주 漏稅를 시켜 주는 반면, 殘民들의 舊陣田에 대해서는 부당하게도 冤徵을 하고 量外의 土地에 대해서도 稅를 과하고 있다는 것이었다. 이와 같은 일은 많은 사람들이 지적하고 있었다. 李震相은 田政의 폐단을 '科外之誅求歲增'이라고 한마디로 표현하면서, 그 가운데서 稅의 부과를

> 量案已久 虛實相蒙 田确而卜多者 問其主 則謹拙之士愚賤之氓也 土沃而卜寡者 問其主 則豪民猾吏符同作奸者之田也[94]

라고 하여, 힘없는 農民이나 謹拙之士는 瘠田에서 稅를 많이 내고, 豪勢之家는 猾吏와 符同해서 沃土에서 稅를 적게 낸다고 하였다. 또 이미 앞 小節에서 제시했듯이 洪碧松이 '(陳田) …… 後雖更起 …… 或富民賤買 納賂于吏 灾減之稅 移錄於窮民新起與火耕 而原稅以永陳欺'[95] 라고 한 것, 李喬榮이 '浦落而宜蒙頉者 反有貧民之冤徵 泥生而宜收者 反有饒民之倖免'[96]이라고 한 것도 같은 사례겠다. 그리하여 이러한 불공평한 稅의 부과로 말미암아 無勢貧困한 농민일수록 부당하게도 과중한 稅를 부담하지 않으면 안 되었다. 李志容이 宮房田에서 농민부담이 民田의 그것보다 무겁고, 火田稅가 正田의 그것보다 많고, 심지어는 復戶潛買·養戶預防 등의 현상으로 말미암아 '我窮黎偏受其害'[97]한다고 한 것은 이를 말함이었다.

軍政에서 이루어진 增稅도 田政의 경우와 유사하게 나타났다. 軍政에서는 郡縣 단위로 軍額, 즉 收布의 수가 일정하였다. 그러므로 앞 小節에서 기술한 바와 같이, 避役者가 늘어나면 軍多民少 현상이 일어나고, 따라서 殘餘農民들은 二重·三重으로 疊役을 지게 되는 것이 그 주된 현상이었다. 이는 官

---

93) 三政策 25.
94) 三政策 29.
95) 三政策 38, 註 40 참조.
96) 三政策 23.
97) 三政策 28.

의 입장에서는 규정된 액수의 收稅이지만 농민들의 입장에서는 2, 3배의 增稅였다. 가령 龍宮縣의 사정을 李喬榮이

> 所謂擧邑數千戶中 除出大民及官屬·院隷·驛卒之戶 則應布之民止爲四百戶 而本縣納番都數 則合爲一千六百餘名 以此千有六百之役 徵彼不滿四百之戶 不幾於龜背之括毛乎 國家元額之布 不可減數以捧 …… 細考昔日之案 詳探徵納之處 則延徵於其面里者 爲六百二十名 橫徵於其姻族者 爲四百八名 其餘有田土替納者爲八十九名 又其餘本邑四百戶之外 并移在他邑者之所徵 合爲五百六十五名 而此皆非一人而當一布也 多者或疊徵七八名 小不下四五名[98]

이라고 한 것, 載寧郡의 사정을 南秉善이

> 民戶爲七千二百二十五戶內 雜頉二千二百三十七戶 實四千九百八十八戶 …… 軍籍則 本郡各項軍額九千九百五十八名內 闕額一千六百二名 軍布上納 不無白骨之收里族之徵[99]

이라고 한 것은 그 한두 예이다. 후자의 경우는 軍多民少 현상이 그래도 견딜만하지만, 전자의 경우에는 실로 심각한 것이 아닐 수 없었다. 이곳에서는 '多者或疊徵七八名 小不下四五名'하는 실정이었다. 避役 ― 軍多民少 ― 疊役의 현상은 이 시기 軍役行政에서 최대의 폐단이고 고민이었다.[100]

　軍額과 관련된 增稅는 이 밖에도 私募屬의 이름으로 징수되는 稅가 또 있었다. 均役法 이후에 각 지방의 軍役行政은『良役實摠』에 규정된 軍額을 중심으로 운영되었는데, 京·外의 各級 官衙와 鎭營에서는 額外로 軍保를 私募入하여 稅를 징수하고 있었다. 그런데 그와 같은 私募屬의 수가 적지 않았다. 某氏는 그와 같이 해서 늘어나는 軍額을

> 肅宗初年則不過三十萬名 至均廳之設始也 已爲五十萬名 伊後營邑之除番也 校院之保率也 官隷之私募也 年增歲加 在今統計 恰至數百萬[101]

----

98) 三政策 23.
99) 三政策 45.
100) 本書 본편의 앞 논문 제2장 참조.

이라고까지 말하고 있었다. 그 수가 수백만이나 되었겠는지는 의문이지만 이로써 稅가 늘게 되었음은 분명하였다. 李承敬은 그것을 '二正之制雖減 良役之苦偏甚'[102]이라고 표현하고, 金尙鉉은 그것을 '聖朝定減半之布 而州縣斂加培之賦'[103]라고 기술하고 있다. 私募屬의 이름으로 늘어나는 만큼 軍役稅도 전체적으로 늘어나고, 그것이 결국 軍役農民에게 부과되었음은 말할 것도 없었다.

軍布의 징수를 통한 增稅가 이것으로 그치는 것은 아니었다. 지방관이나 吏胥層은 그 지방의 軍額을 마음대로 늘릴 수 없었으므로, 더 이상의 增稅와 수탈을 위해서는 다른 방법을 생각해 내지 않으면 안 되었다. 그것은 以錢代布의 방법이었다. 이는 농민으로 하여금 布를 납부케 하는 대신에 布價를 고액으로 정하여 金納시킴으로써 중간에서 取剩하는 것이었다. 許傳은 그러한 현상을 다음과 같이 기술하였다.

朝家每於木綿甚貴之歲　特令以錢代布者　實出恤民之意　而外邑濫收　匹至八九兩 則丁多者　一家所出　至有三五十兩者　民何以堪之　夫布是紅女之手績　則雖貴而可辦 錢非白地之自生　則似便以難得　故將納一匹之錢　則必賣三四匹　而後僅能納之[104]

以錢代布의 원칙은 綿農이 흉작인 해에 농민들의 편의를 도모하는 뜻에서 세워진 것인데, 지방관청에서는 濫收를 하여 綿價를 8, 9兩씩으로 정하기 때문에, 壯丁이 많은 농가에서는 30兩 내지 50兩씩이나 수납해야 한다는 것이다. 그리고 布價를 그와 같이 고액으로 정하기 때문에 1匹分의 布價를 수납하기 위해서는 그들이 織造한 布를 3, 4匹씩이나 판매해야 한다는 것이다. 이는 官吏들의 화폐경제를 이용한 增稅이고 수탈이었다.

이와 같이 增稅를 통한 수탈이 자행되는 가운데서도, 특히 문제가 되는 것은 田政에서와 마찬가지로 그 役의 부과가 불공정하고, 따라서 농민부담이 不均하게 되는 점이었다. 軍政의 폐단을 논하는 많은 논자들은 이를 稅政上

---

101) 三政策 50, 1.
102) 三政策 48.
103) 三政策 49.
104) 三政策 37.

의 불합리로서 거론하고 있었다. 貧富의 차이에 따라서 役의 부담이 달라지
는 賦稅不均의 현상을 그들은 특히 그 폐단으로 지적하는 것이었다. 軍役은
본시 良民이면 누구나 져야 하는 것이지만, 이것은 終身의 苦役이고 또 신분
제 사회에서는 하위 신분을 나타내는 상징으로 천시되었으므로, 富民들은
富力으로써 이를 免하는 반면,[105] 貧民들은 자기의 役은 말할 것도 없고 富民
이 피한 分까지도 아울러 지고 있었는데, 呈疏者들은 이를 부당하게 보고 軍
弊의 핵심으로 파악하는 것이었다. 姜瑋의 軍弊說에

> 今日所謂良民　又以役名爲大防 …… 抵死難冒　百方規免　而賄行於其間　賄行而富
> 者免　貧者不免　亦其勢也

라든가,

> 復有貴賤良役之等紛然相較　而窮民有偏苦之怨　經用有不給之患　由軍政之不修與
> 不均之害也[106]

라고 한 것이 바로 그것이다. 富者는 富力으로써 役을 免하고 貧者만이 偏受
其苦한다면, 그것은 稅政으로서는 지극히 불공평한 것이 아닐 수 없는데, 이
는 이 시기 軍政에서 일반적인 현상이 되고 있었다. 權周郁・閔胄顯・朴致
馥・沈相直・李象秀・李瑀祥・鄭祐昆・洪碧松 등이 부자의 納賂圖免이나
그에 따른 賦稅不均을 말하고 있었음은 그러한 예이다. 그 가운데서도 특히
柳重教가

---

105) 三政策 1.
　　또 良民들이 軍役을 賤視하여 돈으로 班戶를 取得하고, 따라서 役을 免하게 되는
事情을 李瑀祥은 다음과 같이 記述하기도 하였다(三政策 26).
　　官府帳籍擧皆幼學　閭巷稱號盡是生員　閒良之名猶不屑於對人　正兵之稱其果安於
自處乎　是以賣牛賣犢　潛賂面任　斥田斥土　厚酬該掌　必移其籍於儒戶　刊其名於軍簿
其名之不徒刊而及其父祖　父祖之不徒而及其遠代　於是乎　班戶民籍混然無別　而簽軍
括丁　更無可施之地矣
106) 三政策 1.

小民之稍饒稍黠者　千方百計欺詐規免　曰璿派　曰勳裔　曰班族　曰儒任鄕任　曰陵軍官隷驛戶墓直之類　此全避也　曰陵院保　曰校院保　曰吏校奴令保　曰驛保契防戶之類　此避重而就輕也　其餘充丁者　卽雇傭丐乞疲癃殘疾　顚連而無告者也[107]

라고 한 것, 李志容이

富漢則納土而免役　稍饒則行賂而頉役 …… 至窮之民　則有子四人四皆從軍　有子三人三皆從役　每當出番之日　搥胸頓足愁聲載路　生子人所大欲　而生女則喜　生男則戚[108]

이라고 한 것, 그리고 李震相이 또한

十年前見在軍籍者　納賄移名冒稱幼學十居七八　其次則托名於某廳某院之保　而圖避身役 …… 最下窮殘愚蠢若爾輩　僅列於正兵束五之籍　或一身而四五番　甚至八九番[109]

이라고 한 것은 모두 그 같은 현상을 생생하게 기술한 것이었다. 窮民들은 빈부의 차로써 役을 偏受하게 되기 때문에 혹은 4, 5番, 심하면 8, 9번씩이나 진다는 것이며, 富民이 頉役하는 바람에 貧民은 子息이 있는 대로 모두 役을 지게 되고 그래서 출산 시에는 딸을 낳는 것을 기뻐한다는 것이며, 富民들은 천 가지 백 가지 방법으로 役을 피하기 때문에 그것을 지게 되는 것은 雇傭丐乞이나 疲癃殘疾의 힘없는 농민뿐이라는 것이다. 이러한 不均에 대하여 빈민들은 혹 '率眷而移他'하기도 하지만,[110] 이것이 근본적인 해결책일 수는 없었다. 남아 있는 빈민들에게는 도망자의 분량만큼 役이 더 가중하고 賦稅不均은 더욱 격심해지는 까닭이었다.

還政에서도 그러한 상황은 田政이나 軍政과 마찬가지였다. 還穀은 본시 賑貸를 목적으로 출발한 것이지만, 일정한 원칙에 의해서 取耗補用을 하게

---

107) 三政策 20.
108) 三政策 28.
109) 三政策 29.
110) 三政策 12.

되면서부터는 賑貸와 取耗補用의 두 기능을 겸하고 있는 것이었으며, 따라서 이 양 기능이 그대로 살아 있은 동안은 아직 그 폐단이 극심한 것이 아니고 농민부담에도 여유가 있었다. 그러한 還穀이 그 기능을 상실하고 농민부담을 가중시키게 되는 것은, 처음에는 賑貸의 목적을 잃고 다음에는 賦稅로서 取耗補用의 한계를 넘어서게 되면서부터였다. 전 項에서 이미 언급한 還穀制度의 解弛過程과 그 운영에서 폐단의 심화과정이 진행되는 것은 바로 그 시기였다. 還穀制度의 解弛와 그 운영의 문란은 농민층에 대한 增稅 그 자체이며, 그것이 심할 때는 농민층의 擔稅能力을 훨씬 넘어서고 있었다. 그러므로 三政紊亂을 增稅現象으로 파악하는 논자들은 還穀에서도 역시 이를 그 폐단과 관련하여 설명하고 있었다.

姜瑋의 記述은 그 한 예였다. 그는 還穀制度에서의 賑貸機能과 取耗補用機能이 마비되고 있는 상황을, 吏逋에 의해서 증가하고 있는 帳簿上의 還摠을 抑配하여 그 耗穀을 白徵하고 있는 것, 捄弊錢·息利錢·賑庫錢 등의 명목으로 官錢을 高利取息하고 있는 것, 實穀을 분배할 때도 分·留의 규정을 어겨 加分하거나 虛錄反作하고 또 移貿換錢하는 것 등으로써 설명하고 있었다. 그리고 그것이 극에 달하는 시기를 말하여서는 '一自取耗作錢之後 弊尤不可勝言'이라고 하였다. 官이나 吏에 의한 여러 가지 還弊는 종전부터 이미 있어 온 터이지만, 取耗作錢을 하게 되면서부터 그 폐단은 이미 차원을 달리하는 極惡의 상태에 이르렀다는 것이었다. 作錢의 폐가 어떠한 것인지는 앞에서 언급하였지만, 이는 유통경제를 이용한 최악의 수탈방식이었다. 더욱이 이 단계에 이르러서는 그는, 수령들이 還穀을 남용하고서 吏逋로 懸錄하고, 邸錢을 作還하여 그 耗條를 取用하며, 또 巡營에서 還穀을 운영하되 加作·換作·移貿·添餉 등의 방법으로 暴斂을 하게 됨으로써, 還穀은 마침내 구제할 수 없는 데까지 이르렀다고 앞서 든 文章에 이어서 강조하였다. 그리고 그 때문에 이때에는 農民들이 '一粒之穀 民未嘗徵見其末 而白輸米若粟 歲而千萬'이라고 하였을 만큼 白徵을 당하게 되었다고도 보았다.

이는 賑貸機能의 완전마비를 뜻하는 것이지만, 그것은 동시에 取耗補用機能의 마비를 뜻하는 것이기노 하였다. 그는 還耗의 이용도를

> 上之所用以補經費者什之一 諸衙門之以自爲廩者十之二 都邑小吏翻弄販賣 以自
> 作其商賈之利者十之七

이라고 보고 있었다. 그래서 그는 이렇듯이 수탈적인 增賦로 그 기능이 마비
된 이 무렵의 還穀을 茶山과 마찬가지로 '此是賦斂 豈可曰賑貸乎 此是勒奪
豈可曰賦斂乎'라고도 말하여, 賑貸가 아닌 것은 말할 것도 없고 賦斂을 넘어
선 勒奪이라고까지 혹평하였다.[111)]

　還弊의 심화를 농민부담의 가중 현상으로 보는 이러한 입장은 다른 논자
들도 마찬가지였다. 許傳은 그것을 取耗補用의 초기상황과 現今을 비교하는
것으로써 설명하였다.

> 然始也 視邑大小 量民多寡 各有定數 半留半分 以捄民急而已 上不窺利 故下莫
> 售奸 而軍需荒政亦有所資矣 今也 戶部會計之外 諸營各衙之穀 轉轉增加 邑邑幾
> 千萬 而非爲養民 非爲富國 專爲取息而濫用也[112)]

초기에는 그래도 郡縣의 大小, 民의 多寡에 따라 還摠에 定數가 있고, 그
것을 分給함에도 일정한 원칙(分留)이 있어서 賑貸와 軍需에 도움이 되는 것
이었으나, 이제는 그것이 이익을 추구하는 것으로 되어 버려서 戶部·各
營·各衙의 還穀이 늘어나고, 따라서 郡縣의 還摠에 定數가 없게 되었으며,
養民을 위한 것도 아니고 富國을 위한 것도 아닌 取息濫用을 위주로 하는 것
이 되어 버렸다는 것이다. 그리고 그러한 還穀을 운영하는 데서도, 抑配·加
分·族徵·作錢·吏逋 등의 폐단이 따르고 있어서, 그것은 이제 농민들의
擔稅能力을 넘어서게 되었다고 보는 것이다.

　이 밖에도 농민부담의 증가를 申錫愚는 正祖時期와 哲宗時期의 還弊의
差, 즉 加分·兌錢·移貿 등의 발생으로써 설명하고,[113)] 朴宗永은 예전에는

---

111) 三政策 1.
112) 三政策 37.
113) 三政策 17 B.
　　正祖朝에도 還穀의 弊端은 있어서 이를 除去할 目的으로 이에 관한 策問 즉 '還
　餉策問'(19年)이 있었고, 이에 대해서는 많은 人士들의 應旨上疏가 있었다. 『還餉
　策文』(奎章閣圖書)으로서 現存하는 것이 그것이며, 茶山의 「還餉議」(『全書』, 詩文

없었던 京司作錢 營門取耗가 이제는 널리 應行하게 된 것으로 설명하였으며,[114] 李震相은 還穀을 통한 增稅가 都結·加結의 이름으로 田結에서 收取됨에 착안하여, 그것이 원래의 結당 8, 9兩에서 '通計各邑 不下三十兩'하게 된 것으로써 비교하고 있었다.[115] 그리고 鄭祐昆은 還弊가 심하지 않았던 永川 지방의 사례로써 설명하되 이를 몇 단계로 구분하여 비교하기도 하였다.[116] 이에 따르면 永川 지방에서는 ①庚午年(1810) 이후부터는 7, 8斗를 分給받고 15, 16斗를 還納했으나 아직 民이 죽을 지경은 아니었으며, ②수십 년 전부터는 2斗도 안 되는 還穀을 1斛으로 分給받고 15, 16斗를 還納했으며, ③그 후 얼마 안 가서는 分給은 없고 다만 收納만 있으되, 6, 7천 石이면 타당할 이곳 還摠이 2, 3만 石 또는 3, 4만 石으로 늘어나고, 그것을 取耗作錢함으로써 농민의 사정은 어려운 처지에 놓이게 되었으며, ④近年에 이르러서는 還穀의 반 또는 7, 8할이 '京作'의 이름으로 作錢됨으로써 그 부담이 더욱 무거워지고 있었다.

慶尙監司의 보고에 의하면, 이때 경상도에는 還摠이 折米로 1,175,969石이었는데 實在穀은 492,075石이었다. 그러므로 이곳에서는 實在穀의 운영을 통해서 還摠의 耗穀을 확보하지 않으면 안 되었고, 따라서 여러 가지 수탈적인 폐단이 발생하게 마련이었다. 그리고 그것은 還戶農民에 대한 賦稅의 가중으로 나타났다. 이 경우 수탈적인 폐단은 白徵은 말할 것도 없지만, 還穀을 錢分으로 할 때 1石價를 3兩으로 계산하면 民冤이 없을 만할 때, 5錢, 3錢으로 계산해서 分給하는 일도 왕왕 있었다.[117] 이러한 사정은 다른 사람도 지적하고 있었다. 그에 의하면 영남지방에서는 減常還이라는 것이 있어서 '春給一兩 秋捧三兩'하고, 호남지방에서는 移轉還이란 것이 있어서 '始給一百二十兩 竟捧純米一百二十石'하고 있었다.[118]

還弊가 이와 같이 농민부담을 가중시키는 것임에서 문제가 되는 것과 아

集 卷 9)도 이때의 對策으로서 作成된 것이다.
114) 三政策 12.
115) 三政策 29.
116) 三政策 34.
117) 三政策 47.
118) 三政策 46.

울러, 특히 그것이 논자들에게 주목되는 것은 田政·軍政에서와 마찬가지로, 그 부과가 신분계층 사이 또는 빈부의 차에 따라서 공평을 잃고 있다는 점이었다. 還穀은 이미 실질적으로는 賦稅로 화하고 있는 것이었으므로, 그것을 賦稅로서 운영하려면 공정하고도 均平한 운영이 필요하였는데, 실은 그렇지 못하였다. 賦稅不均이 여기에서도 일어나고 있었다. 권세가나 富民들은 富力으로써 그 布徵에서 頉免하고 無勢貧農層은 꼼짝없이 이를 부담하게 된다는 것이었다. 李象秀는 그러한 사정을 다음과 같이 기술하고 있었다.

　　稍自名於鄉者　以受還爲耻　百計必免　巨室豪族　雖百戶之聚　一斗不入其里門　卿相之墓村·土豪之墓村漏焉　貴家之佃村漏焉　書院之福酒村漏焉　官吏之墓村·官吏之契防村·官吏之姻族漏焉　用錢防還者漏焉　還穀之所加　卽孤弱窮貧　上無卿相豪家之庇　下無官吏之援　內無錢財可以防　外無書院可以托　散於十者聚於一　還安得不多也[119]

이에 의하면, 巨室豪族의 村落, 卿相土豪의 墓村, 貴家의 佃村, 書院의 福酒村, 官吏의 墓村과 契防村 및 姻族, 그리고 富民防還者 등이 모두 권력이나 금력으로써 受還의 대상에서 빠지고, 無勢貧困한 농민만이 빠질 수가 없어서 10家에서 질 것을 홀로 담당하게 되고 있었다. 그러니 그 부담이 어찌 무거워지지 않을 수 있겠느냐는 것이다.

권세가들이 신분적인 우위와 官權을 배경으로 賦稅化된 還穀의 분배에서 제외되고 있음은 일반화되고 있는 일이었다. 鄭基雨나 宋近洙가

　　假令大邑萬戶之多　除其曾經朝官及勢力之人　而受還者　亦只是務農役作之家而已[120]

라든가

　　於是乎民皆以不受爲主　權豪契村　旣托勢而全頉　富洞饒民又給鈔而先防　其所受

---

119) 三政策 25.
120) 三政策 33.

還者 只是至殘無告之氓[121]

이라고 한 것은 그러한 사정을 表現한 것이었다. 그들은 그들 스스로가 제외되는 것은 말할 것도 없고, 그들에게 의지하는 契村도 이를 還穀의 布徵에서 頉漏케 하고 있는 것이며, 그것을 받는 것은 다만 가난하고 세력 없는 농민뿐이라는 것이다. 권력에 의한 避還뿐만 아니라 富力에 의한 避還도 이때에는 일반화되고 있었다. 이는 李象秀나 宋近洙가 지적하고 있는 바이지만, 이를 거론한 논자는 많았다. 鄭泰元은 晉州 지방의 그러한 사정을

營邑還總尙云不少　而除却饒戶與有勢之卜　一切分排於屛屛戶些少之結總 …… 富戶則太半規避　貧戶則偏受其害　富民當納之還　分徵於最困之貧戶[122]

하는 것으로 기술하고 있었다. 그래서 그는 이를 糶糴之法이 아니라 '生民切骨之痼弊'라고까지 혹평하였다. 柳重教는 還弊 6종을 열거하고 民은 이를 감당하기 어렵기 때문에 受還의 대상에서 도망할 것을 꾀하며, 여기에 그들은 그 방법으로 請囑·賄賂의 행위를 취하게 된다는 것을 말하고 있었다.

其稍有路逕者　皆思逃免　或請囑而戶免之　或行賂而洞免之　戶免者移害於隣戶　洞免者嫁禍於他洞　故其僻巷荒村至殘無依之戶　偏受其困[123]

즉, 재력 있는 자들은 請囑이나 行賂로써 戶免·洞免하고, 그것을 他戶·他洞에 전가하여 僻巷荒村의 至殘無依한 농가나 농촌만이 그것을 부담하게 된다는 것이었다. 이 밖에도 李彙載는 이러한 사정을 '饒戶見拔 貧民偏苦'한다는 한 마디로 표현하였고,[124] 金觀燮은 규정된 원칙에 따라 頉戶를 할 경우에도 '元頉之人 放賣於富戶 則富戶當食之還 移施一境貧民'[125]함으로써 貧民들이 그 해를 입게 된다는 것을 말하였다. 그리고 金在義와 兪萬柱는 '饒戶行

---

121) 三政策 15.
122) 三政策 52.
123) 三政策 20.
124) 三政策 30.
125) 三政策 5.

貨得免 貧者偏受其害'[126]한다거나 '或偏多而民不堪'[127]이라고도 하였다. 그러
한 가운데서도 還多民少한 지방에서는 그러한 不均이 더욱 심하였다. 還政
에서도 賦稅不均의 현상은 田政이나 軍政과 마찬가지로 심각한 것이었다.
그리고 이는 실로 이 시기 還政의 通弊로서 널리 알려져 있는 사실이었으며,
三政策을 應旨進疏하는 논자들 외에도 많은 사람들이 이를 비판하고 있었
다.[128]

(3) 三政紊亂 — 農民層分化·沒落促進論

前述한 바와 같이 三政紊亂을 생각하고 언급하면서도 그들 呈疏者가운데
는 사태를 좀더 심각하게 관찰하는 논자들이 있었다. 그들은 三政紊亂을 增
稅나 賦稅不均으로 파악하는 데 그치지 않고, 한 걸음 더 나아가서는 그러한
增稅나 賦稅不均 현상이 농민경제에 미치는 영향을 생각하고 있었다. 그들
은 그것이 종전부터 있어 온 農民層分化 과정을 한층 더 촉진시키고, 따라서
더욱더 많은 몰락농민층을 배출하게 되는 것으로 이해하고 있었다.

朝鮮後期의 農民層分化에 관해서는 이미 다른 稿의 여러 곳에서 언급한
바 있었지만, 이는 이 시기 농촌사회·농민경제의 한 특징이고 이 시기 사회
변동의 중요한 양상이기도 하였다.[129] 이는 17세기에서 19세기에 이르면서
농업기술이 발달하고 농법이 轉換하여 노동력이 절약되고 소출이 증대됨으
로써, 즉 농업생산력이 크게 발전하게 됨으로써 富의 축적을 목적으로 하는
활동적인 농민층이 경영확대를 하게 된 것, 유통경제의 발달에 따라서 농민
층에 의한 상업적 농업이 광범하게 전개된 것, 봉건적인 土地支配의 한 특징

---

126) 三政策 42.

127) 三政策 44.

128) 이를테면 茶山은 還穀에서 나타나는 그러한 賦稅不均의 문제를 私混의 이름으로
    설명하는 가운데 '或豪戶免徵(俗謂之班戶) 或多或少 或有或無'라 하였으며, 列邑이
    모두 그러한 가운데 그렇지 않은 곳은 '亦有一二邑 無此例者'라고 하여 한두 곳에
    지나지 않는다고 말하고 있었다(『牧民心書』卷 13, 還簿). 그리고 楓石도 그러한
    事情을 '饒戶百計圖免 貧民濫收偏多'라고 지적하였다(註 134 참조). 그뿐만 아니
    라 村民들에 의해서도, 가령 海州 지방에서의 경우와 같이, 이것이 指彈의 對象이
    되기도 하였다. 이곳 東江倉·海南·松林의 三坊民人은 그러한 事情을 '還政卽三政
    之一也 受還者貧殘 頤還者富饒 而其還疊分於貧殘之民 此非均一之本意'라고 지적하
    고 그 是正을 官에 요구하였다(『海營日記』, 乙卯 哲宗 6年 12月 26日).

129) 農民層分化에 관해서는 拙著, 『朝鮮後期農業史研究』Ⅰ, Ⅱ와 本書 제Ⅰ편 참조.

이던 收租權의 分給이 16세기 이래로 중단된 것, 그리고 兩亂 이후에는 지주층을 중심으로 農業再建策이 수행된 데서 지배층의 소유권에 입각한 土地集積이 확대(地主制의 확대)되어 나가게 된 것 등등이 배경이 되고 있었다. 그러므로 그 배경이 되는 여러 과정이 급격하고 심각하게 전개되면 될수록 농민층 분화도 격화될 수밖에 없었는데, 朝鮮後期의 農村史는 바로 이러한 여러 問題의 심각한 전개과정의 역사이기도 하였다.

그리하여 이 시기 농촌사회에서는 지주층이나 부농층의 토지집적이 진행되는 가운데 많은 自作農民層이 분화되어 零細土地所有者나 時作農民層으로 전락하게 되었으며, 나아가서는 時作農民層의 農地借耕에서도 경영확대는 전개되어 부유한 借地經營者와 無佃賃勞動層으로의 분화가 일어나고 있었다. 그것은 양반 신분의 경우에도 마찬가지여서 그들 가운데는 지주층으로서 그 富力을 그대로 유지하는 자도 있었으나, 개중에는 自耕者의 지위조차도 상실하고 零細時作農民이나 賃勞動層으로까지 전락하는 자도 생겨나게 되었다. 그리하여 이 시기에는 신분제의 전면적인 동요와도 관련하여, 이러한 과정의 일정한 전개 위에서, 農村社會는 새로이 農地貸與를 통해서 농민을 수탈하는 지주층, 自耕地·所有地를 유지 확대해 나가는 地主型富農層(經營地主層), 自耕地와 借耕地를 이용한 상업적 농업과 借地經營의 확대를 중심으로 富를 축적하는 經營型富農層, 토지소유나 土地借耕을 통한 중농층, 영세한 자영농민층과 時作農民層, 그리고 완전히 토지에서 배제된 無田無佃의 賃勞動層 등의 여러 계층으로 재편성되고 있었으며, 이들 여러 계층 상호간에는 이해관계의 대립으로 갈등과 마찰을 빚고 있었다. 그러한 가운데 농민경제에는 시대를 따라 여러 가지 契機가 작용하며 이 분화를 더욱 촉진시키고, 따라서 몰락농민층이 더욱더 광범하게 배출하고 있었다.

呈疏者들은 이 시기의 이와 같은 농민층 분화의 현상을 田政에서의 토지소유 문제와 관련하여 여러 모로 설명하고 있었다. 그 가운데서도 鄭祐昆이나 姜瑋의 기술은 그 대표적인 것이 되겠다. 鄭祐昆은 永川 지방의 실태를 토지소유자와 無田者로 구분하여 설명하되,

今以臣所居之郡觀之 有田一結之民 千不能爲一 逐末懸命者 亦幾過半 以此推之

一道可知 推之一道 一國可知[130]

라고 하여, 토지를 소유하되, 1結 정도를 가진 者, 즉 自耕農으로서의 富農層은 千에 하나도 못 되고, 따라서 대부분의 농민들은 그 이하의 농민층이라는 것이며, 그뿐만 아니라 토지에서 완전히 배제되어 末業, 즉 商工業으로 연명하는 이른바 몰락농민층도 이곳 전체 주민의 반이나 된다고 하였다. 농민층 분화와 土地離脫의 격심함을 표현한 것이었다. 그리고 姜瑋는 지주층의 토지집적 이외에도 일반적인 현상으로서 농민층이 크게 분화되고 있는 상황을 설명하되,

田滿一結以上者爲上戶 滿五十負者爲中戶 以下至無田者爲下戶

라고 하여 토지소유의 多寡로써 上農·中農·小農으로 구분할 수 있음을 말하고, 또 無田農民을 세분하여서는

自夫田制失 而民散久矣 有有身而無家 有有家而無田者

라고 하여, 有身無家 有家無田의 농민이 있음을 말하였으며, 또 그 최말단에는

百姓者至微也至卑也 …… 流民·浮客·夯商·傭雇 百姓之尤卑微者

라고 하여, 완전히 토지에서 탈락한 流民·浮客·夯商·傭雇 등이 있음을 특히 지적하고 있었다.[131] 그리고 그는 이 밖에도 여러 곳에서 無田農民들이 더욱 늘어나고 있음을 말하였는데, 이는 농민층 분화와 그 몰락과정이 더욱 심화되고 있음을 표현함이었다.

그런데 呈疏者들에게 문제가 되는 것은 농민층의 이러한 분화과정과 몰락

---

130) 三政策 34.
131) 三政策 1.

과정에 田・軍・還의 三政이 어떻게 작용하고 있었는가 하는 점이었다. 그
들은 그것을 가령 黃五의 표현과 같이

其還上 則大戶・小戶・殘・獨・至貧無依丐乞 虛實相蒙[132]

이라든가, 또는 許傳의 기술과 같이

且穀多民少 故强名上戶 則所授極尠 至爲下戶・小戶・貧戶・殘戶・獨戶・乞戶
等層級 一不得脫於抑配之科 此所謂奸吏食邑戶也[133]

라고 보고 있었다. 이에 계속되는 그의 기술을 보면 여기서의 上・下・小戶
의 등급은 토지소유의 多寡에 따른 구분이고, 貧戶・殘戶는 無田者이며, 獨
戶・乞戶는 특히 의탁할 곳이 없는 농민인데, 이러한 농민들에게 稅를 부과
할 때는 그것을 분간함이 없이 부과한다는 것이며, 上戶(富農)로 억지 규정
될 때 所授가 많아지는 것은 말할 것도 없지만, 특히 下戶 이하의 빈농층은
抑配에서 빠지지 못하고 奸吏의 食邑戶가 되다시피 하고 있다는 것이었다.
이는 稅政이 공평하게 운영되고 있지 못함을 뜻하는 것으로, 기술한 바 賦稅
不均의 현상이 농민층 분화에 밀착되는 것이었음을 보여주는 것이다. 다시
말하면 이는 呈疏者들이 이 시기의 농민층 분화와 그 몰락과정에서 三政紊
亂의 作用을 종래의 여러 계기와는 다른 각도에서 새로운 促進劑로서 이해
하고 있음을 뜻하는 것이었다. 그들은 三政紊亂을 구체적으로는 增稅나 賦
稅不均으로 파악하고 있었는데, 그 三政의 운영은 신분의 귀천과 빈부의 차
이에 따라서 稅의 부과에 不均이 있게 되는 것이었으므로, 그렇지 않아도 분
화과정에 있었던 농민층 그리고 몰락과정에 있었던 가난한 농민층은 더욱더
곤경에 처하게 된다는 논리였다. 사실 稅의 부과에 不均이 있을 때는, 가령
徐有榘가 지적하였듯이, 가산을 쪼개서 이를 납부해도 부족한 형편이 되는
것이므로, 빈농층은 더욱 몰락하지 않을 수 없었다.[134]

---

132) 三政策 39.
133) 三政策 37.

이러한 입장에서 三政과 관련하여 농민층의 몰락을 논하는 자는 많았다.
가령 朴宗永이

> 結價年增而歲加 罔有限節 哀彼農民 終歲眅眅 瓶罍無餘 百畝所收 不能納一年
> 之稅 耕作無利於耒耜 田疇將至於汚萊 斲喪大本[135]

이라고 하고, 申錫愚가

> 丈量久廢而稅賦紊 尺籍久廢而簽額曠 還餉之不如法久而百弊蝟集 無藝之稅歲增
> 年加 而力田之家竟至蕩析[136]

이라고 한 것은 그 한두 예이다. 전자는 軍弊나 還弊가 都結의 이름으로 田
結에 부과됨으로써 그 부담이 늘어나게 되고, 따라서 그 수입으로는 負擔을
감당할 수 없게 되어 생산은 위축되고 농민은 몰락하게 되는 상황을, 후자는
田·軍·還의 여러 폐단이 결국 그 稅額을 해마다 증가시킴으로써 力農之家
가 파탄하게 되는 상황을 표현한 것이었다. 그래서 鄭泰元은 三政을 한마디
로 '今日之田軍還三政 反作毒民之資'[137]라 하였고, 某氏는 이로써 '民皆濱死
無以爲國'[138]할 것으로 말하기도 하였다.
　　呈疏者들은 이러한 농민경제의 파탄현상을 토지를 소유한 자작농민에 관
해서도 언급하고, 타인의 토지를 佃作하는 시작농민층에 관해서도 기술하고
있었다. 전자의 경우 그들은 그러한 현상이 가난한 농민층에게서 집중적으
로 일어나는 것으로 보고 있었다. 賦稅의 不均으로 가장 크게 피해를 입는
것은 貧窮者였고, 또 그들은 擔稅能力이 가장 허약한 까닭이었다. 그러한 사

------

134) 淳昌郡守應旨疏(『楓石全集』3)에서 그는 還穀의 不均으로 말미암아 農民經濟가
　　破綻하게 되는 狀況을 다음과 같이 記述하였다.
　　　饒戶百計圖免 貧民濫受偏多 則一結一戶之糴 又不知其幾十包矣 經歲勤動糞其田
　　而猶且不給借貸備賫 破其家産 而未償什一
135) 三政策 12.
136) 三政策 17 B.
137) 三政策 52.
138) 三政策 46.

정을 柳重教는

山峽小民 盡輸一年之農 而納一年之稅 而猶患不給 則又幷賣其田而納之[139]

라고 하여, 평상시에도 山峽의 小民層은 1년 所農으로써 그 稅를 充納할 수
가 없어서 田畓을 放賣하여 이를 보충해야 한다고 하였으며, 鄭基雨는

獨其應役者 無告之窮民耳 重之以白骨之徵黃口之簽 一身而役三四 甚者五六而
八九矣 如是而民可以支存乎 其破家蕩産 轉徙流離 勢之必至[140]

라고 하여, 富力과 권력으로써 避役할 수 있는 자는 모두 피하고 窮民만이
이를 부담하되 5, 6차 또는 8, 9차씩 疊役을 지게 되므로 파산하고 流離하게
된다는 것을 말하였다.
　　그러나 물론 농민경제의 파탄이 이들 빈농층에게만 한하는 것은 아니었
다. 增稅나 賦稅不均의 정도가 심해짐에 따라 이는 中農層이나 免稅의 기회
를 잡지 못한 부농층에게서도 일어났다. 都結 현상으로 淸州 지방에서는 結
稅가 30兩, 晉州 지방에서는 90兩으로까지 증가하였음을 지적한 李象秀는,
그로 말미암아 중농층의 경제사정이 어렵게 되는 상황을

中農之家男婦力作 及秋而有升斗不能自哺者[141]

라고 하였다. 稅의 부과가 과중하였기 때문에 중농층의 경우에도 가을에 納
稅를 하고 나면 먹을 것이 하나도 남지 않게 된다는 것이었다. 그리고 柳重
敎는 앞에서 든 文章에 이어 增稅의 폐가 가장 집중적으로 나타나는 災年의
경우에는, 饒戶 富農의 경우라도 파산을 하게 되는 경우가 있음을 다음과 같
이 기술하여,

---

139) 三政策 20.
140) 三政策 33.
141) 三政策 25.

閭里之間 雖素稱饒戶 一値不熟 便至波蕩者 比比有之[142]

자주 있는 일이라고 말하고 있었다. 더욱이 增稅나 賦稅不均이 疊徵·族徵·隣徵을 수반하는 경우에는 饒實한 농가라도 파산을 면할 수 없었다. 柳重敎는 그것을 그가 살고 있는 마을의 한 농부의 예로써 설명하고 있었다.

그 농부는 본시 해서지방 어느 곳의 80戶村에서 良田美屋과 肥牛를 소유하고 살던 부농이었는데, '公斂侵重 莫堪應供'하여 流離民이 생기자 官에서는 그것을 族徵·隣徵으로써 메우게 되고, 그렇기 때문에 이를 堪當할 수 없어 또 流離者가 생기자, 또 族徵·隣徵을 함으로써 그도 파산을 하고 도망을 해온 농민이었다.[143] 이러한 예는 失勢兩班의 경우에도 마찬가지였다. 洪碧松은 그 자신의 그와 같은 몰락상황을 예로써 들고 있었다. 그는 薄田이기는 하였으나 1頃의 농지를 소유하고 雇工을 고용하여 농사를 함으로써 비교적 넉넉하게 살아가고 있었는데, 近年에 이르러서 여러 가지 명목으로 田稅는 3배를, 雇工의 軍役은 3疊을, 還穀은 洞徵을 하게 됨으로써 곤경에 처하게 되었으며, 여기에 설상가상으로 흉년이 들자 마침내 失奴賣田하고 파산하게 되었다는 것이다.[144] 疊徵·族徵·隣徵으로 이어지는 이른바 三政紊亂은 농민경제의 파탄에 연쇄반응을 일으켜 이제 부농층도 몰락케 하고 있는 것이었다. 許傳은 이러한 연쇄적인 몰락현상을 '此所以 並及於破敗者也'[145]라는 표현으로써 설명하기도 하였다.

三政紊亂으로 인한 농민경제의 파탄과 몰락은 이와 같이 중농층이나 부농층의 경우에도 일어나고 있었지만, 그 가운데서도 중심이 되는 것이 빈농층이었음은 말할 것도 없었다. 賦稅는 貧富에 따라 不均하였고, 빈농층은 偏受其苦하고 있었던 까닭이다. 그리고 그러한 빈농층 가운데서도 그 표본이 되는 것은 時作農民으로서의 빈농층이었다. 이 시기에서는 자작농민이 몰락하여 그 산업을 잃게 되면 우선은 時作農으로서 타인의 농지를 借耕하는 것이

---

142) 三政策 20.
143) 三政策 20.
144) 三政策 38.
145) 三政策 37.

관례였고, 따라서 그 경제조건은 자작농민에 비하여 월등히 열악한 것이었는데, 賦稅는 도리어 이들에게 집중되고 있었기 때문이다. 이러한 경우 토지소유자도 몰락하는 형편에 시작농민이 건재할 수는 없는 일이었다. 그래서 許傳은 그러한 사정을 ‘雖有産業 易至蕩敗 況初不制産者乎’[146]라고 설명하기도 하였다.

呈疏者들은 농민층의 몰락을 논할 때 이러한 시작농민층의 실정을 주시하고 있었다. 鄭基雨는 빈민층이 增稅와 賦稅不均으로 몰락하게 되는 상황을 말하고, 이어서는 시작농민에 관하여

夫窮民雇人之田而作之也　四時勤苦　風寒暑雨役役不暫休　及其農畢而登場也　其所謂最勤而甚力者　乃不過十數石之收耳而　其奉老率幼　救死養疾　給繇償債　惟此之恃　曾一粒之不食　已駄負而輸官矣　而又不足　則鞭箠而囚禁矣　其妻子號泣于道路　行乞而食之　哀憐愁苦之狀　可忍見哉　可忍言哉[147]

라고 하였으며, 崔祥純은 三政의 폐로 시작농민층이 곤궁하게 되는 사정을 말하여

夫井田之制廢而兼幷起　豪民分田劫仮已收其半　以其餘半　上應公家之賦　則田賦之收十居八九　漢氏什一之稅　猶以爲重　況今十收八九　小民安得以不困乎[148]

라고 기술하고 있었다. 가난한 농민들은 으레 타인의 농지를 借耕하고 있어서 終歲力作을 하는 농민도 그 수입은 10수 石에 불과하여, 이로써 생계와 疾病과 官에 납부할 諸稅를 모두 해결해야 하는데, 稅가 증가함에 따라서는 이를 한 톨도 먹지 않은 채 다 갖다 바쳐도 오히려 부족하여 파산을 하게 된다는 것이었다. 또 좀 나은 경우에도 이들 시작농민층은 소출의 절반을 地主에게 地代로 납부하고, 남은 반으로 국가의 稅를 應納해야 하므로 그 전체 收入에서 거둬 가는 것이 10분의 8, 9나 되니 그 처지가 어찌 어렵지 않겠느

___

146) 三政策 37.
147) 三政策 33.
148) 三政策 36

냐는 것이었다.

　그러나 이 경우 시작농민층의 부담이 이렇듯이 늘어나는 것은 반드시 그
들 자신의 稅가 증가하는 데서만 연유하는 것은 아니었다. 이와 같은 경우에
는 오히려 지주층에게 부과될 부분이 作人層에게로 전가되는 데서 그 피해
가 더욱 커지고 있었다. 그것은 기술한 바와 같이 三政의 문란이 극에 달하
면 그 수탈의 방식은 都結·加結의 이름으로 田結에 집중하게 마련이었는
데, 結稅는 본시 제도상 田主의 부담이 되는 것이었으나, 남쪽 지방에서는
벌써 18세기 이래로 이를 시작농민에게 전가하는 현상이 관행하고 있었으
며,[149] 이때에 이르러서는 都結·加結의 이름으로 증가된 부분까지도 지주층
이 시작농민에게 전가하고 있었기 때문이다. 姜晋奎와 李敦榮은 이 무렵의
그와 같은 농업관행을

　　列邑土俗 例多佃者應結 而田主不與[150]
　　嶺俗 畲主不徵稅 惟作者徵稅 若加還於結 則奈此借耕艱食之民何[151]

라고 하고 있었다. 그래서 李敦榮은 還穀을 結斂으로 할 때 借耕民이 곤란해
질 것임을 염려하는 것이기도 하였었다. 姜瑋는 이 같은 사정을 더욱 소상하
게 설명하여

　　豪富之民占田旣廣　而勒令作者輸太半之賦　圻湖之俗　雖則輸半而猶徵結於田主
至於兩南　則竝與結而徵於作者　又有官徵之結還結布及科外不時之結斂　一切徵於作
者　視爲常憲[152]

이라고 기술하고 있었다. 이는 畿湖地方과 兩南地方을 비교 설명한 것인데,
兩南地方에서는 시작농민층이 소출의 반을 地代로 납부하는 외에도, 地主가
부담해야 할 정규의 結稅를 그들이 담당하고 있으며, 지주층은 그 밖에도 官

---

149) 拙稿, ‘續·量案의 研究’(『朝鮮後期農業史研究』 Ⅰ, 초판본, p.279 ; 증보판,
　　pp.359~360).
150) 三政策 2.
151) 三政策 47.
152) 三政策 1.

徵의 都結, 즉 還穀·軍布와 관련하여 結에서 징수하는 稅와 수시로 田結에 부과되는 稅 등을 모두 作人에게 전가하여 징수하고 있는데, 지주층은 이를 마치 常憲과 같이 생각한다는 것이었다. 結斂으로 되는 제반 稅가 시작농민에게 부과된다는 것은 시작농민층에게는 간단한 문제가 아니었다. 그것은 생사에 관계되는 일이었다. 茶山은 일찍이 그러한 경제사정을

　　試論南方之情　水田種十斗　槩得穀二十苞　其十苞輸于田主　二苞入于種稅　二苞入于還上　二苞入于雜賦（瑣瑣名色　今不可殫述）佃夫之所自食　極不過三四苞　先王什一　今什七八　民何以聊生乎[153]

라고 기술하고도 있었다. 이런 경우에 시작농민층은 가만히 있을 수만은 없었다. 結稅는 원래 田主의 부담으로 되어 있는 것이었으므로, 이것을 作人에게 전가하자 시작농민층은 抗租運動을 전개하기도 하였다.[154] 그러나 借地競爭이 격심한 가운데, 官이 그 불합리를 막으려 하여도, 作人層은 '又畏豪民而不敢懟'하여,[155] 正規의 田稅뿐만 아니라 그 밖의 부담도 이를 감수하고 있는 것이었으며, 따라서 그 경제는 파국으로 몰리게 된 것이었다.

　三政紊亂을 이 시기에 있었던 농민층 분화 및 그 몰락과정과 관련하여 이와 같이 살피면, 그것은 단순히 田稅·軍布·還穀 등의 稅制上의 문제로서 그치는 것이 아니었다. 그것은 이 시기 경제제도의 핵심이었던 地主·佃戶制와도 밀접하게 연결되고 있었다. 농민층 분화는 자영농민층이거나 시작농민층이거나를 막론하고 이를 上下로 분해시키고 있는 것이었으며, 그 분화의 심화는 자영농민층을 시작농민층으로 전락시키고, 그 시작농민층을 다시 借耕地에서 배제하여 임노동층으로 전락시키는 것이었는데, 三政을 통한 농민수탈은 이러한 과정을 더욱 촉진시키고 있었다. 그리고 이에 편승하여서는 지주층이 증대일로에 있는 結稅를 시작농민에게로 전가함으로써 시작농민층의 몰락을 가속화시키고 있었다. 그러므로 三政紊亂은 단순한 稅政上의

---

153)『經世遺表』, 序官　地官戶曹　第二,『全書』下, p.10.
154) 本書 제Ⅰ편 제1논문 참조.
155) 三政策 1.

문제로 출발한 것이지만, 이제 그것은 地主·佃戶制를 중심한 경제제도상의
문제로까지 확대되어, 그 모순을 더욱 격화시키고 있는 셈이었다.

(4) 農民抗爭의 原因·主體 — 階級對立論

　　三政紊亂에 대한 呈疏者들의 견해는 민란이 발생하게 되는 배경을 三政의
측면에서 제시한 것으로, 그들은 그것을 농민항쟁이 일어나게 되는 배경으
로 이해하고 또 확신하고 있었다. 南秉哲이 三政을 통한 수탈의 결과를 '至於
民將盡劉 國不爲國審矣'[156]라 하고, 李彙載가 '三者之弊 相因而不可救 而國危
矣'[157]라 한 것은 그러한 상황을 말함이었으며, 또 金允植이 농민층이 봉기하
게 되는 사정을 '夫使斯民傷敗而梗化者 誰之咎耶 上之人不制其産 故下之人
無恒厥心'[158]이라 하고, 奇正鎭이 '今年三南之變 誰農民無知妄作 自陷罪辟 然
其實則失乳而啼哭也'[159]라고 한 것도 같은 상황을 말함이었다. 그리고 鄭泰
元이 晋州民亂을 말하여 三政紊亂이 극에 달함으로써 '寃苦之極致 有犯分蔑
法之擧'하게 된 것으로 설명한 것도 그러한 예라고 하겠다.[160] 三政을 통한
농민수탈은 농민을 死境으로 몰고 국가를 危境으로 몰아넣었으며, 농민경제
를 파탄케 한 결과는 농민들로 하여금 생존을 위하여 항쟁을 전개케 하였다
는 것이었다.

　　그러나 呈疏者들은 民亂의 배경인 三政紊亂을 이해하는 데 深度의 차이가
있었던 것과 마찬가지로, 三政紊亂과 관련하여 일어난 民亂의 발생원인을
파악하는 데도 견해차를 보여주고 있었다. 그러한 가운데서도 흔히 볼 수 있
는 것은 民亂의 발생을 단순히 탐관오리의 貪虐으로 보는 데 그치려는 입장
이었다. 이를테면 姜晋奎가

　　　近日三南亂民之就戮者凡幾人　此皆非本來包藏故爲叛逆之氓　特以困於貪虐不堪
其苦 作爲無前之變[161]

---

156) 三政策 8.
157) 三政策 30.
158) 三政策 7.
159) 三政策 4.
160) 三政策 52.
161) 三政策 2.

이라고 한 것이라든가, 任百經이

> 還政則 …… 或加斂於田結　或分徵於民戶　而犯逋之吏一髮不損　故至有今番亂民
> 藉口之欛柄矣[162]

라고 한 것은 그러한 예에 속하는 것이었다. 이러한 견해는 사태를 정확하게
관찰한 것이기는 하지만 주로 그 현상만을 내세운 소박한 견해였다.
　다음으로는 이러한 입장에서 벗어나 사태를 좀더 구체적으로 파악하려는
견해로서, 賦稅不均을 내포한 농민부담의 가중이 곧 民亂을 발생케 하는 것
으로 보려는 입장이었다. 崔祥純은 그러한 사정을

> 嗚乎天下之禍　起於人心之離畔　人心之離畔　生於賦役之煩重[163]

이라 하였고, 尹宗儀는

> 今之結役　名色太繁　今之結價　騰踊日甚　民不能支　至有今日之起鬧[164]

라고 말하고 있었다. 또 權周郁이 三政을 통한 수탈, 즉 增稅現象을 말하면
서, 그로 말미암은 농민봉기를

> 近日列邑不法之民　戕殺人命燒毀人家橫恣無忌者　雖是一種乖亂之類　而亦一水火
> 中　不忍苛暴之民也[165]

라고 한 것도 같은 예이다. 三政紊亂을 增稅現象으로 파악하려는 논자는 많
았으므로 民亂의 발생이나 성격을 이러한 입장에서 이해하려는 견해는 지극
히 많았다.

---

162) 三政策 32 A.
163) 三政策 36.
164) 三政策 22.
165) 三政策 3.

그러나 이러한 두 계통의 견해는 民亂의 발생이나 그 성격을 체제변동의
문제에까지 관련시켜서 파악하고 있는 것이 아니었다. 그러한 입장의 원인
파악은 제3의 견해로써 제시되고 있었다. 그것은 농민층 분화과정에서 三政
收奪을 통한 몰락농민의 증대가 民亂을 발생케 하는 것으로 이해하려는 견해
였다. 농민층이 분화하여 다다르게 되는 마지막 단계는 無田無佃의 賃勞動層
이지만, 농민수탈이 가중하여 그 몰락이 촉진됨에 따라서는, 그러한 몰락농
민층을 더욱 궁지로 몰아넣었고 농촌으로부터의 이탈을 강제하기에 이르고
있었다. 이들은 토지에서 배제된 것은 말할 것도 없고 이제는 鄕村으로부터
도 驅逐되기에 이르고 있었다. 許傳은 그와 같은 과정을 지주층의 토지집적
으로 농민층의 토지소유가 어렵게 된 단계, 그와 같은 농민층이 다시 분화하
여 上戶·下戶·小戶·貧戶·殘戶·獨戶·乞戶로 분화되기에 이른 단계,
그리고 그러한 貧戶·殘戶(無産業者)와 獨戶·乞戶(無依托者)가 과중하고
不均한 三政收奪로 離村을 하게 되는 단계로 분류하고 있었다.[166] 그리하여
농민층의 몰락이 이러한 단계에까지 이르렀을 때 그들은 이제 마지막으로 폭
력으로써 亂을 일으키게 된다는 것이 그의 民亂 발생에 대한 이해였다.

　三政收奪로 인한 농민층의 몰락과 그 몰락농민의 流民化가 이와 같이 民
亂을 유발하게 되는 사정은 여러 사람이 거론하고 있었다. 宋來熙의 見解는
그 한 例였다. 그는 그러한 사정을 다음과 같이 정리하고 있었다.

> 若一切督徵急於星火　則夫耕婦織　更無支當之勢　挈其眷屬　號泣流離　投入山峽
> 稱以火田爲生　不定厥居　全無生世之樂　其心自然不良　每當上納之時　官吏按簿督責
> 流亡逃故　徵之無處　則侵及隣里族戚　雖稍實之戶　旣納其身之布　又當一族之役　莫
> 可支堪　則從而離散　聚爲盜賊　處處竊發　不待外寇之來　而必有域內之稱兵者　不翅
> 的然[167]

일부 농민들이 重稅(이 경우는 軍役)로 몰락하여 流民化하면, 이들은 살아
갈 樂을 잃고 지배층에 대하여 저항의식·적대의식을 지니게 마련인데, 이
들에 대한 徵稅가 불가능해지면 官에서는 族徵·隣徵을 하게 됨으로써 稍實

---

166) 三政策 37의 9, 18장.
167) 三政策 16.

戶도 또한 연쇄반응으로서 몰락 유리하게 마련이고, 따라서 저항의식을 지닌 이들 몰락농민층이 증대하고 집단화하여 도적으로 화하고 外寇가 없더라도 稱兵內亂을 일으키게 될 것이 분명하다는 것이었다.

이러한 사정을 姜瑋는 더욱 선명하게 제시하고 있었다. 그는 그가 목도하고 耳聞한 바에 의해서 民亂이 발생하게 된 연유를 다음과 같이 기술하고 있었다.

> 然營邑弊政匪今斯今 豪右兼幷其來自昔 何馴伏於前日 而鷙奮於此時也 百姓之言曰 結價之頓增 倉穀之一空 流民之叢集 皆是卄年以來之事 則此其弊源不遠也[168]

즉, 지방관청의 三政의 폐단과 兩班地主層의 土地兼幷은 전부터 있어 온 일인데도, 그때에는 조용하다가, 농민들의 항쟁이 지금에 이르러서 있게 된 것은 어찌해서인가. 그것은 近年에 이르러서는 갑자기 結價의 증가, 倉穀의 一空 등 폐정으로 인한 농민층의 몰락·流民化가 촉진되었기 때문이라는 것이었다. 이 경우의 流民化가 농민층 분화과정에서의 마지막 막다른 단계임은 말할 것도 없었다. 그는 이러한 사정을 다시 더 상론하여서는 다음과 같이 말하기도 하였다.

> 到今之弊 …… 無大無小 皆敷於結 一結之出 多或至三四十兩 民何以聊生矣 一年耕作之穀 盡輸於官 而誅求未已 民將盡去田里 而無務本者矣[169]

즉, 이때의 三政 民庫등의 폐단은 크고 작은 여러 가지 稅錢을 모두 田結에 부과하여, 結斂이 30, 40兩씩이나 되었기 때문에, 토지를 소유하고 있는 자작농민층의 경우에도 살기 어렵게 되었으며, 耕作한 곡식을 모두 官에 바쳐도 誅求가 그치지 않기 때문에 결국 民은 모두 離農 流民化하게 되고 농사를 하는 사람이 없게 될 것이라는 것이었다. 自作農民도 그러하였다면 시작 농민층의 경우는 더 말할 것이 없었다. 이들은 소출의 반을 地代로 내야 하

---

168) 三政策 1.
169) 同上.

는 데다, 앞에서 언급한 바와 같이 지주층은 田稅뿐만 아니라 官徵의 結還 結布 및 科外의 不時結斂까지도 모두 作人에게 전가하고 있었기 때문이었다 (註 152 참조). 그러므로 이들은 가뜩이나 그들 자신의 몫으로 부과되는 官 債 還穀 良役등이 과중하여서 '已使生民不可支存'하는 형편이었는데, 農耕生 活 田政에서마저도 이와 같았으므로 그 몰락과 流民化는 필연한 일이 아닐 수 없었다. 姜瑋는 그것을

> 民皆輕去其業 以圖苟活 …… 以致逐末者衆 流離遷徙之徒 繼屬於塗 …… 其數不 止以千萬計[170]

이라고까지 말하고 있었다. 그들 農民層은 살길을 찾아 농업을 미련 없이 버 리고 떠나 末業·商業으로 직업을 전환하거나, 流離乞食 또는 遷徙를 하게 되는데, 그 수가 천만으로 그치지 않는다는 것이었다. 그리하여 여기에 몰락 과정에 있는 시작농민층이거나 이미 몰락하여 流離乞食하는 농민층은, 그들 을 몰락케 한 封建支配層·兩班地主層에 대하여 積懷不平 원한을 품게 되 고, 民亂이 일어났을 때는

> 由是 小民積懷不平 南擾之作 至撤豪右之家 以泄恨[171]

이라고 한 바와 같이, 豪右之人의 가옥을 毀破함으로써 원한을 풀게 되었다 는 것이다. 농민층 분화에 따라 유리걸식을 하게 되는 몰락농민층이 증대하 고 있었음은 실로 이 시기의 큰 사회문제가 아닐 수 없었다. 그러한 점에서 이들의 증대는 봉건지배층의 통치질서에 이미 큰 위협적인 존재가 되는 것 이기도 하였다.[172]

---

170) 三政策 1.
171) 同上.
172) 崔瑆煥은 憲宗·哲宗年間의 그러한 事情을 支配層의 立場에서, 다른 社會問題와 더불어 그의 著書『顧問備略』卷 4, 黨與條에다 다음과 같이 記述하였다.
　　京外乞丐之縱橫閭里 害及齊民 實爲今日之大病 …… 夫此乞丐者 非有殘疾疲病老 無養幼無依者也 皆雄健軀幹富有年紀 又是豪俠不屑世事之人 擧皆厭於力作 離井背 鄕 投黨結徒 威侮良善 穩討衣食 而所恃以作惡者 亦黨與之多也 …… 又可畏者 此輩

그러므로 이러한 입장에서 民亂의 원인을 파악하는 論者들에게는 民亂의 주체는 몰락농민층이었다. 李震相이 亂民의 性分을 말하여 '此皆田疇襁褓之類 場市流浪之輩'[173]라고 하였음은 그 한 예이다. 晋陽에서 발생하고 列邑에서 따른 이번 民亂에서의 亂民의 주체는 가난한 농민층과 몰락농민인 夯商이라는 것이었다. 물론 이러한 사실을 李震相만 내세우고 있는 것은 아니었다. 姜瑋는 그것을 더욱 상세하게 표현하고 있었다.

> 是皆殿下赤子　靡室靡家　無衣無食　困苦無賴之徒　以爲等死　相聚而爲此耳　鄕品不與焉　士族不與焉　吏胥不與焉　平民之自好者不與焉　其相與爲此者　乃皆流民·浮客·夯商·傭傭之類　或有一二逆種賊徒無復望於聖世者　參錯其間　乘民之憤　願爲前茅　一吐其胸中積鬱怨恨之氣而已

라고 한 것이라든가, 또는

> 亂不作於良民　而必作於窮民何也　良民是土著者也　窮民是浮寄者也 …… 惟此浮寄之氓　旣無聊賴可以得活　日夜怨望　思亂久矣　雖以義理諭之不從也 …… 近見南民之擾　皆此屬爲之倡　而良民特其脅從者耳[174]

라고 한 것은 그러한 사정을 말함이었다. 民亂에는 사실 혹 鄕品과 사대부가 가담하기도 하고, 吏胥가 참여하기도 하였으며, 또 良民이 참여하기도 하였으나, 그는 鄕品·士大夫·吏胥層은 주동자로 참여하고 있지 않으며, 平民 역시 그 중심세력으로서 참여하고 있지 않다는 것이었다. 亂民의 주체는 어디까지나 농민층 분화과정에서 최하의 轉落者, 즉 몰락농민으로서 생계를

皆無室家無根着之人　東家西舍蹤跡閃焂　官府法綱視同游戲　殺人作賊到嬰重辟　卽就捕受刑　所不足懼　不然則大則抗命小則在逃
　또 同時期의 儒學者 兪莘煥도 沒落農民이 支配層에 대하여 叛亂을 꾀하고 그것이 體制側에 큰 威脅이 되고 있음을 다음과 같이 記錄하고 있었다(『鳳棲集』 卷 5, 時務篇).
　今之所謂良軍者　大抵皆至貧至窮之民也　使至貧而至窮者　歲止出一千亦所不嵁　而況於二三其出乎　況於代出族與隣之所當出乎　其憤懣焦燥呼號而顚連者　如魚在沙如蚓在灰　故蓽門圭竇明明昐昐　欲爲亂者十室而五　脫有不虞之變　安知其不波奔而響應乎
173) 三政策 29.
174) 三政策 1.

이어가기 어려운 流民·浮客·夸商·傭僱 등의 窮民이라는 것이었다. 이들
窮民은 이미 살아가기가 어려워서 밤낮으로 원망을 하고 思亂을 하게 된 지
오래이며, 이번 三南地方의 民亂은 이들이 주도하고 良民은 그 脅從者에 불
과하다는 것이었다.

民亂의 주체를 몰락농민층으로 보려는 그의 견해에는, 이 밖에도 앞에서
제시한 지주층의 高率地代 징수와 結稅 전가로 그 몰락을 촉진당하고(註
152·153) 그 과정에 있으면서 亂을 통해서 雪冤을 하고자 하였던 시작농민
층이 있었음은 말할 것도 없었다. 시작농민층은 官과 지주층의 양쪽으로부
터 침해를 받고 '積懷不平'하고 있었으므로 亂의 주체가 되고 있다는 것은 당
연한 觀察이 아닐 수 없었다. 이러한 점은 許傳도 마찬가지였으므로 쉽게 수
긍할 수 있는 일이라 하겠다. 그는 오늘날 지주층은 광대한 농지를 집적하고
太半의 地代를 징수하며, 농민들은 입추의 여지도 없게 되었으니 '民安由生
息 國安由太平'하겠느냐고 말하고 있었다.[175] 지주제의 모순 속에서 사회불
안이 유래함을 지적함이었다. 그리고 이는 바로 亂의 주체가 농민층 분화과
정에서 몰락한 농민층임을 표현한 것이었다.

농민층이 항쟁(民亂)을 하게 되는 사정과 그 주체를 이와 같이 파악하게
된 그들에게 농민항쟁의 성격은 자명한 것이었다. 그것은 요컨대 빈농층이
나 몰락농민층이 三政을 통해서 그들을 몰락으로 몰아 온 封建官僚層과 그
것에 편승하여 그들의 몰락을 촉진시키고 있었던 封建地主層에 대하여 전개
한 항쟁이라는 점이었다. 그리고 그러한 점에서 이때의 民亂은 반봉건적인
성격을 지니는 것이기도 하였다. 이러한 입장을 특히 분명하게 정리한 것은
姜瑋였다. 그는 그것을 巨姓·大族·豪民 등의 지배계급과 小民·窮民 간의
계급적인 대립으로 파악하였으며, 금번의 民亂은 이 두 社會階級 간의 대립
속에서 그 毒이 極에 달한 小民層이 窮苦에 못 이겨 마침내 폭력으로써 이를
시정하려는 항쟁이었다고까지 보고 있었다.[176]

---

175) 三政策 37.
176) 民亂의 性格에 관한 姜瑋의 그와 같은 見解는 그의 다음과 같은 記述에서 그 文
　　脈을 통해서 살필 수 있다(三政策 1).
　　　今也擧國小民之情 誰不願行戶儌者 誰不願行口錢者 誰不願行均田者 其不願行者

　그러나 이 경우 농민층 분화에 따르는 몰락농민이 반드시 신분상으로 평민층만을 뜻하는 것은 아니었다. 이 시기에는 평민층이나 천민층이 성장하는 가운데 봉건적인 신분제가 전면적으로 해체되고 있었지만, 이와 병행하여서는 양반층의 경제적 몰락이 격화하고 있어서 이들 가운데는 신분은 비록 양반이지만 경제적으로는 일반 농민층과 다름없는 지위로 전락하는 자가 늘어나고 있었다. 말하자면 이 시기의 농민층은 신분제가 해체되는 가운데 새로운 농민계급으로서 재구성되고 있었다. 그러므로 三政收奪로 농민층 분화가 촉진됨에 따라서는 이들 失勢한 몰락양반층도 더욱 곤경에 처하지 않을 수 없었던 것이며, 따라서 몰락농민이 주체가 되어 封建支配層에 대한 항쟁을 전개하게 될 때는 이들도 적극 참여하지 않을 수 없었다. 鄭祐昆이 三政紊亂으로 民亂이 발생하게 되었을 때 가난한 양반이 여기에 가담하게 되는 경위를

　　惟貧窮衣冠之族與夫稼穡之民　救死不贍　而又有索錢徵租之急　愁怨咨嗟　有足以召天蓄致鬼怒　何變之不生[177]

이라고 한 것은 그러한 사정을 말함이었다. 그리고 사실 현실적으로 그러하였음은 말할 것도 없었다.[178]

　또 농민층의 몰락은 어느 일정한 선에서 멈추고 있는 것이 아니어서, 수탈이 가중함에 따라서는 旣往에 稍實하였던 농민도 이를 점차 몰락으로 몰아가고 있었다. 앞에서 宋來熙가 지적하였듯이 族徵·隣徵을 할 경우에는 더욱 그러하였다. 稍實者들은 대개 그 富力으로 양반 신분을 買得하고 軍役에서도 면제되는 자가 많았는데, 三政收奪의 가중으로 말미암아 농민층 분화와 몰락이 촉진되자 이들 가운데도 몰락하는 자가 있게 되었다. 그리하여 이

　　特巨姓大族及鄕里豪猾之民耳　然今之時　巨姓大族豪民之勢　不足以勝小民之衆　又今小民不勝窮苦　一肆其毒　而衆豪巨族不能敵此　其機可乘也.
177) 三政策 34.
178) 가령 晋州民亂에서의 主謀者 가운데는 班族 柳繼春이 있었고, 그와 더불어 활동한 李啓烈이 있었는데, 그도 '一擔糞服牛之農丁'으로 전락한 班族이었다(『壬戌錄』, p.25). 拙著, 『韓國近代農業史研究』Ⅲ 참조.

럴 경우에는 이러한 沒落民 역시 다른 농민과 마찬가지로 民亂 주체로 적극
적으로 참여하게 되었다. 盧德奎가

　　　近日南道作梗之擧　未必無逃尺籍者之挾雜其間[179]

이라고 한 것은 그러한 사정을 말함이었다. 그가 여기서 말한 逃尺籍者(軍役
圖頉者)는 '百姓而爲兩班者　賤民而爲良人者'였다.[180] 그는 民亂을 신분의 상
승으로 軍役에서 도피했던 농민층의 挾雜에 의한 것으로 보고, 그렇기 때문
에 앞으로 査括을 한다면 이들은 결코 그것을 순순히 받아들이지 않을 것이
라고까지 내다보았다.

　농민층의 분화·몰락은 요컨대 이 시기 농촌사회에서 광범하게 전개되는
것이었으며, 따라서 이 시기에는 封建支配層에 대한 항쟁의 주체도 더욱 확
대되어 나가고 있었다. 그리고 그 두 세력의 충돌은 마침내 民亂으로 收斂
集約되었다.

2) 三政改善·三政改革論

　呈疏者들은 三政紊亂이나 농민항쟁의 발생에 관하여 전기한 바와 같은 이
해를 바탕으로 그것을 수습하고 농민경제를 안정시키기 위한 새로운 방안을
마련하지 않으면 안 되었다. 국왕의 三政策問은 요컨대 그 수습방안을 요구
하는 것이었으며, 그들이 三政策을 著述하게 된 목표도 여기에 있었다. 그러
나 그들의 그와 같은 수습방안은 모두 동일하지는 않았으며 논자에 따라 여
러 가지로 다양하게 제기되고 있었다. 그것은 그들의 三政紊亂이나 농민항
쟁에 대한 이해의 深度가 다양하였던 정도만큼이나 多岐하였다. 그렇지만
그러면서도 그것은 크게 두 계통으로 대별되고 있었다. 그들의 그러한 견해
는 三政矯捄에 관한 이 시기의 世論을 형성하고 있었다. 그 하나는 舊制度를
그대로 두고 두드러지게 드러나는 큰 폐단만을 제거하자는 견해이고, 다른
하나는 차제에 여러 가지 폐단과 民亂을 재래한 舊制度를 일거에 혁신하자

---

179) 三政策 9.
180) 同上.

는 견해였다. 南秉哲이 三政矯捄에 관한 世論의 핵심을 지적하여,

　　今日三政捄弊之方 仍貫舊式去其太甚一也 改絃易轍有釐有革一也[181]

라고 한 것은 바로 그것이었다. 전자는 田政·軍政·還穀의 세 제도를 그대
로 두고 그 테두리 안에서 그것을 개선함으로써 농민층을 무마하려는 것이
며, 후자는 이 세 제도를 어떠한 형태로든 그 기본 골격을 근본적으로 개혁함
으로써 목적을 이루려는 것이었다. 물론 그러한 가운데서도 전자는 국왕이
下問한 문제의 시행 가능성 여부로 의견이 양분되기도 하고, 후자는 그 근본
적인 혁신을 어디까지 몰고 갈 것인가에 따라 의견이 달라지고도 있었다. 이
경우 呈疏者들의 그러한 矯捄方略에서의 이견은 그들의 學問의 심도, 社會改
革에 대한 의욕, 三政紊亂이나 농민항쟁에 대한 이해의 정도, 그리고 그들의
사회경제적 처지의 차이 등에서 연유하였을 것임은 말할 것도 없었다.

(1) 三政改善論

　농민항쟁을 수습하고 농민경제를 안정시키는 방안을 三政의 개선에서 찾
으려는 논자는 많았다. 이러한 논자들은 田政·軍政·還穀 등 農民收取를
위한 제도 그 자체에는 缺陷이 없다고 생각하였으며, 따라서 民亂의 수습을
위한 三政矯捄가 三政 그 자체의 변혁을 필요로 하는 것은 아니라고 생각하
였다. 그들은 본래는 좋은 제도로서 마련한 三政을 규정대로 시행치 않고,
또 그것을 운영하는 정치인이나 관리들이 부정을 행하게 된 데서 三政은 문
란해진 것이므로, 三政矯捄를 위한 방안은 기본적으로 이 缺陷을 제거하는
것으로써 족하다고 생각하였다. 그들은 朝鮮王朝의 법제로서의 三政은 본시
는, 가령 權周郁이

　　以言其田賦 則三壤之等 已定於量畫之始 而國無濫收之典 民無冤徵之弊 以言其
　軍籍 則死生虛實之逐年考勘 而軍無逃躱之患 國有長城之固 以言其還穀 則春秋省
　助 東西賑貸 凶年饑歲 民無餓殍之色 邊騷海警 國有轉漕之力 則此三政之所係於
　國 豈不重且大乎 是以國之爲國 亶由於三政 民之爲民 亦賴於三政[182]

____

181) 三政策 8.

이라고 말하고 있듯이, 田政은 量田과 더불어 田品의 등급을 마련함으로써
국가에서 濫收하거나 民이 冤徵을 당하도록 되어 있지 않으며, 軍政은 인구
의 생사파악이 정확하게 되어 있어서 軍丁은 도망할 염려가 없고 국가는 국
방이 鞏固하도록 되어 있으며, 還穀은 省助 賑貸를 위하여 마련한 것으로써
凶年饑歲에도 民은 굶주리지 않고 국가는 외침을 당하여도 儲穀이 충분하도
록 되어 있다는 것이었다. 그러니 三政이 국가에 관계되는 바는 중대하지 않
느냐는 것이며, 국가가 국가일 수 있고 民이 民일 수 있는 것은 三政에 힘입
은 까닭이라는 것이었다. 표현은 조금씩 다르지만 이 계통의 논자들은 대개
이와 유사한 생각을 지니고 있었다.[183]

  그러므로 그들은 三政은 실로 움직일 수 없는 經法으로서 '經國理民之大
道',[184] '金科之良法 玉條之美制'[185]인 것이며, '國家之有三政 其猶天文之有三
辰'[186]이라든가 '國之有三政 如天之有三光' 또는 '三政在國 如鼎之有三足 上下
相須 如車之有兩輪其道'라고 하였듯이,[187] 天의 三辰, 三光, 鼎의 三足, 車의
兩輪과 같아서 이를 제거하고서는 나라가 유지될 수 없는 것이라고 생각하
기도 하였다. 權周郁이 朝鮮王朝가 5백년이나 유지될 수 있었던 이유를 말
하여,

  三政之設 是列聖朝經國理民之大道也 蓋吾東方縱橫數千里 上下五百年 蔚然以
聖國治世而名之者 咸賴政令紀綱之排布措置也[188]

經國理民之大道로서의 三政을 중심으로 政令과 紀綱이 잘 세워진 탓이라고
까지 본 것도 그 때문이었다.

  三政은 이와 같이 그 제도 자체가 훌륭한 것이고 또 국가를 유지해 온 기

---

182) 三政策 3.
183) 三政策 5, 17 B, 25, 31, 42.
184) 三政策 3.
185) 三政策 42.
186) 三政策 52.
187) 三政策 17 B.
188) 三政策 3.

본이 되고 있는 것이지만, 그러나 그것을 운영하는 데 있어서는 여러 가지
폐단이 생기고 있다는 것을 그들은 인정하고 있었다. 그것은 제도 자체의 결
함이 아니라 운영상의 폐단인 것으로, 그들은 그것을 三政을 운영하는 治者
들에게 缺陷이 있어서 그렇게 되는 것으로 보고 있었다. 그래서 權周郁은 앞
에 든 文章에 이어 三政이 본래 의의대로 제대로 운영되기 위해서는

　　然則其所以措之無弊而行之不弛者　顧何在乎　其必曰人主用人之臧否　守牧御民之
　善惡也[189]

라고 말하기도 하였다. 즉 그것을 바로잡기 위해서는 국왕의 三政運營의 주
체, 즉 지방수령 起用의 善否와 그들의 농민통치의 善惡에 달려 있다는 것이
었다. 그리고 沈相直은

　　善醫人者　先察其病根之所從生　善醫國者　先究其弊端之所由起　今日三政之弊　亶
　由於在上之人好利而不好義 …… 如不欲矯弊則已　旣欲矯弊　則釐整之方　在乎在上
　之人重義而輕利[190]

라고 말하여, 훌륭한 의사가 환자를 고칠 때는 그 病根을 찾아서 제거하고,
유능한 정치가가 나라의 폐단을 시정할 때는 그 弊源을 찾아서 제거하듯, 오
늘날 三政의 폐를 시정하려면 義를 좋아하지 않고 私利만을 추구함으로써
폐단을 일으키고 있는 治者層을 義를 존중하는 방향으로 시정해야 할 것임
을 말하였다. 그는 당시의 三政의 폐는 전적으로 그것을 운영하는 治者層이
私利로써 움직이는 데 그 근본원인이 있는 것으로 보는 것이었다. 이는 곧
人材를 얻는 문제였다. 훌륭한 治者를 얻으면 三政은 잘 운영될 수 있고, 그
렇지 않으면 紊亂해질 수밖에 없다는 것이었다. 그래서 그들은 急於三政者
는 '興人材'라고 말하기도 하고,[191] 三政을 救하는 要諦는 '得人'이라고 강조
하기도 하였다.[192]

---

189) 三政策 3.
190) 三政策 19.
191) 三政策 44.

이와 같이 이 계통의 논자들은 三政의 폐단이 그 제도가 아니라 그 운영에
缺陷이 있어서 발생하는 것이라고 보는 데서, 그것을 矯抹하기 위해서는 일
정한 기준이 있어야 할 것으로 생각하였다. 그것은 三政에 관한 본래의 제도
를 그대로 墨守하면서 그 테두리 안에서 그 缺陷만을 시정해야 한다는 것이
었다. 金永爵이

> 三政之弊極矣 世皆曰非更張莫可釐抹 而顧今國綱不振民志未靖 卽刱行美制易致
> 囂訛 恐不如仍舊而約畧通變之爲當也[193]

라고 하여, 현금의 사정으로 보아 三政의 矯抹는 마땅히 급격한 更張으로써
가 아니라, 舊制度를 그대로 둔 채 그 안에서 約畧通變으로써 해야 할 것이
라고 말하였음은 그 단적인 표현이었다. 沈相直이

> 今日三政不必別立條件 但依祖宗朝已成之憲 守而勿失遵而行之 則凡百沈痼之弊
> 庶有蘇完之望矣[194]

라고 한 것, 申錫愚가

> 三政雖弊 爲民國之大用則自如也 惟宜祛其弊而理其用而已 不可以久弊之故 竝
> 廢三政本然之用也[195]

라고 한 것도 같은 표현이었다. 전자는 오늘날 三政을 矯抹하기 위해서 따
로 제도를 만들 필요는 없고(제도변혁은 불필요한 것이고), 다만 祖宗朝 이래
의 三政에 관한 법제를 충실히 지키고 그대로 시행해 나가면 그 폐단은 자연
히 해소될 것이라는 것이며, 후자는 三政이 비록 폐단이 있다 하더라도 그
것이 民・國에 유용함은 말할 것도 없으니, 그것을 釐正할 때는 다만 그 폐

---

192) 三政策 41.
193) 三政策 6.
194) 三政策 19.
195) 三政策 17 B.

를 제거하고 그 기능은 이를 더욱 잘 다스리고 정비해 나가야하며, 三政이 오래도록 폐단이 있다고 해서 그 본래의 기능마저도 버려서는 안 된다는 것이었다.

그리하여 그들은 이러한 입장에서 釐正事業이 철저하게 遂行될 수 있도록 일정한 원칙을 세우고 있었다. 三政의 개선은 철저하게 수행하되 급격한 방법으로써가 아니라 漸進的으로 서서히 행하며, 그 방향은 농민부담을 가볍게 함으로써 그들이 생계를 유지할 수 있도록 해야 한다는 것이었다. 權周郁은 그것을

> 今日三政矯捄之方　不可以一二彌縫爲事　必須拔本塞源　而後庶幾得挽回昇平之城[196)

이라고 하여, 어물어물 미봉책으로 위기를 넘겨서는 안 되며, 그 폐단을 國典에 의거하여 拔本塞源함으로써 평온을 회복해야 할 것으로 말하였으며, 尹宗儀는

> 酌民力而先行數年寬貸之政　使之少須叟蘇息　得於其間　講行一副良規　勿汲汲以求近功　勿沁沁以度時日　熟慮而爛商之　要以順乎人心[197)

이라고 하여, 처음 수년간은 賦稅를 가볍게 함으로써 民을 소생케 하고, 그 간에 捄弊를 위한 방략을 마련해서 이를 행하도록 하되, 서두르지 않고 느리지도 않게 熟考爛商해서 人心에 順하고 사리에 맞도록 해야 한다고 제언하였다. 그리고 鄭祐昆은 민심을 수습하는 방안을 제언하되,

> 收拾民心之道　惟在於緩其賦斂　仮貸貧窮　哀憫其情　實心推誠　慰安撫恤　遂其生理[198)

---

196) 三政策 3.
197) 三政策 22.
198) 三政策 34.

오직 賦斂하는 것을 가볍고 느슨하게 하고 빈민에게 賑貸를 제대로 잘하며, 그들을 불쌍히 여기고 참된 마음으로 성의를 다해 위안하고 撫恤함으로써 生을 完遂케 하는 것뿐이라고 강조하였다.

그리하여 三政改善論의 呈疏者들은 이러한 입장과 원칙으로써 三政의 폐단을 矯捄하되, 三政에 관한 舊制度의 기능을 어떻게 회복할 것이냐 하는 문제와 그 운영을 어떻게 개선할 것이냐 하는 문제에 관하여 그 방안을 마련하고 있었다.

田政의 機能을 회복하고 이를 개선해 나가기 위한 방안으로는, 우선 농민부담을 경감하기 위하여 法定稅額 이상을 넘지 않도록 하는 '無踰科額' 문제를 지적하고 있었다. 이때에는 田政의 폐는 結 자체에서 오는 폐단뿐만 아니라, 軍政·還穀에서 都結·加結의 이름으로 과다하게 첨가되고 있어서 그 부담은 실로 과중한 것이었고, 따라서 이러한 과중한 부담을 경감시킨다면 田政을 是正할 수 있다는 생각이었다. 李承敬은 그것을 '虛結蠲稅……都結革罷'로서 말하였고,[199] 申錫愚는 그것을

> 田無加賦 則田何嘗有弊乎 只緣守宰之權宜添攤 以致重斂 直須痛禁 無踰科額而已[200]

라고 기술하고 있었다. 사실 田結에 대한 賦稅가 加賦를 하지 않는다면 큰 폐단이 있을 수는 없는 일이었다. 權周郁도 유사한 내용으로 이를 설명하고 있었다.

> 其賦稅則邑有大帳國有大典 其收納磨勘之道 一從本規 而去其隱伏幻弄之諸結 則民之應稅 尙可以較前減半矣[201]

토지에 대한 稅의 부과는 토지대장과 大典에 의해서 법제상의 규정대로 이를 수납하고 隱結 漏結 등을 제거하면 民의 부담은 종전보다 반이나 감소

---

199) 三政策 48.
200) 三政策 17 A.
201) 三政策 3.

하리라는 것이었다. 이러한 주장은 다른 논자들도 마찬가지여서, 金觀變은

> 改量則於民無害也 …… 然後 田賦定式 依倣大同法 遵行以杜後弊 則蘇民務本之
> 道[202]

라고 하고 있었다. 改量을 함으로써 賦稅의 대상을 정확히 한 연후에, 그 稅額을 大同法에서와 마찬가지로 일정액으로 규정하여 이를 遵行케 하고 後弊를 막으면, 농민부담은 경감하고 따라서 파탄한 농민경제를 안정시키는 길이 되리라는 것이었다.

다음으로는 賦稅不均이나 豪强의 占奪을 시정하기 위한 작업으로 규정대로 量田할 제언하고 있었다. 이 문제는 田政의 기본이 되는 것이고, 또 국왕의 策問에서도 특히 지적하고 있었던 까닭으로 거의 모든 呈疏者들은 그 필요성을 강조하였다. 量田을 바로 해야만 賦稅不均은 해소되고 농민에게 피해가 없으며 政府收入이 늘어난다고 생각해서였다. 量田을 위한 經費는 結負에서 징수해도 좋을 것으로 전망했으며, 人材를 염려할 필요는 없다고 생각하였다.[203] 그들은 국왕의 策問과는 달리 量田의 難點으로 鄕曲富民·宗親·貴戚大家 등 豪强의 농지와 그 占奪田을 어떻게 從實打量할 것인가를 들고 있었으나, 이것도 법제상의 규정대로 강행해야만 民의 형편이 피어날 것임을 강조하였다.[204] 또 이들은 量田의 방법으로 반드시 경비가 많이 드는 전국적인 사업으로써가 아니라 郡縣 단위로 수령들의 책임 아래 점진적으로 遂行하는 部分量田을 말하기도 하였으며,[205] 또 量田을 못 할 경우에는 逐庫査陳을 통해서 稅源을 정확히 파악함으로써 賦稅를 공평히 할 것을 提言하기도 하였다.[206] 그러한 査陳査起가 量田보다 더 효과적일 것임을 강조하기도 하였다.[207] 모두 법제상의 규정으로서 종전부터 마련되고 있는 방법이었다.

---

202) 三政策 5.
203) 三政策 5, 11.
204) 三政策 22, 31.
205) 三政策 22.
206) 三政策 40.
207) 三政策 48.

軍政의 기능을 회복하기 위한 방법으로서는, 이때에는 흔히 戶布·洞布·
結布論이 제론되고 있었지만, 이들은 이 방안에는 반대였다.[208] 이들은 이구
동성으로 軍役에서 도피한 壯丁을 査括하는 문제를 제창하고 있었다. 旣述
한 바와 같이 부농층은 여러 가지 방법으로 軍役에서 圖頉하고 그들의 役은
빈농층에게 가중되어 黃口簽丁·白骨徵布·疊役·族徵·隣徵을 하고, 그것
도 안 되면 田結에다 賦課하여 田政의 폐를 또한 유발하고 있었으므로, 軍役
의 제도가 본래의 기능으로 되살아나기 위해서는 반드시 그 弊源인 避役者
를 査括해서 充役해야만 한다는 것이었다. 그들은 그것을

軍籍之法 則冒稱幼學·投托閑丁査括之外 無他好計[209]

라든가,

軍可充籍 則軍何嘗有弊乎 只緣逃竄多術以致偏苦 直須細括以塡闕伍而已[210]

라 하였고, 또는

欲捄今日之弊 當疤定軍丁 …… 一竝充丁[211]

이라고도 하여, 軍役을 정상화하는 길은 이것 말고는 별도리가 없는 것으로
생각하였다. 査括을 하게 되면 '査括之 塡充之 宜無闕伍之弊'[212] 라든가, '今
若盡括私役私募 以均其役 則可以得閑丁幾千百 而塡充矣'[213] 라고 하였듯이,
壯丁이 부족하여 갖가지 폐단을 일으키게 되지는 않을 것으로 생각하였다.
그리고 또 額外校院生·山直·廊屬·冒稱幼學者 기타 등등을 모두 査括한

---

208) 三政策 44. 47.
209) 三政策 31.
210) 三政策 17 A.
211) 三政策 40.
212) 三政策 28.
213) 三政策 22.

다음에는,

> 量其上納數爻　平均分排於軍民　使無彼此多寡之別　則民可以無怨　而上納可以趂
> 當限[214]

이라든가, 또는

> 軍籍之弊不可不捄　而捄之之術 …… 軍布之均排也[215]

라고 하였듯이, 地域 내에서도 軍役民에게 그 軍役을 균등하게 배정하고, 지역간에도 軍額을 조정함으로써 그 稅를 均排해야 할 것으로 생각하였다. 그렇게 되면 賦稅不均에서 오는 民怨도 없으리라는 것이었다.

　그러나 이들은 査括이 어려운 作業이라는 것을 충분히 인식하고 있었다. 특히 冒稱幼學者의 처리는 쉬운 일이 아님을 잘 알고 있었다. 이들은 富力이 있어서 농촌사회에서 실질적인 중추세력인 것이며, 幼學을 冒稱하는 것은 官이나 양반층과 관계를 맺고 있어야 비로소 가능한 일이었기 때문이다. 그리고 幼學 가운데는 鄕村社會의 양반층이 실제로 많이 존재하고 있었으므로, 冒稱幼學者를 이들과 구분해내는 것도 어려운 일이었다. 그래서 이러한 冒稱幼學者를 査括할 경우에는 신중을 기해야 할 것임을 말하기도 하였다. 이 문제에 관해서는 많은 사람이 여러 가지로 신경을 쓰고 있었다. 朴應漢은 그것을

> 其他怙勢恃富冒稱幼學不勝其多　此則詳査版籍　嚴立課條·務爲公平[216]

이라고 하여, 版籍을 詳査하여 공평하게 처리해야 할 것으로 말하였으며, 李象秀는

---

214) 三政策 40.
215) 三政策 48.
216) 三政策 11.

　　冒稱不必查括　而軍籍之弊可捄矣[217]

라고 하여, 冒稱幼學者는 아예 査括의 대상에서 제외하라고도 하고 있었다. 그의 생각으로는 다른 여러 종류의 避役者만을 査括해도 軍役의 弊는 우선은 矯捄될 수 있다는 계산이었다. 그리고 가령 이들을 모두 査括할 경우에도 그 방법은 세심해야 된다는 것을 제언하는 논자도 있었다. 한 두 邑이 독자적으로 행하면 반드시 騷亂해질 염려가 있으니 이 사업은 전국적인 사업으로서 행해야 된다는 것이었다.[218]

　　또 이렇게 하고서도 軍政의 기능이 회복될 수 없는 경우가 있을 것임을 그들은 알고 있었다. 도망자가 많은 郡縣은 그러한 사례에 속하였다. 李喬榮은 龍宮縣의 경우를 들어 말하길, '本縣查無所查　括無所括'이라고 하였으며, 혹 다른 지방에서는 洞布制로써 臨機應變하는 곳도 있으나, 이곳에서는 疊徵하는 바가 있어서 더 이상의 添徵을 할 수는 없는 것이라고 말하기도 하였다. 그래서 그는 火田稅로 富民에게 殖利를 하여 補軍弊할 것과, 軍役을 질 壯丁을 늘리는 聚民의 방법으로 이웃고을의 場市가 있는 山南面을 龍宮縣으로 편입시켜 줄 것을 건의하기도 하였다.[219]

　　還穀의 기능을 살리기 위한 방법은 還穀法 본래의 규정을 잘 준수하고 그 간에 발생한 여러 가지 폐단과 그 운영상에서 드러난 불합리를 제거하려는 것이었다. 이때에는 還穀의 폐가 극심하였으므로 그 矯捄方案으로는 還穀法 자체를 폐지할 것을 주장하는 여론이 고조되고 있었지만, 이들은 그것을 부당한 것으로 보고, 그 폐단은 제거하되 그 기능은 그대로 살려가야 할 것임을 강조하고 있었다. 그들은 그것을 가령 沈相直이

　　糶政固有國之不可無者　而目今爲弊　則有名而無實 …… 然惡法之生弊　而并與其法而廢之　則是惡水之濁而窒其源也[220]

―――――――――――――――

217) 三政策 25.
218) 三政策 3.
219) 三政策 23.
220) 三政策 19.

라 하고, 李象秀가

　　夫耗穀何可廢也　而亦無庸蠲之也　民之所怨　非以還耗　寔爲受虛而納實　彊免而弱徵也[221]

라고 하였듯이, 濁水에 비유하여 말하기도 하고 民怨의 소재를 밝혀서 말하고도 있었다. 還穀이 비록 폐단이 생겨 유명무실해지고 있으나, 그러나 법에 폐가 생긴다고 해서 그 법 자체를 폐지한다는 것은, 마치 흐르는 물이 탁함을 싫어해서 그 水源을 막아버리는 것과 같은 어리석은 처사라는 것이며, 民이 還穀에 관하여 원망하는 것은 取耗補用하는 還穀制度 그 자체가 아니라 白徵과 不均의 폐에 있는 것이니, 還穀制度 그 자체를 폐지한다면, 그것은 民怨의 소재를 제대로 파악하지 못한 矯捄가 된다는 것이었다. 그들은 국가의 입장에서 還穀制度에 폐단이 있음을 시인하고 그 시정의 필요성을 인정하는 것이지만, 제도의 폐기가 최선의 방안이라고는 보지 않았으며, 도리어 그것을 정상화된 상태로서 유지할 필요성이 있음을 절감하고 있는 것이었다. 그래서 沈相直은 당시로서는 최선의 矯捄方案을 제언하되 다음과 같이 말하기도 하였다.

　　查考簿書　可以徵出者徵出之　可以蠲蕩者蠲蕩之　就其中作奸甚者　以律繩之　以徵其罪焉 …… 嚴立科條　更爲經紀可也[222]

還穀을 出納한 臺帳을 살펴서 吏逋로 되어 있는 부분으로 徵出할 수 있는 것은 徵出하고 蠲蕩할 것은 蠲蕩하며, 逋吏로서 그 도가 심한 자는 처벌을 한 연후에, 還穀制度의 정상적인 운영을 위한 엄한 규정을 마련함으로써 새로이 기강을 세워야 한다는 것이었다. 그리고 李象秀도 그 최선의 방안을 다음과 같이 제언하였다. 逋吏나 士夫로서 積逋者는 처벌하고 그들이 축낸 還穀은 가산과 田土를 몰수함으로써 보충하되 안 되는 것은 蠲蕩하고 族徵·里徵은 하지 말 것이며, 권력층과 결탁하여 避還하던 폐단도 철저히 제거하

---

221) 三政策 25.
222) 三政策 19.

며, 還穀은 모든 人民에게 平施케 하되 里戶의 貧富에 따라 里中에 맡겨 公
議로써 分給하고 官은 耗穀만을 징수하라는 것이었다.[223] 還穀의 폐가 극심
할 경우 이를 부분적으로 蠲蕩하는 예는 흔히 있었으므로, 그들은 蠲蕩할 수
있는 것은 蠲蕩하고 제도 자체는 법제상의 규정대로 엄격하게 지켜 나가자
는 것이었다. 三政改善論에서 還弊의 개선방안은 대개 이와 유사하였다. 權
周郁의

> 依大典本規　而精實而俸之　精實而給之　其移貿轉引之路一切斷遏　而其舞弄作奸
> 之吏　一幷依律處置[224]

라고 한 방안도 그러한 예였으며, 李熙奭의 除弊論이나 朴應漢의 대책도 같
은 예에 속하는 것이었다.[225] 그리고 그러한 위에서 혹자는 避還者를 査括해
서 貧富 간에 統同均排하며,[226] 각 지방의 還總을 조사해서 舊逋를 蠲蕩한 후
還多戶少 戶多還少에서 오는 不均을 제거하라고도 하였다.[227] 賦稅의 均平을
기하려는 것이었다.

그들의 還穀矯捄의 방안은 이와 같이 그 제도를 유지하는 가운데 그 폐단
만을 제거하려는 것이었으므로, 급격한 개혁방안에 대하여는 비판적이었다.
후술하는 바와 같이 이때에는 그 폐단의 근본적인 제거방안으로서 戶斂 · 結
斂, 그리고 常平 · 社倉의 논의가 提唱되고 있었는데, 이들은 그러한 견해에
는 심각한 반론을 펴고 있었다. 申錫愚는 그것을 다음과 같이 말하였다.

> 還穀則孰不曰罷之便耶　是徒知收放之滋吏奸而耗錄之非經法　還穀者積儲也　國何
> 無積儲耶 …… 夫戶 · 結 · 游 · 口斂錢之議　是所謂生財之方　雖有便否之不同　同歸
> 於斂民　此時豈斂民之時乎[228]

---

223) 三政策 25.
224) 三政策 3.
225) 三政策 11, 31.
226) 三政策 45, 52.
227) 三政策 44, 47, 48.
228) 三政策 17 A.

즉, 논자들 가운데는 還弊를 제거하기 위해서 이의 폐지를 편하게 생각하는 사람도 있지만, 이는 取耗補用하는 還穀이 吏奸의 폐단이 되고 그것이 국가의 經法이 아니라는 사실만을 알 뿐, 還穀이 積儲임을 모르는 말이다. 나라에는 國穀備蓄이 없을 수는 없는 것이다. 또 還穀을 파한 후에는 戶斂·結斂·游斂·口斂 등으로 개혁하자는 논의가 있지만, 그러나 이는 기본적으로 生財之方인 것으로 民에게서 더욱 정확하게 稅를 징수하려는 것이니, 지금 이 어찌 斂民의 방안을 생각할 시기이냐는 것이었다. 그는 斂民의 방안이 아니라 捄弊의 방안으로써 還弊를 시정해야 한다는 생각이었다. 이러한 입장에서 尹宗儀는 또 다른 각도에서 더욱 상세하게 반론을 전개하고 있었다. 그가 還穀의 戶布制的인 개혁론을

> 若不罷保布　只爲蠲耗之給代　則旣徵保布之民　又將幷徵戶布乎　且京鄕搢紳世家 什居二三　今若上自公卿大夫　出布應役　下同編戶　則采地職田　雖不如古　事體苟且 朝廷不尊　若搢紳家皆不出布　獨徵齊民　則小民無知呼寃必倍　且大中小戶分等之際 奸僞百出　莫可辨別[229]

이라고 비판하고, 結布制的인 개혁론에 대하여

> 今之結役名色太繁　今之結價騰踊日甚　民不能支　至有今日之起鬧　誠不可於田結 中更添一前所未行之法　民必不從矣[230]

라고 반론한 것이 그것이다. 그는 戶布制를 시행할 경우 保布를 징수하는 民에게 다시 戶布를 더 징수할 것인가, 京鄕에는 양반 사대부의 世居하는 바가 10에 2, 3은 되는데 이들에게 모두 出布應役케 함으로써 小民과 동일하게 編戶한다면 采地職田의 制가 옛과 같지 않은 오늘날에는 이것이 구차스럽고 또 朝廷의 존엄이 서지 않을 것이 아닌가, 그렇다고 小民에게만 出布케 한다면 그 원망이 더욱 커질 것이고 또 分還 시의 戶의 分等에는 奸僞가 百出하여 공정을 기하기 어렵지 않겠느냐는 점 등을 지적함으로써, 戶布制는 시행

---

229) 三政策 22.
230) 同上.

할 수 없는 것이라고 보는 것이었다. 그리고 結布制를 시행할 경우 지금의 농민들이 항쟁을 일으키게 된 것은 結稅가 과중한 데서 연유하는 것이므로, 다시 더 이상 添增을 한다면 民이 따르지 않을 것이라는 점을 들어서 반대를 하는 것이었다. 그는 給代方案 때문에 還穀을 폐하고 그 대신 이를 軍·田에서 보충하려는 것은, '是圖捄如山之弊 而轉謀如海之財'라고 하여, 다른 명목으로 농민을 수탈하는 것밖에는 되지 않는다는 점을 강조하기도 하였다.

이 밖에 이와는 좀 다른 입장에서 還穀의 結斂을 반대하는 논자도 있었다. 慶尙監司 李敦榮의 경우가 그 예이다. 그는 還穀을 結斂으로 하면 그것이 作人에게 전가되고, 따라서 作人들이 살기 어렵게 된다는 점을 내세우고 있었다(註 151 참조).

常平倉·社倉制의 논의에 대해서도 常平倉은 取耗가 없으니 給代方案이 될 수 없고, 社倉은 取耗는 있으나 民心不古하고 生逋를 막기가 어렵다는 점을 들어 이를 반대하기도 하였다.[231]

(2) 三政改革 — 稅制改革論

呈疏者들이 다음으로 제론하는 三政의 釐正方案은 어떤 형태로든 三政을 改革해야 한다는 견해였다. 三政改善論의 논자들은 三政의 제도 자체에는 缺陷이 없고 그 운영에 폐단이 생긴 데서 三政紊亂이 일어난다고 생각하는 데 대하여, 三政改革論의 논자들은 그와 반대로 그 운영과 제도 자체에 缺陷이 있는 것은 말할 것도 없고, 무엇보다도 現今의 사태를 '目下事態 恐有不可姑息而止者'[232]라고 하여, 姑息彌縫으로써 넘어갈 수 있는 때가 아닌 것으로 판단하고 있었다. 그리하여 이러한 비상시국을 당하여서는 무엇인가 근본적인 해결방안을 모색해야 할 것으로 생각하였으며, 여기에 그들이 우선 제론하게 된 것은 稅制改革論으로서의 三政의 개혁이었다.

稅制改革으로서 三政의 개혁에는 많은 呈疏者들이 동조하고 그 의견을 개진하고 있었다. 그것은 아마도 三政改善論의 論勢에 伯仲할 만큼 큰 세력을 형성하고 있었다. 그러나 그들의 견해가 모두 전적으로 일치하는 것은 아니

---

231) 三政策 22, 47, 48.
232) 三政策 8.

었다. 이 견해에는 부분적인 개혁을 提言하는 논자와 전면적인 개혁을 내세우는 논자들이 있었다. 전자는 三政 가운데서도 그들이 생각하기에 가장 폐가 심하다고 생각하는 어느 한 부분만을 개혁하자는 것이고, 후자는 三政 전체를 하나의 문제로서 전면적으로 개혁하자는 것이었다. 그러한 가운데서도 稅制改革論으로서 三政改革의 주류를 이루는 것은 전자, 즉 부분개혁의 견해였다. 그 수는 압도적으로 많았다.

A. 部分改革論

三政改善論에 이어서 많은 논자를 가진 부분개혁의 견해는, 三政의 舊制度를 그 폐단을 제거하고 이를 개선 유지하면서도 지엽적인 개선만으로는 해결이 안 되는 法 자체에서 오는 重症의 폐단이 있을 경우에는, 그 부분은 법 자체까지도 개혁해야 한다는 것이 특징이었다. 南秉哲은 그와 같은 입장에서 三政釐正의 태도와 자세를 다음과 같이 천명하고 있었다.

> 夫捄弊之道　法美而弊生者　當捄其弊也　法本有弊者　當捄其法也　此今日還上之不得不有變革之擧　而況目下事勢　若使取耗依前斂散仍舊　則非但三政未有所捄之事亦無可捄之道[233]

이는 還穀을 중심으로 한 말이지만, 무릇 捄弊의 방법은 법이 좋은데도 운영에 폐가 생기면 마땅히 그 운영상의 폐를 제거하고, 본시 법 자체에 폐가 있는 것이면 마땅히 그 법을 고쳐야 하는 것이니, 이것이 바로 오늘날 還穀의 제도를 변혁하지 않을 수 없는 이유라는 것이었다. 그리고 目下의 형편으로 보아 取耗斂散을 종전대로 하기로 한다면 還穀은 矯捄할 것이 없을 뿐만 아니라 矯捄할 도리도 없다는 것이었다.

部分改革論에서 三政矯捄의 태도 자세는 말하자면 三政을 개선할 것은 개선하고 改革變通해야 할 것은 이를 變通한다는 입장이었다. 그러므로 이 견해는 全面改善論과 全面改革論의 절충안이 될 수 있는 것으로서, 전면적인 개혁을 주장하는 후자의 견해에 비하면 신중한 것이었으나, 舊制度의 고수를 주장하는 전자의 견해에 비하면 역시 진보적인 것이었다. 이들은 기본적

---

233) 三政策 8.

으로 三政의 체제를 벗어나려는 것이 아니었으나, 오늘의 事態는 舊來의 제
도를 고수할 수만은 없는 것이라고 판단하고, 그 개혁이 필요한 부분에 대해
서는 주저함이 없어야 할 것으로 보는 것이었다.

　그들이 판단하는 오늘의 사태(目下事勢)는 三政의 폐로 民의 고통이 尤甚
해지고 마침내는 농민항쟁이 발생하게까지 되었다는 것이었다. 그러므로 그
폐단은 제거되고 그 苦痛은 해소되어야 하는 것인데, 가령 宋來熙가

　　　今一政之弊未袪 一民之苦未解者 以殿下膠守前規 不爲變通故也[234]

라고 하였듯이, 지금까지 一政의 폐도 제거되지 못하고 一民의 고통도 해소
되지 못하고 있는 것은 국왕이 폐가 많은 前規를 膠守하고 이를 變通치 않는
까닭이라고 보고 있었다. 이는 말하자면 祖宗之法을 잘 계승·준수한다거나
舊法을 가벼이 변경할 수 없다고 하는 舊法 준수의 입장(三政改善論)에 대한
비판인 것으로서, 祖宗之法·舊法이라도 폐가 생기면 개혁해야 한다는 입장
에서의 발언이었다. 이들은 舊法變通에서의 變通을 융통성 있게 생각하는
것이며, 따라서 三政의 제도를 유지하는 것과 그 안에서 폐단이 생긴 부분을
變通하는 것을 모순되는 것으로는 보지 않고 있었다. 宋來熙는 그것을 眞西
山論中庸繼述之議로서 설명하기도 하였다.

　　　當持守而持守者 固繼述也 當變通而變通者 亦繼述也[235]

　祖宗之法을 繼述한다는 것은, 마땅히 지켜야 할 것을 지키는 것은 말할 것
도 없이 繼述이지만, 동시에 마땅히 變通해야 할 것을 變通하는 것도 또한
繼述이라는 것이었다. 祖宗之法이라도 폐가 생기면 이를 變通해야만 祖宗의
業이 더 오래 지속될 수 있다고 보는 데서였다. 그래서 그는 이와 관련하여
서는,

---

234) 三政策 16.
235) 同上.

　　自古帝王刱業定法　始雖盡善盡美　而時移事變法久弊生　則後嗣之善繼善述者　必
　隨宜更化　不膠於舊制[236]

라고도 하여, 創業定法으로서 마련되는 祖宗之法은 본시 盡善盡美하지만,
시대의 變遷에 따라서는 사정이 달라지고 법이 오래되면 폐가 생기는 것이
므로, 정말로 祖宗之法을 잘 繼述하는 後代의 治者는 반드시 事勢에 따라 이
를 隨宜變通하고 舊制에 膠着되지 않는다는 것을 강조하기도 하였다. 그뿐
만 아니라 그들은 祖宗의 業을 유지하고 국가를 유지하기 위해서 그 變通이
필요한 것이라면,

　　程夫子之訓曰　大變則大益　小變則小益　正是今日之謂矣[237]

라는 입장에 서는 것이기도 하였다. 三政의 체제 내에서나마 그 폐단을 제도
의 變通으로써 제거하려고 할 때, 그 變通이 크면 클수록 더욱 유익하다는
생각이었다.
　이 계통의 논자들은 법 자체에 대해서도 그러하였으므로, 三政의 폐단이
운영상의 문란으로 야기되는 것을 묵과할 수 없었음은 말할 나위도 없었다.
그들은 '有弊政無弊法'이라는 古人의 말에 유의하면서,[238] 祖宗之法이 법 자
체로서 폐가 생기기에 앞서서 그것을 운영하는 관리에 의해서 폐가 생기고
있음을 규탄하는 것이며, 이의 시정을 요구하고 있었다.
　그리하여 部分改善·部分改革論의 논자들은 법의 폐단이거나 운영상의
폐단이거나를 막론하고 개선이 필요한 것은 개선하고, 그들 개개인의 관점
에 따라서 개혁이 필요하다고 생각되는 것은 이를 개혁해 나가려는 것이 특
징이었다. 그러므로 그들의 개혁안은 모든 논자의 의견이 반드시 하나의 문
제에 집중되는 것은 아니었으며, 또 어느 것은 개선하고 어느 것은 개혁한다
고 일치되고 있는 것도 아니었다. 그러나 그러면서도 그들의 의견은 대개 田

---

236) 三政策 16.
237) 三政策 10.
238) 三政策 33.

政은 개선으로써, 그리고 軍政과 還穀은 부분적인 개혁으로써 그 안을 마련하고 있었다.

田政은 개선을 통해서 폐단을 제거하려는 것이었으므로 그 내용은 대략 三政改善論의 개선방안과 유사하였다. 그것은 稅率調停을 건의하는 점에서나 量田問題를 다루는 태도에서 모두 그러하였다.

稅率調停에 관해서는 田結에 과중한 稅를 부과하는 일을 금하는 것과 稅率을 새로이 조정하는 방향에서 이를 마련하고 있었다. 그것을 그들은 都結을 혁파하고 田稅를 낮추어서 재조정하는 것으로써 내세웠다. 都結은 '本非經法 而許多弊端 皆從此出'이라고 생각되는 데서, 그리고 기술한 바와 같이 農民經濟는 이로써 크게 파탄되고 있었으므로, '先從都結而另加申禁 以爲裕民勸農之道'[239]라든가, 또는 '所謂都結名色 仍爲永革 俾毋敢襲謬 則可杜病民之源'[240]이라는 데서, 그들은 우선 이를 禁斷하려는 것이었다. 혹자는 이러한 현상을 稅의 '移捧'으로써 설명하고 그것이 금지되어야 할 것임을 강조하였다.[241] 이미 언급한 바지만 都結은 곧 三政紊亂의 집약적 표현인 것으로, 三政에 부과할 수 있는 稅가 모두 田結에 집중되고 있는 것이었으니, 이로 말미암은 농민부담의 가중은 말할 수 없이 큰 것이었다. 그러므로 田政의 폐를 시정하는 데 이 문제가 제외될 수는 없었다.

하지만 이러한 문제가 禁令 하나만으로 제대로 시행되기를 바랄 수는 없었다. 그들은 여기에는 좀더 적극적인 조치, 즉 稅를 간소화하고 稅率을 낮추어 정액화하는 법적 조치가 따라야 할 것으로 생각하였다. 전자는 가령 某氏가

田政 則改量 而簡其收斂之賦[242]

라고 한 것이 그 예가 되겠다. 그는 개량을 함으로써 隱漏結을 搜括하고,

---

239) 三政策 12.
240) 三政策 32 B.
241) 三政策 49.
242) 三政策 50.

軍・還・其他로부터 移捧되는 稅를 일괄 조정함으로써 田結에 부과되는 稅
를 간소화해야 田政이 바로잡힐 것이라고 말하고 있었다. 그리고 후자는 宋
近洙나 李瑀祥이 이를 제언하고 있었다. 宋은 그것을

> 一依通編所載 定其惟正之例 而不得以雜樣名色揷入計版 則結政之紊 不期正而
> 自正矣[243]

라고 하여, 軍政・還穀을 시정한 후에, 法典의 규정에 따라 稅를 징수하고,
軍・還으로부터의 移徵은 말할 것도 없고 각종 雜役稅의 揷入을 막게 되면,
田政의 문란이 시정될 것이라고 말하였다. 그리고 李瑀祥은 이를 더욱 분명
히 표현하여

> 田賦則以一結十貫歲爲恒式 行會各省 使吏民曉然咸知 不以豊歉而增損 不爲異
> 議所撓奪 此法一定 居官者永絶染指之想 爲吏者自無鑽穴之苦[244]

라고 제언하기도 하였다. 田結에 부과하는 稅를 1結 10貫(10緡 10兩)의 金
納定額制로 恒定하여 시행하되, 吏와 民이 모두 이를 분명하게 알도록 하고,
豊歉이 있어도 이를 增損하지 않고 異議가 있어도 이를 굽히지 않게 되면,
官・吏의 수탈의 근거를 杜絶시킬 수 있다는 것이었다. 그리고 이와 관련해
서는 吏胥層이 부정을 저지르지 않고도 살아갈 수 있도록 '講究吏料'할 것
과,[245] 米穀商人들이 穀價를 조정하여 牟利하는 일을 금지할 것을[246] 또한 제
언하기도 하였다. 金納定額制를 시행하려면 官이나 民 모두 物價를 안정시
킬 필요가 있었다.

  그러나 그러고서도 田政이 바로잡히려면 賦稅不均의 폐가 근원적으로 시
정되어야 하였으므로, 이를 해결하기 위해서 그들은 改量田할 것을 異口同
聲으로 말하고 있었다. 그 기술적 방법으로는 兪集一의 方田法을 제언하기

---

243) 三政策 15.
244) 三政策 26.
245) 三政策 20.
246) 三政策 33.

도 하고 丁若鏞이나 徐有榘의 量田方略을 들기도 하였다.[247] 그 실시과정에
서의 難點, 즉 인재나 경비문제는 田政改善論에서와 마찬가지로 그리 큰 문
제가 되지 않음을 지적하였다. 인재는 得할 수 있는 것이고, 경비는 結頭分
排・結民排斂하거나 還穀의 蠲蕩分으로 대체하고, 또 火田稅나 隱漏結로써
충당하면 해결되는 것으로 생각하였다.[248] 특히 量田要員을 확보하는 방법으
로는 '算學之科'를 設하라는 안도 제론되었다.[249] 농민항쟁이 전개되고 있는
상황에서의 巨役의 전개를 염려하여서는 점진적인 개량을 말하기도 하고,
또 더 신중한 논자의 경우라도 최소한 逐庫査正이나 査陳은 해야 할 것임을
강조하였다. 그리고 量田은 소유권을 확인하는 작업이기도 하였으므로, 이
와 관련해서는 宮家나 勢家에서 民田을 약탈하는 행위를 禁斷할 것을 건의
하기도 하였다.[250]

　軍政의 釐正方案은 田政의 그것에 비하여 혁신적이었다. 部分改革論의 논
자들 가운데도 三政改善論에서와 마찬가지로 혹 避役壯丁의 査括을 통해서
軍政의 폐단을 釐正하려는 견해가 없지 않았으나, 그러나 이 경우에는 대부
분의 논자들이 戶布制나 洞布制 또는 結布制로써 이를 해결하려고 하는 것
이 특징이었다. 軍政의 폐단은 기본적으로 양반 신분은 免役이 되고 평민 신
분의 壯丁만이 應役을 하기 때문에, 신분의 상승을 통한 避役이 발생하는 것
이었으므로, 그러한 폐단을 막기 위해서는 모든 民戶에게 役을 지게 해야 하
고, 그러기 위해서는 戶布制나 洞布制 또는 結布制를 시행하는 것이 善策이
라는 생각이었다. 그 가운데서도 戶布制나 洞布制를 宋近洙와 尹廷琦가

　　去其充塡之籍　而統計一年之所收排戶　而通京外均收其布　則吏絶售奸之路　而民
無偏苦之役矣
　　爲今日軍籍之捄弊　惟在戶布一款　誠能按檢軍摠　隨其戶數　無論常賤與幼學　均布
徵納　則貧富强弱蕩然無偏矣[251]

---

247) 三政策 8, 49, 50.
248) 三政策 13, 20, 9, 2.
249) 三政策 51.
250) 三政策 38.
251) 三政策 15, 53.

라고 한 것이라든가, 任百經이

　　軍政則今之論者輒曰査丁　此語誠然矣 …… 臣愚以爲不若洞布　洞布者以一邑軍布
之都數　令各洞分排而均納者也　然則冒錄與廊戶無辭規避　盖稱以軍役則耻以不齒　謂
之洞布則均而莫怨也　果能通同施行　必無倖免疊役之患矣[252]

라고 한 것이 그 각각의 예이다. 전자는 국가가 징수해야 할 稅額(布)을 戶
단위로 분배하여 京・外를 막론하고 均收케 하면 吏奸도 막을 수 있고 民의
偏苦를 없앨 수도 있다는 것이며, 후자는 각 郡縣에서 그 고을의 稅額을 각
洞에 분배하여 그 洞으로 하여금 均納케 하려는 것으로서, 그렇게 되면 冒稱
幼學者나 勢家의 그늘에 도피한 避役者들이 圖頉할 구실이 없게 되니 倖免
과 疊徵의 폐, 즉 賦稅不均의 폐가 없어지리라는 것이었다. 그러나 戶布制와
洞布制는 큰 차이가 있는 것이 아니었다. 그러므로 軍役制의 폐단을 제거하
는 데 어느 한쪽만을 고집할 필요는 없었다. 그래서 金尙鉉은

　　今日之計　急務莫先於洞布　良法莫過於洞布　近來守令　多有行此法者　而以非朝令
也 …… 八路俱行　兆民旣孚然後　進而爲戶布之法　不亦宜乎[253]

라고 하여 절충안을 내놓기도 하였다. 戶布制를 시행하기 위해서는, 우선 일
반적으로 지방에서 관행하고 있는 洞布制를 법제화하여 시행한 연후에, 점
진적으로 戶布制로 이행하자는 것이었다.
　이와 같이 폐단이 많았던 지금까지의 軍布制를 戶布制나 洞布制로 개혁하
려는 논자는 많았다. 李震相은 '通計一邑　還戶各出二兩'[254]이라고 하여 還穀
은 혁파하고 軍制는 精兵主義로 개혁한 뒤, 軍戶 이외의 모든 戶에 대해서
戶賦로서 2兩씩을 均徵토록 하자고 건의하였다. 그리고 鄭基雨는 各面・各
洞의 戶數의 多寡에 따라 軍布를 洞에다 평균 분배하여 洞으로 하여금 兩班
戶도 포함시켜 이를 수납케 하되, 臺帳을 洞 단위로 別置하여 농민들에게 그

---

252) 三政策 32 B.
253) 三政策 49.
254) 三政策 29.

내용을 주지시킴으로써 偏輕偏重의 폐가 없도록 하려 하였다.[255] 이 점은 李
參鉉도 마찬가지여서 그는 '行洞布之法 罷雜頉之名'할 것을 말하였다.[256] 그
리고 그 밖에 李瑀祥은 그가 경험한 三南地方의 예를 들어 제언하되 軍伍制
와 洞布制를 병행할 것을 건의하였으며,[257] 南秉哲은 軍制 자체를 矯革하지
못한 現今으로서는 査括 이외에도 三南地方에서 널리 행해지고 있는 洞布制
나 役根田徵布制를 당분간 그대로 두어도 좋을 것으로 말하였다.[258]

結布制는 戶布制에도 한계가 있다고 보는 논자들이 제론하고 있었다. 戶
布制를 제기하는 의도는 종래 軍役制의 賦稅不均의 폐단을 제거하려는 데
있었는데, 結布制를 주장하는 논자의 입장에서 볼 때 戶布制로서는 그 不均
을 제거하기 어려웠다. 가령

> 議或云戶布爲可 而竊有不然者 徭役之疑眩難均 莫甚於身 而尤莫甚於戶矣 ……
> 役之不均 莫此爲甚 …… 身也戶也之役 大不如田結 何者 身與戶 則存亡聚散 如雲
> 無定 田之結 則字號卜數 撲地不遷 一番執稅 莫逃莫隱 此所以軍政矯捄 莫如結布
> 者也[259]

라고 한 것은 그 한 예이다. 이에 의하면 身役制나 戶布制는 본시 徭役制로
서 公正·均平하기가 어려운 것이며, 또 身·戶는 聚散無定하므로 賦稅 대
상으로서는 移動逃隱이 불가능한 田結보다 못하다는 것이었다. 그러므로 軍
役의 폐(賦稅不均)를 矯捄하는 방안으로서는 結布制만한 것이 없다는 생각
이었다. 結布制로 하면 토지를 많이 소유한 자는 稅를 많이 내고 적게 소유
한 자는 적게 낼 것이므로 賦稅의 원리상 균평한 셈이었다.

그러나 이와 같은 軍政의 개혁방안에서 그들 내부에 이견이 없는 것은 아
니었다. 그것은 이해관계와 명분에 얽히는 문제였다. 혹자는 이미 戶布制나
洞布制가 시행되고 있는 가운데, 양반층도 실제로 役을 지고 있어서 이를 자

---

255) 三政策 33.
256) 三政策 24 A.
257) 三政策 26.
258) 三政策 8.
259) 三政策 50.

연스럽게 받아들이고, 또 結布論까지도 곁들여서 새로운 개혁방안을 모색하고 있었지만, 개중에는 이를 신분제 사회에서 명분의 문란이나 또는 이해관계의 상충이라는 점에서 반대하는 논자도 있었다. 가령 盧德奎가

> 今若一朝而搜括之 彼百姓而爲兩班者 賤人而爲良人者 其肯屈首而順受之乎 臣竊危之 以臣愚見 亟宜先令京外 抄出一年徵布之數 各邑戶口田結之多寡 以戶布結布等數者之論 參量而裁處之[260]

라고 하여, 軍弊의 시정방안을 避役者를 査括하는 것으로써 해결하기로 한다면 冒稱幼學者나 納粟으로써 良人이 된 천인층이 순순히 응하지 않을 것이니―그는 이번 民亂에서 이들 避役者가 주동이 된 것으로 보고 있었다 (註 179 참조)― 布數나 戶口 및 結數를 조사하고 戶布制나 結布制 등의 數種의 견해를 참작하여 처리하면 될 것이라고 한 것, 柳重敎가 結布制를 시행하면

> 今不討役於有身者 而一切移徵於有田者 則勤幹廣田之家 以一身而代百夫之征

이라는 데서, 그리고 戶布制를 시행하면

> 至於戶布法 則比結布差勝 但一例排定 則朝士儒生混徵役布 於名無當[261]

이라는 데서 이의를 제기하고 있었음은 그것이었다. 그는 結布制는 지주층이나 부농층 등 多田者가 부당한 피해를 받게 된다는 데서, 그리고 戶布制는 兩班支配層에게도 役을 과하게 되어 명분의 혼란을 초래케 된다는 데서 이를 반대하고 있는 것이었다. 이러한 점은 閔胄顯의 경우에도 마찬가지였다. 그는 수십 년 전부터 同福 지방에서 戶布制를 시행하는 데 따르는 폐단을 예로서 들면서, 貧殘班戶는 役을 지고 饒實平民은 도리어 倖免하는 예가 있음을 지적, 朝鮮王朝의 명분을 내세워 小民들이 役을 져야 할 것임을 강조하기

---

260) 三政策 9.
261) 三政策 20.

도 하였다.[262) 그리하여 이와 같은 身分階層 간의 이해관계의 대립으로 말미암아, 柳重敎는 軍政釐正에 관한 제3의 방법으로서 종래의 役戶(平民)만을 대상으로 하는 洞布制의 시행을 제언함으로써 양반층으로부터의 混徵을 막으려 하였으며,[263) 또 다른 논자는 戶布도 洞布도 어려우니 移來移法하는 流離民을 조사해서 이 문제를 해결하자고도 하였다.[264)

  還穀의 釐正에서도 혁신적인 방안이 나오고 있었다. 개중에는 혹 三政改善論에서와 마찬가지로 還摠의 규모를 줄이고 新規를 작성하여 還穀制度 본래의 의의를 살려 나갈 것을 말하는 논자도 없지 않았으나,[265) 그러나 대부분의 논자들은 이를 크게 變通해야 할 것으로 보고 그 방안을 마련하고 있었다. 그들의 그러한 방안은 取耗補用의 기능이 주가 되어 있는 還穀의 제도를 賑貸機能이 주인 常平倉이나 社倉의 제도로 전환시키려는 것이었다. 다만 그러한 가운데서도 還穀制度를 개혁한 후의 給代의 방안을 둘러싸고, 혹자는 이를 常平·社倉에서의 耗穀으로 해결하려 하고, 혹자는 이를 새로이 稅制를 마련하여 戶·結·里 등에서 징수함으로써 해결하고자 하는 견해차가 있었다. 전자는 取耗補用의 부득이함을 인정하는 데서이고, 후자는 이를 稅制로써 現實化하여 공정하게 운영해야 한다고 보는 데서였다.

  전자는 가령 柳重敎의 방안에서

> 夫還穀之欠縮者旣充 則斯可以行社倉之制矣 宜先自廟堂執其實數會總 審考郡邑之大小 改派穀數之多少 又自郡邑均派各洞各里 要令三百戶或二百戶立一社倉 擇定掌任 每年耗穀應捧之外 出納藏守一從便宜 惟於封庫之後 郡官或鄉任 一次巡視而已 則此乃公私兩便之術也[266)

라고 하여, 逋還欠縮分을 보완한 후 이를 社倉制로 전환시키되, 그 總數를 파악한 연후에 郡邑의 大小를 헤아려서 糧穀을 改派하면 郡邑에서는 다시

---

262) 三政策 10.
263) 三政策 20.
264) 三政策 38.
265) 三政策 26.
266) 三政策 20.

이를 각 洞里에 均派하여 鄕民으로 하여금 이를 社倉制로써 운영케 하고, 每年의 耗穀上納 이외에는 出納藏守를 일임하되 官은 이를 다만 순시 감독하는 것으로 그치게 하면 公私가 모두 편하게 될 것이라고 한 것, 그리고 姜晋奎의 방안에서

> 取耗補用今已屢百年矣　雖非古法而行之已久　經費之出於此者　厥數甚夥　亦不可以卒革也　今若精覈一年應用之數 …… 仮如一年支用之出於耗者爲二十萬緡　則二百萬石正之耗足以當之矣　計此定爲元穀摠　均數於八路　用常平分留之法　而寓其備豫之義　於後用社倉斂散之法　而付其出納之權於民[267]

이라고 하여, 取耗補用의 還穀制度가 비록 古制는 아니지만 국가의 경비관계로 이를 갑자기 파할 수는 없는 것이니, 그 경비를 정확히 파악해서 그것이 10분의 1의 耗穀이 되도록 10배의 元穀을 전국에 균등히 펴서 常平法으로 運營하고, 후에는 이를 다시 社倉法으로 轉用하여 鄕民으로 하여금 자치적으로 운영케 하자고 한 것 등이 그 예가 되는 것이겠다. 三政改善論側에서는 人心不古해서 社倉制의 실시가 어려울 것으로 비판하고 있었으나, 이들은 이러한 비판을

> 今鄕里之人鳩財立契　以爲營私之計　其律令約束猶斬斬如軍中　況以公物爲資本哉[268]

라고 하여 한낱 기우로 보고 있었다. 鄕村社會에서는 일반적으로 私財를 모아서 契를 조직하고 운영하고 있는데, 그 규율은 軍中과 같이 엄격하니 況且官穀으로써 資本을 삼아 社倉을 운영할 경우에는 어떻겠느냐는 것이었다.
　후자의 경우(戶·結·里 징수)는 閔胄顯이

> 臣愚以爲　還穀斷可革罷而無可疑者也　旣已革罷而水旱飢饉賑貸之政不可廢也　則聖問中所謂漢之常平隋之義倉　皆爲良規而可以倣行矣　京司外營供給之需不可廢也

---

267) 三政策 2.
268) 三政策 20.

則度其邑戶・結總與其邑所入之數　參酌排定亦所不已也[269]

라고 한 것이라든가, 南秉哲이

　　至於還耗變通之後　所在實穀措置之方　社倉常平之倣　亦今衆論所在　而愚見則以
常平爲勝矣　盖社倉是民人之設　故其穀物亦民人所備　常平是公家之設　故其穀物亦
公家所備　今所在還上卽公穀　其事已近於常平 …… 還上旣革　則取耗經用之數　不得
不給代 …… 革還上之痼瘼　均徵給代於田結　是亦兩稅條鞭之意　此則出時措之宜　有
古制之稽也[270]

라고 한 것이 그 예가 되는 것이겠다. 閔胄顯의 주장은 還穀은 단연 혁파해
야 하되 賑貸之政을 폐할 수는 없는 것이니 常平倉이나 社倉制는 받아들일
만한 것이고, 京司外營의 財源을 폐할 수는 없는 것이니 戶・結의 수와 소요
되는 경비를 헤아려서 배정하게 되는 것은 어쩔 수 없는 일이라는 것이었다.
그리고 南秉哲은 還耗制를 變通한 후에는 常平倉과 社倉을 設하려는 논의가
있으나 그의 생각으로는 還穀과 常平倉의 유사성으로 보아 常平倉을 설치하
는 것이 좋겠고, 또 給代의 방안으로는 時宜와 古制를 참작하여 田結에서 징
수할 것을 건의하는 것이었다. 또 이와 유사한 견해로서는 還穀을 蠲蕩하고
還摠을 재조정한 후, 다만 元摠의 耗만을 戶稅로서 里 단위로 납부케 하자는
방안도 나오고 있었다.[271] 還穀制를 賦稅로서 현실화하고 均賦를 기하려는
것이었다.

　이러한 입장에서 取耗補用의 還穀制度를 變通하여 常平倉이나 社倉制 및
戶・結・里稅로 전환시키려는 견해는 이 밖에도 많은 논자가 이를 주장하고
있었다.[272] 그 給代方案으로는 前記의 방안 이외에도 量田 후에 드러나는 隱
結로써 충당하거나, 屯田을 설치하고 경영함으로써 그 수입으로 충당케 하
라고도 하였으며,[273] 또 많은 논자들은 省費節用으로써 그것을 해결할 것을

---

269) 三政策 10.
270) 三政策 8.
271) 三政策 15, 50.
272) 三政策 24 B, 32, 33, 38, 9, 12, 29, 36, 49, 51.
273) 三政策 32, 13.

강조하기도 하였다. 그리고 이 밖에 許傳은 還穀制의 釐正을 常平倉과 社倉의 병설로써 해결하려 하였는데, 그렇게 되면 그는 常平倉에서 取耗를 하지 않아도 될 것으로 낙관하고 있었다. 穀이 쌀 때 사들이고 穀이 비쌀 때 내다 파는 가격조정을 통해서 정부는 오히려 還耗收入보다도 많은 이익을 볼 것으로 생각하는 것이었다.[274]

部分改革論에서 三政의 釐正方案에는 이 밖에도 중요한 문제가 있었다. 그것은 三政의 운영방침을 크게 변혁해야 한다는 점이었다. 三政의 폐단은 주로 그 운영상에서 야기되는 것이었는데, 그것은 官·吏의 擅斷에 연유하는 바 컸으므로, 이를 막기 위해서는 그것을 견제할 수 있도록 운영방침이 달라져야 한다는 생각이었다. 그들은 그것을 民을 그 운영에 참여시키는 것으로써 해결하려 하였다. 民이 三政의 운영에 참여하여 官·吏의 무질서한 운영을 견제하면 그 擅斷에서 오던 폐단이 시정되리라는 것이었다. 朝鮮社會에서는 鄕廳을 중심한 지방제도나 鄕約을 중심한 농민통제와 농촌자치를 위한 기구가 있어서 民의 지방자치에 대한 의식은 높았으며, 따라서 이들은 이러한 전통 위에서 그 三政運營權에 民을 참여시킬 것을 주장하는 것이었다.

民의 三政運營 참여에 관하여 많은 논자들이 제론한 것은 還穀制度를 社倉制로 전환시키려는 데서와 軍布를 洞布制로 개혁하려는 데서였다. 社倉은 본시 鄕村社會에서 자치적으로 운영하는 기구였으므로, 이 제도를 채택할 경우 官에 의한 還穀의 官權的 운영이 民에 의한 자치적 운영으로 전환하는 것이며, 洞布制는 洞 단위로 배당된 布를 洞에서 賦稅에 不均함이 없도록 각자 자치적으로 운영하는 것이므로, 이것이 제도화된다면 이는 民이 그 운영에 크게 참여함을 뜻하게 되는 것이었다. 이와 같이 많은 논자들은 社倉制와 洞布制의 문제를 중심으로 三政의 운영방침의 개혁을 논하고 있었지만, 그러나 개중에는 이 문제를 田政에서도 건의하는 논자가 있었다. 田稅를 金納으로 부과할 경우 시가보다 고액으로 부과하는 것을 막기 위해서, '嚴飭守宰 無得過高於時直 令民會議而折衷之'[275]라고 한 것이 그것이었다. 官이 일방

---

274) 三政策 1, 37.
275) 三政策 33.

적으로 稅를 부과할 것이 아니라 民과 절충하여 정하라는 것이었다.

그뿐만 아니라 그들은 또 그와 같이 三政이 운영될 경우에도, 가령 姜晋
奎가

> 三政旣擧之後 嚴其科條 詳其籍記 田賦則錄其水旱傷災 軍籍則錄其逃亡故絶 還
> 穀則錄其出納數爻 逐年修正 每於歲終 官民相準 一置之官 一置之民 一有欺隱相
> 左之端 則官以在官之籍考之 民以在民之籍考之[276]

라고 하였듯이, 田·軍·還政의 운영 내용에 관한 帳籍을 작성하여 官과 民
이 각각 1부씩 保管하고 매년 연말에 이를 상호 대조·감사함으로써 그간에
不正이 있을 경우에는 이를 밝혀내도록 할 것을 강조하기도 하였다. 이는 특
히 그가 크게 내세운 바로서, 그는 이러한 견해를 다른 글을 통해서도 제언
하고 있었다.[277]

B. 全面改革論

稅制改革을 중심한 三政改革論에는 앞에서 언급한 바와 같이 이 밖에도
三政을 일거에 전면적으로 개혁하려는 견해가 있었다. 이러한 見解의 所有
者는 소수였으나 그 주장하는 바는 강경하였다. 奇正鎭이나 金允植은 그러
한 주장을 편 인물들이다.

전자는 그 구체적인 방안을 뚜렷이 내세우지는 않았지만 軍布와 還穀이
萬世經法이 아니라는 점에서 이를 혁파토록 제언하였으며, 唐의 租傭調의
稅法에 의거하여 政府大臣들이 이를 討議·潤色함으로써 새로이 新制度를
마련할 것을 건의하였다. 그리고 이 경우 그는 특히 '唐之戶調未聞士族獨免'
이라는 점을 부언하기도 하였다. 이는 사대부계층이 신분의 우위를 통해서
免稅되고 있는 現今의 실정을 완곡하게 비판하는 것이고, 앞으로의 新稅法
에서 개정해야 할 문제점을 지적하는 것으로, 그의 三政改革, 즉 稅制改革論
은 신분관계에 따르는 賦稅不均의 문제를 시정하려는 데 그 기본목표가 있
는 것이었다고 하겠다.[278]

---

276) 三政策 2.
277) 『櫟菴稿』卷 10, 杞憂私議.

　후자는 그 개혁방안의 전모를 분명하게 내세우고 있었는데, 그것은 軍布
와 還穀의 제도를 혁파하고 그 稅를 모두 田稅에다 통합하려는 것이었다. 그
는 治國의 道를, '有國有家者 不患寡而患不均 不患貧而患不安'[279]이라고 하
여, 기본적으로 不均을 시정하는 데 있는 것으로 보았기 때문에, 그 개혁방
안도 그러한 각도에서 마련하고 있었다. 그리고 그것을 三政과 관련해서는,
그 최대의 폐단은 賦稅不均에 있으므로, 그 개혁은 이를 시정하는 것이 되지
않으면 안 된다고 생각하였다. 그리하여 田政의 당면과제인 量田은 均産을
위한 최선의 방법인 兪集一의 方田法으로 행함으로써 稅源을 명확히 파악해
야 할 것임을 내세웠다. 그는 농민경제를 均産化하는 '均之之術'은 자고로 井
田論・均田論・限田論 등의 土地再分配論이 있으나, 현재로서는 이는 시행
불가능한 것이고, 지금 상황에서 최선의 방안은 오직 方田法뿐이라고 믿고
이를 적용할 것을 건의하는 것이었다. 그리하여 方田法을 통한 量田事業이
끝나고 三政의 기초가 정비되면, 軍布와 還穀의 제도를 혁파하여 田稅에다
포함시킴으로써, 三政의 稅를 結斂으로 통합하고 단일화하려는 것이 그의
구상이었다. 그는 그것을

　　如今改量之後 調養兵之費於正稅之中 而永蠲軍布 則其制稍近於古 而可以召天地
　之和矣 …… 還穀 …… 苟如萬不得已 則何不加賦於正稅之中 而革此無用之法乎[280]

라고 말하고 있었다. 그리고 還穀을 혁파한 후의 賑政을 위해서는 社倉制를
설치할 것을 아울러 제언하고 있었다. 앞에서도 언급한 바와 같이 軍布나 還
穀을 부분적으로 結에다 부과하자는 논의는 이미 여러 논자들이 제론하고
있었는데, 그는 어느 하나만을 그렇게 할 것이 아니라 모두를 結斂으로 하자
는 것이었다. 이러한 논의는 물론 단순한 이론상의 방안으로서만 마련되고
있는 것이 아니었다. 당시에는 이미 현실적으로 軍布의 일부가 結斂으로 되
고 있었으며(均役法・軍布結斂・軍役田), 還穀도 어떤 지방에서는 이미 結斂

---

278) 三政策 4.
279) 三政策 7.
280) 同上.

으로 시행하고 있는 곳이 있었으므로,[281] 그는 이를 확대하여 軍布나 還穀의 收取秩序를 전면적으로 結斂制로 개편하려는 것이었다. 더욱이 그는 이미 진작부터 그의 스승 兪莘煥에게서 이와 같은 結斂의 합리성을 충분히 교육 받고 있었으므로,[282] 확고한 신념을 가지고 이와 같은 개혁방안을 마련하고 제언할 수 있었다.

三政의 稅를 단일화하여 이를 모두 田結에다 부과한다는 것은 실질적으로 는 三政收取體制의 폐기이기도 하였다. 그리고 田結에 부과하는 것이 곧 所 有權者에게 부과하는 것일 경우 賦稅는 多田者에게는 重課稅, 無田者에게는 無課稅가 될 것이어서 賦稅의 원칙으로는 공평한 것이 아닐 수 없었다. 그러 한 점에서 이는 농민계층을 크게 배려한 개혁방안이었으며, 일정한 의미에 서 지주층을 억제하려는 稅制改革論이 되고도 있었다. 그래서 軍布와 還穀 을 革罷하고 이를 結斂으로써 대체하려는 논의가 나오게 되었을 때, 빈농층 을 대변하는 입장에 있었던 논자들은 이를 환영하였고, 지주층이나 부농층 을 대변하는 입장에 있었던 논자들은 이를 반대하기도 하였다. 그러한 사정 은 기술한 바와 같이 柳重敎가 軍布의 田結移徵을 비판하였을 때,'勤幹廣田 之家 以一身而代百夫之征'이라는 점으로써(註 261 참조), 그 불공평을 지적 하고 지주층의 입장을 옹호하고 있었던 데서 살필 수 있다. 그리고 金觀蠻이

按其還穀之弊 民皆曰結負食還爲宜 此莫非生弊之言也……若行結還 則不出數年 富戶全無通用 窮民亦不得紓也[283]

이라고 한 것에서는 더욱 분명하게 파악할 수 있다. 結還을 하면 얼마 안 가

---

281) 이러한 사정은 앞에서 언급한 바 呈疏者들의 提論 속에서 이미 읽을 수 있었지 만, 다른 곳에서도 널리 指摘되고 있었다.
　　가령 해서지방에서는 곳에 따라 '從結分還'하거나 '或以結還 或以戶還'하고 있었 으며(『海營日記』, 乙卯 哲宗 6年 12月 5日 ;『丁茶山全書』上, 應旨論農政疏, p.193), 湖南 康津에서는 '本縣還穀 以田結分給 而南方還穀 名雖還上 其實白納 也'(『經世遺表』地官修制 田制 7,『丁茶山全書』下, p.124)라고 지적되고 있었다. 그리고 일반적인 事例로 '田結分給', '結還之邑'이 있다고 운위되고 있었음도 그 例 이다(『牧民心書』卷 12, 13, 稅法).
282)『鳳棲集』卷 5, 時務篇.
283) 三政策 5.

서 富戶는 全無通用하게 되고 窮民도 어려운 상황에서 벗어나기 어려울 것
이라는 것이다. 呈疏者들의 軍·還의 田結移徵에 대한 찬성 여부는, 실질적
으로는 농촌사회에서 지주층과 無田者, 부농층과 빈농층의 이해관계의 對立
相을 반영하는 것이 아닐 수 없었는데, 그러한 가운데서 三政의 전면적인 변
혁과 軍·還의 田結移徵을 내세우는 논의가 나오고 있는 것이었다. 그러한
점에서 이는 三政改革-稅制改革論으로서는 첨단을 가는 획기적인 견해가 아
닐 수 없었다.

　그러나 이는 三政稅의 단일화와 그 田結 부과가 土地所有權者에게 부과하
는 것이라는 점을 전제로 할 때의 일에 불과하였다. 結稅의 부담이 관행으로
서 作人 부담으로 되어 있는 지방에서는 사정은 크게 달라지지 않을 수 없었
다. 兩南地方은 특히 그러한 예에 속하고 있었다. 이 지방에서는 단일화된
三政稅도 자연스럽게 作人 부담이 될 수 있었다. 앞에서도 이미 언급하였지
만 이러한 사정 때문에 慶尙監司 李敦榮은 還穀의 結斂을 반대하고 있었다.
그러므로 金允植이 이 같은 사정을 고려치 않고 三政稅의 田結 부과를 제론
하였다면, 그 田結 부과가 농민에게 주는 혜택이 반드시 큰 것이 될 수는 없
는 것이었다고 하겠다. 이 같은 경우에는 時作農民들은 더욱 곤란해질 것이
기 때문이었다.

3) 土地改革論

　呈疏者들의 三政改革에 관한 구상 가운데는 이와 같이 농민층에게 많은
혜택이 가는 釐正方案이 나오고도 있었다. 三政은 본시 국가의 收取制度의
운영을 뜻하는 것이고, 또 이번 농민항쟁에 직면하여 국가가 企圖하게 된 三
政釐正의 목표는 그 收取秩序의 재건을 위한 것이었으므로, 그들이 제기한
방안은 그러한 釐正事業의 범위 내에서는 최선의 방안일 수 있었다. 그러나
그것은 어디까지나 당시의 경제제도, 즉 지주제라고 하는 토지소유관계를
그대로 인정하고 유지한다는 대전제 위에서의 일이었으며, 그러한 점에서
그들의 방안은 아직 커다란 한계가 있는 것이었다. 前述한 바와 같이 농민항
쟁은 많은 농민층의 농지로부터의 離脫過程이 그 배경이 되고 있었는데, 稅
制改革論으로서의 三政의 釐正方案은 이 문제를 해결하려는 것이 아니었으

며, 그러한 점에서는 그것은 농민항쟁의 수습을 위한 충분한 방안이 될 수가 없었다. 그러한 방향에서의 三政의 개혁은 다른 각도에서 제론되지 않으면 안 되었다. 그것은 농지에서 배제된 농민들에게 産業을 주는 문제, 즉 토지소유 관계를 재조정하는 문제로 제기되지 않으면 안 되는 것이었다.

토지소유관계를 재조정하는 문제는 이번의 三政策問과는 일단 거리가 있는 것이고, 정부가 기도하는 釐正策으로서는 문제 밖의 일이었으므로, 呈疏者들 가운데는 이에 관하여 제론하는 자가 많지 않았다. 그것은 그 후 曺垣淳이 당시의 應旨三政疏를 분석하고서 '對之者無慮數百 而至於均田之制 無一人議及者'[284]라고 하였을 만큼 그 수가 적었다. 그러나 그러한 가운데서도, 許傳을 비롯하여 농민항쟁을 그들의 토지소유문제나 농민층 분화의 문제에까지 관련시켜서 이해하고 있었던 논자들은, 三政의 개선이나 稅制改革으로 그것이 근본적으로 수습되리라고는 보지 않고 있었다. 그러한 논자들은 그것을 좀더 근본적인 차원에서 해결하지 않으면 안 된다고 생각하였으며, 그러기 위해서는 現今의 토지소유관계를 재조정하는 방향에서 그 방안을 마련해야 할 것으로 보고 있었다. 그러므로 그들은 賦稅制度를 개혁하는 것과 아울러서는 토지제도 또한 변혁해야 할 것으로 생각하였다.

그들은 그와 같은 토지문제를 통한 해결방안을 두 가지 면에서 모색하고 제언하고 있었다. 그 하나는 현재의 私的인 土地所有權 위에 성립되고 있는 토지제도를 개혁하여 그것을 농민들에게 재분배함으로써 農民經濟를 안정시키려는 것이고, 다른 하나는 토지의 사적인 소유권은 그대로 두되 현재의 지주제를 재조정 개혁하여 그 地代의 收取率을 낮춤으로써 지주층의 농민수탈을 경감시키고 그것으로써 농민경제를 안정시키려는 것이었다.

(1) 土地再分配論

전자의 방법에 관해서는 許傳·申錫祐·奇陽衍·某氏 등이 이를 제론하고 있었다. 許傳은 民亂을 三政收取를 통한 농민층의 몰락과정 위에서 발생하는 것으로 이해하고 있었으며, 이번의 釐正事業은 '民國安危存亡之一大界分'[285]이라고까지 판단하고 있었으므로, 그 釐正方案은 철저하게 民 중심의

---

284) 『復菴集』 卷 4, 均田論.

근본적인 개혁이 되지 않으면 안 될 것으로 보고 있었다. 그리고 그럴 경우에 개혁의 모형은 堯舜三代의 古聖賢의 정치가 표준이 되어야 할 것으로 생각하였다. 따라서 그는 농민항쟁의 수습을 목적으로 하는 정부 측의 三政策問과 그 釐正策이 기본적으로 民을 위한 발상이 아님을 비판하고, 또 실제로 농민항쟁을 진압하고 按覈하는 방법이 농민항쟁의 진정한 수습을 위한 방안이 되지 못하고 있음을 비판하면서, 그의 근본적인 개혁방안을 제언하는 것이었다. 그의 그와 같은 개혁방안은 田政에서는 量田을 하여 토지를 정확히 파악한 후에 이를 모든 농민에게 재분배하고, 還穀制度는 혁파하여 常平倉과 社倉制로 개편하며, 軍布制는 폐지하되 兵農合一의 제도로 개편하여, 京兵에게는 軍田을 지급하고 鄕兵은 常時業耕하되 臨難禦冠케 할 것을 골자로 하는 것으로, 요컨대 토지개혁은 그의 三政改革의 기본이 되는 것이었다.

그가 제언하는 토지개혁론은 民田의 경우 恒産田을 중심으로 한 체계였는데, 이를 시행하기 위해서는 먼저 그 기초작업으로서 量田事業이 先行되어야 할 것임을 말하였다. 토지분배를 효과적으로 달성하기 위해서는 그 소유관계의 실태를 정확히 파악해야 하고, 그간에 있을 奸僞를 방지할 수 있어야 하기 때문이었다.

　宜先定其頃畝　等其賦稅　標其彊域　號其田里　乃於田籍　圖其地形　書其田主　官以契券以付之　覈實防僞之道　兩便然後 ……[286]

라고 한 것이 그것으로, 量田을 하여 頃畝를 정하고, 賦稅의 等級을 구분하고, 疆界를 표하고, 田里의 칭호를 정하고, 토지대장에는 田畓 매 筆地의 지형을 圖入하고, 田主를 기입하며, 官에서는 토지의 소유권증서인 地契를 발행함으로써 토지소유에 관한 覈實과 防僞를 위한 대비책을 마련한 후에 토지분배 작업에 들어간다는 것이었다.

---

285) 三政策 37.
286) 同上.

그와 같은 그의 토지분배는 어떤 형태로든 지주층이나 부농층에게서 토지를 강제로 수용하여 재분배하려는 것은 아니었다. 그것은 토지소유의 상한선을 정하고 자유로운 賣買를 제한함으로써 자연스럽게 달성하려는 이른바 限田論에 속하는 것이었다.

> 始自某年爲之期限 著位令甲 以幾結之地制爲一夫之田 名曰恒産田 俾作世業 而其已有田者 因以立券 其無田者 俟其買有而立券 一立券之後 俾不得任自鬻賣 如有匿買匿賣者 兩治其罪 而無價還之 若田主自首 則免罪而還之 其已多田者 禁其增買 而任其鬻賣 雖多無得過十家之産 雖賣無得犯恒産之內[287]

라고 한 것이 바로 그것이다. 토지분배를 위한 기초작업이 끝나면 새로이 법령을 發하여 몇 結의 농지를 1夫의 소유지로 삼아 恒産田이라 명명하고 世業케 한다. 이 토지를 소유한 자에게는 地券을 발행하고, 無田者에게는 그것을 매수할 때를 기다려서 발행하며, 地券이 발행된 후에는 이의 자유로운 매매를 금하고, 多田者는 增買는 금하나 放賣는 허하며, 비록 토지를 많이 소유하더라도 10家之産(上限線)을 넘지 않게 하고, 비록 토지를 放賣하더라도 恒産田을 매도할 수는 없게 한다는 것이 그 내용이었다.

이를 보면 그는 토지 재분배를 서서히 점진적으로 수행하려는 것이며, 모든 농민들에게 일정 면적의 토지를 균일하게 배정하려는 것은 아니었다. 이 방안대로 토지의 소유관계를 조정하기로 한다면, 한편으로는 恒産田의 소유자가 늘어나면서도, 다른 한편으로는 아직 그것을 매수하지 못하고, 따라서 토지의 소유권자가 되지 못하는 농민이 있게 마련이었으며, 또 그 恒産田도 1인분의 恒産田을 소유하는 데 불과한 농민이 있는 반면에, 그 10배나 되는 10인분의 恒産田을 소유하는 부유한 농민도 있게 마련이었다. 이러한 규모의 농지면적은 꽤 큰 것으로서 이 시기의 富農層도 만족할 만한 것이 아닐 수 없었다. 그러한 점에서 그의 토지개혁은 大地主의 토지집적을 억제하여 그것이 無田農民이나 빈농층에게로 돌아가게 하려는 것이었지만, 그 방법으로는 富農層도 만족할 만한 조건을 부여함으로써, 그들을 토지개혁에서 동

---

287) 三政策 37.

반자로 이끌어들여 그 목적을 달성하려는 것이었다고 하겠다.

그의 토지개혁에서는 이와 같이 부농층을 특히 의식하고 배려하고 있었지만, 그러나 부농층에 대한 그의 배려가 여기에서 머무르는 것은 아니었다. 그는 부농층에 대해서는 그들의 農業經營과 관련해서도 충분한 배려를 하고 있었다. 恒産田의 경영을 반드시 가족노동만으로 행하도록 하지 않고, 이 시기 부농층의 농업생산의 관례를 받아들여 雇傭勞動에 관한 조항을 마련하고 있었음은 그것이었다.

　　又必以丁配田　定爲雇庸之法　若田多而丁少　則田丁相當之外　計田幾結視人幾丁量出雇錢　則民産漸均而賦役平矣[288]

즉, 노동력과 농지면적을 참작해서 雇傭之法을 정하되, 농지가 넓고 노동력이 적은 농가에서는 가족노동으로 경영할 수 있는 농지 이외의 농지는, 그 농지면적에 상당한 人力만큼의 雇傭勞動으로 이를 경영하고 임금을 지급케 한다는 것이었다. 그는 이렇게 함으로써 부농층의 농업생산에 불편이 없게 하는 동시에, 토지분배가 아직 진행되고 있는 과정에서, 다시 말하면 恒産田을 아직 마련하지 못한 無産者를 위해서 業을 마련해 주고 그 均産化의 길을 열어 가려는 것이었다.

그는 國有地에 관해서도 土地改革論을 마련하고 있었는데, 여기서는 일반 民田에서의 개혁안이 토지의 사적인 소유권을 존중하여 비교적 융통성이 있었던 것과는 달리, 엄격한 규정에 의해서 분배하는 것을 내용으로 하고 있었다. 다음은 그 내용이다.

　　至若公田　所以制祿而經用也　縱不能畫地爲井　不問地之縱橫楕圓　準古百畝之數八家各私一區　以其八十畝爲公田　竝力同養　則雖無井地之名　有井地之實　此王道之本也[289]

국유지의 분배는 말하자면 古代의 井田制의 이념을 따라 반드시 井地를

---

288) 三政策 37.
289) 同上.

구획하지 않더라도 百畝에 해당하는 농지를 農家 8戶에게 각각 1區씩 배당
하고, 그 밖의 1區(80畝)를 公田으로 하여 8戶의 농가가 共同勞動으로 경작
하여 그 소출을 정부에 수납토록 한다는 것이다. 舊來의 국유지는 일반적으
로 지주제로써 경영되고, 따라서 국가나 왕실은 封建地主로서 농민에게서
地代를 징수하였으며, 地主·佃戶 간의 항쟁이 격화되고 있을 때는 정부나
왕실은 農民들의 규탄의 대상이 되고 있었는데, 許傳은 이것을 개혁하여 그
모순을 제거하고 농민경제를 안정시키려는 것이었다.

   그러므로 그의 토지개혁론을 이와 같이 살펴보면 그것은 요컨대 民田의
경우이거나 국유지의 경우이거나를 막론하고 봉건적인 지주제를 해체하고
농민경제의 均産化를 기하려는 것이었다고 하겠다. 그것을 民田에서는 茶山
이나 楓石과 마찬가지로 농촌사회에서 중심적 사회세력인 부농층을 개혁의
주체로 이끌어들이면서 그들과 협력하여 달성하려 하였으며, 국유지에서는
그것이 국유지라는 점에서 국가의 과단성 있는 정책전환을 통해서 일거에
성취하려는 것이었다.

   그는 또 이 밖에도 일반 농민층에 대한 이러한 토지분배 이외에 軍制를 개
혁한 후의 京軍에 대하여는 養兵을 위한 뜻에서 軍田을 지급할 것과, 吏胥層
에 대하여는 그 부정을 막는 뜻에서 생활이 보장되도록 祿田을 給與할 것을
提言하고 있었다. 軍田은 畿甸近地之田으로, 그리고 그것이 勢家의 田으로
되어 있는 곳은 이를 타 지역의 것과 교환을 해서라도 지급하며, 吏胥田은
量田 후에 搜括된 隱結로써 지급하려는 것이 그 자원 확보의 방법이었다.[290]

   申錫祐의 개혁방안은 許傳의 그것과는 좀 다른 바가 있었다. 그는 '今日
矯革之方 盖有二策焉 其一曰萬世久安之策 其一曰一時便宜之策'[291]이라고 하
여, 당시의 三政의 釐正에는 두 가지 방안이 있음을 지적하고 있었다. 하나
(前者)는 근본적인 개혁방안이고 다른 하나(後者)는 臨時變通的인 彌縫策
이었다. 당장 농민항쟁을 수습하기 위해서는 최소한 一時便宜之策이라도

---

290) 三政策 37.
      隱結의 搜括을 통해서 吏胥層의 祿을 解決하려는 論者는 이 밖에도 李彙載가 있
    어서 이를 建議하고 있었다(三政策 30).
291) 三政策 18.

필요한 것이지만, 농민경제를 근본적으로 안정시키기 위해서는 근본적인
개혁방안인 萬世久安之策이 필요하다는 것이었다. 그리고 그의 입장으로서
는 정부는 目前의 危急만을 모면하려고 臨時變通的인 彌縫策에 머무를 것
이 아니라, 근본적인 개혁으로까지 그 개혁사업을 몰고 가야 한다는 것이
었다.

그러한 입장에서의 그의 一時便宜之策은 기술한 바 部分改善·部分改革
의 견해와 같은 것으로, 田弊를 제거하기 위해서는 都監을 설치하여 量田事
業을 전개하고, 軍弊를 제거하기 위해서는 査括을 하며, 還弊를 矯捄하기 위
해서는 罷還戶斂을 해야 한다는 것이었다. 그리고 그의 萬世久安之策은 지
금의 三政의 收取體制를 토지개혁의 전제 위에 새로운 체제로 개편해야 된
다는 것이었다. 그리고 그가 여기에서 특히 역점을 두고 제론한 것은 바로
이 토지개혁이었다.

그의 萬世久安之策으로서의 土地改革論은 中國古代의 井田制의 이념을
받아들여서 농민경제를 안정시키려는 것이었다. 그러나 이 경우 中國古代에
시행되었다고 믿고 있는 井田制를 現今의 우리나라에서 그대로 재현할 수는
없는 것이므로, 그는 '不爲井田之制 而因其近井田者而用之 則亦可以蘇民'이
라고 하여,[292] 거기에 가까운 어떤 제도를 마련하여 실시하면 농민을 소생시
킬 수 있다고 믿고 그 방안을 마련한 것이 그의 개혁방안이었다. 그는 그것
을 우리나라의 結負制度와 관련하여 작성하고 있었다. 즉,

> 我東所謂結者計之 則一結之地廣六百尺長如之 是今之一結當古之百畝 卽一家之
> 所耕也 今誠能平均改量 通融作結 以八十結爲一部 八結爲一統 每一夫受田一結[293]

이라고 한 것이 그것으로, 우리나라의 1結의 면적은 중국고대의 井田制度에
서 1家의 受田인 百畝의 면적과 같은 것이니, 이는 농가 1戶의 所耕地라고
보고, 비록 농지를 모두 井井方方으로 구획하지 않더라도 전국의 토지를 改
量作結하여 80結을 1部, 8結을 1統으로 하는 鄕村制度로 재편성하고, 농가

---

292) 三政策 18.
293) 同上.

매 1戶에는 1結씩을 授田토록 하려는 것이었다. 그러나 이 경우 농가에 따라
서는 그 노동력이나 口數에 차이가 있을 것이므로, 그는 토지를 분배할 때는
이를 참작하여 差等을 두어야 할 것임을 잊지 않고 있었다. 즉,

> 食九人者爲上農之夫　食八人者爲其次　食七人者爲中農之夫　食六人者爲其次　食
> 五人者爲下農之夫　仮令上農夫受一結　則其次受八十八負零　中農夫受七十七負零
> 其次六十六負零　下農夫受五十五負零[294]

이라고 한 것이 그것으로, 9人戶・8人戶・7人戶・6人戶・5人戶를 각각 上
農・次上農・中農・次中農・下農으로 하고, 上農이 1結을 受田할 경우 차
례로 遞減하여 88負・77負・66負・55負씩을 受田케 한다는 것이며, 또 口
數가 下農數에 미만하거나 上農數를 초과할 경우에는

> 其人口之不滿下農之數者　較量那移　彼此兼幷　四口之家以三口之家幷之　三口之
> 家以二口之家幷之　其人口之或過上農之數者　自十六已上　是爲餘夫　男子十負二束
> 女子八九束　各有差等[295]

이라고 하였듯이, 未滿者는 이리저리 합해서 中農戶나 下農戶를 구성하고,
超過者는 16세 이상을 餘夫로 간주하여 男子는 10負 2束, 女子는 8(負?)
9束씩 더 受田토록 한다는 것이었다. 그리고 이렇듯이 모든 농가에 그 노동
능력에 따라 토지를 均給한 연후에는, 統에는 統長을 두어 그 統을 관할하
고, 部에는 部監을 두어 그 部를 관장케 하며, 국가에 대한 稅는 다음의 기록
이 보여주듯이,

> 一結之價定以幾兩　上納之期限以某日　於是作爲文案　書之錢券　京營官村各置一
> 件　使吏民上下曉然知之　則吏不得貪緣爲奸　民不得私自誣罔　豪富不得兼竝而坐享
> 貧窮不至凍餒而失所[296]

294）三政策 18.
295）同上.
296）同上.

정액제로 하되, 臺帳을 만들고 고지서를 발행하여 京營과 官村에 각각 1건씩 비치함으로써, 吏·民이 모두 그 내용을 주지토록 하고 거기에 挾雜이 생기지 못하도록 한다는 것이 그 대략이었다.

　그리하여 모든 농민에게 토지를 均給하고 그들을 統과 部의 鄕村組織으로 재편성하는 작업이 끝나면, 그러한 農地所有와 鄕村組織을 바탕으로 하여 統 단위로 儒戶를 제외한 농민에게 3人의 軍을 出丁케 하며, 還穀制度는 이를 혁파하여 結稅로 개정하고 매 結 10斗의 稅를 春秋로 分納케 하려는 것이 그 전체 構想이었다.

　奇陽衍[297]이나 某氏[298]의 토지개혁론도 前記 許傳·申錫祐의 그것과 비슷하였다. 三政稅의 개혁을 전제한 위에서 토지의 재분배를 구상하는 것이었다. 그 가운데서도 奇陽衍은 限田制의 방법으로 이를 실현하려 하였고, 某氏는 井田方式에 의하여(10結을 8夫에 分給 ; 8結은 私田, 2結은 公田, 雜費는 2結 所出에서 除) 이를 실현하려 하였다. 어느 것이나 농민층의 均産·均賦를 달성하려는 것이며, 이를 통해서 농민경제를 안정시키고 농민항쟁을 수습하려는 것이었다.

(2) 地代輕減論

　후자의 방안, 즉 지주제를 재조정함으로써 농민경제를 안정시키려는 방안은 姜瑋가 제론하고 있었다. 그는 농민항쟁을 농민층 분화 및 그 몰락과정 위에서 파악하고 있었을 뿐만 아니라, 그것을 地主·佃戶 간의 대립, 나아가서는 階級對立論으로까지 이해하고 있었으므로, 民亂을 수습하기 위한 三政의 釐正은, 그러한 문제를 농민층의 입장에서 해결할 수 있는 근본적인 것이 되지 않으면 안 될 것으로 보고 있었다. 그리고 그와 같은 근본적인 개혁은 兩班支配層의 힘이 아직 강대하고 건재한 한 쉬운 일이 아니므로, 그것을 수행하기 위해서는 기회를 잘 잡아야 하는데, 그는 衆民이 봉기하여 兩班支配層에게 대항하고 있는 지금이 바로 그 시기이며, 이때를 놓쳐서는 안 될 것으로 보고 그 방안을 제언하고 있었다. 그는 그것을

---

297) 三政策 43.
298) 三政策 46.

今之時巨姓大族豪民之勢　不足以勝小民之衆　又今小民不勝窮苦　一肆其毒　而衆
豪巨族不能敵此　其機可乘也

라든가, 또는

亂者治之機也　民變之作　正我殿下大有爲之機也　何則　殿下於此　不能無動心　而
熟思可以弭亂之策　則其於爲國　已得其要領　而三政之理決之如破竹耳[299]

라고 하여, 차제에 이를 이용해서 그 목적을 달성할 것을 촉구하기도 하였
다. 그는 이번 民亂은 地主·佃戶 간의 대립, 巨姓·大族·豪民 등 지배층과
小民, 즉 피지배층의 대립으로 볼 수 있는데, 現今의 피지배층의 항쟁으로
말미암아 지배층이 이를 적대할 수 없는 형편이 되고 있으니, 이 기회를 놓
쳐서는 안 된다는 것이며, 또 三政을 개혁해야 할 국왕의 처지에서는 이번
民亂이 그 기회가 되는 것이니 이를 절호의 기회로 이용하라는 것이었다.
　이와 같이 그는 三政의 釐正을 근본적인 개혁으로써 수행해야 할 것으로
보았으므로, 그는 三政改善論에 비판적이었음은 말할 것도 없고, 稅制改革
論으로서의 三政改革論에 대해서도 만족하지 않았다. 三政矯捄에 대한 당시
의 世論을

臣安意二說　皆未免適得其半者

라든가, 또는

不正軍制　而但括丁以補虛伍　不正田制　而但量田以查隱結　不正糶法預圖儲積之
厚　而但計給代之需　易還爲結　則國用之數初無得失　而徵斂之數未嘗增減　非所謂朝
三暮四者耶　惟是革還之論可袪痼瘼　而移結之後　則田民必然重困　此又不可不念者
也[300]

라고 논평한 것은 그 단적인 표현이었다. 근본적인 문제를 해결하지 않고 지

─────────────────────────

299) 三政策 1.
300) 同上.

엽적인 문제를 부분적으로 개선하는 것은 국가재정이나 농민경제의 안정에 별 효과가 없는 것이며, 다만 革還論은 가히 그 폐를 제거할 수 있는 방안이지만, 역시 기본문제의 해결을 전제하지 않고 이것만을 실시케 되면, 移結 후에는 반드시 농민들이 고통을 받게 될 것이라는 점에서 좋은 방안이 아님을 지적하였다. 그리하여 그는 차제에 수행해야 할 개혁방안은, 이 시기의 경제제도─봉건적인 地主·佃戶制와 관련하여 보다 근본적이고도 본질적인 문제를 해결하는 데까지 가야 할 것으로 생각하는 것이며, 여기에 그 방안을 제기하는 것이었다.

　그의 그와 같은 방안은 軍政을 주축으로 하면서, 兵農一致의 원칙 아래 貴賤을 불문하고 누구나가 균일하게 그 稅를 지게 되는 새로운 戶·口·田의 稅制를 마련하고, 지주제를 개혁하려는 것이었다. 그는 '國家之政 其目有三 然實則只一兵政而已'라고 하여 兵政을 정치의 중심과제로 보고, 따라서 '國家只修一兵政 而太平之治可立致也'라고까지 생각하여 이를 먼저 개혁하려는 것이며, 그것을 그는 토지와의 관련 속에서 모색하고 있었다. 즉, 朝鮮王朝의 田稅制度에서는 그 稅의 收取를 위하여 8結作夫의 원칙을 활용하고 있었는데, 그는 이것을 '我朝八結作夫之法 卽古井田之遺意也'라든가, '夫八結者 古之一井八百畝之地也'라고도 하여 古代中國의 井田制에 통하는 것으로 보고, 이를 單位로 하여서는 귀천을 불문하고 '每八結出一兵一馬'함으로써 '行均徭之制'하려는 것이며, 그뿐만 아니라 이것을 기초로 하여서는 '先定什一之制 依國初之法 取米三十二斗 而盡除科外敷結之斂'이라고 한 바와 같이,[301] 國初의 什一稅의 원칙을 좇아 매 結 32斗, 따라서 대체로 30斗의 稅를 징수하고, 그 밖의 賦稅는 일체 이를 제거하려는 것이었다.

　그리하여 이와 같이 什一稅의 원칙이 정해지면 이 원칙에 따라서 이를 위반하는 官吏를 治罪할 뿐만 아니라, 이 시기의 地主制를 또한 규제하려는 것이 그의 계획이었다. 즉,

---

301) 三政策 1.
　　什一稅의 원칙으로써 稅制를 改革하려는 견해는 尹大淳에 의해서도 提言되고 있었다. 그는 井田制나 限田制가 시행되지 못할 경우에는 이것이 最善의 改革方案이 된다고 보고 있었다(三政策 21).

　　違者 以違制律論 而竝禁豪强太牛之賦 依結定制 不得過于國家所取 惟佃僕爲主
將兵屯田不在此例 然亦略爲限無得過取 則兼竝之害自去 而務本者衆矣[302]

　　라고 한 것이 바로 그것이다. 稅의 收取率을 위반한 관리는 이 법의 違制律
로써 논한다는 것이며, 지주층에 대해서도 이 규정을 적용함으로써 그 地代
收取를 半打作에서 國家所收의 2배, 즉 10분의 2로 경감시키려는(屯田의 경
우는 예외)것이었다. 그의 지주제 개혁은 그 收益分配를 佃僕(作人) 위주로
하려는 것이었다.

　　그의 생각으로는 이 시기의 사회경제적 모순이 가장 두드러지게 드러나는
것은 地主佃戶 地主時作 간의 항쟁에서였으므로, 그것을 해결하는 방법은
地代의 收取率을 법적으로 경감함으로써, 시작농민층의 수입을 늘리고 지주
층의 수탈을 억제하는 외에 별도리가 없다고 보는 것이었다. 그는 이렇게
함으로써 봉건적인 지주제를 약화시킬 뿐만 아니라, 나아가서는 지주층의
土地兼倂, 따라서 지주제의 확대를 막고 농민경제를 안정시키려는 것이었
다. 그는 농민층의 均産化를 뜻하면서도 井田制나 均田論 등 토지 재분배를
시행할 수는 없는 것이라고 생각하였으며,[303] 따라서 그 밖의 방법으로서 농
민경제를 안정시키고 均産化를 지향하려면 이와 같이 지주제를 개혁하는 수
밖에 없을 것으로 판단하는 것이었다. 그는 이와 같이 地代의 收取率을 법
으로써 낮추게 되면 '兼倂之害自去'라고 하여, 지주층의 土地兼倂 행위는 자
연히 없어질 것이며, 따라서 봉건적인 지주제는 점차 소멸될 것이라고 기대
하였다.

　　그의 지주제 개혁방안은 이와 같이 그 地代의 收取率을 법으로 輕減·調
停함으로써 그 목적을 달하려는 것이지만, 그 내용이 여기서 그치는 것은 아
니었다. 이 시기 兩南地方의 農業慣行은 田稅를 作人에게 전가하고 있었으
므로, 이러한 관행을 개혁하지 않는다면 '惟佃僕爲主'의 뜻에서 제기하는 그
의 지주제 개혁방안은 그 의미가 반감하게 되는 것이었다. 더욱이 그는 농민
항쟁의 근본원인이 지주층의 수탈에 대한 시작농민층의 積怨에 있는 것으로

---

302) 三政策 1.
303) 同上.

보고 이를 시정하려는 것이었으므로, 結稅의 作人轉嫁를 방치할 수는 없었다. 그래서 그는 地代의 경감과 아울러서는

> 至於兩南　則並與結而徵於作者　又有官徵之結還結布及科外不時之結斂　一切徵於作者　是爲常憲　是皆誰所制法者乎 …… 豈不痛哉　荀悅以爲　官家之惠優於三代　豪强之暴酷於亡泰　而慨文帝之不正　其本在今　國家之政　所當亟正之痼弊也[304]

라고 하여, 結稅의 作人轉嫁를 矯革해야 할 것임을 주장하였다. 그리하여 이렇게 함으로써 結稅의 作人轉嫁를 금지하고 지주층의 地代徵收를 10분의 2로 제한하면 시작농민이라 하더라도 그 家計가 足해지리라는 것이 그의 생각이었다. 이러한 견해는 대체로 이 무렵의 진보적인 학자들의 지론이었는데,[305] 그도 그와 같은 입장에서 이를 주장하고 있는 것이었다.

그의 지주제 개혁안은 이와 같이 그 토지를 收用하여 농민층에게 이를 재분배하려는 것이 아니라 지주층의 地代를 낮추는 것을 목표로 하는 것이었으므로, 현실적으로 크게 분화되어 있는 농민경제의 실태가 당장 전적으로 均産化될 수 있는 것은 아니었다. 그러한 점에서 농민경제의 안정을 위한 그의 지주제 개혁론은 동시에 다른 문제를 또한 수반하지 않으면 안 되었다. 그는 그것을 稅政의 운영으로써 보완하려 하였다. 더욱이 그의 개혁안에서 地代는 국가의 稅率을 기준으로 하는 것이었으므로, 그의 새로운 지주제가 제대로 운영되기 위해서는 稅政의 바른 운영이 전제되지 않으면 안 되는 것이었고, 따라서 그는 그러한 점에서도 稅政의 합리적인 운영을 위한 방안을 마련하지 않을 수 없었다.

그는 그와 같은 稅政을 什一稅를 징수하는 가운데서도 농민층의 經濟程度

---

304) 三政策 1.

305) 이를테면 茶山이 그 폐단을 '京畿諸路私門之租　雖取其半　王稅穀種　皆田主出之　計其實食　佃夫蓋多　此猶可矣　今此湖南之俗　田主旣領其半　無不高枕而臥　佃夫旣失其半　又就留半之中　除其穀種除其稅米　左割右削　餘者幾何　此湖南農夫之困於諸路者也'라고 지적하고, '自今租與種子　皆令田主出之　其有暗地私受　操縱田土之權者　別加廉察　置之重辟'(『全書』上, 擬嚴禁湖南諸邑佃夫輸租之俗箚子, p.198)하라고 한 것, 鳳棲가 또한 그 不當性을 말하여 '湖南雖田客出稅　而此則徵於田主可也'(『鳳棲集』卷 5, 時務篇)라고 한 것이 그 例이다.

를 참작하여 賦稅하는 것으로써 해결하려 하였다. 즉 什一稅로서의 1結 30
斗 가운데서 25斗는 結에서 징수하고, 5斗는 戶에서 均徵하거나, 또는

以田滿一結以上者爲上戶　滿五十負者爲中戶　以下至無田者爲下戶　而皆徵綿布一
匹以升數爲差　如上所陳　視田爲差者　所以抑兼竝也　無田而亦取者　所以起游惰也

라고 하였듯이, 每戶當 布 1匹을 징수하되 빈부의 차이에 따라 차등을 두고
서 징수하려 하였다.[306] 즉 1結 이상의 토지를 소유한 농민은 上戶(富農),
50負 이상을 소유한 농민은 中戶(中農), 50負 이하를 소유하였거나 無田者
인 농민은 下戶(小農·貧農)로 보고, 이들에게 稅를 부과할 때는 布에 升數
의 差를 두고서 收稅를 한다는 것이었다. 이러한 稅政은 25斗를 結에서 징수
하는 것으로도 이미 실질적으로 지주층이나 부농층에게는 소농층이나 빈농
층에 비하여 重課稅가 되는 것인데, 布의 징수에서도 차이를 둔다는 것은 그
것을 더욱 분명하게 표현하는 것이 아닐 수 없었다. 그는 이러한 원칙이 지
주층이나 부농층의 兼併을 억제하는 데 목적이 있는 것이라고도 하였는데,
이를 보면 그의 地主制改革과 稅制改革은 표리관계에 있는 것이고, 稅制改
革은 地主制改革을 측면에서 지원하는 것이었다고도 하겠다.

　그리하여 稅制가 이와 같이 확립되면 국가의 모든 재정은 이로써 충당하
고, 取耗補用 기능을 하는 還穀制度는 혁파하여 賑貸 기능을 하는 常平倉과
社倉制만을 남긴다는 것이 그의 개혁안의 골자였다.[307]

---

306) 三政策 1.
307) 三政矯捄의 方案으로서는 以上과 같은 諸論議 이외에도 그 弊源을 是正해야 한
　　다는 문제가 있었다. 三政의 紊亂은 근본적으로 그 運營者, 즉 封建支配層의 治者
　　로서의 姿勢가 解弛해진데서 緣由하는 것이므로, 三政의 矯捄를 위해서는 무엇보
　　다도 이의 是正이 필요하다는 견해였다. 이는 모든 論者들이 異口同聲으로 提言하
　　고 있었다. 그러나 이러한 문제는 三政 그 自體는 아닌 것이므로 本稿에서는 이를
　　論外로 한다.

4. 「三政釐整策」에 반영된 三政論

정부에서는 三政의 矯捄를 위하여 釐整廳을 설치하고 전국에서 올라오는 應旨疏를 세심히 검토하고 있었다. 이번의 應旨疏는 求言敎에 따른 試策으로서 작성되고 呈疏되는 것이었으므로, 釐整廳에서는 이를 신중히 검토하지 않으면 안 되었다. 기술한 바와 같이 그들은 그것을 그들이 정한 바 捄弊를 위한 대원칙을 중심으로 이를 점검하고 등급을 매겨 나갔다. 그뿐만 아니라 이번의 應旨疏는 정부의 釐整方略 작성을 위한 기초조사로서 수집되고 있는 것이었으므로, 釐整廳에서는 이를 진지하게 다루지 않을 수 없었다. 그리하여 많은 應旨上疏文이 올라옴에 따라, 그리고 중앙에서 일어난 李夏銓事件이 수습됨에 따라, 釐整大臣들은 이를 토대로 그들 자신의 釐整方略을 다듬어 나가게 되었다.

釐整廳에서 구체적으로 그 方略을 작성하게 되는 것은 哲宗 13년 8월 27일부터였다. 이날 摠裁官 趙斗淳은 이번 釐整事業에서 釐整方案 작성의 원칙을 '其於大更張之際 不敢率爾定斷 不容不裒衆思 博求周全而然'[308]이라고 하여 중론을 모아서 정해야 한다는 방침을 재확인하고, 그러한 원칙 아래 구체적으로 '成出節目 頒示中外'할 것을 건의하였다.[309] 국왕이 곧 결재를 내린 것은 말할 것도 없고 그 작업은 시작되었다. 趙斗淳 자신은 중론을 裒合하여 節目을 작성하는 일을 맡게 되고, 釐整廳에서는 이 案을 중심으로 添削 修正하여 정부의 方略으로 다듬어 나가게 되었다. 그리하여 이러한 작업은 8월 말부터 閏 8월 19일 釐整廳이 해체되기까지의 사이에 그 윤곽이 잡히고 일단락되었다. 이른바 「三政釐整節目」인 것으로서,[310] 이는 이때의 정부의 일

---

308) 『釐整廳謄錄』, 壬戌 8月 28日(『壬戌錄』, p.322).
309) 同上, p.323.
310) 三政策 35 A. 「三政釐整節目」은 趙斗淳의 『三政錄』에도 수록되어 있고, 政府의 『釐整廳謄錄』(壬戌 閏 8月 19日, 『壬戌錄』, pp.331~361) 및 『日省錄』(204, 哲宗 13年 閏 8月 8日, pp.383~393)에도 수록되어 있다. 그런데 이 두 계열 자료에 들어 있는 節目은 혹 글자만 다른 곳이 있을 뿐 내용에는 차이가 없다. 三政釐整廳에서는 趙斗淳 撰의 節目이 들어왔을 때, 여러 總裁官이나 堂上들의 많은 論

련의 三政의 釐正策 중에서도 핵심이 되는 것이었다. 그러므로 우리는 이 節目을 중심한 일련의 정부의 정책을 「三政釐整策」으로 집약해 표현하고 있다. 그러므로 정부의 釐整方略, 즉 「三政釐整策」에 應旨呈疏者들의 견해가 어떻게 반영되었는가를 살피기 위해서는, 趙斗淳이 撰하고 釐整廳에서 추고한 이 節目의 내용을 呈疏者들의 견해와 비교 검토할 필요가 있다.

「三政釐整節目」에 의하면, 田政의 釐整은 舊來의 제도를 그대로 유지하는 가운데 그 폐단만을 시정하려는 것이었으며, 軍政은 舊制度를 기본으로 하되 약간의 부분적 개혁도 시도하는 것이었다. 그리고 還穀은 이를 근본적으로 개혁하려는 것이었다.

田政의 그와 같은 개선방안은 13개 項目으로 되어 있었다. 이는 모두 科外敷斂의 금지, 都結·防結의 금지 등 收稅上의 결함과 폐단을 제거하려는 것으로, 요컨대 朝鮮王朝의 전제상의 제반 규정을 재확인하고 법대로 운영하려는 것이었다. 그는 온건한 방법으로 폐단만을 제거하려는 것이었으며 釐整事業이 거창하게 확대되는 것을 원치 않고 있었다. 그러한 그의 입장은 철저해서, 공정한 田政의 운영을 위해서는 당시의 最急先務로 되어 있었던 量田論에 대해서도 '量田似爲目下之急務 而不惟事甚張大 猝難修擧'라고 하여 당장은 그 사업을 전개할 수 없음을 내세웠을 정도였다.[311]

軍政의 개선방안은 5개 항목으로 제시하고 있었는데, 그것은 幼兒·老人에 대한 賦稅를 금지할 것, 冒稱幼學 등의 頉役을 막을 것, 각 郡縣의 軍額을 재조정할 것 등을 그 내용으로 하고 있었다.[312] 田政에서처럼 이도 역시 軍布의 징수가 규정대로 잘 운영될 것을 강조하는 것이었다. 그러나 그러면서도 軍役을 부과할 때는 종래대로 口疤를 함과 아울러 새로이 洞布制를 채택해

議와 異見이 있어서 詢問道臣을 더 해야 한다는 등 愼重論이 있었고(『日省錄』同上, 閏 8月 11日, p.396), 領府事 鄭元容에게는 別成節目하라는 王命이 내려지기도 하여서(『日省錄』同上, 閏 8月 11, 17日, p.396, 404), 三政釐整廳에서는 결국 이들 논의에 따라 더 많은 의견을 들어 여기에 添削 修正할 부분이 있으면 이를 보완하기로 하였는데(『釐整廳謄錄』, 壬戌 閏 8月 19日, p.331), 그 후의 사정은 그렇게 되지 못하였고, 따라서 『釐整廳謄錄』에는 趙斗淳이 撰한 節目이 그대로 수록되었던 것으로 생각된다.

311) 三政策 35 A.
312) 同上.

도 좋다는 것을 첨가하고 있었다. 軍役制를 부분적으로 洞布制로 개혁해 나
가려는 것이었다.

口疤與洞布　量宜定規　期充原額[313]

이라고 하였음이 그것이다. 洞布制는 현실적으로 적지 않게 관행하고 있었
으며, 呈疏者들도 크게 제론하고 있었으므로, 이 節目을 찬하고 있는 趙斗淳
은 이를 부분적으로나마 법제화함으로써 軍政의 폐단을 제거하려는 것이었
다. 그는 軍政의 폐단을 矯捄하는 문제를

苟欲捄此弊　則洞布名色　雖是近例　以今迫不得已之勢　捄急之策　無出此右[314]

라고 하여, 현 단계로서는 이보다 좋은 방안이 없는 것으로까지 생각하고 있
었다. 다만 그는 이를 전면적으로 시행하려는 것이 아니라, 지방에 따라 희
망하는 곳에서만 행하도록 하는 소극적인 안으로서 제기하고 있었다.
　還穀의 개혁을 위해서는 23개 항목으로 된 규정을 작성하고 있었으며, 그
핵심은 첫째로 '罷還歸結' 하려는 것이었다. 取耗補用의 기능만이 살아 있는
還穀制度를 혁파하고, 그 給代方案으로는, 이를 田稅로 현실화하여 모든 時
起田結에서 2兩씩 均徵하려는 것이었다. 節目의 還政 제1항에서

糴弊矯捄　無如罷還　自今以後　斂散取耗之節　永爲革罷

라고 한 것과, 제7항에서

八道四道田畓　無論正田續田　免稅復戶各樣雜位　一從時起實結　每結二兩式　依結
錢例收捧[315]

─────────────

313) 三政策 35 A.
314) 趙斗淳,『三政錄』全, 三政矯略議.
315) 三政策 35 A.

이라고 한 것이 그것이다. 그는 이러한 개혁을

　　夫有結者有業　一結之産殆近千金　則千金之家　歲出數百文　未足爲病　行是法　而無業殘氓　永無催科之患[316]

이라고도 하여, 有田 1結者에게는 병폐가 될 수 없고, 無田者에게는 영구히 督徵의 폐를 없게 하는 것이 된다고 이해하고 있었다. 그리고 그러한 점에서 趙斗淳은 바로 이 개혁안을 '罷還歸結 係是大變通'이라고 내세우기도 하였다. 舊來의 還政에서는 권력층과 富民이 還穀의 勒配에서 면제되는 반면 빈농층만이 抑配 白徵의 대상이 되고 있었으므로, 有田者 특히 대토지 소유자일수록 重課稅가 되게 마련인 이 罷還歸結의 稅制를 시행하려는 것은, 三政의 체제 내에서라는 단서를 붙인다면 사실 큰 變通이 아닐 수 없었다.

　다음은 이러한 변혁과 관련하여 그 일환으로 還穀制度의 賑貸 기능을 社倉制로써 살리려는 것이 還穀制變革의 또 하나의 핵심이 되고 있었다. 罷還歸結은 還弊의 제거와 그 給代方案을 해결하려는 것이므로, 還穀의 賑貸 기능을 위해서는 별도로 그 개혁방안이 필요했으며, 그는 그것을 社倉制를 설치함으로써 해결하려는 것이었다. 그러나 그러면서도 그는 옛적 朱子의 社倉과 지금의 取耗補用的인 還穀은 기본적으로 다른 것이라는 점에서, 그리고 옛날 社倉은 鄕約의 기반 위에 성립됨으로써 그 존립이 가능하였는데, 지금은 이 향약을 갑자기 전국적으로 실시하기 어렵기 때문에, 옛적 그대로의 社倉을 설치하기는 어렵다는 것을 附言하고 있었다.[317] 그가 社倉制를 추진한 것은 大院君 집권기의 社倉法 시행단계에 이르러서의 일이었다.[318]

　「三政釐整節目」의 釐正方略을 이와 같이 살펴보면 그것은 요컨대 前章에서 검토한 呈疏者들의 부분개선·부분개혁의 견해와 일맥상통하는 것임을 알 수 있다. 그리고 국왕 哲宗의 三政策問 求言敎의 취지에 충실한 것이기도 하였다. 그는 三政이라고 하는 舊來의 農民支配를 위한 收取體制를 그대로

---

316) 三政策 35 A.
317) 同上.
318) 三政策 35 B.

유지한 채 최악의 還穀法만을 혁신하고 다른 것은 이를 부분적으로만 개선·개혁해 가려는 것이었다. 還穀法마저도 그 폐단만을 제거함으로써 사태를 彌縫하려던 三政改善論에 비하면 커다란 변혁이었지만, 收取秩序의 전면적인 개혁을 목표로 하였던 전면적인 稅制改革論이나, 이 시기 경제제도, 지주제까지도 개혁함으로써 농민경제를 均産化하고 안정시키려던 土地改革論에 비하면 실로 소극적인 대책이었다. 그는 말하자면 三政改善論과 全面的 稅制改革論을 절충하는 입장에서 사태를 수습하려는 셈이었다. 그러한 점에서 三政의 釐整을 위한 呈疏者들의 여러 방안이 趙斗淳이 작성한 節目, 따라서 정부의 「三政釐整策」에 반영될 수 있었던 것은 부분개선·부분개혁론의 절충적 방안이었다고 하겠다.

그러나 이와 같이 일정한 한계를 지닌 개혁방안마저도 그 후의 釐整策에 의해서는 재수정되지 않을 수 없었다. 新規는 취소되고 舊規(還穀制)는 復行케 되었다.[319] 그간 시시비비와 우여곡절이 많았지만,[320] 결국 罷還歸結은 취소되고, 大院君의 內政改革에 이르러서야 이 문제는 비로소 새로운 二元的 折衷的 還穀制 釐正策으로써 재조정되고 수습될 수가 있었다.[321]

---

319)『備邊司謄錄』249, 哲宗 13年 10月 29日, 25冊, p.881.

320) 趙斗淳의 節目, 따라서 政府의 釐整方案에 대한 大臣들의 태도와 논의는『日省錄』, 哲宗 13年 閏 8月 11日條에 그 大略이 收錄되어 있어서 그 動向을 살필 수 있다. 그리고 그 후의 內外의 동태에 관해서는 姜瑋의 다음과 같은 記述이 있어서「三政釐整節目」의 그 후의 推移를 살필 수 있다.

　　朝議咸以蕩還歸結爲是 而上從之 命具條例頒於三道 方鎭之臣多以爲不便 統營軍校及廣州之民奔愬籌司 至於塡街塞巷 上疑前議之未盡善 而命樞臣更加商確 因起鄭相(元容)而從其議 始布均還之命 列郡又無錢穀可以移送 因而又不能擧 未幾鄭相辭免 而朝議欲以歸結條例 先試於湖西一省 苟以爲便 以次行之 然又値歲損 田民不能當稅 以是糶法存革之間 汔未有定論(三政策 1, 自序).

　　이에 따르면, 罷還歸結을 골자로 하는 政府의「三政釐整節目」은 ① 地方守令의 反論과 統營軍校 및 廣州民의 시위로 그 시행을 中斷하고 摠裁官 鄭元容의 修正方案提起로 均還論을 시행하려 하였으며, ② 地方에 儲穀이 없어서 均還論의 시행이 지체되고 또 鄭相이 辭任하게 되자, 다시 罷還歸結의 처음 方案을 호서지방에다 先試하여 그 결과를 보아 점차 他道에도 이를 시행하려 하였는데, ③ 이 湖西先試論마저도 때마침 당하게 된 凶作으로 農民들이 田稅를 收納하지 못하게 됨으로써 그 실시가 불가능하였다는 것이다.

321) 本書 제II편 제1논문의 제5장.
　　Palais, 前揭書 참조.

5. 結 語

이상에서 우리는 哲宗 壬戌年의 應旨三政疏를 통하여 이 시기 여론으로서의 三政의 釐正에 관한 제 견해를 살폈다. 이 해에는 三南地方에 유례를 볼 수 없는 대규모의 농민항쟁이 발생하고 있어서 哲宗은 三政을 중심으로 이 것을 수습하기 위한 求言教를 내렸고, 이에 따라서는 많은 정치인과 지식인들이 應旨上疏文을 올렸다. 그리고 이를 기초로 하여 정부에서는 「三政釐整策」을 마련하고 있었다. 그러므로 이 해의 應旨三政疏에는 이 시기 정치인과 지식인들의 농민항쟁에 대한 이해와 대책, 즉 三政의 釐正에 관한 구상이 광범하게 수록되어 있는 것이라 하겠으며, 「三政釐整策」은 그 같은 여론을 바탕으로 마련한 賦稅制度의 개혁방안이었다고 하겠다. 그리고 그런 점에서 兩者를 비교 검토하면 政府의 賦稅制度 釐正에서의 자세를 분명히 파악할 수 있는 것이라고 하겠다.

應旨三政疏에 의하면 농민항쟁의 배경으로서 파악되고 있었던 三政紊亂에 대한 위정자나 식자층의 이해는 다양하였다. 혹자는 三政紊亂을 三政을 중심한 收取秩序의 解弛나 그 軍營의 문란으로서 이해하기도 하고, 혹자는 이를 더욱 구체적으로 파악하여 增稅, 賦稅不均의 현상으로 이해하기도 하였다. 그리고 또 다른 논자는 이를 이 시기의 경제구조 전반과 관련하여 전개되는 농민층 분화 속에서 파악하되, 三政을 통한 增稅나 賦稅不均이 농민층의 몰락을 촉진시키고 있는 것으로서 이해하고도 있었다. 그러므로 이러한 제3의 논자들은 이 시기의 농민항쟁은 단순히 地方官屬의 三政紊亂·農民侵奪에 대한 鄕村農民의 항쟁이 아니라, 봉건지배층이나 지주층에 대한 피지배층이나 몰락농민들의 계급적 대립으로서 파악하기도 하였다. 그리고 바로 그러한 점에서 이 시기의 농민항쟁, 즉 民亂은 反封建的인 성격을 지니는 것이기도 하였다.

呈疏者들의 三政紊亂이나 그 결과로 발생한 농민항쟁에 대한 이해는 이와 같이 다양하였으므로 三政의 폐단을 矯抹함으로써 그 항쟁을 수습하려는 견해도 다양하게 제기되고 있었다. 그들의 그러한 견해는 반드시 三政紊亂에 대한 이해와 직선으로 연결되는 것은 아니지만, 그러나 대체로는 그러한 이해와 관련하여 그 釐正方案을 제기하고 있었다. 그것은 대략 다음과 같이 요약할 수 있다.

①民亂을 유발시킨 三政紊亂을 그 제도 자체에는 결함이 없고 다만 그 運營上에서 폐단이 생기고 있는 것으로 보는 논자들은 三政의 收取秩序를 그대로 유지한 채 그 運營을 개선하는 것, 즉 三政改善으로써 사태를 수습하려 하였다. ②그러한 가운데서도 사태를 좀더 객관적으로 관찰하는 논자들은, 기본적으로는 三政의 收取秩序를 그대로 유지하되, 그 運營을 개선함으로써 해결할 수 있는 것은 이를 개선하고, 그 法制를 개혁해야 할 필요가 있는 것은 이를 과감하게 개혁해 나가는 부분개혁의 방안을 제언하였다. ③그 중에서도 더욱 진보적이고 강경한 논자들은 三政의 收取秩序 그 자체를 美法이 아닌 것으로 보고 三政을 중심한 稅制를 좀더 합리적인 방향으로 전면 개혁해야 할 것을 말하였다. ④그리고 농민항쟁을 체제의 모순으로까지 파악하는 논자들은 三政은 말할 것도 없고, 이 시기의 경제제도, 지주제까지도 개혁해야만 그 항쟁을 근본적으로 수습할 수 있을 것임을 강조하였다. ①을 경제제도와 收取制度를 현상대로 유지하려는 견해로서 지배층의 입장에 서는 보수적인 방안이라고 한다면, ②, ③은 경제제도의 현상유지를 전제로 하기는 하였으나, 그리고 논자들마다 약간의 정도의 차이가 있기는 하였지만, 賦稅制度의 불합리를 제거함으로써 均賦均稅를 기하려는 合理的 방안이라 하겠으며, ④는 賦稅制度나 경제제도를 모두 개혁하려는 견해로서 농민층의 입장에 서는 혁신적인 방안이었다고 하겠다.

이 같은 여러 가지 釐正方案 가운데서도 특히 우리의 관심을 끄는 것은 제4의 방안이다. 그것은 두 가지 점에서이다. 그 하나는 이때의 應旨三政疏는 국왕의 三政策問에 應答하는 것이었고, 따라서 그 취급 대상은 三政의 범위 내에 한하도록 되어 있었는데, 이 방안은 그 한계를 넘어서서 좀더 본질적인 문제를 다루고 있다는 점에서이다. 그뿐만 아니라 그러한 주장을 펴는 논자가 결코 적지 않았다는 점이다. 이러한 사정에서 보면 농민항쟁을 수습하기 위한 釐正方略을 아무 제약 없이 자유롭게 논의할 경우에는 더 많은 논자들이 이러한 입장을 취하고 이러한 방안을 제기했을 것으로 생각된다. 그리고 다른 하나는 이 방안은 그 개혁의 자세에서 舊來의 實學派의 農業論과 공통된다는 점에서이다. 實學派 農業論의 기본특징은 지주제의 해체와 농민경제의 안정에 있겠는데, 應旨三政疏에서의 제4의 방안은 그 三政改革, 농업개혁의 자세·이념에서 實學派의 그것과 유사함을 볼 수 있는 것이다. 그것은 아마도 應旨三政疏의 논자들이 직접·간접으로 實學派의 학문적 전통을 계승하고 있는 데서도 연유하고, 농민항쟁의 근본원인이 이 시기 경제제도의 모순에 있는 것으로 보는 논자가 많았던 데서 연유하는 것이기도 할 것이다.

정부의「三政釐整策」은 이와 같이 여러 가지 방안으로 제시되고 있는 呈疏者들의 三政疏를 기반으로 마련하고 있었다. 그러나 그것은 應旨呈疏者들이 제기한 여러 견해를 모두 종합 정리하여 하나의 새로운 방안으로서 作成하고 있는 것은 아니었다. 그것은 여러 방안 중에서도 정부 입장에 합당한 특정 방안이 선별적으로 채택되고 정리된 데 불과하였다. 그러나 그렇더라도 무조건 보수적이기만 했던 것은 아니었다. 그와 같이 채택될 수 있었던 것은 ②안에 ③안을 절충한 部分改善·部分改革의 방안이었다. 이는 三政의 釐正에 관한 정부의 입장이 어떠한 것이었는지를 단적으로 표현하는 것이 아닐 수 없었다. 이 안은 賦稅制度에서 均賦均稅를 실현함으로써 농민경제를 안정시키려는 것이고, 그렇게 되면 종래에는 免稅를 비롯하여 기타 각종의 혜택을 받던 兩班支配層도 賦稅의 대상이 되는 까닭이었다. 정부가 제1안을 택하지 않고 제2, 제3안을 절충하는 안을 택한 것은, 그만큼 그 釐正의 필요성이 절실하였음에서 연유하는 것이기는 하였지만, 그러나 그것은 정부 지배층이 賦稅制度의 釐正에 관하여 역사적 경험에서 얻은 확고한 자세와 신념이 있었던 까닭이기도 하였다. 그것은 정부가 17, 18세기 이래로 취해 온 賦稅制度 釐正·개혁의 방향이었다.

그러나 그러면서도 정부에게는「三政釐整策」을 작성하면서 제4안을 논외로 한 커다란 한계가 있었다. 이 제4안은 稅制는 말할 것도 없고 土地制度도 개혁하려는 것으로, 농민층의 입장에 서서 사회적 모순과 농민항쟁을 근본적으로 해결하려는 견해였다. 바로 그런 점에서 정부 지배층의 입장에서는 이를 채택하기가 어려웠다. 이 안은 지배층·지주층의 경제기반을 일거에 제거하는 체제변혁의 방안이기 때문이었다. 정부의 입장은 지배층의 입장에서 三政을 釐正함으로써 사태를 수습하려는 것이지, 농민층의 입장에서 토지제도를 개혁하고 均産을 기하려는 것은 아니었다. 많은 문제를 담고 있는 이 시기의 應旨三政疏가「三政釐整策」으로 정리될 수밖에 없었던 까닭은 여기에 있었다.[322]

〔「韓國史研究」 10, 1974 揭載, 1982 補訂〕

---

322) 應旨三政疏는 本稿에서 검토한 것 이외에도 다음과 같은 것이 더 있으나, 그 釐整의 방향과 내용은 이곳에서 분석 정리한 바와 대략 동일하므로 다시 더 첨설하지 않았다.

54. 丘鳳燮	三政策	『醉默軒遺稿』	卷 6
55. 權 琡	策問	『錦厓文集』	卷 4
56. 金教聖	三政捄弊策	『平隱集』	
57. 金道和	壬戌六月 仁政殿對策	『拓菴集』	卷 10
58. 朴永魯	三政矯救策	『岩居集』	卷 4
59. 朴周鍾	三政策	『山泉遺稿』	
60. 孫永老	三政策	『木西集』	卷 3
61. 申弼欽	對策	『泉齋集』	卷 6
62. 安重燮	三政策	『蓮上集』	卷 6
63. 尹致邦	三政策問	『謾翁遺稿』	卷 1
64. 李圭日	三政策	『四留齋集』	卷 5
65. 李性和	殿策 壬戌	『水上集』	卷 2
66. 李翊九	三政策	『恒齋集』	卷 6
67. 李鍾祥	對三政策 壬戌 別紙：還弊·結弊·軍弊	『定軒集』	卷 2
68. 李鍾和	三政捄弊擬疏	『絅晦遺稿』	卷 2
69. 李最善	三政策 壬戌	『石田集』	卷 2
70. 鄭健朝	三政釐正議	『蓉山私稿』	2 冊
71. 鄭 捧	對三政策	『進菴集』	卷 2
72. 鄭範租	三政捄弊殿策	『初稿』	4
73. 韓弼教	親試三政捄弊對策	『霞石遺稿』	卷 5
74. 黃基源	壬戌 擬策	『竹林集』	卷 3

索 引